개정증보판 3쇄 인쇄 | 2024년 7월 3일
개정증보판 1쇄 발행 | 2023년 10월 1일

지은이 | 이정기, 타블라라사 편집팀
펴낸곳 | 타블라라사
컨텐츠 담당 | 홍경진, 김수경, 윤지혜, 윤선영, 엄연희, 윤강희, 이경미, 우예진, 김지영
표지디자인 | KUSH

출판등록 | 2016년 8월 10일(제 2019-000011호)
이메일 | quiz94@naver.com
홈페이지 | http://aidenmapstore.com

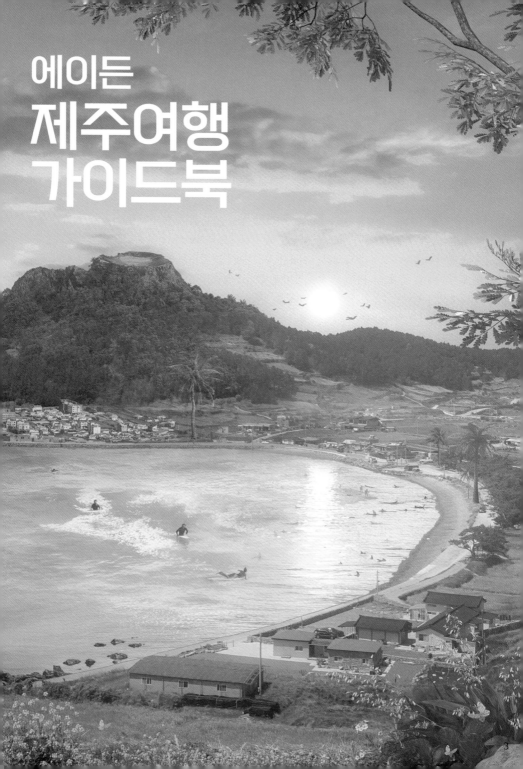

에이든
제주여행
가이드북

들어가며...

타블라라사 출판사가 만든 '에이든 국내여행 가이드북'은 2022년 교보문고 여행 연간 베스트셀러 1위에 올랐다. 또한 '에이든 제주여행 가이드북' 또한 연간 국내여행 베스트셀러에 올라있다. 많은 분들이 구매해 주셔서 2024-2025 개정 증보판을 다시 출간하게 되었다.

실용서는 실용서로서의 명확한 컨셉이 있어야 된다고 생각했다. 중구난방 출판되는 여행 에세이 속에서 여행 가이드북은 여행자의 든든한 사전 역할을 해야 한다고 생각했다. 인터넷에서 웬만한 정보는 다 찾을 수 있음에도 불구하고 책을 구입하는 이유는 무엇일까? 그 이유중 하나는 여행을 계획하는 시간을 절약해 주기 때문일 것이다. 다양한 정보를 찾아 알맞게 요점을 정리해 놓았으니 여행자들의 소중한 시간을 절약해 줄 수밖에 없다. 인터넷으로만 여행을 계획하다 보면 넘쳐나는 '과도한 정보와 광고'로 인하여 여행을 계획하기가 쉽지 않다. 인터넷 초창기 보다 오히려 지금이 정보 찾기가 더 어려운 사실은 정말 아이러니 하다.

'에이든 가이드북 시리즈'는 지도 및 여행콘텐츠 전문 기업이 만드는 만큼 자세한 '지도'들이 많이 삽입되어 있다. **별 고민 없이 지도만 보아도 여행 계획이 세워지는 그런 '쉬움'**을 만드는 것이 우리의 목적이 아닐까 한다. 이런 점들이 타블라라사에서 만드는 여행 도서의 차별점이라 생각한다.

'에이든 제주여행 가이드북'은 '여행 에세이'가 아니다. 감성을 끌어내려고 **'억지 노력'** 하지 않는다. 제주 여행을 계획할 때 반드시 필요한 백퍼센트 '레퍼런스 실용서'라고 할 수 있다. 많은 여행 가이드북들이 자신만의 여행 스토리나 여행 코스를 알려주려고 노력하지만 우리는 코스를 만들어 제시하지 않는다. 왜냐하면 가이드북에서 가지고 있는 컨텐츠 만으로 **'자연스레 계획을 세울 수 있도록'** 하기 때문이다. 여행지와 카페, 맛집, 액티비티, 꽃/계절 여행지가 담긴 지도와 요약된 정보가 단번에 계획을 세우기 쉽게 되어 있다.

여행을 계획하는 그 설렘을 독자들로부터 빼앗고 싶지 않았다. 제주로 떠날 그날을 기약하며 어디를 어떻게 돌아볼지 계획하는 그 순간부터 이미 '설레는 여행'은 시작됐기 때문이다. 그 여행 계획의 시간이 복잡하고 힘든 시간이 되지 않도록 '에이든 제주여행 가이드북'이 도와줄 것이다. '에이든 제주여행 가이드북'에는 여러 가지 상세한 지도들이 컨셉에 따라 40여개 담겨 있다. 우리나라에서 만드는 국내외 가이드북 중에 이렇게 지도를 상세하게 담는 가이드북은 없다. 이게 가능한 이유는 타블라라사가 여행지도를 전문적으로 만드는 회사이기 때문이다.

멋지게 책 디자인을 잘하는 오래된 대형 출판사보다는 디자인이 단조롭고 예쁘지 않을지는 모르겠다.

실용서는 디자인만 예뻐서 사면 안된다. 여행을 계획하거나 여행 중에 이 책을 활용하며 행복하고 설레게 만들어줄 수 있는지가 훨씬 중요하다고 생각한다. 책장에 두고 보지않는 가이드북은 여행 가이드북이라 할 수 없기 때문이다.

제주는 우리에게 '에너지 충전소'다. 항공기에 올라 제주에 도착하는 그 순간부터 지난 과거를 다 잊고 새삶을 시작하듯 여행을 시작한다. 그리고 오로지 여행에만 집중하며 에너지와 감성을 충전한다.

이 여행 가이드북은 제주를 통해 에너지를 충전시킬 비법을 가지고 있다. 인터넷과 모바일의 시대인 만큼 언제 어디서나 정보를 구할 수 있고, 가고 싶은 곳을 모바일 지도를 통해 선택할 수 있다. 예전의 여행 가이드북은 인터넷이 없을 시대의 '올드한 가이드북'이었다면, '에이든 제주여행 가이드북'은 인터넷/모바일 시대의 보완재 역할을 할 수 있도록 만들어진 '대안적 가이드북'이다. '에이든 제주여행 가이드북'에서 여행지와 맛집, 카페, 액티비티 등을 동선과 함께 고르고 더 자세한 정보나 예약, 가는 방법 등은 모바일을 통해 해결하면 된다.

타블라라사는 소수의 저자를 섭외하여 책을 만들지 않는다. 대부분 인력이 10년 이상의 여행 콘텐츠 전문 팀들로 이루어져 있다. 또한 주관을 최대한 배제하기 위해 다양한 여행자들의 리서치, 다양한 리뷰들, 다양한 전문가들의 포커스 그룹 인터뷰를 통해 콘텐츠를 정제하고 뽑아낸다. 작가 한두 명이 만든 여행 가이드북이 아님을 확실히 말씀드린다.

여행은 곧 삶이고 태어나 죽을 때까지 평생 해야 할 우리의 과제 같은 것이다. 우리에게 제주가 없었다면, 국내여행이 얼마나 단조로웠을까? '제주'가 있음에 고마워해야 한다. 훼손없이 잘 지켜 오래오래 '에너지 충전소'의 역할을 하길 바란다. 오랫동안 밤낮없이 고생한 타블라라사 도서 편집팀, 두발로 직접 제주지도를 만든 지도 제작팀 그동안 정말 수고 많았다. 독자분들의 응원 부탁드린다.

2023년 8월 타블라라사 이정기

JK.lee

가이드북 사용법

01 테마별 고르기

제주에서 사올만한 것들, 제주에서 먹어봐야할 음식, 제주에서 해볼만한 것들, 제주에서 봐야할 꽃들, 제주에서 체험해볼만한 액티비티의 테마로 스팟을 추천

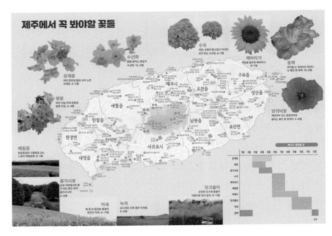

02 지도에서 고르기

삽입된 지도위에 상세한 여행지 정보가 담겨 있어. 지도위에서 여행지를 고를 수 있다. (이와 같은 상세한 정보가 있는 지도는 에이든 뿐이다.)

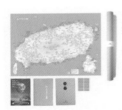

*방수종이로 제작된 해당 여행지도의 풀 버전(A1사이즈) 및 세트는 네이버에 '에이든 제주여행지도' 검색하시면 구매하실 수 있습니다.

에이든 제주지도

03 지역별 고르기

지역별로 추천여행지, 꽃/계절 여행지, 맛집, 카페, 숙소, 인스타 추천 스팟을 추천해 준다.

제주시, 애월읍, 한림읍, 한경면, 대정읍, 안덕면, 서귀포시, 남원읍, 표선면, 성산읍, 구좌읍, 조천읍

애월 추천 여행지

항파두리 항몽유적지
"삼별초 최후 항전지"

몽골 침입 때 삼별초가 최후까지 항전한 곳이다. 전라도 전투에서 패한 삼별초는 제주도로 건너와 이곳에 항파두성을 쌓았다. 최근 관련 유적과 복원작업을 진행 중이며, 근처에 방문객을 위하여 꽃밭을 심어 놓았다.(p170 C:1)

- 제주시 애월읍 항파두리로 50
- #항파두성 #역사여행지 #꽃밭

제주 퍼피월드
"국내 최대 규모의 반려견 테마파크"

국내 최대 규모의 반려견 테마파크이다. 앞

다섯 개의 봉우리로 되어 있는 고내봉은, 조선시대 때에는 봉수가 설치되어 있던 곳이다. 지금은 둘레길이 잘 조성되어 있어 산책을 하기에 좋다. 오르는 동안에는 한라산을 볼 수 있고, 정상에선 애월의 바다를 감상할 수 있다.(p170 B:1)

- 제주시 애월읍 고내리 산3-1
- #봉수대 #전망대 #풍경

토토아뜰리에
"제주 쿠킹클래스 체험"

제주 로컬 푸드를 이용한 원 데이 쿠킹클래스 체험 장소이다. 키즈부터 성인까지 즐길 수 있다. 텃밭에서 각자 필요한 재료를 따와 요리하는 즐거움이 있다. 계량이 다 되어 있고 탭을 보면서 간편하게 요리할 수 있어서 요리 초보들도 충분히 가능하다.(p171 D:1)

- 제주시 애월읍 고성북길 112
- #쿠킹클래스 #제주로컬푸드 #초보가능

한담해안산책로
"바다를 껴안은 산책로"

---

04 액티비티 고르기

제주에서 하고 싶은 액티비티를 지도로 한눈에 보며 고를 수 있고 관련한 액티비티 스팟을 목록과 사진으로 제공한다.

액티비티는 행정구역별로 고르는 것이 아닌 제주 서남부, 제주 동남부 처럼 약간은 넓게 검색하는 경향이 있어 제주를 4개 지역으로 쪼개 구분해 두었다.

제주승마공원

100km 숲길을 말 타고 거닐 수 있는 승마장. 승마 캠프와 산악승마도 즐길수 있으며 지구력 승마대회, 아마추어승마대회 등 다양한 대회도 개최된다. 지구력 승마는 말에 올라 일정 거리를 안정적으로 통과하는 마라톤 같은 경주를 일컫는다. 매일 09:00~18:00 영업.(p98 B:1)

- 제주시 애월읍 녹고메길 152-1
- #지구력승마대회 #아마추어승마대회 #애월승마코스

렛츠런파크 제주

경마뿐 아니라 소풍, 산책, 운동하기도 좋은 곳. 경마일은 금~일요일인데, 주말 경마는 12:25 시부터, 야간 경마는 16:25~21:20 사이에 진행된다. 어린이승마장, 놀이터, 축구장, 운동장, 공원도 함께 운영한다. 경마가 없을 때는 무료입장되, 미성년

어승생승마장

한라산 경치를 바라보다면 이곳을 찾아가자. 있어 날씨가 좋을 때는 까지도 함께 즐길 수 있코스, 0.5투어서 1,000m 선택할 수 있다. 승마주기, 그루밍 배우기 등 수 있다. 3-10월 09: 09:00~17:30 운영, 9

- 제주시 1100로 265
- #한라산전망 #바다그루밍

탑 승마클럽

잘 갖추어진 트랙에서는 승마장. 실내승마, 근교외승, 순송외승 : 주 이용할 경우 회원매하면 체험비를 할인 09:00~18:00 영업, 9

목 차

01

MAP

행정구역 지도

A　　　　B　　　　C

1

제주

제주국제공항

한라수목원

애월카페거리

항파두리 항몽유적지

제주시

비양도

애월읍

협재해수욕장

어승생악

금능해수욕장

한림읍

한라산

2

신창풍차해안

차귀도

한경면

서귀포 자연휴양림

상

카멜리아힐

제주곶자왈
도립공원

안덕면

서귀포시

대정읍

고근산

산방산

중문관광단지

신시가지

모슬포항

3

송악산

가파도

마라도

A　　　　B　　　　C

1

서우봉
김녕해수욕장
월정리해수욕장
함덕해수욕장
만장굴
해수욕장
세화해수욕장

우도

조천읍
구좌읍

성산일출봉

섭지코지

성산읍

성읍민속마을·

2

표선면

남원읍
표선해수욕장

원·

휴애리 자연생활공원

지

소깍

3

제주 행정구역의 위치를 보면서 여행 계획의
큰 틀을 만들어 보세요.

꽃계절 여행지 지도

제주 전농로
벚꽃거리

제주
신산

카페 엔제리너스
제주이호테우해변로점 앞 버베나

제주종합경기장
일대 벚꽃

지

한라수목원입구
벚꽃, 수국

애월한담
해안로 유채꽃

하가리 연꽃
마을 연화지

오라CC 진입
겹벚꽃길

애월 장전리 벚꽃

항파두리
백일홍,코스모스

오라동 유채밭
메밀꽃밭, 청보

애월읍

애월고등
학교 벚꽃

제주불빛정원
장미

천왕사 단풍

한림공원
수선화, 튤립

천아계곡
단풍

월령 선인장
군락지

카페 키친오즈
핑크뮬리

선작지왓
(윗세오름) 철쭉

한림읍

새별오름
억새

1100고지
단풍

한라산 영실
코스 단풍

비체올린 능소화
비체올린 버베나

서부농업기술센터
맨드라미, 코스모스

새빌
핑크뮬리

차귀도
억새

조수리 장미마을

안덕면
겹동백길

한경면

원물오름
앞 갯무꽃

카멜리아힐 동백꽃,
수국, 핑크뮬리

호근동
동백길

상
메리

연화못
연꽃

신화역사공원
샤스타데이지

안덕면

서귀포시

서

노리매공원
매화, 핑크뮬리

서광리123
핑크뮬리

법화사지 배롱나무

녹남봉오름 백일홍

안덕면사무소 수국길,
서귀포 화순서동로
(화순리) 유채꽃

예래동
벚꽃길

팜파스

대정읍

카페 마노르
블랑 동백꽃

중문동
벚꽃길

답다니
수국

군산오름
앞 갯무꽃

서귀포 엉덩물
계곡 유채꽃

카페 귤꽃다락 귤

안성리 수국길,
동광리 수국

송악산
둘레길 수국

가파도
청보리

마라도억새

14

서우봉 유채꽃 해바라기

카페 북촌에가면 장미

함덕해수욕장 서우봉 둘레길 갯무꽃

선흘감리교회 샤스타데이지

카페 비케이브 백일홍 카페 비케이브 촛불맨드라미

구좌읍

종달리 수국길

제주 우도 유채꽃

우도정원 버베나

우도정원 백일홍

대흘리 메밀밭

제주소주 코스모스

아부오름 갯무꽃밭, 제주 송당리 메밀꽃밭

메이즈랜드 장미

다랑쉬오름 철쭉

다랑쉬오름 갯무꽃

아끈다랑쉬 오름 억새

광치기해변 유채꽃

조천읍

교 은행 동, 벚꽃길

절물자연 휴양림 수국

오름

에코랜드 라벤더

산굼부리 억새

렛츠런팜 해바라기밭

안돌오름 백일홍

카페 글렌코 핑크뮬리

카페 글렌코 샤스타데이지

용눈이오름 억새

보롬왓 라벤더, 보라유채꽃, 청보리밭, 맨드라미

성읍리 갯무꽃

짱구네 유채꽃밭

성산읍

혼인지 수국

제주 김경숙 해바라기 농장

한라산 성판악 코스 단풍

남원읍

녹산로 유채꽃 도로, 유채꽃 프라자(가시리) 유채꽃, 녹산로 가시리 풍력발전단지 유채꽃

정석비행장 벚꽃, 유채꽃

가시리풍력 발전단지 억새

신풍리 해바라기

이승악오름 벚꽃

해비치CC 입구 벚꽃

가시리 마을 벚꽃

표선면

휴애리 자연생활공원 귤밭, 동백꽃, 매화, 수국, 핑크뮬리

상효원 백일홍

위미리 3760 (위미동백군락지) 동백

동백포레스트 동백

카페 동박낭 동백꽃

위미리 수국길

경흥 농원 동백

제주허브 동산 허브

제주민속촌 수국

매화 : 3~4월, 유채꽃 : 3~4월, 벚꽃 : 3~4월, 수선화 : 12~3월, 청보리 : 4~5월, 튤립 : 4~5월, 라벤더 : 6~9월, 수국 : 6~7월, 메밀꽃 : 5~6월, 홍가시 : 4~5월, 해바라기 : 6~7월, 천일홍 : 7~10월, 연꽃 : 7~8월, 핑크뮬리 : 9~11월, 코스모스 : 9~10월, 억새 : 10~12월, 단풍 : 10~11월, 팜파스 : 9~11월, 국화 : 9~11월, 메리골드 : 9~11월, 귤 : 11~12월, 동백꽃 : 12~2월

인스타 촬영지 지도

A B C

1

도두봉 키세스존,
도두동 무지개해안도로,
용담해안도로 항공기샷

용마마을 버스존,
비행기샷

용연계

핑크해안도로
이국적 핑크 도로

섬앤썸
오션뷰

이호테우해변
목마등대

앙뚜아네트
비행거부 돌하르방

구엄리 돌염전 일몰,
구엄리돌염전 하늘반영샷

정취한가
발리감성 자쿠지

그라나다
앞 공터

나비
추...

하가이스케이프
파노라마통창 침실

수산봉 한라산,
수산봉 그네나무

수목원길
야시장

오...
풀...

카페 애월로11 노을

더럭분교
무지개벽

안목스테이
갤러리창

사진 놀이터 전시

항몽유적지 백일홍

카페콜라 미국뉴트로감성카페

플라이무드 액자뷰 우드톤 침실

곽지해수욕장
일몰

앤디앤라라홈
유럽시골집 분위기

집머무는 유리천장 침실

상가리
야자숲

제...

한라산소주공장 박스,
호텔샌드 카페 휴양지 감성 파라솔,
협재해수욕장 해변

카페 비양놀
노을

답다니언덕집
야외 창문

한림읍

애월읍

월령포구 데크길 선인장

금능해수욕장
야자나무

아르떼
뮤지엄 빛

981파크
잔디밭

겟물오름
우거진 숲

천아수원지
단풍

신창풍차해안도로
싱계물공원 밀물샷,
싱계물공원 풍차,
신창풍차해안도로 일몰

소못소랑 초가집,
스테이아하 제주돌담
풀장

마중팬션 통창
파노라마 오션뷰

금악 오름
분화포인트,
금오름 정상

어음리 억새
군락지

새별오름
나홀로 나무

바리메오름
호수

하와 카페 오션뷰
갤러리창

카페
영신상회
햇살

조수리플로어
돌담테라스,
제주 돌창고 카페
그네포토존

꽃신민박 오두막

문도지
오름 노을

성이시돌 목장,
성이시돌 목장 테쉬폰

1100고지
설경

클랭블루 카페
오션뷰 액자샷

자구내포구
동굴

텔레스코프
갤러리창

화우재 거실
통창뷰

정물 오름
일몰

행기소그네

한경면

안덕면

방주교회 징검다리

본태박물관
노출 콘크리트,
수풍석 뮤지엄
물 반사 포토존

서귀포시

엄알해안
산책로 절벽뷰

수월봉 노을

청수리아파트
돌담침대

산양큰엉곶
기찻길 포토존

바이나흐튼
크리스마스
박물관

소인국테마파크
미니어처 유럽풍경

카페 을리노을

서울앵무새
제주점 무지개벽

충추눈달
귤밭뷰 창가
조식

시절인연 귤나무뷰
창가 자쿠지

호근모...

대정읍

벨진밧 카페 야외

제주조각
공원 야경

월라봉
동굴프레임

덕플래닛 깃털숲

색달해변 일몰,
천제연폭포

식물집

스...

마노르블랑 카페
동백숲 포토존

박수기정
일몰

갯깍주상
절리대 동굴

월평포구 스노쿨링,
진곳내 물개바위 노을

하라케케 카페
새둥지 포토존

수...
야...

서툰가족 산방산뷰 통창

휴일로 카페
하트돌담

아미고라운드 카페 회전목마

카페
바다...

사계해변 기암괴석 돌틈

엘파소 카페 노랑 건물

송악산 진지
동굴 노을

용머리해안
물웅덩이 포토존,
용머리해안 해안절벽

3

A B C

반정글 그레이밤부 카페
휴양지 해변감성 액자뷰

W728 오션뷰
갤러리창

코난해변 풍력발전기 뷰
해변

안길 억새밭

새물깍
무지개도로

모알보알 카페
빅백 테라스

오저여 일몰

수선화민박
통창뷰

카페록록 이국적
선인장포토존

제주가옥
굴느낌 자쿠지

서우봉
둘레길 정자

북촌리 창꼼
바위 포토존

제주드루앙
1236점
돌담자쿠지

차와무드별채
돌담뷰 동그란 창

스테이무드인디고
제주돌담뷰 욕조

고요새
오션뷰

빈도롱이 야외
화목난로 자쿠지,
조천늦장 하귤나무

북촌에가면
카페 장미

청굴물
청굴물 돌길

만장굴

카페한라산
TV액자샷

토끼썸 카페
오션뷰 피크닉

서빈백사 하얀돌,
검멀레 동굴 포토존

도련 감귤
나무 숲

나즌 숙소 입구

카페 자드부팡 프랑스풍건물

구름의하루
야외수영장

종달리 고양난돌

꼬스뗀뇨
카페 야자수

우도망루등대
등대

카페더콘테나 귤박스 앞,
스위스마을 스위스풍 알록달록한 거리

선흘의자동굴
의자포토존

구좌읍

훈데르트바서파크 이국적인 건물,
우도정원 야자수

조천읍

메이즈랜드 미로숲

비자림의
비자나무

오조포구 노을
반영샷, 오조포구 돌다리.
오조리감상소 액자 프레임

에코랜드 풍차

송당무끈모루
나무사이 포토존

다랑쉬오름
일출

브라보비치 카페
야외배드

광치기해변

사려니숲길
삼나무길

안돌오름비밀의숲,
안돌오름 비밀의숲 민트 카라반

아부오름
노을 맛집

이스틀리 카페
나무아래 수국

성산일출봉 배경

드르쿰다in성산
유럽성 스튜디오

샤이니숲길
편백나무길

스누피가든
스누피 포토존

백약이오름
나무계단

호랑호랑 카페 배 포토존

유민미술관

빛의 벙커
웅장한 공간

안도 타다오 공간

대록산
억새밭

따라비오름
노을 억새

청초밭
동백 포토존

성산읍

짱구네 유채꽃밭
원형 감귤장식

섭지코지
그랜드스윙

토끼나무존 나무터널

오늘은 녹차한잔
동굴샷

덴드리 카페
파란대문

스테이삼달오름 외부

표선면

신천목장
귤피밭

남원읍

효명사 천국의문,
고살리 숲길 속괴 계곡풍경

요정의 집

돈내코원앙폭포

동백포레스트
창문 프레임

소노감제주
하트나무

하귤당 현무암
인테리어

시류객잔
빈티지 인테리어

폴개우영 인테리어

위미리동백
군락지 동백

큰엉해안
한반도 지형

소천지
투영 한라산
교

보목포구 바다계단

1

도두봉

민오름

수산봉   파군봉   상여오름
망오름   당동산   눈오름   제
눈오름   안오름
과오름   밝은오름   검은오름
애월읍   극락오름   노루손이   열안지   장
어도오름   산세미   오름
거문덕이   오름
천아오름   알오름   천아   여승생악
협재굴   솔동산   발이오름   궷물오름   오름
명월오름   큰노꼬메오름   민대가리
2   한림읍   갯거리오름   가메오름   족은바리메   붉은오름   사제비동산   동산
이달이촛대봉   만세동산
판포오름   느지리오름   누운   새별오름   북돌아진 오름   노로오름   웃세붉은   한
장기동산   오름   한라산   오름
도용나무   구재기동산   저지   금오름   고씨종산   1100고지
동산   오름   정물오름   왕이메   다래오름
한경면   강정   문도지   당오름   족은   돌오름   서귀포
수월봉   동산   오름   원물   대비악   영아리   민머루
가마오름   남송이오름   오름   오름
보롬이   거린오름   소병악   마보기   거린사슴
대정읍   안덕면   시오름
돈두미   논오름   신산오름   우보악   궁산   (숫오름)   각시   고근산
오름   가시오름   (활오름)
산방산   월라봉   구산봉   섯거제
모슬봉   단산   망밭
3   섯알
오름   송악산

18

서우봉
벌려진
동산
입산봉
묘산봉
원당봉
논오름
조천읍
구사산
구좌읍
락동산
목지동산
본술산
둔지봉
지미봉
산산동산
구그네오름
어대오름
북오름
비자림
안세미
오름
칡오름
당오름
알밤오름
웃밤
뒤굽은이
오름
돗오름
다랑쉬오름
윤드리오름
두산봉
꾀꼬리오름
우진제비
체오름
당오름
손자봉
용눈이오름
성산일출봉
큰노루
손이오름
거문오름
골체오름
안돌오름
거슨세미
높은오름
아부오름
대왕산
민오름
민오름
부소악
돌미오름
대수산봉
개오리오름
산굼부리
까끄래기오름
민오름
백약이
비치미오름
낭끼오름
애오리오름
성불오름
개오름
성산읍
말찻
구두리오름
대록산
영주신
모구리오름
라오름
물찻오름
붉은오름
모지오름
남산봉
통오름
마흐니
여문영아리
따라비오름
본지오름
갈마못
동수악
물영아리오름
번널오름
설오름
병곳오름
갑선이오름
제석오름
이승이
오름
사려니
민오름
여절악
소소롱
(쇠오름)
표선면
매오름
수악
고아오름
남원읍
웅악
가세오름
토산봉
넉시악
영천악
자배봉
운지악
칡오름
동걸세
포제동산

설오름

주요 카페 지도

빽다방베이커리 제주사수점,
카페나모나모베이커리

카페진정성 종점

그럼외도,
니모메빈티지라운지

듀포레

앙뚜아네트 용담

다랑쉬

무상찻집

파리바게뜨
제주국제공항점

돌카롱
제주공항점

에스프레소
라운지

아라파파

트라이브, 랜디스도넛제주직영점,
썬셋클리프,봄날, 모립,
레이지펌프, 하이엔드제주,
몽상드애월, 일월 선셋 비치,
노티드 제주

슬로보트

벌이드는곳벤디

노을리

살롱드라방

버터모닝

두갓

그러므로part2

제주 하멜

애월빵공장앤카페

제주시차

카페콜라

애월더선셋

쉬리니케이크

미깡창고감귤밭&카페
제주기와

카페
사분의일

미스틱3도

제주

비양놀

앤트러사이트,
카페유주,
우무

영국찻집

골목카페
옥수

시루애월

마마롱

제주미작 협재점

호텔샌드

잔물결

그루브

뵤뵤

영월국민학교

애월읍

오지힐,
카페원어웨이

올트라마린

새빌

굴당리 협재점

코코메아

한림읍

클랭블루

유람위드북스,
그 해 여름

제주돌창고

우유부단

산노루 제주점

한경면

안덕면

서귀포시

무로이

하소로커피

대정읍

크래커스 대정점,
청춘부부, 벨진밧

서광리123,
프리튀르

미쁜제과

애플망고1947

카페덕수리
2180

카페차롱

더클리프

볼스카페

카페 귤꽃다락

서귀
제주에

어린왕자감귤밭

마노르블랑

더리트리브

바다바라

카페&베이커리

시스터필드

하라

날외15,
인스밀

원앤온리

엘파소

휴일로,
카페 두가시

리틀
포레스트

러디스

벙커하우

감저카페

그레이
그로브

카페루시아
본점

수애기
베이커리

뷰스트

하늘꽃

커피스케치,
치치퐁,
오라디오라,
카페갤럭시아

사일리커피

1

아라파파북촌,
북촌에가면

나나 함덕점,
라라떼 커피,
쉬, 귤꽃카페   카페모알보알
                     제주점   월정리에서브런치
         마피스   그초록
                공백   스테이솔터
점점   카페델문도,   요요무문
        오드랑 베이커리   그계절   카페오길   카페록록
                조천읍   구좌읍   안녕
                                   카페 라라라   카페한라산   육지사람
            카페 더   카페 세바   카페한라산   카페살레
            콘테나   카페 동백 비케이브   하도미술관   Jimmys
                                                          natural   밭318,
    트라인커피   구좌상회   icecream   달그리안
    5L2F   훈데르트윈즈
                이공팔오,   아뽀밍고,
         갤러리카페 카페 선흘   송당나무,   오른 수마,카페더라이트
            필연   풍림다방   브라보비치
                                           이스틀리카페&현애원   호랑호랑 성산카페
                    우연히,그 곳   서귀피안 베이커리
            안도르   어니스트밀크   보룡제과
                                     본점   드르큼다 in 성산,
                                                              랜딩커피
        카페 글렌코   블루보틀 제주 카페   성산읍
    카페갤러리 말로
                                                2
                목장카페 밭디 노바운더리 제주
              오늘은   초가헌
              녹차한잔   제이아일랜드
        남원읍   덴드리
                            아줄레주   카페아오오
                  표선면
                수망다원

                        다카포

                      모카다방

            취향의섬
        아주르블루
베케   모노클 세러데이
CAFE EPL 제주 아일랜드
니문하우스   로빙화
        게우지코지 카페, 루브린라운지
        테라로사

D

F

우리동네 잠수하는 형
(스쿠버다이빙),
제주잠수함, 함덕잠수함,
국제리더스클럽(패들보드)

월정투명카약

제주웨이브서핑,
월정퀵서프,
타라타 전동킥보드

마이다이버스
(스쿠버다이빙)

제주해양레저
파크 씨워킹

김녕
요트투어

함덕 돌핀레저

조천읍

구좌읍

하도카약

우도올레보트
수상보트

종달 타보카 수상보트

우도잠수함

레포츠랜드
(짚라인, 카트)

디포레카라반
파크(캠핑)

제주
레일바이크

이브이트립
(전동킥보드,
전기자전거)

아침미소
목장

탑 승마
클럽

제주오름
승마랜드,
탱크야놀자
(ATV)

제주농원
(귤따기)

온앤온서프
(서핑)

쇠와꽃 승마장,
드르쿰다 in 성산
카라반(캠핑장)

제주
드론파크

송당
승마장

아쿠아플라넷 제주
프리다이빙

제주관광
승마

탐라승마장

목장카페
드르쿰다,
제주조랑말타운
OK승마장

이어도승마장

낙타 트래킹

성산읍

알프스
승마장포니

오늘은
카트레이싱

남원읍

표선면

옷귀마테마
타운(승마)

열대과일농장
유진팡

아키아
서핑스쿨

서프포인트
(스노클링)

편백포레스트

보내다제주
(귤따기)

최남단 체험 감귤농장
(가외물 농촌생태공원)

쉼터체험농장
(귤따기)

쇠소깍
(카약)

하례감귤
체험농장

제주파인비치펜션,
에어그라운드(캠핑)

착한배낚시,
남진호

각해양레저타운
수상보트

캡틴호
(배낚시)

디퍼프리다이브 제주
프리다이빙

D

E

F

한라산 주변

애월읍

1117

카페사분의일(블렌딩 커피를 핸드드립으로 내려주는 카페)

미스틱3도(동물체험할 수 있는 정원이 딸린 카페)

제주 오라동 청보리밭
푸르른 청보리 내 마음을 채우길[4,5월]

제주 오라동
바다까지 이어질 것 꽃밭[5,6,9,10월]

어승생승마장(승마)

오라동 유채꽃밭
진짜 넓은 유채꽃밭[4,5월]

렛츠런파크 · 제주
렛츠런파크 · 제주(승마)

천아수원지 단풍

천왕사 단풍
한옥과 단풍은 가을을 느끼게 해주고...[10,11월]
천왕사

괭물오름 우거진 숲
괭물오름

천아오름

어승생악
해발 1,168m 작은 한라산이라 불리는 작은 한라산'이라 불리며 짧은 시간 왕복1시간에 등반 가능
'어승생' = '임금님께 바치는 말'

족은녹고메오름

큰노꼬메오름

천아계곡 단풍
제주의 아름다움을 단풍과 함께[10,11월]

어리목탐방지원센터
제주 어승생악 일제동굴진지

바리메오름 호수
큰바리메오름

한대오름

만세동산(오름)

1100고지 단풍
오르지 않아도 되는 단풍길 걷기[10,11월]

삼형제 큰오름

1100고지 설경

1100고지
한라산 남벽 뷰 감상 가능

1100고지 람사르습지

윗세누운오름

병풍바위

윗세오름

영실탐방안내소

영실탐방코스 2시간 3

한라산 영실코스 단풍
그냥 등산말고, 단풍 등산[10,11월]

2시간 4.5km

돌오름

한라산

서귀포자연휴양림
운동화가 아니어도 괜찮아, 혼자 걸어봐도 좋아
제주의 숲에서 캠핑해보는 색다른 경험

법정이오름

시오름

본태박물관 노출 콘크리트,
수풍석 뮤지엄 물 반사 포토존

서귀포 ㅊ
평균수령 60년
최고의 편백 숲

서귀포 천문과학 문화관
밤하늘의 천체 및 태양을 관찰할 수 있는 천체 망원경 보유

녹차 미로공원

제주다원
생각보다 어려운 녹차 미로와 곳곳의 포토존, 무인카페

중문레저 · UTV(ATV)

11

하늘아래수목원

절물자연휴양림

제주교래자연휴양림
전국 유일 곶자왈 생태체험 휴양림
야영 및 숙소 부대시설

절물자연휴양림 수국
산책로에서 수국 무리를 감상[5,6,7월]

별빛누리 공원

한라생태숲
난대, 온대, 한대 식물을 한 장소에서 모두 볼 수 있는 곳
2층 전망데크에 오르면 한라산 정상 뷰 관람 가능
가벼운 산책으로 한라산 정상과 제주 앞바다를 볼 수 있는 곳

1112번 도로 삼나무 숲길
단연코 우리나라에서 가장 아름다운 길

1112

사려니숲길 입구

샤이니숲길 편백나무길

관음사
사진찍기 좋은 독특한 분위기의 사찰

관음사지구안내소

제주마방목지
한라산 중턱 넓은 초원 그리고 수많은 조랑말 순수 제주혈통의 조랑말이 있는 이곳은 천연기념물 347호

제주시

관음사코스 5시간 8.6Km

사려니숲길
비자림로에서 사려니오름에 이르는 약 15KM의 완만한 숲 산책로 편백 나무, 삼나무, 때죽나무 등의 다양한 종류의 나무가 가득 걸어도 걸어도 전혀 힘들지 않은 몸과 마음의 병이 치유되는 곳

사려니숲길 삼나무길

물찻오름

붉은오름 자연휴양림

붉은오름
삼나무길을 걸어 계단을 오르면 30분만에 정상 도착

성판악코스 4시간 30분 9.6km

흙붉은오름

속밭대피소

성널오름

진달래밭대피소
(1시까지 도착해야 한라산 등반 가능)

꽐바위

사라오름

한라산 성판악코스 단풍
가을 등반에는 성판악이지[10,11월]

사라오름 산정호수

사라오름 단풍
호수전망 단풍[10,11월]

전망데크

남벽분기점

3Km

성판악매표소

1131

2

남원읍

이승악오름 벚꽃
오름에 벚꽃이라니 [3,4월]

위미리 3760 (위미리동백군락지)
토종 동백나무를 볼 수 있는 곳[11,12,1,2,3월]

휴애리 자연생활 공원 핑크뮬리
남원의 포토존[9,10,11월]

고살리 숲길
흐르는 물소리에 마음까지 촉촉해지는 숲길

효명사 천국의문

상효원 메리골드
가을에서 겨울까지 볼 수 있는 메리골드[9,10,11월]

휴애리 자연생활 공원 수국
오색빛깔 아름다운 수국[4,5,6,7월]

휴애리 매화
3~4월 개화

1119

고살리 숲길 속괴

상효원 동백
한라산 뷰의 상효원 동백꽃[11,12,1,2,3월]

상효원 수목원

휴애리 자연생활공원
실컷 먹고 따고 감귤체험과 사계절 꽃들로 핫한 사진명소

상효원 튤립
4~5월 개화
튤립이 가득한 세상, 튤립축제

돈네코유원지
숲으로 에워싸인 투명한 청록빛 폭포

휴애리 자연생활공원 매화
매화 축제 체험[3,4월]

동백포레스트

포시

상효원 수국
수국의 아름다움을 느껴봐[6,7월]

쌀오름

돈내코 동백 돌담

번개과학관

윈드1947 카트 테마파크

동백포레스트 동백
동백정원에서 커피 한잔[11,12,1,2,3월]

동백포레스트 창문 프레임

양금석가옥

조성

3

제주국제공항

용두

어영공원
바다를 마주하고
있는 공원

1

카페마노모베이커리

백다방베이커리
제주사수점

코바다이빙스쿨
(패들보드)

도두봉(제주 숨은 비경의 곳)

도두봉전망대

도두항 카세.소.
도두동 무지개해안도로

도두해녀의집(전복죽, 물회)

삼미횟집(모둠회)

시티투어

이호테우등대
빨간색, 하얀색 목마 등대를 배경으로
사진촬영을 꼭 해야 하는 곳

현사포구
공중화장실

순옥이네명가(소라 전복)

그라나다 앞 공터,
이호테우해변 목마등대

제주민속오일장
공항 가기 전에 꼭 들러야 할 끝자리
2일, 7일에 열리는 오일장

솔지식당
가브리

낙지볶음

1.체험배낚시 전진호(배낚시)
2.이호털보 배낚시(배낚시)
3.서프로와(서핑)

슬로보트(바다전망)
그림의도(돌멩이 라떼)
니모메빈티지라운지(니모메 선셋)

몽돌해변
알작지(제주의
몽돌해변)

신의한모
(한시간장게장)
낮닷덮밥

이호테우해수욕장
공항에서 10분, 목마
등대보며 방파제 산책

카페 엔제리너스

규태네양곱창(양곱창모둠)

늘봄흑돼지
(삼겹살,목살)

숙성흑돼지

숙성도

1.노올리(선셋카페)
2. 노라바(문어라면)
3. 해성드뚜리
(흑돼지,토마토찜)

구엄리돌염전
일몰

구엄리 돌염전

섬앤섬 오션뷰

제주광해(갈치조림)

황where식당(갈치조림)

도시해녀
(해녀체험)

바다속고등어쌈밥

은희네해장국
(소고기해장국)

제주이호테우해변로점 앞 버베나

자매국수(고기국수)

마농 제주본점
(돌문어스틱)

돈사돈
(흑돼지)

제주 하멜
(치즈케이크)

돈가

시골시멍

풍담제주 수상보트

쑴쑴렌탈샵 자전거 애월정

구엄어촌
체험마을

이리하우스
(계란)

코시롱(10첩
제주밥상)

문개항아리
(해물라면)

광평도새기촌(흑돼지)

파군봉

바궁이오름

살랑제주
(독채)

중엄리
샛물

맛있다
(스시)

애월피찜
(갈비찜)

황홀북탕

고스트타운
(귀신의집)

남또리횟집
(도미회, 모둠회)

노올리
(연탄빵)

스테이달하

해성드뚜리
(흑돼지)

슬로우리제주
(독채)

토토남들이네
(원데이 쿠킹클래스)

버터모닝
(치즈타르트)

맛동산감귤체험농장
애월읍 광령리 3227, 감귤체험

광령
초등학교

미깡치고감귤밭
&카페

두갓굴따기 체험을
즐길수 있는 맨틱카페

별이드는곳번디

에스프레소 라운지
(액틱의 넓은 매장)

수목원테마파크
플레이박스VR,얼음미끄럼틀,
초콜릿만들기체험장

수목원길 야시장

브리캠퍼스
브리아티스트 들의 작품
브릭/레고 체험, 실내

귤향기 농장
노령동 160(1100로 3118)
체험은 어두워지기 전에 오세요

1.제주달곰롬빌라(풀빌라)
2.제주 까르마(풀빌라)
3.엔젤룸빌라(풀빌라)

하가리집

LAVANT
(따뜻한 커피와 팬케이크)

애월 장전리 벚꽃
보는 것만으로도 풍성항
왕벚꽃 길[1.2월]

오담애월(독채)

2

수산봉

수산유원지
수산저수지의 뚝방길, 숨은
명소, 출사 장소, 조용한
산책길

항파두리 해바라기
[6~8월] 제주에서 매우 가까운
해바라기 밭

스테이장유7
(독채)

항파두리 유채꽃
[3,4월] 삼별초의 최후 격전지와 유채꽃

항파두리
나로로 나무

고성숲길

사진놀러터 정소

항파두성

백제사

마파룡
(마카롱)

카페 공산명밭
레토우

아날로그 감귤밭

무수천
양쪽 바위벽으로
흐르는 천,
기암절벽과 폭포,
호수가 있는 곳,
산책하기 좋음

카페사분의일(블렌딩 커피를
핸드드립으로 내려주는 카페)

시루애월
(앤틱한 브런치 카페)

TONKATSU
서황(서황카츠)

골목카페호수(한옥카페)

항파두리 코스모스
가을에는 역시 코스모지[9,10월]

유수암카폐
(자연생태마을)

항파두리 백일홍
백일 간의 백일홍
향연[8,9,10월]

제주기와
(야외정원에서
피크닉 즐길수
있는 카페)

락곡오름

프레러라(독채)

제주공룡랜드
국내 최대 공룡 테마파크, 30
층 100여마리 공룡,
토이랜드, 조랑말체험장
(리모델링 여부확인 필)

미스틱3도(동물체험할 수 있는
정원이 딸린 카페)

제주 ○
청ㅇ

상가리야자숲
이색적인 야자숲. 사진 찍기 좋은 곳

화조원
아이와제주,다양한 조류
및 알파카 체험농장

제주양때목장
아이와 함께 하기 좋은 곳

제주 퍼피월드
(반려견놀이터)

제주불빛정원 장미

제주불빛정원
제주장미정원, 제주야간명소

테디베어사파리
테디베어와 동물 인현들을 직접
만지고 사진찍을 수 있는 테마 파크
찰칵, 영유아도 놀기 좋음

아루요
(가츠동)

아루요 청초밭
채우고

어승생눈마장
(승마)

푸르른 청보리 너

3

도치돌 알파카목장
알파카, 토끼, 염소, 양, 먹이주기 체험

무병장수 테마파크
제주 힐링명상센터, 궁궁체험,
승마체험(승마 사전예약 필)

렛츠런파크
제주

렛츠런파크
제주(승마)

제주승마공원
·(승마)

애월읍

국립제주

9.81 파크
그래비티 레이싱, 카트
실내 체험 게임존
하늘그네,F&B

981파크
잔디밭

천아수원지
단풍

천아오름

천아계곡 단풍
제주의 아름다움을
단풍과 함께[10,11월]

괫물오름 우거진 숲

괫물오름

족은녹고메오름

큰노꼬메오름

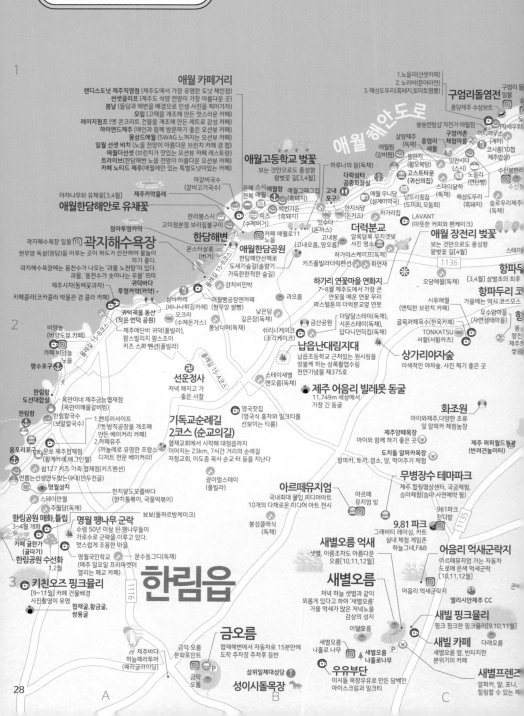

한림읍 주요지역

D

애월고등학교 벚꽃
보는 것만으로도 풍성함
왕벚꽃길[3,4월]

하갈넛이있는 카페
하갈비국수
갈비고기국수

은혜 스시 애월항
전복 애월

한라봉스시
보리짚돼지구이

한담해변
몬스터살롱
(버거)

애월한담공원
한담해안산책로
바다기술길(솔향기
가득한전원의 숲길)

감치비빔밥

애월 베이커리
피즈(수제버거)

백번가든
(흑돼지)

핏츠제주
(돈까스)

덕릿분교
알록달록 무지개빛
사진 명소

카페 애월로11
노을

덕럭쉼터
공중화장실

고내 애월
포구

안지식당
(돈가스)

하가리집
LAVANT
따뜻한 커피와 팬케이크

애월 장전리 벚꽃
보는 것만으로도 풍성함
왕벚꽃길[4월]

애월 우니덥
(성게미역국)

고스트타운
(귀신의집)

남도드리
(도미회, 모둠회)

애월찜
(갈비찜)

뚱딴지
(활오복탕)

잇칸시타
(스시)

노을리
(연탄빵)

E

다락하우스
광평도새기촌(흑돼지)

수산봉하르방산

수산유원지
수산저수지의 뚝방길, 숨은
명소, 출사 장소, 조용한
산책길

수산봉

해성도뜨리
(흑돼지)

슬로우제주
(독채)

파군봉
(바군오름)

토토아뿔리
(원데이 쿠킹클래스)

버터모닝
(치즈타르트)

항파두리 해바라기
수산에서 매우 가까운
해바라기 밭

항파두리
나홀로 나무

고성숲길

항파두리 유채꽃
[3,4월] 삼별초의 최후 격전지와 유채꽃

항파두리 코스모스
가을에는 역시 코스모지[9,10]

항파두리 백일홍
백일 간의 백일홍
향연[8,9,10월]

항파두성
백제사

제주기와
(야외정원에서
피크닉 즐길 수
있는 카페)

카페
공산명월
레트로

하가이스케이프(독채)

휘연재

하가리 연꽃마을 연화지
7~8월 제주에서 가장 큰
연못을 메운 연꽃 무리
파스텔톤의 더럭분교앞 연못

과오름

오담애월(독채)

1136

스테이장유7
(독채)

낮은담
깊은집[1,2]

달더수스테이(독채),
시온스테이(독채),
답다니언덕집(독채)

금산공원

쉬리니케이크
(조각케이크)

시루애월
앤틱한 브런치 카페

골목카페[한옥카페]
TONKATSU
서황(서황까츠)

항파두리 항몽유적지
몽골의 침입시 삼별초가 최후까지
항전한 곳. 전라도 전투에서 패하여
제주도로 건너와 이곳에 항파두성을
쌓음. 근처에 방문객을 위하여 꽃을
심어 놓음

극락오름

프레아라(독채)

제주불빛정원 장미

납읍난대림지대
납읍초등학교 근처에 있는 원시림을
방불케 하는 상록활엽수림
천연기념물 제375호

상가리야자숲
이색적인 야자숲. 사진 찍기 좋은 곳

제주 어음리 빌레못 동굴
11,749m 세상에서
가장 긴 동굴

화조원
아이와제주,다양한 조류
및 알파카 체험농장

아루요
(가츠동)

제주불빛정원
제주장미정원, 제주야간명소

테디베어사파리
테디베어와 동물 인형들을 직접
만지고 사진찍을 수 있는 테마 파크
친절, 영유아도 놀기 좋음

제주양떼목장
아이와 함께 하기 좋은 곳

제주 퍼피월드
(반려견놀이터)

도치돌 알파카목장
알파카, 토끼, 염소, 양, 먹이주기 체험

레츠런파크 · 제주

레츠런파크 ·
제주(승마)

제주승마공원
(승마)

애월읍

무병장수 테마파크
제주 힐링명상센터, 궁궐체험,
승마체험(승마 사전예약 필)

아르떼뮤지엄
국내최대 몰입 미디어아트
10개의 다채로운 미디어 아트 전시

아르떼
뮤지엄 빛

981파크 잔디밭

봉성클래식
(독채)

9.81 파크
그래비티 레이싱, 카트
실내 체험 게임존
하늘그네, F&B

새별오름 억새
샛별, 이름조차 아름다운
오름[10,11,12월]

새별오름
저녁 하늘 샛별과 같이
외롭게 있다고 하여 '새별오름'
가을 억새가 많은 저녁노을
감상의 성지

어음리 억새군락지
아르떼뮤지엄 가는 자동차
도로에 은색 억새군락
[10,11,12월]

어음리 억새군락지

엘리시안제주 CC

큰바리메오름

바리메오름 호수

족은녹고메오름

큰노꼬메오름

한대오름

돌오름

이달오름

금오름
협재해변에서 자동차로 15분만에
도착 주차장 주차후 등반

삼위일체대성당

성이시돌목장
아이스크림과 이국적
건축물에서의
사진촬영으로 유명한 곳

새별오름
나홀로 나무

새별오름
나홀로나무

유우부단
이돌목장 우유로 만든 담백한
아이스크림과 밀크티

성이시돌 목장 태쉬폰

그리스신화박물관

트릭아이미술관

새빌 핑크뮬리
핑크 핑크한 핑크뮬리[9,10,11월]

새빌 카페
새별오름 옆, 빈티지한
분위기의 카페

대로우즈

새별프렌즈
알파카, 말, 포니, 당나귀, 양, 흑염소와 함께
힐링할 수 있는 체험농장

아덴힐리조트&골프클럽

새별레저ATV
(ATV)

왕이메오름
삼나무숲길이 멋진 분화구가 있는 오름

림읍

림읍

광이멀스테이
(풀빌라)

교순례길
(순교의길)
회에서 시작해 대정읍까지
는 23km, 7시간 거리의 순례길
회, 이도종 목사 순교 터 등을 지난다

블랙스톤제주 CC

제주탐나라
공화국

올레길 14-1코스

오설록 티 뮤지엄
전망대에 올라 차밭을 한눈에
감상하기, 차밭길 강력추천
남송이오름
(남소로기)

신화워터파크

문도지 오름

정물 오름
잎들

정물오름

안덕면 겹동백길
겹동백이니 얼마나
풍성하겠어[11,12,1,2,3월]

원물오름 앞
갯무꽃

돌오름

토이파크
(장난감 전시)
지아정원 키즈
가족펜션(풀빌라)

조은승마장(승마)

제주
아트서커스

하루플즘다
(풀빌라)

무로어
(아메리카노)

플랫화이트,아메리카노

동광리농촌
체험마을

안덕면

행기소 그네

한라산아래첫마을영농조합법인
(제주메밀비비작작면,제주메밀비빔냉면)

수줍은 언니네(독채)

포도뮤지엄
현대미술을 전시,관람할 수 있는 복합문화공간

핀크스 포도호텔

동광리 수국
담벼락에 피어난 수국의
아름다움[6,7,8월]

무민랜드
핀란드 캐릭터 무민의 스토리가
담긴 공간. 국내 최초, 미디어
아트, 목공아트

방주교회
제주 7대 아름다운 건축물
관광지는 아니지만 특이한
건물로 많은 사람들이 찾는 곳

1135

1116

1115

F

1

2

3

한경면 주요지역

1. 제주미작 협재점(바다푸딩)
2. 호텔샌드(선인장몽태)

피어22(태왁, 랍스터테일)

금능해수욕장

그루브 수우동

협재칼

협재더꽃돈

돼지곰는 정원

제갈양 제주
협재점(갈치조림)

금능포구 금능해수욕장

과수원피스 농원

이색나무

한림공원

이국적인 테마

식물원과 용암 동굴

네이처트레일(원룸형)

문예뜰(풀빌라)

월령선인장
(풀빌라)

금능석물원

돌하르방 및

얼굴 석상 가득

앤티브파크

실내클라이밍, 카트

키즈카페

월령 선인장 군락지

어디서든 쉽게 볼 수 없는
선인장 군락

월령포구

제주라라하우스
(풀빌라)

섭재(독채)

해거름전망대

해 질 무렵 조용히 낙조를 감상하기 좋은 곳

스노쿨링으로 유명한 이색물놀이 장소

짬뽕도

금능남로 유채꽃길

라온프라이빗CC-제주
선인장마을까지 이어지는
유채꽃 드라이브 코스

제주맥주 양조장

사전 예약제로 운영되는
투어(매일 생맥주 시음

판포포구

바다본돼지(전복배기)

오지힐(호주식 비건 베이커리 카페)

카페원웨이(원웨이치즈케이크,바닐라쉬폰)

흑돼지 딱새우

율당리 협재점

(새참 브런치,케이크)

더마파크

기마공연, 승마체험,카트등

벨진우영(독채)

울트라마린(당근케이크)

코코메아

(미트파이)

즐길거리가 많은 곳!

제주돌마을공원

더마카트

카트레이싱

프롬나드제주(독채)

다이브자이언트 제주
프리다이빙

서쪽아이
(풀빌라)

실내동물원 라온zoo

체험형 실내동물원

제주한

현대미

조각작품들

클랭블루(풍력발전단지
바다 전망)

숲속 1km 수로길 및 공원

비체올린 카약

비체올린 베베나

서부농업기술센터

코스모스

어오내소

싱계물공원

풍력발전기와 바다, 길
위를 걷는 육교

신창풍차
해안도로
(신창풍차 해안도로)

플로라가든
풀빌라(독채)

비체올린
제주돌창고
(수영장이
있는 카페)

데미안

(돈까스정식)

코스모스는 돌담길에

있어야 제맛[9,10월]

클랭블루 수돗(독채)

가메창

(암메)

해안도로 일몰

그 해 여름(수제청 음료)

조수리 장미마을

P

수리담(독채)

블루웨이 프리다이브

클랭블루스테이

(2인숙소)

제주돈

(근고기)

와드북스

저지오름

둘레가 약 900m, 깊이/가짜

60m쯤 되는 매우 가파른

산노루 제주점

(말자라대,말자팔라대)

산양 투명카약(카약)

아홉굿마을

1000개의

별밭스테이(독채)

조수리네

용수리

포구

제주표착
기념관

올레길 13코스

의자를 구경할 수 있는 곳,

무한도전 촬영

뉴저지

감귤밭이 통유리로

물든거네

(염색체험)

별돌별 정원본점

(제주산호돼지)

절부암(제주도 기념물 제9
호, 조선시대 조난당한
남편의 사연이 있는)

청수리아파트
(독채)

봉빛코티지(독채)

오오오하우스

(풀빌라)

가마오름

제주 가마오름
일제동굴진지

차귀도 억새

독특한 형태인
차귀도 배경과
억새[9,10,11월]

차귀도유람선

자구내포구

당산봉

오름,일물명소

엉알해안
산책로

당오름

하소로커피(직접 로스팅한
원두가 인기있는
핸드드립 카페)

펠롱여관(독채)

차귀도

1.차귀도달래낚시(배낚시)
2.진성우낚시(배낚시)
3.대물호(배낚시)

엉알해안

해안절벽과 올레길 그리고 아름다운
석양이 있는 유네스코 세계지질공원

산양큰엉곶

숲속의 작은마을을 재구현한 곳으로
다양한 포토존이 있다.

기차포토존,백설공주 오두막이 유명하다.

웃뜨르우리돼지
(흑돼지옥숍)

제주 곶자왈 도립

곶자왈이란 암괴지에 불가

널려오는 지대에 형성된 숲(숲 키

수월봉 노을

수월봉

지질트레일

P

수월봉

해 질 무렵 보이는 저녁노을이 으뜸인 곳
수월정에서 보이는 차귀도와
차귀해안의 절경,주차 후 1분

탐라는일상

애플망고과
(제주애플망고
제주애플망고

스퀘어베이(우영우촬영지)

신도포구

1132

녹남봉오름 백일홍

대정성지

(적양용 조카 정난주
마리아 묘가 있는
천주교 성지)

미쁜제과
(미쁜크림라떼,아메리카노)

스테이가랑(풀빌라)

로브제8(독채),
제주놀 3320(독채)

올레길 12코스

제주도예촌

1136

무릉2리

가시오름

1120

대정읍

모슬봉

초콜릿박물관

어쩌다 영락(독채)

영락리 방파제

대정읍 앞바다에서
돌고래 초망

1130

북마크게스트하우스
(게스트하우스)

날외15(그래놀라와 오디가
들어간 건강한 수제요거트)

감저카페
(담쟁이
덩쿨이 멋진)

인스밀(이국적인 야자수 전망을 즐길 수 있는 카페)

모슬포한라전복 본점
(전복돌솥밥)

동일리포구

옥돈식당
(보말칼국수,

2차
제주

수애기베이커리(노을뷰 전망카페)

대정읍 주요지역

당오름

엉알해안
해안절벽과 올레길 그리고 아름다운
석양이 있는 유네스코 세계지질공원

하소로커피(직접 로스팅한
원두가 인기있는
핸드드립 카페)

펜롱여관(독

웃뜨르우리돼지
(흑돼지육살)

수월봉 노을

수월봉
해 질 무렵 보이는 저녁노을이 으뜸인 곳
수월정에서 보이는 차귀도와
차귀해안의 절경, 주차 후 1분

수월봉
지질트레일

산양큰엉곶
숲속의 작은마을을 재구현한 곳으로
다양한 포토존이 있다.
기차포토존,백설공주 오두막이 유명하다.

제주

곶자왈
널려있는 지

스퀘어베이(우영우촬영지)

신도포구

미쁜제과
(미쁜크림라떼, 아에리카노)

올레길 12코스

녹남봉오름 백일홍

올레길 12코스

스테이가량(풀빌라)

제주도예촌

무릉2리

로브제8(독채),
제주놀 3320(독채)

대정읍

어쩌다 영락(독채)

초콜릿박물관

영락리 방파제
대정읍 앞바다에서
돌고래 조망

북마크게스트하우스
(게스트하우스)

날외15(그래놀라와 오디가
들어간 건강한 수제요거트)

인스밀(이국적인 야자수 전망을 즐길 수 있는 카페)

모슬포한라전복 본점
(전복돌솥밥)

동일리포구

수매기베이커리(노을뷰 전망카페)

하모체육공원 제주올레안내스
트라몬토 제주모슬포본점
(파스타)

모슬포

하모해수욕
모래가 곱고 수심이 얕
해안가 뒤의
잔디밭에서는 돌

마라도
마라

사전예약해야 티켓을
가파도는 중간

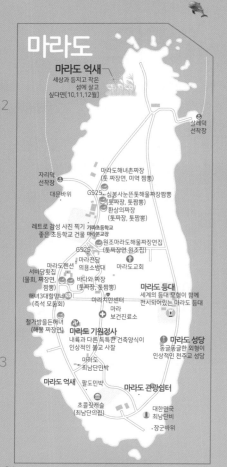

마라도

마라도 억새
세상과 등지고 작은
섬에 살고
싶다면[10,11,12월]

실레덕
선착장

자리덕
선착장

마라도해녀촌짜장
(톳 짜장면, 미역 짬뽕)

대문바위

GS25 심봉사눈뜬톳해물짜장짬뽕
(톳짜장, 톳짬뽕)

환상의짜장
(톳짜장, 톳짬뽕)

레트로 감성 사진 찍기 가파초등학교
좋은 초등학교 건물 마라분교장

원조마라도해물짜장면집
(톳짜장면 원조집)

GS25

마라전담
의용소방대

마라도교회

마라도펜션
서바당회집
(물회, 짜장면,
짬뽕)

바다와 짜장
(톳짜장, 톳짬뽕)

해녀3대할망네
(즉석 모둠회)

마라 치안센터

마라
보건진료소

마라도 등대
세계의 등대 모형이 함께
전시되어있는 마라도 등대

철가방을든해녀
(해물 짜장면)

마라도 기원정사
내륙과 다른 독특한 건축양식이
인상적인 불교 사찰

🏛 **마라도 성당**
동글동글한 외형이
인상적인 천주교 성당

마라도
최남단민박

마라도 억새

팔도민박

마라도 관망쉼터

초콜릿캐슬
(최남단의집)

대한민국
최남단비

장군바위

안덕면 주요지역

제주맥주 양조장
제주돌마을공원

서부농업기술센터
촛불맨드라미
이국적 풍경을 만들어주는
맨드라미[9,10월]

제주바다
하늘패러투어
(패러글라이딩)

새별오름 억새

새별오름
저녁 하늘 샛별과 같이
외롭게 있다고 하여 '새별오름'
가을 억새가 많은 저녁노을
감상의 성지
이달오름

어음리

어음리 억새군락지
엘리시

새빌 핑크
핑크 핑크한

새빌 카페
새빌 옆,
분위기의 카페

제주현대미술관
현대미술 작품과 야외
조각작품을 감상할 수 있는
곳
어오내스테이(독채)

저지문화예술인마을
갤러리와 조각품이 모여있는 복합 예술공간,
다양하고 독특한 창작품들을 볼 수 있다.

금오름
협재해변에서 자동차로 15분만에
도착 주차장 주차후 등반
금악오름
분화포인트

성이시돌목장
아이스크림과 이국적
건축물에서의
사진촬영으로 유명한 곳

삼위일체대성당

우유부단
이처럼 목장우유로 만든 담백한
아이스크림과 밀크티
성이시돌 목장 테쉬폰

아멘힐리조트&골프클럽

그리스신화박물관

새별레저ATV
(ATV)

트릭아이미술관

풀빛(독채)
모네의숲

제주도립김창열미술관
김창열 담백의 물방울 작품을 만나 볼수있다

블랙스톤제주 CC

정물오름
일원

안덕면 겹동백
겹동백이니 얼마나
풍성하겠어[11,12,1,2,

방림원
국내 최초 야생화 식물원
(2000여종 이상의 다양한 야생화)

제주탐나라
공화국

가메창
(암메)

김흥수
아틀리에

저지예술
정보화마을

몽보야뮤지엄(갈치구이)

저지오름

텔레스코프

마중오름

문도지 오름

올레길 14-1코스

돌오름

원물오름 앞
갯무꽃

안덕면

생각하는 정원
1만2천평 대지에 7
개의 소정원

환상숲 곶자왈공원
천연 원시림 곶자왈 공원. 매시간
정각의 숲 해설을 들을 필수

토이파크
(장난감 전시)
지가렌피아
가족펜션(풀빌라)

수플은 언니네(독채)

현대미술을 전시,관람할 수 있는

포

뉴저지 카페

가마오름

오설록 티 뮤지엄
전망대에 올라 차밭을 한눈에
감상하기, 티스트 예약 강력추천

조은승마장(승마)

무의어

제주
아트서커스

동광리 수국
담벼락에 피어난 수
아름다움[6,7,8월]

제주 가마오름
일제동굴진지

제주 유리의 성
유리공예 조각품으로
이루어진 테마파크
할로비치

남송이오름
(남소로기)

신화워터파크

하루를품다
(풀빌라)

동광리농촌
체험마을

동백꽃
느끼면 알게되는 동백꽃의
아름다움[1,2,3,4월]

뽀
테

펠롱여관(독채)

오오오하우스
(풀빌라)

양가형제(경버거)
뭉쿰(제주수제
콜치즈돈까스)

서광다원
수평선까지 닿아있는 차밭
최대규모 녹차밭

애월망고와
열대과일로 만든
달콤한 디저트 맛집

제주항공우주박물관
아이들과 함께 즐기는
다양한 항공기 체험

신화테마파크
신화워드
샤스타데이지

제주신화월드

로봇플래닛

바이나흐튼
크리스마스박물관

토마스마켓
(플리마켓)

거린오름
(복오름)

송가농장 홍가시
[4,5월]

헬로키티
아일랜드

제주 곶자왈 도립공원
곶자왈이란 암괴들이 불규칙하게
쌓여있는 지대에 형성된 숲(숲 트레킹)

올레길 11코스

탐나는일상(독채)

노리매공원 핑크뮬리
핑크 해지는 사진을 찍고
싶다면[9,10,11월]

노리매공원
사계절 꽃과 식물과 함께 인생
인생사진, 봄철 매화축제

하다책수소
(게하)

도비네
칼국수

이상한 나라의
앨리스

소인국테마파크
미니어쳐 사이즈
세계의 랜드마크가
전시된 테마파크
서광춘리
(성게라면)

프리튀르
(수제 도너츠)

'서광리123'
핑크뮬리
[9,10,11월]

피규어뮤지엄

파더스가든
(글따기)
한라의향기(글따기)

카페
일리 노블
중문더카

도로테마
농원(승마)

서광카트체험장(카트)
하늘여행 행글라이더체험장

제주동채펜션
감성숙소 훈온

세계자동차&피아노박물관
세계 명품 클래식차와 어린이 교통 체험장

파더스가든
(비엔나커피,티라미수)

aaa jeju

제주
유리박물관

애기동백의 포토존과 함께 매일 [1,2,3,4월]

봉순이네흑돼지

안성리 수국길
마을 비포장 길앞으로 풍성하게
꽃피는 수국, 안성리 998 [5,6,7월]

정보
빌리지

서귀포 화순서동로
(화순리) 유채꽃
차창 밖으로 보이는
유채꽃길[3,4월]

춘심이네 본점(통갈치구이,
제주옥돔구이=은갈치조림)

카페 마노르블랑 동백꽃

노리매공원 매화
니들이 매화를 알아?[3,4월]

벨진밧뜨(빨래데)

마노르 블랑 핑크뮬리
[9~11월] 예쁜 찻잔으로
가득한 카페뷰 핑크뮬리

제주어린왕자
펜션(풀빌라)

어린왕자글램핑
(카페에서 즐기는
글램핑밭과 홍철책)

크래커스 대정점(돌담 정 햇살),
청춘부부(감귤창고 감성카페)

카페덕수리2180
(루프탑테라스와 귤밭)

수국 가득한 야외정원

하멍담아
(수국 가득한 야외정원)

페로로
감율농장

오마이코티지(독채)

루나피크닉
자연속에서 만나는
명화 컬렉션

안덕면사무소 수국길
덕면 면사무소와 안덕면 산방로의
푸른 수국 길 [5,6,7월]

BISTRO 낭
(채공스테이크)

군산

추사 김정희
유배지

돔하호그
돗국수

대정성지
(정약용 조카 정난주
마리아 묘가 있는
천주교 성지)

마노르블랑
395미터로 우뚝 솟은 전형적인 종상화산,
산방(山房)이라는 의미는 산속의 큰 바위굴을
의미 해식동굴로 이어져 있기 때문

루나폴
루나폴레과
12만평 규모의 미디어 아트
야간형 디지털 테마파크

화순양화로에

중앙식당

고당이식당

건강과성 박물관
엄청난 규모의 성 테마 박물관

군산오름 앞
갯무꽃

고려 목조
천년반석을
맞바라보
볼수있다

단산
산방산,송악산과
마라보고 있으며
중산에서 형제섬,
가파도,마라도를 볼수있다

단산
탄산온천
잇몸시리면(바위카츠, 팥빙)

산방산
뚜레식후르(풀빌라)

거멍국수
(고기국수)

유엔어묵
(어뮤드)

산방굴사

산방연대

화순가옥(독채)

산방산 유람선

올레길 9코스 마돈나(말고기?)

모슬봉

추사 김정희
유배지

올레길 11코스

가시리

제주커피수목원
(풀빌라)

대정향교

산방산유채꽃
[3,4월]

원앤온리

더리트리브

산방산초가집
(전복해물찜요리)

풀스테이(독채)

소라께(풀빌라)

카멜베이지(독채)

마비오초밥

제주그루(독채)
미니에리 게하

감저카페
(당쟁이
덩쿨이 멋진)

알뜨르비행장
2차 대전 당시 일본군이
제주도민을 강제동원하여
만든 전투기 격납고

보로스(굴)

스테이동물 2호점

아이노스펜션
(풀빌라)

춘미향
(정식)

제주 진미
(성게보말칼국수)

화순가옥(독채)

산방산 유채꽃 전망

춘천해물

옥돔식당
(보말칼국수)

미영이네식당(갈치조림)
글타글타하이(해물찜)

2덕농장
(갈치조림)

만선식당(1등어회,고등어조림)

제주대정 골드빌라A
독채 펜션(풀빌라)

그레이그머니
(사계전망 카페)

송악카트
체험장

설쿰바당해변

사계해수욕장

산방산수목원

치즈롱
(티끼모양 아이스크림)

하멜기념비

서포니(얼)

스테이 숲이있는
시간(독채)

뷰트
(현우암라떼)

하늘꽃

빅고르서카
&프리다이빙

황우지해변

순천바당(갈치조림)

화순금모래해수욕장
가파도와 마라도, 산방산이
배경인 해변

용머리해안
180만 년 전 수중 화산 폭발로 만들어진
각종 동굴과 단층이 절경이다
1.커피스케치(브라운 치즈롱
듬뿍 넣은 달콤한 크로플 맛집)
2.카페갤러시아(살사 명치송이)

제주해조네 비
해녀(독채)

대평
포구

올레길 8코스
1.난드르호선상낚시
2.프라다 선상낚시
3.알라딘호선상낚시

1.휴일로(하트 돌담)
2.카페 두가네(담근커피)
3.카페프라시아 본점(아인)

박수기정

36

지

D   E   F

바리메오름 호수
큰바리메오름

1월]

1100고지 단풍
오르지 않아도 되는 단풍길
걷기[10,11월]

삼형제
큰오름

1100고지
설경

1100고지
한라산 남벽 뷰 감상 가능

1100고지
람사르습지

만세동산(오름)

윗세누운오름

병풍바위

윗세오름

렌즈

포니, 당나귀, 양, 흑염소와 함께
있는 체험농장

한대오름

돌오름

영실탐방코스
2시간 30분 5.8Km

영실탐방안내소

한라산 영실코스 단풍
그냥 등산말고, 단풍 등산[10,11
월]

메오름

숲길이 멋진 분화구가 있는 오름

기소 그네
한라산아래첫마을영농조합법인
제주매밀비비작작면,제주매일비빔냉면)

무민랜드
핀란드 캐릭터 무민의 스토리가
담긴 공간. 국내 최초, 미디어
아트, 목공아트

서귀포자연휴양림
운동화가 아니어도 괜찮아, 혼자 걸어봐도 좋아
제주의 숲에서 캠핑해보는 색다른 경험

법정이오름

도텔

방주교회
제주 7대 아름다운 건축물
관광지는 아니지만 특이한
건물로 많은 사람들이 찾는 곳

거린사슴

시오름

본태박물관
세계적인 건축가 안도타다오의 작품.
노출콘크리트와 빛, 물이 조화롭게 어우러진
건축미, 세계적인 거장들의 작품과 우리나라
전통공예 전시

아힐 수국

롬으로 가는

월]

본태박물관
노출 콘크리트

롯데스카이힐제주 CC

서귀포 치유의 숲
평균수령 60년 이상의 전국
최고의 편백 숲이 여러 곳에 조성

곳일까?
는 사진 명소

클럽엘제주 컨트리클럽

하늘아래수목원

1115

제주다원
생각보다 어려운 녹차 미로와
곳곳의 포토존, 무인카페

녹차 미로공원

중문레저
UTV(ATV)

서귀포 천문과학 문화관
밤하늘의 천체 및 태양을 관찰할 수
있는 천체 망원경 보유

물리

대유ATV수렵사격랜드
ATV, 수렵, 사격

오천열한지
(전복봅음밥
육쌈동치마)

예래동 벚꽃길
조용히 벚꽃놀이를 즐기고 싶다면
예래생태공원[3,4월]

법화사지 배롱나무

법화사

도순다원

엉또폭포
비가 많이 와야만 볼 수
있는 신비의 폭포

호근동 동백길
시골길에 피어있는 붉은 동백길.
주소: 호근동 1323-1
[11,12,1,2,3월]

씨플로우
프리다이빙

격장

체험장

1.연돈(돈까스),
2.숙성도(숙성흑삼겹),
3.형제도식당(갈치조림상)

중문향토오일장
끝자리 3일, 8일에
열리는 오일장

스테이월드(독채)

고근산
서귀포시와 서귀포 앞바다가
한눈에 보이는 곳

모루한
(독채)

김서프제주(서핑),
제이제이
서핑스쿨(서핑)

삼미흑돼지

제주운정이네
(갈치조림)

중문동 벚꽃길
예래동 주민센터부터 구 중문동
주민센터까지 벚꽃 드라이브 길[3,4월]

중문 모메든식당
(제주산흑돼지)

뚝밖의발견 (조용한 빈티지 독채)

한국야구
명예의 전당

1136

국수바다 본점(고기국수)

문치비
(흑돼지오겹살)

서귀포시청
제2청사

식물집

까망돼지 중문돈
더블랜닛(생태문화)
여미지식물원
박물관은 살아있다
테디베어뮤지엄,초콜릿랜드
그림 포레스트

고집돌우럭

스토리캐슬 EP.1
더 신데렐라

제주제주
(갈치조림)

천제연폭포
총 3단으로 이루어진 폭포

볼스카페

제주국제평화센터
남북평화, 세계 평화에 기여한
분들의 밀랍인형

화고 신시가지점
(흑돼지근고기)

1132

돈브랙(흑돼지)
서귀포마씸
(오션뷰)

시스터필드(유기농
밀과 프랑스 버터로
만든 크루와상 맛집)

카페귤꽃다락

엉덩물계곡 유채밭
그림 자연사박물관

수두리보말칼국수

가람늘솝밥

천제연 중문 본점

폭포샷

답다니 수국
이곳이 수국 맛집[6,7월]

하라케케
(말차라떼)

주상절리대 **중문색달해변**

주상절리 동굴
별빛여행

새달해변 일몰
(해양스포츠에 제격

워킹)

아프리카
박물관

약천사

조안베어 뮤지엄

월평올레

플레이웍스
(일러스트샵)

진공사
물개바위 노을

하머니돌병풍(봉날,딸기라떼)

제주 월드컵
경기자

세리월드
종합 레저 테마파크로 카트, 승마,
미로공원등 즐길거리가 다양하다

법화동 청소년
문화의집

개각

중문색달해변
수질평가 1위 해변
깨끗한 바다, 수영이나

더플리프(브런치)와 칵테일을
즐길 수 있는 오션뷰 카페

꽃내농장

제주제트
수상보트

디스커버제주
돌고래투어

월평포구

월평포구
스노쿨링

강정천

강정동

러더스
(핑크오션라떼)

법화포구

치)

대포주상절리대
화산 분출 후 용암 표면이 급격한 수축으로 수직 방향으로
생겨난 주상절리
해안가의 용암이 빠르게 식으면서 생긴 균열이 4~6각형의
기둥을 생성. 그 균열로 비와 눈이 들어가, 얼고 녹기를
반복하면서 돌이 발생하고 떨어져 나가 대포주상절리대 생성

앤트모제주
1000평 규모의 엔터테인먼트 오락실

면세점 위치
올레길 8코스

강정항

**유채꽃밭(범섬,
유채꽃이 아름다운
곳,법환동 1541)

서건도

올레길 7코스

올레길 6코스

서귀포 엉덩물계곡 유채꽃

범섬   37

서귀포시 주요지역

단풍
...는 단풍길
걷기[10,11]

삼형제
큰오름
📷 설경

2시간 4.5Km

만세동산(오름)

윗세누운오름

선작지왓
(윗세오름)

윗세오름

병풍바위

1100고지
한라산 남벽 뷰 감상 가능

**1100고지
람사르습지**

**영실탐방코스
2시간 30분 5.8Km**

영실탐방안내소

한라산 영실코스 단풍
그냥 등산말고, 단풍 등산[10,11월]

방주교회
제주 7대 아름다운 건축물
관광지는 아니지만 특이한
건물로 많은 사람들이 찾는 곳

본태박물관
노출 콘크리트

본태박물관
세계적인 건축가 안도타다오의 작품.
노출콘크리트와 빛 물이 조화롭게 어우러진
건축미. 세계적인 거장들의 작품과 우리나라
전통공예 전시

거린사슴

서귀포자연휴양림
운동화가 아니어도 괜찮아, 혼자 걸어봐도 좋아
제주의 숲에서 캠핑해보는 색다른 경험

법정이오름

시오름

서귀포 치유
평균수령 60년 이상
최고의 편백 숲이 가...

1115

롯데스카이힐제주 CC

클럽엘제주 컨트리클럽

제주다원
생각보다 어려운 녹차 미로와
곳곳의 포토존, 무인카페

녹차 미로공원

중문레저 ·
UTV(ATV)

하늘아래수목원

서귀포 천문과학 문화관
밤하늘의 천체 및 태양을 관찰할 수
있는 천체 망원경 보유

대유ATV수렵사격랜드
ATV, 수렵, 사격

엉또폭포
비가 많이 와야만 볼 수
있는 신비의 폭포

도순다원 ·

호근동 동백길
시골길에 피어있는 붉은 동백길.
주소: 호근동 1323-1
[11,12,1,2,3월]

씨플로우
프리다이브

예래동 벚꽃길
조용히 벚꽃놀이를 즐기고 싶다면
예래생태공원[3,4월]

오전열한시
(전복솥밥
육쌈동치미)...

고근산
서귀포시와 서귀포 앞바다가
한눈에 보이는 곳

모루헌
(독채)

법화사지 배롱나무
법화사

스테이월든(독채)

1.연돈(돈까스).
2.숙성도(숙성흑삼겹).
3.형제도식당(갈치한상)

중문향토오일장
끝자리 3일, 8일에
열리는 오일장

제주운정이네
(갈치조림)

뜻밖의발견(조용한 빈티지 카페)

**서귀포시청
제2청사**

식물원

김서프제주(서핑),
제주배럴서핑
스쿨(서핑)

까만돼지 충문점
더플래닛(생태문화원)
여미지식물관
박물관은 살아있다
그림 포레스트
테디베어뮤지엄,초콜릿랜드
엉덩물계곡 유채꽃
제주에 흔치않은 계곡 유채꽃길

주상절리대 · 중문색달해변
수질평가 1위 해변
깨끗한 바다, 수영이나
색달해변 일몰 📷 해양스포츠에 제격
더클리프(브런치와 칵테일을
즐길 수 있는 오션뷰 카페)

고집돌우럭
스토리캐슬 EP.1
더신데렐라

삼미흑돼지
중문 모메든식당
(제주흑돼지)

중문동 벚꽃길
예래동 주민센터부터 구 중문동
주민센터까지 벚꽃 드라이브 길[3,4월]

국수바다 본점(고기국수)

1136

천제연폭포
총 3단으로 이루어진 폭포

수두리보말칼국수
둘레길 중문 본점
제주국제평화센터
남북평화, 세계 평화에 기여한
분들의 밀랍인형

한국야구
명예의 전당
문치비
(흑돼지오겹살)

화고 신시가지점
(흑돼지고기)

1132

돈블랙(흑돼지)

서귀피안(오션뷰)

카페귤정다락

불도저카페

답다니 수국
이곳이 수국 맛집[6,7월]

시스터필드(유기농
밀과 프랑스 버터의
만든 크루와상 맛집)

제주 월드컵
경기장

하라케케
(말차라떼)

무비랜드
왁스뮤지엄

가람돌솥밥

진곳내
연광바위 노을

플레이워스
(일러스트샵)

월령올레

약천사

아프리카
박물관
조안베어 뮤지엄

꽃달농장

제주체트
주상보트

디스커버제주
돌고래탐사

세리월드
종합 레저 테마파크로 카트, 승마,
미로공원등 즐길거리가 다양하다.

벙커하우스(봄날,딸가라떼)

법환동 청소년
문화의집

법환포구

속골

주상절리대 · 중문색달해변

색달해변 일몰 📷 해양스포츠에 제격

앤트모네주점
면세점 위치

대포주상절리대
화산 분출 후 용암 표면이 균등한 수축으로 수직 방향으로
생겨난 돌기둥이 주상절리
해안가의 용암이 빠르게 식으면서 생긴 균열이 4~6각형의
기둥을 생성. 그 균열로 비와 물이 들어가, 얼고 녹기를
반복하면서 틈이 발생하고 떨어져 나가 대포동 주상절리대 생성

올레길 8코스

월평포구
월평포구
스노쿨링

강정천

서건도 ·

강정항

올레길 7코스

서건도

럭더스
(핑크오션라떼)

두머니물(범섬과
유채꽃이 아름다운
곳,법환동 1541)

제주에서
우뭇 속

법환포구

중문관광단지

파시픽 마리나 요트투어
유럽형 럭셔리 요트 상그릴라
호를 타고 서귀포 앞바다 관광

서귀포 엉덩물계곡 유채꽃
계곡따라 가득한 유채꽃밭, 강추[3,4월]

범섬

A   B   C

D | E | F

진달래밭대피소
(1시까지 도착해야
한라산 등반 가능)

5.16도로숲터널
'이상한 변호사 우영우' 촬영지

사라오름
사라오름
산정호수

한라산 성판악코스 단풍
가을 등반에는
성판악이지[10,11월]

성널오름

사라오름 단풍
호수전망
단풍[10,11월]

분기점

1131

한라산

이승악오름 벚꽃
오름에 벚꽃이라니
[3,4월]

이승악
쭉 뻗은 삼나무숲과 메밀밭으로 유명한 오름

위미리 3760
(위미리동백군락지)
토종 동백나무를 볼 수
있는 곳[11,12,1,2,3월]

머체왓숲길
방문객 지원센터

상효원 백일홍
여름에 볼 수 있는 꽃[6,7,8,9월]

고살리 숲길
남원의 포토존[9,10,11월]

휴애리 자연생활
공원 핑크뮬리

1119

상효원 메리골드
가을에서 겨울까지 볼 수
있는 메리골드[9,10,11월]

효명사
천국의문

고살리 숲길
흐르는 물소리에 마음까지
촉촉해지는 숲길

휴애리 자연생활
공원 수국
오색빛깔 아름다운
수국[4,5,6,7월]

휴애리 매화
3~4월 개화

상효원 동백
한라산 뷰의 상효원
동백꽃[11,12,1,2,3월]

고살리 숲길
속괴

휴애리 자연생활공원 동백꽃
애기동백이
뭐야?[11,12,1,2,3월]

상효원 튤립
4~5월 개화
튤립이 가득한 세상, 튤립축제

상효원
수목원

우리들 CC

휴애리 자연생활공원
실컷 억고 따고 감귤체험과 사계절
꽃들로 핫한 사진명소

휴애리 자연생활공원 귤밭
내가 직접 따는 감귤맛은
어떨까?[10,11,12,1월]

상효원 수국
수국의 아름다움을
느껴봐[6,7월]

쌀오름

돈내코유원지
숲으로 에워싸인 투명한
청록빛 폭포

휴애리 자연생활공원 매화
매화 축제 체험[3,4월]

동백포레스트

동백포레스트 동백
동백정원에서 커피
한잔?[11,12,1,2,3월]

원앙폭포
두 개의 물줄기가 떨어지는 폭포
사진명소로 유명하다.

돈내코로
동백 돌담

윈드1947 카트 테마파크

동백포레스트
창문 프레임

양금석가옥

귀포시

서귀포 무인카페
다락 수국
신비로운 서귀포의 푸른
수국밭[6,7월]

제주 벨롬 리조트

레스토랑점심
(점심가즈석식)

네이처캔버스바베큐
(B.Q플래터)

서귀포 감귤박물관
감귤 테마 박물관, 감귤체험

위미리 수국길
소담스러운
수국[5,6,7월]

쉼터체험농장
(감귤, 황금향)

뙤미(순대국밥,보말국)
동선제면가(물냉국수)

바공식당(가정식백반),
위미1리 어촌체험마을
이음새교육농장

바공식당(가정식백반),
동선제면가(물냉국수)

CAFE EPL(태왁도시락)

일송회수산
(활어회)

제주동백
수목원

제주흑돈세상수라간
(흑오겹살)

하례감귤 체험농장
감귤체험과 농기구박물관등 즐길거리가 있다

건축학개론 향가인 집
(현재 카페 <서연의 집>으로 운영 중)
공천포식당
(한치물회)

섬소나이
(한치물회)

남진호 착한배낚시
(배낚시)

고씨네천지국수(멸치국수)
아리(튀김우동)

베케(차콩크림라떼)

쇼소깍 산물 관광농원
감귤체험과 농기구박물관등 즐길거리가 있다

쇼소깍
카약

쇼소깍
곰파스타

위미점(짬뽕)

위미항

서귀포 올레시장
아케이드 형태의 서귀포에서 가장 큰 시장
마씸이네 올레시장 본점(매운멸치고추김밥)
오는정김밥

쇼소깍
해양레저터운
수상보트

서귀포 다이브센터
(스쿠버다이빙, 스노쿨링)

위미동백나무군락
향기 그윽한 붉은색 동백 용단이
깔리는 숲, 1월~4월 만개

이중섭문화거리
중앙농산
(마농치킨)
나원회포차
(갈치)

구들민박감귤체험농장
서귀포시 토평동 804

테라로사 효돈점
(핸드드립)

보목
마을

쇼소깍
투명카약, 수상자전거 체험하러 줄 서는 곳
지하수와 바닷물이 만나는 곳, 쇼소깍이라는 이름은
쇠는 '소', 소는 '웅덩이', 깍은 '끝'을 의미

이중섭 미술관
(갈치국)
이중섭 거주지

소정방폭포
폭포높이가 7m가량으로
여름철 물맞이 장소로 인기
정방폭포 동쪽의 아담한 폭포

서복전시관
(진시황의 명에
제주에온 서복)

허니문하우스
(수리남촬영지)

소천지

게스트하우스
담소

보목포구

하효쇼소깍해변

서귀포유람선 자구리
용천교 공원

올레길 6코스

소천지 투영 한라산

제지기 오름
바위산으로 험한 산세가
보이는 오름

게우지코지 카페
(수준급 커피를 맛볼 수
있는 오션뷰 카페)

캡틴호
(놀래기, 우럭, 쥐치가 잘 잡히는
낚시체험장)

개
책길
코스

황우지해안
숨은 명소, 천연
수영장이 펼쳐지는
곳 근처 황우지해안
열두굴(일제 군사용
동굴)

새섬
새연교 일몰

서귀포항

정방폭포
해안밖으로 바로 떨어지는
해안폭포로 아시아에서
찾아보기 힘든 비경
천지연, 천제연과 더불어
제주 3대 폭포 중에 하나

섶섬

지귀도

황우지해안
선녀탕 스노쿨링

문섬

서귀포잠수함
서귀포 문섬의 아름다운 연산호를
감상할 수 있는 서귀포 잠수함 체험

39

남원읍 주요지역

성판악코스 4시간 30분 9.6km

성판악매표소

속밭대피소

5.16도로숲터널
'이상한 변호사 우영우' 촬영지

사려니숲

사려니숲길

비자림로에서 사려니오름에 이르는
약 15KM의 완만한 숲 산책길
편백나무, 삼나무, 때죽나무 등
다양한 종류의 나무가 가득
걸어도 걸어도 전혀 힘들지 않고
몸과 마음의 병이 치유되는 숲

진달래밭대피소
(1시까지 도착해야
한라산 등반 가능)

왕관바위

선작지왓
(윗세오름) 철쭉

백록담

전망데크

윗세오름

남벽분기점

사라오름

사라오름
산정호수

성널오름

한라산 성판악코스 단풍
가을 등반에는
성판악코스[10,11월]

사라오름 단풍
호수전망
단풍[10,11월]

한라산

이승악오름 벚꽃
오름에 벚꽃이라니
[3,4월]

이승악

이승악
쭉 뻗은 삼나무숲과 메밀밭으로 유명한 오름

**위미리 37
(위미리동**
토종 동백나무
있는 곳[11,12,1]

휴
3~4월

상효원 백일홍
여름에 볼 수 있는 꽃[6,7,8,9월]

효명사
천국의문

고살리 숲길
남원의 포토존[9,10,11월]

**휴애리 자연생활
공원 핑크뮬리**

상효원 메리골드
가을에서 겨울까지 볼 수
있는 메리골드[9,10,11월]

고살리 숲길
흐르는 물소리에 마음까지
촉촉해지는 숲길

**휴애리 자연생활
공원 수국**
오색빛깔 아름다운
수국[4,5,6,7월]

휴애
얘기동
뭐야?[

상효원 동백
한라산 뷰의 상효원
동백꽃[11,12,1,2,3월]

고살리 숲길
속괴

휴애리 자연생활공원
실컷 먹고 따고 감귤체험과 사계절
꽃들로 핫한 사진명소

휴애
내가 직접
어떨까?[

상효원 튤립
4~5월 개화
튤립이 가득한 세상, 튤립축제

상효원
수목원

우리들 CC

동백포레스트

동백포레스트 동

시오름

서귀포 치유의 숲
평균수령 60년 이상의 전국
최고의 편백 숲이 여러 곳에 조성

상효원 수국
수국의 아름다움을
느껴봐[6,7월]

쌀오름

돈내코유원지
숲속으로 에워싸인 투명한
청록빛 폭포

휴애리 자연생활공원 매화
매화 축제 체험[3,4월]

동백포레스트 동
백정원에서 커피
한잔?[11,12,1,2,3월]

양금석가옥

원앙폭포
두개의 물줄기가 떨어지는 폭포
사진명소로 유명하다.

돈내코로
동백 돌담

윈드1947 카트 테마파크

레스토랑꼬치
(점심가츠정식)

네이처캔버스바베큐
(B.B.Q플래터)

쉼터체
(감귤,

하늘아래수목원

서귀포시

**서귀포 무인카페
다락 수국**
신비로운 느낌의 푸른
수국밭[6,7월]

제주 벨롬 리조트

서귀포 감귤박물관
감귤 테마 박물관, 감귤체험

뙤미(순대국밥,보말국)

위미1리 어촌체험마을 –
이음새교육농장

천지연폭포
너무 유명해서 그동안 잘 가지
않았던 곳
계곡으로 떨어지는 폭포의
모습이 한편의 동양화

제주흑돈세상수라간
(흑오겹살)

하례감귤 체험농장
감귤체험과 농기구박물관 즐길거리가 있다.

쇠소깍 산물 관광농원

건축학개론 한가인 집
(현재 카페 〈서연의 집〉으로 운영 중
공천포식당
(한치물회)

씨플로우
프리다이빙

여섯번의
보름

고씨네천지수(멸치국수)
아리(튀김우동)

베케(초콜릿크림라떼)

하효일(독채)

쇠소깍
카약

호텔장고펜션
(야외자쿠지)

공천포

모루언덕
(독채)

식물집

제주에인감귤밭
(에이드, 프렌치토스트)

서귀포 올레시장
아케이드 형태의 서귀포에서 가장 큰 시장
다정이네 올레서장 본점(매운열치고추갈비)
오는정김밥

쇠소깍
카약

쇠소깍
해안레저라운
수상보트

서귀포 다이브촌
(스쿠버다이빙)

걸매생태공원 매화

돈블랙(흑돼지)

이중섭문화거리
4월 개화
솜반천(물놀이)

연지동
(독채)

중앙통닭
(마농치킨)

구두민박감귤체험농장
서귀포시 토평동 804

테라로사
(핸드드립)

쇠돈촌

쇠소깍
해안레저아운
수상보트

서귀포시립기당미술관

세계 조가비 박물관

서귀피안
(온실뷰)

숨도(구,석부작)
테마공원

오는길 한라산이
병풍이 되는 곳!

삼매봉

이중섭 미술관
네거리식당
(갈치회)

보래년 베이커스
(맛있는 스콘)

왈종미술관

보목
마을

쇠소깍

쇠소깍

카페랑꽃다락

하라케비
(말차라떼)

돔배낭길

삼매봉도서관

오른쪽 한라산이

이중섭 거주지

이중섭 미술관

P 서복전시관
(진시황의 명에
제주에온 서복)

소정방폭포
폭포높이가 7m가량으로
여름철 물맞이 장소로 인기
정방폭포 동쪽의 아담한 폭포

가스트하우스

담소

**투명카약, 수상자전거
지하수와 바닷물이
쇠는 '쇠', 소는 '웅덩**

하효쇠소깍해변

올레길 7코스

속골(제주도민아
즐겨찾는계곡)

외돌개
제주에서 가장 아름다운 산책길
우뚝 솟은 바위, 올레길 7코스

황우지해안
숨은 명소, 천연
수영장이 펼쳐지는
곳, 근처 황우지해안
열두굴(일제 군사용
굴)

새섬
새연교
새연교 일몰

서귀포항

제지기 오름
바위산으로 험한 산세가
보이는 오름

게우지코지 카페
(수준급 커피를 맛볼 수
있는 오션뷰 카페)

캡틴호
(놀래라, 우럭
낚시체험장)

범섬

황우지해안
선녀탕 스노쿨링

문섬
서귀포잠수함
서귀포 문섬의 아름다운 연산호를
감상할 수 있는 서귀포 잠수함 체험

정방폭포
해안으로 바로 떨어지는
해안폭포 아시아에서는
찾아보기 힘든 비경
천지연, 천제연과 더불어
제주 3대 폭포 중에 하나

섶섬

소천지
허니문하우스
(수리남촬영지)

소천지
투명 한라산

올레길 6코스

범섬

따라비오름 억새
녹산로 유채꽃 도로
유채꽃은 꽃밭보다 꽃길이지 [3,4월]

따라비오름 억새

따라비오름
쉽게 오를 수 있고 가을 억새풀이 가득한 오름

무명고택(독채)

김정문알로에
알로에숲
온실 알로에숲

오늘은녹차 한잔 동글샷
오늘은녹차한잔
(향긋한 녹차 한잔에 녹차 족욕까지)

오늘은카트
레이싱(카트)

물영아리(오름)
물이 많은 마을, 람사르
습지보호구역

해비치 CC

가시리 마을 벚꽃
제주 시골 그리고 벚꽃[3,4월]

갑선이오름

에드타임(독채)

가시리사무소

포토갤러리
자연사랑미술관

가스름식당
(토종흑돼지삼겹살),
나목도식당(삼겹살)

가시식당(두루치기)

가시리마을

옷귀마테마
타운(승마)

해비치CC입구 벚꽃
제주 도민만 아는 벚꽃
명소[3,4월]

소소름
(쇠오름)

아호
(쪼꼬미스콘,
제주당근스콘)

가세오름

머체왓 숲길
수레국화가 아름다운 한적한
제주숲길, 총 거리 6.7km
2시간 30분

수망다원
(녹차,말차라떼)

열대과일농장 유진팜
(바나나,파파야,귤따기)

광동식당(흑돼지
두루치기)

머체왓숲길
방문객 지원센터

수망일기
(핸드메이드 인형으로 꾸며진
동화 감성 카페)

보내다제주
(귤따기)

편백포레스트
염소먹이주기체험, 숲속놀이터,짚라인,클라이밍등
다양한 놀거리가 있어 아이들과 가기좋은 여행지

심플토산
(독채)

동백마을
방문자센터

더쉼팡스파앤
풀빌라리조트(풀빌라)

토종흑염소목장
3.5만평의 숲에 7만평의 편백나무로
이루어진 곳 그리고 1.5만평의 목장.

경흥농원 동백
노란 귤밭과 어울러지는
붉은 동백[12,1,2,3월]

신흥2리마을
동백마을

문화창달(빈티지 소품들로
꾸며진 감성카페)

요정의 집

공원 동백꽃

굴림동화(독채)

남원읍

소노캄제주
하트나무

목스키친
(제주로멘파스타,
제주가득한파스타)

제주 판타스틱버거
(베이직버거)

모카다방
(유기농 재료를
사용한 구움과자가
맛있는 곳)

공원 귤밭

나름의 고요

제주외가(독채)

최남단 체험 감귤농장
(가외밭 농촌생태공원)

미깡밭스테이 삼삼온구(독채)

구시물

제주도작은집
(독채)

세러데이아일랜드
(정통 이탈리아식
식음료를 판매하는 곳)

제주파인비치펜션
(캠핑장)

올레길 4코스

리 수국길

코코몽에코파크
가족형 어린이 놀이공원

스테이귤밭
정원(독채)

에어그라운드
(캠핑장)

소담스러운
수국 [5,6,7월]

취향의성
(보리개역커피)

토리코티지 펜션
(풀빌라)

소이언가(독채)

금호리조트
제주아쿠아나

EPL(태왁도시락)
송송회수산
(활어회)

모노클제주
(아인슈페너,스콘)

마드레
(바베큐)

선광사

로빙화

아주르블루

범일분식
(순대백반,순대한접시)

제주동백

수목원

루브린라운지

소싯적(독채)

남원
포구

남진호,착한배낚시
(배낚시)

카페 동박낭 동백꽃
애기동백군락과
커피한잔[11,12,1,2,3월]

큰엉해안경승지
큰엉 이라는 뜻은 제주 사투리로 '큰 언덕
큰 바윗덩어리가 많은 1.5km의 해안산책로
한반도 지형의 사진을 찍을 수 있는 사진 명소

동백나무군락
한 붉은색 동백 용단이
는 숲, 1월~4월 만개

큰엉해안 한반도 지형

태웃개
용천수가 흐르는 노천탕.
'우리들의 블루스'촬영지 스노쿨링 스팟

곳
라는 이름은

41

표선면 주요지역

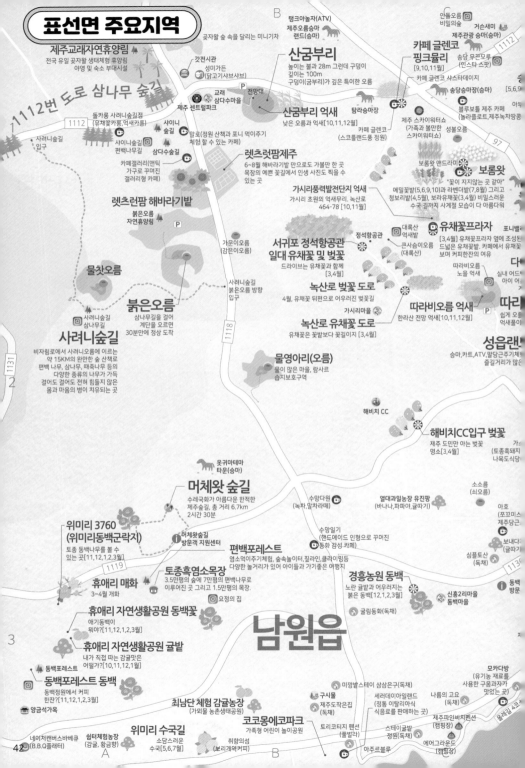

제주교래자연휴양림
전국 유일 곶자왈 생태체험 휴양림
야영 및 숙소 부대시설

1112번 도로 삼나무 숲길

돌카롱 사려니숲길점
(유채꽃카롱, 억새카롱)

1112

사려니숲길
입구

샤이니숲길
편백나무길

카페갤러리(앤틱
가구로 꾸며진
갤러리형 카페)

삼다수마을

샤이니
숲길

렛츠런팜 해바라기밭
붉은오름
자연휴양림

P

곶자왈 숲 속을 달리는 미니기차

탱크야놀자(ATV)
제주오름승마
랜드(승마)

B

산굼부리
높이는 불과 28m 그런데 구덩이
깊이는 100m
구덩이(굼부리)가 깊은 특이한 오름

갓전시관
성미가든
(닭고기샤브샤브)

교래
삼다수마을

제주 센트럴파크

전망대

말로(정원 산책과 포니 먹이주기
체험할 수 있는 카페)

렛츠럿팜제주
6~8월 해바라기밭 안으로도 가볼만 한 곳
목장의 예쁜 꽃길에서 인생 사진도 찍을 수
있는 곳

산굼부리 억새
낮은 오름과 억새[10,11,12월]

탐라승마장

카페 글렌코
(스코틀랜드풍 정원)

가시리풍력발전단지 억새
가시리 초원의 억새무리. 녹산로
464-78 [10,11월]

가믐이오름
(감은이오름)

사려니숲길
붉은오름 방향
입구

**서귀포 정석항공관
일대 유채꽃 및 벚꽃**
드라이브는 유채꽃과 함께
[3,4월]

정석항공관

물찻오름

붉은오름
삼나무길을 걸어
계단을 오르면
30분만에 정상 도착

사려니숲길
삼나무길

사려니숲길
비자림로에서 사려니오름에 이르는
약 15KM의 완만한 숲 산책로
편백 나무, 삼나무, 때죽나무 등의
다양한 종류의 나무가 가득
걸어도 걸어도 전혀 힘들지 않은
몸과 마음의 병이 치유되는 곳

1118

녹산로 벚꽃 도로
4월, 유채꽃 뒤편으로 어우러진 벚꽃길

녹산로 유채꽃 도로
유채꽃은 꽃길보다 꽃길이지 [3,4월]

물영아리(오름)
물이 많은 마을, 람사르
습지보호구역

대록산
억새밭

큰사슴이오름
(대록산)

가시리마을

해비치 CC

1131

2

**카페 글렌코
핑크뮬리**
[9,10,11월]

카페 글렌코 샤스테데이지

안돌오름
비밀의숲

거슨새미

제주관광 승마(승마)

송당 우프모루
(인스타 스팟)

송당승마장(승마)

1112

[5,6,9

블루로뜨 제주 카페
(놀라플로트, 제주녹차땅콩

제주 스카이워터쇼
(가족과 볼만한
스카이워터쇼)

성불오름

97

보롬왓
"꽃이 지지않는 곳 같아"
메밀꽃밭[5,6,9,10]과 라벤더밭[7,8월] 그리고
청보리밭[4,5월], 보라유채꽃[3,4월] 비밀스러운
수국·길까지 사계절 모습이 다 아름다워

보롬왓 앤드라이브

유채꽃프라자
[3,4월] 유채꽃프라자 옆에 조성된
트넓은 유채꽃밭. 카페에서 유채꽃
보며 커피한잔의 여유

포니벨
아이

따라비오름
노을 억새

따라비오름 억새
한라산 전망 억새[10,11,12월]

성읍랜
승마,카트, ATV,말당근주기체험
즐길거리가 많은

옷귀마테마
타운(승마)

머체왓 숲길
수레국화가 아름다운 한적한
제주숲길, 총 거리 6.7km
2시간 30분

머체왓숲길
방문객 지원센터

**위미리 3760
(위미리동백군락지)**
토종 동백나무를 볼 수
있는 곳[11,12,1,2,3월]

1119

휴애리 매화
3~4월 개화

토종흑염소목장
3.5만평의 숲에 7만평의 편백나무로
이루어진 곳 그리고 1.5만평의 목장.

요정의 집

휴애리 자연생활공원 동백꽃
애기동백이
뭐야[11,12,1,2,3월]

휴애리 자연생활공원 귤밭
내가 직접 따는 감귤맛은
어떨까?[10,11,12월]

동백포레스트

동백포레스트 동백
동백정원에서 커피
한잔[11,12,1,2,3월]

양금석가옥

위미리 수국길
소담스러운
수국[5,6,7월]

네이처캠프버스바베큐
(B.B.Q플래터)

42

편백포레스트
염소먹이주기체험, 숲속놀이터, 짚라인, 클라이밍등
다양한 놀거리가 있어 아이들과 가기좋은 여행지

수망다원
(녹차, 말차라떼)

수망일기
(핸드메이드 인형으로 꾸며진
동화 감성 카페)

경흥농원 동백
노란 귤밭과 어우러지는
붉은 동백[12,1,2,3월]

귤림동화(독채)

남원읍

최남단 체험 감귤농장
(가위랑 농촌생태공원)

코코몽에코파크
가족형 어린이 놀이공원

열대과일농장 유진팜
(바나나,파파야,귤따기)

신흥2리마을
동백마을

미깡밭스테이 삼삼은구(독채)

구사물

제주도작은집
(독채)

취향의섬
(보리개역커피)

세러데이아이랜드
(정통 이탈리아식
식음료를 판매하는 곳)

토리코티지 펜션
(풀빌라)

해비치CC

해비치CC입구 벚꽃
제주 도민만 아는 벚꽃
명소[3,4월]

소소름
(쇠오름)

아호
(쪼꼬미스
제주당근

보내다
(굴따기

심플토산
(독채)

제주파인비치펜션
(캠핑장)

동백
방문

1130

모카다방
(유기농 재료를
사용한 구움과자가
맛있는 곳

나름의 고요
(정통 이탈리아식

제주파인비치펜션
(캠핑장)

스테이귤밭
정원(독채)

에어그라운드
(캠핑장)

아주르블루

A

B

아부오름
문석이오름
동거문오름

스누피가든
피너츠의 에피소드를 재현해놓은 자연휴식공간
제주 자연이 주는 느낌과 테마가든에서

성산읍

수와키(독채)
감귤랜드굴체험장

제주농원
감귤체험농장
짱구네 유채꽃밭
원형 감귤장식

산포식당
(왕갈치정식)

제주커피박물관
Baum

컬러인제주

백약이오름 가는
산간 도로

백악이 오름 가는 산간도로

짱구네 유채꽃밭
산책하기 제격인
[12,1,2,3월]

빛의 벙커
해저 광케이블 시설로 전시
시설로 재탄생

빛의 벙커
웅장한 공간

성산바다
(갈치조림)

대수산봉

백약이오름
푸른 초원과 나무계단
꽃을 든 커플사진을 많이 찍는 곳

제주해양
동물박물관

올레길 2코스

청초밭 동백
아이와 함께 동백꽃
군락[11,12,1,2,3월]

팜파스 그라스
풍성한 느낌의
팜파스[10,11,12,1월]

성읍리 갯꽃밭

아일랜드플라워
목장형 동물 체험 카페

혼인지
혼인 신화가 전해오는
연못, 전통 혼례 체험

혼인지 수국
연못주변 수국밭[6,7월]

제주아리랑 혼
제주아리랑과 태권무지컬 공연장

1119

어라운드폴리(독채)

베니스랜드
베니스의 축소판, 곤돌라타고
한바퀴

온평바다의그릇
(해물라면)

온평
포구

울레돔펜션(독채)

달빛(흑돼지라자냐)

OK승마장

뷰 제주하늘
이어도승마장(승마)

영주산(오름)
천국의 계단[보랏빛 산수국
계단, 수국철 6~7월]

알프스승마장포니(승마)

제주공룡
동물농장

유건에오름

난산리큰집
(게스트하우스)

제주 달로와
풀빌라

표선·세화해안도로
(세화리·민속촌박물관)

카페아오오(주디디니즈)
올디시나몬

올레길 2코스

정의향,
고창환 고택,
정필옥 고택

북돼지식당
(고사리주물럭우한리필)

만덕이네(갈치조림정식,전
복문어흑돼지두루치기)

초가헌(기름떡,
아메리카노)

통오름

독자봉

잔디공장(내 건강을 위한
초록초록한 잔디우유와
잔디스무디 한 잔)

올레길 3B 코스

제미아일랜드
(봉 유리창 밖으로 보이는
멋진 바다전망 카페)

성읍절십리식당
(흑돼지오겹살)
옛날팥죽(팥죽)

정의현성

남산봉
(망오름)

일출랜드
신비로운 지하동굴
속에서 영감 폭포
천연동굴 미천굴을
중심으로 한 자연연섶
테마랜드

미천굴

은 녹차 한잔
의 동굴숲

녹차한잔
한잔에서
족욕까지)

김정문알로에
알로에숲

성읍민속마을
1423년(세종 5년) 현청이 생긴 이후
조선 말기까지 '정의현' 소재지였던 곳
전통 초가 가옥들이 현무암의 돌담
사이에 분포

불특정식당(디너,런치)

스테이삼달오름
(풀빌라)

신풍
포구

온실 알로에숲

오늘의카트
레이싱(카트)

고흐의 정원

아줄레주
(리스본 감성이 느껴지는
에그타르트 맛집)

몽상화(독채)

김영갑갤러리 두모악
20년간 제주만 사진에 담았던
작가의 미술관, 차분한 정원과
카페에서 쉬어가기

신풍목장 굴피밭

신풍 신천 바다목장
제주 올레 3코스에 해당하는 곳으로 해안 옆 목장이 이색적
아름다운 해안가 옆, 말이 뛰노는 초원위를 걷는 기분
관광 목장이 아니므로 지정된 올레길로만 이동

시리 마을 벚꽃
시골 그리고 벚꽃[3,4

신풍리 해바라기
돌담과 해바라기[7,8,9월]

표선면

하이재(독채)

어영아방 잔치마을

신천목장 굴피밭

갑선이오름

에드타임(독채)

포토갤러리
자연사랑미술관

이리스
(독채)

신천아트빌리지
마을 곳곳을 수놓은 51점의
벽화 작품들이 있는 해변 마을

1132

가시식당(두루치기)

가시리마을
유채꽃 드라이브 코스(녹산로)와 유채꽃 축제로
유명한 마을. 미술관, 카페, 공방, 밥집들이 있는
작은 제주마을

세계술박물관

표선여가(독채)

13월의제주(독채)

소금막해수욕장

표선해비치 해수욕장
무릎 정도의 해수면이 백 미터 이상 펼쳐지는 얕고 넓은 해수욕장
그래서 수영하지 않는 사람들이 걷기에도 좋고 아이들을 놀기에 딱 좋다.

가세오름

제주허브동산 허브
허브로 할 수 있는 모든것
[9,10,11월]

아키아서핑스쿨,
서프포인트(서핑)

당포로나인 돈카츠(왕치로롱까스)
당케올레국수(보말칼국수)
해미당(모듬김)

웨이브
(수제버거)

광동식당(흑돼지
두루치기)

제주허브동산
낮은단 밤에 가바, 반짝이는
조명작품 사이 향긋한 허브향

제주촌집(오겹살)
표선우동가게(돈까스)
표선수산마트
(광어회,고등어회)

코코티에(솔티카라멜라떼,백향과에이드)

제주 올레
공식안내소

당케포구

해비치 호텔 & 리조트

제주민속촌
돌담과 정낭, 19세기의 제주도가 그대로

더심팡스파앤
풀빌라리조트(풀빌라)

다카포(모래놀이할 수 있는 카페)

문화창달(빈티지 소품들로
꾸며진 감성카페)

제주민속촌 수국
대장금 촬영지에 수국무리[6,7월]

소노캄제주
하트나무

목스키천
(제주로운파스타,
제주가득한파스타)

올레길 4코스

표선 해안도로

43

성산읍 주요지역

구좌읍 주요지역

A　　**B**　　**C**

1

제주바다체험장
실내체험장으로 낚시, 고기잡기등
체험을 즐길 수 있다. 아이들과 가기 좋은 곳

김녕 금속공예 벽화마을
그림이 아닌
금속공예작품을 설치

김녕 해안도로

서우봉해변 해바라기
해바라기와 함께
감성사진[7,8월]

문개항아리(문어라면)

함덕골목(사골해장국)

연북정
(전망 좋은 정자)

섬집오후 바닷멍
(독채)

하루앤하루
(독채)

평화통일
불사리탑

바모스애견펜션
(독채)

마피스

방사믜

무거버거
(수제버거)

정주항

카페바나나

흑본오겹 함덕점

제주항일기념관

조천 안세동산

조천읍석거리
백리향
(백반정식,
찹쌀쑥이 와플)

갈치조림

함덕해수욕장
서우봉에서 바라보는 함덕 해수욕장의 정치는 제주
으뜸. 낮은 수심, 맑고 푸른 물 가족단위 여행자들이
즐기기 좋음. 카약을 빌려 카약 체험을 해볼 수 있다.

서우봉

다려도
(제주시 숨은 비경,무인도)

함덕해수욕장 서우봉
둘레길 걷부점

카페 델문도

다니쉬
(브리오슈)

오드랑 베이커리
(마농바게트)

함덕리 준하네(독채)

북촌
돌하르방공원
곳곳에 숨 속,
각양각색의 돌하르방

크라운 CC

북촌포구
서우봉 둘레길
정자

북촌리멤버
(독채)

북촌동굴
(조각케익 곁들여
아메리카노 한 잔)

북촌리 창꼼
바위 포토존

북촌리 창꼼

서우봉 유채꽃
유채꽃 사진 명소[3,4월]

동복똑배기
(은갈치조림)

북촌
4.3길

북촌에 가면
(독채)

카페 북촌에가면 장미

돌하르방미술관
숲속에 있는 다양한 돌하르방과 사진찍기 좋은 곳

아난티클럽제주

선흘 동백동산
(동백나무 10여만
그루가 숲을 이룸)

시호르(독채)

선연재(독채)

동춘스테이
(독채)

공막식당
(회국수)

해녀촌 공백
(동복선셋티)

휴운(독채)

김녕 요트투어

김녕항

김녕 서포구

쌍쌍왕발통
(킥보드, 바이크)

금룡사

청굴물
물때에 따라 용천수가 나오는
우물이 잠겼다가 나왔다 한다.

김녕해수욕장
제주 동북쪽에 붐비지 않는 아담한 해변
그렇지만 갖출 건 다 갖춘 해수욕장

만장굴
유네스코 세계자연
땅이 쏙 들어갈걸? 겉모
세계 최장길이 자연

조천읍

2

트라인커피(유명
바리스타가 내려주는
핸드드립 커피)

5L2F
(크림크레마,153커피)

제주 레포츠랜드
카트체험, 시간제 탑승

**제주 김경숙
해바라기 농장**
(쌈채,해바비빔밥)

서프라이즈 테마파크
(폐자원을 활용한 예술 '정크아트'전시장)

제주 드론파크
(실내와 야외에서
드론체험)

바농오름

조천 스위스마을
(알록달록 사진찍기
좋은 곳)

대흘리 메밀밭
가을이 기다려
진다[10,11월]

낭뜰에쉼팡

제주돌문화공원
화산섬 제주의 독특한 돌과
그 돌 이용한 작품들

파파빌레

에코랜드 CC

에코랜드 라벤더
아이와 함께 하는
라벤더 감상[7,8월]

에코랜드 테마파크
곶자왈 숲 속을 달리는 미니기차

제주한면사
(제주전통흑돼지고기국수,
제주보말비빔국수)

스테이 대흘(독채)

카페 더 콘테나(감귤
콘테이너 모양의
이색 감귤 카페)

갤러리카페 필연
(커다란 백련꽃과
연잎이 통째로 들어간 연꽃차)

당오름

캐릭파크
다양한 국내 캐릭터와 체험

캔디원
수제 캔디 만들기를 체험할 수 있다. 예약필수

상춘재
(멍게비빔밥)

오름나그네(보말칼국수)

제주 세계자연유산센터

탱크야놀자(ATV)

제주초콜릿
랜드(승마)

제주흐름(2인독채)

선흘관리소

카페 동백(티라미수 맛집)

카페 세바(핸드드립 커피,제주 보리빵)

카페 비케이브 촛불맨드라미

카페 선흘
(아점으로 딱 좋은
선흘 브런치 세트)

이공팔오(통 유리창 안으로
들어오는 채광 멋진 카페)

구좌상회
(당근케이크)

선흘방주할머니식당
(검정콩국수,콩요리)

선흘곶자왈
(제주도 국가지질공원)

선흘감리교회 샤스타데이지

선흘곶
(쌈밥정식)
비케이브
(비케이브라떼,비케이브요거트)

카페 비케이브 백일홍

한울랜드

제주소주 코스모스

제주라프
다이나믹한 짚와이어/짚라인

동굴의다원 다희연
동굴카페, 녹차밭, 짚라인, 카트투어

윗방오름

선흘리 벵뒤굴

선녀와 나무꾼 테마공원
어릴적 추억의 장소

사근이오름

제주교래자연휴양림
전국 유일 곶자왈 생태체험 휴양림
야영 및 숙소 부대시설

플라자 CC

3

절물오름

갓전시관

성미가든
(닭고기샤브샤브)

교래
삼다수농장

제주돌문화공원

포레스트 공룡사파리

거천오름

체오름

밧돌오름

안돌오름 비밀의숲
삼나무와 편백나무가
빽빽이 들어선 예쁜 숲

안돌오름 백일홍

안돌오름

새미오름

거슨새미

제주관광 승마(승마)

치즈스(한치리조트)
송당

카페 글렌코
핑크뮬리
[9,10,11월]

송당 무전모루
(인스타 스팟)

카페 글렌코 샤스타데이지

송당마장(승마)

5,6월

1112번 도로 삼나무 숲길

1112

사려니숲길
입구

돌카롱 사려니숲길점
(유채꽃카롱,억새카롱)

샤이니
숲길

샤이니숲길

편백나무길

삼다수길

제주 센트럴파크

거문오름
세계유네스코 자연유산 등재
학술적, 자연사적 가치가 높은

산굼부리
높이는 불과 28m 그런데 구멍이
깊이는 100m
구멍이군(분화구)가 깊은 특이한 오름

전망대

산굼부리 억새
낮은 오름과 억새[10,11,12월]

탐라승마장

카페 글렌코
(스코틀랜드풍 정원)

렛츠럿팜제주

말로(정원 산책과 포니 먹이주기
체험할 수 있는 카페)

카페갤러리

제주 스카이워터쇼
(가족도 볼만한
스카이워터쇼)

성불오름

블루보틀제주 카페
(놀라플로트,제주녹차밭골

카페 글렌코
핑크뮬리

송당마장(승마)

성불오름

아차

97

보롬왓 맨드라미

보롬왓

1136

흑돼지

밭담 테마공원
륵의 돌담문화를 볼 수
진빌레 밭담길

정투명카약
웨이브보핑
3.파도서프
월정퀵서프
정담(독채)
인연(독채)

좌풍력
전기
:또, 파스타)
이춘옥원조고등어
(고등어묵은지찌)
일상호지(독채)
월정리에서브런치
(오션뷰)
굴

월정리해수욕장
에메랄드빛 바다와 수많은 카페
커플 여행자들이 꼭 들렀다 가는 곳!

월정 장언의집
(안두전골)

코난해변
구좌방파제

수심이 얕고 에메랄드빛의 바다. 스노쿨링으로 유명하다.

친절한 경배씨
(게스트하우스)

어등포해녀촌
(회장식, 우럭정식)
월정리   그초록
카페거리 (아보카도커피)

오저어 일몰

구좌읍 우럭튀김 민경이네어등포식당
(우럭정식,민경이물회)

로봇스퀘어
직접 만지며 조종할 수 있는
로봇과학관(아이들 체험 실내공간)

세화해수욕장
파란 바다를 배경, 의자
사진 찍는 그곳!

떡하니 문어떡볶이
엔도롱 돈까스

하하호호 월정리점
(구좌마늘흑돼지버거)
스페이솔티
(바다전망 '모래한잔')

말젯묵(새우크림알밥)

Avec 0426
(독채)

벵디(돌문어덮밥,
뿔소라툿알밥)

카페 라라라
(당근주스
당근크림케이크)

윤스타 피자앤
파스타(화덕피자)

별방진
왜구를 막기위해 1510
년 축성한 방호소

종달리 해안도로

김녕미로공원
길을 잃는 즐거움
키만큼 큰 나무 벽에 갇히면
하늘이 더 파랗게 보여

요요무문(구좌 당근 디저트)
아이보리매직(독채)

롬툴래(콩카레)
명진전복(전복돌솥밥)

세화포구

청파식당횟집

세화벨롱장
"예쁜 바닷가에 시끌벅적 벌어지는
플리마켓", 매월 5일, 20일 11시~1시 사이
반짝 열린다.
(코로나로 인하여 휴장중, 페이스북 확인 필)

카페훌그
(수플레 팬케이크)

그계절(식물과 함께하는
싱그러운 카페)

둔지오름

숙자네숲가락정가락
(갈치조림+통갈치구이)

제주해녀
항일운동기념탑

아코제주
(인테리어소품)

카페한라산

구좌 용문사앞
해변

하도핑크
(딱새우리조또)

제주 하도리
철새도래지

제주카약체험
우도, 토끼섬 전망

토끼섬
문주란 자생지

토끼섬
문주란 자생지

토끼섬

제주 해녀박물관
제주 해녀의 역사와 삶을
엿볼 수 있는 장소

하도해변
투명한 물빛과 고운 모래

구좌읍

세화민속오일장
"시장 앞 푸른 바다 감상하며
문어꼬치 먹기"
끝자리 0일, 5일에 열리는 오일장

풍미독서
(브런치 맛있는
북카페 레스토랑)

하도미술관
(마들렌이 맛있는
갤러리 카페)

지미봉(지미오름,
정상까지 15분,
올레 21코스)

종달항

비자림
500~800년된 비자나무 2,500여 그루가 있는 곳
천년을 버텨온 원시림 그리고 피톤치드로 가득한 산림욕
항균효과가 뛰어난 비자 열매, 몸이 건강해지는 여행

철새 천연기념물
희귀새도래지 및 서식지
(철새도래지, 출사장소)

이스트포레스트
(전복리조또)

온유종달(독채)

제주오메기떡

메이즈랜드 장미

메이즈랜드
미로 박물관도 구경하고 미로
체험도 할 수 있는 곳

송당나무
(유리온실에서
산책할 수 있는 곳)

제주
오메기파크

비자림의
비자나무

종달수다뜰
(전복돌솥밥)

순희마을상
(순희밥상)

소심한책방

종달차경메리골드(독채)

올레길 1코스

그곳
듬뿍
맛집

풍림다방
(진한 바닐라맛의
커피 풍 럼브레뭬)
·디포레카라반
파크(캠핑장)

송당본향당

다랑쉬오름
둘레가 약 1.5킬로미터, 깊이 115
미터로 원뿔모양의 분화구

다랑쉬오름 일출
다랑쉬오름 철쭉
다랑쉬오름 갯무꽃

월랑봉

아끈다랑쉬
오름

말이오름(두산봉,제주도)
올레길 1코스 첫 번째 오름

제주 올레1코스 안내소

암오름

종달리 해안도로

브라보비치

제주레일바이크
용님이 오름 옆, 제주 대자연을 2,3,4
인승으로 달릴 수 있는 레일 바이크

오름
(곰돌이우유,오른伏란데)

성산봄죽칼국수
복자씨연탄구이

름 갯무꽃밭
에서만 볼 수 있는
야생화[5,6,7월]
카페,안동도로]

아끈다랑쉬
오름 억새
억새군락의 끝판왕[9,10,11,12월]

용눈이오름
환상적인 일몰을 감상하기 좋은 오름
제주에서 가볍게 산책할 수 있는 하나의
오름을 고른다면 바로 이곳

높은오름
제주 동부에서 가장 높은 오름

문석이
오름

동거문오름

용눈이오름 억새
억새군락의
끝판왕[9,10,11,12월]

새벽숲농가든
(흑돼지생오겹)

어니스트밀크 본점
(한아름목장 우유로 만든
건강한 수제ţ트)

이스틀리카페&현애원
(수제티라미슈,플레이치즈케이크)

꽃밭
64-4,
= 중간
꽃밭
[꽃밭
밭

아부오름

스누피가든
피너츠의 에피소드를 재현해놓은 자연휴식공간
제주 자연이 주는 느낌과 테마가든에서

성산읍

수와키(독채)

감귤랜드감귤체험장

제주우유
감귤체험농장

제주커피박물관
Baum

컬러인제주
(갈치조림)

성산바다
(갈치조림)

산포식당
(왕갈치정식)

대수산봉

빛의 벙커
해저 광케이블 시설이 전시
시설로 재탄생

빛의 벙커
웅장한 빛의
향연

백악이 오름 가는 산간도로

백약이오름
산간 도로

백약이오름
푸른 초원과 나무계단
꽃을 든 커플사진을 많이 찍는 곳

짱구네 유채꽃밭

짱구네 유채꽃밭
산책하기 제격인
유채꽃밭 [12,1,2,3월]

제주해양
동물박물관

아일랜드플라워
목장형 동물 체험 카페

올레길 2코스

청초밭 동백
아이와 함께 동백꽃
군락[11,12,1,2,3월]

혼인지

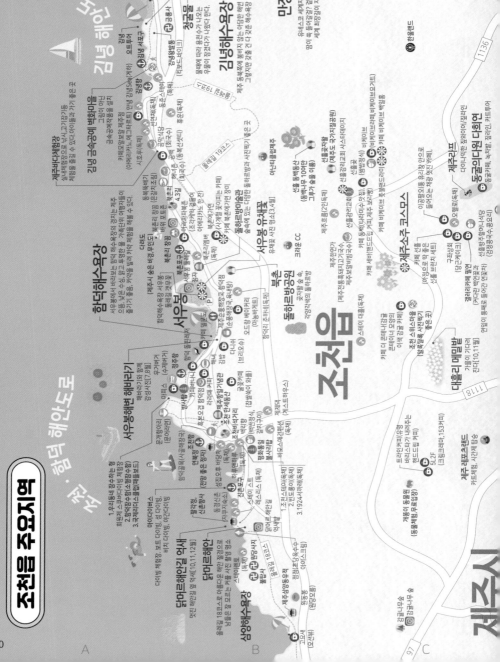

조천읍 주요지역

함덕·김녕 해안도로

함덕·서우봉해안
함덕해수욕장
엣것 해안길 올레19코스[10,11,12월]
남을~~알 좋으면 커플 사진 찍을 좋은 장소

함덕해안

함덕해안길 역새
다이빙 체험장·보트 다이빙·성 다이빙·
바카 다이빙·2인다이빙

아이덴오더버스

함덕해수욕장
서우봉에서 바라보는 함덕해수욕장의 경치는 제주
으뜸. 넓은 수심, 앝고 투명한 물 기족단위 여행자들이
즐기기 좋은 카약을 즐기며 제주의 체험을 해볼 수 있다.

서우봉해변 해바라기
해바라기인 봄[7,8월]

김녕 금속공예 박화마을
그림이 있는
금속공예작품을 설치

김녕 해안
김녕해수욕장
제주 동북쪽해 봉바다가 아름답 해변
그렇지만 깊숙 간도 건 다 깊은 해수욕장

청굴물
몰때에 따라 용천수가 나오는
우물이 생겨나가나 없어 진다.

만장굴
유네스코 세계자연유산
암이 솟들어갔당? 길고 필고
세계 최정상의 자연동굴

조천읍

제주해녀체험장
실내체험으로 낚시고기잡기도
체험을 즐길 수 있다·아이들과 가기좋은 곳

돌하르방미술관
숲속에 있는 다양한 하르방과 사진찍기 좋은 곳

서우봉 유채도
유채꽃 사진[3,4월]

제주소주 코스마스

동굴이네만 다원

제주라프
다이닝한 청모빌아서/젤러링

대봉리메밀밭
메밀꽃밭[10,11월]

제주 리프초콜릿

개우의 동물원

마라도

마라도 억새
세상과 등지고 작은 섬에
살고 싶다면[10,11,12
월]

자리덕
선착장

대문바위

살레덕선
착장

마라도해녀촌짜장
(톳 짜장면, 미역 짬뽕)

GS25

심봉사눈뜬톳해물짜장짬뽕
(톳짜장, 톳짬뽕)

환상의짜장
(톳짜장, 톳짬뽕)

레트로 감성 사진 찍기 **가파초등학교**
좋은 초등학교 건물 **마라분교장**

원조마라도해물짜장면집
(톳짜장면 원조집)

마라도별장식당
(해물톳짜장면)

GS25

마라전담
의용소방대

마라도교회

서바당횟집
(물회, 짜장면,
짬뽕)

마라도펜션

바다와 짜장
(톳짜장, 톳짬뽕)

해녀3대할망네
(즉석 모둠회)

마라치안센터

마라도 등대
세계의 등대 모형이 함께
전시되어있는 마라도 등대

마라
보건진료소

철가방을뜬해녀
(해물 짜장면)

마라도 기원정사
내륙과 다른 독특한 건축양식이
인상적인 불교 사찰

마라도 성당
동글동글한 외형이
인상적인 천주교 성당

마라도
최남단민박

마라도 억새

팔도민박

마라도 관광쉼터

해외개척자
야외박물관

대한민국
최남단비

장군바위

52

테마

제주에서 꼭 해볼만한 것들 12

@doshyy1

01 박물관, 미술관 관람하기

제주에서만 볼 수 있는 특색있는 전시를 경험해 보는 것은 어떨까. 제주도를 테마로 한 몰입형 미디어 아트의 빛의 벙커, 노형 슈퍼마켓, 아르떼뮤지엄과 최근에 오픈한 루나폴에서 형형색색의 조명과 미디어아트를 입힌 제주의 정원을 체험해보자. 자연 속에서 스누피와 친구들을 만날 수 있는 스누피가든, 핀란드 국민 캐릭터 무민과 세계적으로 사랑받는 헬로키티를 테마로 한 대형 테마파크도 있다.

세계적인 건축가 안도 다다오가 설계한 본태 박물관에는 세계적인 거장들의 작품을 볼 수 있고, 세계자동차 & 피아노 박물관에서는 우리나라 최초의 자동차와 세계에서 단하나뿐인 로뎅이 조각한 피아노 등이 전시되어 있다. 그밖에 제주에서만 경험할 수 있는 특별한 박물관이 가득하다.

02 자전거, 오토바이 라이딩

제주의 자연을 좀 더 가까이서 만나고 싶을 때 자전거 여행을 추천한다. 해안을 따라 일주 할 수 있는 자전거 도로가 조성되어 있어 코스별로 달라지는 제주의 절경을 즐길 수 있다. 대여 업체에서 자신에게 맞는 바이크나 자전거를 렌탈해 달려보자.

03 농장 수확, 공방, 동물 체험

제주도를 여행하다 보면 흔히 볼 수 있는 감귤밭을 감상만 하는 게 아니라 귤, 바나나, 열대 과일들을 직접 수확하고 맛볼 수 있는 체험형 농장이 많다. 방금 딴 싱싱한 과일을 이틀 정도 숙성하면 시장에서 사 먹는 것보다 훨씬 맛있다.

제주도 여행을 기념할 수 있는 특별한 기념품을 직접 만들어 보자. 공방에서 귤, 한라산, 푸른 바다 등 제주도가 연상되는 모든 것을 향초, 뜨개, 비누 등으로 직접 만들어 제주도를 추억할 수 있다.

넓은 초원과 싱그러운 자연을 가진 제주에는 승마 체험장도 많고 말타기 외에도 동키라는 귀여운 애칭이 있는 당나귀도 타볼 수 있다. 그외에 낙타타기, 카페나 작은 목장에서 흑염소 공연보기, 알파카, 꽃사슴 등 먹이 주기 체험도 할 수 있다.

04 오름 오르기

왕복 2시간 정도만 투자하면 제주도의 끝내주는 풍광을 맛볼 수 있는 오름은 제주도에 약 360개나 있다고 한다.

세계자연유산에 빛나는 거문오름 다랑쉬오름, 분화구에 작은 연못이 있거나 정상에서 제주의 바다가 펼쳐지는 오름 등등 오름의 끝에는 각기 다른 매력의 풍경을 가지고 있어 어디를 가야 할지 고민이 될 정도다.

자신에게 맞는 오름을 골라 도전해 보자. 도슨트 오름 투어를 통하면 제주의 재미난 설화와 오름의 이야기를 들으며 투어 해볼 수도 있다.

05 부속섬 투어

제주도의 부속 섬을 둘러보는 재미도 본섬을 둘러보는 재미 그 이상의 매력을 지니고 있다.

청보리가 물결을 이루는 가파도, 천년의 시간을 간직한 비밀의 섬 비양도, 낚시꾼들의 천국 추자도, 해안절벽과 기암괴석 등 자연의 신비함을 간직한 차귀도 등, 저마다 색다른 매력을 지닌 부속 섬들이 매우 많다.부속 섬들을 찾아 떠나보는 것은 어떨까.

06 전통 시장 및 플리마켓

제주도는 해안가에 시장이 발달해 어디서든 싱싱한 생선회를 맛볼 수 있고 제주 특산품과 기념품 등을 판매하고 있다. 또한 제주 농부들의 직거래 장터인 민속오일장과 지역 디자이너들의 작품 등을 판매하는 세화 벨롱장, 구좌읍 모모장, 책방 소리소문 플리마켓, 수목원길 야시장 등도 구경하는 재미가 쏠쏠하다.

@gyogyonim5065

07 지질 트레일

제주도에 있는 독특한 화산지형인 주상절리대는 현무암질 용암이 해안으로 흘러와 급격하게 냉각이 되어 육각형의 기둥 모양의 형태로 굳어진 모양으로 제주도에서는 갯깍주상절리대, 중문 대포 해안의 주상절리가 대표적이다.

08 어촌체험

제주도 바다에서만 경력 30년인 선장님이 포인트를 콕콕 짚어 데려다주시는 배낚시 체험을 할 수 있다. 야간에는 반짝반짝 빛나는 제주도 생갈치잡이, 주간에는 계절별로 바뀌는 어종들을 직접 잡아보는 경험은 제주도 여행을 더욱 특별하게 한다. (좌. 차귀도 배낚시, 가운데. 도시해녀)

09 다크투어

비극적인 역사의 현장을 찾아 다크투어를 해보는 것은 어떨까. 요즘 인스타 핫플로 많이 알려진 일제 진지동굴, 알뜨르 비행장 비행기격납고, 섯알오름 일제 고사포진지, 4.3 공원 등은 사실 제주도민이 겪어야만 했던 안타깝고 비극적인 역사의 현장이기도 하다. (좌. 알뜨르비행장격납고, 아래. 4.3기념공원)

10 돌고래 관찰

날이 흐린 날에는 제주 돌고래를 만나러 가보는 건 어떨까. 돌고래 포인트는 동일리 해안도로, 신도포구, 미쁜 제과 삼거리, 신산리 해안 도로 등이 있다.

11 숲길 걷기

미세먼지나 소음, 스트레스로부터 조금은 자유로운 제주도의 숲길을 거닐어 보자.

비자림이나 사려니숲길 같이 유명한 곳들뿐만 아니라 교래자연휴양림, 서귀포 치유의 숲 등도 걷기에 참 좋은 곳이다. (우. 비자림 숲길, 가운데. 사려니숲길)

12 이색 책방 가기

흔히 독립 책방이라고 불리는 이색 책방들이 소박한 분위기로 동네를 지키고 있다. 책방 주인의 손 글씨 추천사를 볼 수 있는 소심한 책방, 팝업북이 많은 사슴책방, 제주지역 작가의 시집이 많다는 시옷 서점, 빵을 파는 서점 달 책 빵이 있다. (우. 우도밤수지맨드라미책방, 아래 좌. 소심한책방, 아래 가운데. 나이롱책방)

한라산 등반

우리나라에서 가장 높은 산, 한라산! 세계 자연유산으로도 손꼽히는 한라산을 한 번쯤 제대로 올라보고 싶다 하시는 분이 많으실 것이다. 비교적 평이하게 오를 수 있는 코스는 성판악 코스, 거칠고 힘든 관음사 코스, 비교적 짧은 시간에 오를 수 있는 사라오름 코스와 영실 코스, 누구든 가뿐히 오르내릴 수 있는 어승생악 코스 등 한라산을 오르는 다양한 방법이 있다. 사계절 언제든 그 계절에 가장 아름다운 모습을 내어주는 한라산을 꼭 누려보셨으면 한다.

시티투어 버스

렌트카 없이 제주도의 유명 관광지를 손쉽게 다닐 수 있는 법, 바로 시티투어 버스를 이용하는 것이다. 제주도는 차량 없이 대중교통만으로 다니기에는 제약이 많다 보니, 그 빈 구석을 시티투어가 잘 메워준다. 한 버스를 계속 타고 다니는 것이 아닌, 1일권을 예약할 경우 동선에 따라 몇 회든 타고 내릴 수 있다. 제주도의 내로라하는 유명 관광지는 거의 포함하고 있는 코스이고, 최근

'야밤 버스'라 하여 야간 명소를 둘러보는 야간투어버스도 운행 중이니 이용해 보시기 바란다. 특히 나홀로족 여행자들에게 추천한다.

해양 액티비티

제주도를 가장 적극적으로 즐길 수 있는 계절은 언제일까. 단연 여름일 것이다. 제주도의 푸른 바다를 무대로 즐길 수 있는 해양 액티비티는 최근 더 다양해지고 재밌어지고 있다. 산소로 가득 찬 헬멧만 쓰면 바닷속을 걸으며 물고기는 물론 바다 풍경을 온몸으로 체험해볼 수 있는 씨워킹, 수심별로 다른 바다의 모습을 볼 수 있는 잠수함, 여유롭게 다과를 즐기거나 낚시를 해볼 수 있는 요트투어, 이 밖에 스킨스쿠버, 스노쿨링, 패들보드 등 다채로운 해양 스포츠를 즐길 수 있다.

돌 하르방 보기

돌 할아버지를 뜻하는 돌하르방은, 제주도를 대표하는 .상징이자 민속자료이다. 예부터 마을을 지키는 수호신의 역할을 해왔던

돌하르방은, 큰 눈에 주먹코, 근엄하게 다문 입술을 갖고 있는데, 성을 지키는 방향에 따라 손의 방향이 다른 모습이다. 돌하르방의 코를 만지면, 아들을 낳는다는 이야기가 있어 코를 만지는 사람들이 많다. 제주도의 곳곳에 세워진 돌하르방들을 발견하는 재미가 여행의 흥미를 더해 줄 것이다.

패러글라이딩 하기

하늘을 날 수 있는 패러글라이딩을 할 수 있는 곳은 많지만, 제주도처럼 바다 위를 활공할 수 있는 곳은 없을 것이다. 게다가 바람이 많은 제주도인 만큼, 최고의 풍경을 바라보며 하늘을 날 수 있는 확률이 높은 곳이기도 하다. 기상상황에 따라 금악오름, 함덕 서우봉, 군사오름, 쌀오름, 새별오름, 다랑쉬오름 등 제주를 대표하는 오름들 중 한 곳에서 패러글라이딩을 즐길 수 있다.

회 먹기

해산물의 천국, 제주도에 왔다면 회는 꼭 먹어야 할 음식 중 하나이다. 갓 잡아온 싱싱한 해산물을 다양하고 신선하게 즐길 수 있다. 계절별로 제철인 활어들이 무엇인지 확

인하여 포구나 회 센터, 전문음식점이나 전통시장 등에서 구입할 것을 추천한다.

일출 보기

새해 해맞이를 하는 이유는, 떠오르는 해를 보며 새로운 한 해의 각오를 다지기 위해서일 것이다. 그러나 해맞이를 할 때의 그 마음, 그 각오가 늘 꾸준히 가기란 쉽지 않은 법. 제주도 여행을 갔다면, 나만의 새해를 다시 한번 만들어보시는 것은 어떨까. 김녕 해안도로나 표선/세화 해안도로와 같이 해안도로에서 일출을 맞이하거나, 용눈이오름, 다랑쉬오름과 같이 해맞이 하기 좋은 오름을 찾아볼 것을 추천한다. 추자도, 형제섬, 당케포구와 같이 바다와 인접한 곳에서 일출을 보아도 좋고, 유채꽃이 만발하는 일출 명소인 서우봉 등도 일출 명소이다.

일몰 보기

뾰족하게 솟은 높은 건물이나 높고 낮은 산들의 시선 방해 없이, 탁 트인 공간에 말갛게 타는 저녁 노을을 보게 되면 자연이 주는 감동이 얼마나 큰지 깨닫게 된다. 하늘을 붉게 물들이며 마지막까지 최선을 다해 빛을 발하는 일몰 풍경은 보는 것만으로 감동을 주는데, 이런 일몰을 즐길 수 있는 방법은 아주 다양하다. 이호테우 해변 같은 해변을 찾거나, 한담 해안산책로나 사계 해안도로와 같이 해안도로를 찾는 방법, 애월항이나 모슬포항과 같이 항구에서 일몰을 누리거나, 다랑쉬 오름이나 용눈이 오름과 같이 오름 정상에서 보는 방법, 수월봉 지질 트레일과 같이 걸으며 지는 해를 바라보는 등, 제주도에서 일몰을 즐길 수 있는 방법은 아주 다양하다. 그 감동적인 장면을 꼭 경험하셨으면 한다.

아이와 함께 하면 좋은 곳

제주도는 어린아이들을 포함한 가족 단위의 여행객들이 즐기기 좋은 곳이다. 그만큼 아이와 함께 하기 좋은 곳이 많기 때문인데 아이의 관심사나 취미에 따라 다양한 테마를 계획할 수 있다. 아라리오 뮤지엄, 아르떼 뮤지엄, 피규어 뮤지엄과 같은 '뮤지엄 데이'를 기획하거나, 브릭캠퍼스 제주, 무민랜드 제주, 스누피 가든 등 다양한 전시를 체험할 수 있는 '전시 데이'를 계획해 볼 수도 있다. 이 밖에 제주도의 역사와 관련된 장소를 이어서 체험하거나, 감귤체험이나 동물먹이체험과 같이 자연을 가까이 경험해 볼 수 있는 공간들을 선별해 보는 것도 좋다.

어른들이 좋아할만 한곳

제주도는 어린 아이들뿐만 아니라 어른들에게도 여행의 즐거움을 깨닫게 해주는 곳이다. 키덜트라면 웃음이 끊이지 않을 장소로 브릭캠퍼스, 스누피가든, 조안 베어뮤지엄, 테디베어 뮤지엄, 트랜스포머 오토봇 얼라이언스 등을 추천할 수 있고, 속도감 있는 액티비티를 원한다면 카트 등을 체험할 수 있는 세리월드나 실탄 사격을 체험할 수 있는 대유ATV사격랜드 등을 추천할 수 있다. 이밖에 해양 액티비티를 할 수 있는 곳, 야경이 아름다운 곳, 덕후들의 끝판왕이라 할 수 있는 이색 박물관 등 어른들이 즐길 곳이 무궁한 제주도이다.

#백약이오름

#금오름 #일출

#카멜리아힐 #돌하르방

#박수기정 #주상절리대

#아침미소목장

#절물자연휴양림

#신화테마파크

SHINHWA THEME PARK

#패러글라이딩

#아르떼뮤지엄

#가파도

제주에서 꼭 봐야할 꽃들

수선화
봄을 알리는 꽃송이
수선화. 12~3월

유채꽃
까만 현무암 돌담 사이 노란
유채꽃. 3~5월

벚꽃
파란 하늘 아래 분홍빛
벚꽃 터널. 3~4월

메밀꽃
몽글몽글한 구름밭을 걷는
느낌의 메밀꽃밭. 6~7월

홍가시꽃
남부 지방에서만 볼
수 있는 붉은 잎의
홍가시나무.
4~5월

억새
해 질 녘 황금빛 물결이
장관인 억새. 9~11월

녹차
싱그러운 초록 융단 녹차밭.
5~6월

제주 전농로
벚꽃거리
카페 엔제리너스
제주이호테우해변로정 앞 버베나
제주종합경기장
일대 벚꽃
한라수목원
벚꽃, 수국
오라
겹벚
오라봉
메밀
하가리 연꽃
마을 연화지
애월한담
해안로 유채꽃
애월 장전리 벚꽃
항파두리
백일홍, 코스모스
천왕사 단풍
애월고등
학교 벚꽃
애월읍
제주불빛정원
장미
천아계곡
단풍
한림공원
수선화, 튤립
카페 키친오즈
핑크뮬리
새별오름
억새
월령 선인장
군락지
한림읍
선작지왓
(윗세오름) 철쭉
1100고지
단풍
한라산 영
코스 단풍
서부농업기술센터
맨드라미, 코스모스
새빌
핑크뮬리
안덕면
겹동백길
비체올린 능소화
비체올린 버베나
조수리 장미마을
원물오름
앞 갯무꽃
호근동
동백길
카멜리아힐 동백꽃,
수국, 핑크뮬리
차귀도
억새
한경면
안덕면
서귀포시
연화못
연꽃
신화역사공원
샤스타데이지
노리매공원
매화, 핑크뮬리
서광리123
핑크뮬리
안덕면사무소 수국길,
서귀포 화순서동로
(화순리) 유채꽃
예래동
벚꽃길
법화사지 배롱나무
중문동
벚꽃길
녹남봉오름 백일홍
대정읍
카페 마노르
블랑 동백꽃
군산오름
앞 갯무꽃
서귀포 엉덩물
계곡 유채꽃
답다니
수국
카페
굴
안성리 수국길,
동광리 수국
송악산
둘레길 수국
가파도
청보리
마라도억새

62

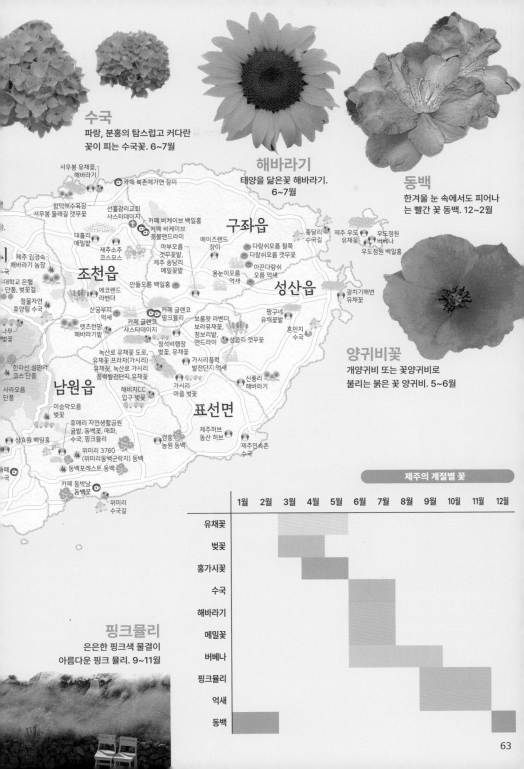

수국
파랑, 분홍의 탐스럽고 커다란 꽃이 피는 수국꽃. 6~7월

해바라기
태양을 닮은꽃 해바라기. 6~7월

동백
한겨울 눈 속에서도 피어나는 빨간 꽃 동백. 12~2월

양귀비꽃
개양귀비 또는 꽃양귀비로 불리는 붉은 꽃 양귀비. 5~6월

핑크뮬리
은은한 핑크색 물결이 아름다운 핑크 뮬리. 9~11월

서우봉 유채꽃, 해바라기
카페 북촌에가면 장미
함덕해수욕장
서우봉 둘레길 갯무꽃
선흘감리교회 샤스타데이지
카페 비케이브 백일홍
카페 비케이브 촛불맨드라미
대흘리 메밀밭
제주소주 코스모스
아부오름 갯무꽃밭
제주 송당리 메밀꽃밭
메이즈랜드 장미
다랑쉬오름 철쭉
다랑쉬오름 갯무꽃
종달리 수국길
제주 우도 유채꽃
우도정원 버베나
우도정원 백일홍
제주 김경숙 해바라기 농장
조천읍
에코랜드 라벤더
안돌오름 백일홍
용눈이오름 억새
아끈다랑쉬 오름 억새
구좌읍
성산읍
광치기해변 유채꽃
대학교 은행 단풍, 벚꽃길
절물자연 휴양림 수국
산굼부리 억새
렛츠런팜 해바라기밭
카페 글렌코 핑크뮬리
카페 글렌코 샤스타데이지
보롬왓 라벤더, 보라유채꽃, 청보리밭, 맨드라미
성읍리 갯무꽃
짱구네 유채꽃밭
흔인지 수국
한라산 성판악 코스 단풍
정석비행장 벚꽃, 유채꽃
가시풍력 발전단지 억새
신풍리 해바라기
사라오름 단풍
남원읍
녹산로 유채꽃 도로, 유채꽃 (프라자(가시리)
유채꽃, 녹산로 가시리 풍력발전단지 유채꽃
가시리 마을 벚꽃
해비치CC 입구 벚꽃
표선면
이승악오름 벚꽃
휴애리 자연생활공원 귤밭, 동백꽃, 매화, 수국, 핑크뮬리
경흥 농원 동백
제주허브 동산 허브
상효원 백일홍
위미리 3760 (위미리동백군락지) 동백
동백포레스트 동백
제주민속촌 수국
카페 동박낭 동백꽃
위미리 수국길

제주의 계절별 꽃

	1월	2월	3월	4월	5월	6월	7월	8월	9월	10월	11월	12월
유채꽃												
벚꽃												
홍가시꽃												
수국												
해바라기												
메밀꽃												
버베나												
핑크뮬리												
억새												
동백												

매화 / 3~4월

봄을 마중 나오는 듯, 계절의 변화를 알리는 매화는 제주의 봄을 대표하는 꽃이다. 봄을 시샘하는 꽃샘추위에도 꽃망울을 터트리기 때문에 '설중매'라고도 불린다. 생명의 아름다움을 알리는 매화를 볼 수 있는 곳은 아주 많지만 대표적인 곳을 꼽으라면 다음과 같다. 홍매화 풍경이 아름다운 월정사, 계절별로 다양한 꽃들이 피는 노리매공원, '이곳이 매화 천국이구나'싶은 서귀포 예래생태마을, 매화의 군락지 걸매생태공원 등 눈꽃 같은 매화를 만날 수 있는 곳이 많으니 꼭 즐겨보시기 바란다.

유채꽃 / 3~4월

3월~4월, 봄을 대표하는 제주도의 꽃은 단연 유채꽃이다. 노오란 유채꽃을 보고 있으면 겨울 동안 웅크러져 있던 마음도 활짝 피어나는 느낌이다. 유채꽃밭으로 유명한 산방산을 시작으로, 떠오르는 유채꽃 핫플레이스 엉덩물 계곡, 유채꽃 장관을 볼 수 있는 가시리마을, 다양한 포토존이 구비되어 있어 유채꽃과 함께 인생사진을 찍을 수 있

는 짱구네 유채꽃밭 등을 추천한다.

튤립 / 4~5월

대표적인 봄꽃, 튤립! 제주도에서 색색의 다양한 튤립을 만날 수 있는 곳이 있다. 바로 보름왓이 그 주인공이다. 사계절 꽃축제가 펼쳐지는 곳이지만, 특히 광활한 면적에 알록달록한 튤립 초원을 이루고 있는 보름왓은 절대 후회하지 않을 장소이다. 그리고 서귀포의 상효원 역시 다채로운 튤립을 만날 수 있는 곳이다. 화사하면서도 밝은 기운과 에너지를 얻어 갈 수 있다.

수선화 / 12~3월

수선화를 다룬 글과 그림을 남겼을 정도로, 추사 김정희가 무척이나 아꼈던 꽃으로 알려져 있다. 추운 겨울에도 꽃을 피워 더 아름다운 수선화는 제주도 곳곳에서 만날 수 있는데, 추사 김정희가 유배생활을 했던 대정읍이 가장 대표적이고, 한림읍의 한림공원에서도 수선화 축제가 열리곤 한다.

벚꽃 / 3~4월

노오란 유채꽃이 흐드러지기 시작하면, 벚꽃이 봄의 배턴을 넘겨받는데, 벚꽃이 피기 시작하면 비로소 진정한 봄에 접어들었다고 할 수 있다. 일반 벚꽃이 떨어지고 나면 겹벚꽃이 피어나 마지막까지 봄을 지키는데, 대표적인 곳은 전농로 벚꽃길, 삼성혈, 제주대 벚꽃길 등이다. 분홍빛 벚꽃과 파아란 하늘을 함께 보다 보면, 마음에도 봄이 찾아온 것 같은 기분을 느낄 수 있다.

청보리 / 4~5월

바람결에 일렁이는 청보리 물결을 보고 있노라면 복잡한 생각들이 싹 정리가 되는 느낌이다. 어쩌면 색색의 꽃 보다 더 큰 감동을 주는 봄의 식물이다. 제주도에서 청보리를 가장 잘 볼 수 있는 곳은 가파도이다. 넘실대는 청보리들이 섬을 꽉 채우고 있는데, 파란 바다 너머로 산방산도 볼 수 있다. 매년 청보리 축제도 열리는 만큼, 봄의 청보리를 만끽해 보시기 바란다.

라벤더 / 6~9월

봄에서 여름, 계절이 바뀔 무렵의 6월엔 라벤더가 자기 차례임을 알려온다. 프랑스 프로방스의 '라벤더 밭'이 부럽지 않은 라벤더 풍경이 제주도 '보롬왓'에서 펼쳐진다. 흔하지 않은 라벤더 물결 속에서 인생사진을 남겨보자.

수국 / 6~7월

매년 여름이 되면, 제주도 곳곳에선 수국이 피어난다. 파스텔 빛의 수국이 탐스럽게 피어나 사람들의 마음을 훔치는 것이다. 한두 송이씩 사던 수국이 지천에 피어있는 것을 보면 황홀해지기까지 한다. 6,7월에 제주를 찾는다면, 카멜리아힐이나 상효원과 같이 수국 축제가 열리는 곳을 찾거나, 무료로 개방되어 있는 한라수목원, 송악산 둘레길, 안덕면사무소, 종달리 수국길 등을 찾아보는 것도 좋다.

메밀꽃 / 5~6월

하얀 눈꽃 송이 같은 메밀꽃이 제주도의 바람에 일렁이는 모습은, 그 자체로 감동이 아닐 수 없다. 메밀은 이모작이 가능하여 5~6월과 10월 무렵 두 번 만날 수 있다. 25만 평 규모의 오라동 메밀밭과, 와흘리 메밀밭에서 광활한 메밀꽃을 만나볼 수 있다. 끝없이 펼쳐져 있는 하얀 메밀꽃들의 향연은 꼭 직접 보셔야 한다.

홍가시 / 4~5월

@crystalk_0224

붉은 잎으로 이루어진 봉긋한 홍가시나무는, 6월이 되면 초록색으로 바뀐다고 한다. 동그랗게 다듬어져, 사람의 키 보다 훨씬 큰 나무가 빽빽이 차 있는 모습은 화려하면서도 귀엽다. 홍가시로 유명한 곳은, 송하농장과 헬로키티아일랜드이다. 송하농장의 경우, 개인이 운영하는 사유지이기 때문에 촬영 예의를 갖추어야 한다.

해바라기 / 6~7월

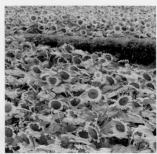

해를 닮은 해바라기가 절정에 이르렀다면, 이미 여름이란 뜻일 것이다. 제주도에서 가장 많은 해바라기를 보고 싶다면, 김경숙 해바라기 농장을 추천한다. 1만 평의 사유지

에 75만 송이에 이르는 해바라기가 무농약으로 재배되고 있는데, 산책로와 포토존이 잘 꾸며져 있어 여름꽃을 즐기기에 아주 그만이다. 이 밖에도 해바라기를 만끽할 수 있는 향파두리, 서우봉 등도 추천 명소이다.

양귀비 / 5~6월

@chalanthorn_spp

6월은 붉은 양귀비꽃의 시간이기도 하다. 중독을 일으키는 성분은 없앤, 관상용 양귀비를 안전하게 즐길 수 있는 곳이 최근 더 많아지고 있다. 붉은색 양귀비꽃과 파란 하늘이 대비되어 더 화려하고 선명한 느낌을 선사한다. 양귀비꽃을 즐길 수 있는 대표적인 곳은, 한국마사회에서 운영하는 렛츠런팜과 산방산랜드 주변 꽃밭, 향파두리 항몽유적지 등이 있다.

천일홍 / 7~10월

@mujeratractiva

몽실몽실 동그란 꽃망울이 귀엽고 사랑스러운 꽃, 천일홍이다. 9월, 10월, 제주의 가을을 책임지고 있는 천일홍은 연분홍, 진분홍, 연보라, 진보라 등 색이 다양한 편이다. 카

페 겸 정원인 꽃섬과 허브동산 등에서 천일
홍의 진가를 확인할 수 있다.

연꽃 / 7~8월

연꽃은 여름에 피어나는 꽃이다. 7월에서 8
월까지 활짝 피어나는데, 제주도에서는 더
럭분교 근처에 있는 연화못과, 하가리 연꽃
마을 연화지에서 단아한 연꽃을 만날 수 있
다. 특히 연화지는, 큰 연못 중앙에 정자가
설치되어 있어 연꽃을 감상하기 좋다. 우아
한 연꽃의 매력을 느껴보시기 바란다.

핑크뮬리 / 9~11월

제주도의 가을을 물들이는 꽃은 핑크뮬리
다. 9월 중순부터 10월 말까지 은은한 핑크
뮬리가 드넓게 펼쳐지는데, 가을의 감성을
느끼게 하기에 충분하다. 제주의 바람에 일
렁이는 핑크뮬리와, 쨍한 하늘, 초록의 숲이
어우러지는, 제주의 가을을 꼭 경험해 보시
기 바란다. 노리매공원, 카멜리아힐, 서광리
123, 휴애리 자연생활공원, 카페 마노르블
랑 등 가을의 핑크뮬리를 만나볼 수 있는 공
간이 많으니 동선과 취향에 맞는 곳을 선택
해 보시기 바란다.

코스모스 / 9~10월

코스모스는 그 자체로 '가을'이다. 코스모스
가 핀 것을 보고, 그제야 가을이 왔음을 깨
닫게 되는 것처럼 말이다. 제주도에도 코스
모스 군락지가 많다. 항파두리 항몽유적지
나 서부농업기술센터 등은 대표적인 코스
모스의 명소. 바다와 함께 코스모스가 어우
러지는 함덕 서우봉도 가을의 아름다움을
느낄 수 있는 공간이다.

억새 / 10~12월

가을에 맞춰 제주도를 찾는다면, 은빛 물결
의 억새밭은 꼭 경험해 보시길 바란다. 가을
의 오름은 억새들이 지키고 있는데, 그 분위
기가 참 우아하고도 고독하다. 억새산이라
불리기도 하는 새별오름, 잠시 차를 세워두
고 억새 물결을 찍기 좋은 어음리 억새 군락
지, 바다와 억새가 어우러지는 마라도와 차
귀도, 천연기념물로 지정된 산굼부리의 억
새 등, 가을의 정취를 물씬 느끼게 해주는
제주 오름의 억새는 가을 여행의 선물이라
할 수 있다.

단풍 / 10~11월

제주의 산을 수놓는 단풍은, 보는 사람의 마
음도 알록달록 물을 들인다. 한라산 둘레길
과 이어진 천아 계곡, 한라산의 영실 코스
와 성판악 코스의 단풍, 1100고지의 단풍
모두, 아름답기로 유명한 곳이다. 비교적 늦
게까지 단풍을 느낄 수 있는 제주도인 만큼,
단풍의 시기에 맞춰 제주도를 방문해 보시
기 바란다.

팜파스 / 9~11월

@ssowhat117

제주의 가을과 겨울엔 팜파스가 주인공이
다. 억새를 닮은 볏과의 여러해살이 풀인 팜
파스는, 초원에 군락을 이루어 살아간다. 서
귀포 도심공원과 팜파스 그라스가 대표적
인 팜파스 군락지이니 이국적인 풍경을 눈
으로 확인해 보시기 바란다.

국화 / 9~11월

가을의 국화는 은은하면서도 차분한 매력
이 있다. 제주의 가을이 국화로 물들면, 이
은은한 매력을 직접 경험해 보시는 것은 어
떨까. 한림공원은 80여 종의 100만 송이의
국화를 볼 수 있는 대표적인 국화 축제 공간
이고, 제주민속촌 또한 전통 초가 주변으로
예쁜 국화들을 많이 설치해 두어 가을의 정
취와 국화의 향기를 음미해볼 수 있게 해준
다.

메리골드 / 9~11월

@sophie_de_nl

메리골드는 노란빛과 주황색을 띠는 국화
과의 꽃인데, 서리가 내릴 때 절정을 이루는
것으로 알려져 있다. 메리골드는, 제주의 가
을을 책임지는 대표적인 꽃이기도 하다. 매
년 9월부터 11월까지, 5만 평 규모의 수목
원인 상효원에서 메리골드 축제를 만나실
수 있다.

동백꽃 / 12~2월

HUEREE

차가운 겨울에도 생명력을 발하는 동백꽃
은, 존재 자체로 아름다움을 지닌다. 제주의
동백은 육지의 꽃 보다 좀 더 붉고 선명하고
탐스러운데, 이런 동백이 군락을 이루고 있
는 풍경은 아름다움 그 이상의 감동을 선물
한다. 카멜리아힐, 상효원, 동백포레스트,
휴애리 자연생활공원, 위미리 3760 등 동
백을 즐길 수 있는 곳이 많으니 겨울 여행이
라면 꼭 경험해 보시길 추천한다.

귤 / 11~12월

@seooooh_29

겨울의 하이라이트는 귤이라 할 수 있다. 제
주도에 겨울이 오면, 나무에 오밀조밀 달려
있는 주황색의 감귤들이 우리를 맞아준다.
돌담 안의 감귤밭을 보는 것만으로도 제주
도의 정취가 고스란히 느껴지곤 한다. 여름
과 달리 알록달록한 색이 없는 겨울에, 초록
의 잎과 주황의 감귤은 그 자체로 생명력을
불러일으키기도. 수확을 앞둔 향긋한 감귤
밭 풍경을 원 없이 만끽해 보시기 바란다.

제주에서 꼭 사와야 하는 것들

한정된 개수로 예약해야만 구매할 수 있는 먹거리부터 제주 특산물을 모티브로 한 재미있는 굿즈 등 소장 가치 있는 물건들. 여행을 추억하고 친구나 직장동료의 선물로 주기 좋은 오직 제주에서만 살 수 있는 제주 한정 쇼핑목록을 소개한다.

과일류

제주 대표 과일 귤, 한라산의 백록담을 닮은 한라봉과 귤보다 크고 껍질이 얇은 천혜향, 귤을 그대로 말린 과일칩

땅콩&땅콩제품

우도의 특산물인 우도 땅콩과 우도 땅콩을 넣어 만든 고소한 우도 땅콩 마들렌, 아이스크림 등

생선류

은빛 윤기가 차르르 흐르는 제주 갈치와 단백질과 미네랄 성분이 풍부한 옥돔

베이커리

제주도를 상징하는 재료와 디자인으로만든 마음샌드, 제주의 신선한 우유와 치즈로 만든 하멜 치즈 케이크 치즈몽

제주 공항에서 한정 에디션 쇼핑하기

카카오프렌즈 : 제주에디션 감귤 어피치와 해녀 어피치, 잠수복 입은 춘식이 하르방 춘식이 등을 판매 (5번 탑승구)

파리바게뜨 마음샌드 : 제주공항 내 3곳의 파리바게뜨 중 제주공항 렌터카 하우스 점에는 마음샌드의 수량도 넉넉하고 여유 있게 구매 가능 (1층 5번 게이트 렌트카주차장 5구역) 파리바게뜨 앱에서 픽업 3일 전부터 예약. 재고가 있으면 예약 없이 당일 예약 가능

떡

부모님 간식 선물로 좋은 구수하고 담백한 보리빵과 상외떡, 팥고물을 묻혀 만든 오메기떡

제주 굿즈

스타벅스 제주한정 리유저블 머그컵과 텀블러, 귀여운 감귤모자, 동백, 귤 디자인의 손톱깎기

술

제주 특산물로 만든 탁주 감귤 막걸리, 오메기술, 땅콩 막걸리와 제주도의 랜드마크 한라산의 이름을 딴 한라산소주

문구류

제주 감성 디자인의 문구류와 돌하르방이나 해녀, 감귤 등의 디자인으로 제작된 향초

천혜향

하늘이 내린 향기라 불릴 만큼 높은 당도와 황홀한 과즙을 자랑하는 천혜향은, 감귤보다 큰 크기에 아주 얇은 껍질을 자랑한다. 작고 촘촘하게 꽉 찬 알맹이가 부드러운 식감과 상큼한 풍미를 자아낸다. 주로 서귀포에서 자라는데, 전통시장이나 감귤농장을 통해 구입하는 것이 좋다.

한라봉

귤보다 큰 열매로 겉은 울퉁불퉁하고, 꼭지는 뭉툭하게 툭 튀어나와 있다. 겉은 투박하지만, 속은 '이렇게 달콤한 과일이 또 있을까' 싶을 정도로 부드럽고 달다. 제주 곳곳에서 만날 수 있는 전통시장이나, 유명 농장을 통해 구입하는 것을 추천한다. 무농약 상품은 물론, 선물용 택배일 경우 고급스러운 패키지를 활용하는 곳도 많으니 본인은 물론, 지인들의 선물로도 좋다.

감귤

겨울철 따뜻한 이불 속에서 손발이 노랗게 변하도록 귤을 먹어본 사람이라면, 감귤의 정서(?)를 알고 계시는 분일 것이다. 특히 서귀포는 어딜 가나 감귤나무를 볼 수 있는데, 그만큼 감귤체험을 할 수 있는 곳도, 직판장도, 전통시장도 많다. 육지에서보다 훨씬 좋은 상품을 싸게 살 수 있으니, 새콤달콤한 귤을 택배로 부친다면, 제주도의 감성도 함께 선물할 수 있을 것이다.

땅콩

제주도의 우도는, 섬이지만 땅이 좋아 농업이 발달했다. 특히 우도에서 나는 땅콩은 아주 고소하고 맛이 좋기로 유명하다. 우도에 간다면 땅콩을 사올 것을 추천하는데, 최근엔 우도의 땅콩으로 만든 '제품'들이 더 인기몰이 중이다. 땅콩 타르트나 땅콩 캐러멜, 땅콩 초코 찰떡파이, 땅콩 아이스크림 등 우도의 땅콩으로 만든 제품들이 매우 다양하니 취향에 따라 사볼 것을 추천한다.

땅콩막걸리

제주도 우도의 땅콩이 들어간 막걸리이다. 다른 막걸리들에 비해 진하고 고소하면서도 단맛이 돈다. 최근엔 선물하기 좋게 두 병씩 박스로 포장하여 판매하고 있어, 들고 다니기에도 선물하기에도 편리해졌다. 우도의 땅콩을 이용해 만든 두부, 김 등 다양한 제품이 있으니 막걸리와 함께 즐겨보시길 추천한다.

오메기떡

차조로 만든 반죽에 팥고물을 묻혀 먹는 제주도의 대표 음식이다. 최근엔 팥고물뿐만 아니라 흑임자, 해바라기씨, 콩가루 등 다양한 고명을 활용한 제품들이 등장해 선택의 폭이 넓어졌다. 냉동해 두고 아침 대용으로 먹으면 든든한 한 끼로 안성맞춤이다. 전통시장이나 전문매장에서 쉽게 구입할 수 있다. 대부분 당일 발송이 가능하니 택배로도 이용할 수 있다.

감귤 초콜릿

제주도 기념품의 대표 상품이다. 감귤 맛이나는 초콜릿은 전통시장이나 면세점에서 여러 박스를 구입해도 가격적으로 부담스럽지 않아, 기념품으로도 선물용으로도 인기가 높았다. 최근 이런 초콜릿이 진화하고 있는데, 건조감귤인 감귤칩에 초콜릿을 묻힌 상품들이 그 주인공이다. 건강에 좋은 감귤칩에 달콤한 초콜릿까지 맛볼 수 있어 인기가 좋다. 맛이나 포장 디자인 모두 세련되어 선물용으로도 그만이다.

갈치

동문시장과 같은 제주도의 수산시장을 방문하면 갓 잡은 신선한 갈치를 좋은 가격에 구매할 수 있다. 대부분 당일에 잡은 갈치를 판매하고 있고, 진공포장 및 택배 서비스까지 갖추고 있으니 제주도에 왔다면 꼭 사 가야 할 아이템 중 하나다. 당일 배송, 늦어도 하루 배송이 가능하니 싱싱한 갈치를 선물하고 싶다면 이용해 보도록 하자.

옥돔

제주도 하면 밥도둑인 옥돔을 빼놓을 수 없다. 제주도의 대표생선이자 귀한 생선인 옥돔은 대부분 손질된 상태로 바로 먹기 좋게 판매되고 있다. 동문시장과 같은 전통시장이나 전문매장, 특산품 할인매장인 느영나영과 같은 곳에서 구입할 것을 추천한다.

감귤막걸리

@paradoxsjh

한중일 정상회담의 만찬주로 내어졌던, 제주도의 감귤 막걸리! 탄산이 많이 들어있는 감귤 막걸리는, 톡 쏘는 탄산과 상큼한 귤 향이 일품이다. 박스 포장된 패키지나 캔맥주 패키지도 있어 선물용으로도 좋다.

오메기술

@foyfortails

오메기떡을 누룩과 함께 발효시킨 전통술이다. 쌉쌀하면서도 부드럽다. '앉은뱅이 술'이라 불릴 만큼 달콤하고 목넘김이 좋다. 제주도의 돼지고기와 함께 먹으면 딱이다. 기념품 숍이나 양조장 등에서 구입할 수 있다.

색다른 전통주를 체험해보고 싶다면 오메기술을 추천한다. 매우 귀한 선물이 될 것이다.

마음샌드

@1_gsunny

제주도 기념품 중 최근 가장 핫한 아이템은 마음샌드가 아닐까. 제주도에서만 한정 수량으로 판매되는 파리바게뜨의 마음샌드는, 제주공항 안에서 구입할 수 있다. 수속을 끝내고 난 뒤 구입할 수 있는 면세점 내부의 파리바게뜨와, 비행기를 타지 않아도 구입할 수 있는 제주공항 3층 출발장 1번 게이트 앞, 이상 두 곳이다. 부드러운 쿠키와 단팥이 어우러지는 마음샌드는 제주도를 상징하는 재료와 디자인으로 입과 마음을 사로잡는다.

문구류

@hongsam_883

제주도 곳곳엔 아기자기하고 독특한 소품숍들이 많은데, 제주만의 감성을 느낄 수 있는 문구류들은 소장하기에도 선물하기에도 아주 좋다. 최근 재미있는 선물로 인기를 끌고 있는 제주 화투를 비롯, 돌하르방이나 해녀, 감귤 등 제주만의 디자인으로 제작된 문구류들은 여행이 끝난 이후에도 일상 속에서 제주를 느낄 수 있게 해준다.

향초

제주를 상징하는 바다, 석양, 돌고래, 수국, 파도 등 다양한 아이템들이 향초 안에 고스란히 담겨 있다. 제주의 계절, 제주의 추억이 그대로 녹아있는 향초를 구입한다면, 향초를 태우는 그때그때마다 제주를 추억할 수 있을 것이다. 제주의 감성을 담뿍 담고 있어 선물하기에도 좋다.

제주에서 꼭 먹어봐야할 음식

제주에서 식도락 여행하기

사면이 바다로 둘러싸여 있고 기후마저 따뜻한 제주는 우리의 입맛을 사로잡는 갖가지 싱싱한 음식들이 다양하다. 해녀가 갓 잡아 올 린 싱싱하고 먹음직스러운 해산물, 제주 전통 흑돼지 요리, 지방이 적어 담백하고 육질이 부드러운 말고기 요리, 제주만의 독특한 향토 음식들은 제주를 방문한다면 꼭 한번은 먹어봐야 할 음식이다.

흑돼지

고기의 질이 좋고 맛도 훌륭한 제주 흑돼지. 흑돼지구이나 돈가스, 흑돼지 라면 등으로 먹어볼 수 있다.

갈치 요리

비타민과 필수 아미노산이 풍부한 갈치는 제주에서 갈치 회로도 먹고 조림이나 구이, 갈치아가미젓, 갈치호박국 등으로 먹어볼 수 있다.

고등어 요리

불포화지방산인 EPA와 DHA가 풍부한 고등어는 고등어 회, 조림, 구이, 쌈밥 등으로 다양하게 즐길 수 있다.

옥돔구이

비린내 없이 담백한 맛이 일품인 옥돔을 숯불에 노릇하게 구운 것이 제주도의 옥돔구이

국수

돼지 뼈로 우린 육수에 수육을 올려 먹는 제주도의 향토 음식 고기국수와 두툼한 회와 국수를 양념장에 비벼 먹는 비빔국수 스타일의 회국수

몸국

돼지고기 삶은 육수에 불린 모자반을 넣어 만든 든든한 한끼 몸국. 혼례와 상례 등 제주의 집안 행사 때 만들어 마을 사람들과 나눠 먹었던 음식이다

보말국

보말국은 고동의 속살을 참기름에 볶고, 고동 삶은 물을 부어 미역과 밀가루를 풀어 끓인 국으로 숙취에 좋아 전날 과음을 했다면 보말국을 추천한다.

각재기국

전갱이와 배추를 넣어 끓인 된장국이다. 콜레스테롤을 낮춰주고, 변비에도 효과가 좋아 보양식이라 할 수 있다.

고사리해장국

육개장같이 빨간 국물과 걸쭉한 식감이 특징인 고사리 해장국은, 고기와 고사리가 죽이 될 만큼 푹 끓여져 후루룩 건져먹기 좋다.

돔베고기

덩어리째 썰어 나무 도마에 내는 돔베고기. 쫀득하고 야들야들한 흑돼지고기 수육을 뜻한다.

김밥

전복 내장이 들어간 밥과 두툼한 계란지단으로 만든 제주 김만복 김밥과 바삭거리는 식감의 튀긴 유부가 들어 있는 오는정 김밥

푸드트럭 수제버거

브라운 번에 제주도의 신선한 야채와 두툼하고 육즙이 많은 흑돼지 패티가 들어간 수제버거

딱새우

회로 먹으면 달콤한 맛이 나는 딱새우는 보통 찜이나 덮밥, 딱새우 장, 딱새우 회 등으로 먹어 볼 수 있다

문어라면

제주 바다에서 잡은 통통한 문어가 통째 들어가 있어 식감이 좋은 문어 라면과 문어덮밥

전복

쫄깃함과 차진 식감이 좋은 전복은 회나 구이, 물회나 돌솥 밥 등 다양하게 즐길 수 있다

해물라면

돼지를 푹 우려낸 육수에 수육을 올려낸 국수를 뜻한다. 제주도의 흑돼지를 우려내 국물을 만드는데, 돼지고기 잡내 없이 진하면서도 깔끔한 맛이 특징이다. 속을 든든히 채워주는 고기국수는 귀한 손님을 모시거나, 결혼 같은 큰 행사 때 빠지지 않는 음식이었는데 어느덧 제주를 대표하는 음식이 되었다. 동문시장이나 삼성혈 주변에 고기국수 맛집들이 모여 있는데, 자매국수, 올래국수, 삼대국수회관 등이 유명하다.

회국수

새콤달콤한 양념에 쫀쫀한 회를 무쳐 국수와 함께 먹는 회국수! 풍성한 회에, 씹는 맛이 좋은 중면이 어우러져 입맛을 돋운다. 해녀회에서 가져오는 싱싱한 횟감을 사용하기 때문에, 그날그날 비슷하면서도 다른 국수를 맛볼 수 있다. 구좌읍의 <해녀촌> 국수가 가장 유명한 편인데, 이외에도 제주 곳곳에서 회국수를 즐길 수 있다.

고등어회

@hyunjoochai

고등어회는, 제주도에서 즐길 수 있는 특별한 음식이다. 고등어는 금방 상하기 때문에 회로 먹기 어려운 음식인데, 제주도에서는 가능하다. 언뜻 비린내가 있을 것 같지만, 한번 먹어보면 기우라는 것을 깨닫게 된다. 찰지고 쫄깃한 식감이 고등어회의 매력이라 할 수 있다.

모둠회

계절별로 그때그때 잡히는 활어를, 종류별로 즐겨볼 수 있는 모둠회는, 제주도의 어느 곳에서나 즐길 수 있지만 저렴하고 다양하게 즐기고 싶다면 동문시장이나 올레시장과 같은 전통시장을 추천한다. 참돔, 도다리, 딱새우, 고등어, 갈치 등 푸짐한 회를 배부르게 먹을 수 있다.

해산물을 먹을 땐, 재료 본연의 맛을 위해 해산물 맛을 덮어버리는 초고추장과는 먹지 말라는 사람도 있지만, 세상엔 초고추장 맛으로 해산물을 즐기는 사람도 있는 법이다. 해물라면도 마찬가지다. 라면의 맛이 워낙 강하니 해산물 맛을 느끼기 어렵다 하여 싫어하는 사람도 있지만, 얼큰한 해물라면 한 그릇이면 답답했던 속이 뻥 뚫리는 것 같아 일부러 찾는 사람들도 많다. 라면의 풍미를 끌어올리는, 갓 잡아온 해산물로 끓여주는 라면집이 많으니 꼭 맛보시길!

고기국수

성게국

미역국에 성게알을 넣어 끓인 음식이다. 귀한 손님에게 대접했던 성게국은, 제주도 사람들의 성의이자 인심이었다. 성게알에는 비타민과 철분이 많아, 몸을 보하는데 탁월한 효과가 있으니, 제주도에 간다면 반드시 맛보셔야 할 특식이라 할 수 있겠다.

고등어쌈밥

싱싱한 고등어를 묵은지와 함께 졸여 흰쌀밥에 쌈을 싸먹는 요리. 원기회복에 좋은 고등어를 매콤하면서도 얼큰하게 졸여, 감칠맛 나는 묵은지와 함께 쌈을 싸먹으면 없던 입맛도 되살아난다. 주로 애월읍 쪽에 고등어쌈밥집이 많고, 특히 '바다속 고등어 쌈밥'을 추천한다.

한라산볶음밥

닭갈비든 곱창이든 볶음 요리의 하이라이트는, 남은 재료에 모자란 양념을 조금 더 넣어 밥을 볶는 것이다. 볶음밥을 먹지 않고는 식사가 마무리 된 느낌이 들지 않는다. 제주도에서 즐길 수 있는 한라산 볶음밥은, 밥을 산 모양으로 쌓아 그 아래로 계란물을 부어내는데, 그 모습이 꼭 한라산을 닮았다 하여 이름 붙여진 것이다. 우도의 로뎀가든과 풍원에서 해주는 볶음밥이 가장 유명하다.

말고기

육지 사람에게 말고기는 쉽게 접할 수 있는 음식은 아니다. 익숙하지 않을 뿐, 말고기는 칼로리가 낮고 단백질이 많아 고영양의 음식으로 유명하다. 육회, 초밥, 탕, 찜, 구이 등 다양하게 즐길 수 있으니 한 번쯤 도전해 보시길 추천한다.

땅콩 아이스크림

우도의 땅콩으로 만든 아이스크림은, 제주도 어디에서나 즐길 수 있는 디저트이지만, 가장 유명한 곳은 우도의 지미스일 것이다. 검멀레 해변이 펼쳐져 있는 곳에서 고소한 땅콩 아이스크림을 즐길 수 있기 때문이다. 우도에 가면 '땅콩 아이스크림 거리'가 있으니, 가게마다 조금씩 다르고 특별한 아이스크림을 취향에 따라 선택해 보시길 바란다.

마늘 아이스크림

우도는 땅콩뿐만 아니라 마늘이 좋기로도 유명한데, 하하호호버거에서 판매하는 마늘 아이스크림은 이곳의 특허 상품이다. 이름만 들으면 선뜻 손이 안 가는 음식 같지만, 한입 먹어보면 그 걱정이 기우인 것을 깨닫게 된다. 쫀득한 마늘 플레이크와 소프트아이스크림의 조화가 일품이다. 우도에 간다면 꼭 드셔 보시길, 절대 후회하지 않을 아이스크림이다.

감귤탕수육

@castile_12

제주도는 탕수육도 조금 특별하다. 감귤의 고장답게, 탕수육 소스에도 감귤이 들어가기 때문이다. 고기의 잡내를 감귤의 상큼함이 잡아내는데, 여행을 마치고 돌아와도 생각나는 맛이다. 바삭한 튀김에 상큼한 소스가 어우러지는 감귤탕수육은, 협재에 있는 '면차롱'과 한경면 고사리에 있는 '엄블랑'이 유명하다.

전복요리

제주도 해산물의 으뜸은 뭐니뭐니해도 전복이 아닐까. 특히 해녀들이 갓 따온 전복은 쫄깃함과 차진 식감이 그 어떤 해산물과도 비교를 할 수 없게 만든다. 전복은 회나 구이, 물회나 돌솥밥 등 다양하게 즐길 수 있는데, 그 중에서도 가장 유명한 전복 요리집은 '명진전복'이 아닐까 싶다. 언제 어느 시간에 방문해도 긴 줄을 기다려야 한다.

모닥치기

@haaaaa._.na

여러 음식을 한 접시에 모아서 주는 것을 뜻하는 모닥치기는, 제주도에서만 볼 수 있는 음식문화이기도 하다. 특히 분식에서 많이 볼 수 있는데, 떡볶이와 김밥, 튀김 등을 한 접시에 함께 내곤 한다. 새로나분식, 짱구분식, 사랑분식, 제주분식 등이 유명하며, 가게마다 한 그릇에 담는 음식의 종류가 조금씩 다르다. 분식 러버들에겐 너무나 반가운 곳이 아닐 수 없다.

보리빵

@daily__soso__

제주도는 지형 때문에 벼농사 보다는 보리를 주로 재배해 왔다. 그래서 보리빵이 유명한데, 다른 빵들에 비해 조금은 투박하고 거칠게 느껴져도 구수하고 담백한 맛이 계속 찾게 만든다. 그 은근한 맛과 건강함 때문에 부모님 간식 선물로 인기가 좋다. '덕인당 보리빵', '숙이네 보리빵', '아시아빵집', '보리빵마을' 등이 유명하다.

상외떡

@lillyb_illy

상애떡이라고도 부르는데, 밀가루나 보릿가루에 막걸리를 넣어 발효시킨 뒤, 팥소를 넣어 쪄낸 떡을 뜻한다. 제주도에서는 제사나 명절에 꼭 챙기는 음식인데, 막걸리 향이 특징이다. 지금은 '보리빵'이라는 이름으로 더 많이 불린다. 에코감귤교육농장 등에서는 상외떡을 만드는 교육도 진행하니 일정 등을 참고하셔도 좋겠다.

갈치조림 및 구이

@woong_ktw92

제주도에 간다면 반드시 먹어야 할 음식 중
제일은 갈치가 아닐까. 두툼한 갈치를 그대
로 구워 쌀밥에 올려 먹거나, 달콤하게 조림
으로 먹는 것 모두 '이래서 제주도에 오는구
나' 싶게 만든다. 통갈치 구이, 갈치조림, 갈
치 국 등 맛집의 정보는 지역별로 음식점 소
개에 자세히 안내되어 있으니 동선에 맞춰
선택해 보시기 바란다.

제주에서 꼭 해봐야할 액티비티

익사이팅한 체험으로 즐겨요

여행을 좀 더 라이브 하게 즐길 수 있는 액티비티의 천국 제주! 바닷물이 유난히도 맑아 물속을 훤히 들여다볼 수 있는 제주 바다에서는 해양 액티비티를, 하늘 위에서 에메랄드빛 바다를 보며 오름과 평야 위를 날아오를 수 있는 패러글라이딩을, 아름다운 자연 속에서 맘껏 질주하고 싶을 때는 ATV와 루지를 타보자!

요트
제주도의 푸른 바다를 누비며 여유롭게 다과를 즐기거나 낚시를 해볼 수 있는 요트투어. 최근에는 선셋 투어와 돌고래 요트 투어도 할 수 있어 바다를 더욱 다양하게 즐길 수 있다.

서핑
사면이 바다인 제주에서 사계절 언제나 즐기기 좋은 서핑. 초보자가 타기 좋은 함덕 서우봉 해수욕장과 세화 해수욕장, 파도가 좋은 표선 해수욕장과 이호테우 해수욕장, 색달해수욕장 등에서 타기 좋다.

패들보드
수영을 잘하지 못해도 보드를 타고 패들을 이용해 파도를 탈 수 있는 패들보드. 월정리해변, 곽지해변, 코난비치 등에서 강습도 받고 체험해 볼 수 있다.

카약, 카ⁿ
아름다운 해변의 경치를 보며 타ᵗ 카약, 카누를 타보는 건 어떨까. 소ᵗ 곽과 애월 한담해안산책로로에ᵗ 수 있는데 시간을 잘 맞춰 간다면 위에서 일몰까지 감상할 수 있ᵗ

스쿠버 다이빙
제주도를 가장 적극적으로 즐길 수 있는 해양 액티비티 스쿠버다이빙. 전문 강사에게 1:1로 강습받아 체험하거나 자격증도 딸 수 있다.

패러글라이딩

맞바람을 타고 하늘에서 제주 풍경을 즐길 수 있는 항공스포츠 패러글라이딩. 패러글라이딩은 금오름과 함덕 서우봉에서 가능하다.

유람선

입담 좋은 선장님의 안내를 받아 섬의 뒷모습을 보거나 주상절리, 폭포 등 해안을 돌며 한 시간 정도 유람할 수 있다. 서귀포, 성산포, 차귀도, 산방산 유람선에서 탈 수 있다.

카트, 루지

바람을 가르며 스피드를 즐길 수 있는 액티비티. 경사가 있는 직선과 곡선의 도로를 중력의 가속도를 느끼며 달리는 루지와 평지에서 곡선 코스를 달리는 카트가 있다.

atv

울퉁불퉁한 오프로드를 거침없이 질주해 보는 건 어떨까. 커다란 바퀴로 제주의 초원과 오름을 질주하며 짜릿한 경험이 가능하다. 버기카로도 불리는 ATV는 별도의 운전면허가 없어도 주행할 수 있다.

스노클링

간단한 스노클링 장비만으로 바다를 유영하며 바닷속을 들여다보는 수상 레저 스포츠. 김녕 세기알 해변, 판포 포구, 금능해수욕장, 세화 해수욕장 등이 스노클링 포인트

잠수함

물 한 방울 젖지 않고 푸른 바닷속을 직접 들여다볼 수 있는 잠수함 투어. 바닷속에 살고 있는 물고기와 산호군락의 모습도 볼 수 있는 잠수함은 서귀포, 함덕, 우도 등에서 탈 수 있다.

요트

제주도에서 특별한 경험을 해보고 싶으시다면, 요트 투어를 적극 추천한다. 우리나라에서 요트 투어가 흔한 경험은 아닌 만큼, 보다 편안한 분위기 속에서 제주도의 바다를 가까이에서 경험해볼 수 있다. 제주도의 명소들을 둘러보는 투어도 있고, 일몰 시간에 맞춰 바다 한가운데에서 일몰을 볼 수도 있으며, 반짝이는 수많은 별과 밤바다를 누릴 수도 있다. 운이 좋다면 돌고래들도 만날 수 있는 낯설면서도 특별한 요트 투어는, 최근 호텔과 연계된 상품들도 많고 자체적으로 운영하는 곳들도 많으니 꼭 체험해 보시기 바란다.

카약

제주도의 에메랄드빛 바다 위에 온전히 떠 있을 수 있는 기회, 바로 카약이다. 물길을 온전히 느끼며, 투명 카약일 경우 카약 아래로 노니는 물고기들까지 구경할 수 있다. 이런 특별한 경험은 쇠소깍을 비롯, 하도해수욕장과 함덕 해변, 서우봉 등 다양한 곳에서

즐길 수 있다. 아이들과도 함께 할 수 있고 제주도의 자연을 온몸으로 체험할 수 있어 특별한 추억이 될 것이다.

승마

'사람은 서울로, 말은 제주로 가야한다'는 말이 있다. 그만큼 제주도는 말의 고장이다. 제주도에 왔다면, 드넓은 초원과 바다를 배경으로 말을 타봐야 하지 않을까. 제주도엔 세리월드, 마방목지, 새별헤이요목장, 무병장수 테마파크, 더마파크 등 말을 직접 타볼 수 있는 곳이 정말 많다. 말과 함께 호흡을 맞춰 해안가나 산책로를 돌아보는 잊지 못할 추억을 남겨보시길 바란다.

카트

제주도에서 보다 색다른 경험을 해보고 싶을 때, 일상에서 겪었던 스트레스를 짜릿하게 풀고 싶을 때, 아이처럼 신나고 싶을 때가 있다면 카트 체험을 추천한다. 제주도엔

카트를 즐길 수 있는 곳이 많은데, 속도를 직접적으로 경험할 수 있어 스트레스 해소에 그만이다. 제주 유일의 서킷형 레이스 카트장이자 국내 최장 트랙을 자랑하는 '제주 윈드 1947', 예능 나혼자산다에 등장한 것은 물론 중력가속도만으로 레이싱을 즐길 수 있는 '9.81파크' 등 저마다의 특색을 자랑하는 카트레이싱장이 많으니 즐거운 선택장애를 경험해 보시길.

잠수함

바다 위는 아름답지만, 바닷속은 신비하다. 그 신비한 바닷속을 여행할 수 있는 방법, 바로 잠수함이다. 흔하게 해볼 수 있는 경험이 아니기에 더욱 특별하다. 수심별로 다른 물고기, 산호 등 바다의 민낯을 확인해볼 수 있다. 열대어 군락, 난파선과 다이버 쇼까지 다양한 볼거리가 있는 서귀포 잠수함을 비롯, 펭귄 모양의 귀여운 제주 잠수함, 우리 가족끼리 즐길 수 있는 함덕 잠수함, 수심 깊은 곳의 다양한 열대어와 물고기들을 구경할 수 있는 우도 잠수함 등, 바닷속을 여행하는 특별한 기회를 놓치지 마시라.

패러글라이딩

하늘을 나는 상상, 제주도에선 현실이 될 수 있다. 제주도에는 다양한 액티비티를 체험해 볼 수 있는데, 그중에서도 가장 압권은 하늘을 나는 패러글라이딩이 아닐까. 하늘길을 가로지르며, 아래로 바다, 오름, 감귤밭 등 끝없이 펼쳐지는 제주의 아름다운 자연을 만끽할 수 있다. 거문오름, 군산, 미악산, 함덕해변 등 제주 유명 관광 명소 주변에서 하늘을 날 수 있다.

레일바이크

연인과 함께 하는 여행이든, 가족이 함께 온 여행이든, 친구들과 함께 하는 여행이든, 오랜 시간 함께 이야기도 나누고 제주도의 풍경도 즐길 수 있다면 행복할 것이다. 이를 충족시켜주는 액티비티가 있다. 바로 레일바이크! 혼자서는 할 수 없기에 함께 온 여행의 의미를 한 번 더 생각하게 해준다. 제주 레일바이크는, 레일 주변으로 펼쳐지는 초원과 오름들, 멀리로는 우도와 성산일출봉까지 만나볼 수 있다.

ATV

제주도의 오름을 조금 더 특별하게 즐기는 방법은 ATV에 도전하는 것이다. 산길과 같은 험한 오프로드에서 주행하는 사륜차 ATV는, 일명 '사발이'라고도 불리는데 거친 매력이 일품인 액티비티이다. 숲길 사이를 거칠게 지나면서 보이는 억새들과 초원들이 매력적이다. 거칠고도 짜릿한 액티비티를 원한다면 ATV에 도전해보자.

짚라인

모험과 도전을 좋아하는 여행자라면, 짚라인에 도전해보자. 높은 하늘에서 그대로 떨어지듯 낙하하는 짚라인은 아찔한 스릴을 선사하는데, 숲 위나 오름 위, 녹차밭이나 연못 위를 날 수 있다. 제주레포츠랜드, 제주라프 라플라이 등을 추천한다.

유람선

제주 바다의 물살을 가르며 주요 명소들을 둘러볼 수 있는 유람선 투어. 차로는 몇 시간이 걸릴지 가늠하기 어려운 곳들을 비교적 손쉽게 둘러볼 수 있고, 배를 타는 재미와 여유로이 풍경을 즐길 수 있는 매력이 있어 많은 사람들이 찾는다. 대표적인 곳은 성산포 유람선, 서귀포 유람선, 산방산 유람선, 차귀도 유람선 등이 있다.

패들보드

도구의 도움 없이 맨몸으로 타는 서핑보드와 달리 패들보드는 노를 이용해 파도를 즐길 수 있다. 서핑보드에 비해 조금 더 안정적이고 초보자들도 비교적 쉽게 체험해 볼 수 있다. 이호테우 해수욕장, 곽지해변, 판포구, 애월 등 제주 곳곳에서 패들보드를 경험해 볼 수 있다. 전문 서퍼들의 도움을 받아 파도를 온몸으로 느껴볼 수 있을 것이다.

스쿠버 다이빙

물속에서도 안전하게 숨 쉴 수 있는 장치를 착용하고 다이빙 하는 스쿠버 다이빙은, 소수 전문가들만의 영역이었으나 최근 많이 대중화되었다. 스쿠버 다이빙을 가장 잘 체험할 수 있는 곳은 단연 제주도이다. 수온이 비교적 따뜻하고, 연산호 군락 등이 존재하여 다이버들에겐 천국으로 꼽힌다. 서귀포의 문섬, 섶섬, 범섬 등은 바닷속 풍경이 특히 아름다워 다이버들이 많이 찾는다.

캠핑

최근 캠핑처럼 대중적인 인기를 모으고 있는 액티비티가 또 있을까. 전국 어디에서도 할 수 있는 캠핑이지만, 제주도에서 하는 캠핑은 조금 더 특별하다. 제주의 돌, 바람, 산, 바다 등을 보고 느끼며 조금 더 평화로이, 보다 다정한 시간을 보낼 수 있다. 귤빛 캠핑장, 돌하르방 캠핑장, 벨리타 캠핑장, 휴림 캠핑장 외에도 저마다 특색 있는 다양한 캠핑장들이 여러분을 기다리고 있다.

스노클링

수심이 깊지 않은 곳에서 숨대롱을 이용해 잠수하며 바닷속을 여행하는 스노클링! 수영이 아주 능숙하지 않아도, 간단한 장비만으로 바닷속을 즐길 수 있어 많은 사람들이 사랑하는 액티비티이다. 제주도에서도 스노클링을 즐길 수 있는 곳이 많은데, 수심이 얕고 파도가 잔잔한 표선해수욕장, 서귀포의 외돌개 황우지 해변, 소천지, 함덕 서우봉 해변 등이 대표적이다.

배낚시

직접 배를 타고 나가 바다 한가운데에서 물고기를 낚는 짜릿함, 낚시꾼이라면 거부할 수 없는 매력일 것이다. 내공 깊은 선장님의 지도 아래, 잘 잡히는 포인트를 골라 낚시를 즐길 수 있다. 한치, 갈치, 참돔, 옥돔 등 계절마다, 포인트마다 잘 잡히는 어종이 다른데, 그래서 더 재미있다. 낚시를 사랑하는 강태공이라면 제주도에서 배낚시를 꼭 경험하시길 바란다.

서핑

서프보드 위에 서서 파도 속을 빠져나오는 서핑! 제주도의 여름 바다는 서핑하는 사람들로 활력을 띈다. 제주도의 해안 주변엔 서핑보드와 패들보드를 대여하고 강습하는 곳이 많다. 전문 강사들이 초보자들도 쉽고 빠르게 파도를 즐길 수 있게 도와준다. 중문 색달해변, 월정리해수욕장, 표선해수욕장 등 서핑을 즐길 수 있는 해변이 많으니 올여름엔 파도에 몸을 맡겨보는 것은 어떨까.

#제주레포츠랜드

#윈드1947카트테마파크 #카트레이싱

#월정리 #투명카약

#하도해수욕장 #카누

#M1971요트투어

제주에서 꼭! 일출·일몰 여행지

산과 바다 에서 뜨고지 는 해 사면이 바다로 둘러싸인 제주도에서 보통 바다 위의 일출을 떠올리겠지만 오름이나 산에서 보는 일출도 굉장히 멋있다. 일출 명소로는 한라산 정상, 성산일출봉이 있는 광치기 해변, 서우봉, 형제 해안도로, 따라비오름, 지미봉 등이 있다

일몰
이호테우해수욕장
두 개의 말 등대 사이 바다
위로 떨어지는 붉은 태양

일몰
구엄리돌염전
돌염전 위에 고인 물이 황금빛
으로 물드는 독특한 장소

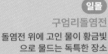

일몰
신창풍차해안도로
석양이 지는 바다 위로 떨어지는
붉은 태양과 이국적인 풍차 풍경

일몰
협재해수욕장
에메랄드빛 바다 위로 떨어
지는 황금빛 석양

애월읍

금오름 **일출** **일몰**
일몰, 일출을 모두
감상할 수 있는 아름다운 능선

한림읍

금오름

한경면 저지오름

안덕면

일몰
수월봉
아름다운 수월봉의 풍경과
해안절벽으로 떨어지는 일몰

대정읍

산방산

일몰
박수기정
대평포구에서 바라보는 빼어
경관의 주상절리인 박수기정

송악산

일출
형제 해안도로
형과 아우가 서로 마
주 보고 있는 두 개의
섬, 형제섬 사이로 떠
오르는 태양

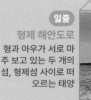

용담해안도로 **일몰**
드라이브 코스로도 좋은 용담
해안도로에서 평화롭고 낭만
적인 일몰

일몰
닭머르해안길
닭머르 바위 위에 정자까
지 이어진 산책길에서 만나
는 일몰

일출 **일몰**
함덕 서우봉해변
유채꽃 배경의 바다 위로 일
출과 일몰을 모두 볼 수 있
는 명소

구좌읍

우도면

조천읍

다랑쉬오름

일몰
새별오름
오름 아래로 펼쳐진 들판을
물들이는 노을과 은빛 물결
의 억새 따라비오름

성산읍

표선면

둔지오름

지미봉 **일출**
정상에서만 볼 수 있는 종달리밭
모자이크, 우도와 성산일출봉 뒤
로 떠오르는 태양을 한눈에

남원읍

따라비오름 **일출**
붉은빛으로 물든 억새 뒤로 펼쳐
진 가시리 풍력단지의 풍경 조망

광치기 해변 **일출**
용암 지질 위에 자라난 녹
색 이끼와 성산 일출봉 옆
으로 뜨는 일출을 한 프레
임에 담기

일몰
남원 큰엉해안경승지
한반도 실루엣 사이로 보이
는 붉은색과 파란색의 그
라데이션

제주에서 꼭 가봐야 하는 카페

제주에는 예쁘고 독특한 대형 카페가 많은데, 특히 이국적인 풍경의 자연을 그대로 들여놓은 카페는 전국 어디에도 찾아볼 수 없는 제주만의 바이브가 있다. 여유롭게 차 한잔 마시고 있노라면 자연의 품 안에서 진정한 휴식과 사색이 가능하다.

오드씽 카페 풀장 가운데 원형의자
커다란 수영장 가운데 투명한 원형 의자와 테이블에 앉아 있으면 물속에 들어가 있는듯한 느낌으로 커피를 즐길 수 있다. 밤에는 분위기 좋은 펍으로 변신

호텔샌드 휴양지감성 파라솔
에메랄드빛의 협재 해변을 오롯이 품고 있는 이국적인 파라솔과 선베드가 있는 카페

벨진밧 카페 야외
배우 박한별이 운영하는 카페. 휴양지 감성의 파라솔과 야자수가 있는 야외정원이 매력적인 곳

엘파소 카페 노랑 건물
엘파소 카페의 시그니처 컬러인 노란색. 건물 벽과 파라솔, 의자까지 모두 노란색인데 그사이 포인트로 초록색인 야자나무가 심어있는 감각적인 카페

하라케케 새둥지 포토존
넓은 야자수 정원이 유명한 카페. 바다 전망의 야자나무 사이 커다란 새 둥지가 이곳을 대표하는 포토존이다

애월읍

한림읍

▲ 금오름

한경면 ▲ 저지오름

안덕면

대정읍 ▲ 산방산

▲ 송학산

드부팡 프랑스식 건물
백 숲 깊은 곳에 자리한 프랑스풍
은 벽돌 건물과 유리온실이 있는
틱 카페

카페모알보알 빈백 테라스
필리핀의 해변 휴양지 감성 조
명과 러그 등으로 꾸며져 있고
일몰이 특히 아름다운 곳. 빈백
에 앉아 해변을 바라보며 조용
히 음악과 커피를 즐기며 잠시
쉬어가기 좋다

비케이브 촛불맨드라미
강렬한 촛불 모양 맨드라미 사이 파란
문이 인상적인 곳. 유아의 숲의 아이
뮤직비디오 촬영지로 유명한 동굴 포
토존이 있는 카페

구좌읍

조천읍

다랑쉬오름

우도

산굼부리

성산읍

따라비오름

통오름

표선면

남원읍

이스틀리 카페 수국
파란색, 보라색 등 다양한 색의 수국
꽃이 탐스럽게 피어 요정이라도 나
올듯한 분위기의 카페. 수국꽃을 보
려면 6~8월 사이 방문

호랑호랑 카페 배 포토존
카페 앞 해변에 놓여있는 하얀 배가 이국
적인 카페. 배 위에 서서 하얀 배와 수평선
이 보이도록 사진을 찍으면 멋진 사진을 찍
을 수 있다

제주에서 꼭! 인스타 감성 플레이스

**제주의
사진맛집**

독특한 해안 절벽과 해식동굴, 모래가 퇴적된 지층의 포트홀 등 제주에는 제주만의 감성과 색을 담아낼 수 있는 이색 포토존이 많다. 대부분 인공적이지 않은 자연 그대로 모습들이 배경이 되고 액자가 되어준다.

고살리숲길 속괴 계곡풍경

365일 물이 고여있는 신비한 푸른 빛 샘과 비 온 후에만 볼 수 있는 절벽에서 떨어지는 아름다운 폭포가 있는 계곡

사계해변 기암괴석 돌틈

오랜 시간 동안 다져져 온 모래와 자갈들이 퇴적되어 지층을 이루고 있는 신비한 모양의 마린 포트홀에 들어가서 찍는 사진이 유명한 사계 해변

수산봉 그네나무

저수지 주변의 푸른 배경과 그네를 타는 뒷모습 샷으로 유명한 인스타 핫플. 맑은 날에는 그네에 앉아 한라산의 모습모 볼 수 있다.

오늘은녹차한잔 동굴

카페의 녹차밭 옆 동굴 속에서 보이는 초록 나무와 파란 하늘 배경의 실루엣 샷을 찍을 수 있는 핫플

용머리해안 해안절벽

겹겹이 쌓여있는 화산지층이 이색적인 이곳은 용이 머리를 세우고 바다로 들어가는 형상을 한 제주에서 가장 오래된 화산지형이다.
용머리 해안의 해식 절벽을 배경 삼아 사진을 찍거나 바위 위에 올라 하늘과 함께 사진을 찍으면 멋진 사진을 찍을 수 있다.

큰엉해안 한반도 포토존

한반도 실루엣 사이 붉은색과 파란색의 글라데이션을 배경으로 실루엣 샷을 찍을 수 있는 사진 명소

황우지해안 선녀탕

바위 병풍이 둘러져 파도가 심하지 않은 자연 수영장으로 스노클링과 수영을 즐길 수 있는 장소다.

파도가 일렁이는 선녀탕 바위 위에 앉아 바위섬 배경의 사진을 찍는 것으로 유명한 인스타 핫플

산양큰엉곶 기찻길 포토존

산책길 끝 돌담 사이 나무 문을 열어보면 동화 속 이야기처럼 또 다른 공간으로 들어가는 듯한 기찻길이 등장한다.

인스타그램에서 나무 문을 열고 들어가는 듯한 사진이나 동영상을 많이 볼 수 있다.

스누피가든 스누피 포토존

웜 퍼피 레이크 테마정원의 연못에는 나루터 끝에 홀로 앉아있는 스누피가 있는데 스누피 옆에 앉아 다정하게 어깨동무하고 나란히 앉은 뒷모습을 찍는 사진이 인기가 있다

창꼼바위

이상한 변호사 우영우에 등장한 이 구멍은 창을 들어 올린 듯한 기암에 구멍이 있다. 창꼼바위 구멍 앞에 서서 구멍 사이로 보이는 바다를 배경으로 찍는 사진으로 유명하다.

구엄리돌염전 하늘반영샷

비온후 돌염전에 물이고이면 하늘 반영샷을 찍을수있는 핫플

금오름 정상

산 정상의 대형 분화구에 작은 호수를 가지고 있는 오름. 일몰이 아름답고 맑은 날에는 한라산을 조망할 수 있는 곳

제주 요즘 뜨는 감성숙소 10

감성가득한 이색숙소 도시의 소음과 잠시 멀어질 수 있는 천혜의 자연을 가진 제주. 누구의 방해도 받지 않는 프라이빗한 공간에 제주의 에메랄드빛 바다, 푸른 숲을 품고서 온전한 쉼을 선사하는 제주도만의 감성을 가진 숙소를 소개한다.

#해쉴
대평포구 능선 위 언덕에 지어진 숲속의 아름다운 집

@hashill_jeju
@gyeotgyeop

#봄빛코티지
유럽의 정원을 그대로 옮겨놓은 시골 감성의 아기자기한 숙소

@min
@seobja

#곁겹
모래정원과 4계절 온수 풀이 있는 초가 지붕의 휴양지 리조트 감성 독채 숙소

#섭재
큰 소낭 아래 숲으로 둘러싸인 그림 같은 뷰를 가진 독채 숙소

#조천스테이
돌담에 둘러싸인 야외 자쿠지와 족욕을
할 수 있는 숙소

@jocheon_stay

#주월담
빨간 지붕과 돌벽이 특징인 우드톤의 차
분한 분위기의 숙소

@juwoldam

#표선여가
붉은 화산 송이 정원과 대나무에 둘러싸인
야외 자쿠지가 있는 보라색 지붕의 숙소

@im_gioiello
@jeju_skywhale

#핀크스 포도호텔
제주 전통 초가집의 지붕을 이어 제주의
오름을 표현한 가장 제주다운 건축물

@hyeinc_
@promenade.jeju

#하늘고래블루
협재 바다 바로 앞 바다가 한눈에 보이는
프라이빗 숙소

#프롬나드제주
불멍을 할 수 있는 낭만적인 정원과 온수
풀 수영장이 있는 독채 숙소

91

제주에서 꼭 가봐야할 박물관&미술관

아르떼뮤지엄
제주의 자연을 빛과 소리로
만들어 시공간을 초월한 미
디어 아트를 선보이는 곳

노형슈퍼마켓
빛을 잃어버린 공간에서
을 통해 아름다운 색의
으로 이동하는 스토리텔
있는 미디어 전시

제주도립 김창열 미술관
천자문 위에 흘러내릴 듯한
물방울을 그린 '물방울 화
가' 김창열의 작품을 볼 수
있는 곳

무민랜드제주
핀란드 국민 캐릭터 무민과 함께
핀란드 마을을 여행하는 기분

본태박물관
세계적 거장들의 현대 미
작품을 많이 소장하고 있
안도 다다오가 설계한 노
콘크리트 건물

애월읍

한림읍

▲
금오름

한경면 저지오름 ▲

안덕면

대정읍

▲
산방산

▲
송악산

세계자동차&피아노박물관
우리나라 최초의 자동차와 세계에
서 단 하나뿐인 로뎅이 조각한 피
아노 등이 전시되어 있고 야외에
서 꽃사슴도 볼 수 있는 곳

루나폴
12만 평의 정원에 형형색색
의 조명과 미디어아트를 입
힌 나이트 디지털 테마파크

헬로키티아일랜드
세계적으로 사랑받는
헬로키티 캐릭터를 만
날 수 있는 아기자기
한 공간

브릭캠퍼스
세계적인 아티스트의 경이로운 브릭 작품을 감상하고
직접 만들어 볼 수 있는 곳

넥슨컴퓨터박물관
다양한 게임과 최신 VR까지! 아빠와 함께 즐길 수 있는
게임이 가득

구좌읍

우도면

스누피가든
스누피의 일상에 들어가 스누
피와 그의 친구들을 만날 수 있
는 테마 숲길

조천읍

다랑쉬오름

성산읍

산굼부리

따라비오름

통오름

표선면

남원읍
이중섭미술관
우리 민족의 아픔을 '소'라
는 모티브에 투영해 위로
를 건넸던 이중섭의 작품
을 만날 수 있는 곳

빛의 벙커
음악과 미디어의 역동적인 작품으로
재탄생한 거장들의 작품들이 펼쳐지
는 비밀의 벙커

아프리카박물관
아프리카 미술품을 소장·전시하는 우리나라 최초
의 아프리카 미술 전문박물관

테디베어뮤지엄
살아 움직이는 듯 섬세하게
만들어진 테디베어가 있는
국내 최대규모의 박물관

제주 스냅사진 명소 베스트 11

**특별한 날의
촬영지**

인생네컷의 열기와 인스타그램의 연장선으로 요즘 MZ세대 사이에서 유행처럼 번지고 있는 스냅사진은 웨딩 촬영 비용만큼 비싸지 않으면서도 합리적인 가격에, 분위기 있는 장소에서 작가의 시선으로 멋진 결과물을 얻을 수 있고, 현재의 내 모습을 사진집으로 남기는 재미가 있다.

#도두봉 키세스존

산책로 끝 나무가 만든 키세스 초콜릿 모양의 나무 프레임. 그 사이로 보이는 바다와 하늘 그 사이에서 찍는 실루엣 샷으로 유명한 사진 명소

@hwany_camp

#붉은오름 입구

붉은 오름입구는 사려니 숲길로 들어가는 입구이기도 하다. 사려니숲 깊은곳에서 찍는 사진과는 또다른 분위기의 장소로 웨딩 촬영을 하러오는 신혼부부가 많이 찾는다

#동백포레스트

동그랗게 잘 다듬어진 나무를 감싸듯이 피어있는 분홍 동백나무가 예쁜 동백 포레스트. 카페의 루프탑 위에 올라가면 나무 사이에 서 있는 인물을 아래로 내려다보며 사진을 찍을 수 있다.

#송당무끈모루

카페 안도르 입구 바로 앞에 위치한 송당무끈모루. 커다란 나무 프레임 사이로 보이는 파란 하늘과 초록 들판, 멀리 보이는 산까지 한 프레임에 담을 수 있는 사진 명소.

#보롬왓

보롬왓은 계절마다 다양한 꽃을 심어 놓아 포토그래퍼들의 사랑을 받는 장소다. 붉은색, 노란색, 흰색 등의 튤립과 보라색 라벤더를 색깔별로 넓게 심어 놓아 멋진 사진을 찍을 수 있다

#오라동 메밀밭

겨울과 봄에는 청보리가, 봄과 여름에는 메밀꽃이 피어나는 넓은 들판 한가운데에 한 쌍의 나무가 있는 스냅 명소. 하얀 메밀밭 사이에 서서 어디를 배경으로 두어도 멋진 사진을 찍을 수 있다

#마노르블랑

서귀포에 있는 가든 카페 마노 르블랑은 식물원을 함께 운영하는데 매년 9월부터 11월까지 핑크뮬리 축제가 열린다. 핑크색의 하늘하늘한 꽃밭 사이에 서서 인생샷을 남길 수 있다.

#산양큰엉곳

요정이 살 것 같은 작은 나무잡과 곶자왈 숲속에 난 기찻길 끝에 신비롭게 서 있는 문 등 아름다운 포토존들마 가득한 곳. 동화적인 느낌의 스냅샷 명소이다.

@ixambonyyyyyy

#아부오름

원형의 거대한 분화구 둘레에 자라난 나무와 능선이 아름다워 이효리 뮤직비디오에도 등장했던 장소이다. 일몰 시각에 능선 아래로 떨어지는 붉은 빛을 담은 사진을 찍으면 더욱 신비로운 사진을 담을 수 있어 스냅촬영 장소로 유명하다.

#산굼부리

산굼부리는 오래전부터 웨딩 촬영 명소로 유명하다. 해질녘 은빛의 억새가 금빛으로 물드는 때에 억새밭 사이에서 사진을 찍으면 예쁘다. 핸드폰으로 대충 찍어도 예쁜 사진을 찍을 수 있다.

#안돌오름 비밀의 숲

울창한 편백나무가 우거진 비밀의 숲. 쭉뻗은 나무사이 매표소로 쓰이고 있는 민트색 캠핑카 앞에서 찍는 스냅사진 명소. 송당리 2170으로 검색하면 쉽게 찾을 수 있다.

03

액티비티

액티비티 지도

체험배낚시 전진호,
제주 이호털보 배낚시,
서프로와(서핑),
코바다이빙스쿨

애월전동
킥보드

바이크트립 자전거

제주도자전거대여
보물섬하이킹 자전거

제주카약올레,
청아투명카약

쓩쓩렌탈샵 자전거
애월점

귤향기
농장

노리터 서핑 패들보드,
문서프(서핑)

애월읍

아날로그
감귤밭

귀덕바다
투명카약

어승생승마장

제주양떼목장,
도치돌 알파카목장

제

카페 귤한가
(귤따기)

다이브자이언트
제주 프리다이빙

제주승마공원,
렛츠런파크 제주

9.81 파크
(카트)

액티브파크
(클라이밍)

한림읍

제주맥주
(양조장)

신창
투명카약

새별프렌즈

비체올린
(카약)

더마파크
(카트)

제주바다
하늘패러투어
(패러글라이딩)

블루웨이 프리다이브

새별레저
ATV

제주 차귀도
요트투어

한경면

안덕면

서귀포시

제주환상전기자전거

제주항공
박물관(카트)

신화
워터파크

차귀도 달래배낚시,
진성배낚시, 대물호,
차귀도유람선

하영담아
감귤농장
(귤따기)

중문레져UTV

트로이테마
농원(승마)

파더스가든
(귤따기)

제주배럴
서핑스쿨

대정읍

서광카트체험장,
하늘여행
행글라이더체험장

김서프제주
(서핑)

디스커버제주
돌고래탐사

씨플로우
프리다이빙

케이제주씨워킹,
아라호(배낚시),
M1971 요트투어

퍼시픽 리솜
요트투어
샹그릴라

중문승마공원

제주제트 수상보트

꽃귤농장

아일랜드에프 선상낚시

송악카트
체험장

비고르서프&
프리다이빙

서귀포 다이브센터
스쿠버다이빙

제주해양사업단 하모씨워킹

난드르호선상낚시,
프라다 선상낚시 배낚시,
알라딘호선상낚시배낚시

제주스쿠바아로파
(스쿠버다이빙)

우리동네 잠수하는 형
(스쿠버다이빙),
제주잠수함, 함덕잠수함,
국제리더스클럽(패들보드)

월정투명카약

제주웨이브서핑,
월정퀵서프,
타라타 전동킥보드

마이다이버스
(스쿠버다이빙)

제주해양레저
파크 씨워킹

김녕
요트투어

함덕 돌핀레저

조천읍

구좌읍

하도카약

우도올레보트
수상보트

종달 타보카 수상보트

레포츠랜드
(짚라인, 카트)

제주오름
승마랜드,
탱크야놀자
(ATV)

디포레카라반
파크(캠핑)

제주
레일바이크

이브이트립
(전동킥보드,
전기자전거)

우도잠수함

탑 승마
클럽

아침미소
목장

제주
드론파크

제주관광
승마

탐라승마장

송당
승마장

제주농원
(귤따기)

온앤온서프
(서핑)

쇠와꽃 승마장,
드르쿰다 in 성산
카라반(캠핑장)

아쿠아플라넷 제주
프리다이빙

낙타 트래킹

목장카페
드르쿰다,
제주조랑말타운
OK승마장

이어도승마장

성산읍

알프스
승마장포니

오늘은
카트레이싱

남원읍

표선면

옷귀마테마
타운(승마)

열대과일농장
유진팡

아키아
서핑스쿨

보내다제주
(귤따기)

서프포인트
(스노클링)

편백포레스트

47
트)

최남단 체험 감귤농장
(가외물 농촌생태공원)

쇠소깍
(카약)

하례감귤
체험농장

쉼터체험농장
(귤따기)

제주파인비치펜션,
에어그라운드(캠핑)

착한배낚시,
남진호

해양레저타운
수상보트

캡틴호
(배낚시)

퍼프리다이브 제주
프리다이빙

서북부

서북부
제주시 조천읍 구좌읍
애월읍 한림읍 표선면 성산읍
한경면 서귀포시 남원읍
안덕면
대정읍

맛동산감귤체험농장

감귤, 청귤 등 다양한 감귤을 사철 수확할 수 있는 체험농장. 11~12월에 나는 타이벡 감귤은 저장성이 좋고, 2~3월에 수확하는 하우스 감귤은 달콤한 맛이 좋다. 여름에는 수확한 청귤로 달콤한 청 만들기 체험을 즐길 수 있다. 매일 13:00~17:00 영업, 매주 월요일 휴무.(p130 B:2)

- 제주시 애월읍 광령2길 62-1
- #타이벡감귤 #청귤 #청귤청만들기

귤향기 농장

노지 감귤, 하우스 감귤을 수확하고 귤 청을 만들 수 있는 무농약 감귤 체험농장. 농장에서 마음껏 귤을 따 먹고 남은 1 kg는 집까지 가져갈 수 있다. 귤 청 만들기 체험은 사전 예약 필수. 함께 판매하는 귤차, 유자차, 귤 잼도 맛있다. 09:00~17:00 영업.(p130 C:2)

- 제주시 1100로 3118
- #노지감귤 #귤청만들기 #무농약 #귤차 #유자차

아날로그감귤밭

카페와 함께 운영하는 감성적인 감귤체험 농장. 따로 예약하지 않아도 바로 감귤체험을 즐길 수 있어 편리하다. 무제한 시식할 수 있으며 감귤 1 kg를 가져갈 수 있다. 카페에서 판매하는 감귤 키위 잼도 유명하다. 매일 10:00~18:00 영업, 매주 화요일 휴무.(p130 B:2)

- 제주 제주시 해안마을8길 16
- #예약없이체험가능 #감귤키위잼

카페 귤한가

매년 11~1월 귤 따기 체험을 즐길 수 있는 귤밭 카페. 직접 딴 귤을 착즙해서 주스로 만들어주고(2,000원), 귤 2 kg는 직접 가져갈 수 있다. 감귤체험 시 카페 음료를 30% 할인해준다. 매일 11:00~16:00 영업, 매주 수, 목요일 휴무.(p210 C:2)

- 제주시 한림읍 명월성로 238-1 1층
- #즉석감귤주스 #감귤체험카페 #카페할인

액티브파크(클라이밍)

벨트를 차고 안전하게 인공 암벽을 오르는 클립 앤 클라임 체험장. 클라이밍은 뉴질랜드에서 시작된 실내 등반 운동으로, 안전장치가 잘 마련되어있어 야외 암벽등반보다 더 안전하다. 6세 이상부터 이용 가능, 몸무게 120kg 이상 이용 불가, 긴 머리는 묶고 이용해야 한다. 매일 09:30~18:00 영업, 최소 15분 전 도착.(p210 B:2)

- 제주시 한림읍 금능남로 76
- #클라이밍 #실내등반 #안전장치

제주양떼목장

양, 꽃사슴, 염소, 말, 닭, 거위, 돼지 등 귀여운 동물들과 먹이 주기 체험을 즐길 수 있는

양떼목장. 새끼 양에게 분유를 먹여주고 감귤, 동백꽃을 배경으로 예쁜 사진 남길 수 있다. 목장 안에는 커피 향이 가득한 아늑한 카페도 있다. 매일 10:00~18:00 영업, 17:00 입장 마감, 11월~2월 16:30 마감, 매주 월요일 휴무.(p172 B:2)

- 제주시 애월읍 도치돌길 289-13
- #새끼양먹이주기 #사진촬영 #목장카페

도치돌 알파카목장

알파카, 양, 포니, 염소, 닭와 먹이 주기 체험을 즐길 수 있는 체험농장. 농장을 가로지르는 산책로와 그네 전망대, 놀이터도 갖춰져 있다. 24개월 미만 무료입장, 도민과 65세 이상 어르신, 국가유공자, 장애인, 단체관람객 할인 혜택도 주어진다. 연중무휴 10:00~18:00 영업, 17:00 입장 마감, 휴무일 인스타그램 @alpacalogpark 참고.(p172 B:2)

- 제주시 애월읍 도치돌길 303
- #알파카먹이주기 #산책로 #전망대

새별프렌즈

알파카, 말, 포니, 당나귀, 양, 흑염소와 함께

힐링할 수 있는 체험농장. 동물에게 먹이도 주고 동물과 함께 인생 사진도 찍어보자. 곳곳에 아름답게 꾸며진 산책로도 사진 찍기 제격이다. 하절기(5~10월) 09:30~18:00, 동절기(11~4월) 10:00~18:00 영업, 17시 입장 마감, 24개월 미만 무료. (증빙서류 지참 필수)(p172 B:3)

- 제주시 애월읍 평화로 1529
- #동물먹이주기 #산책로 #포토존

아침미소목장

귀여운 송아지들과 함께하는 친환경 체험 목장. 송아지 우유 주기, 소 건초 주기, 아이스크림과 치즈 만들기 등 다양한 체험을 즐길 수 있다. 목장에서 만든 수제 요구르트와 아이스크림, 치즈, 우유 잼도 함께 판매한다. 대중교통으로 이동하기 어려우니 자동차로 이동하는 것을 추천. 매일 10:00~17:00 영업, 매주 화요일과 명절 휴무.(p131 E:2)

- 제주시 첨단동길 160-20
- #송아지우유주기 #아이스크림만들기 #치즈만들기 #유제품판매 #자차이동추천

체험배낚시 전진호

사계절 선상낚시를 즐길 수 있는 배낚시 체험. 전진호가 정박해있는 이호테우해변은

한치, 갈치, 참돔, 옥돔 등이 잡히는 명당이다. 2시간짜리 체험 낚시 코스와 한치 낚시, 갈치낚시 코스를 함께 운영한다. 매일 05:00~23:00 영업.(p130 B:1)

- 제주시 테우해안로 142
- #갈치낚시 #한치낚시 #사계절

제주 이호털보 배낚시

어린이부터 성인까지 모두 즐기기 좋은 배낚시 체험장. 미끼, 낚시도구, 낚싯줄, 뽕돌, 구명동의 등을 모두 대여해주기 때문에 따로 장비나 준비물을 챙길 필요가 없다. 2시간짜리 현장 체험 낚시 코스와 돔낚시, 트롤링낚시, 야간 한치 낚시, 고등어낚시 코스를 운영한다. 연중무휴 05:00~22:00 영업.(p130 B:1)

- 제주시 테우해안로 146
- #돔낚시 #한치낚시 #고등어낚시

차귀도달래배낚시

차귀도 앞바다에서 주간 낚시, 야간낚시를 즐길 수 있다. 배에서 바라본 제주 서쪽 바다와 차귀도 전망도 아름답다. 차귀도는 야생 돌고래가 출몰하는 곳으로도 유명하다. 배를 단독 대여할 경우 6인까지 탑승할 수 있다. 매일 05:00~21:00 영업.(p240 A:2)

- 제주시 한경면 노을해안로 1160
- #야생돌고래 #야간낚시 #단독대여가능

진성배낚시

단체석과 6인, 10인, 16인 독선 대여할 수 있는 배낚시 체험장. 자리돔, 쥐치, 쏨뱅이 등 맛있는 생선이 사철 내내 잡히고, 가을~겨울철에는 고등어, 전갱이, 한치 등이 잡힌다. 잡은 생선은 즉석에서 회를 떠 준다. 매일 08:00~21:00 영업.(p240 A:2)

■ 제주시 한경면 노을해안로 1164-4 1층
■ #돔낚시 #고등어낚시 #한치낚시 #즉석회

대물호

남녀노소 저렴하게 배낚시 체험을 즐길 수 있는 곳. 체험 낚시코스와 단독선 5인, 8인, 10인, 14인 코스를 운영한다. 낚싯대, 구명조끼, 미끼가 마련되어있으며 잡은 물고기는 식당으로 가져가면 소정의 비용을 받고 회/매운탕/튀김으로 요리해준다. 연중무휴 08:00~19:00 영업, 10시·12시·14시·16시 출항, 사전예약 필수.(p240 A:2)

■ 제주시 한경면 노을해안로 1179
■ #가성비배낚시체험 #연계식당 #회 #매운탕 #튀김

킬링스페이스 제주시청점

스트레스 풀고 싶을 때 딱 좋은 150인치 스크린 사격장. 실제 총의 반동과 소리까지 재현해낸 총으로 짜릿한 사격 서바이벌 게임을 즐길 수 있다. 5가지 사격 모드를 선택할 수 있고, 어플을 설치하면 사격 결과와 랭킹도 확인할 수 있다. 연중무휴 15:00~00:00 영업.(p98 C:1)

■ 제주시 광양8길 26 2층
■ #스크린사격장 #서바이벌 #150인치스크린

문서프

서핑보드와 슈트를 대여하고 서핑 강습도 받을 수 있는 곳. 강사 한 명당 최대 7인까지만 참여하는 소규모 레슨을 2시간, 3시간, 5시간 코스를 운영한다. 전문 포토그래퍼가 찍어주는 서핑 인생샷도 남겨보자. 매일 07:00~19:00 영업.(p98 A:1)

■ 제주시 애월읍 곽지7길 1
■ #소규모레슨 #최대7인 #전문포토그래퍼사진촬영

서프앤조이

서핑을 하면 1박이 무료인 게스트하우스 겸 서핑 체험장. 서핑보드와 수트만 빌리거나 숙박과 강습을 겸한 서핑 캠프에 참여할 수도 있다. 1년간 무제한 서핑을 즐길 수 있는 연간회원권도 함께 판매한다. 매일 10:00~18:00 영업.(p99 C:1)

■ 제주시 선사로8길 12
■ #게스트하우스무료 #숙박패키지 #1년회원권

서프로와

10년 넘는 경력의 강사진이 초심자들도 세심하게 가르쳐주는 서핑 체험장. 강습은 발이 닿는 수변에서 진행되며, 수트도 물에 잘 뜨는 재질이라 수영을 못 하는 초심자도 마음 놓고 배울 수 있다. 체험 서핑 강습, 데이 서핑 강습, 유소년서핑 강습 등 다양한 강습이 진행된다. 매일 09:00~19:00 영업.(p98 B:1)

■ 제주시 테우해안로 132 바다사랑채 편션건물
■ #초보자에적합 #체험서핑 #데이서핑 #유소년서핑

제주승마공원

100km 애월 숲길을 말 타고 거닐 수 있는 승마장. 승마 캠프와 산악승마도 즐길 수 있으며 지구력 승마대회, 아마추어승마대회 등 다양한 대회도 개최된다. 지구력 승마는 말에 올라 일정 거리를 안정적으로 통과하는 마라톤 같은 경주를 일컫는다. 매일 09:00~18:00 영업.(p98 B:1)

■ 제주시 애월읍 녹고메길 152-1
■ #지구력승마대회 #아마추어승마대회 #애월숲코스

렛츠런파크 제주

경마뿐만 아니라 소풍, 산책, 운동하기도 좋은 곳. 경마일은 금~일요일인데, 주말 경마는 12:25 시부터, 야간 경마는 16:25~21:20 시에 진행된다. 어린이승마장, 놀이터, 축구장, 운동장, 공원도 함께 운영한다. 경마가 없을 때는 무료입장, 미성년자 입장료 무료. 09:30~18:00 운영, 매주 월, 화요일 휴무.(p98 B:1)

■ 제주시 애월읍 평화로 2144
■ #피크닉 #가족산책 #여유 #어린이승마장

어승생승마장

한라산 경치를 바라보며 승마를 즐기고 싶다면 이곳을 찾아가자. 해발 530m 높이에 있어 날씨가 좋을 때는 탁 트인 바다 경치까지도 함께 즐길 수 있다. A투어 2,500m 코스, B투어 1,000m 코스 중 원하는 것을 선택할 수 있다. 승마하지 않아도 말 먹이주기, 그루밍 배우기 등 목장 투어를 즐길 수 있다. 3~10월 09:00~19:00, 11~2월 09:00~17:30 운영, 연중무휴.(p98 C:1)

■ 제주시 1100로 2659
■ #한라산전망 #바다전망 #말먹이주기 #그루밍

탑 승마클럽

잘 갖추어진 트랙에서 레슨을 받을 수 있는 승마장. 실내승마, 1:1 레슨, 그룹 레슨, 근교외승, 운송외승 코스를 진행한다. 자주 이용할 경우 회원 등록 후 이용권을 구매하면 체험비를 할인받을 수 있다. 매일 09:00~18:00 영업, 연중무휴.(p99 C:1)

■ 제주시 명림로 278
■ #1:1승마레슨 #그룹레슨 #외승 #연간이용권

제주맥주

갓 뽑은 시원한 제주 맥주를 마실 수 있는 양조장. 제주 위트에일, 제주펠롱에일, 제주 제주슬라이스와 간단한 스낵을 함께 제공한다. 양조장 투어뿐만 아니라 나만의 전용 잔 만들기, 캔들 만들기 등 체험 프로그램을 함께 진행한다. 매일 13:~18:00 영업, 주문마감 17:30, 매주 월, 화, 수요일 휴무.(p98 A:2)

■ 제주시 한림읍 금능농공길 62-11
■ #제주수제맥주 #전용잔만들기 #캔들만들기

애월전동킥보드

애월 해변 돌아보기 딱 좋은 전동킥보드 빌려주는 곳. 나인봇, 이노킴, 스쿠티 등 다양한 모델이 구비되어 있다. 킥보드를 빌리면 헬멧, 충전기, 장갑, 자물쇠, 가방, 보호대를 무료로 대여해준다. 매일 10:00~19:00 영업, 매주 화요일 휴무.(p98 B:1)

■ 제주시 애월읍 가문동길 21 1층
■ #전동킥보드 #보호장구무료대여

차귀도유람선

차귀도 뱃길을 지나 둘레길을 돌아보는 유람선. 차귀도는 제주도 세계지질공원에 속해있는 아름다운 섬이다. 유람선에서 차귀도의 역사와 유래, 생물들에 대한 설명을 듣고 차귀도 전망대, 등대, 숲길 등 둘레길을

돌아본다. 휠체어와 유모차 입장이 불가능하므로 주의. 매일 09:30~17:30 수시로 운항, 연중무휴.(p98 A:2)

■ 제주시 한경면 노을해안로 1163 차귀도 유람선
■ #차귀도해안 #전망대 #등대 #둘레길

제주 차귀도요트투어

대한민국 10대 일몰 명소인 차귀도 풍경을 즐길 수 있는 요트투어. 일반 요트투어와 낚시투어, 스노클링투어 3가지 코스를 운영한다. 단독으로 배를 빌려 연인이나 가족을 위해 깜짝 이벤트를 준비할 수도 있다. 매일 09:00~19:00 연중무휴 운영.(p98 A:2)

■ 제주시 한경면 한경해안로 156 2층
■ #이벤트요트 #로맨틱 #낚시 #스노클링

레포츠랜드

왕복 250m, 높이 12m로 운행하는 스릴 있는 짚라인. 다리 밑으로 펼쳐지는 한라산과 바다 전망이 스릴 있다. 구조안전진단을 통과하였으며, 안전장치가 잘 구비되어있어 안심하고 탑승할 수 있다. 짚라인 아니라 카트 레이싱, 산악버기카, 서바이벌, 서바

이벌, 사계절 썰매, 사격 등 다양한 레포츠를 즐길 수 있다. 하절기 09:00~19:00, 동절기 09:00~17:30 연중무휴 운영.(p99 D:1)

■ 제주시 조천읍 와흘상서2길 47
■ #한라산전망 #바다전망 #레포츠센터

제주카약올레

에메랄드빛 애월 앞바다가 훤히 들여다보이는 투명카약 체험장. 노을 질 무렵 붉게 물든 배경을 바라보며 카약 체험하기도 좋다. 옷이 젖을 수 있으니 방수가 되는 옷을 입거나 여벌의 옷을 챙겨오자. 임산부 및 36개월 미만 유아는 탑승할 수 없다. 매일 09:30~19:00 영업.(p98 A:1)

■ 제주시 애월읍 애월로1길 22
■ #바다전망 #노을전망 #이색카약

청아투명카약

에메랄드빛 애월해변 물색이 들여다보이는 투명카약 체험장. 물이 맑아서 바닥을 자세히 들여다보면 물고기도 구경할 수 있다. 옷이 젖을 수 있으니 방수가 되는 옷을 입거나 여벌의 옷을 챙겨오자. 매일 09:30~18:30 영업.(p98 A:1)

■ 제주시 애월읍 애월로 11
■ #바다전망 #에메랄드물빛 #이색카약

비체올린

울창한 제주 숲속에 마련된 1,000m 수로길 카약체험. 이 숲길은 제주 생태계의 심장이라 불리는 5.16 도로를 본떠 만든 것이라고 한다. 카약 길과 함께 숲 둘레길, 포토존, 미로공원도 마련되어 있으니 함께 즐겨보자. 하절기(5, 6, 7, 8월) 08:45~18:30, 동절기(11, 12, 1, 2월) 08:45~17:30, 간절기(3, 4, 9, 10월) 08:45~18:00 개장, 폐장 30분 전 입장 마감, 연중무휴.(p98 A:2)

■ 제주시 한경면 판조로 253-6
■ #제주숲길 #포토존 #미로공원

신창 투명카약

사계절 내내 신창 해변 물길을 즐길 수 있는 투명카약 체험장. 신창 해안도로에 깔린 풍력발전기 풍경이 아름답다. 36개월 이상 7세 미만 무료 탑승, 15세 미만은 보호자 동반 탑승, 임산부와 36개월 미만 유아 탑승 불가. 매일 09:00~19:00, 일몰 30분 전까지 영업.(p98 A:2)

■ 제주시 한경면 신창리 1481-21
■ #풍력발전기 #해안도로

귀덕바다 투명카약

투명 카약으로 푸른 귀덕바다 풍경을 만끽해보자. 페이스북, 카카오스토리, 인스타그램 친구 추가하면 할인 혜택도 받을 수 있다. 임산부, 10세 미만 탑승 불가, 어린이는 보호자 동반 시에만 탑승 가능. 매일 09:00~19:00, 일몰 30분 전까지 영업.(p98 A:1)

■ 제주시 한림읍 귀덕9길 4
■ #SNS할인혜택 #이색카약

9.81 파크

실제 카트 레이싱뿐만 아니라 VR 카트 레이싱까지 같이 즐겨보자. 전용 앱을 통해 친구와 경쟁하고 주행기록, 영상 등을 확인해볼 수도 있다. 일반 레이싱, VR 레이싱, 범퍼카, 기타 VR 콘텐츠들을 포함한 다양한 패키지 상품을 판매한다. 1인 레이싱 상품 기준 150~190cm 신장 제한, 만 14세 이상 이용 가능. 앞뒤가 막혀있으며 굽 없는 신발을 착용해야 한다.(p98 B:1)

- 제주시 애월읍 천덕로 880-24
- #VR카트 #범퍼카 #VR게임 #전용어플

더마카트

푸른 잔디와 제주 자연경관을 바라보며 즐기는 카트 레이싱 체험장. 키 150cm 이상 단독탑승 가능. 수학여행 기간인 4~6월과 9~11월 중에는 이용이 어려울 수 있으니 사전 문의. 하절기(3~10월) 09:00~17:50(매표 마감 17:00), 동절기(11~2월) 09:00~17:00(매표 마감 16:30) 영업.(p98 A:2)

- 제주시 한림읍 월림7길 155
- #잔디밭트랙 #150cm이상단독탑승

코바다이빙스쿨

패들보드, 투명카약 대여해주는 해양스포츠 체험장. 패들보드 타고 이호 앞바다를 신나게 가로질러보자. 다이빙 이용 시 별도 요금을 지불하면 수중 사진, 수중 동영상도 촬영해준다. 하절기 09:00~18:00, 동절기 10:00~16:00 영업.(p98 B:1)

- 제주시 서해안로 216 본관A동 1층
- #스쿠버다이빙 #보드 #카약 #수중사진 #수중동영상

새별레져ATV

사륜 바이크로 새별오름을 누비는 ATV 체험장. 초보자도 쉽게 탈 수 있도록 평탄한 코스가 마련되어 있다. 2인 이상이 모여야 체험할 수 있으며, 1인 이용 시에는 업체에 별도로 문의해야 한다. 중학생 이상 미성년자는 부모동반 시 제한 없이 이용할 수 있다. 매일 10:00~17:30 영업, 마지막 체험 16:30.(p98 B:2)

- 제주시 한림읍 평화로 1360-2
- #초보자추천 #이색스포츠 #2인이상

제주바다하늘패러투어

거문오름과 해변 전망이 내려다보이는 행글라이딩 체험장. 숙련된 강사분과 함께 탑승하기 때문에 초보자도 안전하게 즐길 수 있다. 제주 전경을 배경으로 인증 사진도 남길 수 있다. 체중 30~85kg까지 이용 가능, 15세 미만은 부모 동의서 작성 후 이용 가능. 사전 예약 필수.(p98 A:2)

- 제주시 한림읍 한장로 1295
- #전문가동행 #인증사진촬영 #거문오름전망 #해변전망

블루웨이 프리다이브

@bleueway.freedive

프리다이빙 협회 CMAS(세계 수중 연맹)에 정식 등록된 강사로부터 프리다이빙의 기초부터 실전까지 꼼꼼히 교육받을 수 있는 곳. 물에 익숙해지고 물을 즐길 수 있도록 맞춤 수업을 받을 수 있다. 다이빙 강사 책임 보험에 가입되어 있다. (p98 A:2)

- 제주시 한경면 일주서로 4472 2층
- #프리다이빙 #제주도다이빙 #체험프리다이빙

도시해녀

해녀가 되는 특별한 체험을 할 수 있다. 물을 무서워 해도, 수영을 못해도 체험이 가능하다. 체험 도중 사진을 많이 찍어줘서 인생샷을 남길 수 있다. (p98 B:1)

- 제주시 애월읍 하귀미수포길 16-1
- #해녀체험 #이색체험 #애월액티비티

제주환상전기자전거

@september.___.15

전기 자전거로 해안도로를 달려볼 수 있다. 자전거를 못 타는 사람의 경우 2인승 자전거를 이용할 수 있다. 언제 달려도 좋지만 해지는 시간에 방문 가능하다면 제주의 아름다운 노을을 감상할 수 있다. (p98 A:2)

- 제주시 한경면 한경해안로 97 1층
- 전기자전거 #일몰 #해안도로

제주도자전거대여 보물섬하이킹 자전거

@bal_geumi

자전거 투어에 필요한 모든 장비와 준비물을 대여할 수 있는 곳이다. 자전거 여행 지도를 비롯하여 헬멧이나 장갑, 고글 등 다양한 안전장비와 액세서리 등을 제공받을 수 있다. 자전거 지도 보물지도는 스탬프 투어로 활용할 수 있으며, 완주 시 완주증을 받을 수도 있다. 펑크 보험이 있어 보다 안전하게 투어가 가능하다.(p98 C:1)

- 제주시 용문로14길 14 장원하이빌아파트
- #자전거투어 #장비대여 #자전거지도

제이바이시클 자전거

@jeju_jbicycle

고급 자전거를 빌릴 수 있는 대여점이다. 자전거 여행이 필요한 안전장비, 필수 장비 등을 빌릴 수 있으며 공항이나 터미널에서 무료 픽업을 제공받을 수 있다. 예약제로 운영 중이며 중간 반납 출장 서비스도 받을 수 있다. (p98 C:1)

- 제주시 용담로19길 6 1층
- #자전거대여 #제주시자전거

바이크트립 자전거

@soooj___

초경량의 풀카본 자전거와 BESV 전기자전거 등 고급 자전거를 보유하고 있다. 공항에서 200m 떨어진 접근성으로 인해 자전거의 인도 및 반납이 수월하다. 서울-제주 자전거 옮김 서비스도 운영 중이다. (p98 C:1)

- 제주시 용문로 26-3
- #제주시자전거 #자전거대여

쏭쏭렌탈샵 자전거 애월점

@doshyy1

미니 스쿠터와 전기 자전거를 빌릴 수 있는 곳이다. 차에선 보지 못하는 풍경을 경험할 수 있다. 자전거를 타고 해안도로를 달려보자. 탑승 전 교육도 진행해주며, 필요한 시간 단위로 대여할 수 있다. (p98 B:1)

- 제주시 애월읍 애월해안로 715-1
- #미니스쿠터대여 #전기자전거대여 #애월대여

박스앤자전거

@jeju_dalja

자전거를 빌릴 수 있는 것은 물론 짐 보관 서비스도 이용할 수 있다. 샤워 시설도 마련되어 있어 자전거 이용 후 간단히 씻을 수도 있다. 로드 사이클, MTB, 전기 자전거 등 원하는 주행 형태에 따라 다양하게 기종을 선택할 수 있다. 예약제 운영되니 사전 확인은 필수.(p98 C:1)

■ 제주시 용화로4길 3-14
■ #자전거여행 #자전거대여 #자전거박스보관

다이브자이언트 제주 프리다이빙

@uujajuk_92

스쿠버 전용의 풀장이 있는 센터로, 초급~강사 단계의 전문 교육을 받을 수 있다. 체험다이빙, 스쿠버다이빙 교육, 프리다이빙 교육, 테크니컬 다이빙 교육, 단체 교육이 가능하다. 숙박시설도 마련되어 있다. (p98 A:2)

■ 제주시 한경면 일주서로 4408
■ #잠수풀 #스쿠버다이빙수영장 #프리다이빙수영장

퐁당제주 수상보트

@yooldaylife

구업어촌체험마을에서 운영하는 곳으로 제트보트나 제트스키, 수상 오토바이와 같이 속도감 있는 해양 레저 액티비티를 즐길 수 있다. 투명카약을 타고 제주도의 푸른 바다를 체험할 수도 있다. 일상의 스트레스를 이곳에서 풀어보자.(p172 C:1)

■ 제주시 애월읍 애월해안로 715-1
■ #애월수상레저 #제트보트

꽃귤농장

사철 맛있는 귤 따기 체험을 즐길 수 있는 체험농장. 계절에 따라 감귤뿐만 아니라 카라향, 점박이감귤, 한라봉, 꽃귤향, 풋귤 등 다양한 감귤 과일을 맛보고, 1kg 분량은 집으로 가져갈 수 있다. 11:00~17:00 영업, 15:30 입장 마감, 매주 일요일 휴무.(p98 C:3)

■ 서귀포시 대포로 116
■ #꽃귤향 #카라향 #풋귤 #사계절감귤체험

제주에인감귤밭

카페와 함께 운영하는 감귤밭 포토존 겸 감귤 쿠킹클래스 체험장. 감귤밭 유리온실에서 한라봉 과일 청을 만들어볼 수 있는데, 제주 여행 기념 선물하기에도 딱 좋다. 한라봉 청 만들기 체험 11:00~17:00 운영, 사전 예약 필수.(p98 C:2)

■ 서귀포시 호근서호로 20-14
■ #한라봉과일청 #감귤밭 #포토존

하영담아 감귤농장

4인 가족이 감귤 따기 체험 즐기기 딱 좋은 감귤농장. 4인 기준 10kg 바구니 하나 분량을 택배로 보내고, 남은 감귤은 여행하며 먹기 좋을 만큼 들고 갈 수 있다. 감귤따기 체험은 11월~12월 09:00~18:00에만 영업.(p98 A:2)

■ 서귀포시 안덕면 녹차분재로 44-7
■ #가족감귤체험 #10kg감귤수확 #11~12월

파더스가든

감귤체험뿐만 아니라 동백 꽃길, 동물체험도 즐길 수 있는 테마파크. 신분증을 맡기면 귤 가위 등 체험 도구를 빌려준다. 감귤 수확 철에만 체험할 수 있기 때문에 사전 문의해야 한다. 매일 09:00~18:00 영업, 17:00 입장 마감, 연중무휴.(p98 B:2)

■ 서귀포시 안덕면 병악로 44-33
■ #감귤체험 #동물체험 #동백꽃산책로

한라의향기

철 양동이 한가득 귤을 따올 수 있는 감귤체험농장. 푸른 하늘을 배경으로 노랗게 물든 귤과 푸릇한 귤밭은 인증 사진 찍기에도 제격이다. 잘 알려지지 않은 곳이라 우리끼리 조용하게 즐기다 올 수 있어 더 좋다.(p241 E:2)

■ 서귀포시 안덕면 상창리 840
■ #조용한분위기 #귤밭포토존

케이제주씨워킹

우주복 닮은 수중 헬멧 쓰고 즐기는 바다산책 씨워킹 체험장. 수중 헬멧 안으로 공기가 들어와 육지에서처럼 편하게 숨 쉬며 바다 산책을 즐길 수 있다. 수영복 및 체험복을 준비해야 하지만 체험복 현장 대여도 가

능하다. 매일 09:00~18:00 영업, 최소 1일 전 사전 예약 필수.(p98 A:2)

- 서귀포시 대정읍 최남단해안로 120
- #우주복 #인증사진 #안전한

디스커버제주 돌고래탐사

제주 남서쪽 바다에서 야생 돌고래를 만날 수 있는 프로그램. 최소 6명, 최대 11명 예약 가능, 정원이 채워지지 않을 경우 시간과 날짜가 변동될 수 있으며 당일 오전에 연락이 온다. 동일리 포구(칠상사, 서귀포시 대정읍 동일하모로98번길 14-32)에서 출항. 매일 09:00~18:00 영업.(p98 B:2)

- 서귀포시 대정읍 동일하모로98번길 14-32
- #야생돌고래 #희귀동물

제주해양레저파크 씨워킹

수중 헬멧 쓰고 바닷속을 산책하는 씨워킹 체험장. 헬멧 밖으로 서귀포 해안에 서식하는 물고기들이 들여다보인다. 패러세일링, 스노클링, 바나나보트, 땅콩 보트, 제트스키 등 다양한 해양 스포츠를 합리적인 가격으로 즐길 수 있다. 매일 09:00~18:00 영업.(p99 D:1)

- 제주시 조천읍 조함해안로 519-10
- #수중산책 #열대어 #산호 #초보자추천

신화워터파크

신화월드 리조트에서 운영하는 워터파크. 엄마 아빠 아이 모두 만족할 만한 시설이 모두 갖추어져 있다. 18개의 풀과 슬라이드를 갖춘 워터파크와 어린이 전용 풀장, 찜질방, 소금방, 황토방에 시원한 맥주 한 캔을 즐길 수 있는 식당가까지 없는 것이 없다. 연중무휴 12:00~20:00 영업.(p98 A:2)

- 서귀포시 안덕면 신화역사로304번길 38
- #대규모워터파크 #슬라이드 #어린이플장 #찜질방 #식당

아라호

서귀포 모슬포항에서 출항하는 낚싯배 아라호. 뱃길 정착지에서 부시리와 방어가 잡힌다. 한라산 전망을 바라보며 낚시하는 맛이 좋아 낚시꾼들에게 인기 있다. 서귀항 근처 직판장에서 이곳에서 잡은 물고기들을 저렴하게 판매하고 있다.(p98 A:2)

- 서귀포시 대정읍 최남단해안로 66
- #부시리낚시 #방어낚시 #생선직판장

캡틴호

놀래기, 우럭, 쥐치가 잘 잡히는 낚시체험장. 주간체험 낚시, 지깅낚시, 전문 크릴 찌낚시, 계절 한치·갈치·고등어낚시(야간) 등을 즐길 수 있다. 임산부는 승선할 수 없으니 주의. 최소출항 인원인 6명 미달 시 출항 시간이 변경될 수 있다. 매일 10:00~16:00 연중무휴 영업.(p99 C:2)

- 서귀포시 동홍서로 82
- #한치낚시 #갈치낚시 #고등어낚시

난드르호 선상낚시

낚싯배를 독선으로 저렴하게 빌릴 수 있는 선상낚시 체험장. 여름에는 한치, 가을에는 갈치, 겨울에는 부시리가 잘 잡힌다. 2시간 4인까지 빌릴 수 있는 독선 선상 낚시체험 코스와 참돔, 부시리를 낚는 6시간 코스가 인기상품. 매일 06:00~24:00 영업.(p98 B:2)

- 서귀포시 안덕면 감산리 982-2
- #한치낚시 #갈치리낚시 #부시리낚시 #참돔낚시

프라다 선상낚시 배낚시

생활 낚시부터 전문가용 흘림, 에깅 낚시까지 즐길 수 있는 명품 낚싯배 체험장. 대평리 앞바다에서 돌돔, 한치, 갈치, 등 명품 어종을 잡아보자. 흘림낚시로는 돔 종류가, 에깅낚시로는 무늬오징어가 잘 잡힌다.(p98 B:2)

- 서귀포시 안덕면 대평감산로 5-10
- #돌돔낚시 #갈치낚시 #무늬오징어낚시

알라딘호 선상낚시 배낚시

물고기를 낚지 못하면 체험요금을 받지 않는다는 선상 배낚시 체험장. 물때를 데이터화한 전세 배 돔낚시 프로그램을 운영하여 초보자도 쉽게 돔을 낚을 수 있다. 체험 낚시, 돔낚시, 한치 낚시, 타이라바, 흘림낚시 코스 운영. 매일 07:00~18:00 연중무휴 영업.(p98 B:2)

- 서귀포시 안덕면 대평감산로 9
- #돔낚시프로그램 #돔낚시 #한치낚시

김서프제주

서핑 강습도 받고 서핑 인생사진도 찍어갈 수 있는 곳. 일반 체험 서핑 강습과 유소년 강습, 레벨업 강습을 진행하며 보드와 수트도 렌탈할 수 있다. 일반 체험 강습은 지상 강습 45분, 수중강습 45분, 프리서핑 3시간 30분, 총 3시간 코스로 진행한다. 매일 24시간 영업.(p98 B:2)

- 서귀포시 중문관광로 97
- #서핑사진촬영 #체험서핑 #유소년서핑

제이제이서핑스쿨

매년 국제서핑대회와 서핑 파티가 열리는 유명 서핑장. 너울이 일지 않는 잔잔한 중문 색달해변에서 5~11월간 안전하게 서핑을 즐길 수 있다. 서핑을 처음 한다면 입문자 강습을 꼭 들어야 하는 점을 주의하자. 입문 강습, 입문 심화 강습, 중~고급강습, 유소년 강습 코스 운영. 사전 문의하면 래시가드를 무료로 렌탈해준다.(p289 D:2)

- 서귀포시 색달중앙로 60
- #국제서핑대회 #서핑파티 #래시가드대여

비고르서프&프리다이빙

사계절 잔잔한 사계 해안에서 안전하게 즐기는 서핑&다이빙 체험장. 서핑과 다이빙을 즐기고 루프탑 테이블 건물에서 잠시 쉬어갈 수도 있다. 사계 해안 너머 형제섬이 바라보이는 포인트에 체험장이 있다. 체험 서핑 강습, 입문자 서핑 강습 코스를 운영하며 보드, 수트만 따로 빌릴 수도 있다. 매일 08:00~20:00 영업.(p98 A:2)

- 서귀포시 안덕면 형제해안로 70 비고르서프
- #초심자추천 #루프탑휴게소 #형제섬전망

서귀포 다이브센터 스쿠버다이빙

PADI(스킨스쿠버 자격증) 교육을 진행하는 다이브센터. 일반 스쿠버 체험부터 섬 체험, 보트체험 등 다양한 체험 강습과 전문 교육자 과정 강습을 함께 진행한다. 기본 다이빙 체험에는 물고기 먹이주기, 수중 촬영, 무중력 수중 유영 체험이 포함된다. 매일 09:00~18:00 연중무휴 영업.(p98 B:2)

- 서귀포시 남원읍 하례망장포로 65-13
- #초보자강습 #전문교육자강습 #물고기먹이주기 #수중촬영

제주스쿠바아로파

초급 다이버 교육과정인 오픈 워터 교육을 받을 수 있는 체험장. 오픈 워터 교육 기간은 최소 4일로, 수료 후에는 C-CARD를 발급받아 어디서나 펀다이빙을 즐길 수 있다. 오픈 워터 교육뿐만 아니라 일반 체험 다이빙과 비치 다이빙, 송악산 보팅 체험을 함께 진행한다. 매일 09:00~21:00 영업.(p98 A:3)

- 서귀포시 대정읍 최남단해안로 412 상모해녀의집
- #초보자강습 #오픈워터교육 #비치다이빙 #송악산보팅

중문승마공원

한라산과 바다 풍경까지 즐길 수 있는 승마 체험장. 7~8분 기본 더블 코스, 10~15분 목장 산책코스, 20~25분 바다 전망 해변 올레길 코스 중 맘에 드는 코스를 돌 수 있다. 5세 미만, 키 105cm 미만 어린이는 보호자와 함께 탑승해야 한다. 연중무휴 오전 9시 30분부터 일몰까지 운영.(p98 B:2)

- 서귀포시 이어도로 244 제주하이랜드
- #한라산전망 #바다전망 #올레길코스

제주아리랑혼

난타를 접목한 흥겨운 태권 마셜아트 공연. 낙타 트래킹, 먹이 주기 체험도 함께 즐길 수 있는데, 낙타 트래킹 체험장은 한국에서는 이곳에서만 운영한다. 인터넷에서 공연과 낙타체험 패키지 상품을 저렴하게 판매하고 있다.(p399 D:1)

- 서귀포시 표선면 번영로 2564-21
- #난타 #태권도 #이색공연

트로이테마농원

승마체험과 감귤체험을 한꺼번에 즐길 수 있는 체험농장. 승마체험 가격도 전용 승마체험장보다 저렴하다. 농장 곳곳에 포토존이 마련되어 사진 남기기도 좋다. 동절기(11~2월) 09:00~17:00, 하절기(3월~10월) 09:00~18:00 영업.(p98 A:2)

- 서귀포시 안덕면 녹차분재로 56
- #감귤밭승마장 #포토존 #산책

디퍼프리다이브 제주 프리다이빙

압네아 한국지점으로 수업 때 무료 대여해 주는 수트도 압네아. 그 외 장비들도 관리가 잘 되어 있다. 개인 및 단체를 대상으로 초보자 코스부터 AIDA 정규 교육 과정까지 준비되어 있다.(p99 D:2)

- 서귀포시 칠십리로 157 2F
- #제주프리다이빙 #제주스노쿨링 #제주프리다이빙강습

M1971 요트투어

야생 돌고래와 함께 노을 전망을 즐길 수 있는 럭셔리 요트투어. 일반 돌고래 투어와 돌고래 선셋 투어 두 가지 코스를 운영한다. 돌고래는 매우 예민한 동물이므로 소리 지르거나 먹이 주기, 플래시 사진 촬영 등을 삼가야 한다. 일반 돌고래 투어 매일 09:00~16:00, 돌고래 선셋 투어 매일 16:00~17:20 진행, 사전 전화 예약 필수.(p99 C:2)

- 서귀포시 대정읍 최남단해안로 128 M1971 요트클럽하우스 1F
- #야생돌고래투어 #노을전망투어

그랑블루요트투어

요트에서 럭셔리하게 낚시를 즐겨보자. 럭셔리 요트투어, 선셋 요트투어, 서바이벌 낚시투어, 패밀리 단독요트투어로 나에게 꼭 맞는 상품을 예약할 수 있다. 라면, 어묵 등 간단한 간식거리도 제공된다. 운항 시간에 변동이 있을 수 있으니 꼭 예약해야 한다.

- 서귀포시 대포로 172-7 2층
- #노을전망 #낚시투어 #간식제공

퍼시픽 마리나 요트투어

유럽형 럭셔리 요트 샹그릴라 호를 타고 서귀포 앞바다를 관광해보자. 조조 요트투어, 바다낚시, 럭셔리 디너를 함께 즐길 수 있는 다양한 투어 상품이 준비되어 있다. 인터넷 사이트를 통해 돌고래 쇼 마린스테이지 입장권과 함께 예매하면 더 저렴하다. 연중무휴 운영, 신분증 지참 필수.(p324 A:3)

- 서귀포시 중문관광로 154-17
- #조조투어 #낚시투어 #디너투어

서귀포잠수함

서귀포 문섬의 아름다운 연산호를 감상할 수 있는 서귀포 잠수함 체험. 배를 타고 해상정거장까지 이동해 잠수함에서 연산호, 열대어 군락, 난파선과 다이버 쇼까지 볼거리가 엄청나다. 문섬은 세계 최대 규모 연산호 군락지로도 유명하다. 방문 20분 전 대기, 성인 신분증, 미성년자 등본 지참 필수.(p98 C:2)

- 서귀포시 남성중로 40
- #연산호 #열대어 #난파선 #다이버쇼

송악카트체험장

송악산과 유채꽃을 배경으로 카트체험 할 수 있는 곳. 제주도 내 카트레이싱장 중 유일하게 바다 전망이 보이는 곳이기도 하다. 만 140cm 이상 이용 가능하며 140cm 미만 어린이는 추가결제 후 보호자와 동승해야 한다. 동절기(11~2월) 매일 09:00~17:00, 하절기(3~10월) 매일 09:00~18:30 영업.(p98 A:2)

- 서귀포시 대정읍 송악관광로 404
- #송악산전망 #유채꽃밭전망 #바다전망

윈드1947 카트 테마파크

코스 길이가 길어서 더 오래 재미있게 즐길 수 있는 카트 레이싱 체험장. 1인용, 2인용 카트와 슬림형, 기본형, 실속형 카트 중 선택할 수 있다. 카트를 타고 질주하다 마주치는 한라산 풍경도 스트레스를 잊게 해준다. 36개월 이상 이용 가능, 연중무휴 10:00~18:00 운영.(p99 C:2)

- 서귀포시 토평공단로 78-27
- #한라산전망 #실속형카트레이싱

제주항공박물관

우주와 항공 관련 자료가 전시되어있는 어린이 박물관. 입체영상관과 비행기 체험관이 있어 어린이의 눈높이에 맞게 항공에 대해 배워갈 수 있다. 3층 카페테리아 창밖으로 보이는 녹차 밭 전망도 아름답다. 매일 09:00~18:00 개관, 17:00 입장 마감. 매월 세 번째 월요일과 공휴일 다음 날 휴관.(p98 A:2)

- 서귀포시 안덕면 녹차분재로 218 제주항공우주박물관
- #어린이박물관 #교육박물관 #입체영상 #비행기체험

서광카트체험장

제주 카트체험 장중 유일하게 드리프트를 즐길 수 있는 곳. 빠른 속도로 트랙을 달리며 스트레스를 풀다 갈 수 있다. 만 7세 이상 이용 가능하며 7세 미만은 보호자 동반 탑승할 수 있다. 카트는 1인용, 2인용 중에서 선택할 수 있다. 매일 09:00~18:00 연중무휴 영업.(p98 A:2)

- 서귀포시 안덕면 서광리 771
- #드리프트카트 #스트레스해소

하늘여행 행글라이더체험장

18m 상공에서 제주 전경을 내려다볼 수 있는 행글라이더 체험장. 180m에 이르는 하늘길을 시속 4~50km로 가로지른다. 아래로는 너른 감귤밭과 한라산, 바다 전망이 끝없이 펼쳐져 있다. 행글라이더는 동력원 없이 사람의 발만 이용해서 활강·착지하는 기구다. 평일 09:00~18:00 영업.(p98 A:2)

- 서귀포시 안덕면 중산간서로 1877
- #가성비상공체험 #감귤밭전망 #한라산전망 #바다전망

중문레져UTV

일반 ATV보다 더 짜릿한 슈퍼 버기카 UTV 체험장. 슈퍼 버기카를 타고 거친 오프로드 길을 달려보자. 보호장비를 제공해주고 안전교육을 시행하기 때문에 안심하고 즐길 수 있다. 운전면허 소지자만 체험 가능. 매일 10:00~18:00 영업.(p98 B:2)

- 서귀포시 대포동 산39-5
- #슈퍼버기카 #4륜ATV #안전교육 #보호장비

제주해양사업단 하모씨워킹

@woo1023014

각종 해양 레저를 즐길 수 있는 곳으로, 바닷속을 걸어보는 씨워킹과 돌고래 투어, 스노클링은 물론 패들보드, 제트스키 등을 체험해 볼 수 있다. 날씨와 타이밍만 맞다면 돌고래를 만나볼 수도 있다. 선장님의 돌고래와 관련한 설명도 자세히 해주시고 사진을 잘 찍을 수 있도록 배를 멈춰주기도 한다. 투명한 바닥의 보트라 돌고래와의 촬영도 가능하다. (p98 A:2)

■ 서귀포시 대정읍 최남단해안로 130
■ #씨워킹 #서귀포해양스포츠

제주제트 수상보트

@khjemt80

주상절리를 가장 가까운 거리에서 볼 수 있는 방법이다. 스릴 넘치는 제트보트에 탑승하여 주상절리대의 경이롭고 감동적인 모습을 감상해 보자. 파라세일링과 배낚시 체험도 가능하다. (p98 B:2)

■ 서귀포시 대포로 172-5
■ #제트보트 #파라세일링보트 #주상절리보트

쇠소깍해양레저타운 수상보트

@eunminoh_

수면 위를 나는 듯한 스피드와 스릴을 제트보트와 함께 느껴보자. 서귀포 해안에 위치하여 접근성이 좋고, 쾌감이 느껴지면서도 안전하여 가족 단위로 즐기기 좋다. (p99 C:2)

■ 서귀포시 쇠소깍로 151-8
■ #쇠소깍투명보트 #투명보트 #쇠소깍글라스보트

씨플로우 프리다이빙

@songesoo

프리 다이빙, 스쿠버 다이빙을 전문으로 교육받을 수 있는 센터로 처음 다이빙에 도전해 보는 체험다이빙은 물론 바다의 새로운 면모를 확인할 수 있는 펀다이빙도 경험해 볼 수 있다. 쾌적한 시설, 전문 강습으로 신비롭고 안전하게 다이빙을 체험할 수 있다. (p98 C:2)

■ 서귀포시 신중로13번길 69 지하 1층
■ #제주도다이빙 #제주도프리다이빙 #제주도스쿠버다이빙

동북부

동북부

애월읍　제주시　조천읍　구좌읍
한림읍　　　　　　　　성산읍
한경면　안덕면　서귀포시　남원읍　표선면
대정읍

제주레일바이크

우도와 성산 일출봉 경치를 즐길 수 있는 레일바이크. 알록달록한 꽃과 소품들로 꾸며진 포토존에서 사진은 꼭 남기고 오자. 20인 이상 단체 손님과 제주도민 할인 혜택 제공.(p99 E:1)

- 제주시 구좌읍 용눈이오름로 641
- #성산일출봉전망 #포토존

제주웨이브서핑

전문 강사의 교육으로 초보자도 재미있게 서핑할 수 있는 곳. 기본 서핑 체험 강습 기준 지상 교육 40분, 입수 강습 90분, 프리서핑 30분으로 진행된다. 입수 강습 시간 도중 포토타임이 있어 멋진 서핑 사진을 남길 수 있다. 매일 09:00~19:00 영업.(p99 E:1)

- 제주시 구좌읍 월정7길 44-1 2층
- #초보자추천 #서핑사진촬영

월정퀵서프

서핑 캠프와 년간 회원권을 끊을 수 있는 서핑 교육장. 일반 서핑 강습은 매일 10:00, 13:00, 15:00 세 차례 3시간씩 진행되며, 수중 사진, 드론 사진도 촬영해준다. 세면도구와 슈트까지 빌려주기 때문에 안에 입을 수영복(속옷)만 갖춰 입고 오면 된다) 매일 09:00~19:00 영업.(p99 E:1)

- 제주시 구좌읍 해맞이해안로 486 비101-2호(월정에비뉴)
- #수중사진 #드론사진 #세면도구제공

제주패들보드서핑클럽

게스트하우스, 펜션을 함께 이용하면 할인해주는 서핑 체험장. 일일 체험 강습 프로그램 기준, 지상 강습이 1시간, 해상강습이 2시간 동안 진행된다. 강습생들을 위해 월정리 유명 카페 음료 할인쿠폰도 제공한다. 매일 09:00~19:00 영업.(p99 C:1)

- 제주시 감수북길 22 1층
- #월정리카페할인권 #숙박객할인

우도올레보트 수상보트

@hyunseung.leee

서빈백사~검멀레 해안까지 다녀올 수 있다. 우도에서는 가장 긴 코스로 운항하는 보트이기도 하다. 선장님의 친절한 설명과 함께 우도를 관광해 보자. 시간은 약 30분 가량 소요된다. (p99 F:1)

- 제주시 우도면 우도해안길 181
- #우도보트 #우도보트여행 #우도여행

우리동네 잠수하는 형

리조트와 함께 운영하는 회원제 스쿠버다이빙 체험장. 수건과 간단한 세면도구가 제공되므로 젖어도 수트 안에 입을 속옷이나 수영복만 챙겨오면 된다. PADI 자격증을 갖춘 전문가들이 동행하기 때문에 수영을 못하거나 자격증이 없어도 재미있게 즐길 수 있다. 매일 08:00~20:00 영업. 예약 시 이틀 전 전화 연락 필수, 안경 착용 불가(렌즈 착용)(p99 D:1)

■ 제주시 조천읍 조함해안로 378
■ #회원제 #리조트결합상품 #안경착용불가

송당승마장

아이와 함께하기 좋은 승마체험장. 단거리, 장거리 승마체험을 제공하며 말이 잘 훈련되어있어 초심자도 편하게 즐길 수 있다. 에코랜드 테마파크가 근처에 있으니 함께 둘러보자. 4세 이상 탑승 가능, 4세 이하는 보호자와 탑승, 매일 09:00~17:00 영업, 연중무휴.(p99 D:1)

■ 제주시 구좌읍 번영로 2015
■ #에코랜드근처 #가족여행추천

제주오름승마랜드

40만 평 드넓은 오름 숲길과 냇가에서 즐기는 승마체험. 목장 둘레길 코스, 초원 숲길 코스, 오름 숲길 코스 3가지를 운영한다. 승마를 본격적으로 배워보고 싶은 사람은 왕초보 교육 체험 승마를 통해 기승, 하마, 말 제어하는 법 등을 배워볼 수 있다. 왕초보 교육 체험 승마 2인 이상 체험 가능, 사전 문의 필수. 매일 09:00~17:00 영업.(p99 D:1)

■ 제주시 조천읍 번영로 1734-15
■ #왕초보교육코스 #오름숲길트랙 #냇가트랙

탐라승마장

다양한 승마 코스부터 말먹이 체험까지 즐길 수 있는 승마장. 단거리 탐라코스, 1km 숲 터널 코스, 2km 숲 터널 초원 코스를 운영하며 인터넷으로 미리 예매해가면 좀 더 저렴하다. 바람 부는 날 방문한다면 다소 추울 수 있으므로 장갑을 꼭 가져가자. 동절기 09:00~16:00, 하절기 09:00~17:00 연중무휴 운영.(p99 D:1)

■ 제주시 조천읍 비자림로 1044
■ #말먹이체험 #인터넷예약할인

제주관광 승마

푸른 들판과 한라산을 바라보며 승마체험할 수 있는 곳. 기본코스(5분), 더블코스(10분), 목장 코스(15분), 산책코스(20분)를 함께 운영한다. 조리나 샌들 착용 시 사고가 날 수 있으니 운동화를 신고 가는 것을 추천. 여름철 17:30까지, 겨울철 16:30까지 운영.(p99 D:1)

■ 제주시 조천읍 비자림로 485-15
■ #한라산전망 #들판트랙 #운동화착용

김녕요트투어

김녕 해안의 귀여운 남방 돌고래를 만나볼 수 있는 요트 세일링 투어. 낚시체험과 함께 간단한 다과도 즐길 수 있다. 김녕 해상 풍차마을의 에메랄드빛 바다 풍경도 아름답다. 특히 해 질 녘 풍경이 아름다우니 기회가 된다면 일몰 시각을 맞춰 체험해보자. 사무실에서 멀미약 제공. 파도가 심할 경우 운행하지 않을 수 있다.(p99 D:1)

■ 제주시 구좌읍 구좌해안로 229-16
■ #남방돌고래 #야생돌고래 #낚시 #풍차마을 #멀미약제공

함덕 국제리더스클럽

반잠수정 체험을 비롯하여 바다를 온몸으로 느껴볼 수 있는 패들보드, 투명카약, 스노클링 등 다양한 해양스포츠를 즐길 수 있는 테마파크이다. 패들요가, 선상낚시 등 최근 인기를 끌고 있는 체험들도 가능하다. 온수와 락커가 구비된 샤워시설과 허기를 달래주는 카페 등의 부대시설도 훌륭하다. 가족끼리 체험할 수 있는 펭귄 잠수함도 인기이다.(p99 D:1)

- 제주시 조천읍 조함해안로 321-21
- #반잠수정 #패들보드 #선상낚시

김녕왕발통

월정리 해안도로와 김녕 앞바다를 왕발통 타고 편하게 이동해보자. 체중 25kg 이상, 100kg 미만 이용 가능. 전동킥보드, 전동바이크, 투명카약도 함께 대여한다. 매일 08:00~21:00 영업, 19시 이후 사전 예약 필수.(p506 A:1)

- 제주시 구좌읍 김녕로21길 23
- #왕발통 #전동킥보드 #전동바이크 #투명카약

타라타 전동킥보드

전동킥보드를 타고 구좌 해안도로 구석구석을 누빌 수 있다. 대여점에서 김녕해수욕장을 왕복하는 30분 코스, 평대해수욕장을 왕복하는 40분 코스, 세화해수욕장을 왕복하는 1시간 코스, 성산 일출봉을 왕복하는 3시간 코스를 추천한다. 매일 09:00~20:00 영업.(p99 E:1)

- 제주시 구좌읍 해맞이해안로 480-1103호
- #해안드라이브 #김녕해수욕장 #평대해수욕장 #세화해수욕장

월정투명카약

에메랄드빛 월정리 해변을 투명카약으로 즐겨보자. 물속이 훤히 들여다보여 일반 카약

보다 훨씬 재미있다. 카약이지만 뱃멀미를 할 수 있으므로 멀미약을 챙겨가는 것을 추천. 연중무휴 10:00~19:00 영업. 자차이동 시 월정 어촌계식당 건너편 주차장에 주차.(p99 E:1)

- 제주시 구좌읍 월정리 1400-33
- #에메랄드물빛 #멀미약지참

하도카약

우도, 토끼섬 전망을 바라보며 카약 뱃놀이를 즐겨보자. 바닷물이 그대로 들여다보이는 투명카약, 선상낚시보다 더 재미있는 피싱 카약 중 원하는 카약을 선택할 수 있다. 구명조끼, 방수복, 반바지 등을 무료로 빌려주며 온수 샤워장도 갖춰져 있다. 매일 08:00~18:00 영업, 연중무휴, 17:00 입장 마감.(p99 F:1)

- 제주시 구좌읍 해맞이해안로 1950
- #투명카약 #피싱카약 #구명조끼무료대여 #방수복무료대여

제주레포츠랜드

시간제로 운영하는 카트 레이싱 체험장. 저렴한 가격에 긴 거리를 달릴 수 있다는 것이 큰 장점이다. 카트 레이싱뿐만 아니라 산악버기카, 서바이벌, 짚라인, 서바이벌, 사계절 썰매, 사격 등 다양한 레포츠를 즐길 수 있다. 하절기 09:00~19:00, 동절기 09:00~17:30 연중무휴 운영.(p99 D:1)

- 제주시 조천읍 와흘상서2길 47
- #가성비 #긴트랙 #산악버기카 #짚라인 #사격

디포레카라반파크

송당리 황칠나무숲에서 럭셔리 카라반 캠핑을 즐겨보자. 각 카라반에는 더블베드 침

대와 취사장, 바비큐장이 마련되어있다. 가족끼리 묵기 좋은 4인 캬라반과 커플용 캬라반을 함께 운영한다. 텐트를 칠 수 있는 오토캠핑사이트도 예약할 수 있다. 야외 수영장과 카페, 메기낚시 터, 캠프파이어장이 딸려있다.(p99 E:1)

■ 제주시 구좌읍 송당6길 78-1
■ #2인카라반 #4인카라반 #오토캠핑 #야외바비큐 #캠프파이어

탱크야놀자

제주 오름 숲길을 ATV 타고 돌아보는 익스트림 투어. 숲길 사이로 잔디밭과 억새밭이 드넓게 펼쳐져 자연을 만끽할 수 있다. 매일 10:00~17:30 영업, 최소 3시간 전 예약, 18세 이상만 이용 가능. ATV는 1인승이지만 2명 이상 예약 시에만 이용할 수 있다.(p99 D:1)

■ 제주시 조천읍 번영로 1734-15
■ #익스트림스포츠 #잔디밭 #억새밭

뷰 제주하늘

@sohyeon727

말을 타고 오름을 오를 수 있다. 승마를 하며 바라보는 풍경이 환상적이다. 오름 코스를 이용하려면 예약을 해야 한다. 시설도 깨끗하고 직원들도 친절하며 말도 교육이 잘되어 있어 안전하게 즐길 수 있다.(p399 D:1)

■ 서귀포시 성산읍 서성일로 397
■ #승마체험 #ATV체험 #오름승마

함덕잠수함

우리 가족만 탑승하는 아담한 잠수함. 산호초와 해초, 물고기를 감상하고 나면 잠수함 위로 올라와 지상에서 푸른 제주 바다를 만끽할 수 있다. 잠수함 위로 올라와 기념사진도 찍어보자. 최소 2인 이상 예약, 24개월 미만 영유아 무료. 매일 09:00~17:00 운항.(p99 D:1)

■ 제주시 조천읍 조함해안로 378
■ #단독대여잠수함 #산호초 #열대어 #기념사진촬영 #최소2인

함덕 돌핀레저

@newjin.jpg

제주도에서 물놀이 하기 가장 좋은 곳은 함덕해수욕장일 것이다. 속도감을 느낄 수 있는 제트보트, 플라잉피시, 제트스키, 와플보트를 비롯 바닷속을 거닐 수 있는 씨워킹, 스노클링 등도 가능하다. 바다에 오면 반드시 해봐야 할 투명 카약, 서핑, 패러세일링 등도 체험할 수 있다. (p99 D:1)

■ 제주시 조천읍 함덕리 1008
■ #바나나보트 #씨워킹 #스노클링

종달 타보카 수상보트

@hhtoll

우도와 성산일출봉을 바라보며 카약과 보트를 탈 수 있다. 귀여운 도넛보트를 여럿이 함께 타볼 수도 있고, 에메랄드 빛 제주 바다 위를 투명 카약을 타고 건너볼 수도 있다. 제주도에서 특별한 추억을 만들어보자.(p99 F:1)

■ 제주시 구좌읍 해맞이해안로 2361
■ #낚시체험 #도넛보트 #투명카약

동남부

최남단 체험 감귤농장(가뫼물 농촌생태공원)

감귤 수확도 하고 감귤 먹거리도 만들어 갈 수 있는 농장. 감귤 칩 초콜릿, 감귤 피자, 감귤 잼과 양갱들을 직접 만들어 먹어볼 수 있다. 이외에도 감귤 비누 만들기, 곤충 표본 만들기, 동물 먹이 주기 등 유익한 체험 거리가 많다. 매일 09:00~18:00 영업.(p99 D:2)

- 서귀포시 남원읍 남위남성로 164
- #감귤칩초콜릿 #감귤피자 #감귤비누

열대과일농장 유진팜

바나나, 파파야 등 다양한 열대과일 수확 체험을 즐길 수 있는 농장. 이곳에서 수확되는 과일은 모두 무농약으로 재배되어 안심하고 먹을 수 있다. 열대과일로 만든 달콤한 먹거리를 시식해볼 수도 있다. 생태체험장에서 기니피그, 송아지, 토끼와 함께 먹이주기 체험도 진행한다. 매일 10:00~18:00 영업, 방문 1일 전까지 예약 필수.(p99 D:2)

- 서귀포시 남원 원님로399번길 31-7
- #무농약열대과일 #바나나 #파파야 #동물먹이주기

새콤달콤한 노지 감귤과 노지 황금향을 맘껏 먹고 따갈 수 있는 체험농장. 감귤보다 몸값 비싼 황금향 체험 농장은 제주에서도 보기 드물다. 24시간 무인 감귤 판매대를 운영하는데, 값이 인터넷 최저가보다도 저렴하다. 매일 09:00~18:00 영업.(p99 D:2)

- 서귀포시 남원읍 일주동로 7678 쉼터체험농장
- #노지황금향 #노지감귤 #무제한시식 #24시간감귤판매대

하례감귤체험농장

새콤달콤한 타이벡 감귤 한 통 가득 가져갈 수 있는 감귤농장. 시간제한이 없이 마음껏 귤을 수확하고 시식해볼 수 있다. 직접 재배한 감귤과 한라봉을 함께 판매한다. 매일 09:00~17:00 영업, 16:30 입장 마감.(p99 D:2)

- 서귀포시 남원읍 하례리 964-2
- #타이벡감귤 #시간무제한 #한라봉판매

제주농원901

귤 따기 체험도 즐기고 맛있는 귤도 사갈 수 있는 체험농장. 달콤한 귤을 밭에서 바로 따서 먹는 맛이 일품이다. 체험장 매대에서 천혜향, 한라봉을 함께 판매한다. 평일 09:00~18:00 영업.(p99 E:1)

- 서귀포시 성산읍 서성일로 901
- #천혜향판매 #한라봉판매

쉼터체험농장

보내다제주

800평 드넓은 감귤밭에서 즐기는 귤 수확 체험. 500평 정원과 카페, 화장실이 설치되어 있고, 아름다운 호야네 펜션을 함께 운영중이며 애견 동반 입장도 가능하다. 곳곳에는 예쁜 소품이 설치되어 사진 찍기에도 좋다. 감귤 수확 철 매일 11:00~18:00 영업.(p99 E:2)

■ 서귀포시 표선면 토산중앙로 487-134
■ #감귤체험카페 #포토존 #애견동반

편백포레스트

우리나라 토종 흑염소가 있는 편백 숲 목장. 10:00~17:00 매시간 정시마다 흑염소 달리기 공연을, 매일 11:30~11:50 시와 16:30~16:50 두 차례 아기염소 우유 주기 체험을 즐길 수 있다. 음식물 반입이 가능하니 간단하게 도시락을 싸 와서 피크닉을 즐겨보자. 체험목장 매일 09:00~17:00 영업.(p99 D:2)

■ 서귀포시 남원읍 자배오름로 74-274
■ #흑염소달리기 #아기염소우유주기

착한배낚시

우럭, 열기, 참돔이 잡히는 선상낚시 체험장. 계절마다 잘 잡히는 어종이 달라져, 선장님이 때에 맞게 잘 낚이는 포인트로 데려다주신다. 주간낚시, 야간낚시를 모두 즐길 수 있으며 친한 사람들끼리 배를 단독으로 대절할 수도 있다. 매일 09:00~18:00 영업.(p99 D:2)

■ 서귀포시 남원읍 위미해안로 43
■ #우럭 #참돔 #야간낚시 #단독대여가능

남진호

30년 낚시 경력의 선장님이 포인트를 콕콕 짚어 데려다주시는 남진호. 야간에는 싱싱한 제주 생갈치를 낚을 수 있다. 매일 06:00~23:00 영업, 주간 낚시 10:00~16:00 운영, 단독 배는 원하는 시간에 대여 가능, 인스타그램 친구추가 시 할인.(p99 D:2)

■ 서귀포시 남원읍 위미해안로 43
■ #선장님픽 #낚시핫스팟 #갈치낚시 #인스타할인

아일랜드에프

아일랜드에프 선상 리조트에서 선상 낚시터를 함께 운영한다. 야간에는 한치도 올라와 손맛을 더한다. 체험 낚시 10:00, 12:00, 14:00, 16:00 출항(2시간), 반일낚시 07:00, 13:00 출항(4시간), 종일 낚시 07:00 출항(10시간).(p98 A:2)

■ 서귀포시 성산읍 성산등용로 130-21
■ #체험낚시 #반일낚시 #종일낚시 #야간한치낚시

온앤온서프

성산 일출봉과 에메랄드빛 바다 전망을 바라보며 서핑할 수 있는 곳. 초보자도 3시간짜리 서핑 강습을 받으면 안전하게 서핑을 즐길 수 있다. 서핑보드는 스펀지, 에폭시 중에서 선택할 수 있으며 슈트도 따로 빌릴 수 있다. 1개월 시즌권을 함께 판매한다. 매일 10:00~13:00, 14:00~17:00 영업, 연중무휴.(p99 F:1)

■ 서귀포시 성산읍 고성리 186-1
■ #성산일출봉전망 #바다전망 #스펀지보드 #에폭시보드

아키아서핑스쿨

전문가에게 1:1 강습을 받을 수 있는 서핑 스쿨. 국제 서핑 지도자 자격증을 취득한 전문 강사가 개인지도, 단체강습을 담당하고 있다. 서핑보드와 슈트만 따로 렌탈할 수도 있다. 야자수 풀빌라 숙박시설을 함께 운영하며, 숙박 시 서핑 강습비용을 할인해준다.(p99 E:2)

■ 서귀포시 표선면 일주동로5661번길 97
■ #개인강습 #단체강습 #풀빌라리조트 #숙박할인

서프포인트 표선점

에메랄드빛 표선 해수욕장에서 즐기는 스노클링 체험. 표선해수욕장은 수심이 얕고 파도가 잔잔하며, 체육 교육을 전공한 전문가가 동행하기 때문에 더욱 안전하다. 매일 09:00~19:00 영업, 방문 전 사전 예약하는 것을 추천.(p99 E:2)

■ 서귀포시 표선면 표선백사로110번길 6
■ #초보자추천 #안전교육 #체험서핑

서귀포씨플로우

동물 후드 쓰고 수중 인증사진 찍을 수 있는 스쿠버다이빙 체험장. 한 타임당 최대 4인까지만 교육을 진행하기 때문에 더 안전하고 재미있게 즐길 수 있다. 모든 다이버에게 동물 모양 잠수 후드와 음료, 간식을 제공한다. 매일 09:00~18:00 영업.(p98 C:2)

■ 서귀포시 신중로13번길 69 지하 1층 씨플로우
■ #동물잠수후드 #인증샷 #가족여행

옷귀마테마타운

의귀마을 영농조합에서 운영하는 힐링 승마장. 체험 승마, 교육 승마, 자유 승마, 외승 프로그램을 운영하며 연간 무제한 이용할 수 있는 회원권도 함께 판매한다. 승마장 안에 말 관련 자료가 전시된 박물관도 마련되어 있다. 매일 09:00~17:00 영업, 매주 월요일 휴무.(p99 D:2)

■ 서귀포시 남원읍 서성로 955-117
■ #말자료전시 #체험승마 #외승 #연간이용권

이어도승마장

제주의 드넓은 초원에서 승마체험을 즐길 수 있는 곳. 기본코스, 초원 코스, 승마 코스를 선택할 수 있으며 어린이나 초보자도 재미있게 즐길 수 있다. 승마 체험이 끝나면 사진을 찍어주는데, 이 사진을 따로 구매할 수 있다. 12~3월 09:30~17:00, 4~11월 09:30~18:00 영업.(p99 E:1)

■ 서귀포시 성산읍 서성일로 269
■ #승마인증사진 #가족승마 #초원승마

쇠와꽃 승마장

평생 기억에 남을 바닷가에서의 승마체험. 기본코스와 해안 산책코스, D 코스를 운영한다. 정기회원으로 등록하면 승마 헬멧, 조끼, 부츠도 무료로 대여할 수 있다. 성산 일출봉, 아쿠아플라넷 등 유명 관광지와 가깝다. 하절기 09:00~18:30, 동절기 09:00~17:30 영업.(p99 F:1)

■ 서귀포시 성산읍 섭지코지로25번길 88-17
■ #해안전망 #성산일출봉 #정기회원혜택

목장카페 드르쿰다

넓은 들판을 품는다는 뜻의 드르쿰다는 아이들이 마음껏 뛰어놀며 다양한 체험을 할 수 있는 곳이다. 승마 체험, 먹이 주기 체험, 차와 함께 멋진 뷰를 보며 쉴 수 있는 공간까지 유아 동반 가족들에게 인기 있는 장소. 승마 코스는 나이 조건에 따라 거리별로 선택해서 이용할 수 있다.(p99 E:1)

■ 서귀포시 표선면 번영로 2454
■ #가족여행 #체험여행 #말먹이주기

제주조랑말타운

어린이도 안전하게 즐길 수 있는 조랑말 승마장. 기본코스, 중거리 코스와 승마와 카트를 함께 즐길 수 있으며 카트레이싱도 함께 운영한다. 인터넷을 통해 예약하면 더 저렴하게 이용할 수 있다. 하절기 09:00~18:00, 동절기 09:00~17:00 영업, 하절기 17:30, 동절기 16:30 입장 마감.(p99 E:1)

- 서귀포시 표선면 번영로 2486
- #가족여행 #제주조랑말 #이색승마

낙타트래킹

낙타를 가까이서 보고 교감하는 새로운 경험을 해보는 곳. 덜컹덜컹 낙타 특유의 걸음걸이를 느껴보는 낙타 트래킹은 잊지 못할 색다른 경험을 준다. 낙타 먹이 주기는 무료 체험. (먹이 무제한 리필! 단, 당근은 유료) 09:00~17:00 운영.(p99 E:1)

- 서귀포시 표선면 번영로 2564-21
- #가족여행 #제주유일 #낙타트래킹 #낙타먹이주기

OK승마장

성읍민속마을 근처에 있는 야외 승마체험장. 단거리, A 코스, B 코스와 함께 1시간 이상 달릴 수 있는 외승 트래킹 코스도 운영한다. 평일 09:~18:00, 공휴일 09:00~18:00, 동절기 09:00~17:00 영업.(p99 E:1)

- 서귀포시 표선면 번영로 2595
- #기본코스 #외승코스 #민속마을

알프스승마장포니

제주 말을 타고 자연을 만끽할 수 있는 승마체험장. 초원 코스, 낮은 동산 코스를 제공한다. 구석구석 언덕길을 누빌 수 있는 낮은 동산 코스를 추천. 내가 탔던 말에게 먹이도 주고 교감해보는 먹이 주기 체험도 함께 즐겨보자. 09:00~18:00 연중무휴 영업.(p99 E:1)

- 서귀포시 표선면 서성일로 73
- #말먹이주기 #야외승마체험 #초원코스 #동산코스

우도잠수함

잠수함 용궁 호를 타고 수심 깊은 곳으로 들어가 바닷속을 탐험해보는 투어. 제주 자리돔부터 형형색색의 열대어까지, 우도 바다를 수놓는 예쁜 물고기들과 해초, 산호초들을 구경해볼 수 있다. 아침이나 흐린 날은 바닷속을 더 또렷하게 볼 수 있다고 하니 참고하자. 해저 탐험 증명서와 기념사진도 제공된다. 하절기 09:00~18:00, 동절기 09:00~16:30 연중무휴 영업. (p99 F:1)

- 서귀포시 성산읍 성산등용로 112-7

- #해저탐험 #산호초 #열대어 #증명서 #기념사진

이브이트립

운전면허 없어도 이용할 수 있는 전동킥보드 대여점. 올레길 1코스 구간 안에 있어 편하게 올레길을 돌아볼 수 있다. 근처 두산봉, 말산메(알오름), 해안도로까지 이동해 멋진 일몰 전망도 즐겨보자. 매일 10:00~19:00 영업.(p99 F:1)

- 서귀포시 성산읍 한도로 119
- #올레길1코스 #산전망 #해안도로전망

오늘은카트레이싱

레이서가 되어 신나게 카트레이싱을 즐길 수 있는 곳이다. 150cm미만의 어린이는 1인용 카트를 이용할 수 없고, 어른과 함께 2인용 카트에 탑승해야한다. 15분 동안 코스를 맘껏 즐길 수 있다.(p99 E:2)

- 서귀포시 표선면 중산간동로 4776
- #녹차밭전망 #성읍녹차마을근처

제주파인비치펜션

태흥포구 전망이 바라다보이는 세련된 카라반 숙소. 2인실이지만 최대 4인까지 입실

할 수 있다. 개별 바비큐장 이용 시 소정의 추가 비용이 발생하며, 그릴, 숯, 집게, 장갑, 가위가 제공된다. 입실 16:00, 퇴실 11:00. (p99 D:2)

- 서귀포시 남원읍 태위로 976-10
- #바다전망 #바베큐장 #2인카라반

에어그라운드

은빛으로 빛나는 독특한 모양이 인상적인 에어스트림 카라반 숙소. 카라반 밖으로 보이는 한라산 전망도 멋지다. 안에는 1인용 침대 2채가 마련되어있고, 야외 바비큐장을 예약할 수 있다. 입실 16:30, 퇴실 11:00. (p373 E:2)

- 서귀포시 남원읍 남태해안로 439
- #2인카라반 #은빛카라반 #바베큐장

드르쿰다 in 성산 카라반

1시간 단위로 대여할 수 있는 감성 카라반. 블루투스 노래방 마이크, 보드게임, 파티 소품 등을 빌릴 수 있어 생일이나 기념일에 이벤트 하기 딱 좋다. 카라반은 드르쿰다 카페 입장객만 이용할 수 있다. 최대 12시간 대여 가능.(p99 F:1)

- 서귀포시 성산읍 섭지코지로25번길 64
- #이벤트카라반 #1시간대여 #파티용품대여

아쿠아플라넷 제주 프리다이빙

"아쿠아 플라넷 제주에서 프리다이빙을 "

@kyeongtae_93

아쿠아플라넷의 대형 수조에서 다이빙을 해볼 수 있다. 가오리, 상어, 물고기들과 다이빙 해볼 수 있는 기회이기도 하다. 수중 영상 및 사진 촬영이 포함되어 있으며, 다이빙 후엔 샤워를 할 수 있다. (p99 F:1)

- 서귀포시 성산읍 섭지코지로 95
- #대형수조프리다이빙 #아쿠아플라넷다이빙

04

제주시

#앙뚜아네트용담점

@yun__

#용마마을버스정류장

@pearl1__21

#용담해안도로

@eunin_s

#오라동메밀밭

#용두암

@hjnee_j

@y.o.l.o_yj

#핑크해안도로   #도두동 무지개해안도로

#도두봉키세스존
@hwany_c

#용연계곡
@sun_ae_

#한라생태숲

#이호테우등대

126

#오드씽카페

@hjw0218

#나바론하늘길

@jjeong_5678

#절물자연휴양림

#두멩이골목

127

제주시

1

A B C

용연계곡,
용연구름다리,
용두암

관덕정, 제
제주목 관아,
향사당

제주국제공항

도두봉
키세스존   도두항
이호테우   도두봉
해변 등대   전망대
도두동무지개
해안도로

용두암
해수랜드

제주향교

동[
삼성혈

용담2동

알작지

도두동
이호테우
해수욕장   제주민속
월대천   오일장

보

외도동

넥슨컴퓨터
박물관   민오름   제주
아트센터

돈키쥬쥬   한라수목원
수목원테마파크,   한라수목원입구 벚꽃,
수목원길, 야시장   한라수목원 수국

월정사

브릭캠퍼스
제주   오라CC 진입로
겹벚꽃길   방선문계곡

2

아날로그 감귤밭
(감귤체험)   제주러브랜드   제주도립
미술관   방선문

신비의 도로   오라동

연동   검은오름

애월읍

노형동   열안지

노루손이
오름   오라동메밀밭,
오라동 청보리밭

천왕사

천왕사 단풍

어승생악

제주 어승생악
일제동굴진지

3

한[

128

A B C

제주국제공항

용두

이호테우등대 도두봉(제주 숨의 비경 중 하나)
빨간색, 하얀색 목마 등대를 배경으로
사진촬영을 꼭 해야 하는 곳

카페나모나모베이커리
도두동무지개 해안도로

어영공원
바다를 마주보고
있는 공원

빽다방베이커리
제주사수점

1.체험배낚시 전진호(배낚시)
2.이호텔보 배낚시(배낚시)
3.서프로와(서핑)

코바다이빙스쿨
(패들보드)

도두봉전망대

도두봉 카세스존

도두동 무지개해안도
(전복죽, 물회)

순옥이네명가(소라, 전복)

도두항

슬로보트(바다전망)
그림외도(돌멩이 라떼)
니모메빈티지라운지(니모에 선셋)

현사포구
공중화장실

삼미횟집(모듬회)

시티투어

신의한모
(한치간장게장
낫또달밥)

몽돌해변
알작지(제주의
몽돌해변)
월대천

이호테우해수욕장
공항에서 10분, 목마
등대보며 방파제 산책

그라나다 알 공터,
이호테우해변 목마들글

제주

제주민속오일장
공항 가기 전에 꼭 들러봐 끝자리
2일, 7일에 열리는 오일장

낙아

구엄리돌염전 구엄리 돌염전 일몰

1.노올리(선셋카페)
2. 노라바(문어라떼)
3. 해안도두리
(흑돼지,토마토로제빵)

섬안썸 오션뷰

제주광해(갈치조림)
애월전동릭보드

닻

황화식당(갈치조림)

규태네양갑찹(양갑찹오돌)

숙성도
늘봄흑돼지(숙성흑돼지
(삼겹살,목살)

제주 하멜
(치즈케이크)

국시트멍
돈

1132

카페 엔제레너스
제주이호테우해변로점 앞 버베나
자매국수(고기국수)

은희네해장국
(소고기해장국)

마농 제주본점
(돌문어스튜)

돈사돈
(흑돼지)

벌이드는곳빈디
(치즈케이크)

쏨당제주 수상보트

이디어우스
(게하)

바다속고등어쌈밥
(고등어쌈밥)

도시해녀
(해녀체험)

파군봉
(바궁지오름)

에스프레소 라운지
(액티빅 넓은 매장)

수목원테마파크
플레이박스VR,얼음미끄럼틀,
초콜릿만들기체험등
아이들과 함께하기 좋은 곳

구엄어촌
체험마을
새물

문개항아리
(해물라면)

쏨딴지
(활오복탕)

수산유원지
수산저수지의 뚝방길, 숨은
명소, 출사 장소, 조용한
산책길

버터모닝
(치즈타르트)

맞동산감귤체험농장
애월읍 광령리 3227, 감귤체험

두갓(굴따기 체험을
즐길수 있는 앤틱카페)

수목원길 야시장

밋쿠차
(스시)

노올리
(연타빵)

광평도새기촌(흑돼지)

광령
초등학교

아날로그 감귤밭

브릭캠퍼스
브릭아티스트 들의 작품
브릭/레고 체험, 실내

항파두리 해바라기
[6~8월] 제주에서 매우 가까운
해바라기 밭

항파두리
나홀로 나무

고성숲길

무수천
양쪽 바위벽에
흐르는 천,
기암절벽과 폭포,
호수가 있는 곳,
산책하기 좋음

귤향기 농장
노형동 160(1100로 3118)
체험은 어두워지기 전에 오세요

1.제주달곰풀빌라(풀빌라)
2.제주 카르마(풀빌라)
3.엔젤풀빌라(풀빌라)

수산봉한라산

고스타운
(귀신의집)

살랑제주
(독채)

중엄리
새물

애월 장전리 벚꽃
보는 것만으로도 풍성할
왕벚꽃길[4월]

스테이장우7
(독채)

백제사

마마룽
(마마룽
케이크)

카페 공산영월
레토로

사진놀이터 전시

남또리횟집
(도미회, 모둠회)

해신도두리
(흑돼지)

슬로우리제주
(독채)

스테이달하

항파두리 유채꽃
[3,4월] 삼별초의 최후 격전지와 유채꽃

항파두리성

제주기와
(야외정원에서
피크닉 즐길 수
있는 곳)

제주거
(야외정원에서
피크닉 즐길 수
있는 곳)

카페분의길(블렌딩 커피를
핸드드립으로 내려주는 카페)

하가리길

LAVANT
(따뜻한 커피와 팬케이크)

오담애월(독채)

항파두리 코스모스
가을에는 역시 코스모스[9,10월]

유수암마을
(자연생태학)

항파두리 백일홍
백일 간의 백일홍
백연[8,9,10월]

미스틱3도(동물체험을 할 수 있는
정원이 딸린 카페)

제주
청

골목카페옥수(한옥카페)

항파두리 항몽유적지
몽골의 침입시 삼별초가 최후까지
항전한 장소. 전라도 전투에서 패하여
제주도로 건너와 이곳에 항파두를
쌓음, 근처에 방문객을 위하여 꽃을
심어 놓음

락곡이음

프레리아(독채)

제주공룡랜드
국내 최대 공룡 테마파크, 30
종 100여마리 공룡.
토이랜드, 조랑말체험장
(리모델링 여부확인 필)

TONKATSU
서황(서황카츠)

상가리야자숲
이색적인 야자숲. 사진 찍기 좋은 곳

화조원
아이와제주,다양한 조류
및 알파카 체험농장

아우요
(가츠동)

제주불빛정원 장미

푸르른 청보리
마을

어승생승마장(승마)

제주양때목장
아이와 함께 하기 좋은 곳

제주불빛정원
제주장미정원, 제주야간명소

테디베어사파리
테디베어와 동물 인현들을 직접
만지고 사진찍을 수 있는 테마 파크
친절, 영유아도 놀기 좋음

제주 퍼피월드
(반려견놀이터)

제주양떼목장

1117

애월읍

도치돌 알파카목장
알파카, 토끼, 염소, 양, 먹이주기 체험

렛츠런파크
·제주

렛츠런파크
제주(승마)

제주승마공원
(승마)

국립제주
단풍

무병장수 테마파크
제주 힐링명상센터, 국궁체험,
승마체험(승마 사전예약 필)

981파크
잔디밭

괫물오름 우거진 숲

천아수원지
단풍

9.81 파크
그래비티 레이싱, 카트
실내 체험 게임존
하늘카, F&B

1135

괫물오름

족은녹고메오름

천아오름

천아계곡 단풍
제주의 아름다움을
단풍과 함께[10,11월]

큰노꼬메오름

제주시
추천 여행지

절물자연휴양림
"많은 사람들이 이곳을 제주 1순위 여행지라고 말해"

쭉쭉 뻗은 삼나무 숲길로 유명한 휴양림. 삼나무 숲 사이로 한 폭의 수채화 작품 같은 산책로가 나 있는데, 두 시간 코스로 제주의 삼나무 숲을 느끼면서 산책할 수 있다. 절물 오름에 오르면 멋스럽게 한라산을 조망할 수 있다. 휴양림에는 약수터, 연못, 잔디광장, 폭포 등의 시설이 있다. 절물은 '절 옆에 물이 있다'라는 뜻이다.(p129 E:2)

- 제주 제주시 명림로 584
- #삼나무숲길 #트래킹

천왕사(제주)
"울창한 숲과 사찰"

예능 프로그램 '효리네 민박'에서 이효리와 아이유가 찾았던 절로 유명세를 얻었던 절이다. 대웅전 옆으로 난 계곡길은 신비하리만치 아름다운데, 특히 가을에 이 사찰의 진가를 알 수 있다. 기암절벽 아래 붉게 물든 단풍은 그야말로 장관이다. 사찰 옆에는 한라산에서 유일한 폭포라는 선녀폭포가 있다.(p128 C:3)

- 제주시 1100로 2528-111
- #효리네민박 #용바위 #선녀폭포

제주도립미술관
"제주 문화 예술이 함께하는 미술관"

제주 도민의 문화 예술 충족 공간이자 제주 미술 문화 발전을 위해 조성된 미술관. 제주의 하늘과 억새, 한라산 모두를 감상할 수 있어 멋스러운 건물 자체만으로도 방문할 가치가 있다. 장리석 기념관, 시민갤러리, 상설 전시관, 옥외 전시장 등으로 구성되어 있고 특히 외부 공간은 작은 음악회나 휴식, 산책 공간으로 조성되어 있다.

- 제주시 1100로 2894-78
- #억새 #음악회 #미술관

브릭캠퍼스 제주
"브릭으로 할 수 있는 모든것"

벽돌처럼 쌓아 올리는 방식의 완구 브릭을 감상하고 체험하는 테마파크. 레고, 옥스퍼

드 등 다양한 나라의 브릭(BRICK)으로 만든 많은 예술작품이 전시되어 있고 직접 만들며 체험할 수 있다. 아이들뿐만 아니라 어른들도 재미있게 관람할 수 있는 곳이다. 야외 정원에는 브릭 포토존이 많아서 추억을 남기기에도 좋다.(p128 B:2)

- 제주시 1100로 3047 브릭캠퍼스
- #브릭 #테마파크 #포토존

넥슨컴퓨터박물관
"아시아 최초 컴퓨터 박물관"

아시아 최초의 컴퓨터 박물관으로 컴퓨터의 역사는 물론 추억의 게임도 체험해 볼 수 있는 곳이다. 아이와 함께 추억의 레트로 게임을 해볼 수도 있다. 컴퓨터와 게임을 좋아하는 사람들의 필수 방문 코스이다.(p128 C:2)

- 제주시 1100로 3198-8
- #레트로게임 #컴퓨터

한라생태숲
"가벼운 마음으로 지나가다 들러봐 혼자 걸으며 사색하기 좋은 곳!"

난대, 온대, 한대 식물을 한 장소에서 모두 볼 수 있는 곳이다. 2층 전망데크에 오르면 한라산 정상 뷰를 즐길 수 있다. 힘들지 않게 동네 공원을 산책하는 느낌으로 한라산 정상과 제주 앞바다를 볼 수 있어 더 매력적이다.(p129 E:2)

- 제주시 516로 2596
- #식물원 #전망대 #한라산전망

산천단곰솔
"500년 넘은 나무들을 볼 수 있어"

천연기념물 제160호로 지정되어 있는, 현재까지 알려진 제주도의 수목 중 가장 큰 나무들이다. 수령은 500~600년으로 추정되고 있으며 이중 몇 그루는 풍파로 가지들이 한쪽으로 치우쳐 생장하고 있다.(p129 D:2)

- 제주시 아라일동 375-4
- #천연기념물 #수목

방선문계곡
"신선이 내려온 곳"

신선이 내려와 이곳에 머물렀다는 전설이 있는 곳이다. 암반과 기암괴석들이 골짜기를 이루고 있다. 예부터 수많은 선비와 시인 묵객들이 찾아와 풍류를 즐겼던 곳으로 영주 10경에 꼽힐 만큼 뛰어난 절경을 품고 있으며, 2013년엔 그 가치를 인정받아 국가 지정문화재 명승 제92호로 지정되었다. 한적하게 제주의 자연을 감상하며 걷기에 참 좋은 곳이다.(p128 C:2)

- 제주시 오등동 1907
- #신선 #풍류 #영주10경

복신미륵
"행운을 가져다주는 미륵보살"

사람들에게 행운을 가져다준다는 미륵보살 불상. 동자복과 서자복 한 쌍으로 이루어져 있으며 제주도 민속자료 제1호로 지정되어 있다.(p129 D:1)

- 제주시 건입동 1275-13
- #미륵보살 #불상 #행운

제주항
"때로는 배타고 제주로"

제주 연안 여객선과 국제 여객선을 이용할 수 있는 항구. 제주 연안 여객선 터미널(2부두)은 목포, 추자 우수영, 여수, 완도, 고흥(녹동) 구간을, 제주 국제 여객선 터미널(7부두) 구간은 완도, 추자 완도, 목포, 부산 구간을 운행한다.(p128 C:1)

- 제주시 건입동 918-32
- #제주연안여객선 #국제여객선

산지등대
"100년 역사의 무인등대"

제주 도심과 가깝고 그림 같은 풍경이 아름다운 무인등대. 100년 넘는 역사를 가지고 있어 2021년 3월에 '이달의 등대'로 선정되기도 했다. 이곳에서 고백하면 사랑이 이루어진다는 전설이 내려오고 있다.(p129 D:1)

- 제주시 사라봉동길 108-1
- #무인등대 #고백 #사랑

모충사
"순국열사 김만덕"

일제강점기 순국열사 김만덕을 기리기 위해 세워진 사원. 내부에 의병항쟁기념탑, 청동동상, 순국 지사 조봉호 기념비 등이 설치되어 있고, 매년 가을 무렵 의녀 김만덕을 추모하는 축제도 개최된다.(p129 D:1)

- 제주시 건입동 1427-13
- #순국열사 #의녀 #김만덕

관덕정
"제주에서 가장 오래된 건축물"

제주 목 관아 안에 위치한 관덕정으로 보물 제322호로 지정되어 있다. 제주에서 가장 오래된 건축물 중에 하나이다. 조선 세종 때 안무사 신숙청이 군사훈련청으로 세운 매우 웅장한 규모의 정자이다. 고즈넉한 장소로 잠시 쉬어가기 좋다.(p128 C:1)

- 제주시 관덕로 19
- #보물 #오래된건축물 #정자

제주목 관아
"고대부터 조선시대까지 관청"

탐라국 시대(고대)부터 조선시대까지 정치·행정·문화의 중심지였던 오랜 역사를 가진 관아시설. 그 역사적 가치를 인정받아 사적 제380호 지정, 현재 복원 사업이 진행 중이다. 서울의 상징 남대문과 같이 제주의 상징 관덕정이 위치해 있다.(p128 C:1)

- 제주시 관덕로 25
- #제주의상징 #관덕정 #사적제380호

동문재래시장
"제주 방문 필수 코스! 다양한 먹을거리와 볼거리가 가득한 곳"

제주도에서 가장 오래된 재래시장이다. 야시장 구경부터 풍성한 먹거리까지 시장 인심이 넉넉한 곳이다. 가성비 갑인 포장회와 공항 면세점보다 싼 가격의 선물용 초콜릿 등 제주도의 다양한 특산물을 저렴하게 구입할 수 있다. 제주공항에서 차로 15분 거리에 공영주차장이 있어서 접근성이 좋다.(p128 C:1)

- 제주시 관덕로14길 20
- #재래시장 #야시장 #가성비

흑돼지거리
"쫄깃하고 고소한 흑돼지고기"

제주도의 대표 음식 흑돼지! 제주항 근처에 흑돼지 전문점 맛집이 밀집해 있는 곳이다. 30년 이상의 오랜 전통을 자랑하는 곳이기도 하다. 고소하고 쫄깃한 식감의 흑돼지를 부위별로 맛볼 수 있고 꽃멸치젓(멜 젓)을 곁들여 먹으면 더욱 별미다. 주변에 동문 재래시장과 탑동 방파제 등이 있어 언제나 관광객들로 북적이며 그만큼 활기찬 거리다.

■ 제주시 관덕로15길
■ #흑돼지 #전통 #맛집

월대천
"물놀이 가능한 하천, 숨은 명소"

한라산의 물줄기와 제주도의 바닷물이 만나는 제주의 숨은 비경으로, 외도천이라고도 부른다. 건천이 많은 제주에서 유일하게 물놀이를 할 수 있는 하천으로, 물이 맑고 하류는 얕아 물놀이하기 좋다. 500년 된 팽나무와 250년 된 소나무 등 오래된 나무들이 멋스러운 곳이다.

■ 제주시 내도동 898
■ #숨은비경 #외도천 #물놀이

신비의 도로
"일명 도깨비 도로"

노형동 제2횡단도로(1100번 도로) 입구. 주변 지형에 의한 착시 현상으로 내리막길이 오르막길로 보이는 도로이다. 차의 시동을 끄고 기어를 'N'로 해놓으면 오르막길에 차가 올라가는 재미있는 현상을 목격할 수 있다. 일명 도깨비도로라고도 부른다.(p128 C:2)

■ 제주시 노형동 291-17
■ #착시현상 #도깨비도로

도두항
"낚시 포인트"

도두봉의 서쪽 기슭에 위치한 항구로 방파제 낚시 포인트여서 낚시꾼들에게 유명한 곳이다. 아름다운 바다 일몰을 볼 수 있는 선셋 운항 유람선을 여기에서 탈 수 있다. 주변에 가성비 좋은 회 맛집부터 낚시용품점, 숙박시설이 있어 편리하게 이용할 수 있다.(p128 B:1)

■ 제주시 도공로 2
■ #방파제낚시 #일몰 #선셋유람선

도두동무지개해안도로
"알록달록 무지개 돌담길"

해안 도로를 따라 이어지는 알록달록 무지개색 돌담길이 유명한 곳이다. 현지인들에게 인기 많은 조깅 코스이기도 하다. 공항 가까이에 있는 곳이니 잠시 들러 바다와 무지개 돌담과 함께 에쁜 사진을 남겨보는 것은 어떨까. 돌담 위 재미있는 조형물 감상은 덤이다.(p128 B:1)

■ 제주시 도두일동 1734
■ #해안도로 #무지개 #돌담길

도두봉 키세스존
"줄서서 사진찍는 포토명소"

도두봉 정상에 있는 사진 명소이다. 공항 근처에 있어서 가볍게 산책하기 좋은 코스이기도 하다. 나무숲에서 정상 쪽 하늘을 바라보는 모양이 키세스 초콜릿 모양을 닮았다고 해서 키세스 존이라 불린다. 워낙 인기있는 장소라서 줄을 서서 기다리지만 그 기다림을 보상받는 인생 샷을 얻을 수 있다. 올레 17코스에 있다.(p128 B:1)

■ 제주시 도두일동 산1
■ #도두봉 #정상 #인생샷

도두봉전망대
"비행기 이착륙도 볼 수 있는 전망"

제주공항과 가장 가까운 오름이자 바다와 비행기 이착륙을 볼 수 있는 매력적인 전망대가 있는 곳이다. 전망대 꼭대기까지는 5분도 채 걸리지 않아 부담이 없다. 탁 트인 바다는 물론 바다 위 일몰 모습도 볼 수 있는 곳이다.(p128 B:1)

- 제주시 도두일동 산1
- #바다 #일몰 #전망

감귤나무숲
"다양한 콘셉트의 포토존"

@seooooh_29

넓은 감귤농장에서 사진도 찍고 아이와 함께 감귤 체험하기도 좋은 곳이다. 다양한 콘셉트의 포토존에서 사진을 찍으며 즐길 수 있다.
- 제주시 도련남3길 81
- #감귤농장 #감귤체험 #포토존

보덕사
"문화재가 있는 사찰"

제주 도심에 있는 전통 사찰 보덕사. 일제강점기 순국열사인 김만덕의 정신을 기리는 행사가 열리는 곳으로도 유명하다. 이곳의 목조여래좌상은 제주도 문화재자료 7호로 등록되어 있다.(p128 C:1)

- 제주시 독짓골8길 26
- #전통사찰 #순국열사 #김만덕

호떡골목
"동문재래시장의 호떡거리"
제주 동문재래시장에서 대표적인 길거리 음식인 호떡을 맛볼 수 있는 골목이다. 다른

먹거리도 많지만 이곳의 맛있는 호떡은 꼭 먹어보자.(p131 D:1)

- 제주시 동문로 16
- #먹거리 #호떡

제주 문화예술진흥원
"사진전이나 공모전 전시"

제주 전통문화를 보전하고 널리 알리는 공공기관. 시민과 관광객을 위한 공연을 개최하거나, 공연장을 대관해 주거나, 제주 청년작가전, 국제문화교류전 등 굵직한 공모전을 개최하고 있다.(p129 D:1)

- 제주시 동광로 69
- #전통문화 #공연장 #공모전

제주 명도암참살이마을
"다양한 체험을 해볼 수 있는"

김치 담그기 체험으로 유명한 전통체험 마을. 직접 만든 양념을 알배기 배추에 묻혀 만드는 김장 체험은 남녀노소 재미있게 즐길 수 있다. 직접 담근 김장김치에 수육까지 즐길 수 있는 체험까지 마련되어 있으니 꼭 참여해보자. 이외에도 천연 손수건 염색, 나무 곤충 목걸이 만들기, 오름 탐방 등 다양한 체험을 즐길 수 있다.(p129 E:2)

- 제주시 명림로 268-71
- #김치담그기체험 #천연염색 #오름탐방

제주4·3평화공원
"잊지말자 우리의 역사"

잊지 말아야 할 제주 4.3 사건을 되새기고 희생자의 넋을 기리기 위해 조성된 공간이다. 주요 시설은 위령제단, 위령 광장, 봉안관과 역사를 담는 그릇이라는 뜻의 평화기념관 등이 있다. 어린이체험관은 별도로 운영된다. 제주도의 아픈 역사를 고찰하고 기억하는데 의미 있는 장소이다.(p129 E:2)

- 제주시 명림로 430
- #4.3사건 #희생자 #추모

제주어린이교통공원
"안전사고 없는 세상을 위해"

@im_ms0222

아이들이 안전사고 예방법을 교육받고 즐겁게 체험해 볼 수 있는 곳이다. 어린이 교통안전, 생활안전, 재난안전교육 프로그램 등이 운영된다. 안전교육 선생님이 직접 교육을 진행한다. 시간대 별로 10명(보호자 포함) 이내로 인원이 제한된다.(p129 E:2)

- 제주시 명림로 437
- #안전교육 #사고예방 #체험교육

노루생태관찰원
"노루 먹이주기 체험"

야생 노루를 관찰하고 먹이주기 체험도 할 수 있는 곳이다. 거침오름 둘레길에서 가볍게 산책도 하며 아이와 어른 모두 만족하는 장소이다.(p129 E:2)

- 제주시 명림로 520
- #거침오름 #둘레길 #노루

김경숙해바라기농장
"부부가 운영하는 해바라기 농장"

75만 송이의 노란빛 해바라기로 가득한 농장이다. 부부가 운영하는 개인 사유지로 입장료가 있지만 선물을 사면 입장료가 빠진 금액으로 구매할 수 있다. 제주의 유채꽃, 동백꽃과는 다른 매력을 느낄 수 있는 곳이다. 해바라기 만개 시기(6월 하순)에 방문해 볼 것을 추천한다.(p129 E:2)

- 제주시 번영로 854-1
- #해바라기 #절경

사라봉(모충사) 의병항쟁기념탑
"항일 의병을 기억해야만 해"

사라봉 모충사 경내에는 제주 출신 항일 의병을 기리는 제주 의병항쟁기념탑이 세워져 있다. 이 기념탑은 제주도민들과 재일 동포들이 돈을 모아 설립한 탑이라고 한다. 매년 현충일이나 항일 의병항쟁 관련 기념일에는 축제도 열린다.(p129 D:1)

- 제주시 사라봉길 75
- #항일의병 #재일동포 #현충일

보림사(제주)
"불교 성지순례길의 중심"

제주불교 성지순례길 3코스 '보시의 길'(부처님이 수천 년 동안 이어온 불법으로 세상을 전하는 길이라는 뜻) 중심에 있는 사찰. 보시의 길은 대원정사-월영사-수정사지(수정사·광제사)-알작지해변-장안사-용두암-해륜사(서자복)-동자복-사라봉(사라사·보림사·원명선원)-삼양해수욕장-원당사지(불탑사·원당사·문강사)를 거치는 총 45km 길이의 불교 순례길이다.(p129 D:1)

- 제주시 사라봉동길 61

- #보시의길 #불교 #순례길

사라봉공원
"한라산 전망은 이곳에서"

한라산 전망을 바라볼 수 있는 도심 공원. 산책로와 전망대, 운동기구, 도서관, 박물관, 수영장, 배드민턴장 등 다양한 문화 체육시설이 갖추어져 있다. LED 조명이 설치되어 있어 밤 산책하기도 좋다.(p129 D:1)

- 제주시 사라봉길 75
- #도심공원 #산책로 #한라산전망

관음사
"사찰을 돌며 힐링 하는 곳"

한라산 동쪽 중턱에 자리한 빼어난 경관의 큰 규모의 사찰. 관광지와는 다른 매력으로, 조용히 사찰을 산책하면서 힐링하기 좋은 장소이다. 한라산 등반 코스의 출발지이기도 하다.(p129 D:2)

- 제주시 산록북로 660
- #사찰 #힐링 #한라산등반

김만덕기념관
"조선시대 의인 김만덕"

조선 시대의 의인 김만덕을 기리고 있는 박물관. 김만덕은 조선 시대 때 굶주리고 있는 가난한 제주 서민들을 위해 나눔 활동을 펼친 여성 상인이다. 김만덕 관련 유물과 작품, 기념물 등을 전시하고 있다.

- 제주시 산지로 7
- #김만덕 #여성 #의인

삼성혈
"탐라국 전설"

탐라국을 창시한 3성씨(제주 고씨, 제주 양씨, 제주 부 씨)의 시조가 용출한 전설의 장소이다. 한반도의 가장 오래된 사적지로 국가지정문화재 제134호 지정되어 있다. 시조에 대한 제의가 이루어지는 곳이며, 울창한 소나무 숲 사이를 산책하기에도 좋다.(p128 C:1)

- 제주시 삼성로 22
- #탐라국 #시조 #제의

제주도 민속자연사박물관
"제주의 역사, 민속, 자연사"

제주도의 역사, 민속, 자연사 등을 전시해 놓은 박물관. 제주도에 대한 다양한 정보와 볼거리를 얻을 수 있다. 아이와 함께 방문해도 좋다.(p128 C:1)

- 제주시 삼성로 40
- #박물관 #역사 #정보

제주향교
"공자를 모시는 조선을 대표하는 향교"

대한민국에서 성균관 대성전 다음으로 큰 대성전. 역사적 가치를 인정받아 우리나라 보물 제1902로 지정되었다. 매년 봄, 가을 두 차례 유교 제례 행사인 '석전대제'를 개최한다.(p128 C:1)

- 제주시 서문로 43
- #대성전 #보물 #석전대제

용두암해수랜드
"바다를 보며 즐기는 해수사우나"

제주 국제공항 아침, 새벽 비행기를 탈 때 이용하기 좋은 찜질방이다. 해수 사우나와 불한증막, 남녀 수면실을 갖추고 있고 식당과 매점에서 간단한 먹거리도 판매한다. 통유리창 밖으로 보이는 야자수와 바다 풍경이 아름답다.(p128 C:1)

- 제주시 서해안로 630
- #공항근처 #찜질방 #바다풍경

제주별빛누리공원
"밤하늘 별을 관찰해보자"

밤하늘에 가득한 별을 관찰하고 우주의 신비를 경험할 수 있는 장소이다. 4D 상영관, 천체투영실, 관측실 등이 있으며 다양한 체험 프로그램이 운영되고 있다. 아이들과 함께 하기에 좋은 장소이다.(p129 D:2)

- 제주시 선돌목동길 60
- #별 #우주 #아이

제주삼양동유적
"선사시대 유적"

한반도 선사시대 유적지로 고고 지질학의 역사적 가치를 가지고 있는 곳이다. 아이들과 함께 토기, 장식구, 가옥 등을 보며 선사시대의 생활상을 학습하기가 좋은 장소이다.(p129 E:1)

- 제주시 선사로2길 13
- #선사시대 #유적지 #역사

삼양검은모래해변
"철분이 함유된 모래사장"

입자도 곱고 철분이 함유되어 검은색을 띠는 모래사장이다. 시내와 가까워서 현지인들도 자주 찾는 장소이기도 하다. 이곳의 모래찜질이 신경통, 관절염, 무좀 등에 효과가 좋다고 하여 많은 사람들이 찾고 있다. 탈의실과 샤워시설은 다소 노후되어 있으니 여분의 신발과 수건을 준비해 방문해 보자.(p129 E:1)

- 제주시 선사로8길 13-4
- #모래찜질 #검은모래

한라수목원
"희귀식물 909종"

희귀식물을 비롯, 909종의 식물이 있는 수목원. 멸종 위기 식물을 볼 수 있는 이곳은 서식지 보전 기관으로 지정되었다. 천천히 걸으면서 식물을 주의 깊게 관찰해보자.(p128 C:2)

- 제주시 수목원길 72
- #희귀식물 #정원

흙붉은오름
"붉은 흙이 가득한 오름"

'주체오름' 또는 오름을 구성하는 흙이 붉은 색을 띤다고 해서 '흙붉은오름'이라 불린다.

분화구 안쪽으로는 돌담으로 둘러싸인 밭이 있고 쑥부쟁이와 민들레 등이 자생하고 있다. 근래 이곳에 대규모로 송이를 채취하는 일이 많아지면서 크게 훼손되었으나 복구 노력이 이루어지고 있다.(p129 C:3)

- 제주시 아라1동 산67-18
- #주체오름 #송이

산천단
"500년된 곰솔 무리"

천연기념물로 지정된 500년 된 곰솔 무리로 유명한 숲길. 가장 큰 곰솔은 30m 넘는 높이를 자랑한다. 한라 산신이 제주도민들을 살피기 위해 잠시 머물다 갔다는 전설이 전해져 내려오고 있다.(p129 D:2)

- 제주시 아라일동 375-4
- #곰솔 #산신 #전설

월정사(제주)
"홍매화로 아름다운 사찰"

매년 겨울 싹을 틔우는 홍매화 풍경이 아름다운 사찰. 진한 홍매화와 연한 분홍빛으로 은은하게 물든 분홍 매화가 우아하다. 전나무 숲길도 걸어볼 만하다. (p128 C:2)

- 제주시 아연로 216-5
- #홍매화 #사찰 #전나무숲길

제주마방목지
"한라산 중턱의 넓은 초원만큼 이색적인 곳도 없지!"

제주에서 서귀포로 넘어가는 한라산 중턱 1131번 도로에 있는 말을 키우는 이국적이고 넓은 초원. 순수 제주 혈통의 조랑말이 있는 이곳은 천연기념물 347호로 지정되어 있다. 우리나라 말의 50%는 제주에 있는 이유는 이곳과 같은 넓은 초원이 한몫을 했을 것이란 의견이 많다.(p129 E:2)

- 제주시 516로 2480
- #조랑말 #초원 #승마체험

수목원테마파크수목원길
"수목원 테마파크 야시장"

매일 날이 저물어오면 수목원 테마파크에 야시장이 열린다. 제주 감성 듬뿍 담긴 소품부터 흑돼지 돈가스, 우유 튀김, 큐브 스테이크 등 길거리 먹거리까지 충실하다. 수목원 야경을 배경으로 사진 찍기도 제격.(p128 C:2)

- 제주시 연동 1326
- #야시장 #제주감성 #야경

제주아트센터
"대형공연이 열리는 곳"

제주도 내 대형 공연이나 각종 콘서트 등이 열리는 전문 공연장이다. 천 명 이상 입장이 가능하고 최신식 영상 장비 및 시스템을 갖추고 있으며 무대와 객석이 가까워서 더욱 실감나게 공연을 감상할 수 있다.(p128 C:2)

- 제주시 오남로 231
- #공연 #콘서트

민오름
"한라산 전망의 얕은 오름"

정상에서 한라산 전망을 바라볼 수 있는 야트막한 오름. 내비에 '옷귀마테마타운' 검색 후 입구를 지나 1km 정도 이동하면 된다. 공터에 주차하고 산길을 따라 오르면 민오름 정상까지 약 15분 정도 소요된다.(p129 E:2)

- 제주시 오라2동 산12
- #한라산전망 #옷귀마테마타운

오라동메밀밭
"30만 평은 축구장 100개보다도 큰 거래!"

국내 최대 규모, 30만 평에 이르는 엄청난 크기의 메밀밭. 9월~10월 절정에 이르는데, 메밀꽃밭을 둘러볼 수 있도록 꽃밭 사이에 길이 나 있다. 팝콘 같은 하얀 메밀꽃밭을 만끽해보자.(p128 C:2)

- 제주시 오라2동 산76
- #메밀밭 #가을

제주민속오일장
"제주에서 가장 큰 오일장"

제주도에서 가장 큰 규모로 열리는 오일장이다. 2일 7일에 열리는 장으로, 동문과 서문 시장보다 옛 장터의 정취가 고스란히 남아있다. 싱싱하고 저렴한 농산물부터 없는 물건이 없을 정도로 다양한 물건을 판매한다. 안쪽 중앙길에는 맛집이 많으니 꼭 방문해 보자.(p128 B:1)

- 제주시 오일장서길 26
- #오일장 #옛시장 #맛집

오현단
"16세기 다섯 현인을 기리는 제단"

제주도 기념물 1호로 지정된 기념물 겸 제단. 16~17세기경 이곳에 머물렀던 다섯 현인을 기리고 있다. 경내에 귤림서원 묘정비, 노봉 선생 흥학비, 향현사 유허비 등이 남아있다.

- 제주시 이도일동 1421-3
- #기념물 #제단 #현인

용연구름다리
"구름다리 위에서 멋진 풍경"

바다와 민물이 만나는 용연계곡 위를 걸으며 아름다운 풍경을 감상할 수 있는 다리이다. 예쁜 야경을 볼 수 있는 것은 물론, 흔들리는 다리로 색다른 재미가 있는 곳이다. 날씨가 좋은 날에는 신비한 에메랄드 빛깔의 계곡물을 볼 수 있다. 공항에서 가까워서 잠시 들렀다가 용두암과 함께 산책하기에도 좋다. 용두암 공영주차장을 이용할 것을 추천한다.(p128 C:1)

- 제주시 용연이동 2581
- #용연계곡 #야경 #용두암

용연계곡
"바다와 민물이 만나는 곳"

바다와 민물이 만나는 곳으로 에메랄드빛 물색으로 유명하다. 옛날 '용의 놀이터'로 불리던 것에서 유래했다. 용연계곡 경관을 더 잘 볼 수 있는 용연 구름다리는 꼭 방문해 보자.(p128 C:1)

- 제주시 용담1동 2581-4
- #에메랄드물빛 #용의놀이터 #용연구름다리

용두암
"한 번쯤은 용의 머리를 찾으러 가보자!"

암석 모양이 용의 머리를 닮았다 하여 '용두암'이라 불린다. 제주 공항에서 매우 가까우며 용두암 해안 도로를 따라 조금만 이동하면 애월 해안 도로가 나온다. 용두암 옆에는 해녀들이 직접 잡은 수산물을 판매하기도 하니, 맛보시기 바란다.(p128 C:1)

■ 제주시 용담이동 483
■ #해안도로 #드라이브

돈키쥬쥬
"체험형 동물원"

아이들이 좋아하는 귀엽고 다양한 동물들이 있는 체험형 동물원이다. 실외 동물원과 실내 동물원이 있으며 규모는 작지만 먹이주기, 만져보기, 교감하기 등의 다양한 체험이 가능한 곳이다. 회차 별로 입장이 가능하다.(p128 B:2)

■ 제주시 은수길 65
■ #동물 #체험 #아이

불탑사(제주)
"현무암으로 만든 석탑이 있는"

제주도 현무암으로 축조한 고려 시대 5층 석탑으로 유명한 사찰이다. 한국 최남단에 있는 고려 시대 5층 석탑이자 우리나라에서 유일하게 화산석으로 만들어진 고려 시대 5층 석탑이다. 한라산 둘레길 '보시의 길' 마지막 코스이기도 하다.(p129 E:1)

■ 제주시 원당로16길 41
■ #고려석탑 #화산석석탑 #보시의길

제주성지
"왜구는 정말 지긋지긋"

제주특별자치도 기념물 3호로 지정된 옛 제주 성터. 왜구의 침입을 막기 위해 세워진 방어시설로, 일제강점기에 일부 훼손되었으나 현재 남수각 부분이 복원되어 선조들의 지혜를 엿볼 수 있다.

■ 제주시 이도1동 1437-6번지 외 35필지
■ #기념물 #옛성터 #방어시설

귤림서원
"제주에서 조선시대 한옥을 볼 수 있는 곳"

제주도에서 조선시대로 돌아간 듯한 느낌을 받을 수 있는 곳으로, 제주공항에서 차로 15분 거리에 위치해 있다. 제주 중등교육의 발상지로, 조선시대 유교 교육기관이었다. 지금의 국립 대학과 비슷한 역할을 했다.

■ 제주시 이도일동 1438
■ #유교 #교육기관 #조선시대

이호테우해수욕장
"말등대로 유명한 해수욕장"

제주 시내와 공항에서 가장 가까운 거리의 해수욕장이다. 교통 편이 편리하고 야영장, 휴게소, 탈의실 등 편의시설이 잘 갖춰져 있다. 해수욕뿐만 아니라 서핑, 낚시하는 사람들로 북적이는 곳이기도 하다. 석양을 배경으로 이곳의 명물 말등대에서 사진을 꼭 남겨보자.(p128 B:1)

■ 제주시 이호일동 1781-6
■ #해수욕 #서핑 #낚시

이호테우해변 등대
"빨간색, 하얀색 등대를 배경으로 사진 필수"

해변보다는 이호테우 등대로 더 유명한 곳. 빨간색, 하얀색 목마 등대를 배경으로 사진을 꼭 남겨 가야 한다. 두 말 사이로 지는 일몰 장면도 멋지다.(p128 B:1)

■ 제주시 이호일동 375-43
■ #목마등대 #기념사진

국수문화거리
"제주도에 왔다면 반드시 먹어야 할 음식"

제주 시민의 소울푸드인 고기국수 맛집이 몰려 있는 거리이다. 고기 육수는 돼지사골을 우려낸 육수에 굵은 면과 돼지고기 수육을 올려 먹는 국수이다. 어느 집을 들어가도 실패를 맛보기 힘들다. 고기국수뿐만 아니라 멸치국수, 비빔국수, 두부국수 등 다양한 종류의 국수도 맛볼 수 있다.

- 제주시 일도2동 1050-1
- #고기국수 #멸치국수 #두부국수

두멩이골목
"원주민 사는 벽화마을"

제주의 옛 골목길이 공공 미술 프로젝트 추진으로 벽화마을로 재탄생했다. 바닥의 번호를 따라 다양한 테마의 벽화를 구경하는 재미가 있다. 탐방객을 위한 편의시설도 마련되어 있고 골목 주민들의 따뜻한 정감도 느낄 수 있는 곳이다.

- 제주시 일도이동 1006-11
- #공공미술프로젝트 #벽화마을 #골목길

신산공원
"제주시민을 위한 휴식공간"

88 올림픽 성화의 국내 도착을 기념하여 세워진 공원. 걷기에도 뛰기에도 좋아 아이들이 마음껏 놀기 좋은 장소이다. 도심에 위치하여 제주시민들의 사랑을 받는 휴식 공간이기도 하다. 공원 근처에 국수문화거리가 있어서 간단하게 식사를 할 수 있다.

- 제주시 일도이동 830
- #88올림픽 #성화 #국수문화거리

산지천
"동문시장 근처 예술문화공간"

제주 동문시장 근처의 하천, 산지천을 기반으로 한 예술 문화 공간이다. 하천 길을 따라 갤러리, 공연장, 푸드코트 등 문화예술 체험공간이 늘어서 있고, 먹거리 축제인 '산지천 축제'도 열린다.

- 제주시 일도일동 1498
- #예술문화공간 #산지천축제

제주국제여객터미널
"해외에서 크루즈가 들어오는"

해외에서 크루즈가 들어오는 여객선 터미널이다. 제주 연안은 물론 해외로 배를 타고 갈 수 있는 곳이다. 차량 선적을 할 경우 차량 선적 후 셔틀버스를 타고 여객터미널로 배에 탑승해야 한다. 정박해 있는 대형 배와 멋진 바닷gif 일몰을 볼 수 있다.(p129 D:1)

- 제주시 임항로 193
- #크루즈 #대형배 #일몰

국립제주박물관
"제주도의 모든것"

제주도의 섬 생성부터 역사와 문화를 다양한 자료와 유물을 통해 배우는 고고역사박물관이다. 다양한 체험과 교육 프로그램이 운영되고 있어 아이들과 함께 방문하기 좋다. 박물관 주변에는 자연을 즐길 수 있는 산책로가 있다.

- 제주시 일주동로 17
- #고고역사박물관 #교육 #아이

탑동해변공연장
"야외 음악공연이 펼쳐지는"

탑동 해변을 배경으로 다양한 음악 공연이 펼쳐지는 야외무대. 한여름 밤의 예술축제, 제주 외국인 커뮤니티 제전 등 제주를 대표하는 여러 축제도 이곳에서 열린다.

- 제주시 중앙로 2
- #야외무대 #축제

중앙로 지하상가
"동문시장과 연결되는 지하상가"

동문시장과 연결되는 쇼핑의 즐거움이 있는 지하상가이다. 의류, 화장품, 음식점 등 다양한 물건과 먹거리가 있다. 날씨에 상관없이 쾌적하게 쇼핑할 수 있는 곳. 주차장이 협소해서 동문 공영주차장을 이용하는 것이 좋다.

- 제주시 중앙로 60 제주중앙지하상가
- #제주의을지로상가 #지하상가 #동문시장

향사당
"제주 한량들의 놀이터"

제주 한량들이 놀던 정자. 문이 열렸을 때만 들어가 볼 수 있다. 잘 알려지지 않아 조용히 쉬어갈 수 있는 힐링 장소이기도 하다. 쓰레기 등의 문제로 출입을 때때로 막아두기도 한다.(p128 C:1)

- 제주시 중앙로12길 29
- #한옥 #민심 #힐링

화북비석거리
"지방관리들이 떠날때 비석을 남겼대"

육지에서 제주로 들어오는 첫 관문인 화북포구. 이곳엔 지방관리들이 부임하거나 떠날 때 자신의 공적을 기념하고자 많은 비를 세웠었다. 현재 13개의 비석이 남아있으며, 비석거리 앞 해안에는 삼별초의 입도를 막기 위해 쌓은 환해장성이 있다.(p129 D:1)

- 제주시 화북일동 3957-51
- #화북포구 #지방관리 #기념비

아라리오뮤지엄 탑동시네마
"아트 전시관"

탑동에 있는 컨템포러리(동시대의 가장 새로운 콘셉트) 아트 전시관이다. 오래된 건물을 최대한 살려 리모델링하여 탑동 시네마, 탑동 모텔 I, II 전시관을 운영 중이다. 인상적인 작품이 많아 미술 작품에 관심 있는 분이라면 3개관을 모두 볼 수 있는 통합관람권을 추천한다.

- 제주시 탑동로 14
- #아트전시관 #미술 #관람

아침미소목장
"소규모 체험 목장"

소규모 체험형 목장으로 아이를 동반한 가족 단위 손님에게 인기 있는 장소이다. 양, 송아지에게 우유주기 체험도 하고 아이스크림과 치즈를 직접 만들어볼 수도 있다. 만들기 체험은 반드시 예약이 필요하다. 크림치즈와 아이스크림 맛집으로 유명하다. 드넓은 초원과 다양한 포토존에서 사진도 찍어보자.(p129 E:2)

- 제주시 첨단동길 160-20
- #목장 #체험교육 #포토존

추자도
"낚시 천국"

다양한 어종으로 바다낚시꾼들에겐 천국인 곳이다. 제주항 여객터미널에서 쾌속선을 타고 1시간 정도면 도착한다. 추자도 올레길 18-1코스를 탐방하기 위해 방문하는 관광객도 많다. 3~6년 절여 감칠맛이 끝내주는 추자 멸치 액젓이 유명하다.

- 제주시 추자면 추자도
- #낚시 #올레18-1코스 #추자멸치액젓

추자도 등대
"여객선과 화물선을 위한"

제주 바다를 가로지르는 여객선과 화물선들의 안전한 운행을 이끄는 등대. 추자도는 제주항에서 9:30분 출발하는 배를 타고 약 2시간 동안 이동하면 도착하고, 4:30분 출발하는 배를 타고 나올 수 있다.

- 제주시 추자면 영흥리 77-3
- #등대 #여객선 #화물선

알작지
"몽돌소리 경쾌하니 몽돌해변"

파도에 부딪혀 들려오는 몽돌 소리가 경쾌한, 제주에선 보기 힘든 몽돌해변이다. 예전보다 몽돌이 많이 유실되었지만 공항 근처라 가볍게 산책하기 좋은 코스이다. 몽돌을 제주 밖으로 가지고 나가는 것은 금지이며, 걸리면 벌금을 내야 한다.(p128 B:1)

- 제주시 테우해안로 60
- #몽돌 #공항

어승생악일제동굴진지
"일제 침략의 역사, 기억하자"

제주 어승생악 정상에 남아 있는 침략 역
사를 보여주는 일제동굴진지(등록문화재
제307호). 태평양전쟁 말기(1945년), 미
군에 대항하기 위해 구축한 방어진지로 이
곳이 제주 시내를 한눈에 볼 수 있는 전략
적 요충지임을 알 수 있게 해준다. 어승생
악 등산로는 정상까지 30분가량 소요된
다.(p128 B:3)

■ 제주시 해안동 산220-12
■ #일제강점기 #방어진지 #태평양전쟁

어승생악
"작은 한라산"

'임금님께 바치는 말'이란 뜻을 지닌 어승생
악은 해발 1,168m 높이로 작은 한라산이
라는 별명을 갖고 있다. 정상까지 대부분 계
단으로 이루어져 있으며, 별명처럼 짧은 시
간에 한라산을 등반하는 느낌을 얻어 갈 수
있다. 정상에 오르면 백록담 정상은 물론 다
양한 오름과 바다를 볼 수 있고 250m의
분화구가 있다. 정상까지 편도 1.3km로 왕
복 1시간가량 소요된다.(p128 B:3)

■ 제주시 해안동 산220-12
■ #작은한라산 #백록담 #분화구

용담해안도로(용두암 해안도로)
"너무도 유명한 올레길 17코스"

용두암부터 도두봉(이호해수욕장)까지 이
어지는 해안 도로(정식 명칭 서해안로). 올
레길 17 코스 중 일부다. 드라이브 중간
중간 바다를 볼 수 있는 공원이 잘 조성되어
있다. 해안을 따라 카페, 맛집, 호텔 등이 밀
집되어 있다.

■ 제주시 용담삼동 2580
■ #서해안로 #올레17코스 #드라이브

어영공원
"바다를 보며 그네를 타보자!"

@sim4233

제주공항 근처에 있는 공원으로, 공원에서
제주 바다를 볼 수 있다. 놀이터가 있어 아이
와 함께하기 좋고, 그네를 타며 바다를 볼 수
있다.제주 올레길 17코스에 포함되어 있다.

■ 제주시 용담삼동 2396-16
■ #바닷가공원 #커플여행 #공항근처

민오름
"낮은 오름, 멋진 전망"

@olata_jeju

제주 시내에 있는 몇 안 되는 오름이다. 30
분 정도 오르면 멋진 풍경이 펼쳐진다. 등산
로가 잘 정비되어 있고 운동시설이 있어 도
민들이 자주 찾는 곳이다. 정상에 오르면 탁
트인 제주 시내와 한라산을 조망할 수 있다.
민오름이 여러 개 있어 주소 확인을 잘 하고
가야 한다. (p128 C:2)

■ 제주시 오라2동 산12
■ #오라동민오름 #제주시내 #도심속산책
로

캐니언파크 제주
"동물 좋아하는 친구들 모여라!"

@lolo_jeju

국내 최대의 실내 동물원. 다양한 동물을 만
날 수 있고, 먹이주기 체험을 통해 동물들과
교감할 수 있다.

■ 제주시 삼무로 51
■ #실내동물원 #먹이주기체험 #아이와함
께

플레이박스VR
"가상의 세계로 여행을 떠나보자"

@se82gr13

롤러코스터, 서바이벌 등 11개의 VR체험이 있다. 눈썰매, 착시아트 등 다양한 볼거리를 갖추고 있다.

- 제주시 은수길 69 수목원테마파크 2,3층 위치
- #VR #실내관광지 #눈썰매

낭만농장 귤밭76번지
"감귤 포토존"

카멜리아 힐 근처에 있는 곳으로, 감귤 체험 없이 인당 2천 원의 입장료로 포토존 촬영이 가능한 곳이다. 소위 인스타 감성으로 무장한 귤 따기 체험 장소이다. 귀여운 귤 모자도 대여해 주어 사진의 재미를 더한다. 화장실이 따로 없어서 손을 씻을 수 없으니 물티슈 등을 미리 챙겨두는 것이 좋다. 예쁜 포토존이 걸어갈 때마다 나오니 사진을 좋아하는 사람이라면 기억해 두자.

- 제주시 화북이동 5495-2
- #감귤체험 #포토존 #인스타감성

제주시
꽃/계절 여행지

천왕사 단풍
"한옥과 단풍은 가을을 느끼게 해주고..."

가을이 되면 천왕사 가는 길목과 경내에 울긋불긋 단풍이 물든다. 천왕사나 충혼묘지 주차장에 주차하고 경내까지 단풍 산책을 즐겨보자. 천왕사는 효리네 민박에서 이효리 씨가 방문한 사찰로 유명해진 곳. 제주시 1100로 2528-11(노형동 산20-17)을 찍고 이동.(p128 C:3)

- 제주시 1100로 2528-111
- #10,11월 #충혼묘지 #효리네민박

제주대학교 은행나무 단풍
"노란색 컬러가 주는 가을의 감성"

@sinbiej_ej

제주대학교 입구와 교수아파트(교직원 아파트) 진입로 주변으로 노란 은행나무잎이 학생들과 가을 손님을 반겨준다. 10월에는 푸릇푸릇한 은행잎을, 11월 즈음이면 노랗게 물든 단풍잎을 감상할 수 있다.(p129 D:2)

- 제주시 제주대학로 102
- #10,11월 #제주대입구 #교수아파트

천아계곡 단풍
"제주의 아름다움을 단풍과 함께"

@602_bubu

한라산 둘레길과 이어진 천아오름과 천아 계곡은 가을 단풍이 예쁘게 물드는 곳으로 유명하다. 네비게이션에 제주시 중앙로 731-16(제주시 아라1동 499-1)을 찍고 이동, 주차장이 협소하므로 길 초입(해안동 산 217-3)에 주차하는 것을 추천.

- 제주시 해안동 산217
- #10,11월 #한라산 #초입주차

제주 오라동 메밀꽃밭
"바다까지 이어질 것 같은 넓은 꽃밭"

국내 최대 규모, 30만 평에 이르는 엄청난 크기의 메밀밭. 9월~10월 절정을 이루는 오라동의 메밀밭, 메밀꽃밭을 둘러볼 수 있도록 꽃밭 사이에 길이 나 있다. 좁쌀 같은 하얀 메밀꽃밭을 만끽해보자.(p128 C:2)

- 제주시 연동 산132-2

- #5,6,9,10월 #국내최대규모 #포토존

사라봉 벚꽃
"박물관 그리고 오름 그리고 벚꽃"

@dabom_mom

봄에 국립 제주 박물관을 방문한다면 사라봉으로 벚꽃 산책도 즐겨보자. 사라봉은 높이 148m의 야트막한 산으로 가볍게 들렀다 올 수 있다. 해 질 녘 노을과 벚꽃이 함께하는 전망도 아름답다. 네비에 제주시 건입동 국립제주박물관 혹은 사라봉 입구를 찍고 하차. 대중교통 이용 시 순환 8888번 혹은 465-2번 버스를 타고 이화아파트 혹은 제주출입국관리소에서 하차.(p128 C:1)

- 제주시 건입동387-1
- #3,4월 #사라봉 #벚꽃 #편한산책

봉개동 왕벚나무자생지 벚꽃
"탐스러운 왕벚꽃의 아름다움"

@rejoice_jeju

봉개동 왕벚나무 자생지는 제주도 149호 천연기념물로 지정되었다. 3월 말이 되면 우리나라에서 가장 먼저 벚꽃이 개화하는 곳으로도 유명하다. 왕벚나무라는 이름답게 일반 벚꽃보다 꽃이 더 탐스럽다. 네비에 제주시 봉개

동 산78번지를 찍고 이동.(p129 E:2)

- 제주시 봉개동 산37
- #3,4월 #왕벚나무 #천연기념물

제주 전농로 벚꽃거리
"벚꽃의 제맛은 길이지!"

대한적십자사 제주도지사 앞부터 삼성혈 방향 KT 제주지사까지 1km가량의 왕벚꽃 거리. 2차선의 양쪽 벚나무가 벚꽃 터널을 이루고 있어 제주를 대표하는 벚꽃 명소로 불린다. 삼성혈 주차장 또는 제주민속자연사박물관 주차장 또는 복개주차장을 이용하자. 벚꽃은 3cm가량으로 분홍색 또는 백색의 꽃으로 피며, 군락을 이룬 곳은 눈이 온 것 같다. 벚꽃이 떨어질 때 꽃비가 되기도 한다.

- 제주시 삼도1동 1230
- #4월 #벚꽃터널 #삼성혈

제주 삼성혈 벚꽃
"웅장한 벚꽃 나무 사이 한옥뷰"

사실 삼성혈은 벚꽃 여행지로 인기 있는 관광지는 아니다. 하지만 그래서 아침 일찍 오면 조용히 벚꽃을 감상할 수 있다. 삼성전 한옥 건물 옆에 흘러내리는 벚꽃까지 배경으로 많은 사진을 찍는다. 삼성혈은 제주도 고씨, 양씨, 부씨의 시조가 솟아났다는 3개의 구멍을 말한다.

- 제주시 삼성로 22
- #4월 #삼성전 #한옥

제주대학교 벚꽃길
"제주에서 이른시기 피는 벚꽃길"

오라CC 진입로 겹벚꽃길
"제주도민 겹벚꽃 명소"

@alsdnr3475

오라CC 골프장은 제주도민들에게 겹벚꽃 명소로 이름난 곳이다. 관광객의 발길이 드물기 때문에 예쁜 벚꽃을 두 눈과 사진기에 오롯이 담을 수 있다. 네비게이션에 제주시 오라2동을 찍고 오라CC 입구 방향으로 이동.(p128 C:2)

■ 제주시 오라이동289-3
■ #3,4월 #겹벚꽃 #드라이브코스 #조용한분위기

제주종합경기장 일대 벚꽃
"벚꽃 축제가 열리는 그곳"

@panicillion

벚꽃 철이 되면 벚꽃축제가 열리는 제주종합경기장. 제주종합경기장은 놀이터와 클라이밍 장, 복싱장 등 다양한 시설을 갖추고 있다. 네비게이션에 제주시 오라일동 3817-2를 찍고 이동.

■ 제주시 오라일동 1149-3
■ #3월 #4월 #놀이터 #벚꽃축제

신산공원 벚꽃
"전망이 좋은 벚꽃길"

@eunju.kim.7583

88올림픽 기념공원 신산공원은 봄철 벚꽃으로 진풍경을 이룬다. 아침에는 햇살을 맞으며, 저녁에는 노을 전망을 즐기며 산책하기 좋다. 네비게이션에 제주시 일도이동 830을 찍고 이동.

■ 제주시 일도이동 830
■ #3,4월 #벚꽃놀이 #산책 #피크닉

절물자연휴양림 수국
"휴양림에서 보는 수국밭"

여름을 맞은 절물자연휴양림 산책로에서 수국 무리를 감상할 수 있다. 산책로 사이로 잠시 쉬어갈 수 있는 평상이 마련되어있어 도시락과 간식 먹기 좋다. 휴양림에서 절물오름까지 산책하는 데는 2~3시간 정도가 걸린다. 네비에 제주시 봉개동 절물자연휴양림을 찍고 이동, 대중교통 이용 시 343-1번 버스를 타고 절물자연휴양림에서 하차.(p129 E:2)

■ 제주시 명림로 584
■ #5,6,7월 #수국 #평상 #산책

한라수목원 수국
"숲에서 느껴보는 수국"

제주도민과 관광객들을 위해 무료로 개방하고 있는 한라수목원에서 여름 수국 풍경을

제주대학교 입구부터 제주대학로를 따라 제주대사거리 방향으로 1km가량 이어진 벚꽃길. 벚꽃은 3cm가량으로 분홍색 또는 백색의 꽃으로 피며, 군락을 이룬 곳은 눈이 온 것 같다. 벚꽃이 떨어질 때 꽃비가 되기도 한다.(p129 D:2)

■ 제주시 아라1동 359-5
■ #4월 #캠퍼스 #벚꽃 #낭만

한라수목원입구 벚꽃
"수목원 입구 왕벚꽃의 향연"

@2212fun

4월 초가 되면 한라수목원 입구 차로에 왕벚꽃이 만개한다. 한라수목원은 제주도민과 관광객들을 위해 무료로 개방하고 있으므로 꼭 한번 방문해보자. 수목원에서 다양한 제주 자생 식물을 만나보고 자연생태학습 체험도 즐길 수 있다.(p128 C:2)

■ 제주시 연동 998
■ #3,4월 #왕벚꽃 #무료입장 #제주식물

즐길 수 있다. 수국뿐만 아니라 다양한 제주 자생 식물을 만나보고 자연생태학습 체험도 즐길 수 있다.(p128 C:2)

■ 제주시 수목원길 72
■ #6,7월 #제주식물 #무료입장

남국사 수국
"사찰 한옥에 어우러지는 수국"

@may_tori

매년 여름이 되면 남국사 사찰 방문객들을 수국이 반겨준다. 주차장부터 본당 가는 길목이 모두 푸른 수국밭이다. 관광객이 많지 않아 조용한 분위기에서 수국과 사찰의 고요한 분위기를 즐길 수 있다. 네비게이션에 제주시 중앙로 731-16(제주시 아라1동 499-1)을 찍고 이동.(p129 D:2)

■ 제주시 중앙로 738-16
■ #6,7월 #본당가는길 #수국 #조용한분위기

제주 오라동 청보리밭
"푸르른 청보리 내 마음을 채우고"

@jinah6077

봄에는 청보리가, 여름에는 메밀꽃이 만발하는 청보리밭. 청보리가 시들면 곧 메밀이 싹 터 메밀꽃이 만발한다. 시기별로 청보리 축제, 메밀꽃 축제도 개최된다. 구석구석 포토존이 잘 마련되어 있어 사진 촬영 장소로도 인기가 많다.(p128 C:2)

■ 제주시 연동 산 132
■ #4,5월 #계절축제 #포토존

제주 김경숙 해바라기 농장
"해바라기 절정에 이르면 여름이어라"

귀농 부부가 무농약으로 재배하고 있는 해바라기 농장. 1만 평 규모의 사유지에 75만 송이의 해바라기가 피어난다. 해바라기밭 사이로 산책로가 조성되어 있으며 포토존도 설치되어 있다. 소정의 입장료를 내면 교환권을 받아 이곳의 해바라기 농산물과 교환할 수 있으며, 해바라기를 이용한 뻥튀기, 초콜릿, 씨앗, 해바라기유 등을 살 수도 있다.

■ 제주시 번영로 854-1
■ #6,7,8월 #사진촬영 #기념품판매 #농산물판매

오라동 유채꽃밭
"진짜 넓은 유채꽃밭"

@rinrin.hr

봄을 맞은 오라동에는 노랗게 물든 유채꽃밭이 광활하게 펼쳐진다. 유채꽃 사이사이에 설치된 조형물과 함께 사진을 찍어보자. 산책로는 비포장 도로며, 비교적 경사가 있기 때문에 운동화를 신고 입장하는 것을 추천. 네비에 제주시 오라2동 산76를 찍고 이동. 매일 09:00~18:00 영업.(p128 C:2)

■ 제주시 오라이동 산76
■ #4,5월 #비포장도로 #시골길 #포토존

카페 엔제리너스 제주이호테우 해변로점 앞 버베나
"이호테우 해변 옆 보랏빛 버베나 물결"

@ppaaakjji

6~9월이면 버베나를 만날 수 있다. GS 편의점과 엔제리너스 카페 건너편에 버베나 꽃밭이 있다. 공항 근처라 꽃밭 위로 날아가는 비행기를 만날 수 있다. (p130 C:1)

■ 제주시 서해안로 24
■ #버베나 #6~9월 #해변꽃밭

제주시 맛집 추천

장수물식당
"고기국수, 돔베고기"

고기국수, 돔베고기 두 가지만 취급하는 시장 골목 맛집. 고기국수는 곱빼기로 주문할 수 있다. 백종원의 3대천왕에서 고기국수 맛집으로 소개된 바 있다. 매일 09:00~19:30, 매주 둘째 주와 넷째 주 화요일 휴무.

- 제주시 연문2길 18
- 064-749-0367
- #시장맛집 #구수한육수 #곱빼기주문가능

국수만찬
"고기국수, 멸고국수"

@doongemom_

다양한 고기국수를 즐길 수 있는 곳. 기본 고기국수와 멸치육수를 넣은 멸고국수, 비빔 양념을 한 비고국수를 함께 판매한다. 매일 11:30~14:00, 16:00~20:30 영업. 화요일은 점심만 가능, 매주 수요일 휴무, 재료소진 시 조기마감.(p131 D:1)

- 제주시 은남3길 1
- 064-749-2396
- #담백한맛고기국수 #시원한맛멸고국수 #새콤달콤비빔국수

미친부엌
"크림짬뽕"

크림짬뽕과 튀김을 안주로 한잔하기 좋은 이자카야 식당. 고소한 공오빠 크림짬뽕과 짬뽕나베, 새우튀김, 치킨가라아게, 사시미 등 식사 겸 안줏거리들을 판매한다. 전 메뉴 포장, 배달 가능. 매일 17:30~24:00 영업, 23:00 음식 주문 마감.(p131 D:1)

- 제주시 탑동로 15 1,2층
- 064-721-6382
- #안주 #이자카야 #사케 #혼술 #포장가능 #배달가능

도토리키친
"청귤소바, 롤카베츠"

유기농 청귤 소스가 들어간 상큼한 청귤소바 전문점. 소스를 잘 섞어 청귤 슬라이스를 올려 먹으면 더 맛있다. 겨울에만 한정 판매하는 토마토 롤 카베츠도 유명하다. 매일 11:00~17:00 영업, 주말과 공휴일 13:00~14:00 브레이크타임, 매주 수요일 휴무.(p131 D:1)

- 제주시 북성로 59 1층

- 064-782-1021
- #상큼한맛 #개운한맛 #일본식당

골막식당
"고기국수"

@dangoonb85

제주 돼지고기를 넣어 만든 골막국수 전문점. 여행객들보다 현지인이 더 자주 찾는 진짜 맛집이다. 고기, 면을 곱빼기로 주문할 수 있다. 매일 06:30~19:00 영업, 18:45 주문 마감.(p131 D:1)

- 제주시 천수로 12
- 064-753-6949
- #시원한국물 #푸짐한양 #현지인맛집

우진해장국
"고사리육개장"

@yam_yam7777

제주 고사리를 넣어 걸쭉하게 끓여낸 고사리육개장 맛집. 밑반찬으로 나오는 김치와 오징어 젓갈도 맛있다. 고사리육개장과 몸국은 택배 주문 할 수 있다. 매일 06:00~22:00 연중무휴 영업.(p131 D:1)

- 제주시 서사로 11
- 064-757-3393
- #걸쭉한국물 #시원한국물 #오징어젓갈

다가미
"다가미김밥, 참치로얄김밥"

비닐장갑 끼고 먹는 굵직한 다가미 김밥. 속이 푸짐하게 들어있어 한 줄만 먹어도 속이 든든하다. 계란말이, 장아찌, 어묵, 당근 등이 들어간 기본 다가미김밥과 참치김밥, 샌드위치 등을 판매한다. 매일 07:00~15:00 영업, 재료소진 시 조기마감.(p131 D:1)

- 제주시 도남로 111
- 064-758-5810
- #비닐장갑 #푸짐한양

제주김만복 본점
"만복이네김밥, 통전복주먹밥, 오징어무침"

@lee.gansik

포장주문만 가득한 이색 김밥 맛집. 김, 양념 밥, 계란지단으로 맛을 낸 만복이네 김밥이 대표메뉴. 함께 주문할 수 있는 오징어무침을 곁들이면 더 맛있다. 모바일 혹은 매장 내 무인주문기로 주문 30분 전 예약해야 한다. 매일 08:00~20:30 영업, 재료소진 시 조기마감.(p131 D:1)

- 제주시 오라로 41
- 064-759-8582
- #양념밥김밥 #네모김밥 #포장만가능

돈사돈
"흑돼지근고기, 김치찌개"

두툼한 흑돼지 삼겹살을 맛볼 수 있는 근고기 전문점. 고기를 직접 구워주니 더 편하게 즐길 수 있다. 수요미식회에서 삼겹살 맛집으로 소개된 곳. 두부와 돼지고기를 큼직하게 썰어 넣은 김치찌개도 별미다.(p130 C:2)

- 제주시 우평로 19
- 064-746-8989
- #두툼 #육즙 #김치찌개

제주시새우리
"딱새우김밥, 딱새우꼬막무침"

딱새우 패티와 계란지단, 새콤달콤한 양배추로 맛을 낸 딱새우 김밥 맛집. 딱새우 꼬막무침을 곁들여 먹으면 더욱더 맛있다. 간장새우 컵밥, 양념새우 컵밥, 감귤갈릭새우 컵밥 등 컵밥 종류도 함께 판매한다. 매일 09:00~20:00 영업, 재료소진 시 마감.(p131 D:1)

- 제주시 무근성7길 24 제주시 새우리
- 064-900-2527
- #고소한맛 #네모김밥 #새우컵밥

숙성도 노형본점
"교차숙성흑돼지, 720숙성삼겹"

숙성 흑돼지를 한정 판매하는 흑돼지구이 맛집. 제주 흑돼지를 진공포장해 워터에이징, 드라이에이징까지 교차 숙성을 거친다. 960숙성뼈등심과 720뼈목살이 대표메뉴. 매일 13:00~23:00 영업, 21:30 입장 마감, 22:10 주문 마감.(p130 C:2)

- 제주시 원노형로 41 1층
- 0507-1335-5211
- #교차숙성돼지고기 #깊은맛 #뼈등심 #뼈목살

팔각촌
"흑돼지오겹살"

저온 숙성해 고소한 맛을 더한 제주 흑돼지 구이 전문점. 흑돈 숄더랙, 알목살, 김치찌개가 포함된 흑돈숄더렉 세트와 갈매기살, 가브리살, 덜미살, 항정살, 오겹살, 김치찌개가 포함된 팔각촌 세트가 가성비 좋다. 매일 15:30~22:00 영업, 매월 첫째 주와 셋째 주 월요일 휴무.(p131 E:1)

- 제주시 천수로 42
- 0507-1387-1580
- #저온숙성 #세트메뉴 #김치찌개

도두해녀의집
"전복죽, 물회"

@yyamyamii_

꼬들꼬들한 식감의 전복 물회가 맛있는 곳. 기본 전복물회에는 전복 2마리가, 전복 성게회에는 전복 1마리와 성게알이 들어간다. 전복 내장이 들어가 풍부한 맛을 내는

전복죽도 인기 있다. 매일 10:00~15:30, 17:00~21:00 영업, 20:30 오후 주문 마감.(p130 C:1)

- 제주시 도두항길 16
- 064-743-4989
- #꼬들꼬들 #고소한맛 #깊은맛

원담
"고등어회, 갈치조림"

@jovial_the_dogg

싱싱한 고등어회로 유명한 모둠 횟집. 고소하고 쫄깃한 고등어 회 맛이 일품이다. 김에 밥과 야채를 올리고, 고등어를 전용 소스에 찍어 함께 싸 먹으면 더욱더 맛있다. 매일 16:00~익일 01:00까지 영업, 23:00 주문 마감.

- 제주시 동광로1길 13
- 0507-1351-0211
- #쫄깃쫄깃 #전용소스 #고등어회쌈

서문수산
"코스요리"

제철 해산물과 식재료를 사용해 만든 예약제 코스요리(오마카세) 전문점. 전복죽, 회, 초밥, 조림, 찜 등 정갈한 음식을 제공한다. 100% 예약제로 2인부터 6인 코스요리까지 예약 가능, 당일 예약 취소 불가능. 매일 17:00~22:00 영업, 매주 화요일 휴무.(p131 D:1)

- 제주시 서문로4길 13-2 서문공설시장
- 064-722-3021
- #코스요리 #해산물요리 #예약제 #파인다이닝

마라도횟집
"모둠회, 방어회, 고등어회"

겨울철 방어회로 유명한 활어회 맛집. 방어가 제철이 아닐 때는 광어, 갈치, 고등어, 활오징어회나 그날그날 구성이 바뀌는 모둠회를 맛볼 수 있다. 식사 메뉴로 성게미역국과 모둠 초밥도 판매한다. 매일 13:00~24:00 영업.

- 제주시 신광로8길 3
- 064-746-2286
- #모둠회 #제철회 #밑반찬 #방어회추천

삼미횟집 제주공항점
"모둠회"

선도 좋은 제주산 모둠회를 맛볼 수 있는 곳. 돔, 갈치, 고등어회 등이 포함된 고급 모둠회를 맛볼 수 있다. 오전 11시부터 오후 3시까지 점심 특선 회 정식을 저렴하게 판매한다. 연중무휴 11:00~22:30 영업, 추석과 설날 당일은 15:00~22:30 영업.(p130 C:1)

- 제주시 도두항서5길 1
- 064-713-6400
- #신선 #모둠회 #점심특선

규태네양곱창
"양곱창, 소곱창"

특양, 양곱창 모둠 구이가 맛있는 곳. 양곱창모둠을 시키면 양, 곱창, 대창, 막창,

차돌박이가 함께 나온다. 곱창과 함께 양파, 감자, 버섯을 구워 먹을 수 있다. 매일 16:30~24:00 영업, 매월 둘째 주와 넷째 주 일요일 휴무.(p130 C:2)

- 제주시 노련로 55
- 064-747-6862
- #모둠곱창추천 #양파 #감자 #버섯

칠돈가 본점
"흑돼지근고기"

돼지고기, 김치찌개만 취급하는 흑돼지 근고기 맛집. 연탄불에 쫄깃하게 구운 돼지고기에 멜젓을 찍어 먹는다. 커다란 고깃덩어리가 들어간 칼칼한 김치찌개도 매력적이다. 매일 13:30~22:00 영업.(p131 D:1)

- 제주시 일주서로 7779
- 064-727-9092
- #연탄구이 #멜젓 #돼지고기김치찌개

태광식당
"돼지주물럭, 한치주물럭"

@bottle_b

매콤하게 볶은 돼지 주물럭과 한치 주물럭 맛집. 백종원의 3대천왕, 식신로드 등 맛집 소개 프로그램에도 여러 번 소개되었다. 남은 양념에 소면 사리를 추가하거나 볶음밥을 만들어 먹는 것도 별미. 매일 10:30~15:00, 17:00~22:00 영업, 21:00 주문 마감, 매주 일요일 휴무.

- 제주시 탑동로 142
- 064-751-1071
- #매콤달달 #양념볶음밥 #소면추가

스시 호시카이
"오마카세"

제주 해산물을 이용한 초밥을 선보이는 고급 오마카세 식당. 옥돔, 금태, 백조기, 갈치, 생고등어 등 제주에서만 맛볼 수 있는 어종으로 초밥을 만든다. 쌀과 적초도 고급 제품을 사용한다. 매일 12:00~15:00, 18:00~22:00 영업, 20:30 주문 마감.(p131 D:1)

- 제주시 오남로 90
- 064-713-8838
- #오마카세 #초밥 #파인다이닝 #고급재료

바로족발보쌈
"족발, 보쌈"

제주산 돼지로 만든 족발과 보쌈 전문점. 매운양념불족, 냉채족발, 막국수와 족발&보쌈세트, 족발&불족세트 메뉴도 판매하며, 보쌈 고기를 추가 주문할 수 있다. 매일 16:00~24:00 영업.

- 제주시 진군1길 25
- 064-744-5585
- #제주돼지 #매콤불족발 #세트메뉴

마농 제주본점
"돌문어스튜, 전복로제파스타"

제주산 해산물을 이용한 다양한 퓨전 요리를 선보이는 레스토랑. 돌문어와 토마토 소스를 넣은 국물 요리 돌문어 스튜, 활전복 로제 소스 파스타, 전복 내장 볶음밥, 전복 게우밥이 유명하다. 매일 11:30~15:00, 17:00~21:00 영업, 20:00 주문 마감.

- 제주시 우평로 45-1 바인빌딩 2층
- 0507-1423-1166
- #분위기좋은 #퓨전레스토랑 #씨푸드레스토랑 #제주해산물

곤밥2
"한정식"

가정식 한상차림을 저렴하게 즐길 수 있는 밥집. 정식을 시키면 생선튀김과 두루치기, 밑반찬까지 함께 나온다. 1인분부터 주문할 수 있어 혼밥하기도 좋다. 매일 10:00~15:00, 17:30~21:00 영업, 14:45 점심 주문 마감, 매주 월요일 휴무.

- 제주시 서부두남길 8
- 064-759-2918
- #정갈한 #가정식 #혼밥

제주국담
"고기국수"

맑은 국물의 고기국수 국담국수 전문점. 돼지고기 수육에 아삭아삭한 숙주와 깻잎을 함께 먹는 국담백육도 맛있다. 매일 09:00~14:30, 17:00~21:00 영업, 20:00 주문 마감, 매주 일요일 휴무.(p131 D:1)

- 제주시 신대로12길 17
- 064-749-7100
- #시원한국물 #맑은국물

남춘식당
"고기국수, 멸치국수, 김밥"

고기국수와 멸치국수로 유명한 국수 맛집. 뜨끈한 국수 국물에 당근 가득한 김밥을 곁들여 먹는 것이 이곳의 룰이다. 김밥은 따로 포장해갈 수도 있다. 매일 11:00~16:30, 17:00~18:30 영업, 매주 일요일 휴무.

- 제주시 청귤로 12
- 064-702-2588
- #시원한국물 #당근김밥맛집 #김밥포장

김희선 제주몸국
"몸국, 고사리육개장"

돼지 사골국물에 모자반, 수제비를 넣고 끓인 뜨끈한 몸국 맛집. 고사리육개장, 성게미역국을 함께 판매하며 고등어 반찬을 추가 주문할 수 있다. 4팩 이상은 택배 주문도 할 수 있다. 평일 07:00~16:00, 토요일 07:00~15:00 영업, 매주 일요일 휴무.(p130 C:1)

- 제주시 어영길 45-6
- 064-745-0047
- #돼지사골육수 #시원한맛 #택배주문

고집돌우럭 제주공항점
"우럭조림, 옥돔구이"

우럭조림과 옥돔구이 세트 메뉴를 저렴하게 판매하는 체인 식당. 뿔소라 미역국, 왕새우 튀김 등이 포함된 다양한 세트 메뉴를 선보인다. 매일 10:00~15:00, 17:00~21:30 영업, 20:20 주문 마감.

- 제주시 임항로 30

- 0507-1436-1008
- #깔끔한분위기 #다양한세트메뉴

충민정
"통갈치구이, 갈치조림"

통갈치구이에 보말국이 딸려오는 갈치요리 한 상 맛집. 통갈치구이는 2인부터 주문 가능하며, 갈치조림은 소자, 대자로 판매한다. 선물 포장된 은갈치, 옥돔, 오메기떡도 함께 판매한다. 매일 09:00~16:00, 17:00~20:30 영업, 매주 화요일 휴무.

- 제주시 남성로 26-1
- 064-702-1337
- #갈치요리전문점 #보말국 #선물용갈치

황해식당
"갈치조림"

무와 대파를 넣고 매콤하게 조린 갈치조림 맛집. 합리적인 가격으로 짠내투어에서 가성비 맛집으로 소개되었다. 쥐치조림과 우럭조림, 고등어조림도 맛있다. 매일 10:00~15:20, 17:00~20:30 영업, 20:00 주문 마감.(p130 B:2)

- 제주시 우정로 6 황해식당
- 0507-1318-9737

- #매콤짭짤 #생선조림 #가성비맛집

은희네해장국
"소고기해장국"

소고기 양짓살을 넣고 끓인 얼큰한 해장국 전문점. 소고기 해장국, 순두부찌개, 내장탕을 판매한다. 음식을 주문하면 나오는 날계란을 뜨거운 국물에 넣어 먹으면 맛이 더 풍부해진다. 연중무휴 24시간 영업.(p130 B:2)

- 제주시 고마로13길 8
- 064-726-5622
- #시원한국물 #해장국 #날계란

논짓물식당
"갈치조림, 해물탕"

제주산 갈치조림과 해물탕으로 유명한 곳. 그중에서도 무를 넣어 칼칼하게 조린 갈치조림이 인기. 해물탕에는 생물 키조개, 문어, 딱새우, 전복, 가리비 등이 들어가며 각종 해산물과 라면 사리, 칼국수 사리를 추가해 먹을 수 있다. 매일 10:30~21:30 영업, 21:00 주문 마감.

- 제주시 신대로12길 41
- 0507-1360-8091
- #매콤갈치조림 #시원한해물탕

솔지식당
"멜조림, 돼지고기구이"

멜조림과 제주 돼지고기구이로 유명한 곳. 양념을 넣어 매콤짭짤하게 끓인 멜조림은 비린 맛 없는 진짜 밥도둑이다. 돼지고기는 콩나물, 김치와 함께 구워 멜젓에 찍어 먹는다. 평일 12:00~21:40, 주말과 공휴일 17:00~21:40 영업, 20:30 주문 마감.

- 제주시 월랑로 88
- 0507-1315-0349
- #매콤짭짤멜조림 #멜젓 #콩나물

우진해장국

"제주 향토음식 고사리 육개장을 맛보자"

제주 공항 근처에 위치한 고사리 육개장 맛집이다. 고소한 맛이 일품으로 숟가락으로 떠먹기 좋다. 웨이팅이 긴 집으로, 포장하면 웨이팅 없이 바로 받아 갈 수 있다. (p131 D:1)

- 제주시 서사로 11
- #고사리육개장 #제주공항맛집 #혼밥

올래국수

"제주에 가면 꼭 먹어야 하는 고기국수"

고기 국수 단일 메뉴로, 입장 후 바로 먹을 수 있다. 수요미식회에 나왔던 맛집으로 두툼한 고기와 진한 육수가 일품이다. (p131 D:1)

- 제주시 귀아랑길 24
- #연동맛집 #고기국수 #수요미식회

상춘재

"멍게비빔밥, 성게비빔밥"

청와대 요리사 출신 주방장이 요리하는 통영식 멍게비빔밥 맛집. 성게젓에 각종 야채와 참기름을 넣고 고추장 없이 비벼 먹는다. 자극적이지 않은 고소한 맛이 좋고, 먹고 나서도 속이 편안하다. 매일 10:00~16:00 영업, 매주 월요일 휴무.

- 제주 제주시 중앙로 598
- 064-725-1557
- #참기름비빔밥 #고소한맛 #속편한

자매국수

"양념, 육수 모두 맛있는 고기국수를 먹어보자"

@meok.bbang

고기국수 맛집으로 진한 국물의 고기국수와 매콤한 맛의 비빔국수를 즐길 수 있다. 예써어플을 통해 줄서기가 가능해 대기시간을 줄일 수 있다. 이유식용 전자레인지가 있고, 아이용 국수를 무료로 준다. 아이와 함께하기 좋은 식당이다. (p130 C:1)

- 제주시 항골남길 46
- #고기국수 #비빔국수 #제주공항맛집

일통이반

"제주의 자연산 해산물을 맛보자"

전참시에서 이영자가 다녀간 맛집. 자연산 해산물을 맛볼 수 있다. 왕보말죽과 성게알이 특히 유명하다. (p131 D:1)

- 제주시 중앙로2길 25
- #이영자맛집 #해산물맛집 #왕보말죽

순옥이네명가

"제주의 전복을 맛보자"

해산물이 가득한 된장 베이스의 전복뚝배기와 전복이 푸짐하게 들어간 물회가 인기 메뉴다. 재료가 신선하고 양이 푸짐하다. 함덕에도 지점이 있다. (p130 C:1)

- 제주시 도공로 8
- #도두동맛집 #물회 #전복뚝배기

늘봄흑돼지
"부드러운 제주 흑돼지를 맛보자"

멜젓과 함께 부드러운 흑돼지를 맛볼 수 있다. 내부에 에스컬레이터가 있을 정도로 큰 식당이다. 11:30~16:00 사이 방문시 정식 메뉴를 저렴한 가격에 푸짐하게 즐길 수 있다. (p130 C:2)

- 제주시 한라대학로 12
- #제주흑돼지 #흑돼지맛집 #노형동맛집

국시트멍
"구수하고 진한 고기국수를 먹어보자"

@geunjinjeon

현지인과 관광객 모두에게 유명한 고기국수 맛집이다. 다른 고기국수와 달리 얇은 고기가 차슈와 비슷하다. 오후 4시까지 영업한다. (p130 C:2)

- 제주시 진군길 31-3
- #노형동맛집 #고기국수 #국수맛집

착한집
"고등어와 갈치회를 먹어보자"

제주공항 5분 거리에 위치. 미우새, 생생정보통 등 여러 방송에 나온 맛집이다. 착한상차림 주문시 평소 먹어보기 힘든 고등어회와 갈치회가 나온다. (p131 D:1)

- 제주시 서광로 98
- #갈치맛집 #미우새 #제주공항맛집

신설오름
"진한 국물에, 한 뚝배기 뚝딱!"

@bottle_b

제주 향토음식 중 하나인 몸국. 도민이 추천하는 찐맛집이다. 진한 돼지고기 육수에 모자반으로 만든 해장국으로 아침으로 먹기 좋다. (p131 D:1)

- 제주시 고마로17길 2
- #몸국 #돔베고기 #도민맛집

시골길
"매콤한 낙지볶음과 담백한 청국장을 맛보자"

낙지볶음 단일메뉴 식당이다. 낙지볶음 주문시 나오는 구수하고 담백한 청국장이 일품이다. 큰 그릇에 낙지볶음과 청국장을 넣고 맛있게 비벼 먹어보자. 연동과 이도이동 지점이 있다. (p130 C:2)

- 제주시 연동13길 9
- #낙지볶음 #청국장 #제주공항맛집

제주시 카페 추천

미스틱3도
"동물체험할 수 있는 정원이 딸린 카페"

넓은 정원이 딸린 한라산 전망 디저트 카페. 음료를 주문하면 정원에 무료로 입장할 수 있는데, 포니와 미니 돼지들을 만나보고 당근 먹이 주기 체험도 즐길 수 있다. 매일 09:00~19:00 영업, 18:00 주문 마감, 동절기 단축 영업.(p130 C:2)

■ 제주시 1100로 2894-49 1층
■ #한라산전망 #롱블랙 #차차크림라떼 # 당근케이크

그러므로part2
"카페라떼와 잘 어울리는 커피번 맛집"

커피 번 맛집으로도 유명한 디저트 카페. 시그니처 음료인 카페라떼 메리하하와 달콤한 커피 번이나 마들렌과의 궁합이 좋다. 평일 10:30~21:00 영업, 매주 월요일 휴무.(p130 C:2)

■ 제주시 수목원길 16-14
■ #메리하하 #커피번

아라파파
"제주 필수 쇼핑리스트 홍차 밀크잼 파는 곳"

제주도 3대 빵집 중 하나로 손꼽히는 베이커리 카페. 수제 케이크와 생초콜릿, 파이 등을 취급한다. 방부제와 화학 첨가물을 넣지 않은 수제 홍차 밀크 잼이 선물용으로 인기 있다. 매일 08:00~22:00 영업.

■ 제주시 국기로3길 2
■ #제주3대빵집 #홍차밀크잼 #케이크

돌카롱 제주공항점
"검은 꼬끄 안에 제주 과일 크림을 담은 수제 마카롱"

검은 꼬끄 안에 알록달록한 크림이 들어간 이색 마카롱 전문점. 망고-바닐라-한라봉 조합의 유채꽃카롱과 딸기-망고-바닐라 조합 이호테우카롱, 바닐라-딸기-블루베리 조합 수국카롱, 초코-바닐라-티라미수 조합 억새카롱을 판매한다. 매일 10:00~20:00 영업, 재료소진 시 조기마감.

■ 제주시 서광로2길 27-2
■ #유채꽃카롱 #이호테우카롱 #수국카롱 #억새카롱

무상찻집

"주택골목에 있는 분위기 좋은 전통찻집"

조용한 주택 골목에 자리한 전통찻집. 황차, 도라지 차, 구기자차, 식혜, 청귤 차 등 다양한 전통 차와 양갱, 모나카 등의 디저트를 선보인다. 평일 11:00~19:00, 18:00 주문 마감, 영업 매주 수요일 휴무. 노키즈존으로 운영.

- 제주시 서광로5길 10
- #황차 #도라지차 #양갱 #모나카

카페사분의일

"블렌딩 커피를 핸드드립으로 내려주는 카페"

다양한 블렌딩 커피를 취급하는 핸드드립 전문 카페. 디저트로 판매하는 스콘, 카야토스트, 바스크 치즈케이크도 모두 매장에서 직접 만들어 더욱더 맛있다. 매일 10:00~19:00 영업.(p130 C:2)

- 제주시 신비마을1길 1-3
- #핸드드립 #스콘 #카야토스트

다랑쉬

"돌담으로 둘러싸인 아늑한 카페"

돌담으로 둘러싸여 아늑한 분위기가 좋은 카페. 천장 틈으로 따스한 햇볕을 맞으며 잠시 쉬어가기 좋다. 블랙커피, 라떼, 모카커피와 쿠키, 치즈케이크 등 디저트를 함께 판매한다. 매일 10:30~19:30 영업, 매주 화요일과 수요일 휴무.(p131 D:1)

- 제주시 용문로21길 4
- #블랙커피 #감귤주스 #치즈케이크

그럼외도

"제주 현무암을 닮은 돌멩이 라떼"

한적한 분위기에서 조용히 쉬다 갈 수 있는 감성 카페. 더치큐브에 시럽, 우유를 넣은 돌멩이 라떼와 수제 카라향에이드에 카라멜 소르베를 더한 카라 향에이드가 이곳의 시그니처 메뉴. 매일 11:00~19:00 영업.(p130 B:2)

- 제주시 월대3길 16
- #돌멩이라떼 #카라향에이드

니모메빈티지라운지

"애월 앞바다 노을을 닮은 니모메 선셋 한 잔"

@hh__00_hh

통유리창으로 애월 앞바다 전망이 보이는 빈티지 카페. 히비스커스, 자몽, 감귤 주스를 넣어 노을 색을 띄는 니모메 선셋이 이곳의 시그니처 메뉴. 오렌지와 커피를 섞은 에이드 음료 때때로 맑음도 추천한다. 노키즈존으로 운영, 매일 10:00~22:00 영업.(p130 B:2)

- 제주시 일주서로 7335-8
- #니모메선셋 #때때로맑음 #아인슈페너

마음에온

"제주 청정수로 내린 원두커피 바당커피"

@oncafe0707

고즈넉한 분위기에서 조용히 쉬다 갈 수 있는 한옥 카페. 유기농 원두와 제주 청정수를 이용한 부드러운 바당커피, 고소하고 달콤한 제주 청보리 라떼, 수제 레몬청을 넣어 만든 칠성 라떼가 이곳의 시그니처 메뉴. 매일 10:00~19:00 영업.

- 제주시 칠성로길 29-1
- #한옥카페 #제주바당커피 #제주청보리라떼 #칠성라떼

에스프레소 라운지

"매달 셋째 주 토요일 플리마켓이 열리는 카페"

앤틱한 분위기의 넓은 매장을 갖춘 베이커리 카페. 천원을 추가하면 아메리카노를 리필해주며, 오후 8시부터는 베이커리 상품을 할인해 판매한다. 매달 셋째 주 토요일에는 플리마켓이 열린다. 매일 09:00~01:00 영업.(p130 C:2)

- 제주시 한라대학로 1
- #카페라떼 #카페모카 #플리마켓

두갓
"귤따기 체험을 즐길 수 있는 앤틱카페"

@lynn6413

귤 농장과 함께 운영하는 사랑스러운 앤틱 카페. 창밖으로 보이는 귤밭 풍경이 아름답다. 11월~1월 사이에 방문하면 귤 따기 체험도 즐길 수 있다. 매일 10:00~18:00 영업, 매주 화요일과 수요일 휴무.(p130 B:2)

- 제주시 해안마을북길 13-39
- #감귤체험 #플랫화이트 #제주보리라떼

카페진정성 종점
"핑크해안도로를 보며 커피 한잔"

@hjnee_j

돌담너머로 제주의 바다를 볼 수 있는 카페다. 카페 테이블이 정면을 향하게 배치되어 있어 바다를 보며 커피를 즐길 수 있다. 공항 근처에 위치해 공항가기 전 들르기 좋다. (p130 C:1)

- 제주시 서해안로 124
- #제주카페 #제주바다카페 #제주공항카페

볕이드는곳벤디
"제주에서 파리를 느껴보자"

한라 수목원 길 내에 위치해 있다. 에펠탑 조형물이 근처에 있어 제주에서 파리를 느낄 수 있다. 실외에 있는 달 포토존에서의 인증샷도 잊지 말자.

- 제주시 은수길 65
- #한라수목원카페 #연동카페 #애견동반

파리바게뜨 제주국제공항점
"제주에서만 살 수 있는 마음샌드!"

제주공항 안 파리바게뜨에서만 파는 마음샌드. 제주여행 기념품으로 손색이 없다. (p128 C:1)

- 제주시 공항로 2 (용담이동) (용담이동 , 제주국제공항 3층)
- #마음샌드 #디저트맛집 #제주공항카페

빽다방베이커리 제주사수점
"오션뷰 가성비 카페!"

@jeoung_aram

이름에서 알 수 있는 다양한 빵을 판매하는 오션뷰 카페다. 카페 크기에 놀라고, 빵 가격에 또 한 번 놀란다. 창가 자리에 앉아 바다를 보며 빵과 커피를 즐길 수 있다. (p130 C:1)

- 제주시 서해안로 291-5
- #오션뷰 #가성비카페 #제주공항카페

듀포레
"루프탑에서 비행기샷을 찍어보자."

바다 가까이에 위치해 뷰가 좋다. 르꼬르동 출신 파티시에가 만드는 훌륭한 베이커리가 일품이다. 3층 루프탑에서는 비향기샷을 찍을 수 있다. (p131 D:1)

- 제주시 서해안로 579
- #오션뷰 #비행기샷 #제주공항카페

앙뚜아네트 용담점
"눈과 입이 즐거운 카페"

바다 바로 앞에 위치해 오션뷰를 즐길 수 있다. 공항 근처에 위치해 비행기가 지나가는 모습도 볼 수 있다. 빵 종류가 다양하고, 크림라떼가 시그니처 메뉴다. (p131 D:1)

- 제주시 서해안로 671
- #오션뷰 #베이커리카페 #제주공항카페

아베베베이커리
"빵지순례자들은 꼭 들러보자!"

동문시장 12번 게이트 바로 옆에 위치한다. 특색있는 도넛들이 가득해 고르는 재미가 있다. 우도 땅콩크림 도넛이 시그니처다. (p131 D:1)

- 제주시 동문로6길 4 동문시장 12번 게이트 옆
- #제주빵지순례 #크림빵 #동문시장

카페나모나모베이커리
"뷰맛집에서 인증샷을 남겨보자"

무지개 해안도로 앞에 위치한 카페로, 카페 삼면이 창이라 뷰가 멋지다. 디저트 종류가 다양하고 맛도 좋아 디저트 카페로도 유명하다. 루프탑 포토존에서 인증샷도 찍어보자. (p130 C:1)

- 제주시 도두봉6길 4
- #베이커리카페 #뷰맛집 #무지개해안도로

제주 하멜
"입에서 살살 녹는 치즈케이크를 맛보자"

부드러운 치즈케이크로 유명한 카페다. 1인 1개 구매 가능하고, 매장 내 취식은 불가하다. 웨이팅이 길어 미리 방문하는 것을 추천한다. (p130 C:2)

- 제주시 노형2길 51-3
- #디저트맛집 #치즈케이크 #제주공항카페

제주시 숙소 추천

풀빌라 / 제주달콤풀빌라

제주 공항 뷰가 아름다운 복층 풀빌라 펜션. 4계절 이용 가능한 7m 개인 수영장과 바비큐장이 마련되어있다. 바비큐 이용 시 불판과 숯을 준비해와야 한다. 입실 15:00, 퇴실 11:00.(p130 C:2)

■ 제주시 해안마을13길 30-10
■ #실내수영장 #바베큐장 #제주공항근처

풀빌라 / 제주 까르마

유리온실에 넓은 개인 수영장이 딸린 풀빌라 펜션. 수영장은 한겨울에도 따뜻한 물이 나와 사계절 이용할 수 있다. 전 객실에서 바다 전망이 보이며 이태리제 리클라이너 소파, 7성급 호텔 침구를 갖추고 있다. 입실 15:00, 퇴실 11:00.(p130 C:2)

■ 제주시 해안마을13길 30-35
■ #전객실오션뷰 #유리온실 #온수수영장 #리클라이너소파 #호텔식침구

풀빌라 / 엔젤풀빌라

프라이빗한 스파 욕조와 실내 수영장이 딸린 풀빌라 펜션. 스파와 단독 수영장은 무료로 24시간 이용할 수 있으며 펜션에서 스파용 입욕제를 제공한다. 수영장(온수), 바비큐장을 이용하려면 별도 요금을 내야 한다. 입실 16:00, 퇴실 11:00.(p130 C:2)

■ 제주시 해안마을13길 30-37
■ #수영장 #스파욕조 #입욕제 #바비큐장

리조트 / 캠퍼트리 호텔 앤 리조트

제주공항과 접근성이 좋은 4성급 리조트. 200년 된 녹나무가 입구를 장식하고 있다. 패밀리 스위트, 로얄 스위트, 비즈니스 스위트, 호텔 트윈, 캐릭터 하우스 룸을 운영한다. 캐릭터 하우스는 리조트 곳곳이 캐릭터 소품으로 장식되어있으며, 체크인 시 웅진북클럽 북패드를 무료로 대여해준다.

■ 제주시 해안마을서4길 100
■ #스위트룸 #트윈룸 #캐릭터룸 #제주공항 #호텔리조트

제주시
인스타 여행지

그라나다 앞 공터
"비행기와 초 근접샷찍기"

@sssssgg_

날아오르는 비행기와 함께 사진을 찍을 수 있는 그라나다 카페. 제주공항 근처에 있는 카페의 옥상이나 공터에서 비행기와 함께 인생사진을 남겨보자. 연속사진 찍기 모드로 촬영하는 것을 추천한다.(p130 C:1)

■ 제주시 도공로 86-1
■ #그라나다 #카페 #공터 #옥상 #비행기샷 #항공샷

도두봉 키세스존
"키세스 모양의 나무 프레임"

@ouu_93

세븐일레븐 제주해안도로점을 검색해서 그 길을 따라 올라가다 보면 그 정상에, 키세스 초콜릿 모양의 포토존이 나온다. 양 옆의 나무 사이로 바다와 하늘이 보이는데, 그 사이에서 인생사진을 찍어보자.(p128 B:1)

■ 제주시 도두도일동 산1

■ #도두봉 #키세스존 #나무 #포토존

도두동 무지개해안도로
"바다 위 알록달록 무지개 경계석"

@y.o.l.o_yj

무지개색 경계석이 바다와 함께 조화를 이루는 곳이다. 알록달록한 경계석 위로 다양한 포즈의 연출 사진이 가능하다. 탁 트인 바다와 다양한 색감의 돌들을 활용해 유쾌한 사진을 남겨보자.(p128 B:1)

■ 제주시 도두일동 1734
■ #도두봉 #무지개해안도로 #알록달록 #연출사진

도련 감귤나무 숲
"주황, 초록 상큼한 감귤나무"

@seooooh_29

감귤체험은 물론, 인스타 감성 물씬 나는 포토존이 많이 준비되어 있다. 포토존을 활용해 사진을 찍어도 좋고, 초록과 주황이 꽉 차 있는 감귤숲을 타이트한 앵글에서 찍어도 좋다.(p129 E:1)

■ 제주시 도련남3길 81

■ #도련감귤나무숲 #감귤체험 #포토존

고요새 오션뷰
"프레임너머 고요한 제주의 바다"

'고요하고 오롯한 나의 요새'라는 이름에
딱 맞는 카페다. 테라스를 액자의 사각 프
레임처럼 뚫어놓아 어디에서 찍어도 분위
기 있는 사진이 찍힌다. 테라스 밖으로 보
이는 바다와 야자수가 멋스럽다. 오션뷰 맛
집!(p131 D:1)

■ 제주시 선사로8길 11

■ #고요새 #카페 #테라스 #오션뷰 #야자
수

용담해안도로 항공기샷
"바다와 비행기를 한 컷 안에 담기"

@eunin_seongin

제주도로 착륙하는 비행기와 함께 항공기
샷을 찍을 수 있는 곳이다. 용담레포츠공원
에 주차하거나, '제주대계회'를 검색한 후 걸
어서 이동해 볼 것을 추천한다. 건너편 해안
가에 있는 벤치에서 찍으면 머리 위를 지나
는 비행기를 담을 수 있다.(p131 D:1)

■ 제주시 용담삼동

■ #비행기샷 #항공샷 #착륙샷

수목원길 야시장
"생기넘치는 숲속 야시장의 전등들"

@yuns_vely

유명 맛집의 푸드트럭들과 옷, 소품, 캐리커
처 등 즐길거리 많은 플리마켓이 함께 모여
있는 곳이다. 동남아의 야시장 또는 활기 넘
치는 캠핑장의 느낌이다.(p128 C:2)

■ 제주시 은수길 69

■ #수목원길 #야시장 #푸드트럭 #플리마
켓

이호테우해변 목마등대
"손안에 딱 올라가는 목마등대"

@subini_jeju

바다 한가운데에 있는 목마등대로 유명한,
이호테우해변! 이호방파제나 이호랜드에
서 찍어야 목마등대를 들고 있는 듯한 재미
난 연출 사진을 찍을 수 있다. 일몰 시간에
맞춰 가면 더 근사한 사진 촬영이 가능하
다.(p130 B:1)

■ 제주시 이호일동

■ #이호테우해변 #목마등대 #이호방파제
#이호랜드

두멩이골목
"아기자기한 벽화 골목"

@cogitooooooo_

다양한 테마의 아기자기한 그림들을 볼 수
있는 곳이다. 제주 감성을 느낄 수 있는 것
은 물론, 벽화마을 속 그림들과 동화같은 사
진을 남길 수 있다. 구중경로당을 검색해 오
면, 주차가 가능하다.

■ 제주시 일도이동 1006-11

■ #두멩이골목 #벽화마을 #제주감성 #동
화

나바론 하늘길 추자도 전경
"확트인 바다와 추자도"

@jjeong_5678

추자도의 능선을 따라 걷는 나바론하늘길
을 트레킹 하다 보면, 추자도의 전경을 한눈

에 볼 수 있다. 제법 높은 고도에 아찔한 절벽 트레킹이지만, 확 트인 시야와 아름다운 추자도를 한 프레임에 담을 수 있다.

- 제주시 추자면 대서리 산186
- #나바론하늘길 #트레킹 #섬트레킹

천아수원지 단풍
"억새와 단풍, 가을 감성 가득"

@may_tori

억새와 단풍을 함께 즐길 수 있는 한라산 속 천아수원지! 10월 말에서 11월 초에 방문하면 제주도에서 가장 멋진 단풍을 만날 수 있다. 크고 작은 바위들 위로 알록달록 물든 한라산의 단풍을 사진에 담아보자.(p130 C:3)

- 제주시 해안동 산217-3
- #한라산둘레길 #단풍 #억새 #가을

오드씽 카페 풀장 가운데원형의자
"넓은 수영장과 유리온실"

@hjw0218

오드씽은 넓은 정원과 수영장이 딸려있는 카페로, 밤에는 분위기 좋은 펍으로 운영해

파티가 열린다. 풀장 한가운데 거대한 원형 테이블이 있는데, 바닥이 비쳐 보이는 투명한 재질로 되어있어 여기에 앉으면 마치 물속에 폭 들어가 앉은 듯한 느낌을 준다. 오드씽 카페 내부도 유리온실처럼 꾸며져 있어 사진찍기 좋은 공간이 많다.

- 제주시 고다시길 25
- #수영장 #투명의자 #파란색

핑크해안도로 이국적 핑크 도로
"소녀감성 핑크빛 해안도로"

@hjnee_j

파스텔톤의 핑크 해안 도로에서 소녀 같은 분위기의 원피스를 입고 상큼한 사진을 찍어보자. 핑크 도로 옆에는 이국적인 분위기를 만들어 주는 야자수가 심겨 있어 파란 바다와 함께 초록색의 야자수가 멋진 인생 샷을 만들어 준다. 핑크색으로 꾸며진 도로는 카페 진정성 종점 앞에 있다.

- 제주시 서해안로 124
- #핑크해안도로 #야자수#핑크거리

용마마을 버스정류장 비행기샷
"비행기 컨셉 사진"

@pearl1__21

용마 마을버스 정류장은 버스보다는 비행기를 기다리는 장소로 더 유명하다. 정류장 가운데 서서 이륙하는 비행기를 바라보고 사진을 찍으면 인생 샷 완성. 버스 정류장은 반대편 주차장에 주차 공간이 있다. 차가 많이 다니는 길이니, 주의하여 사진을 찍어보자.

- 제주시 서해안로 626
- #용마마을 #버스정류장 #비행기샷

앙뚜아네트 비행기뷰 돌하르방
"돌하르방과 비행기 사진 찍기 좋은"

@yun__chichi

바닷가 바위 위 돌하르방 앞에 서서 떠나는 비행기에 인사하는듯한 사진을 찍어보자. 베이커리 카페인 앙뚜아네트 용담점은 나무로 지어진 오두막 같은 외관의 건물과 바로 앞에는 제주의 푸른 바다를 한눈에 볼 수 있는 테라스가 있다. 나무계단을 따라 내려가면 바위 위에 서 있는 돌하르방을 볼 수 있는데 이곳이 포토존이다. 카페에서 하늘을

날아가는 비행기가 자주 오가는 것을 볼 수
있어서 비행기와 함께 사진 찍는 것은 어렵
지 않다.

■ 제주시 서해안로 671
■ #카페앙뚜아네트 #비행기뷰 #돌하르방

용연계곡 계곡뷰 계단
"돌계단 너머 에메랄드빛 물빛"

@sun_ae_

아름다운 에메랄드빛 계곡을 내려가는 길
에 서서 사진을 찍어 보자. 용연계곡의 용연
정 정자 바로 옆으로 계곡 산책로로 내려가
는 돌계단이 있다. 돌계단 중간까지 내려가
서 위에서 아래로 내려다보고 계곡의 푸른
물과 함께 사진을 찍으면 인생 샷 완성. 돌
계단이 가파르니 주의. 용연계곡은 제주시
서쪽 해안 용두암에서 동쪽으로 약 200m
지점에 있는 한천의 하류 지역의 기암 계곡
이다. 근처에 용연 구름다리도 있다.(p128
C:1)

■ 제주시 용담1동 2581-4
■ #용연계곡 #계곡뷰 #계단샷

05

애월읍

#아르떼뮤지엄

#곽지해수욕장

COMPETITION

페공산명월

@sunny._.ppp

앤썸

@jjjaeking_and_coffee

#곽지해수욕장

@suuuuuu__02

담해변투명카약

#항파두리나홀로나무
@reummmy_
@mj6_6

#상가리야자숲
@ssunr
@k

#궷물오름

#바리메오름호수

#어음리억새군락지

@eunsunkong
@moment3_9

#카페애월로11

애월읍

1

구엄리돌염전
구엄포구 ⚓ 구엄어촌
체험마을
하귀2리
중엄리새물 🌊 구엄리
수산봉

애월카페거리 ☕
한담해수욕장
한담해안산책로
애월한담해안로 유채꽃
곽지해수욕장 ·

애월항 ⚓
고내리
신엄리
수산리
상귀

망오름
더럭분교 🏫
애월 장전리
벚꽃

애월고등학교 벚꽃
고내봉
(고내오름,고니오름
,망오름)
연화못
(연화지)
하가리

장전리
항파두리 항

항파두
백일홍 🏛

곽지리
과오름

곰성리

상가리

금산공원 🏛

애월읍

선운정사 🕍

남읍리

거문덕이

제주불

어도오름

제주
양떼목장
제주 퍼피월드
테디베어사파리

화조원
소길리
렛츠런파크
제주

무병장수
테마파크

궷물오

아르떼
뮤지엄 🏛

어음리

큰ㄴ

큰바리메오름

어음리
억새군락지

족은바리메

이달이
촛대봉
새별오름

새별오름 억새

한림읍

새빌
핑크뮬리 📷

새별헤이요목장

봉성리

북돌아진 오름

드라마월드 ❉

2

3

170

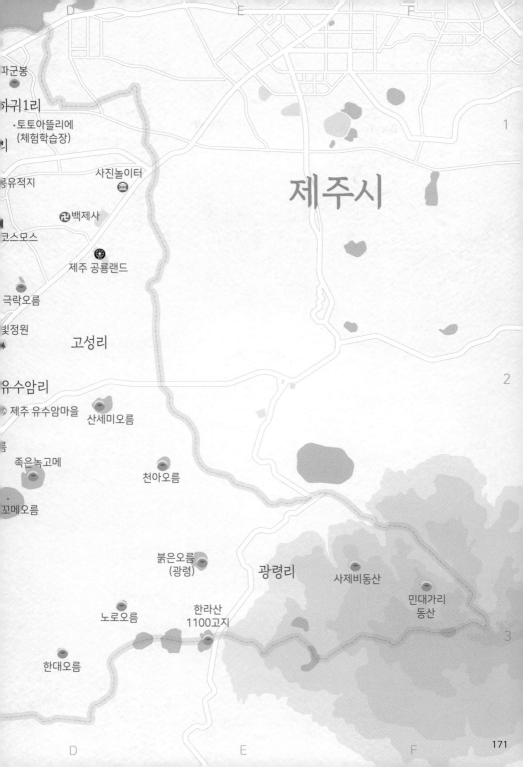

파군봉

아귀1리
·토토아뜰리에
（체험학습장）

리

룡유적지 사진놀이터

코스모스 卍백제사

☉ 제주 공룡랜드

극락오름

빛정원 고성리

유수암리

⌂ 제주 유수암마을 산세미오름

족은녹고메 천아오름

꼬메오름

붉은오름 광령리
（광령） 사제비동산

민대가리
동산

노로오름 한라산
1100고지

한대오름

제주시

애월읍 주요지역 확대

A **B** **C**

애월 카페거리
랜디스도넛 제주직영점 (제주도에서 가장 유명한 도넛 체인점)
썬셋클리프 (제주도 석양 전망이 가장 아름다운 곳)
봄날 (돌담과 해변을 배경으로 인생 사진을 찍어주다)
모립 (고택을 개조해 만든 멋스러운 카페)
레이지펌프 (옛 콘크리트 건물을 개조해 만든 레트로 감성 카페)
하이앤드제주 (아인과 함께 방문하기 좋은 오션 카페)
몽상드애월 (SWAG 느껴지는 오션뷰 카페)
일월 선셋 비치 (노을 전망이 아름다운 브런치 카페 겸 펍)
애월더선셋 (브런치가 맛있는 오션뷰 카페 레스토랑)
트라우브 (한담해변, 노을 전망이 아름다운 오션뷰 카페)
카페 노티드 제주 (애월에만 있는 특별도넛이 있는 카페)

애월고등학교 벚꽃
보는 것만으로도 풍성함
벚꽃꽃 길[3,4월]

아자나무와 유채꽃[3,4월]
애월한담해안로 유채꽃

청아투명水약
곽지해수욕장
현무암 독살(원담)을 이루는 곳이 파도가 잔잔해야 물놀이 하기 좋다.
곽지해수욕장에는 용천수가 나오는 '과물 노천탕'이 있다.
과물, '용천수가 솟아나는 우물' 의미
귀덕바다
투명카약(카약)
카페콜라(코카콜라 박물관 겸 콜라 카페)

한담해변

애월한담공원
한담해안산책로
도새기숲길(솥향기 가득한적한 숲길)

귀여웨물 동산
(작은 언덕 공원)

비양농(비양도뷰 카페)
카페 비양뷰
노을

평수포구

하가리 연꽃마을 연화지
7~8월 제주도에서 가장 큰 연못을 메운 연꽃 무리
파스텔톤의 더럭분교앞 연꽃

더럭분교
알록달록 무지갯빛
사진 명소

애월 장전리 벚꽃
보는 것만으로도 풍성함
왕벚꽃 길[4월]

항파
[3,4월] 삼별초의 최

항파두리
가을에는 역시 코스모

상가리야자숲
이색적인 야자숲. 사진 찍기 좋은 곳

제주 어리리 빌레못 동굴
11,749m 세상에서 가장 긴 동굴

납읍난대림지대
납읍초등학교 근처에 남겨져 있는 원시림을 방불케 하는 상록활엽수림
천연기념물 제375호

선운정사
저녁 해지고 가 좋은 사찰

기독교순례길 2코스 (순교의 길)
협재교회에서 시작해 대정읍까지 이어지는 23km, 7시간 거리의 순례길
저청교회, 이도봉 목사 순교 터 등을 지난다

화조원
아이와제주,다양한 조류 및 알파카 체험농장

제주양떼목장
아이와 함께 하기 좋은 곳

도치돌 알파카목장
알파카, 토끼, 염소, 양, 먹이주기 체험

무빙장수 테마파크
제주 힐링명상센터, 국궁체험, 승마체험 (승마·사전예약 필)

아르떼뮤지엄
국내최대 몰입 미디어아트
10개의 다채로운 미디어 아트 전시

아르떼 뮤지엄 빛

9.81 파크
그래비티 레이싱, 카트
실내 체험 게임존
하늘그네,F&B

어리리 억새군락지
아르떼뮤지엄 가는 자동차 도로에 은색 억새군락
[10,11,12월]

새별오름 억새
샛별, 이름조차도 아름다운 오름[10,11,12월]

새별오름
저녁 하늘 샛별과 같이 외롭게 있다고 하여 '새별오름'
가을 억새가 많은 저녁녘을 감상의 성지

새빌 핑크뮬리
핑크 핑크한 핑크뮬리[9,10,11월]

새빌 카페
새별오름 옆, 빈티지한 분위기의 카페

새별프렌
알파카, 말, 토끼
힐링할 수 있는

한림항
도선대합실
한림항
한림칼국수
(보말칼국수)

옹포리포구
문소 제주협재점
(황케야케,에그인헬)

심127 키즈 제주협재점
면뻽는선생떡두빛는아네(안두전골)

명월성지
스테이안뜰

한림공원 매화,튤립
3~4월 개화

카페 굴한가
(굴따기)
한림공원 수선화
1,2월

키친오즈 핑크뮬리
[9~11월] 카페 건물배경 사진촬영이 유명
협재굴,황금굴,쌍용굴

한치앞도로를바다
(한치통복이, 국물떡볶이)

보뮤(돌하르방케이크)

명월국민학교
(매주 일요일 프리마켓이 열리는 폐교카페)

문수도그디(독채)

한림읍

광이멀스테이
(풀빌라)

봉성글래식
(독채)

금오름
협재해변에서 자동차로 15분이면
도착 주차장 주차후 등반

금악 오름
분화포인트

제주바다
하늘패러투어
(패러글라이딩)

삼위일체대성당

성이시돌목장

유유부단
이실돌 목장유유로 만든 담백한
아이스크림과 밀크티

이달오름

새별오름
나홀로 나무

새별오름
나홀로나무

엘리시안제주 CC

다래오름

172

애월카페거리 주변

청사돈
두툼한 흑돼지국밥

제주 카아올레・
애월읍 애월리 2490-1

돌맨
커다란 꽃게 한 마리가
그대로 들어간 고급 애월라면

애월 카페거리
한담해변가 바다전망의
예쁜 카페

봄날카페

이월 선샛 비치
노을 전망이 아름다운
브런치 카페 경 펍

몽상드애월
푸른 바다가 보이는 통유리와
바치는 야래 상들리에, GD의
스웨이 가득한 고급스러운 카페

하이엔드제주
한담해변이 보이는 카페

팜파네
브라우니가 맛있는
휴양지 피크닉 감성 카페

애월은해전복
전복죽, 전복 돌솥밥,
전복뚝배기 등 정갈한
전복요리를 선보이는 곳

머릴
(해변 전망)

쉼낭국수
(고기국수)

퀴즈노스
(미쿠시 샌드위치)

애월도가스집
(흑돼지 도가스)

애월식당
(애월봄)

VAVA카페
(브런치, 루프탑, 바다전망)

(김치볶음밥, 새우볼)

애월당 애월제과
(마카롱, 도넛, 컵케이크)

애월하미
그레이트
(노을전망, 에이드 맛집)

하갈비 (흑돼지
생갈비, 고기국수)

마레벨또
(파스타)

카롱 게스트
하우스

한담가든
(브링칼국수,
보말 짬뽕)

제주토비스쿠드
신관

제주토비스쿠드
본관

탐보네
게스트하우스

포세이돈
게스트하우스

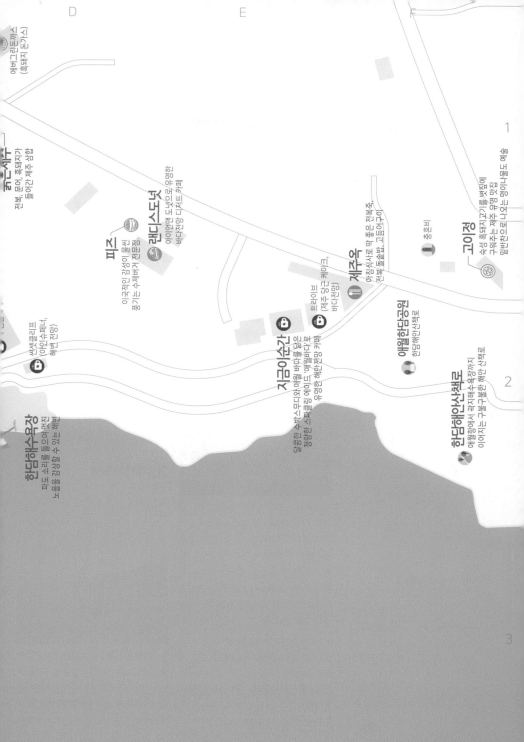

에버그린돈까스
(흑돼지돈까스)
전복, 문어, 흑돼지가
들어간 제주 점함

피즈
이국적인 감성이 물씬
풍기는 수제버거 전문점

랜디스도넛
아이언맨 도넛으로 유명한
바다전망 디저트 카페

제주옥
아침식사로 딱 좋은 전복죽,
전복 돌솥밥, 고등어구이

고이정
숙성 흑돼지고기를 벗겨낸
구워주는 제주 유명 맛집
밥반찬으로 나오는 멍게비빔도 예술

충훈비

애월한담공원
한담해안산책로

지금이순간
달콤한 슈바스무디와 애월 바다를 닮은
청량한 스파클링 에이드 애월바다로
유명한 해안전망 카페

트라이브
(제주 당근 케이크,
바다전망)

썬셋클리프
(야안수페,
해넌 전망)

한담해수욕장
파도 소리를 들으며 여진
노을을 감상할 수 있는 해변

한담해안산책로
애월항에서 곽지해수욕장까지
이어지는 구불구불한 해안 산책로

애월 추천 여행지

항파두리 항몽유적지
"삼별초 최후 항전지"

몽골 침입 때 삼별초가 최후까지 항전한 곳이다. 전라도 전투에서 패한 삼별초는 제주도로 건너와 이곳에 항파두성을 쌓았다. 최근 관련 유적과 복원작업을 진행 중이며, 근처에 방문객을 위하여 꽃밭을 심어 놓았다.(p170 C:1)

- 제주시 애월읍 항파두리로 50
- #항파두성 #역사여행지 #꽃밭

제주 퍼피월드
"국내 최대 규모의 반려견 테마파크"

국내 최대 규모의 반려견 테마파크이다. 앞서 다른 관광지로 이용되던 공간을 리모델링 하여 반려견 테마파크로 바꾸었다. 주차 공간은 매우 넉넉하고 반려동물 없이도 입장 가능하기에 동물을 사랑하는 아이나 어른 모두 이용할 수 있다. 반려견들이 마음껏 뛰놀고 반려인들 역시 스트레스 없이 누릴 수 있다.(p170 C:2)

- 제주시 애월읍 평화로 2157
- #국내최대 #반려견 #테마파크

고내봉(고내오름, 고니오름, 망오름)
"고려시대 봉수대가 있는 오름"

다섯 개의 봉우리오 되어 있는 고내봉은, 조선시대 때에는 봉수가 설치되어 있던 곳이다. 지금은 둘레길이 잘 조성되어 있어 산책을 하기에 좋다. 오르는 동안에는 한라산을 볼 수 있고, 정상에선 애월의 바다를 감상할 수 있다.(p170 B:1)

- 제주시 애월읍 고내리 산3-1
- #봉수대 #전망대 #풍경

토토아뜰리에
"제주 쿠킹클래스 체험"

제주 로컬 푸드를 이용한 원 데이 쿠킹클래스 체험 장소이다. 키즈부터 성인까지 즐길 수 있다. 텃밭에서 각자 필요한 재료를 따와 요리하는 즐거움이 있다. 계량이 다 되어 있고 탭을 보면서 간편하게 요리할 수 있어서 요리 초보들도 충분히 가능하다.(p171 D:1)

- 제주시 애월읍 고성북길 112
- #쿠킹클래스 #제주로컬푸드 #초보가능

한담해안산책로
"바다를 껴안은 산책로"

한담마을에서 곽지해수욕장까지 이어지는 해안 산책로이다. 바다 바로 곁에서 걸을 수 있게 설계된 산책로는, 숨은 비경으로도 꼽힌다. 이곳에서 보는 일몰은 아름답기로 특히 유명하니, 해가 지는 시간에 맞춰 방문해

볼 것을 추천한다. 바다 한 가운데를 걷고 있는 듯한 아름다운 산책로를 꼭 걸어보시라.(p170 A:1)

- 제주시 애월읍 곽지리 1359
- #바다산책로 #숨은비경 #힐링

곽지해수욕장
"'용천수가 솟아나는 우물'이라는 의미의 '과물'"

현무암 독살(원담)을 이루는 곳이 파도가 잔잔하여 물놀이하기 좋다. 곽지해수욕장에는 용천수가 나오는 '과물 노천탕'이 있는데, 과물은 '용천수가 솟아나는 우물'을 의미한다.(p170 A:1)

- 제주시 애월읍 곽지리 1565
- #해수욕장 #과물 #노천탕

백제사
"제주에서 템플스테이"

아름다운 제주의 자연과 함께 템플스테이를 체험해 볼 수 있는 사찰이다. 이곳은 교육청과 손을 잡고 청소년 대안교실을 운영 중이라, 특

히 청소년들의 수련에 도움이 되는 곳이다. 인성 교육은 물론, 인생의 목표를 세울 수 있는 교육적인 사찰이다.(p171 D:1)

- 제주시 애월읍 광령남6길 54
- #템플스테이 #청소년대안교실 #멘토링

제주 공룡랜드
"아이와 함께 공룡놀이"

아이들이 좋아하는 공룡을 마음껏 볼 수 있는 테마파크. 실제 크기의 커다란 공룡 모형도 많이 있고 공간이 넓어 아이들이 뛰어놀기 좋은 곳이다. 미니 동물원에서 해 볼 수 있는 조랑말 체험, 동물 먹이주기 체험도 강력 추천한다. 이 밖에 자연사박물관, 3D 입체 상영관, 미니 보트장 등 즐길 거리가 많다.(p171 D:2)

- 제주시 애월읍 광령평화2길 1
- #테마파크 #미니동물원 #3D입체상영관

선운정사
"소원을 말해봐"

제주 올레길 15-A 코스에 있는 절로 잠시 쉬었다가 가기 좋은 장소이다. 화장실이 있어서 올레길에 꼭 들르게 된다. 소원을 들어주는 돌 '설문대할망'을 들고 소원을 빌어보자!(p170 A:2)

- 제주시 애월읍 구몰동길 65
- #올레15-A코스 #설문대할망 #소원

구엄리돌염전
"정말 작은 염전, 사진 한장으로 끝!"

현무암으로 이루어진 천연암반지대에서 소금을 생산했던 장소이다. 조선시대부터 구엄마을의 주요 생업 터전이었지만 1950년에 그 기능을 상실해서 현재는 체험과 관광자원으로 활용하고 있다. 제주 올레 16길 코스에 위치하여 바다의 절경을 감상할 수 있는 해안 드라이브 코스로도 유명하다.(p170 C:1)

- 제주시 애월읍 구엄리 1254-1
- #돌염전 #소금빌레 #올레16코스

금산공원
"난대림 식물 200여종"

제주의 대표적인 난대림 지대. 난대림 식물 200여 종이 서식하여 그 환경적 가치를 인정받아 천연기념물 제375호로 지정된 곳이다. 동남아의 정글을 탐험하는 듯한 느낌을 받을 수 있고 산책하기에도 좋은 장소이다. 올레길 15-A 코스에 속해있기도 하다.(p170 B:2)

- 제주시 애월읍 납읍리 1457-1
- #난대림 #천연기념물 #올레15-A코스

제주양떼목장

"졸졸 따라다니는 귀여운 동물들 먹이주기 체험! 인기만점!"

양과 염소, 토끼 등 귀여운 동물들도 보고 먹이주기 체험까지 할 수 있어 아이와 함께 하기 좋은 장소이다. 넓은 들판과 양들 배경의 포토존에서 사진도 찍고, 음료가 맛있는 목장 카페에서 휴식도 취할 수 있다.(p170 B:2)

- 제주시 애월읍 도치돌길 289-13
- #먹이주기체험 #포토존 #가족여행

새별헤이요목장

"새별오름을 배경으로 동물과 사진 한장"

넓은 들판에서 사랑스러운 동물들과 함께 힐링할 수 있는 목장이다. 새별오름을 배경으로 멋진 사진을 남길 수 있다. 귀여운 알파카, 미니말 등이 자유롭게 돌아다니는 모습을 볼 수 있고 승마 체험, 동물 먹이 주기 체험을 할 수 있어 아이들과 함께 하기에도 좋다.(p170 B:3)

- 제주시 애월읍 평화로 1529
- #새별오름 #포토존 #먹이주기체험

한대오름

"원시림으로 가득한"

우거진 숲과 단풍을 보면서 걷기 좋은, 가을 산행에 최적인 오름이다. 한라산 원시림 지대이기도 하다. 제주도의 여느 오름들과 달리 정해진 탐방로와 이정표가 없어 초보자들에겐 어려운 코스일 수 있으니 사전 조사를 충분히 한 뒤 방문해야 한다. 돌길이 많아 등산화는 필수이며 바리메오름 주차장 이용할 것을 추천한다. (바리메오름 → 노루오름 입구 → 한대오름 입구)(p171 D:3)

- 제주시 애월읍 봉성리 산1
- #가을산행 #원시림지대 #탐방로없음

새별오름

"가을억새, 들불축제로 유명한"

파란 하늘에 민둥산 느낌의 초원으로 이루어진 오름. 저녁 하늘 샛별과 같이 외롭게 있다고 하여 '새별오름'이라 불린다. 가을에는 억새로 가득한 억새 산이 된다. 해 질 무렵 새별오름에서 보는 저녁노을은 평생 기억될 추억이 될 것이다.(p170 B:3)

- 제주시 애월읍 봉성리 산59-8
- #억새 #갈대 #노을

천아오름

"새소리와 함께 산림욕을"

제주 단풍의 절정을 볼 수 있는 곳이다. 완만한 경사로 덕분에 새소리와 함께 산림욕을 즐길 수 있는 평화로운 산책 코스이기도 하다. 한라산 둘레길과 연결된 특이하게 말라 있는 바위로 가득한 천아 계곡을 배경으로 인생 사진을 찍어보는 것은 어떨까. 단풍

시기에는 외길이 좁아서 돌아 나오기 어려우니 천아오름 초입에 주차해 둘 것을 추천한다.(p171 E:2)

- 제주시 애월읍 산록서로 678-207
- #제주단풍 #산책 #천아계곡

수산봉

"한라산 뷰 하늘그네"

하늘 그네를 타며 한라산 뷰를 경험할 수 있는 특별한 장소이다. 오름 봉우리에 연못이 있다고 해서 물메오름이라고도 불린다. 정상에는 운동 기구도 있고, 가볍게 산책하기 좋은 오름이다.(p170 C:1)

- 제주시 애월읍 수산리 산1-1
- #하늘그네 #한라산뷰 #물메오름

중엄리새물

"용천수 솟아나는"

중엄 마을 주민들의 터전이자 휴식처. 올레 16코스에 속해 있고 애월 해안 도로 중간에 위치해 있다. 예로부터 식수로 이용되어 왔던 새 물은 바닷물이 들어오지 않고 용천수가 솟아나던 곳이다. 한여름에도 용천 수

의 온도는 15도를 넘지 않으니 가족 단위의 피서지 도로 인기가 좋다.(p170 B:1)

- 제주시 애월읍 신엄리 2719-3
- #용천수 #피서지 #올레16코스

화조원
"아이들과 꼭 가봐야하는 곳! 새들과 교감할 수 있는 곳!"

맹금류, 펭귄, 알파카, 라쿤 등 귀여운 동물들과 교감해 볼 수 있는 곳이다. 테마별로 먹이주기 체험부터 맹금류 호로조 비행 관람까지 즐길 거리가 다채롭다. 특히 평소 새를 좋아하는 분이라면 유리온실관의 '앵무새 먹이주기' 체험을 강력 추천한다. 가족과 함께 방문하기에도 좋은 곳이다.(p170 B:2)

- 제주시 애월읍 애원로 804
- #동물교감 #먹이주기체험 #가족여행

한담해수욕장
"아름다운 산책로로 걷기"

바닷가에 인접한 위치에 산책로가 설치되어 있어 아름다운 풍경을 감상할 수 있다. 일몰

명소이기도 하다. 주변에는 유명한 애월 카페거리가 있어 바다와 일몰을 만끽할 수 있다. 올레 15-B코스이며 정식 개장된 해수욕장이 아니므로 해수욕을 할 때는 안전 등에 각별히 유의해야 한다.(p170 A:1)

- 제주시 애월읍 애월리 2542-6
- #바다산책로 #일몰명소 #올레15-B코스

애월카페거리
"많은 카페, 많은 사람"

야외 테이블에서 음식과 함께 이국적인 바다 경치를 감상하기 좋은 장소이다. 유명한 카페로는 봄날카페, 몽상드애월 등이 있다. 자연과 함께 감성을 충전시킬 수 있는 명소이다.(p170 A:1)

- 제주시 애월읍 애월북서길 56-1
- #이국적 #바다경치 #감성충전

애월항
"낚시 포인트"

일출, 일몰이 아름다운 항구이다. 낚시 포인트라 낚시 애호가들의 사랑을 받는 장소이기도 하다. 이곳에 제주도에 필요한 모든 가스를 공급하는 LNG 기지가 있어서 야간에는 조명으로 밝게 빛난다. 애월항을 시작으로

에메랄드빛 바다를 감상할 수 있는 애월 해안 도로 산책 역시 추천한다.(p170 A:1)

- 제주시 애월읍 애월해안로 67
- #일출일몰 #낚시포인트 #LNG기지

구엄포구
"돌염전이 있는 곳"

얼핏 보면 거북이 등 같기도 하지만, 매여진 둑에 바닷물을 고이게 만들어 햇볕을 이용해 소금을 만들어내던 돌염전이다. 제주도만 가지고 있는 특별한 모습이기도 하다. 우수하고 맛이 좋은 천일염으로 비싼 가격으로 거래되기도 했던 이곳의 소금은 1950년대 이후엔 소금밭으로서 기능을 잃어 현재는 관광지로만 활용되고 있다.(p170 C:1)

- 제주시 애월읍 애월해안로 713
- #돌염전 #천일염 #관광지

구엄어촌체험마을
"해안 누리길 산책"

해안절경이 뛰어난 구엄마을은, 구엄돌염전이 유명한 곳으로 평평한 천연암반에서 소금을 채취했던 풍경을 만날 수 있는 곳이다. 직접 돌소금 만들기를 해볼 수 있고, 해녀밥상 체험, 보말수제비 만들기 등 수산물로

만든 풍성한 식탁을 경험할 수 있다. 구엄포구부터 시작되는 해안 누리길 산책 역시 빼놓을 수 없는 경험이다.(p170 C:1)

■ 제주시 애월읍 애월해안로 713
■ #구엄돌염전 #돌소금만들기 #해안누리길

아르떼뮤지엄
"제주 여행의 핫플레이스! 시공간을 초월하는 영원한 자연! 신비로운 경험을 해볼까요?"

빛과 소리가 만들어내는 환상적인 공간, 코엑스 'Wave' 작품으로 유명한 디지털 컴퍼니 d'strict가 주관/제작한 국내 최대 규모의 미디어 아트 전시관이다. 영원한 자연(ETERNAL NATURE) 소재의 10개 테마의 미디어 아트가 전시되어 있으며, 특히 최고의 몰입도를 자랑하는 비치(Beach) 존이 가장 유명하다.(p170 B:2)

■ 제주시 애월읍 어림비로 478
■ #Wave #d'strict #미디어아트전시관

무병장수테마파크
"비양도를 품은 바다가 보이는"

오름과 드넓은 들판, 한림 해변과 비양도가 한눈에 내려다보이는 곳에 위치한 제주 힐링명상센터는, 제주를 호흡하고 명상하며 새롭게 깨어나는 나를 만나볼 수 있는 곳이

다. 전통 활 체험과 국궁, 승마, 명상 등을 체험해 볼 수 있다.(p170 B:2)

■ 제주시 애월읍 어음13길 196
■ #제주힐링명상센터 #전통체험 #절경

궷물오름
"해송과 삼나무"

분화구(궤)에서 솟아나는 샘물이 있다고 하여 '궷물오름'이라 불린다. 완만하고 잘 정비되어 있어 유아 동반도 가능한 숲 산책길이다. 궷물오름의 핫스팟이었던 초지는 사유 방목지로 이젠 들어갈 순 없고 초지 밖에서만 인증샷을 찍을 수 있다.(p170 C:2)

■ 제주시 애월읍 유수암리 산136-6
■ #샘물 #유아동반가능 #초지

족은녹고메
"쉽게 오를 수 있는 오름"

작은 녹고메 오름이란 뜻의 오름이다. 경사가 있는 코스가 있긴 하지만 대체로 힘들지 않고 오를 수 있다. 울창한 숲길이 좋아 되도록 천천히 걸어 보길 추천한다.(p171 D:2)

■ 제주시 애월읍 유수암리 산138
■ #작은녹고메 #억새

제주 유수암마을
"맑게 솟아 오르는 유수암물"

맑은 물이 솟아나는 유수암물이 있는 곳이다. 이곳은 농촌체험 휴양마을이기도 한데 감귤을 수확하는 체험이나, 샤프나 젓가락 등을 만드는 목공예 체험까지 다양한 체험 프로그램이 운영 중이다.(p171 D:2)

■ 제주시 애월읍 유수암평화길 14
■ #자연생태우수마을 #감귤체험

렛츠런파크 제주
"넓은 공원 피크닉 명소"

저렴한 입장료로 말의 경주는 물론, 넓은 공원에서 피크닉을 즐길 수 있는 곳이다. 넓은 놀이터와 말 체험 등 즐길 거리가 다양하여 가족 단위, 아이와 함께 오는 관광객들이 많이 찾는 장소이다.(p170 C:2)

■ 제주시 애월읍 평화로 2144
■ #말체험 #놀이터 #가족여행

테디베어하우스 테지움
"사파리 테마의 테디베어"

사파리 테마의 동물 인형들과 실물 크기의 테디베어를 만날 수 있는 테지움 테디베어 테마파크다. 인형들을 직접 만질 수도 있고 많은 인형에 둘러싸여 사진도 찍을 수 있다. 중문에 있는 테디베어 박물관과는 다른 장소이니 헷갈려선 안 된다.(p172 C:2)

■ 제주시 애월읍 평화로 2157-1
■ #테지움테디베어테마파크 #테디베어박물관아님

제주불빛정원
"야간 불빛 명소"

불빛 가득한 제주도의 야간 명소. 다양한 콘셉트의 전시물이 있어 화려한 볼거리가 많은 곳이다. 포토존도 잘 설치되어 있으며 먹거리는 물론 휴식 공간이 있어 쉬어가기 좋은 장소이다.(p171 D:2)

- 제주시 애월읍 평화로 2346
- #야간명소 #전시 #포토존

더럭분교
"무지개 건물을 배경으로"

알록달록한 색깔로 인스타에서 더 유명한 학교이다. 폐교가 될뻔한 학교가 한 회사의 '제주도 아이의 꿈과 희망의 색'이라는 컬러프로젝트를 만나 새롭게 태어났다. 동화 속에 온 듯한 느낌을 주는 이색적인 공간이다. 단, 실제 학교이니 만큼 수업 시간을 피하여 개방 시간에만, 학교 탐방로만 이용하는 매너가 필요하다.(p170 B:1)

- 제주시 애월읍 하가로 195

- #인스타성지 #컬러프로젝트 #매너필요

연화못(연화지)
"여름에 연꽃을 찾을 만한 곳"

약 3780여 평에 핀 연꽃의 장관을 볼 수 있는, 제주도에서 가장 큰 연밭이다. 연화 못 가운데 육각 모양의 정자 안에 있으면 마치 연꽃 위에 둥실 떠 있는 느낌이 든다. 연꽃을 배경으로 사진 찍기 좋은 장소이다.(p170 B:1)

- 제주시 애월읍 하가리 1569-2
- #연꽃 #연밭 #포토존

애월해안도로(하귀리-애월리)
"제주 최고의 드라이브 코스"

공항 근처에 총 9km의 서쪽 해안가를 따라 제주 바다의 풍광을 즐길 수 있는 최고의 드라이브 코스. 중간중간 잘 조성된 쉼터에서 탁 트인 바닷가를 감상하기 좋다.(p172 B:1)

- 제주시 애월읍 신엄리 2755-4
- #해안도로 #드라이브

파군봉(바굼지오름)
"바구니를 닮은 오름"

오름의 모양이 바구니와 닮았다고 해서 바구니의 제주도 사투리인 바굼지가 이름이 되었다. 정상까지 10여 분 소요되는 비교적 작은 오름이지만, 입구 초반이 경사가 심해 줄을 잡고 올라가야 한다. 울창한 소나무 숲을 지나 정상에 오르면 하귀리 마을과 바다가 한눈에 들어온다.(p171 D:1)

- 제주시 애월읍 상귀리 332
- #바구니오름 #소나무숲 #절경

맛동산감귤체험농장
"감귤따기 체험하며 인생샷을 찍어보자"

@yoonmi_heo_

비닐하우스에서도 귤 따기 체험을 할 수 있어 여름에도 체험이 가능하다. 농장 곳곳에 포토존이 가득해 감귤따기 체험과 함께 사진을 찍으며 즐거운 시간을 보낼 수 있다. 예약 필수!

- 제주시 애월읍 광령2길 62-1
- #감귤따기체험 #감귤농장 #아이와함께

고스트타운
"짜릿한 공포를 느껴보자"

8개의 프로그램 중 선택해서 체험할 수 있다. VR을 통한 귀신체험으로 보다 실감 나는 공포를 느낄 수 있다. (p172 C:1)

■ 제주시 애월읍 부룡수길 35-14
■ #귀신체험 #VR체험 #실내관광지

상가리야자숲
"애월 포토존에서 이국적인 사진을 남겨보자"

애월에 위치한 야자수 군락지다. 애월 포토존으로 유명하다. 야자수가 마치 동남아 여행을 온 듯한 느낌이 들게 한다. 곳곳에 포토존이 마련되어 인생샷을 남길 수 있다.

■ 제주시 애월읍 고하상로 326
■ #이국적 #포토존 #야자수

사진놀이터
"아이 또는 커플 사진놀이터"

@_luminous.0326

100여 개의 다양한 콘셉트의 사진을 찍을 수 있는 스튜디오형 전시 공간이다. 날씨에 상관없이 사진을 찍고 휴식을 취하며 실내에서도 2시간 이상 즐길 수 있는 곳이다. 스튜디오의 색감이 좋아 사진이 훨씬 예쁘게 나오고 다양한 콘셉트의 의상이 대여되니 자신만의 특별한 사진을 남겨보길 추천한다.(p171 D:1)

■ 제주시 애월읍 평화로 2835
■ #스튜디오형전시공간 #의상대여 #특별한사진

새별오름 억새
"샛별, 이름조차도 아름다운 오름"

새별오름은 가을 억새로 가득한 억새산이다. 파란 하늘에 민둥산 느낌의 초원으로 이루어진 오름으로, 저녁 하늘 샛별과 같이 외롭게 있다고 하여 '새별오름'이라는 낭만적인 이름이 붙었다. 새별오름 주차장에 주차 후 좌측 능선으로 이동하는데, 초반 등산길은 약간 경사가 있다.(p170 B:3)

- 제주시 애월읍 봉성리 산 59-8
- #10,11,12월 #민둥산 #등산

애월고등학교 벚꽃
"나만 알고 있는 숨은 벚꽃길"

애월고등학교 정문 앞 도로는 현지인들만 아는 제주 벚꽃 숨은 명소다. 정문 가는 길목에 탐스러운 왕벚꽃들이 피어난다. 학생들이 공부하는 공간이므로 주말에 방문하는 것을 추천한다. 네비에 제주시 애월읍 일주서로 6372-20을 찍고 이동(지번주소 : 애월리 8-1)(p170 B:1)

- 제주시 애월읍 일주서로 6372-20
- #3,4월 #정문앞 #벚꽃도로 #주말여행

애월 장전리 벚꽃
"보는 것만으로도 풍성한 왕벚꽃 길"

3월 말부터 4월 초까지 늦봄 장전리 마을 초입에 풍성한 왕벚꽃이 피어난다. 왕벚꽃 철이 되면 축제도 열려 온 마을이 잔치 분위기가 된다. 네비에 장전리사무소 혹은 애월읍 장전리 448-2를 찍고 이동.(p172 C:1)

- 제주시 애월읍 장전리 1363
- #4월 #시골마을 #왕벚꽃 #벚꽃축제

어음리 억새군락지
"억새를 담아야 가을이 온다"

@eunsunkong

아르떼뮤지엄 가는 자동차 도로에 은색 억새 군락이 펼쳐진다. 가을에 아르떼뮤지엄을 방문한다면 잠시 차를 갓길에 세우고 은색 억새 물결을 즐겨보자. 드넓은 억새밭을 배경으로 사진찍기도 딱 좋다. 네비에 어음리 산 68-5를 찍고 이동.(p170 B:3)

- 제주시 애월읍 어음리 산 68-5
- #11,12월 #드라이브코스 #사진촬영

하가리 연꽃마을 연화지
"제주에서 가장 큰 연못 그리고 연꽃"

@hyeyeon2095

더럭분교(애월초등학교) 옆에 위치한 연화지에서 피어나는 연꽃 무리. 연화지는 제주도에서 가장 큰 연못으로, 10,000들가 넘는 면적을 자랑한다. 넓은 연화지를 가득 메운 소담스러운 연꽃 무리가 인상적이다. 연화지 중앙에는 정자가 설치되어 있어 연꽃을 한껏 즐길 수 있다. 연화지 안에는 잉어와 장어가 서식하며, 주변으로 팽나무, 무궁화 등도 자란다. 나무데크길을 따라 인물 사진 찍기도 좋다.(p172 C:2)

- 제주시 애월읍 하가리 1569-2
- #7,8월 #대규모 #잉어 #장어 #팽나무 #무궁화

항파두리 코스모스
"가을에는 역시 코스모스지"

항파두리 항몽유적지 옆 들판에 조성된 4천 평 규모의 코스모스 꽃밭. 무료로 입장할 수 있으며, 산책로도 조성되어 있다. 봄에는 유채꽃, 여름에는 해바라기, 가을에는 코스모스가 피어난다. 항파두리 항몽 유적지는 몽골의 침략을 받은 조국을 위해 싸운 삼별초가 최후까지 항전하다가 순의 한 곳이다.(p170 C:1)

■ 제주시 애월읍 상귀리 897-1
■ #9,10월 #무료입장 #야생화 #삼별초 #역사여행지

애월한담해안로 유채꽃
"야자나무와 유채꽃"

@bomy8161

봄이 오면 애월 앞바다를 배경으로 노란 유채꽃이 만발한다. 여기에 이국적인 야자수 나무

가 더해지면, 더욱 환상적인 풍경이 완성된다. 네비에 한담노을주차장 혹은 제주시 애월읍 곽지리 1365를 찍고 이동.(p170 A:1)

■ 제주시 애월읍 애월리 2431-3
■ #3,4월 #드라이브코스 #해안도로 #야자수

새빌 핑크뮬리
"핑크 핑크한 핑크뮬리"

@jju_0117

유럽풍 새빌 카페에 딸린 정원에서 가을 핑크뮬리를 만나볼 수 있다. 버스로 이동할 경우 제주국제공항에서 365번 버스로 한라병원까지 이동, 251번 버스로 환승해 화전마을 정류장에서 하차 후 도보 10분 이동. 카페는 매일 09:00~19:30 연중무휴 영업.(p170 B:3)

■ 제주시 애월읍 평화로 1529
■ #9,10,11월 #새빌카페 #유럽풍정원

항파두리항몽유적지 백일홍
"삼별초의 마지막 보루를 밝히는 백일홍"

@hangpa31

7~8월 항파두리 항몽 유적지에는 색색의 백일홍이 피어난다. 해마다 꽃을 심는 위치가 변경되기도 하고, 해바라기, 백일홍, 유채꽃, 수국, 국화 등 수종도 변하기 때문에 전화 문의 후 방문하는 것도 팁이다. 그늘이 없으니 모자나 양산을 준비해 가는 것이 좋다. 주차하고 아스팔트 길로 쭈욱 올라가다 보면 인증사진 찍기 좋은 나홀로 나무도 있다. 네비에 제주시 애월읍 상귀리 1012를 찍고 이동(p170 C:1)

■ 제주시 애월읍 항파두리로 50
■ #백일홍 #해바라기 #그늘없음

애월 맛집 추천

애월 우니담
"성게미역국, 전복가마솥밥"

성게 요리와 미역국을 주력으로 하는 한상 차림 맛집. 성게미역국, 성게덮밥, 성게비빔밥 등 따뜻한 한 그릇 식사를 즐길 수 있다. 가게 창유리 너머로는 아름다운 애월 앞바다 풍경이 비추어 밥맛을 돋운다. 매일 09:00~15:00, 16:00~19:30 영업, 18:30 주문 마감.(p170 C:1)

- 제주시 애월읍 고내로13길 107 2층
- 0507-1361-5433
- #한정식 #한그릇식사 #애월바다전망

바다속고등어쌈밥
"고등어쌈밥, 흑돼지두루치기쌈밥"

묵은지와 함께 조려낸 통통한 고등어를 쌈 채소에 싸 먹는 고등어 쌈밥 전문점. 밑반찬으로 나오는 간장게장도 일품이다. 고등어쌈밥과 흑돼지 두루치기 쌈밥은 2인분부터 주문할 수 있다. 매일 08:00~21:30 영업, 매주 첫째 주와 셋째 주 화요일 휴무.(p173 D:1)

- 제주시 애월읍 일주서로 7089
- 064-745-6466
- #건강한맛 #묵은지 #간장게장

하갈비국수
"갈비고기국수, 갈비비빔국수"

고기국수에 흑돼지 갈비가 딸려 나오는 갈비국수 전문점. 정통 맑은 국물 고기국수와 매콤달콤한 비빔국수가 인기 메뉴. 3인분 이상 주문하면 바다 전망 테라스 좌석을 이용할 수 있다. 매일 10:00~20:00 영업, 19:00 주문 마감.(p172 B:1)

- 제주시 애월읍 애월북서길 54
- 070-4543-2724
- #담백한갈비국수 #매콤달콤양념국수 #바다전망테라스

잇수다
"돈가스, 새우로제파스타"

제주 돼지 등심에 각종 허브로 맛을 낸 겉바속촉 돈가스와 새우가 듬뿍 들어간 로제파스타가 맛있는 레스토랑. 분위기 좋은 곳이라 연인끼리 방문하기도 좋다. 포장 가능, 애완동물 동반 입장 가능. 11:00~16:00, 18:00~22:00 영업, 21:00 주문 마감.(p172 B:2)

- 제주시 애월읍 고내로7길 46-1
- 064-799-3739
- #멋진분위기 #테이크아웃 #애완동물동반

TONKATSU서황
"서황카츠, 안심카츠"

제주 흑돼지로 만든 수제 돈가스 전문점. 흑돼지 등심과 안심을 섞어 만든 대표메뉴 서황카츠와 부드러운 안심살로 만든 안심카츠가 대표메뉴. 모듬카츠를 주문하면 안심카츠, 생선카츠, 새우튀김을 모두 맛볼 수 있다. 매일 11:30~15:00 영업.(p172 C:2)

- 제주시 애월읍 장소로 205-2
- 064-799-5458
- #부드러운식감 #고소한맛

백번가든
"흑돼지오겹살, 흑돼지김치찜"

최고등급의 제주 암퇘지와 유기농 쌈 채소를 제공하는 오겹살 맛집. 흑돼지가 푸짐하게 들어간 5합 김치찜은 흑돼지뿐만 아니라 활전복, 문어, 낙지, 등갈비가 들어가 있어 식사로도 안주로도 제격이다. 매일 11:00~22:30 영업.(p172 B:1)

- 제주시 애월읍 애월로 120
- 0507-1345-6901
- #오겹살맛집 #매콤칼칼김치찜 #유기농쌈채소

해성도뚜리
"흑돼지오겹살, 흑돼지목살, 토마토짬뽕"

묵은지와 고사리 무침이 나오는 흑돼지구이 맛집. 황게, 홍합, 딱새우 등 해산물이 푸짐하게 들어간 이색 토마토 짬뽕도 인기 있다. 토마토 짬뽕은 16:30부터 고기 주문 시에만 주문할 수 있다. 점심시간에는 흑돼지구이와 비빔밥, 강된장이 함께 나오는 흑돼지 점심 특선을 저렴한 가격으로 제공한다. 매일 12:00~22:00 영업, 매주 화요일 휴무. (p172 C:1)

- 제주시 애월읍 애월해안로 682
- 064-713-6321
- #고사리오겹살 #이색토마토짬뽕 #점심특선

애월그때그집 본점
"흑돼지오겹살, 흑돼지김치찌개"

제주산 청정 돼지고기를 직화 초벌구이해 제공하는 돼지 구이 전문점. 흑돼지 오겹살이 가장 인기 있으며, 세트 메뉴(근단위) 주문 시 흑돼지 김치찌개와 흑돼지 수제 소시지, 왕새우, 계란후라이를 서비스로 제공

한다. 연중무휴 11:00~21:30 영업.(p172 B:1)

- 제주시 애월읍 애월해안로 97
- 0507-1377-9229
- #근돼지구이 #세트메뉴추천

문개항아리 애월점
"해물통칼국수, 해물통라면, 문어라면"

제주산 돌문어와 새우, 전복 등이 들어간 해물통칼국수와 라면을 선보이는 곳. 해물통칼국수와 해물통라면은 2인 이상만 주문 가능하며, 여기에 해물이나 사리를 추가해 먹을 수도 있다. 혼자 방문한다면 통문어가 풍덩 들어간 문어라면을 추천한다. 매일 09:30~19:30, 재료소진 시 마감.(p172 C:1)

- 제주시 애월읍 가문동길 38
- 0507-1368-4776
- #시원한국물 #2인이상추천

닻
"딱새우회, 숙성회"

신선한 딱새우 회와 숙성 사시미가 맛있는 해산물 맛집. 두 요리를 함께 맛볼 수 있는 세트 메뉴를 추천한다. 숙성 회의 깊은 맛을 오롯이 즐길 수 있도록 초장을 따로 제공하지 않기 때문에, 초장을 먹고 싶다면 미리 가져와야 한다. 매일 11:30~00:00 영업, 매주 수요일 휴무, 노키즈존.(p172 C:1)

- 제주시 애월읍 가문동길 41-2
- 070-4147-2154
- #깊은맛 #숙성회 #노키즈존

남또리횟집
"도미회, 모둠회"

도미회를 주력으로 다양한 활어회를 선보이는 모둠회 전문점. A세트, B세트, VIP세트, GOLD세트와 갈치, 고등어 회 세트 등을 판매한다. 밑반찬들도 버릴 것 없이 모두 정갈하고 맛있다. 연중무휴 11:30~22:30 영업.(p172 C:1)

- 제주시 애월읍 애월해안로 384
- 064-799-1711
- #모둠회세트메뉴 #정갈한밑반찬

잇칸시타
"일본가정식"

낮에는 일본식 가정식집으로, 밤에는 이자카야로 운영하는 곳. 텐동 정식, 딱새우장 정식, 차돌짬뽕 정식, 밀푀유나베 정식 등 다양한 일본요리를 취급한다. 기본 찬으로 나오는 차돌 숙주 볶음과 흑돼지등심돈까스, 냉소바, 된장 소스 생선구이 등 밑반

찬도 푸짐하고 맛있다. 매일 11:00~15:30, 17:00~22:00 영업.(p172 C:1)

- 제주시 애월읍 신엄안2길 54-1 애월읍 신엄리 950번지
- 064-713-5450
- #일본가정식 #이자카야 #안주

만지식당
"돈카츠정식, BBQ야키소바"

도톰한 제주 흑돼지 돈까스를 판매하는 아담하고 분위기 좋은 식당. 바베큐 양념 고기와 면을 볶아 만든 바베큐 야키소바와 왕새우 튀김이 올라간 우동도 맛있다. 매일 11:00~15:00, 17:00~20:00 영업, 매주 목요일 휴무.(p172 B:2)

- 제주시 애월읍 고내로 13-1
- 0507-1415-1812
- #일본가정식 #돈까스맛집

아루요
"나가사끼짬뽕, 마구로찌라시동, 사케동, 가쯔동"

오픈키친으로 운영하는 일본식 우동, 덮밥 전문점. 해산물과 채소가 듬뿍 들어간 시원한 나가사키 짬뽕은 식사로도 해장음식으로도 제격이다. 안주 음식과 사케도 판매해 혼술 즐기기도 좋다. 매일 11:30:~14:30, 17:30~20:00 영업, 재료 소진 시 마감, 일요일 휴무.

- 제주시 애월읍 유수암평화5길 15-8
- 064-799-4255
- #정통일본식 #우동 #덮밥 #안주 #사케 #혼술

은혜전복
"전복뚝배기, 전복돌솥밥"

애월카페거리에 있는 전복요리 전문점. 전복죽, 물회, 돌솥밥, 뚝배기, 버터구이 등 다양한 음식을 선보인다. 낙지 젓갈 등 기본 찬은 셀프바에서 양껏 가져다 먹을 수 있다. 포장주문 가능, 매일 10:00~20:00 영업.(p172 B:1)

- 제주시 애월읍 애월로1길 24-3
- 064-799-9060
- #전복요리전문점 #반찬셀프바 #포장가능

스시애월

"특초밥세트, 도로초밥세트"

예약제로(전화) 운영되는 초밥 세트 메뉴 전문점. 사시미와 초밥, 샐러드, 면류, 튀김이 함께 나오는 푸짐한 구성에 가격도 합리적이다. 가족 여행객에는 아쉽게도 노키즈존으로 운영된다. 매일 11:00~21:00 영업, 일요일 휴무.(p172 B:1)

- 제주시 애월읍 장전로 57
- 064-799-2008
- #가성비초밥도시락 #예약제 #노키즈존

심바카레

"돈카츠카레, 바나나튀김카레"

돈가스 카레와 이색 바나나 튀김 카레를 주력으로 하는 일본식 카레 맛집. 카레와 밥을 양껏 리필해 먹을 수 있으며, 카페를 겸하고 있어 식사부터 후식까지 한 곳에서 해결할 수 있다. 심바는 가게의 마스코트인 귀여운 강아지 이름이기도 하다. 매일 10:30~20:00 영업, 19:30 주문 마감, 매주 수요일 정기휴무.(p172 B:2)

- 제주시 애월읍 애월리 2100-1
- 064-799-4164
- #밥무한리필 #후식제공 #카페레스토랑

애월제주다

"제주모둠장"

황게, 딱새우, 전복, 뿔소라, 문어 등을 넣은 제주 모둠장 전문점. 제주산 제철 해산물을 35시간 숙성 시켜 만든 모둠장은 김에 싸 먹으면 진정한 밥도둑이 된다. 하루 30인분만 한정 판매. 매일 11:00~15:00, 17:00~20:00 영업.

- 제주시 애월읍 가문동길 17 애월제주다
- 0507-1334-9321
- #제철해산물 #고소한맛 #짭짤한맛 #밥도둑 #혼밥추천 #30인한정판매

뚱딴지

"활오복탕, 흑돼지근고기"

15가지 제주산 한방 약재와 오골계, 활문어, 활전복을 넣고 끓인 활오복탕 전문점. 활오복탕은 뚱딴지 식당에서만 판매하는 시그니처 메뉴이기도 하다. 식당 손님에게는 식당에서 운영하는 숙소 숙박료를 반값 할인해준다니 참고하자. 매일 10:00~22:00 영업.(p172 C:1)

- 제주시 애월읍 부룡수길 17

- 0507-1370-2085
- #건강한맛 #한약재 #숙소할인

뜰에

"갈치조림, 갈치구이"

@zhayoona

갈치요리를 전문으로 하는 제주식 한상차림 전문점. 갈치조림, 갈치구이 세트뿐만 아니라 딱새우장, 딱새우회, 딱새우찜이 나오는 딱새우 세트와 고등어조림 세트, 흑돼지 묵은지 전골 세트도 함께 판매한다. 매일 10:30~15:30, 17:00~20:30 영업.

- 제주시 애월읍 애월로11길 23-1
- 064-799-1479
- #갈치요리전문점 #2인이상추천

피즈

"치즈버거, 피즈버거"

이국적인 감성이 물씬 풍기는 수제버거 전문점. 가게 통유리창 밖으로 푸른 애월 앞바다가 훤히 들여다보인다. 쇠고기 패티에 아메리칸 치즈가 들어간 치즈버거와 베이컨, 파프리카, 피망, 양파가 더해진 피즈버거가

인기상품. 매일 10:00~20:00 영업.(p172 B:1)

- 제주시 애월읍 애월로 29
- 0507-1348-5148
- #아메리칸스타일 #수제버거

제주광해 애월
"갈치조림, 전복갈치조림"

갈치조림 정식을 마리 단위로 판매하는 가성비 좋은 맛집. 기본 갈치조림부터 고등어조림, 전복, 갈치구이, 해물 뚝배기, 돼지갈비가 포함된 다양한 세트 메뉴를 판매한다. 테라스 좌석에서 바다 전망을 바라보며 식사할 수도 있다. 매일 09:30~21:00 영업.(p172 C:1)

- 제주시 애월읍 애월해안로 867 2층
- 0507-1312-4789
- #가성비 #갈치요리전문 #바다전망테라스

고집돌우럭 함덕점
"우럭조림, 옥돔구이"

우럭조림과 옥돔구이 세트 메뉴를 저렴하게 판매하는 체인 식당. 뿔소라 미역국, 왕새우 튀김 등이 포함된 다양한 세트 메뉴를 선보인다. 매일 10:00~15:00, 17:00~21:30 영업, 20:20 주문 마감.

- 제주시 조천읍 신북로 491-9 2층
- 0507-1353-6061
- #깔끔한분위기 #해산물세트메뉴 #한그릇식사

노라바
"제주도는 해물라면이지!"

해물라면과 문어라면이 유명한 라면집이다. 별관 2층에서는 애월바다를 보며 라면을 먹을 수 있다.예써 앱으로 줄서기가 가능하다. (p172 C:1)

- 제주시 애월읍 구엄길 100
- 0507-1360-1900
- #애월맛집 #해물라면 #문어라면

고이정본점 보리짚불구이
"초벌구이된 흑돼지를 맛보자"

숙성된 흑돼지를 제주보리 볏짚에 초벌구이해서 주는 곳! 부드러운 식감의 흑돼지를 먹을 수 있다. 김치말이 국수와 된장찌개와 함께 제주 흑돼지를 즐겨보자. 테이블링 어플을 통해 예약이 가능하다. (p172 B:2)

- 제주시 애월읍 애월로 6
- 0507-1350-0401
- #애월맛집 #흑돼지 #숙성근고기

몬스터살롱
"수제버거와 츄러스 맛보자"

스폰지밥 그래피티가 그려진 힙한 버거집이다. 가게 내부에서 인스타감성샷을 찍기 좋다. 수제 버거 맛집으로, 버거만큼이나 츄러스도 맛있다.(p172 B:2)

- 제주시 애월읍 일주서로 6017
- 0507-1414-5310
- #애월맛집 #수제버거 #츄러스

신의한모
"해양심층수로 만든 두부를 코스로 즐겨보자"

하귀1항 바로 앞에 위치한 두부집이다. 해양심층수로 만든 특별한 두부다. 코스요리를 통해 다양한 두부요리를 즐길 수 있다. (p173 D:1)

- 제주시 애월읍 하귀14길 11-1
- 064-712-9642
- #애월맛집 #이효리맛집 #두부

해성도뚜리

"흑돼지와 함께 짬뽕을 맛볼 수 있는 곳!"

맛있는 제주만들기에 참여한 식당이다. 해산물이 듬뿍 들어간 짬뽕과 흑돼지를 함께 맛볼 수 있다. 애월해안도로 길가에 위치해 오션뷰를 즐길 수 있다. (p172 C:1)

- 제주시 애월읍 애월해안로 682
- 064-713-6321
- #애월맛집 #토마토짬뽕 #흑돼지

제주 코시롱

"석양을 보며 흑돼지를 즐겨보자"

야자수가 가득해 이국적 감성을 느낄 수 있고, 일몰이 아름다운 곳이다. 천장까지 통유리로 되어 있어 뷰가 멋지다. 분위기 좋은 곳에서 맛있는 흑돼지를 먹어보자. 네이버 예약이 가능하다. (p172 C:1)

- 제주시 애월읍 애월해안로 656 제1동 1층
- 0507-1360-5051
- #흑돼지 #오션뷰 #일몰맛집

애월찜

"전복, 낙지, 갈비찜을 한 번에 즐겨보자"

@shrimp_seah

전복과 낙지가 올라간 소갈비찜 맛집이다. 갈비찜을 먹은 후 볶음밥도 추천한다. 계란찜도 함께 나와 아이들과 함께하기 좋다. (p172 C:1)

- 제주시 애월읍 애월해안로 454-5
- 0507-1403-7496
- #애월맛집 #갈비찜 #애월해안도로

한라봉스시

"제주감성 초밥을 맛보자"

한라봉스시

@sm_991114

한라봉 초대리가 들어간 초밥을 맛볼 수 있다. 천국의 계단이 대표메뉴로 눈으로 먹는 맛이 있다. 통유리를 통해 보이는 오션뷰가 멋지다. 야외공간에는 포토존이 있으니 기다리는 동안 사진을 남겨보자. 네이버 예약이 가능하다. (p172 B:2)

- 제주시 애월읍 애월북서길 54 2층
- 0507-1372-9027
- #스시 #오션뷰 #천국의계단

애월 카페 추천

제주기와

"야외 정원에서 피크닉 즐길 수 있는 카페"

스몰 웨딩 예식장으로도 인기 있는 피크닉 카페. 가게 앞 정원에서 햇살을 맞으며 진짜 피크닉을 즐길 수 있다. 베이컨, 소시지, 스크램블, 크로플, 샐러드가 포함된 제주기와 브런치와 BLT 샌드위치 세트 메뉴가 인기 있다. 피크닉 세트에는 BLT 샌드위치, 감자튀김, 오렌지, 초코쿠키, 아메리카노 2잔이 포함되어있다. 매일 09:00~20:00 영업, 19:00 주문 마감.(p173 D:2)

- 제주시 애월읍 광령남4길 45-1
- #피크닉카페 #브런치 #피크닉2인세트

애월빵공장앤카페

"제주 현무암을 닮은 검정 현무암 쌀빵이 인기"

에메랄드빛 곽지해수욕장이 펼쳐진 오션뷰 카페 베이커리. 방부제와 화학 보존제가 들어가지 않은 건강 빵을 구워 판다. 빵 메뉴로는 제주 현무암 쌀 빵, 애월 딸기 털실 무스, 녹차 도넛이, 음료 메뉴로는 붉은빛 히비스커스 유자 티와 푸른빛 에메랄드 비치 에이드가 인기. 매일 09:00~19:00 영업.(p172 B:2)

- 제주시 애월읍 금성5길 42-15
- #오션뷰 #히비스커스유자티 #에메랄드비치에이드

초록달 과자점

"에그타르트가 맛있는 동화 감성 카페"

동화 배경처럼 아기자기하고 예쁘게 꾸며진 카페. 노릇하게 구워 나오는 에그타르트와 휘낭시에, 까눌레도 커피와 잘 어울린다. 에그타르트 맛집으로도 유명하니 꼭 맛보고 오자. 매일 11:00~17:00 영업, 매주 일요일과 월요일 휴무.

- 제주시 애월읍 납읍로2길 35-4 1층
- #아기자기 #감성카페 #에그타르트

영국찻집

"영국식 홍차와 밀크티를 선보이는 티룸"

조용한 분위기에서 홍차를 즐길 수 있는 정통 영국식 찻집. 잉글리시 브렉퍼스트, 다즐링, 얼그레이 등 홍차와 밀크티, 오이 샌드위치, 초콜릿 카스테라를 주문할 수 있다. 매일 13:00~18:00 영업, 매주 수요일과 목요일 휴무.(p172 B:2)

- 제주시 애월읍 녹근로 19-15

- ■ #잉글리시브렉퍼스트 #다즐링 #얼그레이

골목카페옥수
"마스코트 강아지 모모가 반겨주는 한옥카페."

한옥을 개조해 한국적인 멋스러움을 간직한 감성 카페. 손님들을 반갑게 맞이해주는 강아지 모모가 귀엽다. 미숫가루가 들어간 할매라떼, 옥수수 아인슈페너, 제주 레몬과 석류 청, 히비스커스가 들어간 소길에이드와 치즈테린느, 에그타르트가 맛있다. 매일 11:00~19:00 영업.(p172 C:2)
- ■ 제주시 애월읍 소길1길 19 골목카페옥수
- ■ #할매라떼 #옥수페너 #에그타르트

쉬리니케이크
"제주도산 과일로 만든 상큼달콤한 조각 케이크"

프랑스산 생크림과 버터, 크림치즈를 이용해 만드는 조각 케이크 전문점. 홀 케이크는 2~3일 전에 예약 주문해야 한다. 제주산 과일이 들어간 키위 케이크, 애플 망고 케이크, 바나나 케이크를 추천한다. 매일 12:00~19:00 영업, 화요일과 수요일 휴무.
- ■ 제주시 애월읍 애납로 175 1층
- ■ #딸기생크림케이크 #제주애플망고케이크 #쑥케이크

트라이브
"한담해변 노을 전망이 아름다운 오션뷰 카페"

탁 트인 한담해변 전망이 아름다운 디저트 카페. 특히 해 질 녘 전망이 아름다운 곳으로 유명하다. 달콤한 당근케이크와 새콤한 한라봉 소르베 에이드가 인기상품. 매일 09:00~20:00 영업.(p172 B:1)
- ■ 제주시 애월읍 애월로 11
- ■ #당근케이크 #한라봉소르베에이드

랜디스도넛 제주직영점
"제주도에서 가장 유명한 도넛 체인점"
제주에서 가장 유명한 미국 감성의 도넛 체인점 랜디스도넛. 핑크 스프링클 도넛, 스프링클 케이크, 초콜릿 크룰러 등 새콤달콤한 필링이 가득한 맛있는 도넛들을 판매한다. 매일 10:00~20:00 영업.(p172 B:1)
- ■ 제주시 애월읍 애월로 27-1
- ■ #핑크스프링클도넛 #베리믹스필링도넛 #초콜릿 크룰러

썬셋클리프
"제주도 석양 전망이 가장 아름다운 곳"

제주도에서 석양 전망이 가장 아름다운 카페로 입소문 난 곳. 석양을 닮은 에이드 썬쎗후르츠와 고소한 거품이 가득 올라온 아인슈페너가 인기 있다. 매일 11:00~24:00 영업, 21:00 카페 마감 22:00 음식 마감, 23:30 주문 마감.(p172 B:1)
- ■ 제주시 애월읍 애월로1길 19-8
- ■ #아인페너 #썬쎗후르츠

봄날
"돌담과 해변을 배경으로 인생 사진을 찍어가자"

한담 해수욕장 전망 좋은 곳으로 입소문이 난 카페. 가게 앞 돌담이 프레임이 되어 멋진 바다 사진을 찍어갈 수 있다. 드라마 맨도롱또똣 촬영지로도 유명하다. 매일 09:00~21:30 영업.(p172 B:1)

- ■ 제주시 애월읍 애월로1길 25
- ■ #오션뷰 #아메리카노 #콜드브루

모립
"고택을 개조해 만든 멋스러운 카페"

옛 주택을 개조해 만든 고즈넉한 분위기의 카페. 시트러스 향이 매력적인 수국, 카카오 향이 그윽한 오죽, 고소한 맛이 조화로운 돌담, 세 가지 핸드드립 커피가 인기. 2,000원을 추가하면 커피를 리필해 준다. 매일 10:30~19:00 영업, 18:30 주문 마감.(p172 B:1)

- ■ 제주시 애월읍 애월로1길 26-7
- ■ #제주감성 #핸드드립커피 #커피리필가능

일월 선셋 비치
"노을 전망이 아름다운 브런치 카페 겸 펍"

낮에는 카페 레스토랑, 밤에는 펍으로 변신하는 세련된 오션뷰 카페. 랍스타가 들어간 피자와 와인, 맥주가 포함된 세트 메뉴를 판매한다. 노을 진 하늘을 닮은 칵테일 일월 선셋, 일월 뱅쇼, 일월 아이리쉬 커피도 인기. 매일 11:30~20:00 영업.(p172 B:1)

- ■ 제주시 애월읍 애월북서길 56-1 1층
- ■ #일월랍스타피자 #일월뱅쇼 #일월선셋

레이지펌프
"옛 콘크리트 건물을 개조해 만든 레트로 감성 카페"

양어장으로 쓰였던 옛 콘크리트 건물을 개조해 만든 레트로 감성 카페. 통유리창 밖으로 애월 해변 풍경이 시원하게 펼쳐진다. 제주 녹차의 진한 맛이 느껴지는 말차 크리미가 대표메뉴. 매일 09:00~20:00 영업.(p172 B:1)

- ■ 제주시 애월읍 애월북서길 32
- ■ #제주말차크리미 #아몬드라떼

하이엔드제주
"애인과 함께 방문하기 좋은 오션뷰 카페"

애월 해변 전망이 아름다워 필수 데이트 코스로 꼽히는 곳. 시그니처 메뉴인 소금 커피 용천수 염 커피와 우도 땅콩 라떼, 애플망고 주스와 봄에만 한정 판매하는 리얼 생 딸기 우유를 추천한다. 매일 09:00~21:00 영업,

20:20 주문 마감.(p172 B:1)

- ■ 제주시 애월읍 애월북서길 56
- ■ #아메리카노 #용천수염커피 #우도땅콩

몽상드애월
"SWAG 느껴지는 오션뷰 카페"

지디 카페로도 유명한 애월 노을 전망 카페. 현무암과 야자수 뒤로 드넓은 바다 전망이 펼쳐져 인생 사진을 남길 수 있다. 연유를 넣어 부드러움을 더한 돌체라떼와 우도산 땅콩과 현미를 넣어 만든 우도 피넛라떼가 인기. 매일 10:30~19:00 영업, 18:30 주문 마감.(p172 B:1)

- ■ 제주시 애월읍 애월북서길 56-1
- ■ #지디카페 #돌체라떼 #우도피넛라떼

애월더선셋
"브런치가 맛있는 오션뷰 카페 레스토랑"

애월 해안이 바로 들여다보이는 브런치 카페. 각종 야채와 베이컨, 치즈가 들어간 치즈 오믈렛과 디저트 메뉴인 생과일 프렌치토스트를 추천한다. 애월 해변의 노을을 닮은 칵테일 리멤버더선셋도 추천. 매일 10:00~15:00, 17:00~20:00 영업, 동절기 10:00~15:00, 17:00~19:00 영업, 영업 종료 30분 전 주문 마감.(p172 B:1)

- 제주시 애월읍 일주서로 6111
- #치즈오믈렛 #생과일프렌치토스트 #리멤버더선셋

새빌

"크로와상이 맛있는 유럽풍 디저트 카페"

리조트로 사용되었던 건물을 리모델링한 유럽풍 디저트 카페. 진한 녹차라떼에 콜드브루를 섞은 시그니처 음료 새빌라떼와 파티쉐가 공들여 만든 크로와상이 추천 메뉴. 연중무휴 09:00~19:30 영업.(p172 C:3)

- 제주시 애월읍 평화로 1529
- #크로와상 #새빌라떼

살롱드라방

"바닐라 아이스크림을 샌드한 팬케익 PAN또아"

따뜻한 커피와 팬케이크를 먹을 수 있는 디저트 카페. 견과류와 바닐라 아이스크림이 듬뿍 들어가 부드럽고 고소한 PAN또아가 인기 있다. 얼그레이 베이스의 밀크티와 사과와 감귤을 넣어 만든 과일주스도 추천. 매일 10:30~17:00 영업, 매주 토요일과 일요일 휴무.(p172 B:2)

- 제주시 애월읍 하가로 146-9
- #팬케이크 #아메리카노 #PAN또아

슬로보트

"아늑하고 세련된 분위기의 바다전망 카페"

나 홀로 여행할 때 쉬어가기 좋은 아늑한 바다 전망 카페. 핸드드립 커피와 함께 캐모마일 메들리, 히비스커스 베리, 피치 블라썸 세 가지 블렌딩 티를 판매한다. 매일 11:00~19:00 영업, 매주 월요일과 화요일 휴무.(p173 D:1)

- 제주시 애월읍 하귀2길 46-16
- #핸드드립커피 #유기농티

시루애월

"다양한 브런치를 판매하는 카페 레스토랑"

저온 창고를 개조해 만든 앤틱한 브런치 카페. 브런치 메뉴로는 소시지, 계란후라이가 들어가는 기본 시루 브런치와 소시지 치즈 스튜가 나오는 애월 브런치, 샌드위치와 요거트가 포함된 소길 브런치, 한라봉 드레싱을 곁들은 쉬림프 샐러드가 있다. 매일 09:00~19:00 영업.(p172 C:2)

- 제주시 애월읍 하소로 449 시루애월
- #앤틱카페 #브런치 #까르보나라

카페 노티드 제주

"서울 노티드에는 없는 도넛을 맛보자"

서울엔 없는 제주녹차도넛과 제주청귤도넛이 있다. 무성한 야자수가 이국적인 느낌이다. 알록달록한 포토존에서 인생샷을 남겨보자(p172 B:1)

- 제주시 애월읍 애월로1길 24-9 1층, 2층
- #애월카페거리 #도넛 #핫플

마마롱

"수제케이크와 에끌레어 맛집"

거꾸로트리 포토존으로 유명한 디저트 맛집이다. 에끌레어가 유명하고, 디저트류 소진이 빠르다. 야외의 돌집 모양의 포토존, 감귤밭 주차장쪽에 있는 포토존도 예쁘다. (p173 D:2)

- 제주시 애월읍 평화로 2783 1층
- #디저트맛집 #거꾸로트리 #에끌레어

버터모닝
"빵케팅에 성공해야 먹을 수 있는 곳"

갓 나온 버터모닝에 생크림을 찍어 먹어보자. 입 안에서 사르르 녹는다. 방문 하루 전 전화 예약해야 하고, 픽업 시간에 10분 이상 늦으면 자동 취소된다. (p173 D:2)

- 제주시 애월읍 하광로 279
- #제주빵지순례 #애월빵집 #전화예약

노을리
"제주 노을을 보며 흑연탄빵을 먹자"

대형 베이커리 카페로 흑연탄빵이 유명하다. 통창으로 뷰가 좋고, 특히 노을이 멋지다. 창가를 향해 자리한 빈백에 앉아 노을을 즐기기 좋다. (p172 C:1)

- 제주시 애월읍 애월해안로 656
- #애월카페 #흑연탄빵 #오션뷰

미깡창고감귤밭&카페
"커피도 마시고 감귤따기 체험도 하고!"

@o_o__s.h

감귤밭 창고를 리모델링한 카페로 제주 감성이 가득하다. 하얀 외관이 유럽을 연상케 한다. 카페 안, 감귤밭 등 곳곳이 포토존이다. 직접 재배한 감귤로 착즙한 주스를 하루 50병 한정 판매한다. 음료 주문시 별도의 공간에서 감귤따기 체험을 할 수 있다.

- 제주시 애월읍 중산간서로 6710-1
- #창고카페 #감귤따기체험 #인스타감성

애월 숙소 추천

독채 / 하루나의 뜰

제주 전통 돌집에서 일본식 노천온천까지 즐길 수 있는 독채 펜션. 안뜰의 꽃과 나무를 바라보며 온천욕을 즐기면 마치 일본 고급 온천 료칸에 온 듯한 착각에 빠진다. 최대 6인 입실 가능, 입실 15:00, 퇴실 11:00. (p172 B:1)

■ 제주시 애월읍 고내로7길 45-3
■ #일본식 #안뜰전망 #노천온천 #제주돌집 #최대6인

게스트하우스 / 이티하우스

통유리 창밖으로 제주 올레길 16코스 애월 해안도로가 펼쳐지는 감성 숙소. 예쁘게 플레이팅 파니니와 샐러드, 커피가 조식으로 제공된다. 닌텐도 Wii와 보드게임을 대여해 즐거운 시간을 보낼 수 있다. 입실 16:00, 퇴실 11:00.(p172 C:1)

■ 제주시 애월읍 구엄4길 20-9
■ #애월해안도로전망 #조식서비스 #파니니맛집 #게임대여

독채 / 더달달스테이

가족끼리 달달한 시간을 보낼 수 있는 풀빌라 독채 펜션. 프라이빗한 실내 수영장에서 우리 가족만의 시간을 보낼 수 있다. 신축 펜션이라 룸 컨디션도 좋다. 기준 4인, 최대 5인 입실 가능. 입실 16:00, 퇴실 11:00. (p172 B:2)

■ 제주시 애월읍 납읍로 36-1
■ #신축펜션 #깔끔한인테리어 #실내수영장 #최대5인

독채 / 시온스테이

가족 여행객을 위한 애월 독채 펜션. 프라이빗 온수 풀장과 마당 밭이 딸려있어 온전히 우리 가족만의 시간을 보낼 수 있다. 간단한 아이 장난감들도 구비되어 있다. 입실 15:00, 퇴실 11:00.(p172 B:2)

■ 제주시 애월읍 납읍로 36-2
■ #키즈펜션 #가족여행 #온수풀장 #장난감대여

독채 / 답다니언덕집

30년 된 제주 가옥을 리모델링한 감성 독채 언덕집. 2개의 침실에 퀸사이즈 침대가 각각 놓여있어 4명까지 여유롭게 숙박할 수 있다.(p172 B:2)

- 제주시 애월읍 납읍로2길 10
- #제주전통가옥 #옛날감성 #최대4인

독채 / 담잠

창밖 돌담과 귤나무를 바라보며 제주 감성을 느낄 수 있는 숙소. 옛 가옥을 우드 톤으로 세련되게 리모델링했다. 퀸사이즈 침대가 있는 침실과 요와 이불 2채가 있는 침실이 있어 최대 4명까지 숙박할 수 있다.(p172 B:2)

- 제주시 애월읍 납읍서길16-2
- #귤밭펜션 #우드톤인테리어 #최대4인

독채 / 봉성클래식

365일 이용 가능한 온수 자쿠지가 딸린 신축 펜션. 주인장이 직접 제작했다는 원목 가구들로 꾸며진 유럽풍 인테리어가 인상적이다. 웰컴 드링크와 간식 서비스를 제공한다. 입실 15:00, 퇴실 11:00.(p172 B:3)

- 제주시 애월읍 녹근로 322
- #유럽풍 #온수자쿠지 #간식제공

독채 / 스테이새별앤오름

창밖으로 노을 뷰, 오름 뷰가 펼쳐지는 신축 풀빌라 펜션. 주인 부부가 직접 제작한 원목

가구들로 펜션을 꾸몄다. 저상형 침대, 유아용 식탁, 장난감, 그림책 등이 있어 어린아이와 함께 머무르기 좋다. 입실 15:00, 퇴실 11:00.(p172 B:2)

- 제주시 애월읍 봉성북2길 10
- #키즈펜션 #장난감 #그림책 #원목가구 #노을뷰 #오름뷰

독채 / 키즈풀빌라더럭펜션

아이와 함께 물놀이 하기 제격인 키즈 풀빌라 펜션. 사계절 이용 가능한 온수 수영장에는 유아 튜브와 친환경 물놀이 장난감이 구비되어있다. 키즈룸에는 원목 장난감과 인형, 유모차, 유·아동 도서가 준비되어 있어 아이들이 심심해할 틈이 없다. 입실 16:00, 퇴실 11:00.(p172 B:2)

- 제주시 애월읍 상가북2길 14-3
- #키즈펜션 #키즈룸 #장난감 #그림책

독채 / 스테이달하

노천 온탕이 딸린 애월 감성 가득 담은 독채 펜션. 애월 해안도로, 곽지 해수욕장, 애월 카페거리 등 유명 관광지가 차로 10분 거리에 있다. 연박할인, 입실 15:00, 퇴실 11:00.(p172 C:1)

- 제주시 애월읍 신엄안1길 20
- #노천온천펜션 #애월해안도로 #연박할인

독채 / 살랑제주

연인 혹은 신혼부부가 머무르기 좋은 독채 풀빌라 펜션. 성인과 24개월 이하 유아만 숙박할 수 있다. 최대 6인까지 입실할 수 있고, 인원 추가 시 침구 세트를 추가해준다. 입실 16:00, 퇴실 12:00.(p172 C:1)

- 제주시 애월읍 신엄안3길 8
- #커플추천 #미성년자입실제한 #24개월이하유아가능 #최대6인

독채 / 더바당

건물 옥상에서 바다 전망을 즐길 수 있는 90평 대규모 펜션. 1층은 편의점, 2층은 펜션으로 운영되고 있다. 퀸사이즈 침대 1개, 싱글침대 2개, 슈퍼싱글 침대 1개가 마련되어 최대 12명까지 머무를 수 있다. 입실 15:00, 퇴실 11:00.

- 제주시 애월읍 애월해안로 232
- #오션뷰 #단체펜션 #독채펜션

독채 / 슬로우리제주

수산저수지 근처 깔끔한 복층 펜션. 방 2개, 욕실 2개를 갖추고 있어 4명까지 머무를 수 있다. 1층 중정에서 햇볕을 쬐며 휴식할 수 있는 중정이 마련되어있고, 네스프레소 캡슐커피머신과 레꼴뜨 토스터를 사용할 수 있다. 창밖으로는 한라산 전망이 바라다보인다.(p172 C:1)

■ 제주시 애월읍 엄수로 77
■ #중정 #유리창 #햇살맛집 #한라산전망 #최대4인

독채 / 스테이장유7

고요한 감귤밭 한가운데 아늑한 인테리어로 꾸며진 독채 민박. 반신욕을 할 수 있는 히노끼 자쿠지, 노천탕, 바비큐장이 설치되어있으며 거실에 빔프로젝터와 야마하 피아노도 마련되어있다. 입실 16:00, 퇴실 11:00.(p172 C:2)

■ 제주시 애월읍 장유길 7
■ #노천온천 #히노끼자쿠지 #바비큐장 #빔프로젝터 #피아노

독채 / 제주이런집에살고싶다 독채펜션

현무암 노천탕에서 피로를 풀 수 있는 힐링 독채 펜션. 사방이 나무로 둘러싸인 자연 친화적인 노천탕에서 제주 숲 경관도 즐길 수 있다. 핀란드 벽난로, 루프탑 테라스도 특별함을 더한다. 입실 15:00, 퇴실 11:00.

■ 제주시 애월읍 광상로 530
■ #현무암노천탕 #벽난로 #루프탑

독채 / 강치비민박

@gawkji__gangchibi

작은 정원이 딸린 복층 독채 민박. 2층에 오픈 테라스가 있는 패밀리 숙소와 시원한 통창의 박공지붕이 있는 복층형 커플용 숙소가 따로 되어있다. 한달살이와 보름살이가능. 패밀리룸은 4인 기준 최대 6인까지 가능. 네이버, 카카오톡으로 예약. 곽지해변과 한담해변이 가깝다.(p172 B:2)

■ 제주시 애월읍 천덕로 65
■ #독채숙소 #가족여행 #커플여행 #곽지해변

독채 / 오담애월

@odamaewol

귤밭뷰 자쿠지가 있는 2층 독채 숙소. 크고 깊은 실내 자쿠지에서 귤밭뷰를 보며 피로를 풀고 족욕 도 할수 있다. 2층에는 빈백 소파와, 보드게임 등이 마련되어 애월 바다 뷰를 보며 여유를 즐기기에 좋다.침실에는 IOT가 연결되어 있어 테블릿으로 제어할수 있다. 스타일러, 다이슨 드라이기, 이솝 어메니티. 침실2개 화장실2개.숙소뒤 감귤 체험 카페와 가깝다. 주차 편리. DM 또는 네이버 예약. 기준4인 최대6인.
(p172 C:2)

■ 제주시 애월읍 장전서길 6 오담애월
■ #자쿠지 #족욕 #통창 #귤밭뷰 #2층독채 #바다뷰 #가족여행

독채 / 하가이스케이프

@parkgaeny

A, B, C 동으로 나눠진 독특한 구조의 독채 펜션. A, B동은 달팽이 집이라는 별명을 가진 미로 구조의 돌담으로 둘러싸여 작은 마당을 가지고 있고 돌담길을 따라 주방과 침실, 자쿠지가 분리되어있다. 야외 자쿠지는 침실과 주방 사이 테라스에 있어 아늑하게 이용할 수 있다. 돌담이 높아 바람이 많이 부는 날도 조용하고 아늑하다. 가장 크고 긴 건물인 C동은 돌담이 쌓여있는 침실부터 거실까지 이어진 파노라마 뷰 통창으로 제주의 자연을 침실로 끌어들였다. 커플숙소로 추천한다. 근처에 더럭 분교가 있다.(p172 B:2)

■ 제주시 애월읍 하가로 184
■ #돌담 #미로구조 #야외자쿠지 #개별정원 #파노라마뷰 #더럭분교

독채 / 휘연재

@nayoon_412

100년의 역사가 있는 초가집을 현대적으로 재해석한 독채 숙소. 서까래를 살린 천장과 나무 창살 창문의 고전적인 인테리어와 정원을 감상할 수 있는 자쿠지. 안채와 바깥채 사이를 잇는 통로에는 정원석으로 디딤돌을 만들고 하늘을 볼 수 있는 유리천장으로 공간을 분리. 11자 구조의 건물이 하나로 이어진 넓은 공간. 곳곳에 공간을 채우는 공예품과 작품들이 전시되어 있고 LP와 턴테이블, 서적이 구비. 취사 가능. 기준 4인 최대 5인 (p172 B:2)

■ 제주시 애월읍 상가북8길 16 휘연재
■ #자쿠지#유리복도#한옥구조#한옥정원#작품전시#가족여행

게스트하우스 / 하가리집

@glory_k_

애월의 한적한 곳에 자리한 제주 감성 돌집을 개조해 만든 20만 원대 가성비 숙소. 돌담과 대나무숲에 쌓인 오두막 컨셉의 프라이빗 자쿠지가 이 집의 특징. 웰컴 드링크와 간식이 제공되고, 성인 2 아이 1 최대 3인까지 가능하다. 숙소 앞 주차장이 따로 없지만

큰길 쪽에 주차 가능. 불멍 가능. 에어비앤비 예약. 한담해변 차로 10거리, 걸어서 갈 수 있는 편의점. (p172 C:1)

■ 애어비앤비 예약 정되면 위치 알려줌
■ #인스타감성숙소#야외자쿠지#불멍#커플여행

독채 / 프레리아

@by_narae

한라산이 잘 보이는 애월의 한적한 마을에 정원 가꾸기에 진심인 사장님의 아담한 정원을 품고 있는 예쁜 숙소. 어린아이와 함께 여행을 왔다면 커다란 욕조에 가득 물을 받아 물놀이할 수 있다. 아기자기하고 포근한 인테리어와 소박한 테라스도 갖추고 있다. 최대 4인까지 가능한 숙소와 최대 3인까지 가능한 커플 전용 숙소가 따로 있다. 새별오름과 항몽유적지가 10분 거리 내에 있고 조금만 걸어가면 편의점도 있고 맛있는 식당도 많다.(p173 D:2)

■ 제주시 애월읍 유수암평화5길 34-29 프레리아
■ #아이와함께#커플전용#정원#큰욕조#새별오름#항몽유적지#편의점

애월
인스타 여행지

궷물오름 우거진 숲
"초록들판과 오름 앞 키큰 나무들"

@mj6_6

초록의 드넓은 들판과 우뚝 솟아있는 큰노꼬메오름을 한눈에 담을 수 있는 곳이다. 초록색의 경비소를 지나 계속 직진하면 나타나는 포토존은, 현재 출입은 통제되어 있는 상태다.(p173 D:3)

- 제주시 애월읍 유수암리
- #궷물오름 #초록 #들판 #큰노꼬메오름

사진놀이터 전시
"재미있는 소품이 가득한 스튜디오"

@_luminous.0326

다양한 콘셉트로 사진을 찍으며 놀 수 있는, 스튜디오형 전시공간이다. 색상, 소품, 분위기 모두 다르고 다양하다. 원하는 시대, 해보고 싶었던 분장과 함께 개성 넘치는 사진을 남겨보자.(p173 D:2)

- 제주시 애월읍 평화로 2835 사진놀이터
- #사진놀이터 #스튜디오 #세트 #분장

곽지해수욕장 일몰
"핑크빛 노을과 바다"

@suuuuuu__02

커다란 하늘과 드넓은 바다, 그리고 핑크빛부터 황금빛까지 시시각각 변하는 노을을 만끽할 수 있는 곳이다. 라라랜드의 한 장면 같은, 핑크빛 태양이 바다에 일렁이는 장관을 볼 수 있다.(p172 B:2)

- 제주시 애월읍 곽지리
- #곽지해수욕장 #일몰 #라라랜드 #노을

카페 공산명월 레트로
"차분한 레트로 감성 실내"

@sunny._.ppp

옛날 다방의 느낌이 물씬 나는 카페 내부와, 단정하고 깔끔한 카페 외관이 조화를 이루는 곳이다. 대문 맛집이자 레트로 맛집인 이곳은, 특별한 사진을 남기고 싶은 사람들에게

추천하고 싶은 공간이다.(p173 D:2)

- 제주시 애월읍 광령평화3길 18
- #공산명월 #카페 #레트로 #대문맛집

구엄리 돌염전 반사되는 하늘
"물고인 염전에 비친 하늘"

@hyo_e_cat

해안에 있는 돌을 이용해 소금을 만들어 내던 돌염전은, 일몰로 더 유명한 곳이다. 해가 질 즈음, 염전에 물이 고여 있으면 붉은 하늘이 물에 반영되어 장관을 이룬다. 물에 비치는 하늘과 노을을 꼭 경험해 보시길.(p170 C:1)

- 제주시 애월읍 구엄리 1254-1
- #구엄리 #돌염전 #일몰 #반영 #노을

수산봉 한라산
"한라산을 배경으로 타는 그네"

@ryudomin

한라산뷰를 볼 수 있는 최고의 명당, 수산봉 그네이다. 하늘그네에 앉아 발 아래로는 수산저수지를, 시선 저 멀리로는 한라산을 감상할 수 있다. 수산유원지로 검색하여 B코스로 오르면 그네를 만날 수 있다.(p172 C:1)

- 제주시 애월읍 수산리 산1-1
- #수산봉 #하늘그네 #한라산뷰 #수산저수지 #수산유원지

카페 애월로11 노을
"창문너머 노을지는 바다풍경"

@moment3_9

제주한담해안공원 해녀상 맞은편에 있는 카페애월로11! 통창 너머의 오션뷰, 테라스뷰, 액자프레임의 창문뷰 등 인스타 감성을 자극할만한 포토존이 정말 많은 카페. 노을 때에 맞춰 가면 감성 충만 인생샷을 얻을 수 있다.(p172 B:2)

- 제주시 애월읍 애월로 11
- #카페애월로11 #한담해안 #오션뷰 #창문뷰 #테라스 #포토존 #노을맛집

아르떼 뮤지엄 빛
"강렬한 미디어아트를 배경으로"

@17_0524___

화려한 빛과 웅장한 소리를 온몸으로 체험할 수 있는 곳이다. 이중에서도 8m 높이에서 쏟아지듯 떨어지는 미디어 폭포 Waterfall은, 몰입감만큼이나 사진의 매력이 엄청난 곳이다. 공간이 대체로 어두우니, 밝은 옷을 입고 갈 것을 추천한다.(p172 B:3)

- 제주시 애월읍 어림비로 478
- #아르떼뮤지엄 #빛의향연 #waterfall #미디어폭포

바리메오름 호수
"산으로 감싸인 고요한 호수"

@keun_d

초록의 들판과 한라산, 파란하늘이 동화같은 곳이다. 들판에 살짝 물이 고여 있는데, 이 호수와 높게 솟아있는 나무가 스위스 감성을 자아낸다. 한국의 스위스를 만나고 싶다면 '바리메오름'으로 검색한 후,이 길이 맞나 싶을 때까지 올라가면 된다.(p173 D:3)

- 제주시 애월읍 어음리 산1
- #바리메오름 #호수 #한라산 #스위스

어음리 억새군락지
"은빛 억새와 멀리 보이는 새별오름"

@eunsunkong

키보다 더 큰 억새들이 끝이 보이지 않을 정도로 펼쳐져 있다. 은빛 억새들이 춤을 추는데, 멀리 새별오름까지 보인다. 해질 시간에 맞춰 가면 노을까지 더해져 제주 가을의 절정을 맛볼 수 있다.(p170 B:3)

- 제주시 애월읍 어음리 산68-5
- #어음리 #억새군락지 #은빛물결 #노을 #가을

981파크 잔디밭
"넓은 초록잔디 밭에서"

@_bbaggom_

제주의 자연을 배경으로 카트레이싱을 즐길 수 있는 981파크. 드넓은 초록의 잔디밭에

서 감상하는 낮의 하늘과 해질녘의 노을이 일품이다. 낮엔 카트를 즐기고, 해질 무렵엔 노을을 감상하면 딱이다.(p172 C:3)

- 제주시 애월읍 천덕로 880-24
- #981파크 #카트레이싱 #잔디밭 #노을

항파두리 나홀로 나무
"그려놓은 듯한 나무 한그루"

@reummmy_

유적지 입구로부터 차로 1분 정도 올라가면 갈래길에 나홀로나무가 있다. 커다란 나무 옆에서 장풍샷, 점프샷 등 다양한 연출이 가능하다. 쨍한 낮이나, 해질 무렵의 오후 언제든 예쁘다. 삼각대는 언덕 밑에 두고 아래에서 찍는 것이 효과적이다.(p173 D:2)

- 제주시 애월읍 항파두리로 50
- #향파두리 #항몽유적지 #삼별초군 #나홀로나무 #연출사진

상가리 야자숲
"한담해변뷰 동남아풍 야자나무숲"

@ssunmiya_a

이국적인 야자나무 앞에서 동남아 여행을 온 듯 사진을 찍어 보자. 키 큰 야자나무 사이 벤치에 앉아 휴양지에 온 공주처럼 사진을 찍어도 좋고, 카메라를 위에서 찍어 나무에 둘러싸인 난쟁이 콘셉트의 사진도 좋다. 애월읍 작은 동네에 숨어있는 상가리 야자숲은 사유지이지만 맘씨 좋은 주인분이 사진을 찍을 수 있는 작은 의자도 곳곳에 마련해 두었다. 한담해변에서 차로 10분.(p172 B:2)

- 제주시 애월읍 고하상로 326
- #상가리#이국적인 #야자숲

06

한림읍

#금악오름

@kailey__life
@ellie._.u

#문도지오름

@bel⋯
@cc⋯

#금능해수욕장

#정물오름

#호텔샌드카페

@ _4.24k

#성이시돌목장

#서부농업기술센터

@toy.y

#금능해수욕장

#유무

@ceh0601

#기진요즈

#새별오름나홀로나무

#협재해수욕장

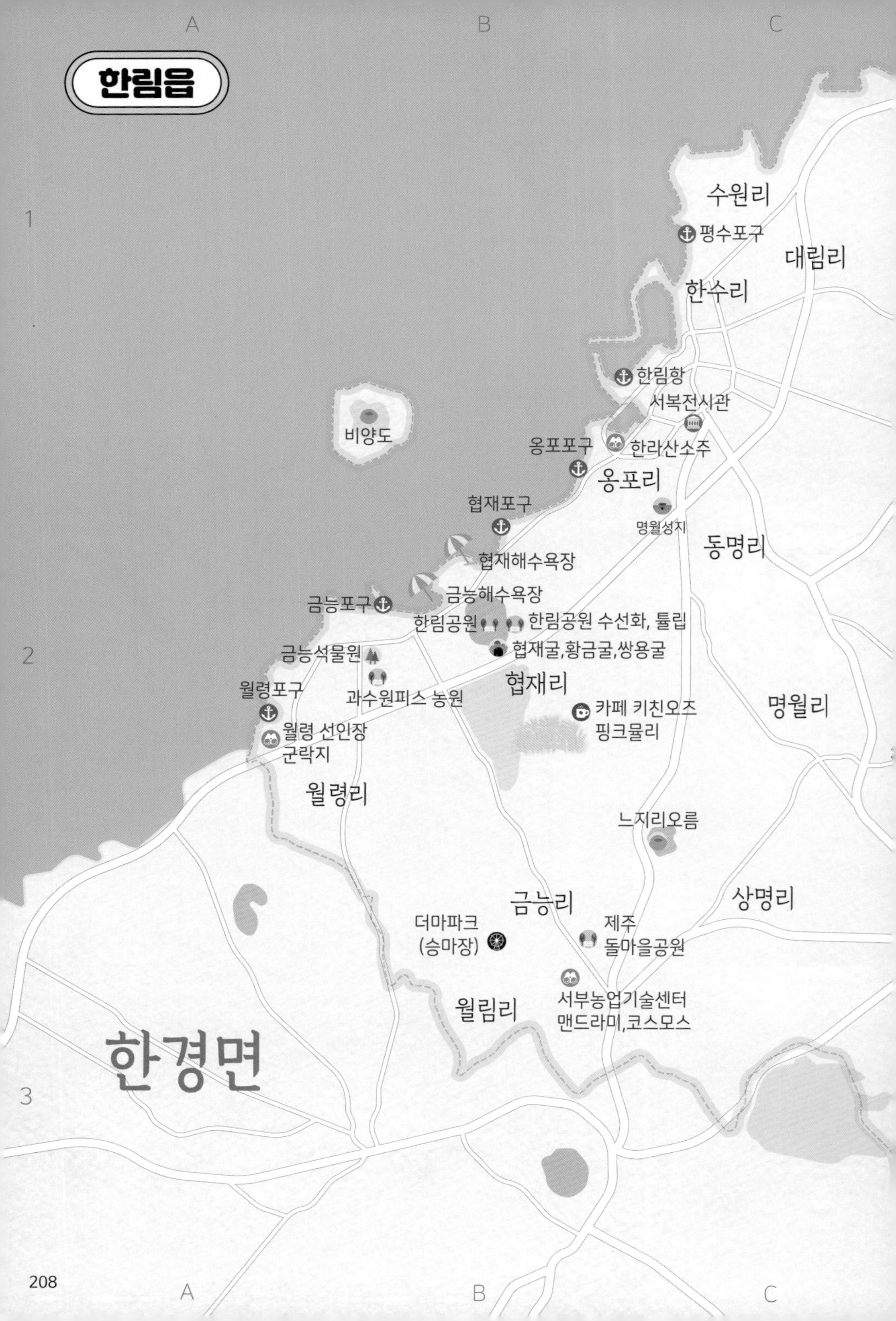
한림읍
A
B
C
1
2
3
수원리
평수포구
대림리
한수리
한림항
서복전시관
비양도
옹포포구
한라산소주
옹포리
협재포구
명월성지
동명리
협재해수욕장
금능해수욕장
금능포구
한림공원
한림공원 수선화, 튤립
협재굴,황금굴,쌍용굴
금능석물원
협재리
월령포구
과수원피스 농원
카페 키친오즈
핑크뮬리
명월리
월령 선인장
군락지
월령리
느지리오름
금능리
상명리
더마파크
(승마장)
제주
돌마을공원
서부농업기술센터
맨드라미,코스모스
월림리
한경면
A
B
C

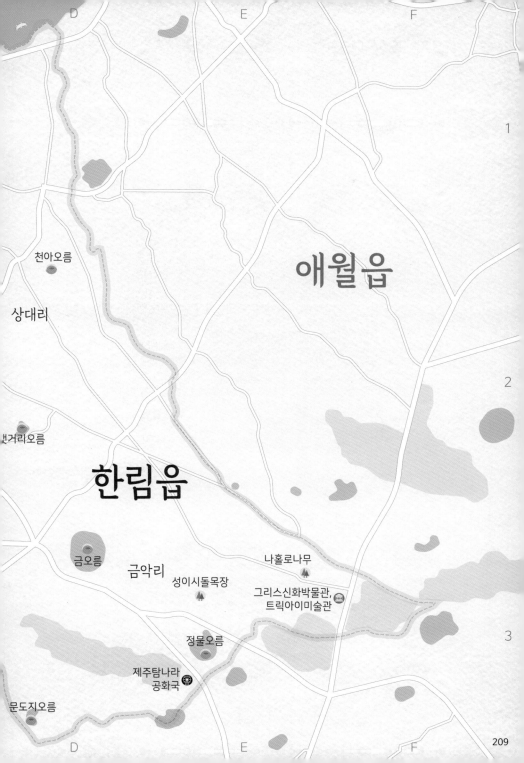

한림읍 주요지역

카페 노티드 제주

제

야자나무와 유채꽃[3,4월] 애월한담해안로 유채

청아투명카약

곽지해수욕장 일몰 **곽지해수욕**

현무암 독살(원담)을 이루는 곳이 파도가 잔잔하여 물놀이
곽지해수욕장에는 용천수가 나오는 '과물 노천탕'이
과물, '용천수가 솟아나는 우물

1.노리터 서핑 패들보드(서핑보드, 패들보드)
2.문서프(서핑보드)

제주시차红(동백꽃과자)

카페콜라(코카콜라 박물관 겸 콜라 카페)

귀

투명카약

귀

(작은 연

제주애
팜스팅
키즈 스

비양놀
(비양도뷰 카페)

카페 비양놀
노을

평수포구

1

해안도로
협재

한림항
도선대합실

옥만이네 제주금능협재점
옥만이해물갈비찜)

우무(커스터드 푸딩)

한림항

한림칼국수
(보말칼국수)

비양도

비양도항

바당길(전복똑배기, 통칼국수)
한라산소주공장투어)

협재해수욕장

제주공항에서 30킬로미터, 제주에서 으뜸가는 석양 명소
협재해변 앞의 비양도는 어린왕자 보아뱀의 모양

별돈별 협재해변점
(흑돼지)

하늘고래블루(독채)

앤트러사이트
(옛'방직공장을
만든 베이커리
카페유주

제주매유주
(까놀레로 유명한
디저트 전문 베

쉼127 키즈 가족 협재점(키즈펜션)

1. 제주미작 협재점(바다푸딩)
2. 호텔샌드(선인장몽테)

옹포리포구

안녕협재

면뽑는선생떡볶이&아내(만두전골)

명월성지

한치앞도(
(한치통북

문쏘 제주협재점(
황게카페, 에그인헬)

피어22(태양, 람스테왈)

아인슈페너

협재 수우동

여행이

스테이만월

협재칼국수

주말담(독채)

금능해수욕장

제갈량 제주
협재점(갈치조림)

금능포구 금능해수욕장

협재꽃돈

돼지굽는
정원

한림공원 매화,튤립
3~4월 개화

명월 팽나무 군락
수령 50년 이상 왼·팽나무
가로수로 군락을 이루고
멋스럽고 조용한 마을.

네이처트레일(원룸형)

야자나무

월령 선인장 군락지
어디서든 쉽게 볼 수 없는
선인장 군락

월령선인장
(풀빌라)

월령포구

돌코네(미트파이)

프롬나드제주(독채)

월령선인장 군락지
(풀빌라)

파수원피스 공원

금능석물원
돌하르방 및
얼굴 모양 가득

한림공원
이국적인 테마
식물원과 용암 동굴

카페 굴하기
(귤따기)

한림공원 수선화
1,2월

명월국민학교
(매주 일요일 프리마켓이
열리는 폐교 카페)

키친오즈 핑크뮬리
[9~11월] 카페 건물배경
사진촬영지로 유명

해거름전망대
해 질 무렵 조용히 낙조를 감상하기 좋은 곳

스노쿨링으로 유명한 이색물놀이 장소 **판포포구**

잘봇도
(흑돼지 딱새우)

제주라라하우스
(풀빌라)

섭재(독채)

협재굴,황금굴,
쌍용굴

액티브파크
실내클라이밍, 카트
키즈카페

바다본썬테일(전복똑배기)
오지힐(호주식 비건 베이커리 카페)
카페원웨이(원웨이치즈케이크,바닐라쉬폰)

금능남로 유채꽃길
라온프라이빗CC~제주
선인장마을까지 이어지는
유채꽃 드라이브 코스

제주맥주 양조장
사전 예약제로 운영되는 양조장
투어(매주 생맥주 시음 가능)

**서부농업기술센터
촛불맨드라미**
이국적 풍경을 만들어주는
맨드라미[9,10월]

하늘
패러

풀당리 딱새우
(새조 브런치, 케이크)

2

코코메아
(당근케이크)

윌진우영(독채)
울트라라린(당근케이크)

서쪽아이
(풀빌라)

더마파크

제주돌하우스

제주돌매화
(수영장이
있는 카페)

기마공연, 승마체험이
즐길거리가 많은 곳.

제주돌매장 공원

더마카트
카트레이싱

카트레이싱

제주현대미술관
현대미술 작품과 야외
조각작품을 감상할 수 있는
곳

저지문화예
갤러리와 조각품이 모여있는
다양하고 독특한 창작품들

풀빛(독채)

제

모네의숲

싱계물공원

플로어가든
풀빌라(독채)

비체올린 카약

비체올린 버베나

비체올린 능소화

**서부농업기술센터
코스모스**
코스모스는 돌담길에
있어야 제맛[9,10월]

어오내스테이(독채)

방림원
국내 최초 야생화 식물
(2000여종 이상의 다

싱게물해안로
(신창풍차 해안도로)

한경해안로
풍력발전기와 바다, 물
위를 걷는 육교

데미안
(돈까스정식)

그 해 여름(수제청 음료)

클램블루스테이
(2인숙소)

유람

가메창
(양퍼)

저지예술
정보화마을

김홍수
아들리에

텔렉스코프

다이브자이언트 제주
프리다이빙
채훈이네 해장국
(고사리육개장,해장국)

신창풍차
해안도로 및
블루웨이 프리다이브

클램블루 수동(독채)

위드북스

조리기 장미그릇
마을

똥보아저씨(갈치구이)

마중의 집

저지오름
둘레가 약 900m, 깊이가 약
60m를 이루는 깔때기형 산상분화구

환상숲 곶자
천연 원시림 곶자왈
작가의 숲 해설 듣기

3

신창 투명카약(카약)

산노루 제주점
(말차라떼,말차팥라떼)

제주도롯
(근고기)

생각하는 정원
1만2천평 대지에 7
개의 소정원

맛있는폭부엌(문어오일밀)
물들식당(흑돼지)

수리담(독채)

용수리포구

아홉굿마을
1000개의
의자를 구경할 수 있는,
무한도전 촬영

물드리네
(염색체험)

제주유리
유리공예 조각품이
어루어진 테마파크

제주 차귀도
요트투어
제주환상전기자전거

제주표착
기념관

별밭스테이(독채)

뉴저지 카페
감귤밭이 통유리로 보이는
빈티지 카페

알동네집(흑돼지)
명리동식당(흑돼지)

차귀도

차귀도유람선
자구내포구

절부암(제주도 기념물 제9
호, 조선시대 차귀당 남편의 사연이 있는)

올레길 13코스

올레길 12코스

당산봉

별도별 정원본점
(제주산흑돼지)

봄빛코티지 (독채)

양가형제(경버거)

한경면

오름,일몰명소

1116

올레길 14코스

올레길 13코스

올레길 15-2코

풍차 해안도로·신창

C

애월고등학교 벚꽃
보는 것만으로도 풍성항
왕벚꽃 길[3,4월]

별도넌이있는카페

하갈비국수
갈비고기국수

은혜 스시 애월항
전복 애월

애월찜(갈비찜)
뚱따지
(활오복탕)
인칸시타
(스시)

파군봉
바궁지오름

토토아뜰리에
(원데이 쿠킹클래스)

하루나의 뜰(독채)
고스트타운
(귀신의집)

광평도새기촌(흑돼지)

노올리
(연탄빵)

수산봉한라산

수산유원지
수산저수지의 뚝방길, 숨은
명소, 출사 장소, 조용한
산책길

버터모닝
(치즈타르트)

다락쉼터
공홍학잠살

피즈
(수제버거)

고내
포구

애월우니국
(성게미역국)

스시달하

노돌리제주
(독채)

해성도뜨리
(흑돼지)

솔로우리제주
(독채)

항파두리 해바라기
[6~8월] 제주에서 매우 가까운
해바라기 밭

한담해변
몬스터살롱
(버거)

애월한담공원
한담해안산책로
한림기술길(솔광길)
가득한한적적한 숲길

LAVANT
(따뜻한 커피와 팬케이크)

애월 장전리 벚꽃
보는 것만으로도 풍성항
왕벚꽃 길[4월]

스테이장유7
(독채)

항파두리
나홀로 나무

고성숲길

하가리 연꽃마을 연화지
7~8월 제주도에서 가장 큰
연꽃을 메운 연못 우리
파스텔톤의 더럭분교앞 연못

오담애월(독채)

항파두리 유채꽃
[3,4월] 삼별초의 최후 격전지와 유채꽃

항파두성

항파두리 코스모스
가을에는 역시 코스모스[9,10월]

백제사

항파두리 백일홍
백일 간의 백일홍
향연[8,9,10월]

카페
공산명월
레트로

시루애월
(앤틱한 브런치 카페)

유수암카포
(자연생태마을)

항파두리 항몽유적지
몽골의 침입의 삼별초가 최후까지
항전한 곳. 전라도 전투에서 밀려난
제주도로 건너와 이곳에 항파두성을
쌓음. 근처에 방문객을 위하여 꽃을
심어 놓음

극락오름

프레러아(독채)

제주불빛정원 장미

납읍난대림지대
납읍초등학교 근처에는 원시림을
방불케 하는 상록활엽수림
천연기념물 제375호

상가리야자숲
이색적인 야자숲. 사진 찍기 좋은 곳

제주불빛정원
제주장미정원, 제주야간명소

테디베어사파리
테디베어와 동물 인형들을 직접
만지고 사진찍을 수 있는 테마 파크
친절, 영유아도 놀기 좋음

교순례길
스 (순교의 길)
회에서 시작해 대정읍까지
23km, 7시간 거리의 순례길
회, 이도진 목사 순교 터 등을 지난다

영국찻집
(영국식 홍차와 밀크티
선보이는 티룸)

화조원
아이와제주,다양한 조류
및 알파카 체험농장

제주 퍼피월드제주
(반려견놀이터)

렛츠런파크 · 제주

렛츠런파크
제주(승마)

애월읍

제주양떼목장
아이와 함께 하기 좋은 곳

도치돌 알파카목장
알파카, 토끼, 염소, 양, 먹이주기 체험

제주승마공원
(승마)

광명이멀스테이
(풀빌라)

아르떼뮤지엄
국내최대 몰입 미디어아트
10개의 다채로운 미디어 아트 전시

무병장수 테마파크
제주 힐링명상센터, 국궁체험,
승마체험(승마 사전예약 필)

아르떼
뮤지엄 빛

981파크
잔디밭

꿴덕오름

족은녹고메오름

봉성클래식
(독채)

9.81 파크
그래비티 레이싱, 카트
실내 체험 게임존
하늘그네,F&B

어음리 억새군락지
아르떼뮤지엄 가는 자동차
도로에 은색 억새군락
[10,11,12월]

바리메오름 호수

큰바리메오름

큰노꼬메오름

새벌오름 억새
샛벌, 이름조차도 아름다운
오름[10,11,12월]

새별오름
저녁 하늘 샛별과 같이
외롭게 있다고 하여 '새별오름'
가을 억새가 많은 저녁노을
감상의 성지

새벌오름
나홀로 나무

엘리시안제주 CC

새빌 핑크뮬리
핑크 핑크한 핑크뮬리[9,10,11월]

새빌 카페
새벌오름 옆, 빈티지한
분위기의 카페

대료오름

한대오름

금오름
협재해변에서 자동차로 15분만에
도착 주차장 주차료 등반

성이시돌목장
아이스크림과 이국적인
건축물에서의
사진촬영으로 유명한 곳

삼위일체대성당

유유부단
이시돌 목장우유로 만든 담백한
아이스크림과 밀크티

성이시돌 목장 테쉬폰

새별프렌즈
알파카, 말, 포니, 당나귀, 양, 흑염소와 함께
힐링할 수 있는 체험농장

돌오름

아덴힐리조트&골프클럽

새별레저ATV
(ATV)

왕이메오름
삼나무숲길이 멋진 분화구가 있는 오름

미술관
을 만나 볼 수 있다.

블랙스톤제주 CC

그리스신화박물관

트릭아이미술관

정물 오름
알몸

제주탐나라
공화국

문도지 오름

올레길 14-1코스

돌오름

안덕면 겹동백길
겹동백이니 얼마나
풍성하겠어[11,12,1,2,3월]

행기소 그네

한라산아래첫마을영농조합법인
(제주메밀비박작면,제주메밀비빔냉면)

오설록 티 뮤지엄
망대에 올라 차밭을 한눈에
감상하기, 티스톤 예약 강력추천

남송이오름
(남소로기)

신화워터파크

원물오름 앞
갯무꽃

토이파크
(장난감 전시)
지아정원 키즈
가족펜션(풀빌라)

조은숙마장(승마)

제주
아트서커스

수줍은 언니네(독채)

포도뮤지엄
현대미술을 전시,관람할 수 있는 복합문화공간

핀크스 포도호텔

무민랜드
핀란드 캐릭터 무민의 스토리가
담긴 공간. 국내 최초, 미디어
아트, 목공아트

안덕면

동광리 수국
담벼락에 피어난 수국의
아름다움[6,7,8월]

플랫화이트,아메리카노

하루블품다
풀빌라

동광리야촌
체험마을

방주교회
제주 7대 아름다운 건축물
관광지는 아니지만 특이한
건물로 많은 사람들이 찾는 곳

211

협재해수욕장 주변

1

2

협재해수욕장
제주공항에서 30킬로미터, 제주에서 으뜸가는 석양 명소
협재해변 앞의 비양도는 어린왕자 보아뱀의 모양

기영상회
(맥주슈퍼)

협재회관 (갈치조림,
갈치구이, 고등어조림)

라이슬라
(바다전망 카페)
제주해조대
(펜션)

보말칼국수

빠레뜨한남제주 협재점
(우삼겹 샐러드, 오므라이스,
대창 볶음밥)

• CU

협재바당
(해물탕, 갈치조림)

협재만섬식당
(해물뚝배기,
갈치조림)

협재국수가게

블루스프링
부띠끄호텔

협재칼치
(갈치구이, 갈치조림)

도나토스
(화덕피자)

3

등듯 (국밥, 밀면, 고기국수)

제주설심당 (빙수)

협재밥집술집 홍대부부 (혼술하기 좋은 주점, 딱새우 회 추천)

면차롱

수우동
바삭바삭한 튀김이 올라간
자작 냉우동 맛집
수제 일식 돈가스도 맛있다

제주도에서만 맛볼 수 있는
새콤달콤 감귤탕수육

수제협재돈가스
돈가스, 돈가스 카레가
맛있는 바다전망 식당

🦪 **협재칼국수**
해물칼국수, 보말칼국수 맛집

달시 (펜션)

바다아리 (펜션)

카페원 (바다전망)

더꽃돈 (제주 흑돼지)

쉼표
협재해수욕장 앞
비양도 배경으로 해질녘
더 낭만적인 카페

등듯 (고기국수, 순대국밥)

호미하우스 (펜션)

**기독교순례길
2코스 (순교의길)**
협재교회에서 시작해 대정읍까지
이어지는 23km, 7시간 거리의 순례길.
저청교회, 이도종 목사.
순교 터 등을 지난다

에너벨리 (파스타, 스테이크)

협재포항물회 (물회, 회덮밥)

협재교회 ✝

워시프렌즈
셀프빨래방

한치앞도모를바다 (오징어볶음, 문어볶음)

파리바게뜨

재암식당 (오분자기
뚝배기)

협재
모닝하우스 (펜션)

죽

청춘여관

바다보리몽낭 (펜션)

하우스 (펜션)

1미리
게스트하우스

바람이
쉬어가는집 (펜션)

🦐 **배롱정원**
딱새우 감바스, 딱새우
파스타가 맛있는 브런치 카페

협재카라반
하우스

스타스테이 (민박)

착한스시
(초밥, 해물라면)

협재
서쪽게스트하우스

코코스펜션

한림 추천 여행지

그리스신화박물관
"그리스신화가 유럽문명에 미친 영향"

그리스신화를 좋아하는 아이가 있다면 꼭 방문해 봐야 하는 곳이다. 고대 그리스 의상을 입고 신화 속 주인공이 되어볼 수 있기 때문이다. 재미있는 그리스신화 이야기와 영상이 더욱 몰입도를 높여준다. 퀴즈를 맞히며 미션을 달성하는 스탬프 체험도 꼭 도전해보길! 야외에는 이국적인 조각상과 포토존, 미로체험공원도 마련되어 있다. 트릭아이미술관과 함께 운영되는 곳이다.(p209 E:3)

- 제주시 한림읍 광산로 942
- #그리스신화 #스탬프체험 #미로체험공원

트릭아이미술관
"아이와 함께 사진찍는 재미"

이색 체험을 하며 사진을 찍는 재미가 있는 미술관이다. 트릭아이 전용 앱으로 동영상을 찍으면 더욱 실감 나는 AR 체험도 할 수 있다. 그리스신화 박물관과 함께 운영하는 곳이다.(p209 E:3)

- 제주시 한림읍 광산로 942
- #AR체험 #이색체험 #그리스신화박물관

제주돌마을공원
"제주 자연석과 독특한 나무"

제주도의 자연석과 독특한 나무로 꾸며진 공원이다. 사장님의 친절한 설명으로 재미있게 관람할 수 있다. 바위에서 뿌리내려 자란 나무들, 이 중에서도 100년 된 나무가 이곳의 관람 포인트이다.(p208 B:3)

- 제주시 한림읍 금능남로 421
- #자연석 #나무

금능포구
"물회맛집을 찾아서"

모래사장에 검은 자갈밭이 깔린 고요한 해안가. 포구 주변에 물회 맛집이 모여있다. 농어가 잘 잡히는 낚시 포인트로도 유명하다.(p208 B:2)

- 제주시 한림읍 금능리 1494-12
- #검은자갈밭 #낚시포인트 #물회

금능해수욕장
"비양도가 보이는 에메랄드 해안"

물이 맑아 바닥이 훤히 비치는 해수욕장이다. 멀리 보이는 비양도와 함께 그림 같은 낙조로 유명한 곳. 온수가 나오는 샤워시설이 갖추어져 있어 아이와 함께 하기에도 좋은 곳이다. 소라게와 조개가 많아 잡는 재미가 있다.(p208 B:2)

- 제주시 한림읍 금능리 2037
- #백사장 #낙조 #아이와함께

문도지오름(문돗지)
"석양풍경 맛집"

해 질 녘 숲길 사이로 비치는 석양 풍경이 아름다운 오름. 운이 좋으면 등산로에서 귀여운 조랑말 떼도 만나볼 수 있다. 올레 14-1코스에 문도지오름이 속해있다.(p209 D:3)

■ 제주시 한림읍 금악리 3445
■ #석양 #조랑말 #올레14-1코스

금오름
"감성사진으로 유명한 오름"

자동차로 입구에 내려 비교적 쉽게 오를 수 있는 오름으로 정상에서 패러글라이딩 체험도 즐길 수 있다. 협재해변, 한라산, 새별오름 등 각종 오름도 전망할 수 있다. 협재해변에서 차로 15분 거리 이동. 금오름의 '금'은 고조선부터 쓰이던 신(神)이라는 의미이다.(p209 D:3)

■ 제주시 한림읍 금악리 산1-2
■ #전망산 #패러글라이딩

나홀로나무
"웨딩, 커플 사진의 성지! 커플이라면 바로 스크랩"

성이시돌목장 근처에 있는 '새별 오름 나 홀로 나무'는 홀로 서 있는 나무와 뒤에 보이는 새별오름과 이달 오름이 멋지게 나오는 기념사진, 웨딩사진 촬영의 성지이다. 성이시돌목장에서 5분 거리에 있다.(p209 E:3)

■ 제주시 한림읍 금악리 산30-8
■ #왕따나무 #사진

정물오름
"잘 알려지지 않은 나만의 오름"

푸른 들판을 수놓는 들꽃 무리가 아름다운 정물오름. 정상에 오르면 말발굽을 닮은 분화구를 발견할 수 있고, 맞은편 금오름 전망도 즐길 수 있다.(p209 E:3)

■ 제주시 한림읍 금악리 산52-1
■ #들꽃 #말발굽분화구

명월성지
"조선시대 왜적을 막기 위해"

제주도 기념물 제29호. 1510년 제주목사 장림이 명월포에 쌓았던 성터이다. 동문·서문·남문이 있으며 성에는 샘이 있었던 조선시대 성터이나 지금은 남아있지 않다.(p210 C:2)

■ 제주시 한림읍 명월리 2162
■ #명월포 #성터 #제주도기념물

성이시돌목장
"'우유부단' 아이스크림과 이국적인 건축물인 '테쉬폰' 으로 유명"

이국적인 건축물인 테쉬폰 형태의 건물이 있는 곳. '우유부단'이라는 브랜드의 아이스크림이 유명하다. 제주에서 사진 찍기 좋은 장소 중에 하나이다.(p209 E:3)

■ 제주시 한림읍 산록남로 53
■ #우유부단 #아이스크림 #스냅사진

평수포구
"낚시 명당"

제주 올레길 15코스, 한적한 어촌마을을 거닐 수 있는 한적한 포구. 갈매기가 무리 지어 하늘을 수놓는 풍경이 아름답다. 제주도 낚시꾼들이 즐겨 찾는 낚시 명당이기도 하다.(p208 B:1)

- 제주시 한림읍 수원리 956-4
- #포구 #낚시포인트 #올레15코스

옹포포구
"삼별초의 마음은 어땠을까"

고려 시대 삼별초 상륙작전이 펼쳐진 무대가 바로 이 옹포포구다. 포구 주변으로는 신선한 해산물을 맛볼 수 있는 횟집이 있다.(p208 B:1)

- 제주시 한림읍 옹포리 578-14
- #삼별초 #해산물

월령포구
"스킨스쿠버 명당"

여름이 되면 물놀이 즐기러 온 피서객으로 북적이는 에메랄드빛 해변. 해수욕뿐만 아니라 스킨스쿠버, 모터보트 등 다양한 활동을 즐길 수 있다. 제주 올레길 14코스에 속해있다.(p208 A:2)

- 제주시 한림읍 월령리 317-2
- #스킨스쿠버 #모터보트 #올레14코스

더마파크
"승마공연과 승마체험"

환상적인 마상공연을 볼 수 있는 곳으로 카트 체험부터 승마 체험까지 다양한 액티비티를 즐길 수 있는 테마파크이다. 승마 체험은 대기 시간이 걸리니 미리 대기표를 받아두고, 공연 시간을 미리 체크해두자!(p208 B:3)

- 제주시 한림읍 월림7길 155
- #마상공연 #카트 #테마파크

과수원피스 농원
"오메기떡 유명한 농원"

감귤 따기 체험은 물론 오메기떡 등의 디저트도 즐길 수 있는 곳이다. 오메기떡 만들기 체험도 할 수 있고 원피스 마니아 주인장의 수집품도 감상할 수 있다. 2층은 숙소로 운영된다.(p208 B:2)

- 제주시 한림읍 한림로 176-2
- #감귤따기체험 #오메기떡체험 #원피스

금능석물원
"재미있게 표현한 작품 감상"

장공익 석공예 명장의 작품이 살아 숨 쉬는 곳. 제주의 문화와 생활을 해학적으로 표현한 작품을 관람할 수 있는 곳이다.(p208 B:2)

- 제주시 한림읍 한림로 176
- #장공익 #석공예명장

한림공원
"넓디 넓은 대지위에 제주 공원"

10만 평 대지 위에 식물원, 동굴, 민속촌, 작은 동물원 등 9개 테마의 볼거리가 가득한 테마파크이다. 절기마다 바뀌는 예쁜 꽃과 300년이 넘는 분재, 천연기념물로 지정된 용암동굴을 감상할 수 있다. 규모가 커서 관람시간은 약 2시간 이상이 소요된다.(p208 B:2)

- 제주시 한림읍 한림로 300
- #식물원 #테마파크 #용암동굴

쌍용굴
"신비로운 용암동굴 연인과 함께"

한림공원 안에 있는 쌍용굴은 여름철 더위를 피해 방문하기 딱 좋은 용암동굴이다. 2020년 제주도를 찾은 30대가 가장 많이 찾은 관광지로도 꼽혔다. 겨울의 거센 바닷바람을 피하기도 제격이다.(p208 B:2)

- 제주시 한림읍 한림로 300
- #용암동굴 #피서

협재굴
"한림공원에 있는 용암동굴"

한림 용암동굴지대의 동굴 중 하나이다. 한림공원에 위치해 있으며 천연기념물 제236호로 지정되어 있다. 천연 용암동굴이면서 석회동굴에서 발견되는 종유석, 석순, 석주 등도 볼 수 있는 아름다운 동굴이다.(p208 B:2)

- 제주시 한림읍 한림로 300
- #천연기념물 #천연용암동굴 #석회동굴

황금굴
"황금빛을 만들어내는 용암동굴"

제주 한림 용암동굴지대의 동굴 중 하나로, 천연기념물 제236호로 보호되고 있다. 천장의 석회질 종유석이 조명을 받으면 황금빛을 띤다 하여 황금 굴이라 부른다. 영구 보존 동굴로 지정된 비공개 장소이다.(p208 B:2)

- 제주시 한림읍 한림로 300
- #천연기념물 #종유석 #비공개

한라산소주
"제주에 왔으니 한라산 소주"

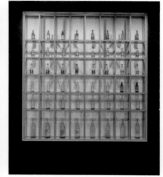

제주의 대표 지역주(酒)로 한라산의 화산암반수로 만들어진 산뜻한 맛의 소주이다. 제조 공장에서 한라산 소주의 제조 과정은 물론, 시음해볼 수 있는 투어 프로그램이 운영 중이다. 옥상 정원은 한라산과 멋진 바다를 감상할 수 있는 뷰포인트이다. 사전 예약이 필요하다.(p208 B:1)

- 제주시 한림읍 한림로555
- #지역주 #화산암반수 #투어프로그램

한림항
"비양도를 가기위해 출발 하는 곳"

비양도 가는 배를 탈 수 있는 곳. 천년호, 비양도호 두 선박을 운항하며, 날씨가 안 좋을 경우 운행하지 않을 수 있다. 제주도민과 만 2세~11세 유아, 장애인과 국가유공자는 요금 할인되며 신분증을 꼭 지참해야 한다.(p208 B:1)

- 제주시 한림읍 한림해안로 93
- #비양도 #천년호 #비양도호

협재포구
"바다전망 카페가 모여있어"

에메랄드빛 해변과 은색 모래사장이 아름다운 곳. 제주 올레길 14코스 길목이 되는 해변으로, 근처에는 맛있는 해산물 식당과 바다 전망 카페가 옹기종기 모여있다.(p208 B:2)

- 제주시 한림읍 협재리 1683-1
- #에메랄드해변 #올레14코스 #카페

협재해수욕장
"협재만큼 로맨틱한 해변은 없을 거야"

제주공항에서 30㎞, 40분 거리에 있는 제주에서 으뜸가는 석양 명소. 비양도의 모양이 소설 어린 왕자에 나오는 보아뱀을 닮아 더욱 독특하고 감성적이다.(p208 B:2)

- 제주시 한림읍 협재리 2497-1
- #석양 #해수욕장

탐나라공화국
"춘천엔 남이섬, 제주엔 탐나라공화국"

여권이나 비자를 받아야 입국할 수 있다. 춘천에 남이섬을 만든 강우현 대표가 제주에 만든 탐나라공화국이다. 3만 평이 넘는 부지에 5만여 그루의 나무가 심어져 있다. 70% 이상이 재활용품으로 만들어졌다. 전국 각지에서 온 헌책들로 만든 도서관은 아이들과 함께하기 좋다. 해설사의 안내를 받으면 더욱 의미 있는 탐방이 된다. (p209 E:3)

- 제주시 한림읍 한창로 897
- #제2의남이섬 #한림 #헌책도서관

실내동물원 라온zoo
"제주에서 알파카를 만나자"

다양한 동물을 만날 수 있는 실내 동물원. 먹이주기 체험을 할 수 있고, 실외에서 알파카와 뛰어놀 수 있다. (p210 B:3)

- 제주시 한림읍 월림7길 155
- #실내동물원 #아이와함께 #알파카

더마파크
"기마공연, 승마체험,카트등 즐길거리가 많은 곳."

말 전문 테마공원으로 기마 공연, 승마 체험 등을 할 수 있다. 제주 최대 규모의 카트체험장도 있어 카트를 즐기기 좋다. (p208 B:3)

- 제주시 한림읍 월림7길 155
- #말 #승마체험 #카트

제주도립김창열미술관
"김창열 화백을 만나다"

현대 추장미술의 거장, 물방울 시리즈로 유명한 김창열 화백의 작품을 감상하며 화백의 삶을 이해할 수 있다. 화백이 추구한 회귀를 담아낸 건축물도 인상적이다. (p210 C:3)

- 제주시 한림읍 용금로 883-5
- #김창열 #물방울 #미술관

한림
꽃/계절 여행지

서부농업기술센터 맨드라미
"이국적 풍경을 만들어주는 맨드라미"

@toy.yulmoo

가을철 제주 서부농업기술센터에서 키 큰 야자수와 빨간색, 노란색 맨드라미 군락이 이국적인 풍경을 만들어낸다. 맨드라미는 9월에서 11월 초까지 오래도록 피는 꽃이다. 네비게이션에 제주시 한림읍 월림7길 90(한림읍 금능리 350-4) 찍고 이동, 무료개방.(p208 B:3)

■ 제주시 한림읍 월림7길 90
■ #설악초 #맨드라미 #알록달록

한림공원 수선화
"수선화를 담은 공원"

매년 1~2월 무렵 제주도 자생식물과 석재분재가 전시되어있는 한림공원에서 수선화 군락을 만나볼 수 있다. 10~2월 08:30~18:00 영업, 3~9월 08:30~19:00 영업. 단체 손님과 어린이, 청소년, 경로자 입장 할인. 네비게이션에 제주시 한림읍 한림로 299(한림읍 금능리 2016) 찍고 이동.(p208 B:2)

■ 제주시 한림읍 한림로 300
■ #1,2월 #분재 #수선화 #겨울꽃

월령 선인장 군락지
"어디서든 쉽게 볼 수 없는 선인장 군락"

한가지 종류의 선인장이 해안가를 따라 분포되어 있는 군락지. 천연기념물 제429호. 국내 유일의 야생선인장 군락으로 학술적 가치가 있는 장소. 선인장과 어우러져 독특한 바다 풍경을 볼 수 있다.(p208 A:2)

■ 제주시 한림읍 월령리 359-4
■ #야생선인장 #바다전망 #해안도로

서부농업기술센터 코스모스
"코스모스는 돌담길에 있어야 제맛"

가을철 흰색, 분홍색, 노란색 코스모스 군락이 제주 서부농업기술센터 일대를 수놓는다. 코스모스와 돌담을 배경으로 사진 찍기 좋은 곳. 네비게이션에 제주시 한림읍 월림7길 90(한림읍 금능리 350-4) 찍고 이동, 무료개방.(p208 B:3)

■ 제주시 한림읍 월림7길 90
■ #9,10월 #포토스팟 #무료입장

한림공원 튤립
"고급스러운 튤립을 보고 싶다면"

봄을 맞이한 한림공원 일대에 울긋불긋한 튤립 무리가 피어났다. 10~2월 08:30~18:00 영업, 3~9월 08:30~19:00 영업. 단체 손님과 어린이, 청소년, 경로자 입장 할인. 네비게이션에 제주시 한림읍 한림로 299(한림읍 금능리 2016) 찍고 이동.(p208 B:2)

■ 제주시 한림읍 협재리 2487

■ #3,4월 #봄꽃 #산책

카페 키친오즈 핑크뮬리
"소녀감성 느끼려면 핑크뮬리"

동화 감성 카페 키친오즈는 가을철 소녀 감
성 넘치는 핑크뮬리밭과 허브정원으로 유
명하다. 카페는 매일 11:00~19:00 영업,
18:30 주문 마감. 중학생 이상만 입장 가
능. 매주 금요일 휴무. 협재해수욕장에서 차
로 3분 거리, 네비게이션에 제주시 한림읍
협재로 208(한림읍 협재리 958-1) 찍고
이동.(p208 B:2)

■ 제주시 한림읍 협재로 208

■ #9,10,11월 #소녀감성 #허브정원 #노키
즈존

면뽑는선생만두빚는아내
"한우수육버섯만두전골"

한우 수육과 손만두가 들어간 만두전골 전
문점. 전골은 고기와 버섯을 먼저 먹고, 나
중에 익은 만두를 건져 먹고, 남은 국물에
는 생면을 넣어 칼국수를 해 먹는다. 전골은
2인 이상 주문 가능하며 단품 주문 가능한
손만두국과 한우사골만둣국도 함께 판매한
다. 매일 10:30~20:30 영업, 19:30 주문
마감.(p210 B:2)

■ 제주시 한림읍 옹포2길 10 아길라호텔 1
층

■ 064-796-4562

■ #시원한국물 #코스요리 #푸짐한양

수우동
"수우동, 자작냉우동"

정통 일본식 우동과 돈가스를 선보이는 맛
집. 어묵튀김과 반숙 계란 튀김, 튀김가루
가 얹어진 자작냉우동이 인기. 자작냉우동
은 먼저 레몬즙을 골고루 뿌려주고 무, 쪽
파, 튀김 알갱이를 섞어 먹고, 반쯤 먹은 후
계란 튀김을 터트려 고소한 맛을 즐겨 먹는
다. 어묵튀김은 육수 국물에 찍어 먹으면 더

맛있다. 매일 11:00~15:30, 17:00~19:00 영업.(p210 B:2)

■ 제주시 한림읍 협재1길 11
■ 064-796-5830
■ #시원한육수 #고소한튀김 #여름요리

오크라
"수제돈까스"

제주 흑돼지로 만든 수제 돈까스를 양껏 먹을 수 있는 무한리필 맛집. 셀프바에서 밥과 샐러드, 볶음밥, 파스타, 김치, 단무지 등을 양껏 담아 먹을 수 있다. 매일 12:00~21:00 영업, 매주 월요일 휴무.(p211 D:1)

■ 제주시 한림읍 귀덕14길 57-2
■ 064-747-0624
■ #무한리필 #셀프바 #옛날돈까스

협재더꽃돈
"흑돼지근고기, 김치찌개"

질 좋은 흑돼지구이를 1근(600g) 단위로 판매하는 맛집. 돼지고기를 깻잎 조림에 싸서 생와사비나 멜젓에 찍어 먹어보자. 흑돼지 덩어리와 김치, 대파를 넣고 보글보글 끓인 김치찌개도 맛있다. 매일 12:00~22:30 영업.(p210 B:2)

■ 제주시 한림읍 한림로 366
■ 064-796-5393
■ #근고기식당 #김치찌개 #깻잎조림

한치앞도모를바다
"한치통볶이, 문어통볶이"

@atti_aroo_pome

통 한치와 꽃게가 들어간 럭셔리한 국물 떡볶이 전문점. 남은 국물에 김 가루를 넣고 볶음밥 해 먹는 것도 별미다. 차돌박이와 문어가 들어간 차돌 문어 통볶이도 맛있다. 매일 11:30~15:00, 17:00~19:00 영업, 매주 수요일과 목요일 휴무.(p210 C:2)

■ 제주시 한림읍 한림중앙로 77 1층
■ 070-8884-0428
■ #해물떡볶이 #럭셔리떡볶이 #국물볶음밥

안녕협재씨
"딱새우장비빔밥, 통전복내장비빔밥"

해산물 장을 넣어 만든 비빔밥 맛집. 딱새우장과 조린 무, 날치알, 노른자가 들어간 딱새우장과 전복장과 게우밥을 섞어 먹는 통전복내장비빔밥, 새끼 돌문어장에 특제 소스를 뿌린 돌문어장비빔밥을 판매한다. 매일 10:00~18:40 영업, 매주 목요일 휴무.(p210 B:2)

■ 제주시 한림읍 금능길 12 1층
■ 064-796-0624
■ #짭짤 #고소 #특제소스 #밥도둑

피어22
"태왁, 랍스터테일"

딱새우, 감자, 소시지, 옥수수가 들어간 해산물 바베큐 태왁 전문점. 랍스터와 새우, 문어, 전복 등 해산물을 추가할 수 있다. 렌치 소스가 기본으로 제공되며 소스, 빵, 샐러드, 딱새우 쌀국수 등을 추가 주문할 수 있다. 테이크아웃 가능, 연중무휴 11:00~20:00 영업, 19:00 주문 마감.(p210 B:2)

■ 제주시 한림읍 금능7길 22
■ 064-796-7787
■ #깔끔한분위기 #해산물바비큐 #다양한소스 #테이크아웃

옹포바다횟집
"모둠회, 다금바리회"

@ddoza_kys

신선한 활어 모둠회와 밑반찬을 코스로 제공하는 맛집. 회뿐만 아니라 신선한 해산물을 이용한 수제 밑반찬도 모두 맛있다. 마지막으로 제공되는 생선찌개는 맑은국, 매운탕 중에서 고를 수 있다. 매일 12:00~22:00 영업, 매주 월요일 휴무.

■ 제주시 한림읍 옹포1길 24
■ 064-796-1323

■ #모듬회 #코스요리 #맑은탕 #매운탕

옹포횟집
"황돔회, 고등어회"

@nibuss2noggnas

황돔회를 전문으로 하는 활어횟집. 황돔회는 껍질을 살짝 익힌 '유비끼'로 주문할 수 있으며, 식사 후 맑은 탕이 함께 딸려온다. 추가금액을 내면 딱새우회, 문어숙회, 꽁치 김밥까지 저렴하게 즐길 수 있다. 오전 11시부터 오후 4시까지 판매하는 점심 특선 활 우럭 조림도 인기. 단, 활 우럭 조림은 2인 이상만 주문할 수 있다. 매일 12:00~22:00 영업.

- 제주시 한림읍 옹포2길 10
- 0507-1417-1323
- #고급황돔회 #맑은탕 #점심특선

한림칼국수
"보말칼국수, 영양보말죽"

비양도 선착장 가기 전 식사하기 좋은 곳. 제주 앞바다에서 나온 보말이 듬뿍 들어간 칼국수와 보말죽을 판매한다. 셀프코너에서 공기밥을 무료로 양껏 퍼먹을 수 있다. 매일 07:00~16:00 영업, 매주 일요일 휴무.(p210 C:2)

- 제주시 한림읍 한림해안로 139
- 070-8900-3339
- #비양도여행 #공기밥무제한

옥만이네 제주금능협재점
"해물갈비찜, 해물맑은탕"

통 문어와 오동통한 전복이 들어간 매콤한 해물 갈비찜 맛집. 무한리필되는 반숙 계란 후라이에 해물찜 소스를 찍어 먹으면 입안에 작은 천국이 펼쳐진다. 남은 양념 국물로 만들어 먹는 비빔밥도 놓칠 수 없다. 전 메뉴 포장주문 가능. 매일 07:00~22:00 영업.(p210 C:2)

- 제주시 한림읍 한림해안로 160 1층
- 0507-1411-0736
- #매콤달콤 #소스맛집 #계란후라이 #비빔밥

제갈양 제주협재점
"갈치조림, 갈치구이"

가시를 일일이 제거해 먹기 편한 갈치조림 한상차림 전문점. 통갈치구이 메뉴도 함께 판매하며, 갈치요리 한상차림은 2인부터 주문할 수 있다. 고등어구이와 생선회, 정갈한 밑반찬이 함께 나온다. 매일 10:00~14:30, 17:00~21:00 영업.(p210 B:2)

- 제주시 한림읍 한림로 155
- 0507-1413-9933
- #갈치요리전문점 #한상차림 #밑반찬

돼지굽는정원 제주협재점
"글램핑장에서 흑돼지를 맛보자"

@agnesb28

야외 글램핑장에서 흑돼지를 구워 먹을 수 있다. 캠핑장에서 고기를 구워 먹는 기분을 느낄 수 있다. (p210 B:2)

- 제주시 한림읍 협재2길 8-7 1층
- 0507-1371-7531
- #흑돼지 #캠핑감성 #글램핑

별돈별 협재해변점
"오션뷰 흑돼지 맛집"

협재해변 앞에 위치해 오션뷰를 보며 흑돼지를 구워 먹을 수 있다. 초벌된 두툼한 돼지고기를 구워주위 편하게 먹을 수 있다. (p210 B:2)

- 제주시 한림읍 협재1길 4 2층
- 0507-1360-5895
- #흑돼지 #오션뷰 #협재해변

문쏘 제주협재점

"제주에서 먹는 카레"

황게 한마리가 통째로 올라간 카레가 인기 메뉴다. BTS 지민이 방문한 맛집으로 유명하고, 일본군 관사를 리모델링한 건물이 이국적이다. (p210 C:2)

- 제주시 한림읍 한림상로 15-5
- 0507-1350-7935
- #한림맛집 #이국적 #카레

바당길

"제주의 아침은 톳칼국수"

비양도에서 채취한 톳으로 직접 제면하고 육수를 만든 톳칼국수가 인기 메뉴다. 칼국수 나오기 전 식전음식으로 나오는 톳 보리밥에 흑돼지 비빔장을 비벼먹으면 맛있다. 8시부터 영업이라 아침식사하기 좋다.

- 제주시 한림읍 한림서길 18
- 0507-1412-1658
- #서쪽맛집 #보말죽 #톳칼국수

채훈이네 해장국

"제주 잔치 음식 고사리 육개장을 먹어보자"

제주도 토속 음식인 몸국과 고사리해장국 맛집이다. 제주에서 잔치 때 먹는 음식인 고소하고 걸쭉한 고사리 육개장을 먹어보자. 아침식사로도 먹기 좋고, 해장하기에도 좋은 곳이다.

- 제주시 한림읍 한림상로 29
- 064-772-3558
- #몸국 #고사리해장국 #아침식사

한림 카페 추천

제주시차

"제주도의 겨울을 담은 디저트 동백꽃과자"

@sufooding_cat

옛 제주 한옥을 리모델링한 시골집 감성 카페. 가게 구석구석을 꾸민 빈티지 소품과 예쁜 식기들이 매력 있다. 동백꽃 과자와 흑임자가 앙버터가 들어간 흑앙모나카가 시그니처 디저트. 매일 12:00~18:00 영업, 재료 소진 시 조기 마감.(p210 C:1)

■ 제주시 한림읍 귀덕5길 20-14
■ #한옥카페 #동백꽃과자 #흑앙모나카

잔물결

"달콤 고소한 잔물결 블렌드 드립커피"

드립 커피를 주력으로 하는 아담한 카페. 밀크초콜릿과 곡물 향이 물씬 풍기는 잔물결 블렌드 커피가 맛있다. 여기에 수제 치즈케이크와 구움 과자를 곁들이면 더할 나위가 없다. 노키즈존으로 운영되어 10세 이하는 출입할 수 없다. 매일 11:00~18:00 영업.

■ 제주시 한림읍 금능길 58-1 1층
■ #드립커피 #잔물결블렌드커피 #수제치즈케이크

우유부단

"이시돌목장 우유로 만든 프리미엄 아이스크림"

유기농 우유로 만든 음료와 디저트를 선보이는 곳. 성 이시돌목장에서 공수한 유기농 우유로 만든 아이스크림과 밀크티는 부드럽고 고소한 맛이 난다. 매일 10:00~17:30 영업, 설날과 추석 당일 휴업.

■ 제주시 한림읍 금악동길 38
■ #유기농우유 #우유부단아이스크림 #우유부단시그니처밀크티

그루브

"요가클래스에 참여해 보자"

원데이 요가 클래스에 참여할 수 있는 카페다. 와인과 제주 맥주를 구경하고 구매할 수 있다. 루프탑에서 제주 바다를 배경으로 멋진 사진을 찍을 수 있다. (p210 B:2)

■ 제주시 한림읍 한림로 333
■ #원데이요가 #요가클래스 #애견동반

카페콜라
"코카콜라 박물관 겸 콜라 카페"

@woori_415

코카콜라 수집품으로 꾸며진 전시장 점 카페. 1층 테라스에서 음료와 식사를 즐기고 2층 전시장을 방문해보자. 콜라와 커피가 만나 독특한 맛을 선사하는 시그니처 메뉴 '커피콕'이 인기 메뉴. 매일 10:00~18:00 영업, 매주 화요일 휴무.(p210 C:1)

- 제주시 한림읍 일주서로 5857
- #코카콜라 #커피콕 #고르곤졸라피자

명월국민학교
"매주 일요일 프리마켓이 열리는 폐교 카페"

시골 학교 건물을 리모델링한 베이커리 카페. 음료를 주문하면 학교 안의 포토존과 운동기구 등 각 시설물을 이용할 수 있다. 기회가 된다면 매주 일요일에 열리는 프리마켓 행사에도 참여해보자. 매일 11:00~19:00 영업.(p210 C:2)

- 제주시 한림읍 명월로 48
- #시골감성 #폐교건물 #명월차 #티라미슈라떼

앤트러사이트
"옛 방직공장을 개조해 만든 베이커리 카페"

@ssunny_house

방직공장으로 운영되던 도로 창고를 개조해 만든 감성 베이커리 카페. 디저트로 판매하는 초콜릿 크랜베리 스콘, 무화과 호두 스콘, 대파 치즈 스콘은 커피와 함께 먹기 딱 좋다. 연중무휴 09:00~19:00 영업.(p210 C:2)

- 제주시 한림읍 한림로 564
- #에스프레소 #초콜릿크랜베리스콘 #대파치즈스콘

카페유주
"까눌레로 유명한 프랑스 디저트 전문 베이커리"

@u._.ggii

프랑스 디저트 까눌레가 맛있는 감성 카페. 휘낭시에, 다쿠아즈, 테린느, 유주 파운드 등 다양한 디저트들을 선보인다. 12세 이상 입장 가능, 외부 음식 반입 금지, 촬영 금지, 매일 11:00~18:00 영업, 매주 월요일 휴무.(p210 C:2)

- 제주시 한림읍 한림상로 17
- #까눌레 #휘낭시에 #오키나와흑당라떼

뵤뵤
"제주에서 보는 밭뷰!"

@o0.grace.0o

오션뷰가 많은 제주에서 보는 밭뷰가 인상적이다. 카페 내, 외부 곳곳에 포토존이 많아 사진 찍기 좋고, 음료와 디저트도 모양이 예뻐 SNS용 사진을 찍기 좋다. (p210 C:2)

- 제주시 한림읍 명재로 155
- #밭뷰 #사진맛집 #디저트맛집

우무
"바닷가에서 푸딩을 들고 인증샷을 찍어보자"

SNS에서 많이 봤던 그 푸딩. 매장 취식은 불가하고 포장만 가능하다. 바닷가에서 푸딩을 들고 인증샷을 찍어보자. 가게 셔터 앞에서 인증샷을 찍는 것도 잊지 말자. (p210 C:2)

- 제주시 한림읍 한림로 542-1
- #핫플 #우무푸딩 #테이크아웃

비양놀
"비양도가 보이는 일몰맛집"

통창으로 비양도를 볼 수 있다. 특히 일몰이 멋진 곳으로 해가 질 즈음 방문할 것을 추천한다. 스콘과 비엔나 음료가 시그니처 메뉴다. (p210 C:1)

- 제주시 한림읍 한림해안로 311
- #비양도 #오션뷰 #일몰맛집

제주미작 협재점
"제주에서 동남아 느끼기"

자갈과 돌로 만들어진 징검다리가 있어 실내에서도 실외 분위기를 느낄 수 있다. 야외의 야자수, 분수, 테이블에서 동남아 휴양지 분위기가 난다. 협재바다푸딩이 인기 메뉴다. 대형카페로 단체로 방문하기도 좋다. (p210 B:2)

- 제주시 한림읍 협재8길 22
- #협재대형카페 #당근빵 #협재바다푸딩

호텔샌드
"휴양지 사진을 남겨보자."

@l_eunseo_o

제주바다와 비양도를 한 눈에 볼 수 있어 오션뷰를 선호하는 사람들에게 인기다. 테라스 라탄으로 만들어진 파라솔에 앉아 하얀 백사장과 오션뷰를 보며 휴양지 느낌을 느껴보자. 카페 내부도 휴양지 느낌으로 인테리어해서 인증샷 명소로도 유명하다. (p210 B:2)

- 제주시 한림읍 한림로 339
- #협재해수욕장 #애견동반 #휴양지감성

한림 숙소 추천

풀빌라 / 제주애단비 귀덕

반려견 동반 가능한 풀빌라 펜션. 반려동물이 맘껏 뛰어놀 수 있는 넓은 잔디밭과 수영장이 딸려있다. 창밖으로 보이는 제주 바다와 한라산 뷰도 멋지다. 입실 15:00, 퇴실 11:00.(p210 C:1)

- ■ 제주시 한림읍 귀덕5길 20-1
- ■ #애견펜션 #한라산뷰 #오션뷰 #수영장 #잔디밭

풀빌라 / 팜스빌리지 팜스조이 키즈 스파 펜션

3층 규모의 키즈 테마 풀빌라 펜션. 3층짜리 독채 펜션을 한 가족이 모두 쓸 수 있다. 펜션 밖에는 전동 스쿠터와 자동차 트램펄린, 티테이블 등 즐길 거리도 마련되어 있다. 입실 15:00, 퇴실 11:00.(p210 C:1)

- ■ 제주시 한림읍 귀덕7길 17
- ■ #키즈펜션 #3층독채 #넓은집 #전동스쿠터 #트램펄린 #수영장

풀빌라 / 광이멀스테이

연인들의 이벤트 장소로 유명한 럭셔리한 풀빌라 펜션. 미리 연락하면 와인, 케이크, 꽃다발 등을 원하는 시간에 가져다준다. 바

비큐장, 개인 수영장, 스파가 딸려있으며 수영장 온수 이용 시 추가 비용을 지불해야 한다. 최대 8인까지 입장할 수 있다. 입실 16:00, 퇴실 11:00.(p211 D:2)

- ■ 제주시 한림읍 월각로 151
- ■ #연인 #이벤트 #와인 #케이크 #바베큐 #수영장 #스파

풀빌라 / 월령선인장

선인장 무리가 이국적인 감성을 더하는 풀빌라 펜션. 단독 수영장과 노천온천, 중정, 월풀욕조에서 선인장 조경을 바라보며 휴식할 수 있다. 숙소에서 3분만 걸어가면 월령 앞바다가 나오는데, 선인장과 해변 경치를 바라보며 산책하기 딱 좋다.(p210 B:2)

- ■ 제주시 한림읍 월령1길 10
- ■ #선인장 #이국적분위기 #노천온천 #선인장산책로

풀빌라 / 제주라라하우스

대가족이 모여 쉬어도 좋을 만큼 넓은 50평 풀빌라 타운하우스. 단독 사용할 수 있는 큰 수영장과 바비큐장이 갖추어져 있고, 숙소 주변에 꽃길 산책로도 마련되어있다. 규모에 비해 가격도 합리적이다. 입실 16:00, 퇴실 11:00.(p210 B:2)

- ■ 제주시 한림읍 월령2길 67-15
- ■ #50평 #가족여행 #수영장 #바베큐장

풀빌라 / 문워크

통유리창 밖으로 보이는 월령 해안과 달빛이 아름다운 럭셔리한 신축 펜션. 월풀 욕조에서 바다를 바라보며 피로를 풀 수 있다. 최대 8명까지 입실 가능. 입실 16:00, 퇴실 11:00.(p210 B:2)

- ■ 제주시 한림읍 월령안길 20-1
- ■ #달빛야경 #테라스 #월풀욕조 #최대8인

독채 / 문수동그디

제주 시골 마을의 삶을 그대로 간직해놓은 독채 펜션. 옛 시골집 감성 가득한 온돌방 옛집과 모던한 디자인으로 꾸민 새집을 함께 운영한다. 입실 16:00, 퇴실 11:00.(p210 C:2)

- ■ 제주시 한림읍 중산간서로 4631
- ■ #시골감성 #독채펜션 #아늑한 #옛집 #새집

독채 / 하늘고래화이트

이국적인 정원 풍경이 아름다운 모던한 독채 펜션. 투숙객들에게 간단한 조식을 제공하며, 숯과 석회를 준비해오면 숯불바비큐도 추가 요금 없이 이용할 수 있다. 입실 15:00, 퇴실 11:00.
- 제주시 한림읍 협재1길 60
- #이국적 #모던인테리어 #조식서비스 #바비큐장

풀빌라 / 하늘고래앤드

제주 오름을 닮은 둥근 외형이 인상적인 독채 펜션. 아이들을 위한 미니 풀장과 야외 바비큐장을 무료로 이용할 수 있다. 창밖으로 보이는 바다 전망도 아름답다. 최대 5인 입실 가능. 입실 15:00, 퇴실 11:00.
- 제주시 한림읍 협재1길 61
- #오션뷰 #미니풀장 #바비큐 #최대5인

독채 / 어랭이

협재해수욕장 뷰가 멋진 프라이빗 렌트하우스. 정원에는 라탄 소파와 썬베드가, 실내에는 개별 바비큐장이 딸려있어 우리 가족들만의 오붓한 시간을 즐기다 갈 수 있다. 입실 15:00, 퇴실 11:00.(p210 B:2)
- 제주시 한림읍 협재3길 7
- #이국적 #렌트하우스 #오션뷰 #라탄소파 #썬베드

풀빌라 / 키즈풀빌라 놀자펜션

1년 내내 24시간 이용할 수 있는 온수 풀장이 딸린 키즈 펜션. 아이 놀이방과 패밀리 사이즈 저상형 침대, 야외 테라스가 있어 온 가족이 즐겁게 지낼 수 있다. 헬로키티 아일랜드, 뽀로로 테마파크 등 유명 관광지와의 접근성도 좋다. 입실 16:00, 퇴실 11:00.
- 제주시 한림읍 중산간서로 5136-1
- #키즈펜션 #놀이방 #저상형침대 #온수풀장 #가족여행

독채/ 하늘고래블루

@jeju_skywhale

협재 바다 바로 앞에 위치해 바다가 한눈에 보이는 프라이빗 숙소. 안거리,밖거리를 모두 이용할 수 있고 우드톤 인테리어의 안거리에서는 거실 창문으로 오션뷰를 볼 수 있다. 안거리 침실에서 까만 현무암과 파란 바다를 배경으로 배우 조정석이 삼다수 CF를 찍었다. 밖거리에는 돌담 뷰 자쿠지가 있다. 최대 4인. 유아 동반 가능.(p210 B:2)
- 제주시 한림읍 협재1길 59-4
- #프라이빗#오션뷰#자쿠지#협재#삼다수CF#유아동반

독채 / 주월담

@juwoldam

빨간 지붕과 돌벽이 특징인 독채 건물 3개가 나란히 있는 숙소. 천장의 서까래와 우드톤 가구로 차분한 분위기의 숙소. 거실의 통창을 통해 정원을 바라보고 차 한 잔 할 수 있는 낮은 테이블이 있다. 4계절 따뜻한 실내의 돌로 만든 자쿠지에도 통창이 있어 돌담과 정원을 바라보고 휴식을 즐길 수 있다. 웰컴 푸드,불멍키트 제공. 취사 가능. 차로 5분 거리에 마트와 빨래방 등 편의시설이 있다. 숙소 하나당 2~3인 가능. 대가족이라면 3채를 다 빌려 사용 가능. 네이버 예약.(p210 C:2)

- 제주시 한림읍 월계로 144-2
- #실내자쿠지#대가족#유아동반#빨간지붕#잔디#편의시설

게스트하우스 / 네이처트레일

맛있는 조식까지 제공되는 10만 원대 가성비 숙소. 까만 벽돌의 9개의 방이 나란히 연결된 원룸형 룸. 노출콘크리트의 모던한 인테리어와 편안한 침구류. 공용공간인 카페에서 커피와 함께 밥과 소시지가 있는 조식이 제공된다. 홈페이지에서 예약. 전 객실 2인 가능. 인원 추가 불가. 협재와 금능 해수욕장이 가깝다.(p210 B:2)

- 제주시 한림읍 홍수암로 30-5
- #커플여행#2인숙소#원룸형#조식제공#가성비#협재해수욕장#금능해수욕장

독채 / 섭재

큰 소낭 아래 숲으로 둘러싸인 그림 같은 뷰를 가진 독채 숙소. 작은 마루가 딸린 야외자쿠지는 4계절 사용 가능하고 지붕이 있어

비가 오는 날도 이용가능하며 욕실과 이어져 있어 동선이 편하다. 화산석이 깔린 정원에는 넓은 툇마루가 있다. 마당에는 돌로 만든 화로와 오두막 컨셉의 바비큐 공간이 있어 캠핑 분위기를 낼 수 있다. 세탁기와 식기세척기 등 가전제품과 환경을 생각한 어메니티. 네이버 예약 2박만 가능. 1박은 인스타그램 문의. 최대 인원 4~5인. 협재,금능해수욕장 차로 5분 거리. 주차 가능.
(p210 B:2)

- 제주시 한림읍 협재로 181-100 섭재
- #아이와함께#정원#툇마루#인스타감성#야외자쿠지#오두막#불멍

독채 / 퐁낭너머

휴양지 감성 자쿠지가 있는 독채 숙소. 돌담길 끝 두 채의 집을 모두 쓸 수 있고 별채의 다이닝 테이블 앞 나무 문을 활짝 열면 휴양지 감성 노천 자쿠지가 있다. 본채는 높은 층고의 감성 주방과 라탄 가구와 동그란 창문의 아기자기한 다도실이 있다. 도보 10분 거리에 해변이 있고, 곽지해수욕장과 가깝다. 기준 2인 최대 4인. 드루앙홈페이지에서 예약.(p211 D:1)

- 제주시 한림읍 귀덕14길 68
- #휴양지감성#노천자쿠지#라탄#해변#곽지해수욕장#불멍

풀빌라 / 곁겹

초가지붕의 휴양지 리조트 감성 독채 숙소. 분리된 공간의 본채와 별채를 운영. 2인 전용 숙소인 별채는 넓은 자쿠지가 있고, 최대 4인 가능한 본채에는 넓은 야자나무가 있는 모래정원과 4계절 온수 풀이 있고, 거실에는 파이어핏 벽난로가 있다. 수영장과 욕실이 연결되어 편리. 웰컴 드링크 및 조식 제공. 조리 가능. 금능해수욕장이 가깝다. 홈페이지로 예약.

- 제주시 한림읍 한림로 224-6 곁겹
- #발리감성#휴양지컨셉#사계절온수풀#야외자쿠지#커플전용#가족여행#금능해수욕장

독채 / 쉼127 키즈 가족 협재점

아이와 오롯이 시간을 보낼 수 있는 키즈팬션. 한림점을 운영하다 고객들의 니즈에 맞춰 분점을 낸 두 번째 키즈 펜션이다. 세탁기와 건조기, 젖병소독기, 매일 소독하는 장난감과 아기용품, 아기 욕조, 아기 의자, 아기치약까지 없는 게 없을 정도로 모두 구비 되어 있어 몸만 와서 내 집처럼 즐기다 갈 수

있다. 걸어서 갈 수 있는 편의점, 차로 5분 거리에 협재 해수욕장과 마트가 가까운 거리에 있다. 3인기준 최대 4인(p210 C:2)

■ 제주시 한림읍 옹포남2길 25
■ #키즈팬션#마당있는집#유아용품#아기장난감#휴식

독채 / 스테이만월

@jejustay_fullmoon

예쁜 파란 대문의 실내 자쿠지가 있는 독채 숙소. 제주 한옥을 개조한 실내는 따뜻한 느낌의 인테리어와 앤틱한 가구로 전체적으로 차분한 분위기다. 코지한 주방에는 커피캡슐머신과 토스터가 있어 간단히 아침을 해결할 수 있고 밖에서 사 온 음식을 담을 수 있는 깔끔한 식기류도 구비되어 있다. 겨울에도 따뜻하게 이용할 수 있는 실내 자쿠지. 평상이 있는 넓은 마당에서 실외 바비큐와 불멍가능. 기준 2인 최대4인. 가까이에 협재해수욕장과 맛집이 많다.(p210 C:2)

■ 제주시 한림읍 일주서로 5191-9
■ #실내자쿠지#사계절온수#바비큐#마당#평상#앤틱#편안한실내#가족여행#커플여행

한림
인스타 여행지

금능해수욕장 야자나무
"길 양쪽으로 빼곡한 야자나무"

@ellie._.u

수심이 얕고, 물이 맑아 물놀이 하기 딱 좋은 금능해수욕장! 바다만큼이나 이국적인 야자나무들로 유명하다. 큰~ 돌하르방도 포토존이지만, 빼곡한 야자나무들 사이에서 사진을 찍으면 이곳이 국내인지 해외인지 헷갈릴 정도다.(p210 B:2)

■ 제주시 한림읍 협재리 2462
■ #금능해수욕장 #야자나무 #돌하르방 #이국적

문도지 오름 노을
"능선에서 느릿하게 풀 뜯는 말들"

@beloved.jo

초록의 오름 능선에서 자유로이 풀을 뜯고 노는 말들을 볼 수 있는 곳이다. 곶자왈 너머로 저무는 장엄한 해넘이를 볼 수 있는, 노을 명소이기도 하다. 명성목장을 지나, 올레길 표지가 있는 오른쪽으로 가야 한다.

■ 제주시 한림읍 금악리 3448
■#문도지오름 #명성목장 #노을 #해넘이

#일몰

금악 오름 분화포인트
"햇빛을 받아 금색으로 빛나는 연못"

@kailey__life

이효리 뮤직비디오에도 나왔던 금악오름은 분화구의 미니 연못으로 유명하다. 물이 찰랑이는 자연분화구, 그 위로 작열하는 태양, 저멀리 한라산까지 한 프레임에 담아보자. '생이못'으로 검색하여 가면 된다.(p211 D:3)

- 제주시 한림읍 금악리 산1-1
- #금악오름 #분화구 #미니연못 #이효리뮤비

새별오름 나홀로 나무
"넓은 초원 가운데 홀로 선 나무"

@mi_inblack

윈도우 배경화면과도 같은 너른 초원과 푸른 하늘, 뒤로는 새별오름 앞으로 고즈넉이 서 있는 나홀로나무 앞에서 사진을 남겨보

자. 나무로부터 충분히 앞으로 나와 찍어야 전체적인 배경이 잘 나온다. '새별오름 나홀로나무'로 검색하여 갈 수 있다.

- 제주시 한림읍 금악리 산30-8
- #새별오름 #나홀로나무 #초원

정물 오름 일몰
"해질녘 붉게 물드는 풍경"

@cchunny_

가을이면 은빛 억새와 정상에서 볼 수 있는 탁 트인 풍경, 붉은 노을이 아름다운 곳이다. 등산로 초입의 갈래길에서 왼쪽으로 등산하는 것이 좀 더 완만하다. 정상에선 태양이 바다 아래로 지는 모습까지 볼 수 있다.

- 제주시 한림읍 금악리 산52-1
- #정물오름 #일몰 #억새 #노을

카페 영신상회 내부
"우드 프레임에 포근하게 담긴 풍경"

@j_mooong

햇살맛집으로 유명한 카페이다. 슈퍼였던 공간을 카페로 바꾸었는데, 우드톤의 테이블 위로 스며드는 햇살이 따뜻함을 선사한다. 포근한 감성을 좋아하는 이들에겐 딱이다.

- 제주시 한림읍 명월성로 673
- #영신상회 #카페 #우드톤 #햇살맛집 #따뜻함

성이시돌 목장 테쉬폰
"독특한 건물의 창틀에 앉아"

@mash.kkk

너른 초원에서 풀을 뜯고 있는 말과 소들을 볼 수 있는 곳이다. 그중에서도 테쉬폰은 텐트 모양의 건물을 뜻하는데, 주변의 초록나무들과 함께 사진을 찍었을 때 더 빛을 발한다. 빈티지하면서도 독특한 느낌을 준다.

- 제주시 한림읍 금악리 135
- #성이시돌목장 #말 #젖소 #테쉬폰 #빈티지

카페 비양놀 통창
"많은 통창으로 보는 하늘과 바다"

@april_sohyun

통창 너머로 바다를 볼 수 있는 오션뷰와 비양도를 볼 수 있는 루프탑, 유리 지붕 아래 바다와 하늘을 몽땅 느낄 수 있는 건물

중앙까지. 어디를 찍어도 작품이 되는 곳
이다. 노을 시간에 맞춰 가면 그야말로 예
술!(p210 C:1)

- ■ 제주시 한림읍 한림해안로 311
- ■ #비양놀 #카페 #통창 #오션뷰 #루프탑
  #비양도

호텔샌드 카페 휴양지 감성 파라솔
"협재해변 전망 파라솔 설치"

카페호텔샌드에서 협재해수욕장을 바라보
며 쉬어갈 수 있는 파라솔을 빌릴 수 있다.
솔방울을 닮은 나무 소재의 파라솔과 바다
풍경이 잘 보이도록 사진을 찍어갈 수 있다.
단, 차량 이동 시에는 카페 주차장이 협소하
므로 협재해수욕장 공용주차장에 주차하
는 것이 좋다.

- ■ 제주시 한림읍 한림로 339
- ■ #협재해수욕장 #파라솔대여 #일광욕

07

한경면

#산양큰엉곶 오두막

#산양큰엉곶

#산양큰엉곶 기찻길

@juv

#차귀도 일몰

#자구내포구동굴

@do.songhee

#수월봉 #일몰

#환상숲곶자왈

235

#비체올린 #능소화

#굴당리

@ekyn_love_
@picky_

#비체올린 #버베나

#카페원웨이

@somnrs

#신창해안도로

#신창해안도로

@jeju__jims

#클랭블루

237

A   B   C

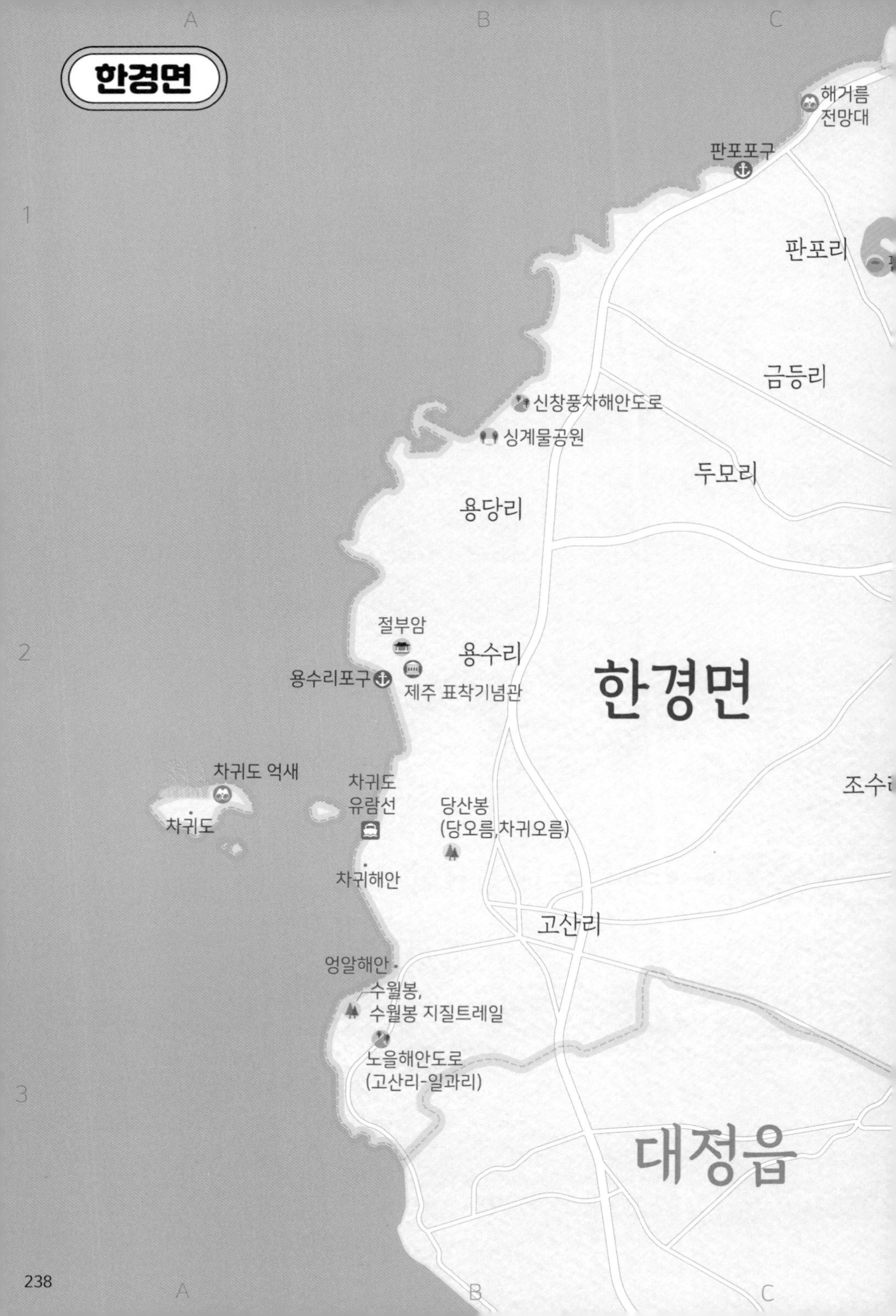

1

해거름
전망대

판포포구

판포리

금등리

신창풍차해안도로

싱계물공원

두모리

용당리

절부암

용수리

한경면

용수리포구   제주 표착기념관

2

차귀도 억새

차귀도
유람선

당산봉
(당오름,차귀오름)

조수리

차귀도

차귀해안

고산리

엉알해안

수월봉,
수월봉 지질트레일

노을해안도로
(고산리-일과리)

대정읍

3

A   B   C

한림읍

제주현대
미술관 저지문화
예술인마을

방림원

저지오름

아홉굿마을

가메창
(암메)

저지리

물드리네

생각하는 정원
(분재예술원)

환상숲곶자왈공원

제주 유리의 성

낙천리

청수리

가마오름

제주 가마오름
일제동굴진지

연화못 연꽃

산양곶자왈

산양리

한경면 주요지역

A   B   C

1. 제주미작 협재점(바다푸딩)
2. 호텔샌드(선인장옷테)

피어22(태왁, 랍스터테믈)

제강양 제주
협재점(갈치조림)

네이처트레일(원룸형)

문워크(물빛로)

월령 선인장 군락지
어디서든 쉽게 볼 수 없는
선인장 군락

월령선인장
(풀빌라)
월령포구

그루브 수영동(아인슈페너)

금능해수욕장

협재칼
협재꽃돈
돈지금는 정원

한림공원
아국적인 테마
식물원과 용암 동굴

금능포구,금능해수욕장
야자나무
과수원피스 농원

금능석인장

금능석물원

제주라라파크
(풀빌라)

돌하르방 및
얼굴 석상 가득

액티브파크
실내클라이밍, 카트
키즈카페

섭재(독채)

해거름전망대
해 질 무렵 조용히 낙조를 감상하기 좋은 곳

스노클링으로 유명한 이색물놀이 장소 **판포포구**

짚불도

바다본돼지(전복뚝배기)
오지힐(호주식 비건 베이커리 카페)
카페원웨이(원웨이치즈케이크, 바닐라쉬폰)

흑돼지 딱새우
굴당리 협재점
(내참 브런치, 케이크)

벨긴우영(독채)
울트라마린(당근케이크)

코코메야
(미트파이)

금능남로 유채꽃길
라온프라이빗CC~제주
선인장마을까지 이어지는
유채꽃 드라이브 코스

제주맥주 양조장
사전 예약제로 운영되는
투어(에일 생맥주 시음

더파크
기마공연, 승마체험,카트등
즐길거리가 가득 한 곳

제주드마을공원

더마카트
카트레이싱

다이브자이언트 제주
프리다이빙방
채훈이네 해장국
(고사리육개장,해장국)
싱계물공원
풍차

싱계물공원
풍력발전기와 바다, 길
위를 걷는 육교

서쪽아이
(풀빌라)
클램블루우(풍력발전기와
숲속 1km 수로길 및 공원

비체올린 카약

비체올린 버베나

비체올린 능소화

서부농업기술센터
코스모스

제주한
현대미술
조각작품이

어오네소

한경해안로
(신창풍차 해안도로)
신창풍차
해안도로 일몰

신창 투명카약(카약)

수리담(독채)

제주표착
기념관

플로어가든
풀빌라(독채)
블루웨이 프리다이브

데미안
(돈까스정식)

그 해 여름(수제청 음료)
클램블루스테이
(2인숙소)

제주돼지
(근고기)

코스모스는 돌담길에
있어야 제맛[9,10월]

제주동
(근고기)

클램블루 수동(독채)

유람
위드북스

가메창(암게)

조선시대 장미마을
(암게)

저지오름
둘레가 약 900m, 깊이가 약
60m쯤 되는 매우 가파른
깔때기형 산상분화구

뉴저지
감귤밭이 통유리로
빈티

용수리
용수포구
제주 차귀도
요트투어
제주환상전기자전거

차귀도 억새
독특한 형태인
차귀도 배경과
억새[9,10,11월]

차귀도

1.차귀도달래배낚시(배낚시)
2.진성배낚시(배낚시)
3.대물호(배낚시)

절부암(제주도 기념물 제9
호, 조선시대 조난당한
남편의 사연이 있는)

산노루 제주점
(말차라떼,말차팥라떼)

별밭스테이(독채)

아홉굿마을
1000개의
의자를 구경할 수 있는 곳.
무한도전 촬영

제주표착
기념관

한경면

청수리아파트
(독채)

가마오름

봄빛코티지(독채)

제주 가마오름
일제동굴진지

펠롱여관(독채)

제주 곳자왈 도립
곳자왈이란 암괴들이 불규
널려있는 지대에 형성된 숲(숲

차귀도유람선
자구내포구

차귀도
유람선

엉알해안
산책로

당산봉
오름,일몰명소
당오름

별돈별 정원본점
(제주산흑돼지)

엉알해안
해안절벽과 올레길 그리고 아름다운
석양이 있는 유네스코 세계지질공원

하소로커피(직접 로스팅한
원두가 인기있는
핸드드립 카페)

오오그하우스
(풀빌라)

웃뜨르우리돼지
(흑돼지목살)

탐라는일상

애플망고
(제주애플망고
제주애플망고

수월봉 노을

수월봉
지질트레일

스퀘어베이(우엉무촬영지)

수월봉
해 질 무렵 보이는 저녁노을이 으뜸인 곳
수월정에서 보이는 차귀도와
차귀해안의 절경,주차 후 1분

산양큰엉곶
숲속의 작은마을을 재구현한 곳으로
다양한 포토존이 있다.
기차포토존,백설공주 오두막이 유명하다.

1132

신도포구

미쁜제과
(미쁜다림라떼,아메리카노)

스테이가량(풀빌라)

녹남봉 더숲 백일홍

제주 곳자왈 도립

무릉2리

올레길 11코스

1136

어쩌다 영락(독채)

로브제8(독채)
제주놀 3320(독채)

올레길 12코스

제주도예촌

대정읍

초콜릿박물관

1120

대정성지
(정양용 조카 정난주
마리아 묘가 있는
천주교 성지)

가시오름

모슬봉

영락리 방파제
대정 앞바다에서
돌고래 초망

날외15(그래놀라와 오디가
들어간 건강한 수제요거트)

인스밀(이국적인 야자수 전망을 즐길 수 있는 카페)

북마크게스트하우스
(게스트하우스)

모슬포항라전복 본점
(전복솥밥)

동일리포구

수애기베이커리(노을뷰 전망카페)

감저카페
(딸쟁이
덩쿨이 멋진)

2차

흑돼지국수
(보말칼국수

제주

240

한경
추천 여행지

차귀도
"낚시꾼에게 유명한곳 나도 가보자고"

고산리 포구에서 10분 정도 배를 타고 들어갈 수 있는, 일몰 뷰가 예술인 무인도 차귀도. 어종이 풍부해서 낚시꾼들에게 유명한 배낚시 포인트이다.(p238 A:2)

- 제주시 한경면 고산리
- #일몰 #어종 #낚시포인트

용수포구
"제주 10경중 하나"

용수리에 있는 전형적인 어촌항으로 제주 10경 중 '사봉낙조(사라봉에서 바라보는 해넘이)'로 유명한 장소. 제주 올레길 12코스 종착지이자 제주 올레길 13코스 출발점이다.(p238 B:2)

- 제주시 한경면 용수리 4274-1
- #제주10경 #사봉낙조 #올레13코스

엉알해안
"조용히 걷고 싶을 때 , 조금은 덜 알려진 이곳으로 와"

해안 절벽이 퇴적층으로 이루어져 있는 유네스코 세계지질공원. 차귀도 포구에서 수월봉 방향으로 엉알해안이 있으며, 올레길 12코스에 속해있다. 해안 길을 따라 차귀도 뒤로 지는 아름다운 석양을 볼 수 있다.(p238 B:3)

- 제주시 한경면 고산리 3653-3
- #유네스코 #해안절벽 #석양

수월봉
"오지 않으면 후회할만한 경치, 수월봉을 잊지 마!"

차귀해안을 따라가다 보면 나오는 오름. 차량으로 수월정(정상 전망대)까지 접근할 수 있다. 정상에 오르면 차귀도와 차귀해안이 아름답게 내려다보이며, 해 질 무렵 보이는 저녁노을 또한 으뜸이다.(p238 B:3)

- 제주시 한경면 고산리 3760
- #해안 #낙조 #전망대

수월봉 지질트레일
"수월봉 천연기념물 제513호."

오랜 세월 동안 화산재 지층이 겹겹이 쌓여 멋진 비경을 이루는 것이다. 유네스코에서 지정한 세계지질공원이기도 하다. 에메랄드 빛 바다와 지질 트레일 단면의 조화는 한 폭의 그림을 보는 것 같다. 시간의 여유가 되면 수월봉 정상까지 올라 제주에서 가장 아름다운 일물을 감상해보자! 올레길 12코스에 속해있다.(p238 B:3)

■ 제주시 한경면 고산리 3760
■ #유네스코 #세계지질공원 #일물

당산봉(당오름,차귀오름)
"드넓은 고산평야 뷰"

제주에서 가장 오래된 화산체 중 하나로 세계지질공원이다. 원래 뱀의 제사를 지내는 신당이 있다고 해서 당오름이라 불렸다. 진한 솔향을 맡으면 정상에 오르면 제주의 드넓은 고산 평야 뷰를 감상할 수 있다. 제주 올레길 12코스에 속해있다.(p238 B:2)

■ 제주시 한경면 고산리 산15
■ #세계지질공원 #뱀의제사 #고산평야뷰

물드리네
"천연염색 체험"

감과 쪽으로 천연 염색 체험할 수 있는 곳. 감과 쪽을 함께 사용하는 무늬 염, 복합 염 체험도 진행한다. 제주 전통 작업복인 갈옷과 스카프 등에 물을 들여보자.(p239 D:2)

■ 제주시 한경면 낙산로 4-28
■ #천연염색 #갈옷

아홉굿마을
"농촌 체험마을"

농촌체험을 즐길 수 있는 전통테마 마을. 생태체험, 전통음식 체험, 풀무 체험, 천연 염색체험 등을 즐길 수 있다. 1천 개 의자가 줄지어 놓여있는 이색 의자 공원에도 들러보자.(p239 D:2)

■ 제주시 한경면 낙수로 97
■ #전통테마마을 #생태체험 #천연염색

제주 유리의 성
"유리공예는 볼때마다 신비로워"

국내 최초 유리 전문 박물관이자 테마파크. 실내외 전시관에서는 다양한 유리공예 작품들을 전시되어 있고 유리공예 체험관에서는 재미있는 체험도 할 수 있다. 곳곳에 포토존이 마련되어 사진 찍기에 좋다. 특히 곳자왈 마법의 숲 갤러리는 곳자왈의 자연과 형형색색 유리 조형물의 조화가 신비한 아름다움을 경험하게 해준다.(p239 E:2)

■ 제주시 한경면 녹차분재로 462
■ #유리박물관 #유리공예 #곳자왈

환상숲곳자왈공원
"숲해설가에게 듣는 곳자왈 체험"

많은 덩굴과 나무, 다양한 식물들이 살고 있는 신비로운 정글 숲 공원. 개인 사유의 숲으로, 숲을 사랑하고 지키려는 가족들이 모여 관리하고 있다. 매시 정각 숲해설가의 설명을 들으며 유쾌한 숲 체험을 할 수 있다. 족욕체험과 자연 생태 교육 프로그램이 운영 중이다.(p239 E:2)

■ 제주시 한경면 녹차분재로 594-1
■ #정글숲 #숲해설가 #숲체험

생각하는 정원 (분재예술원)
"분재와 조경"

한 농부의 열정과 헌신으로 황무지를 개척하여 만들어진 정원이다. 정성 가득 잘 가꾸어진 다양한 분재와 조경을 보며 조용히 산책하기 좋다(p239 E:2).

■ 제주시 한경면 녹차분재로 675 생각하

는정원

■ #황무지개척 #분재 #조경

싱계물공원
"풍차발전기와 바다 그리고 사진"

아름다운 바다와 주변의 풍차 발전기를 한 눈에 볼 수 있는 곳이다. 맑은 용천수가 나와서 예전에는 목욕탕으로 사용되었던 곳이다. 신창해안도로와 함께 아름다운 일몰로 유명한 곳이기도 하다.(p238 B:1)

■ 제주시 한경면 신창리 1322-1
■ #용천수 #일몰 #풍경

한경해안로(신창풍차 해안도로)
"줄지은 하얀 풍차를 배경으로 멋진 사진을 찍어봐!"

한경면 신창리에 있는 풍력발전소가 있는 신창풍차해안은 일몰의 석양을 아름답게 볼 수 있는 명소이다. 드라이브 코스로 손에 꼽히는 곳이므로 차로 여행한다면 꼭 들러보자. 싱계물공원에는 바다 육교가 설치되

어 있어 바다와 풍차를 더 가까이 볼 수 있다.(p238 B:1)

■ 제주시 한경면 신창리 1481-23
■ #드라이브 #바다전망 #풍차

방림원
"이름모를 야생화 가득"

약 3천여 종의 세계 야생화가 아기자기하게 전시되어 있는 자연 생태 테마파크이다. 개인이 30년 동안 수집하고 가꾼 놀라운 장소이기도 하다. 맑은 공기를 마시며 산책하기 좋다. 꽃을 좋아하는 분은 꼭 방문해 보시길!(p241 D:2)

■ 제주시 한경면 용금로 864
■ #야생화 #자연생태 #테마파크

제주 표착기념관
"천주교 신자라면"

우리나라 최초의 사제 김대건 신부가 천주교 전파를 위해 찾은 곳이 바로 이곳이다. 중국에서 배를 타고 건너오던 김대건 신부

는 항해 도중 풍랑을 만나 이곳 용수리에 표착했고, 하느님께 첫 미사를 드렸다고 한다.(p238 B:2)

■ 제주시 한경면 용수1길 108
■ #김대건신부 #천주교 #미사

절부암
"안타깝고 아름다운 이야기가 담긴"

가난한 부부의 안타까운 사랑 이야기를 담은 암석. 죽공예품을 팔기 위해 배를 타고 나간 남편 강 씨가 죽자, 부인 고 씨가 남편을 그리워하며 절벽에서 떨어져 자결했는데, 바로 그 자리에서 남편의 시신이 발견되었다고 한다. 이 사연을 알게 된 선비 신재우가 장원급제 후 고 씨의 안타까운 넋을 기리기 위해 절부암에 글씨를 새겼다.(p238 B:2)

■ 제주시 한경면 용수리 4241-7
■ #암석 #사랑

가마오름
"일제 최대규모의 진지가 있는 곳"
일본강점기 때 군사적으로 사용된 곳으로 인공적으로 만든 수직 동굴과 일제의 침략 역사가 많이 남아 있다. 방어와 공격이 유리한 지리적 조건으로 최대 규모의 진지가 세워진 곳이다. 지금은 진지 일부 공간을 박물관으로 사용해서 아픈 역사를 되새기는 제주평화박물관으로 사용하고 있다.(p239 E:3)

■ 제주시 한경면 청수리 1205
■ #일제강점기 #진지 #제주평화박물관

제주현대미술관
"제주 자연속에서 현대미술, 또 다른 느낌의 여행"

저지문화예술인 마을에 위치한 제주색이 담긴 현대 작품을 감상하기 좋은 곳이다. 야외 조각 작품도 꼭 감상해볼 것! 사전 예약제 운영하니 미리 확인해보자.(p239 E:2)

- 제주시 한경면 저지14길 35
- #제주예술 #야외작품 #예약

저지문화예술인마을
"고즈넉한 산책길과 예술 작품들"

제주 문화 예술 발전을 위해 예술인들이 모여 만든 예술촌. 제주 현대 미술관, 서담 미술관, 김창열 미술관 등 갤러리와 공방들이 위치해 있어 볼거리가 많은 장소이다. 고즈넉한 산책길에 자연과 어우러져 있는 야외 조각 작품들도 감상할 수 있다.(p239 E:2)

- 제주시 한경면 저지리 2114-99
- #예술인 #예술촌 #야외조각작품

저지오름
"수월한 오름길"

오름길이 잘 조성되어 있어서 비교적 수월하게 오를 수 있는 오름이다. 분화구를 잘 관찰할 수 있고 전망대 망원경으로 비양도도 볼 수 있다.(p239 E:2)

- 제주시 한경면 저지리 산51
- #분화구 #전망대 #비양도

제주 가마오름일제동굴진지
"잊을 수 없는 문화유산"

일제강점기에 일본군이 제주도민의 노동력을 착취해 파낸 인공 동굴. 제주도민이 강제 노역하는 장면과 일본군의 모습을 그대로 재현해놓았다. 국가 등록문화재 제308호로 지정된 문화유산이기도 하다.(p239 E:3)

- 제주시 한경면 청수리 1205

- #일제강점기 #인공동굴 #강제노역

비체올린
"카약타고 무야호~"

1km의 수로에서 카약을 타볼 수 있는 특별한 공원이다. 물높이가 낮아서 아이들도 무섭지 않게 체험할 수 있다. 공원을 산책하면서 동물들에게 먹이주기 체험도 해볼 수 있어 가족 여행지로 좋다.(p239 D:1)

- 제주시 한경면 판조로 253-6
- #카약 #먹이주기체험 #가족여행

산양큰엉곶
"포토존으로 가득한 숲길을 걸어보자"

포토존으로 가득한 숲길을 걸어보자. 포토존이 가득해 사진을 찍으며 천천히 걷기 좋은 숲길이다. 기차 포토존, 백설 공주 오두막, 달 포토존이 유명하다. 소달구지를 타고 산책도 할 수 있다. 여름엔 반딧불이를 볼 수 있다. 커플 여행지, 가족 여행지로도 좋다.(p240 C:2)

■ 제주시 한경면 청수리 956-6
■ #숲길 #달포토존 #기차포토존

판포포구

"꼭 여름에 들러봐! 수영이 가능할 때 말이야"

협재해변을 지나 나오는 이색 물놀이 명소. 물이 맑고 물고기가 많아 스노클링 장소로도 유명하다. 조수 간만의 차가 커서 썰물 때는 모래 등이 보일 정도로 수심이 낮아지는데, 밀물일 때와는 또 다른 매력을 지닌다.(p238 C:1)

■ 제주시 한경면 판포리 2877-3
■ #스노클링 #수상스포츠

해거름 전망대

"사람 없는 조용한 곳에서 조용히 즐기는 노을"

판포 포구 앞 해변을 조망할 수 있는 2층 건물의 전망대. 협재해변에서 서귀포 가는 방향에 있으며, 2층 해거름 카페에서 해 질녘 멋진 낙조 전망을 보며 차를 즐길 수 있다.(p238 C:1)

■ 제주시 한경면 판포리 1608
■ #해변가 #전망카페

차귀도 억새

"독특한 형태인 차귀도 배경과 억새"

잠수함 타고 떠나는 가을 차귀도 여행에는 은색 억새꽃밭이 함께한다. 억새꽃을 바라보며 즐기는 가을 바다낚시와 배낚시도 운치 있다. 한경면 고산리 자구내 포구에서 해적 잠수함 혹은 뉴파워보트 잠수함을 타고 차귀도까지 이동. 자구내 포구까지 대중교통으로 이동할 경우 102번 혹은 202번 버스를 타고 이동.(p238 A:2)

■ 제주시 한경면 고산리
■ #9,10,11월 #잠수함 #가을낚시 #배낚시

비체올린 능소화

"주황빛 능소화 꽃 터널 "

6~7월이면 능소화 축제가 열린다. 능소화 정원에는 여러 개의 길이 있어 사람이 많아도 겹치지 않고 사진을 찍을 수 있다. 네이버 예매 시 할인이 가능하다.

■ 제주시 한경면 판조로 253-6
■ #능소화 #능소화축제

비체올린 버베나
"비체올린의 버베나 꽃길"

@picky_sunny

작은 꽃들이 모여 보랏빛 물결을 만드는 버베나의 매력은 6~9월 비체올린을 방문하면 그 진가를 알 수 있다. 긴 꽃대 끝에 작은 꽃들이 피어 있어 초록빛, 보랏빛 물결을 만들어낸다. 비체올린에서는 주로 석상 광장에서 볼 수 있다.

- 제주시 한경면 판조로 253-6
- #버베나 #보랏빛 #석상광장

조수리 장미마을
"제주 서쪽, 비밀의 장미 마을"

@ssong.g_1201

제주 서쪽에 있는 장미마을로, 조수보건진료소 길을 따라 가다보면 붉은 장미를 만날 수 있다. 정겹고 아기자기한 시골분위기와 함께 붉은 장미가 포인트가 되어 감성 사진을 남기기에 좋다.

- 제주시 한경면 용금로 468
- #붉은장미 #시골감성

한경 맛집 추천

양가형제
"양버거, 경버거, 석버거"

@1992.01.07

미국 정통방식으로 만든 수제버거 전문점. 소고기 패티가 듬뿍 들어간 대표메뉴 양버거, 토마토, 베이컨, 채소를 넣은 경버거, 치즈 소스가 가득 들어간 석버거 세 종류를 판매한다. 진득한 밀크쉐이크와 제주 양파로 만든 어니언링도 맛있다. 매일 11:00~15:00, 16:00~19:30 영업, 18:30 주문 마감, 매주 목요일 휴무.(p240 C:2)

- 제주시 한경면 청수동8길 3
- 0507-1405-7734
- #미국식 #수제버거 #제주양파어니언링

몽땅 신화월드점
"롤치즈돈까스, 보말크림파스타, 팥빙수"

당일 도축한 제주 흑돼지로 만드는 돈까스 전문점. 해녀가 잡은 보말과 홍합이 들어간 보말크림파스타, 토마토 파스타와 제주 팥을 삶아 만든 팥빙수도 인기 있다. 매일 10:30~16:00, 17:00~21:00 영업, 20:00 주문 마감, 매주 수요일 정기휴무.(p240 C:2)

- 제주시 한경면 연명로 385 몽땅
- 0507-1357-3241
- #신선한재료 #건강한맛 #고소한맛

데미안
"돈까스정식"

한적한 조수리 마을에 있는 고풍스러운 돈까스집. 전복죽, 돈까스정식에 후식까지 함께 나오는 푸짐한 돈까스 정식을 판매한다. 후식으로는 커피와 귤차, 박하차, 코코아, 오렌지쥬스 등을 고를 수 있다. 전복죽을 제외한 2단 피크닉 세트를 포장 판매한다. 매일 11:00~16:00 영업, 토요일 휴무.

- 제주시 한경면 고조로 492-15
- 010-4277-0551
- #푸짐한양 #후식제공 #피크닉세트

제주돗
"백돼지근고기, 흑돼지근고기"

@nice_choi_

제주산 백돼지, 흑돼지 근고기를 판매하는 고깃집. 맛있는 고기를 제공하기 위해 5테이블만 운영한다. 식사 후에는 라면 사리가 들어간 칼칼한 김치찌개를 맛보자. 매일 16:00~22:00 영업, 화요일과 설날, 추석 연휴 기간 휴무.

- 제주시 한경면 조수2길 34
- 0507-1434-0506
- #근고기식당 #김치찌개 #라면사리 #5테이블한정

명리동식당
"자투리고기, 흑돼지삼겹살"

삼겹살보다 맛있는 흑돼지 자투리 고기 전문점. 양도 푸짐하고 가격도 삼겹살, 목살보다 저렴하다. 큼직한 돼지고기와 두부가 들어간 매콤한 김치찌개도 맛있다. 매일 11:30~21:00 영업, 20:00 주문 마감.(p240 C:2)

- 제주시 한경면 녹차분재로 498
- 064-772-5571
- #가성비 #자투리고기 #매콤김치찌개

바다를본돼지 제주협재판포점
"전복뚝배기, 흑돼지근고기"

@mukzae

런치메뉴로 전복뚝배기와 흑돼지 세트를 저렴하게 판매하는 곳. 돌솥밥과 전복 내장 소스도 딸려 나오며, 돼지고기와 멜조림을 추가 주문할 수 있다. 멜조림이 맛있는 고깃집으로도 유명하다. 런치메뉴 100인분 한정 판매, 매일 12:00~22:30 영업.

- 제주시 한경면 판포1길 16
- 064-772-5509
- #멜조림맛집 #런치세트메뉴추천

웃뜨르우리돼지
"흑돼지목살, 흑돼지오겹살"

직접 기른 흑돼지고기를 맛볼 수 있는 식당. 오겹살, 목살 등 인기 부위뿐만 아니라 자투리고기, 등갈비도 함께 판매한다. 새송이버섯을 주문해 같이 구워 먹어도 맛있다. 매일 11:30~21:30 영업, 매주 수요일 휴무.

- 제주시 한경면 연명로 2
- 0507-1409-5993
- #흑돼지농장직영 #새송이버섯

맛있는폴부엌
"카프레제샐러드, 문어오일링귀니"

제주산 생치즈와 드라이 토마토를 넣은 카프레제로 유명한 레스토랑. 제주산 문어와 파프리카, 버터 오일을 넣고 매콤하게 볶은 파스타 문어 버터 오일 링귀니도 추천. 매일 11:00~15:00, 16:00~19:00 영업, 18:30 주문 마감, 일요일과 월요일 휴무.(p241 D:2)

- 제주시 한경면 녹차분재로 568
- 010-2169-1624
- #분위기좋은 #이탈리안레스토랑

물통식당
"귤밭뷰를 보며 흑돼지를 먹어보자"

@jimin_0670

1차 초벌되어 나오는 흑돼지 연탄구이를 먹을 수 있는 식당이다. 낮에 방문하면 귤밭뷰를 볼 수 있다. 브레이크타임이 없어 시간 제약 없이 방문하기 좋다. 흑염소와 오리고기도 판매한다. (p241 D:2)

- 제주시 한경면 명이5길 20
- 0507-1414-5292
- #흑돼지 #연탄구이 #신화월드맛집

짚불도
"짚불로 초벌한 흑돼지를 먹어보자"

@da.hyunn

짚불로 초벌하여 맛과 향이 독특한 흑돼지를 맛볼 수 있다. 함께 구워먹는 고사리 맛이 좋다. 판포포구 앞에 위치해 식사 후 주변을 산책하기 좋다.
- 제주시 한경면 판포1길 6 1층 12호
- 0507-1314-1919
- #흑돼지 #애견동반 #판포포구

별돈별 정원본점
"일몰을 보며 흑돼지를 먹어보자"

야외에서 흑돼지와 와인을 즐길 수 있다. 연탄불에 구워주는 두툼한 흑돼지가 맛있다. 자릿수가 많지 않은 여유로운 분위기를 느낄 수 있다. 일몰이 멋진 곳으로 해 질 녘 방문하는 것을 추천한다. 테이블링 어플로 줄서기가 가능하다. (p240 B:2)

- 제주시 한경면 고산로8길 21-15
- 064-772-5895
- #흑돼지 #야외흑돼지 #노을맛집

뚱보아저씨
"겉바속촉 갈치구이를 먹어보자"

@s_ang__y_eon

갈치구이 정식을 11,000원에 먹을 수 있는 가성비 맛집이다. 튀긴듯 구운 겉바속촉 갈치구이와 고등어 조림, 미역국, 정갈한 반찬을 먹을 수 있다. (p240 C:2)

- 제주시 한경면 중산간서로 3651
- 0507-1415-1112
- #갈치구이정식 #저지오름맛집 #가성비

알동네집
"가성비 자투리 고기를 먹어보자"

멜젓과는 다른 멜조림에 고기를 찍어 먹거나 밥을 비벼먹는 것을 추천한다. 자투리 고기를 저렴한 가격에 즐길 수 있다. 고기를 먹은 후 돌솥밥과 함께 먹는 김치찌개도 맛있다. (p240 C:2)

- 제주시 한경면 연명로 545
- 0507-1470-3352
- #흑돼지 #짜투리고기 #멜조림

한경 카페 추천

하소로커피
"직접 로스팅한 원두가 인기있는 핸드드립 카페"

질 좋은 스페셜티 커피를 합리적인 가격으로 판매하는 공장형 카페. 이곳에서 판매하는 원두는 여러 카페에 납품될 정도로 질이 좋다. 아메리카노를 주문해도 원하는 원두 종류를 선택할 수 있다. 매일 10:00~18:00 영업.(p240 B:2)

■ 제주시 한경면 불그못로 72
■ #스페셜티 #원두선택가능 #아메리카노

오지힐 제주
"호주식 비건 베이커리 카페"

호주식 비건 베이커리를 선보이는 모던 카페. 호주식 케이크, 스콘, 타르트, 파운드케이크와 비건빵까지 다양한 베이커리 메뉴가 준비되어 있다. 그중에서도 주문 즉시 만들어주는 파블로바가 가장 인기 있다. 평일 10:30~21:00 영업, 주말 10:30~21:00 영업, 20:00 주문 마감.

■ 제주시 한경면 일주서로 4469 1층
■ #호주식 #비건빵 #파블로바

울트라마린
"당근케이크가 맛있는 오션뷰 카페"

@ssunny_house

통유리창 너머의 판포항 노을 풍경이 환상적인 오션뷰 카페. 달콤한 당근 케이크가 쌉싸름한 커피와 잘 어울린다. 노키즈존으로 운영되므로 10세 미만 출입 제한, 11~3월 11:00~19:00 영업, 4월~10월 11:00~20:00 영업.

■ 제주시 한경면 일주서로 4611
■ #에스프레소 #아메리카노 #당근케이크

제주돌창고
"수영장에 띄워 먹는 이색 디저트"

옛 제주 돌창고를 개조해 만든 수영장, 그네 딸린 디저트 카페. 물 위에 띄워 즐기는 플로팅 디저트 시리즈가 인기상품. 탈의실과

썬베드가 갖추어져 있어 수영복만 가져오면 수영장, 썬베드를 사용할 수 있고, 수영복을 입지 않아도 그네에 앉아 인생 사진을 남길 수 있다. 월~목요일 09:30~18:00, 금~토요일 13:00~21:00 영업.
- 제주시 한경면 조수7길 8
- #그네 #썬베드 #이색디저트

코코메아
"간단한 식사거리로도 좋은 뉴질랜드식 미트파이"

뉴질랜드식 미트파이와 소세지롤이 맛있는 앤티크 카페. 제주말차와 코코아가 들어간 코코메아말차와 뉴질랜드식 민스(다진 소고기), 치킨, 소시지롤 파이가 주력상품. 매일 11:00~18:00 영업, 매주 수요일 휴무.
- 제주시 한경면 판포중길 31
- #말차 #미트파이 #소세지롤

유람위드북스
"만화책 읽으며 쉬어가기 좋은 조용한 북카페"

한적한 시골마을에 자리한 고즈넉한 북 카페. 여행서적부터 만화책까지 다양한 읽을거리들이 갖추어져 있다. 오래 머물러도 눈치 보이지 않는 따뜻하고 편안한 카페. 연중무휴 10:00~20:00 영업.
- 제주시 한경면 조수동2길 54-36
- #아메리카노 #카페라떼

클랭블루
"풍력발전기와 바다 전망이 아름다운 카페"

파란색 포인트 컬러와 모던한 실내 인테리어가 인상적인 오션뷰 카페. 창밖으로 비치는 풍력발전기 한 쌍이 커피 맛을 더한다. 무농약 제철 과일을 사용한 클랭 블루 제철 주스와 우도땅콩 시그니처 라떼를 추천한다. 연중무휴 11:00~12:00 영업.
- 제주시 한경면 한경해안로 552-22
- #풍력발전기 #클랭블루제철주스 #우도

그 해 여름
"11가지 과일이 들어간 여름밤 수제청 음료"

제주 돌집을 개조해 만든 감성 넘치는 카페. 용과, 자몽, 망고, 키위, 청포도 등 11가지 과일로 맛을 낸 상큼한 여름밤 수제 청을 넣어 만든 에이드와 노을티, 차가 시그니처 메뉴. 매일 12:00~19:00 영업, 비정규 휴무일은 인스타그램 피드 참고.
- 제주시 한경면 홍수암로 568
- #돌집 #여름밤에이드 #여름밤차

귤당리 협재점
"루프탑에서 인생샷을 찍어보자"

@ekyn_love_smsy

카페 곳곳에 포토존이 마련되어 있어 인증샷을 찍기 좋은 카페. 2층엔 바다쪽을 향해 테이블이 배치되어 있어 오션뷰를 보며 물멍하기 좋다. 3층 루프탑 포토존에서는 제주 바다를 한 장에 담을 수 있다. 한라봉청이 씹히는 귤당리라떼가 시그니처 메뉴.
- 제주시 한경면 일주서로 4492
- #오션뷰 #포토핫플 #포토존

산노루 제주점
"말차 덕후 모여라!"

@eunpi_g

제주에서 생산된 말차를 사용한 다양한 제품을 판매한다. 빨간 벽돌의 외관이 인상적이다. 내부는 화이트+그린으로 인테리어 되어 있어 말차 전문 카페임을 느낄 수 있다. 말차, 말차+커피 메뉴가 주류다. 숍도 함께 운영해 제품을 구경하고 구매할 수 있다.
- 제주시 한경면 낙원로 32
- #말차 #말차전문 #서쪽카페

한경 숙소 추천

카페원웨이
"제주의 풍차뷰를 즐겨라"

풍차 해안도로 인근에 위치. 통창을 통해 보이는 풍차뷰가 멋진 카페다. 아늑한 내부와 다양한 포토존이 마련되어 있어 사진을 남기기 좋다. 창가에서 풍자를 등지고 인증샷을 남겨보자.
- 제주시 한경면 일주서로 4459-4
- #풍차뷰 #오션뷰 #포토존

풀빌라 / 서쪽아이
아이들을 위한 키즈 테마 풀빌라 펜션. 여름에는 야외 수영장을, 그 외의 계절에는 온수풀장을 무료로 이용할 수 있다. 개별 바비큐장과 잔디밭도 마련되어 엄마와 아이가 모두 만족할 만하다. 입실 16:00, 퇴실 11:00.
- 제주시 한경면 금등리 348-1
- #키즈펜션 #가족여행 #야외수영장 #온수풀장 #바베큐장

풀빌라 / 오오오하우스
깔끔한 화이트톤의 풀빌라 독채 펜션. 감성적인 인테리어로 잡지에서도 여러 번 소개되었다. 숙박객에게 제주에서 난 재료로 요리할 수 있는 레시피 박스를 제공한다. 입실 16:00, 퇴실 11:00.(p240 C:2)
- 제주시 한경면 대하로 800-12
- #모던인테리어 #화이트톤펜션 #레시피박스 #이색체험

게스트하우스 / 꽃신민박

아늑한 나무 오두막집에 꾸려진 숙소. 오두막 안에 있는 개인실과 안채 작은방(1인, 최대 2인), 안채 큰방(2인실)을 함께 운영한다. 귀여운 고양이가 방문객들을 맞이하고 있다.
- 제주시 한경면 용금로 552-3
- #나무위 #오두막집 #1인실 #2인실 #고양이

독채 / 수리담

오래된 제주 돌집을 고쳐 만든 바다 전망 독채 펜션. 커다란 통유리창 밖으로 보이는 용수항 전망이 아름답다. 100인치 빔프로젝터와 대형 욕조가 설치되어있다. 최대 4명 숙박 가능.

- 제주시 한경면 용수3길 31
- #제주돌집 #오션뷰 #대형빔프로젝터 #최대4인

독채 / 청수리아파트

1층은 카페, 2층은 객실로 운영하는 모던한 숙소. 각 룸은 최대 2명까지만 입실할 수 있다. 귀여운 강아지가 손님들을 반갑게 맞이해준다. 입실 16:00, 퇴실 12:00.(p240 C:2)

- 제주시 한경면 청수서2길 96 1층
- #2인전용 #연인끼리 #친구끼리 #모던한분위기 #카페

펜션 /텔레스코프

@telescope_official

휴양지 감성 정원 화이트하우스. 블랙&화이

트 인테리어. 각동마다 있는 개별 테라스에 테이블이 있고 밤에 분위기가 좋다. 미리 요청하면 분유 포트와 소독기, 아기 욕조와 의자도 준비해주신다. 애견 동반이 가능한 1번 숙소는 애견용품과 애견 드라이룸이 제공되고 팻 유모차도 유료 대여할 수 있다. 최대 정원 3인~4인. 네이버 예약. 비대면 체크인 (p240 C:2)

- 제주시 한경면 저지6길 20
- #애견동반숙소 #애견용품 #유아동반 #유아용품 #화이트하우스 #휴양지감성 #정원

펜션 / 어오내스테이

@uonaehouse

대가족도 묵을 수 있는 아늑한 숙소. 2층 독채와 단층 독채를 운영한다. 별장 같은 외관 앞에는 넓은 잔디밭이 있고, 빨간 현관문이 인상적인 집이다. 깔끔한 화이트톤과 우드를 적절하게 섞은 인테리어가 곳곳에 배치되어 있는 식물과 어울린다. 아담한 테라스가 있어 폴딩 도어를 활짝 열고 마당을 보며 차 한 잔하기 좋다. 인원수대로 침구류 제공. 기준 2인 최대 6인. 오설록티뮤지엄과 금능해변, 협재해수욕장이 가깝다.

- 제주시 한경면 중산간서로 3728
- #대가족 #별장 #독채숙소 #화이트인테리어 #잔디

독채 / 클랭블루스테이

@__hyel_

낮은 돌담과 팜파스 가든뷰의 동그란 욕조가 있는 2인 전용 독채 숙소. 현무암으로 마감을 한 건물 외벽에 정원이 있다. 올 화이트에 블루 포인트를 준 미니멀 인테리어. 벽 2면을 통창으로 두고 시원한 정원 뷰가 인상적인 침실. 서쪽 숙소에서 노을을 감상할 수 있는 욕조. 4개의 동 중 D동이 가장 인기. 웰컴 간식, 빔프로젝트, 입욕제 제공. 신창 풍차 해안도로와 가깝다. 노키즈존.

- 제주시 한경면 용금로 257
- #2인전용 #커플숙소 #욕조 #돌담뷰 #신창풍차해안도로

펜션 / 클랭블루 수동

@yxx.jeong

옛 돌담집 외관과 반전 있는 실내 인테리어의 독채 숙소. 집을 둘러싼 돌담길 뒤로 귤밭이 있어 숙소의 통창으로 떨어져 있는 귤이

보인다. 분위기가 다른 두 숙소는 돌담 뷰 통창이 있는 예쁜 욕조가 있다. 서까래와 돌벽을 그대로 살린 독특한 인테리어의 모커리는 2인 전용 숙소이며, 포근한 인테리어의 앙끄레는 4인까지 가능하고 지붕 위로 하늘을 볼 수 있는 창이 있으며 거실 창에 블라인드를 내려 밤에는 빔프로젝터로 영화를 감상할 수 있다. 네이버 예약과 카카오 채널로 예약 가능.

■ 제주시 한경면 수동1길 3
■ #귤밭뷰#돌담#욕조#커플숙소#가족숙소#제주돌집

독채 / 프롬나드제주

@promenade.jeju

온수 풀 수영장과 야외 욕조가 있는 독채 숙소. 차분한 베이지 톤의 우드 인테리어의 넓은 공간에는 단차를 두어 거실과 주방이 분리되어 있고 , 모래정원과 4계절 온수 풀이 있다. 정원 산책로 끝에 불멍이 가능한 벽돌 조적의 화로가 있다. 화장실 폴딩도어를 열면 인스타 감성의 파란 하늘과 대조되는 하얀 벽 앞 귀여운 욕조가 있고 웰컴 간식과 간단히 조식으로 먹을 수 있는 빵도 준비되어 있다. 판포포구에서 차로3분거리, 신창 풍차 해안로 등 유명 관광지와 가까운 위치. 기준 2인 최대 4인. 네이버예약

■ 제주시 한경면 금등4길 96 프롬나드제주
■ #가족여행#사계절온수풀#야외욕조#차분한인테리어#예쁜주방#불멍#조식

독채 / 벨진우영

@stay_beljin

프라이빗 자쿠지와 개별 온실이 있는 독채 숙소. 벨진과 우영 두 개의 숙소가 있다. 스노클링 핫스팟인 판포 포구 앞에 있어 창문으로 오션뷰와 일몰이 지는 신창 해안의 풍차를 볼 수 있다. 개별 정원의 야외 자쿠지와 공용 텃밭에 있는 온실 공간을 무료로 이용. 경치가 좋은 다락방에는 다기 세트, 빔프로젝터가 구비되어 있다. 쌀국수 조식 제공. 2인 기준 최대 4인. 네이버 예약. 도보로 판포포구와 편의점 이용 가능. 신창풍차해안 도로, 오설록 등 유명 관광지와 인접.

■ 제주시 한경면 일주서로 4515
■ #판포포구#신창풍차해안도로#오션뷰#이리몰뷰#야외자쿠지#온실#가족여행

독채 / 별밭스테이

@byulbat_stay

해외 감성 화이트하우스 독채 숙소. 하얀 바탕에 초록과 갈색 타일로 포인트를 준 인테리어. 방마다 통창이 있어 자연 채광이 좋다.

주변에 건물 하나 없이 밭 한 가운데에 지어져 실내 자쿠지의 폴딩 도어를 활짝 열면 개방감 있게 제주의 자연을 느낄 수 있다. 해 질녁 노을이 예쁜 다락에는 하늘이 보이는 침대가 하나 더 마련되어 있어 가족끼리 여행을 와도 침구가 부족하지 않다. 기준 2인 최대 4인 직계가족에 한해 6인까지 가능. 네이버 예약.(p240 B:2)

■ 제주시 한경면 신정로 184-5
■ #실내자쿠지#사계절온수#채광맛집#다락방#대가족#가족여행#해외감성

독채 / 풀빗

@heezz._.ing

온실 자쿠지가 있는 독채 숙소. 돌담이 보이는 우드톤 주방과 집 모양 통창 아래에 있는 커다란 침대가 매력적인 숙소. 침실의 유리문을 나가면 작지만, 알찬 테라스도 있다. 1.5 층에는 아담한 창가에 앉아 쉴 수 있는 작은 거실이 있다. 작은 정원에 동화 속 풍경 같은 유리온실 자쿠지가 이곳의 메인 스팟이다. 기준 2인 유아 포함 최대 3인. 예약 전 상세 주소를 받을 수 있다. 한경면 문화예술마을 근처. 예약 문의 카톡 채널'풀빗'

■ 제주도 제주시 한경면(예약 하루전 공지)
■ #3층독채#유아동반#유리ㅣ온실#사계절온수#자쿠지#예쁜인테리어

풀빌라 / 플로어가든 풀빌라

긴 수영장과 넓은 정원이 있는 독채 숙소. 숙소 양옆으로 감귤밭과 숲이 있어 제주의

자연을 느낄 수 있고 노출 콘크리트 건물과 수영장은 해외 리조트가 연상된다. 대가족이 이용해도 넉넉한 7M의 긴 수영장과 그 뒤로 보이는 테라스에는 돌담을 끼고 작은 정원과 야외욕조가 있다. 기준 4인 최대 6인. 바비큐 가능. 주차장에서 짐 옮기기 편한 구조. 네이버 예약. 신창풍차해안 도로와 협재해수욕장과 가깝다.

- 제주시 한경면 금등대안1길 37-12
- #풀빌라#독채#대가족#넓은수영장#아이와함께#정원#신창해안도로

독채 / 봄빛코티지

@minoooow

유럽의 시골집을 그대로 옮겨놓은 아늑한 독채 숙소·하얀 울타리와 작은 정원이 입구에서부터 유럽 감성이 느껴진다. 이곳의 하이라이트는 노을 지는 저녁에 즐기는 귤밭 아래 야외 자쿠지. 아늑한 인테리어에 어울리는 빈티지한 가구와 패브릭. 웰컴푸드로 베이커리 간식 제공. 기준 4인. 산양큰엉곶, 싱계물공원, 마노 르블랑이 가깝다.(p240 C:2)

- 제주시 한경면 수룡4길 19-1 나동
- #유럽감성#아늑한인테리어#빈티지가구#귤밭뷰#야외자쿠지#노을

한경 인스타 여행지

엉알해안 산책로
"해안산책로와 바다"

@kyungrim_yu

낮보다는 밤에, 활기참 보다는 고즈넉함이 어울리는 해안산책로이다. 저녁이 되면 산책로를 따라 따뜻한 조명이 켜지는데, 차가 다니지 않아 조용히 걸어보기 좋다. 해안도로 갓길에 주차한 뒤, 잠시 걸어보면 어떨까.(p240 A:2)

- 제주시 한경면 고산리 3653-2
- #엉알해안 #산책로 #야경 #사색 #감성

수월봉 노을
"일몰 풍경과 함께"

@youngheena

지질트레일로 유명한 수월봉! 화산폭발이 만들어 낸 놀라운 수직절벽, 나이테를 닮은 화산재를 보며 걸을 수 있다. 서쪽이라 노을이 특히 아름답다. 엉알해안에서 자구내포구로 이어지는 곳이 사진 포인트이니, 해넘이 시간을 잘 활용해 보자.(p240 A:2)

- 제주시 한경면 고산리 3760

싱계물공원 풍차
"푸른 바다 위 하얀 풍력발전기"

@hunimi_jeju

푸른 바다 위로 우뚝 솟아있는 풍차들은 그 자체로 압도적이다. 싱계물공원은 아름다운 일몰로 유명한 곳인데, 거대한 풍력발전기와 함께 노을이 질 때 바다에 비치는 해넘이와 빛내림이 환상적이기 때문.
■ 제주시 한경면 신창리 1322-1
■ #싱계물공원 #풍력발전기 #노을 #빛내림 #풍차

신창풍차해안도로 일몰
"하얀 풍력발전기와 붉게 물든 하늘"

@jeju__jims

서쪽 제주의 일몰 최고 명소로 알려져 있는 곳이다. 하얀 풍력발전기 너머로 그라데이션 된 하늘과, 그런 하늘이 반영된 바다를 만날 수 있다. 한경면 무료주차장에 주차후, 이동하는 것이 좋다.
■ 제주시 한경면 신창리 1322-1
■ #신창풍차해안도로 #일몰 #노을 #풍력발전기 #빛내림

자구내포구 동굴
"타원형 동굴 너머 바다전망"

@do.songhee

타원형의 동굴을 액자 삼아 차귀도를 바라보며 바위 위에 앉아 사진을 찍어보자. 바다를 바라보고 오른쪽으로 걷다 포장된 길이 끝나는 지점에 용찬이 굴 표석이 있다. 비포장길의 바윗길을 쭉 걸어가면 동굴 포토존을 볼 수 있다. 입구에서 깊게 파인 곳까지 들어가 보면 깊이가 얕고 협소한 동굴 프레임에 예쁜 바다를 볼 수 있다. 길이 험하고 밀물에는 위험하므로 꼭 썰물시간을 확인할 것. 자구 내 포구는 선상 낚시 체험과 일몰 명소로 유명하다.
■ 제주시 한경면 노을해안로 1161
■ #자구내포구#해식동굴#동굴포토존

산양큰엉곶 기찻길 포토존
"동화속에 나올 듯한 나무문"

@juvy_day

산책길 끝 돌담 사이 나무 문을 열어보면 동화 속 이야기처럼 또 다른 공간으로 들어가는 듯한 기찻길이 등장한다. 나무 문을 열고 들어가는 듯한 사진을 찍어 보자. 우거진 곶자왈의 숲길을 따라 산책하다 보면 곳곳에 마련된 작은 쉼터와 귀여운 오두막집, 빗자루 탄 마녀, 난쟁이 집 등 포토존을 볼 수 있다. 달구지와 소, 말을 심심치 않게 만날 수 있어 볼거리도 다양하다.

■ 제주시 한경면 청수리 956-6
■ #산양큰엉곶 #기찻길#나무문

대정읍

#마라도 #억새

@chameleon_drea

#알뜨르비행장

#송악산 #산방산조망

#가파도 #청보리

#알뜨르비행장격납고

@hello_junjun_

#송악산진지동굴

#송악산둘레길 #수국

@sienna_hyeyoung

#안성리수국길

@amy_
@yaboong

#녹남봉오름 #백일홍

#벨진밧

@bebe._.ahkong
@mymin0112

#하늘꽃

#벨진밧

#인스밀

261

대정읍

A   B   C

한경면

1

신도리

⚓ 신도포구

무릉리

보롬이

대정읍

제주도예촌 ⚙

초콜릿
박물관 🏛

영락리

영락리 방파제

2

돈두미 오름

일과리

동일리 ⚓

3

A   B   C

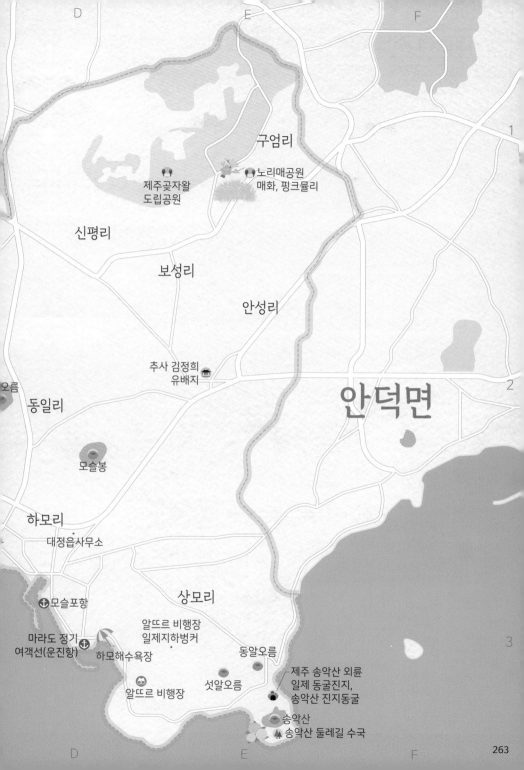

D

E

F

1

구엄리

제주곶자왈
도립공원

노리매공원
매화, 핑크뮬리

신평리

보성리

안성리

추사 김정희
유배지

오름

동일리

안덕면

2

모슬봉

하모리

대정읍사무소

상모리

모슬포항

알뜨르 비행장
일제지하벙커

마라도 정기
여객선(운진항)

하모해수욕장

동알오름

섯알오름

제주 송악산 외륜
일제 동굴진지,
송악산 진지동굴

알뜨르 비행장

송악산

송악산 둘레길 수국

D

E

F

3

대정읍 주요지역

장오름

엉알해안
해안절벽과 올레길 그리고 아름다운
석양이 있는 유네스코 세계지질공원

하소로커피(직접 로스팅한
원두가 인기있는
핸드드립 카페)

펠롱여관(독채)

웃뜨르우리돼지
(흑돼지목살)

수월봉 노을

수월봉
지질트레일

수월봉
해 질 무렵 보이는 저녁노을이 으뜸인 곳
수월정에서 보이는 차귀도와
차귀해안의 절경, 주차 후 1분

산양큰엉곶
숲속의 작은마을을 재구현한 곳으로
다양한 포토존이 있다.
기차포토존,백설공주 오두막이 유명하다.

제주 곶
곶자왈이
널려있는 지대

스퀘어베이(우영우촬영지)

신도포구

미쁜제과
(미쁜크림라떼,아메리카노)

녹남봉오름 백일홍

올레길 12코스

제주도예촌

대정읍

스테이가람(풍 빌라)

로브제8(독채),
제주놀 3320(독채)

무릉2리

어쩌다 영락(독채)

초콜릿박물관

(적양
마

영락리 방파제
대정읍 앞바다에서
돌고래 조망

북마크게스트하우스
(게스트하우스)

날외15(그래놀라와 오디가
들어간 건강한 수제요거트)

인스밀(이국적인 야자수 전망을 즐길 수 있는 카페)

모슬포한라전복 본점
(전복돌솥밥)

감지
(담

동일리포구

덩돌

수애기베이커리(노을뷰 전망카페)

하모체육공원 제주올레안내소
트라몬토 제주모슬포본점
(파스타)

모슬포

하모해수욕
모래가 곱고 수심이 얕은
해안가 뒤의 넓
잔디밭에서는 0
운

마라도
마라

사전예약해야 티켓을 :
가파도는 중간

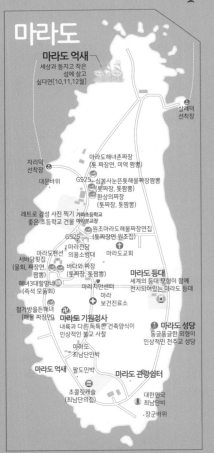

마라도

마라도 억새
세상과 등지고 작은
섬에 살고
싶다면[10,11,12월]

살레덕
선착장

자리덕
선착장

대문바위

마라도해녀촌짜장
(톳 짜장면, 미역 짬뽕)

GS25·심봉사눈뜬톳해물짜장짬뽕
(톳짜장, 톳짬뽕)

환상의짜장
(톳짜장, 톳짬뽕)

레트로 감성 사진 찍기
좋은 초등학교 건물 마라분교장

가파초등학교

원조마라도해물짜장면집
(톳짜장면 원조집)

GS25

마라전담
의용소방대

마라도교회

서바당횟집
(물회, 짜장면,
짬뽕)

마라도펜션

바다와 짜장
(톳짜장, 톳짬뽕)

마라도 등대
세계의 등대 모형이 함께
전시되어있는 마라도 등대

해녀3대할망네
(즉석 모듬회)

마라치안센터

마라
보건진료소

철가방을든해녀
(해물 짜장면)

마라도 기원정사
내륙과 다른 독특한 건축양식이
인상적인 불교 사찰

마라도 성당
동글동글한 외형이
인상적인 천주교 성당

마라도
최남단민박

마라도 억새   팔도민박

마라도 관망쉼터

초콜릿캐슬
(최남단의집)

대한민국
최남단비

장군바위

1132
1136
올레길
1120

올레길 12코스

노을 해안나 때

몽땅(제주수제 롤리즈돈까스)

D

신화테마파크   **제주신화월드**
제주항공우주박물관
서광다원
수평선까지 닿아있는 제주
최대규모 녹차밭

신화역사공원
샤스타데이지

아이들과 함께 즐기는
다양한 항공기 체험

거린오름
(북오름)

카멜리아힐 동백꽃
느끼면 알게되는 동백꽃의
아름다움[1,2,3,4월]

**뽀로로앤타요
테마파크 제주**

F

가스트스테이(독채)

로봇플래닛

바이나호텐

토마스마켓
(플리마켓)

송하농장 홍가시
[4,5월]

카멜리아힐 수국
봄을 지나 여름으로 가는
[5,6,7월]

공원

노리매공원 핑크뮬리
핑크 해지는 사진을 찍고
싶다[9,10,11월]

트로이메라
농원(승마)

하다책쇼스

도레미
(게하)

크리스마스박물관

소인국테마파크
미니어처 사이즈
세계의 랜드마크가
전시된 테마공원

프리튜어
(수제 도너츠)

헬로키티
아일랜드

카페
일리 노을

카멜리아힐

러킹

노리매공원 매화
사계절 꽃과 식물과 함께 찍는
인생사진, 봄철 매화축제

이상한 나라의
앨리스

서광카트체험장(카트)
하늘여행 행글라이더체험장

피규어뮤지엄

카멜리아힐 핑크뮬리
가을 손님 맞을 준비 끝
[9,10,11월]

봉송이네흑돼지

정보
빌리내

'서광리123'
핑크뮬리
[9,10,11월]

파더스가든

파더스가든(굴따기)
한라의향기(굴따기)

노리매공원 매화
니들이 매화를 알아?[3,4월]

안성리 수국길
마을 비포장 양옆으로
꽃피운 수국. 안성리 998 [5,6,7월]

성게라면
(성게라면)

세계자동차&피아노박물관
세계 명품 클래식차와 어린이 교통 체험장

제주독채펜션
감성숙소 훈온

aaa jeju
(비엔나커피, 티라미수)

제주
유리박물관

오전열한시
(전복볶음밥
육쌈동치미)

벨진別(벨라미마)

크래커스 대정점(돌담 창 햇살)
청춘부부(감귤창고 감성카페)

카페독수리2180
루프탑테라스와 굴밥

서귀포 화순서동로
차창 밖으로 보이는
유채꽃[3,4월]

춘심이네 본점(통갈치구이,
뼈없는간갈치조림)

제주실탄사격장
실내 권총사격지,이색 체험장

카페 마노르블랑 동백꽃
애기동백은 포토존과 함께[1,2,3,4월]

마노르블랑
(수국 가득한 야외정원)

고요대호수(독채)

화순곶자왈생태탐방숲길
화산활동으로 생긴 요철 지형의 숲

카페차롱
(3단 도시락 3단단차롱)

중문미로파크

군산오름

마노르 블랑 핑크뮬리
[9~11월] 예쁜 찻잔으로
가득한 카페뷰 핑크뮬리

하영담어
감귤농장

오마이코티지(독채)

산방산
375미터로 우뚝 솟은 전형적인 종상화산.
산방(山房)이라는 의미는 산수의 동굴을
의미 해식동굴이 있기 때문

루나피크닉
자연속에서 만나
명화 컬렉션

루나폴
12만평 규모의 미디어아트,
야간형 디지털 테마파크

안덕면사무소 수국길
덕면 면사무소와 안덕면 산방로에
푸른 수국 길 [5,6,7월]

BISTRO 낭
(제곱스테이크)

군산오름
고려 목종 때 폭발한 오름,
서귀포
앞바다를 한눈에 서귀포 예래
생태마을

건강과성 박물관
엄청난 규모의 성 테마 박물관

산방산
산방(山房)으로

또시호루(풀빌라)

거멍국수
(고기국수)

화순양와(독채)

안덕계곡

풀스테이
(성게보말죽)

더트리트먼트

블루코코넛

카멜베이지(독채)

소랑제(풀빌라)

마에오주풀빌라

단산
산방산,송악산과
마주보고 있으며
정상에서 형제섬,
산방,마라도를 볼 수 있다.

탄산온천
잇뽕사계(본카츠,찜)

산방굴사

화순가옥(독채)

제주 진미(독채)

제주그루(독채)

새달식당(갈치)

비궁지오름

유앤아이
(스테이크)

산방산초가집
(전복해물전골)

유민다락(풀빌라)

올레길 9코스 마돈가알고기
미니메리 게하

난드르바당(제주산흑돼지)

제주쌍알래피자
(제주 씨앗피자)

대정향교

대정향교 골드덕고기
독채 펜션(풀빌라)

4.3유적지

설날오름뭐낭

콘도가 본점
(흑돼지근고기)

추사 김정희
유배지

제주11코스

추사동

돗마호土
돗통국수

제주커피수목원
보로스木

스테이더움 2호점

아이노스펜션
풀빌라

그레이그브브
(사계전망 카페)

ㄸ뜨르비행장
-개전 당시 일본군이
민을 강제동원하여
간든 전투기 격납고

춘미가
(정식)

스테이 숲이되는
시간(독채)

오라디오라

원앤온리

순천방향(갈치찜)

화순치유해변

산방산 유람선

박수기정
알몸

황우치해변

유채꽃
(스테이크)

하멜기념비

비고르서프
&프리다이빙

치치통(토끼모양 아이스크림)

올레길 8코스

대평

대평포구

산방식당(밀냉면)

(고등어회)
이(해물찜)

회,고등어조림)

제주해진
(씨부킹),
호(백남시,
기)71요트투어)

제주대정 골드밸리스
독채 펜션(풀빌라)

송악카트
체험장

용머리해안
180만 년 전 수중 화산 폭발로 만들어진
각종 동물과 단층이 모여서 절경이 탄생

용머리 하멜상선
전시관

1. 토끼트멍(무늬오징어,돌문어볶음)
2. 제주 선채함(전복칼국수)

화순금모래해수욕장
가파도와 마라도, 산방산이
배경인 해변

1.난드르호선상낚시
2. 프라다 선상낚시
3.알라딘호선상낚시

논짓물해안

1.휴일로(하트 돌담)
2.카페 두가시(당근케이크)
3.카페루시아 본점(아메리카노)

박수기정
절벽의 장관,비가지로 마실 샘물이 솟는
절벽이라는 의미

한림꽃
(현우암라멘)

뷰트
(현우암라멘)

제주해양사업단
하모씨워킹

사일리커피

형제섬

마라도가는여객선

용머리해안 물웅덩이 포토존

1. 토끼트멍(무늬오징어,돌문어볶음)
2. 제주 선채함(전복칼국수)

설쿰바당해변

사계해수욕장

하늘꽃

송악산 둘레길

진지동굴 노을

송악산 진지동굴

송악산
산방산, 한라산, 마라도의 모습이 한눈에
섭지코지 못지않게 해안절경이 아름다운 곳

마라도가는 여객선
송악산에서 마라도까지 30분 소요
하루 8~9회 왕복
사전예약 필수

제주스쿠바로파
(스쿠버다이빙)

송악산 수국정원
5~7월 송악산 정상에서부터
가파도를 향해 뻗은 분화구를 따라
흘러내린 듯 길게 늘어선 수국밭

보리

가파도
천천히 걷기 좋은 '키 작은 섬'

상동포구

이창명 짜장연시키신분
(톳짜장, 톳짬뽕)

도 억새

자리덕선착장   살레덕선착장

마라도
제주가 왜 아름다운 섬인지 자연스레 알게 되는 곳
섬 둘레 4.2km, 대한민국 최남단 신비의 섬

대한민국 최남단비

D

E

F

2

3

대정 추천 여행지

가파도

"푸른바다와 제주를 바라볼 수 있는 비대면 여행지"

가오리가 넓적한 팔을 한껏 부풀리며 헤엄치는 모양을 하고 있는 가파도는 대한민국 가을 비대면 관광지 100선으로 선정되었다. 전망대에서 제주 본섬과 한라산, 마라도, 푸른 바다를 한눈에 볼 수 있다. 제주 올레길 10-1 코스로 포함되어 있어 올레꾼들의 사랑을 받는 섬이기도 하다. 청보리 축제가 있을 정도로 이곳의 청보리는 특산물로 유명하다.(p265 D:3)

- 서귀포시 대정읍 가파리
- #비대면관광지 #올레10-1코스 #청보리축제

마라도

"제주가 왜 아름다운 섬인지 자연스레 알게 되는 곳"

대한민국 최남단의 섬. 섬 둘레는 4.2km로, 도보로 한 바퀴 도는데 40분가량 소요된다. 여객선은 보통 2시간 간격이며 1시간 정도 산책하고 짜장면까지 먹으면 대략 2시간 정도가 걸린다. 날씨가 좋은 날 마라도에서 보는 제주도 본섬의 모습은 환상적이다. 조개류, 해조류 등이 많아 톳이 들어간 짜장면이 유명하다.(p264 A:2)

- 서귀포시 대정읍 가파리 600
- #여객선 #산책 #짜장면

마라도등대

"우리나라 남쪽 끝 바다를 비추는 등대"

우리나라에서 가장 남쪽에 있는 등대이다. 마라도 성당 근처에 있어 함께 사진 찍기에도 좋다. 등대 앞에는 스탬프 보관함이 있는데, 등대 여권이 있다면 이곳에서 도장을 찍어 추억을 남겨보자. 가까이에 세계의 유명 등대들이 모형으로 전시되어 있으니 함께 둘러보자.(p264 A:3)

- 서귀포시 대정읍 마라로 165
- #희망봉등대 #포토존

알뜨르 비행장

"산방산, 한라산, 일제 비행기 격납고 아이러니하게 이국적으로 아름다운 풍경"

'알뜨르'라는 말은 '아래 벌판'을 의미하는 제주 방언이다. 이곳은 태평양전쟁 때 일본군의 비행기를 숨겨놓던 격납고였는데, 아이러니하게도 이곳에서 보는 산방산과 한라산이 너무 아름답다.(p263 E:3)

- 서귀포시 대정읍 상모리 1542
- #벌판 #한라산전망

모슬봉(모슬개오름)
"산방산과 바다를 조망하기 좋아"

모래가 있는 포구라는 뜻의 모슬봉은, 주변에 큰 산이 없어 가파도까지 볼 수 있다. 오르는 동안 한라산이며 산방산을 보며 걸을 수 있고, 저멀리 마라도까지 조망할 수 있다. 올레11코스이기도 해서 모슬봉에서 중간 스탬프를 찍기도 한다. 봄이면 청보리가 넘실대고, 삼나무와 보리수나무 등 자연이 주는 풍경 선물에 지루할 틈이 없다.

- 서귀포시 대정읍 상모리 3540-2
- #전망 #관광명소 #올레11코스

제주 송악산 외륜 일제 동굴진지
"전쟁의 흔적이 고스란히 남아있어"

태평양전쟁 말기 당시 위기에 빠진 일본이, 미국이 침입해 올 것을 대비해 만들어둔 전쟁 시설이다. 송악산의 능선을 따라 지은, 동굴 형태의 진지이다. 지금까지 확인된 입구만 22개인데, 비행장, 탄약고 등의 군사 시설을 지키기 위해 만들어졌다. 전쟁 등의 비극적인 역사 현장을 보며 교훈을 얻는 다크투어리즘 코스 중 하나이다.(p263 E:3)

- 서귀포시 대정읍 상모리 산2
- #전쟁시설 #동굴진지 #군사시설

송악산
"섭지코지 못지않게 해안절경이 아름다워"

104m의 낮은 오름. 해안 절벽에 동굴이 있는데 태평양전쟁 때 일본군들이 배를 감추기 위해 15개를 파 놓았다. 그래서 일오동굴이라 한다. 둘레길이 있어 산책할 수도 있는데, 이 둘레길에서 바라보는 산방산과 한라산, 마라도의 모습도 너무 아름답다.(p263 E:3)

- 서귀포시 대정읍 송악관광로 421-1
- #일오동굴 #둘레길

신도포구
"바다가 만들어준 천연 어항이 있어"

올레 12코스 중 하나인 신도포구는, '돌로 된 그릇'이란 뜻의 도구리가 있는 곳으로 유명하다. 바닷물이 차 있다가 빠져나가면, 움푹 패여있던 곳에 물웅덩이가 생기는데 이것이 도구리이다. 도구리에 차 있는 물 위로 비치는 햇살이 아름답다. 그리고 돌고래를 만날 수 있는 곳으로도 유명한 곳이니, 바닷가를 유심히 살펴보시길 바란다.(p262 A:1)

- 서귀포시 대정읍 신도리 3050-3
- #올레12코스 #도구리 #원형바닷물 #돌고래

제주도예촌
"제주 전통 스타일 도기"

세계 유일의 돌가마 석요가 있는 제주 도예촌! 제주 전통 가마인 석요에, 유약을 바르지 않고 구워내는, 천연의 색이 나는 도자기를 생산하는 곳이다. 천연도기를 만나볼 수 있는 곳이자, 제주도의 전통을 느껴볼 수 있는 곳이기도 하다. 다양한 체험 활동도 운영 중이니 조금 색다르고 차분한 곳을 원한다면 이곳을 찾아보자.(p262 C:2)

- 서귀포시 대정읍 암반수마농로 433
- #제주전통가마 #석요 #무형문화재

제주곶자왈도립공원

"원시 숲에 들어온 기분이야."

사계절 늘 초록의 공간인 곶자왈은, 남방계 식물과 북방계 식물이 함께 사는 매우 독특한 생태계를 자랑하는 곳이다. 우리나라에서 가장 큰 난대림 지대이기도 한데, 곶자왈을 통해 모인 빗물이 강이 되어 흐른다고 한다. 생명수를 품고 있다 하여 제주의 허파라고도 불린다. 숲해설을 들으며 천천히 걷다 보면, 몸도 마음도 깨끗해지고, 이름 모를 나무와 꽃도 달리 보이게 된다.(p263 E:1)

- 서귀포시 대정읍 에듀시티로 178
- #화산숲 #최대난대림 #생명수

노리매공원

"화강암의 인공폭포와 다양한 꽃"

매화를 비롯해, 계절별로 다양한 꽃과 나무들을 즐길 수 있는 도시형 공원이다. 안쪽으로 들어가면 인공호수 위로 정자와 제주도의 전통 배 테우가 있는데, 이 풍경이 정말

근사하다. 카메라를 켤 수밖에 없는 풍경이 이어진다. 공원 곳곳에 다양한 소품으로 꾸며진 포토존이 있어 사진 찍을 맛이 있는 공원이 되겠다.(p263 E:1)

- 서귀포시 대정읍 중산간서로 2260-15
- #자연공원 #인공폭포 #3D영상전시장

마라도 정기여객선(운진항)

"마라도로 향하는 여객선 타는 곳"

국내 최남단에 위치한 마라도로 향하는 정기 여객선은 송악산, 운진항 두 곳에서 출발 가능한데 가파도와 마라도를 모두 갈 수 있는 것은 운진항이다. 마라도까지는 약 25분 소요 된다. 날씨로 인한 결항 여부는 아침 8시부터 상담 전화가 가능하고, 승선 신고서를 작성해야 하기에 신분증을 반드시 지참해야 한다.(p263 D:3)

- 서귀포시 대정읍 최남단해안로 120
- #가파도 #마라도 #정기여객선

추사 김정희유배지

"국가지정 문화재"

제주도 유배기간 동안 추사체와 세한도를 완성시킨 추사 김정희 선생을 기리기 위해

건립된 공간이다. 세한도에 등장하는 집의 모양을 본떠 지어진 추사관에서 시작되는 추사 유배길은, '집념의 길', '인연의 길', '사색의 길'로 나누어져 있다. 이 길을 통해 추사의 글, 그림, 다양한 작품들을 만나볼 수 있다.(p263 E:2)

- 서귀포시 대정읍 추사로 44
- #김정희 #추사유배길 #국가지정문화재

하모해수욕장

"씨워킹 체험으로 유명한곳"

올레길 10코스 중간에 있는 하모해수욕장은 씨워킹을 할 수 있는 곳으로 유명하다. 물 아래 열대어와 산호초 등을 눈으로 확인할 수 있다. 바다를 보며 캠핑을 즐길 수 있는 오토캠핑장도 마련되어 있어 자연과 함께 하룻밤을 보낼 수도 있다.(p263 D:3)

- 서귀포시 대정읍 하모리 279
- #올레10코스 #야영 #씨워킹체험

초콜릿박물관

"아시아 최초 초콜릿 박물관"

세계에서 열 손가락 안에 드는 초콜릿 박물관이다. 초콜릿의 역사와 변화 과정을 한눈에 살펴볼 수 있다. 직접 초콜릿을 만들어볼

수 있는 체험 프로그램도 있는데, 수제 초콜릿을 구입하면 체험권을 얻을 수 있다. 초콜릿을 좋아하는 아이들이 직접 만들어 보기까지 한다면, 이곳을 오래오래 기억할 것이다.(p262 C:2)

■ 서귀포시 대정읍 일주서로3000번길 144
■ #초콜릿사관학교 #초콜릿체험

모슬포항
"매년 11월 방어축제가 열리는 곳"

우리나라 최남단의 섬 마라도와, 청보리로 유명한 가파도를 갈 수 있는 항구이다. 항구 주변이 방어 어장이라 매년 11월이 되면 모슬포항에서는 '최남단 방어축제'가 열린다. 방어 맨손잡기, 해체쇼 등 다양한 볼거리, 먹을거리가 풍성하다. 해질 무렵이면 항구 주변은 일몰 명소가 된다.(p263 D:3)

■ 서귀포시 대정읍 하모항구로 30
■ #올레11코스 #방어 #황금어장

송악산 진지동굴
"일제가 만든 비행장 시설"

제2차 세계대전 당시 수세에 몰린 일본이 송악산의 해안을 따라 그들의 군사시설을 숨겨두었던 동굴이다. 연합군의 공격을 막기 위해 해안가 절벽 아래로 60여개의 진지동굴을 만들어 대비했던 것으로 보인다. 전쟁의 흔적이 있는 장소를 둘러보며 교훈을 얻는 다크투어리즘 코스 중 한 곳이기도 하다. 진지동굴 안쪽에서 바다 쪽으로 사진을 찍으면 형제섬, 산방산까지 찍히는 사진 명소이기도 하다.(p263 E:3)

■ 서귀포시 대정읍 상모리 산2
■ #군사유적지 #지하진지 #2차세계대전

단산
"낮은 오름이 보여주는 멋진 풍경"

거대한 박쥐가 날개를 편 모습을 연상케 한다하여 바굼지오름이라고도 불리는 산방산 옆의 작은 오름이다. 정상에서 산방산과 송악산, 형제섬, 마라도 등을 한 눈에 볼 수 있다. 높지 않은 오름임에도 제주의 멋진 풍경을 볼 수 있으나 길이 좋지 않아 주의가 필요하다. (p265 D:1)

■ 서귀포시 대정읍 인성리 21-2
■ #제주오름 #파노라마뷰 #전망맛집

노을해안도로(고산리-일과리)
"말 그대로 노을이 아름다운"

해 질 녘 무렵 하늘을 캔버스 삼아 붉게 물든 절경을 그려내는 노을 해안 도로. 한경면 고산리 수월봉 입구 사거리부터 자구 내 포구까지 1.2km 구간을 일컫는다. 자전거도로가 잘 조성되어 있어 자차, 자전거, 도보 이동 모두 즐길 수 있다.(p264 B:1)

■ 서귀포시 대정읍 신도리 2402-3
■ #노을 #자전거도로 #절경

대정
꽃/계절 여행지

마라도 억새
"빠르고 복잡한 세상에 조금 거리를 두고 싶다면"

@chameleon_dreaming

가을 마라도의 둘레길에 펼쳐진 억새의 모습이 가슴을 뛰게 한다. 세상과는 동떨어진 곳에 있는 그 신비함의 억새 길을 즐길 수 있다. 마라도는 대한민국 최남단의 섬으로, 섬 둘레는 4.2km. 도보로 한 바퀴를 도는 데는 40분가량이 소요된다. 날씨가 좋은 날 마라도에서 보는 제주도 본섬의 모습은 환상적이다.(p264 A:2)

- 서귀포시 대정읍 가파리 642
- #10,11,12월 #제주도전망 #스냅사진

노리매공원 매화
"니들이 매화를 알아?"

@jejudohealing

노리매공원은 3~4월에 피는 매화꽃 군락이 가장 유명하다. 이 시기가 되면 사진을 찍기 위해 전국에서 사진작가들이 몰려들 정도. 공원 안의 분재 하우스에서 분재 매화도 감상할 수 있다. 자차이동 시 서귀포시 대정읍 중간산서로 2260-15(대정읍 구역리 654-1)로 이동.(p263 E:1)

- 서귀포시 대정읍 중산간서로 2260-15

- #3,4월 #분재매화 #사진명소

송악산 둘레길 수국
"둘레길에서 만나는 수국"

@sienna_hyeyoung

6~7월에 제주올레길 10코스 송악산 둘레길 중간 지점에서 곳곳에서 수국정원과 수국, 산수국 군락을 만나볼 수 있다. 자차이동 시 제주도 서귀포시 대정읍 최남단해안로 548-96(대정읍 산모리 산2)로 이동.(p263 E:3)

- 서귀포시 대정읍 상모리 산2
- #6,7월 #올레길 #10코스 #산수국

안성리 수국길
"원래 꽃길은 비포장이 제맛"

@amy_mini

6월의 안성리를 알록달록하게 물들이는 수국길. 마을 비포장 양옆으로 풍성하게 꽃피운 흰색, 하늘색, 보라색 수국이 아름답다. 자차이동 시 제주 대정읍 안성리 998로 이동, 주차공간이 따로 마련되지 않으니 마을 입구에 주차하는것을 추천.(p265 D:1)

- ■ 서귀포시 대정읍 안성리 998
- ■ #5,6월 #하늘색수국 #마을입구주차

가파도 청보리
"영화속 주인공이 되는 법"

가파도 2/3 규모를 빼곡히 채운 600,000 틀의 대규모 청보리밭. 모슬포항 가파도 선착장에서 유람선을 타고 이동할 수 있다. 올레길 10-1코스를 따라 가파도 선착장에서 곧바로 섬에서 가장 고도가 높은 가파초등학교까지 이동해 청보리밭과 섬 전체를 조망해볼 수도 있다. 매년 4월에는 청보리 축제도 개최되니 기회가 된다면 꼭 참여해보자.(p265 D:3)

- ■ 서귀포시 대정읍 가파리 373-2
- ■ #4,5,6,7월 #청보리축제 #올레길

노리매공원 핑크뮬리
"소녀감성의 사진을 찍고 싶다면"

가을을 맞은 노리매공원에 소녀 감성 느껴지는 핑크뮬리밭이 펼쳐진다. 인공 연못과 광장을 따라 산책하거나 카페나 레스토랑에서 잠시 쉬어 갈 수도 있다. 자차이동 시 서귀포시 대정읍 중간산서로 2260-15(대정읍 구억리 654-1)로 이동.(p263 E:1)

- ■ 서귀포시 대정읍 중산간서로 2260-15
- ■ #9,10,11월 #인공연못 #산책 #카페

녹남봉오름 백일홍
"녹남봉 분화구에 흐드러지게 핀 백일홍"

@yaboong0624

7~8월에 가볍게 걷기 좋은 녹남봉 오름을 방문하면 오름 정상에 형형색색 다양한 빛깔의 백일홍을 만날 수 있다. 특히 전망대에서 차귀도와 마라도를 바라볼 수 있으니 꼭 확인해 보자. 관광지가 아니므로 주차는 신도 1리 사무소에 주차하고 걷는 것을 추천한다.

- ■ 서귀포시 대정읍 신도리
- ■ #7,8월 #오름백일홍 #백일홍산책

대정 맛집 추천

김선장회센타
"포장회"

다양한 구성의 모둠회를 저렴한 가격에 판매하는 포장회 전문점. 제철 모둠회와 함께 딱새우회, 딱새우구이, 뿔소라회, 전복회 등이 아낌없이 들어간 김선장BOX가 인기상품. 당일 예약할 경우 대기가 있을 수 있으므로 하루 전 예약 주문하는 것을 추천. 매일 11:00~22:30 연중무휴 영업.

- 서귀포시 대정읍 최남단해안로 37 1층
- 0507-1330-5412
- #포장회 #딱새우 #뿔소라

글라글라하와이
"피시앤칩스"

모슬포 포구에 있는 이국적인 분위기의 하와이안 레스토랑. 달고기, 광어, 한치 등 제주 해산물을 튀겨 만든 피시앤칩스를 판매한다. 겨울에는 방어로 만든 방어 앤 칩스도 맛보자. 채식주의자를 위한 메뉴도 함께 판매한다. 매일 11:00~15:00, 17:00~23:00 영업, 화요일

휴무.(p264 C:2)

- 서귀포시 대정읍 하모항구로 70
- 0507-1410-2737
- #하와이 #이국적 #비건메뉴

미영이네식당
"고등어회"

고등어회를 시키면 시원한 고등어탕까지 딸려 나오는 맛집. 고등어회는 김에 얹어 새콤달콤한 채소 양념장을 넣어 싸 먹으면 더욱더 맛있다. 고등어탕은 맑게 끓여 숙취 해소에 제격이다. 매일 11:30~22:00 영업, 20:30 주문 마감. 매월 둘째 주 넷째 주 수요일 휴무.(p264 C:2)

- 서귀포시 대정읍 하모항구로 42
- 064-792-0077
- #고등어회쌈 #양념장 #시원한고등어탕

나무식탁
"고등어소바, 몰치락마끼, 고등어보우스시"

사이좋은 부부가 운영하는 식사공간 겸 꽃집. 제주산 고등어가 올라간 온 소바와 10

가지 이상의 재료가 푸짐하게 들어간 김밥 몰치락마끼, 초절임한 고등어살로 만든 초밥 고등어 보우스시가 인기 메뉴. 평일 11:00~16:00 영업, 15:30 주문 마감, 일요일과 월요일 휴무.

- 서귀포시 대정읍 도원로 214
- 0507-1323-3858
- #부부운영 #고등어요리 #고등어소바

제2덕승
"갈치조림, 객주리조림"

덕승호에서 잡은 자연산 활어로 만든 요리를 선보이는 덕승식당. 그중에서도 매콤 칼칼하게 조려낸 갈치조림이 인기 메뉴. 갈치, 고등어, 우럭 등 신선한 해산물을 조림, 탕, 구이 등 다양한 방식으로 조리해주니 취향껏 즐겨보자. 매일 08:00~21:00 영업, 월 2회 휴무.(p265 D:2)

- 서귀포시 대정읍 최남단해안로30번길 4
- 064-792-2521
- #활어요리 #생선조림 #생선탕 #생선구이

트라몬토 제주모슬포본점
"해물듬뿍 파스타를 맛보자"

@hani_4689

돌문어, 전복, 새우 등 싱싱한 제주의 해산물이 듬뿍 들어간 해물오일파스타가 인기메뉴. 일몰이 멋진 곳에서 야외 자리에서 일몰과 함께 파스타를 먹기 좋다. 흑돼지와 해산물에 지칠때쯤 파스타를 먹으러 가보자. (p264 C:2)

- 제주특별자치도 서귀포시 대정읍 하모항구로 38
- 0507-1492-2900
- #대정맛집 #파스타맛집 #모슬포항

봉순이네흑돼지
"포토존이 가득한 흑돼지집"

나영석PD가 다녀간 맛집으로 유명하다. 귤을 갈아 숙성시킨 흑돼지를 맛볼 수 있다. 흑돼지모듬한판이 인기 메뉴로 근고기와 함께 새우, 전복이 함께 나온다. 밑반찬으로 나오는 게장이 맛있다. 야외에 포토존이 가득해 대기하며 사진 찍기 좋다. (p265 D:1)

- 서귀포시 대정읍 영어도시로 64 1층
- 0507-1455-2031
- #흑돼지 #신화월드맛집 #서귀포맛집

옥돔식당
"옥돔없는 옥돔식당"

수요미식회 제주편에 나왔던 보말전복칼국수 맛집이다. 보말전복손칼국수 단일 메뉴로 진한 국물의 칼국수를 먹을 수 있다. 웨이팅이 길어 일찍 가는 것이 좋고 재료소진시 마감이라 조기 마감되는 경우도 많다. 대정5일장 근처에 위치해 식사 후 시장 구경하기에도 좋다. (p264 C:2)

- 서귀포시 대정읍 신영로36번길 62
- 064-794-8833
- #보말전복칼국수 #수요미식회 #모슬포

큰돈가 본점
"제주 서쪽 흑돼지 맛집"

이강일 고기장이 직접 고르고 손질한 흑돼지를 맛볼 수 있는 곳. 큰돈가만의 소스인 특제소스, 멜젓, 고추소스에 찍어먹을 수 있다. 후식으로 먹는 유채꽃 비빔국수도 유명하다. 송악산 둘레길 근처에 위치해 식후 산책하기에도 좋다. (p265 D:2)

- 서귀포시 대정읍 형제해안로 296
- 064-794-0722
- #흑돼지 #근고기맛집 #유채꽃비빔국수

모슬포한라전복 본점
"고소한 전복돌솥밥을 맛보자. "

@kakakamm

아침식사로 유명한 곳으로 짠내투어에 방영되었다. 마가린과 부추간장을 넣고 비벼먹는 전복 돌솥밥이 인기메뉴. 아침으로 먹기 좋은 전복죽, 해물이 가득한 칼칼한 전복뚝배기는 해장용으로 좋다. (p264 C:2)

- 서귀포시 대정읍 대한로 33
- 064-792-1313
- #모슬포맛집 #전복돌솥밥 #전복뚝배기

산방식당
"제주식 밀면을 맛보자"

제주식 밀면을 맛볼 수 있는 곳이다. 면발이 굵고 쫀득한 것이 마치 쫄면을 먹는 듯한 느낌이다. 수육과 함께 먹어도 좋다. 살얼음이 가득한 밀면은 여름에 시원하게 먹기 좋다. 지점마다 메뉴가 조금씩 다르다. (p265 D:2)

■ 서귀포시 대정읍 하모이삼로 62
■ 064-794-2165
■ #밀면 #제주식밀면 #밀냉면

만선식당
"탱글탱글한 고등어회를 맛보자"

고등어회 맛집이다. 바로 잡은 고등어회라 비리지 않다. 고등어회 주문시 고등어 조림과 고등어 탕이 함께 나와 아이들과 먹기도 좋다. (p265 D:2)

■ 서귀포시 대정읍 하모항구로 44
■ 0507-1315-6301
■ #고등어회 #고등어회맛집 #모슬포항

곶자왈화덕피자
"곶자왈화덕피자"

내 맘대로 세 가지 토핑을 골라 먹을 수 있는 화덕피자 전문점. 대표메뉴인 곶자왈 화덕피자 기준 3개 토핑을 선택할 수 있다. 가장 작은 사이즈인 R사이즈도 성인 3명이 먹을 수 있을 정도로 양도 푸짐하다. 매일 11:00~18:30 영업, 수요일 휴무.

■ 서귀포시 대정읍 상모로 175
■ 064-792-0990
■ #푸짐한양 #다양한토핑 #옛날피자스타일

대정 카페 추천

감저카페
"담쟁이 덩쿨이 멋스러운 감성카페"

담쟁이 덩쿨로 장식된 갤러리형 카페. 카페 안에 있는 커다란 기계는 고구마 전분을 만드는 기계라고 한다. 감저 시그니처 커피와 제주 당근 사과를 넣고 만든 생과일주스를 추천. 평일 10:30~19:00 영업, 매주 월요일 휴무.(p264 C:2)

- 서귀포시 대정 대한로 22
- #갤러리카페 #전분기계 #감저시그니처

수애기베이커리
"해 질 녘 모슬포항을 닮은 선셋에이드"

모슬포 바다 전망이 아름다운 베이커리 카페. 한라봉과 히비스커스로 맛을 낸 선셋에이드와 달콤한 로투스크림라떼가 인기. 해 질 녘 풍경을 바라보며 선셋에이드를 마셔보자. 매일 10:00~21:00 영업.(p264 C:2)

- 서귀포시 대정읍 동일하모로98번길 48-59
- #오션뷰 #노을뷰 #전망카페

크래커스 대정점
"돌담 창 사이로 들어오는 따스한 햇살이 기분좋은 카페"

작은 창밖으로 들어오는 햇살이 커피 맛과 멋을 더하는 감성 카페. 돌담 벽과 푸릇푸릇한 식물로 꾸며진 인테리어도 멋스럽다. 묵직하면서도 단맛이 느껴지는 고급 원두를 사용한다. 매일 10:00~18:00 영업.(p265 D:1)

- 서귀포시 대정읍 보성구억로126번길 34
- #아메리카노 #카페라떼 # 크로와상

날외15
"그래놀라와 오디가 들어간 건강한 수제 요거트"

옛 주택을 개조해 만든 따뜻한 분위기의 감성 카페. 정원이 딸려있어 가볍게 산책도 즐길 수 있다. 그래놀라가 들어간 달콤상큼 오디 요거트가 인기상품. 야외테이블 좌석은 반려동물과 함께 이용할 수 있다. 매일 10:00~20:00 영업.(p264 C:2)

- 서귀포시 대정읍 일과대수로 15
- #시골감성 #오디디저트 #야외테라스

인스밀
"이국적인 야자수 전망을 즐길 수 있는 카페"

@seungah0323

탁 트인 야자수 전망을 배경으로 사진찍기 좋은 카페. 제주 보리를 넣어 만든 곡물 음료 보리개역, 보리 아이스크림이 인기상품. 보리와 마늘로 만든 스콘도 맛있다. 11~3월 매일 10:30~19:30, 4~10월 10:30~20:30 영업, 마감 30분 전 주문 마감.(p264 C:2)

- 서귀포시 대정읍 일과대수로27번길 22 1층
- #이국적 #사진촬영 #보리디저트

어린왕자감귤밭
"카페에서 즐기는 감귤밭과 동물 체험"

미니 동물원을 함께 운영하는 감귤밭 겸 카페. 감귤밭에서 감귤체험도 하고, 동물원에서 알파카, 양, 포니, 돼지, 토끼 먹이 주기 체험도 즐길 수 있다. 실내 인테리어도 예뻐 웹드라마 why 촬영지로 쓰였다. 매일 09:30~20:00 영업.(p265 D:2)

■ 서귀포시 대정읍 추사로36번길 45-1
■ #동물농장 #감귤농장 #깔끔한인테리어

청춘부부
"감귤창고를 개조해 만든 감성카페"

감귤 창고를 개조해 만든 아담한 카페. 직접 로스팅한 원두를 사용하며, 디저트도 모두 손수 만든다. 매일 10:00~18:00 영업, 17:30 주문 마감, 매주 화요일과 수요일 휴무.(p265 D:1)

■ 서귀포시 대정읍 추사로38번길 181
■ #에그타르트 #말차케이크 #귤치즈케이크

벨진밧
"연예인이 운영하는 감성적인 카페"

별이 떨어진 밭이라는 뜻의 벨진밧. 박한별이 운영하는 카페로 유명하다. 제주감성이 느껴지는 입구, 이국적인 느낌의 야외테라스는 휴양지에 온 듯하다. 통창 앞에 앉아 야외테라스를 등지고 찍는 인증샷도 인기다. 특히 화장실이 독특하기로 유명한데 계단을

두칸 올라야 변기가 있고, 흙바닥에 식물이 있어 야외 느낌이 난다. (p265 D:1)

■ 서귀포시 대정읍 보성구억로 220-1
■ #박한별카페 #대정카페 #핫플

하늘꽃
"산방산이 보이는 온실카페"

대형 온실카페. 초록 식물과 행잉플랜트가 가득해 마치 작은 식물원에 온듯하다. 정면으로 산방산과 유채꽃밭이 보여 유채꽃 시즌에 가면 좋다. 우리들의 블루스 촬영지로 유명하다. (p265 D:2)

■ 서귀포시 대정읍 송악관광로 317
■ #온실카페 #애견동반 #산방산뷰

사일리커피
"제주 바다를 담은 바다라떼를 맛보자"

하모방파제 근처에 있어 오션뷰가 멋지다. 제주의 푸른 바다를 닮은 바다라떼가 시그

니처 메뉴. 야외 파라솔 아래에 앉아 바다를 배경으로 사진을 찍으면 멋진 휴양지 사진이 완성된다. (p265 D:2)

■ 서귀포시 대정읍 최남단해안로 412
■ #오션뷰 #모슬포카페 #바다라떼

미쁘제과
"돌고래를 볼 수 있는 카페"

미쁘다는 믿을만하다의 순 우리말이다. 제주의 한옥카페로 직접 만든 빵을 맛볼 수 있다. 특히 정원이 잘 꾸며져 있어 계절에 따라 아름다운 꽃을 볼 수 있다. 창가에서 제주 바다를 한눈에 담을 수 있는 것은 물론, 돌고래를 볼 수 있는 카페로 유명하다. (p264 B:1)

■ 서귀포시 대정읍 도원남로 16
■ #한옥카페 #돌고래스팟 #정원카페

애플망고1947
"농장직영 애플망고를 맛보자"

애플망고 농장주가 직접 운영하는 카페로 저렴하게 애플망고 빙수를 맛볼 수 있다. 애플망고가 가득 올라간 빙수를 콩가루, 코코넛칩, 팥, 코코넛액상과 함께 먹을 수 있다. 구매도 가능하다. 정원에 심어진 야자수가 휴양지 느낌을 풍긴다. 곳곳에 포토존도 많으니 사진을 남겨보자. (p264 C:1)

■ 서귀포시 대정읍 신평로 32
■ #망고빙수 #애플망고 #농장직영

대정 숙소 추천

독채 / 로브제8

무릉리 너른 들판에 자리 잡은 감성 독채숙소. 숙소 곳곳이 원목 소품들과 모던한 미술 작품으로 장식되어 눈을 즐겁게 한다. 거실에 빔프로젝터와 제네바 스피커가 설치되어 영화 감상하기 좋다. 입실 16:00, 퇴실 11:00.(p264 B:1)

■ 서귀포시 대정읍 무릉사장로 8
■ #미술소품 #빔프로젝터 #제네바스피커

독채 / 제주놀 3320

키 큰 야자나무와 넓은 마당이 이국적인 분위기를 자아내는 독채 펜션. 야외 월풀장에서 바다, 한라산, 산방산 전망을 바라보며 수영을 즐길 수도 있다. 애견 동반 가능, 최대 8인 입실 가능.(p264 B:1)

■ 서귀포시 대정읍 무릉전지로35번길 26-7
■ #야자수 #야외월풀장 #애견동반 #최대 8인

풀빌라 / 제주어린왕자 펜션

1,500평 감귤밭에서 감귤체험을 즐길 수 있는 풀빌라 펜션. 24시간 운영하는 온수 수영장과 스파, 바비큐장이 마련되어 있다. 감귤체험은 11월 중순부터 운영한다. 입실 16:00, 퇴실 11:00.(p265 D:1)

- 서귀포시 대정읍 보성구억로126번길 61
- #감귤체험 #온수수영장 #스파 #바베큐

풀빌라 / 제주대정 골드빌라스 독채 펜션

최소 2박부터 이용할 수 있는 가족 친화형 풀빌라 펜션. 침실 네 곳(퀸사이즈 침대 4개, 슈퍼싱글 침대 1개)과 화장실 세 곳, 샤워실 두 곳, 욕조 2개가 딸려있어 성인 최대 6인까지(영유아 포함 12인) 이용할 수 있다. 전용 실내 온수 수영장은 별도 요금을 받는다. 입실 15:00, 퇴실 11:00.(p265 D:2)

- 서귀포시 대정읍 상모로191번길 20
- #가족펜션 #실내온수수영장 #최대6인

게스트하우스 / 북마크게스트 하우스

1~2인실 한옥 온돌방과 6인실 독채 펜션을 함께 운영하는 게스트하우스. 08:30 조식으로 맛있는 한식 한 상 차림을 제공한다. 입실 16:00, 퇴실 11:00(p264 C:2)

- 서귀포시 대정읍 일과대수로11번길 16-8
- #한옥온돌방 #독채펜션 #한식조식

독채 / 어쩌다 영락

@myungsung.ko

제주스러운 현무암 돌담 독채 숙소인 안집, 뒷집은 아담한 잔디정원과 동그란 야외 욕조가 있고, 시멘트벽이 그대로 드러난 실내 인테리어의 서까래가 인상적이다. 어쩌다 영락에서 차로 5분 거리에 있는 풀빌라 고산온은 같은 사장님이 운영하는 숙소인데 라탄 인테리어의 하얀 집으로 바비큐를 할 수 있다. 전 객실 조리 가능. 최대 2인~4인. 네이버 예약.(p264 C:1)

- 서귀포시 대정읍 영락중동로 4-5
- #현무암 #돌집 #욕조 #조리가능 #가성비 #커플

펜션 / 스퀘어베이

@_squarebay_

전 객실 오션뷰인 2인 전용 숙소. 창밖으로 바다를 보며 스파를 할 수 있는데 운이 좋으면 돌고래를 볼 수도 있다. 침대 머리의 액자 같은 창문은 청보리밭이 보인다. 비용을 지불하면 때마다 다른 조식을 먹을 수 있는데

맛있다는 후기가 많다. 올레길 12코스에 있어 올레길을 이용하고 스파로 피로를 풀기좋다. 미리 요청 시 얼리체크인과 레이크체크아웃 가능. 주변에 편의시설이 없지만 차 타고 가면 하나로마트에서 싱싱한 딱새우 회를 먹을 수 있다는 사장님의 코멘트. 홈페이지 예약.(p264 B:1)

- 서귀포시 대정읍 노을해안로 700 스퀘어베이
- #2인전용 #청보리밭뷰 #오션뷰 #올레길 #스파 #우영우촬영지

독채 / 탐라는일상

@_eliner

건축가 부부가 만든 자연 친화적인 독채 숙소. 고옥을 그대로 살린 실내 인테리어와 뒷마당으로 보이는 곶자왈의 풍경을 감상할 수 있고 귤밭 뷰를 즐길 수 있는 실내 자쿠지가 있다. 안거리 밖거리의 사이에 있는 정원에는 아웃도어키친이 있다. 유리로 된 썬룸은 차를 즐기기 좋다. 침실이 단독으로 나뉘어 있어 친구나 가족 단위로 이용하기 좋다. 기준 2인 최대 8인. 홈페이지 예약. 예약 문의:01044702197. 근처에 산양큰엉곶, 신화테마파크가 있다.(p264 C:1)

- 서귀포시 대정읍 무릉인향로14번길 16
- #친구와함께 #대가족 #가족단위 #스파 #아웃도어키친 #건축대상 #큰테이블 #분리공간 #귤밭뷰 #곶자왈

풀빌라 / 스테이가량

@stay_garyang

호텔 인테리어의 오션뷰 독채 풀빌라. 사이 좋게 지붕을 나누어 쓰고 있는 두개의 공간 사이에 자쿠지가 있어 4계절 자쿠지를 쓸 수 있다. 자쿠지에서 마당의 돌 정원을 볼 수 있는 구조. 사계절 온수 풀장은 자쿠지와 연결되어 있다. 주변에 높은 건물이 없어 시원한 오션뷰와 일몰을 어느 장소에서든 감상 가능. 세탁기, 바비큐 존과 불멍 화로가 있다. 차로 10분 거리에 수월봉, 억을 해안, 신창풍차해안 도로가 있다. 기준 2인 최대 4인. 네이버 예약.(p264 B:1)

■ 서귀포시 대정읍 무릉사장로 6 독채
■ #호텔인테리어#사계절온수풀#야외자쿠지#일몰뷰#오션뷰#가족여행#커플여행

독채 / 펠롱여관

@pellong_inn

한라산을 닮은 하얀 지붕의 독채 숙소. 하나의 집에 독립된 2개의 공간이 있다. 차분하고 깔끔한 우드 인테리어. 개별 정원의 야자수 가든에 있는 자쿠지는 에탄올 난로가 있어 스파를 즐기며 불멍까지 할 수 있다. 야외 자쿠지에서 정면으로 한라산을 볼 수 있는 게 특징이다. 특히 ㅍ 룸은 다락의 메인 침실에서도 한라산이 보인다. 캡슐 커피와 웰컴 간식 제공. 근처에 산양큰엉곳, 제주 곶자왈 도립공원. 최대2인. 인스타 DM 또는 카카오 채널로 예약 가능. (p264 C:1)

■ 제주시 한경면 대한로 800-11 펠롱여관
■ #한라산뷰 #불멍 #야외자쿠지 #가족여행 #야자나무

독채 / a tiny little peace

@a_tiny.little.peace

초록색 대문에 주황색 지붕이 있는 예쁜 독채 숙소. 머무르는 것만으로도 힐링 되는 편안하고 아늑한 가정집 인테리어가 이곳의 특징이다. 집안을 장식하고 있는 체크무늬 패브릭과 가구, 곳곳에 앉아 쉴만한 의자들이 많아 여행의 지친 몸을 쉬어가기에 좋다. 툇마루가 있는 앞마당에는 작은 꽃이 피는 소박한 정원이 있다. 홈페이지 예약. 2인 전용 숙소.(p265 D:1)

■ 서귀포시 대정읍 보성상로 11-38
■ #2인전용#휴식#편안#힐링#커플여행#엄마와함께

독채 / 아가스트스테이

원데이 요가 클래스를 할 수 있는 감성 숙소. 요가를 사랑하는 사람에게는 최고의 숙소. 정원이 아름다운 오두막 분위기의 야외 요가원은 발리에 있는듯한 착각이 들 정도다. 숙박 1일당 한 번의 요가 수강권이 주어지고, 이곳에 묵지 않더라도 제주 여행객 누구나 원데이로 수강할 수 있다. 잘 가꿔진 정원은 숙소 전체와 공유하고 볕이 잘 드는 숙소는 사계절 포근하다. 기본 2박 예약 가능. 기준 2인 최대 4인. 반려견 동반 가능. 네이버 예약 또는 에어비앤비.(p265 D:1)

■ 서귀포시 대정읍 연명로 228-11
■ #원데이요가#감성 숙소#정원#오두막#발리분위기#반려견동반

대정
인스타 여행지

송악산 진지동굴 노을
"동굴 프레임 안에 형제섬과 바다가 보여"

@hello_junjun_

동굴 프레임 앞으로 펼쳐져 있는 형제섬과 바다가 인상적인 진지동굴. 이런 동굴이 여러 개 있지만, 첫 번째와 여섯 번째 동굴이 특히 유명하다. 산방산과 한라산까지 담을 수 있다고. 반드시 썰물 시간대를 확인해서 가야 한다.(p265 D:2)

■ 서귀포시 대정읍 상모리 산2
■ #송악산 #진지동굴 #동굴스팟 #동굴사진

벨진밧 카페 야외
"박한별이 운영하는 야외 정원 카페"

@mymin0112

배우 박한별이 운영하는 벨진밧 카페는 해외 휴양지에 온 듯한 야외 정원이 매력적인 곳이다. 입구 바깥쪽에서 건물과 야자나무 정원이 모두 보이도록 사진을 찍어보자. 고소한 땅콩과 크런치가 올라간 땅콩크림라떼와 당근 모형이 올라간 당근케이크가 사진

찍기 좋은 메뉴다.(p265 D:1)

■ 서귀포시 대정읍 보성구억로 220-1
■ #발리느낌 #야자수 #나무그네

사일리커피 하모방파제 뷰
"야자수와 하모 방파제 전망"

@daisy.n.andy

사일리커피 마당 바로 앞에 바다를 향해 곧게 뻗은 하모 방파제가 들여다보인다. 이 방파제 앞에 심겨진 야자수 옆에 사람을 세우고, 곧게 뻗은 방파제가 잘 보이도록 바다 사진을 찍어보자. 사일리커피 카페 야외 테이블도 야자수와 짚으로 엮은 이색 그늘막으로 꾸며져 사진 찍기 좋다.(p265 D:2)

■ 서귀포시 대정읍 최남단해안로 412
■ #방파제뷰 #오션뷰 #야자수

09

안덕면

#본태박물관
@norunoeul

#방주교회

#수풍석미술관
@jun

#루나폴

#용머리해안
@m__jeong0425

#하멜상선전시관
@cindy_of_jejulife

#사계해변

#마노르블랑

#서광리123

@gona__o.o

#군산오름 #갯무꽃

#원물오름 #갯무꽃

@_.so
@hyuni

#카멜리아힐

#신화역사공원 #샤스타데이지

@mary_flower

#박수기정

@kimna_riiiii

#바이나흐튼크리스마스박물관

@byulhee_126
@carolinesuesue

#행기소

@yerangtrip
@bangapsudaye

#월라봉 #동굴프레임

#빌파소카페

285

A B C

1

당오름

원물오름

토이파크

동광리

서커스월드
공연장

도너리오름

남송이오름

제주신화월드,
트랜스포머 오토봇
얼라이언스 (신화월드)

오설록 티 뮤지엄

동광리농촌
체험마을

신화워터파크

서광다원

제주 항공우주
박물관

거린오름

서광리

헬로키티
아일랜드

토마스마켓

헬로키티
아일랜드

소인국
테마파크

바이나흐튼
크리스마스박물관

송
홍

2

피규어
뮤지엄

서광리123
핑크뮬리

안덕면

덕수리

서귀포 화순서동로
(화순리) 유채꽃

안덕계곡

안덕면사무소
수국길

건강과 성

대정읍

카페 마노르블랑
동백꽃

화순리

감산리

월라

단산(바굼지오름),
파군봉(바굼지오름)

산방산
탄산온천

산방산 유채꽃

안성리 수국길,
동광리 수국

대정향교

산방산

화순금모래 해수욕장

제주커피수목원

사계리

산방굴사, 산방사

산방산 유람선

3

하멜기념비

황우치해변

하멜상선전시관

용머리해안

사계해변

사계해안도로

A B C

안덕면 주요지역

A B C

제주맥주 양조장
제주돌마을공원

서부농업기술센터
촛불맨드라미
이국적 풍경을 만들어주는
맨드라미 [9,10월]

제주바다
하늘패러투어
(패러글라이딩)

금오름
협재해변에서 자동차로 15분만에
도착 주차장 주차후 등반

금악 오름
문화포인트

새별오름 억새
새별오름
저녁 하늘 샛별과 같이
외롭게 있다고 하여 '새별오름'
가을 억새가 많은 저녁노을
감상의 성지

어음리 억새군락지

어음곳

엘리

새빌 핑
핑크 핑크크

새빌 카
새별오름 엎.
분위기의 카페

이달오름

새별오름
나홀로 나무

새별오름
나홀로나무

유유부단
이시돌 목장우유로 만든 담백한
아이스크림과 밀크티

아맨힐리조트&골프클럽

제주현대미술관
현대미술 작품과 야외
조각작품을 감상할 수 있는 곳

저지문화예술인마을
갤러리와 조각품이 모여있는, 복합 예술공간,
다양하고 독특한 창작물들을 볼 수 있다.

삼위일체성당

성이시돌목장
아이스크림과 이국적
건축물에서의
사진촬영으로 유명한 곳

성이시돌 목장 테쉬폰

그리스신화박물관

새별레져ATV
(ATV)

트릭아이미술관

어오내스테이(독채)

제주도립김창열미술관
김창열 화백의 물방울 작품을 만나 볼 수 있다.

방림원
국내 최초 야생화 식물원
(2000여종 이상의 다양한 야생화)

안덕면 겹동백
겹동백이니 얼마나
풍성하겠으[11,12,1,

저지예술
정보화마을

김흥수
아뜰리에

가메창
(암메)

저지오름

뚱보야자씨(갈치조림)

제주탐나라
공화국

정물 오름

정물오름

블랙스톤제주 CC

문도지 오름
문도지 오름

원물오름 앞
갯모살

토이파크
(장난감 전시)

지아정원(독채)
가족펜션(풀빌라)

안덕면

현대미술을 전시,관람할 수 있는

생각하는 정원
1만2천평 대지에 7
개의 소정원

텔레스코프

마중 오름

돌오름

올레길 14-1코스

수줍은 언니네(독채)

조은승아장(승마)

무로이

제주
아트서커스

동광리 수
담벼락에 피어난
붉은동백[6,7,8]

뉴저지 카페

환상숲 곶자왈공원
천여 원시림 곶자왈 공원, 매시간
정각의 숲 해설 듣기는 필수

오설록 티 뮤지엄
전망대에 올라 차밭을 한눈에
감상하기, 티스톤 예약 강력추천

남송이오름
(남소로기)

플랫화이트,아메리카노

제주 유리의 성
유리공예 조각품으로
이루어진 테마파크
할로어트,
애플망고와
열대과일로 만든
달콤한 디저트 맛집

신화워터파크

신화테마파크

제주신화월드

신화역사공원
샤스타데이지

동광리농촌
체험마을

거린오름

(복오름)

카멜리아힐 동백꽃
느끼면 알게되는 동백꽃의
아름다움[1,2,3,4월]

알동네집(흑돼지)
명리동식당(흑돼지)

로봇플랜넷

토마스마켓
(플리마켓)

송하농장 홍가시
[4,5월]

제주 가마오름
일제동굴진지

양가형제(갤버거)

펠롱여관(독채)

오오오하우스
(풀빌라)

제주항공우주박물관
아이들과 함께 즐기는
다양한 항공기 체험

서광다원
수평선까지 닿아있는 제주
최대규모 녹차밭

바이나흐튼
크리스마스박물관

소인국테마파크
미니어처 사이즈
제계의 랜드마크가
전시된 테마공원

프리튀르
(수제 도너츠)

헬로키티
아일랜드

'서광리123'
핑크뮬리
[9,10,11월]

BISTRO 낭
(채끝스테이크)

피규어뮤지엄

아가스트스테이(독채)

제주 곶자왈 도립공원
곶자왈이란 암괴들이 불규칙하게
쌓인 지대에 형성된 숲 (숲 트레킹)

노리매공원 핑크뮬리
핑크 뮬리를 사진을 찍고
싶다면[9,10,11월]

노리매공원
사계절 꽃과 조각품으로 꾸며진
인생사진, 봄철 매화축제

트로이테마
농원(승마)

이상한 나라의
엘리스

파더스가든
한라의향기(귤따기)

파더스가든(귤따기)

파더스가든

aaa jeju

제주
유리박물관

카멜
울리 농

비밀의
동백꽃

카멜

봉순이네흑돼지

서광춘희
(성게라면)

제주독채펜션
감성숙소 훈온

세계자동차&피아노박물관
세계 명품 클래식카와 어린이 교통 체험관

화산곶자왈생태탐방숲길
화산활동으로 생긴 요철 지형의 숲

카페차롱
(3단 도시락 상단차롱)

올레길 11코스

탐라는일상(독채)
애플망고1947
(제주에몰망고병수,
제주에몰망고주스)

노리매공원 매화
니들이 매화 알아[3,4월]

별진밧(빨라대)

제주어린왕자
펜션(풀빌라)

안성리 수국길
마을 비포장 양옆으로 풍성하게
펼쳐지는 수국. 안성리 998 [5,6,7월]

정보
빌리지

서광카트체험장(카트)
하늘여행 블글라이더체험장

크래커스 대점점(들담 창 햇살)
청춘부부(감귤창고 감성카페)

카페덕수리2180
(루프탑테라스와 귤밭)

고요한오후(독채)

서귀포체험펜션

서광은희(성게보말구이)

서귀포 송어서동로
(화순리 가든)

차창 밖으로 보이는
유채꽃길[3,4월]

화순곶자왈생태탐방숲길

대정성지
(정약용 조카 정난주
마리아 묘가 있는
천주교 성지)

카페 마노르블랑 동백꽃
애기동백은 포토존과 함께[1,2,3,4월]

마노르 블랑 핑크뮬리
[9~11월] 예쁜 찻잔으로
가득한 카페형 핑크뮬리

하영담아(감귤조림)

오마르코지(독채)

페르

루나피크닉
자연속에서 만나는
영화 컬렉션

산방산

루나폴
루나폴야경
12만평 규모의 미디어 아트
야간형 디지털테마파크

화순오일
원인온리

건강과성 박물관
엄청난 규모의 성테마 박물관

안덕계곡

군산오름

가시오름

올레길 11코스

추사 김정희
유배지

동똥
산방산(山房)이라는 산이름은 산수의 동굴을
의미 해석등을 가지고 있기 때문에

395미터로 우뚝 솟은 전형적인 종상화산.

또치호루(풀빌라)

산방연대

중앙식당
(성게보말무)

더리트

추사관

단산
산방산,송악산과
마주보고 있으며
정상에서 형재섬,
가파도,마라도를 볼수있다.

탄산온천
잇뽕사계(본카츠,찜빵)

바굼지오름

대정향교

제주커피수목원

산방온천

산방산
[3,4월]

거멍국수
(고기국수)

유엔마이
(스테이크)

치유촌(토기모양 아이스크림)

순녀천밀(갈치조림)

화순가위(독채)

올레길 9코스 가멍(말고기)

산방산초가집
(전복해물전골)

제주 컷(독채)

무우레 민박(독채)

엘리스
(블루로코넛)

화순온리

산방산 유람선

황우치해변

미니미리 게하
박수기정(풀빌라)

바이비롱
(수국 가득한 야외정원)

대정읍
포구

제주그루(독채)

제주해조네(독채)

제주보말숲(독채)

알뜨르비행장
2차 대전 당시 일본군이
제주도민을 강제동원하여
만든 전투기 격납고

어린왕자감귤밭
(카페에서 즐기는
감귤밭 귤 체험)

감저카페
(담쟁이
덩쿨이 멋진)

옥돔식당
(보말칼국수)

산방식당(밀냉면)

미영이네식당(고등어회)
글라글라와이(해물찜)

제2독농(갈치조림)

보르으지다
스테이더움 2호점
아이노스펜션
(풀빌라)

수산초(성게보말죽)

춘미향
(정식)

오라디오라
(산방식 전망)

설콩바당해변

산방산 유채꽃 전망

화산금모래해수욕장
가파도와 마라도, 산방산이
배경인 해변

대평
포구

올레길 8코스

1.난드로호선상낚시
2.프라다 선상낚시
3.알라캔호선상낚시

1.휴밀로(하트 담당)
2.카페 두가시(당근)
3.카페루카이 본점(디)

모슬봉

가시오름

제주대정 골드빌라스
독채 펜션(풀빌라)

송악카트
체험장

그레이로브
(사계전망 카페)

서프스
(현무암대백)

사계해수욕장

비고르서프
&프리다이빙

하멜기념비

용머리해안
180만 년 간 수중 화산 폭발로 만들어진
각종 동굴과 단층이 모여져서 절경이 탄생

용머리해안 물웅덩이 포토존

1.커피스케치(브라운 치즈를
들뿍 넣은 달콤한 크로플 맛집)
2.카페젤럭시아(산방솔숲)

박수기정

큰바리메오름
📷 ⭕ 바리메오름 호수

한대오름

니, 당나귀, 양, 흑염소와 함께
· 체험농장

돌오름

베오름
· 길이 멋진 분화구가 있는 오름

소 그네
라산아래첫마을영농조합법인인
[주메밀비비작작면,제주메밀비빔냉면]

호텔

무민랜드
핀란드 캐릭터 무민의 스토리가
담긴 공간. 국내 최초, 미디어
아트, 목공아트

방주교회
제주 7대 아름다운 건축물
관광지는 아니지만 특이한
건물로 많은 사람들이 찾는 곳

📷 본태박물관
노출 콘크리트

본태박물관
세계적인 건축가 안도타다오의 작품.
노출콘크리트와 빛 물이 조화롭게 어우러진
건축미. 세계적인 거장들의 작품과 우리나라
전통공예 전시

힐 수국
으로 가는

롯데스카이힐제주 CC
클럽엘제주 컨트리클럽

· 제주다원
생각보다 어려운 녹차 미로와
곳곳의 포토존, 무인카페

녹차 미로공원

일까?
· 사진 명소

· 대유ATV수렵사격랜드
ATV, 수렵, 사격

중문레저·
UTV(ATV)

뮬리

예래동 벚꽃길
조용히 벚꽃놀이를 즐기고 싶다면
예래생태공원[3,4월]

전열하시
북봉숭밥
쌈동치마)

중문향토오일장
끝자리 3일, 8일에
열리는 오일장

1.연돈(돈까스),
2.숙성도(숙성흑삼겹),
3.형제도식당(갈치찜이)

중문동 벚꽃길
예래동 주민센터부터 구 중문동
주민센터까지 벚꽃 드라이브 길[3,4월]

김서프제주(서핑),
제이제이 ·
서핑스쿨(서핑)

삼미흑돼지

고집돌우럭

스토리게슬 EP.1
더 신데렐라

천제연폭포
총 3단으로 이루어진 폭포

제주운정이네
(갈치조림)

중문 모메든식당

국수바다 본점(고기국수)

더플래닛(생태문화원)
어미지식물원
박물관은 살아있다
그림 포레스트
테디베어뮤지엄,초콜릿랜드
엉덩물계곡 유채꽃
왁스뮤지엄

볼스카페

제주국제평화센터
남북평화, 세계 평화에 기여한
분들의 밀랍인형

천제연폭포

폭포샵

제주에 흔치않은 계곡 유채꽃길

갯깟
주상절리대 중문색달해변
수질평가 1위 해변
절리대 동굴
지) 깨끗한 바다, 수영이나
세저 색달해변 일몰
해양스포츠에 제격
더크리프(브런치와 락테일을
즐길 수 있는 오션뷰 카페)

수두리보말칼국수
가람돌솥밥

무비랜드

아프리카
박물관

조안뮤지엄 뮤지엄

제주국제컨벤션센터
면세점 위치 · 올레길 8코스

디스커버제주
돌래픽마산

액트몬제주
1000평 규모의 엔터테인먼트 오락실

약천사

진꿀내
물깨배기 노을

제주쳇

제주쳇
꽃길농장

월평올레

📷 범섬포구
(오션뷰)

플레이워스
(일러스트샵)

답다니 수국
이곳이 수국 맛집[6,7월]

월평포구

월평동
스노쿨링

강정천

1100고지 단풍
오르지 않아도 되는 단풍길
걷기[10,11]

1100고지 단풍
📷 1100고지 설경

삼형제
큰오름

🅿 1100고지

1100고지
한라산 남벽 뷰 감상 가능

1100고지
람사르습지

만세동산(오름)

윗세누운오름

병풍바위

윗세오름

영실탐방코스
2시간 30분 5.8Km

영실탐방안내소 ℹ

한라산 영실코스 단풍
그냥 등산말고, 단풍 등산[10,11
월]

🐗 서귀포자연휴양림
운동화가 아니어도 괜찮아, 혼자 걸어봐도 좋아
제주의 숲에서 캠핑해보는 색다른 경험

법정이오름

거린사슴

🅿

시오름

서귀포 치유의 숲
평균수령 60년 이상의 전국
최고의 편백 숲이 여러 곳에 조성
ℹ

1115

서귀포 천문과학 문화관
밤하늘의 천체 및 태양을 관찰할 수
있는 전체 망원경 보유

하늘아래수목원

법화사지 배롱나무

법화사

스테이월드(독채)

엉또폭포
비가 많이 와야만 볼 수
있는 신비의 폭포

도순다원 ·

호근동 동백길
시골집에 피어난 붉은 동백길.
주소: 호근동 1323-1
[11,12,1,2,3월]

고근산
서귀포시내 서귀포 앞바다가
한눈에 보이는 곳

뜻밖의발견(조용한 빈티지 카페)

씨플로우
프리다이빙

모루인
(독채)

1136

한국야구
명예의 전당

문치비
(흑돼지오겹살)

화고 신시가지점
(흑돼지고기구이)

서귀피안
(오션뷰)

서귀포시청
제2청사

돈블랙(흑돼지)

📷 식물집

카페큐브다락

1132

시스템펀드(유기농
밀과 프랑스 버터로
만든 크루와상 맛집)

제주 월드컵
경기장

하라케케
(말차라떼)

세리월드
종합 레저 테마파크로 카트,승마,
미로공원등 즐길거리가 다양하며

벙커하우스(봄날,딸기비과)

법환동 청소년
문화의집

러더스
(무도 오션라떼)

두머니물(범섬과
유채꽃이 아름다운
곳,법환동 1541)

강정항

올레길 7코스

서건도

📷 285

안덕 추천 여행지

단산(바굼지오름)
"클라이밍 해야하는 오름"

오름의 모양이 거대한 박쥐가 날개를 펼치고 있는 것처럼 보인다 하여 바굼지라 이름붙여졌다. 보통 흙길인 다른 오름들과 달리 바굼지오름은 돌길이 이어진다. 클라이밍을 즐기는 사람들이 이 오름을 좋아하는 이유이기도 하다. 정상에 오르면 초록의 논밭은 물론 산방산과 마라도까지 볼 수 있다. 논밭, 산, 섬이 한눈에 들어오는 탁트인 풍경에 마음도 절로 풀리게 된다.(p286 B:3)

- 서귀포시 안덕면 사계리 3123-1
- #박쥐모양#암벽오름 #클라이밍

안덕계곡
"추사 김정희가 좋아했던 곳"

돌로 된 사각기둥이 계곡을 병풍처럼 둘러싸고 있다. 곳곳에 보이는 기암절벽과 맑은 물은 신비함까지 더해주는데, 먼 옛날 추사 김정희를 비롯하여 많은 학자들이 이곳에 머물렀다는 이야기가 괜한 말이 아님을 느끼게 해준다.(p286 C:3)

- 서귀포시 안덕면 감산리 1946
- #기암절벽 #맑은물 #난대림원시림

박수기정
"박수=샘물, 기정=절벽"

절벽이 병풍처럼 둘러져 있는, 제주도 최대의 해안절벽이다. 올레9코스가 시작되는 곳이기도 하다. 대평포구에서 보는 박수기정은 아름답기로 유명한데, 일몰 시간에 맞춰가면 지는 태양과 박수기정을 한컷에 담을 수 있다.(p286 C:3)

- 서귀포시 안덕면 감산리 1008
- #샘물절벽 #올레9코스 #대평포구

대평포구
"제주올레 8코스와 9코스가 만나는 곳"

올레9코스가 시작되는 곳이자, 8코스가 마무리되는 곳이다. 넓은 들이라는 이름의 뜻처럼, 포구 주변은 땅도 바다도 너르고 평탄하다. 대평포구의 하이라이트는 해안에서 보는 대평포구의 풍경인데, 깎아놓은듯한 해안절벽인 박수기정을 함께 보길 추천한다.(p286 C:3)

- 서귀포시 안덕면 창천리 914-5
- #올레9코스 #해안길 #전통문화체험

제주 항공우주박물관
"우주박물관과 키즈카페"

첨단 매체, 전시 유물, 제작 모형, 대형 영상을 적절히 도입하고 배치하여, 어린이들도 쉽게 이해할 수 있도록 돕는다. 마치 진짜 우주에 와 있는 듯한 큰 규모와 전시물을 자랑하며, 아이들이 놀 수 있는 다양한 놀이 공간이 마련되어 있다. 유익한 박물관과 신나는 키즈카페를 동시에 경험하는 느낌이다.(p286 B:1)

- 서귀포시 안덕면 녹차분재로 218
- #멀티미디어 #우주체험 #교육

동광리농촌체험마을
"4.3사건의 아픔을 겪은"

제주 4.3 사건의 아픔을 겪었던 마을로 관련 유적지가 많이 남아있다. 동시에 동광리마을은 농촌 체험 마을이기도 한데, 숙박시설이나 체육시설, 농사체험장과 야외 사육 체험장 등 다양한 프로그램과 시설이 잘 갖추어져 있는 곳으로 유명하다.(p286 C:1)

- 서귀포시 안덕면 동광로 107
- #4.3사건 #농촌체험마을

제주아트서커스
"중국에서도 인정받는 최고 기예단"

오직 맨몸으로 묘기에 가까운 예술을 선보이는 서커스. 그런 서커스의 본고장이라 할 수 있는 중국에서 인정하는 스태프들로 꾸려진 공연장이다. 손에 땀을 쥐게 하는 스릴 넘치는 공연을 바로 눈앞에서 볼 수 있다. 그중에서도 압권은 오토바이 공연인데, 보는 이들마다 탄성을 자아낸다. 세계서커스대회 수상 경력을 체감할 수 있게 된다.(p288 C:2)

- 서귀포시 안덕면 동광로 214 해피타운
- #국제서커스 #오토바이쇼 #정통중국기예

토이파크
"20년동안 모으고 만든"

가족이 10년 이상 모아온 다양한 장난감과 인형들을 볼 수 있는 박물관이다. 아이들은 의심의 여지 없이 입구에서부터 신날 공간이고, 어른들 역시 어린 시절 가지고 놀았던 추억의 장난감을 만날 수 있어 모두가 행복한 시간을 보낼 수 있다. 다양한 피규어는 물론 레고, 구체관절 인형까지 일반인은 물론 매니아들의 마음도 모두 사로잡는다.(p286 C:1)

- 서귀포시 안덕면 동광로 267-7
- #장난감박물관 #트랜스포머 #정글짐

거린오름(북오름)
"두갈래로 갈라진 오름"

산위가 두 갈래로 갈라진 오름이란 뜻으로 남쪽 봉우리는 풀밭을 이루고, 북쪽 봉우리는 해송림을 이루고 있다. 제주도 서부를 한눈에 조망할 수 있다.(p286 B:1)

- 서귀포시 안덕면 동광리 산94
- #해송림 #서부조망

카멜리아힐
"어마어마한 동백 수목원"

30년의 역사를 자랑하는, 동양에서 가장 큰 동백 수목원이다. 6만여 평의 부지에 계절마다 달리 피는 80개국의 동백나무 6천 그루가 울창한 숲을 이루고 있다. 29개의 관람코스를 자랑하며, 계절마다 동백, 수국, 핑크뮬리 등 피는 꽃이 다르기 때문에 오픈과 클로징 시간을 확인해야 한다.(p287 D:2)

- 서귀포시 안덕면 병악로 166
- #동양최대동백수목원 #수국 #핑크뮬리

뽀로로앤타요 테마파크
"뽀로로와 함께 아이들과 함께"

다양한 어트랙션이 실내외에 펼쳐져 있어 날씨에 상관없이 아이들이 즐기기에 좋다. 야외에는 미로, 캐릭터공원, 바이킹, 관람차 등이 있고 실내에는 회전목마, 워터슬라이드 등 다양한 놀이기구가 있다. 쿠키 만들기, 에코백 만들기 등의 다양한 체험 프로그램도 운영 중이다.(p287 D:2)

- 서귀포시 안덕면 병악로 269
- #뽀로로 #타요 #어트랙션

무민랜드제주
"핀란드 캐릭터 무민"

핀란드 국민 작가 토 베 얀손의 무민은 75년이 넘도록 전 세계인의 많은 사랑을 받는 캐릭터이다. 무민 랜드는 전시, 미디어 아트, 목공 아트 체험, 카페, 기프트숍, 정원 등을 운영하고 있다. 동화 속에 와 있는 듯한 착각이 들 만큼 아름답고 행복한 공간으로 채워져 있다.(p287 D:2)

- 서귀포시 안덕면 병악로 420
- #무민 #토베얀손 #전시

파더스가든
"동물농장과 귤밭체험"

아빠의 농장을 대를 이어 자식들이 운영하고 있다. 동백, 핑크뮬리, 유채꽃 등 계절별로 피어나는 꽃과 함께 인생 사진을 얻을 수 있는 '감성 정원', 알파카, 당나귀, 말, 염소, 산양, 토끼, 닭, 타조, 오리, 공작, 돼지 등 다양한 초식 동물들을 만날 수 있는 '동물농장', 제주 내 최대 크기의 귤 밭 체험이 가능한 '감귤 체험'으로 이루어져 있다.(p286 C:2)

- 서귀포시 안덕면 병악로 44-33
- #감성정원 #동물농장 #감귤체험

하멜상선전시관
"제주 표류인 하멜"

네덜란드인 헨드릭 하멜이 350여 년 전 풍랑을 만나 제주에 표류하였던 것을 기념하여 네덜란드 암스테르담에서 건조된 스페르베르호를 모델로 재현해 둔 전시관. 하멜의 국내 생활이 모형과 그래픽으로 전시되어 있다. (p286 B:3)

- 서귀포시 안덕면 사계남로216번길 24-30
- #하멜 #암스테르담 #스페르웨르호

용머리해안
"용한마리 몰고가세요"

산방산에 있는 해안으로, 180만년 전 있었던 화산 폭발로 생긴 것으로 알려져 있다. 층층이 쌓인 기이한 모양의 암벽들이 절경을 이룬다. 에메랄드 빛 물 웅덩이가 이곳의 대표적인 포토존인데, 물 아래로 거울처럼 반사되는 사진을 얻을 수 있어 이곳에서 사진을 찍으려는 사람들이 줄을 이룬다. 하멜표류 기념비와 전시관이 이 근처에 있다.(p286 B:3)

- 서귀포시 안덕면 사계리 112-3
- #용머리모양 #하멜상선전시관

하멜기념비
"네델란드와 한국간의 우호"

일본으로 가려다 풍랑을 만나 제주에 표류하면서, 13년간 이곳에서 머물다 고국으로 돌아간 서양인이 있다. 제주도에서 겪었던

일들을 '하멜표류기'라는 제목으로 책을 낸, 대한민국이란 나라를 서양에 처음 알린 핸드릭 하멜이 그 주인공이다. 이를 기념하기 위해 용머리해안 쪽에 기념비가 세워져 있다.(p286 B:3)

- 서귀포시 안덕면 사계리 112-3
- #하멜 #네덜란드대사관 #기념비

사계해변
"올레길 10코스 해변"

산방산 아래에 있는, 올레10코스에 속해있는 해변이다. 사계해변에서는 아이슬란드에서나 볼 법한 마린 포트홀을 만날 수 있는데, 오랜 시간 동안 다져져 온 모래와 자갈들이 지층을 이루고 있는 것을 뜻한다. 물이 빠지면 이끼 낀 돌들을 볼 수 있는데, 이곳에서만 볼 수 있는 이색적인 풍경이다. 인근의 형제섬은 감성돔이 많이 잡히기로 소문난 곳이라 강태공들의 발길이 끊이지 않는다.(p286 B:3)

- 서귀포시 안덕면 사계리 2294-35
- #올레10코스 #해변 #낚시포인트

형제해안도로
"아름다운길 100선"

형제섬, 저멀리 마라도까지 볼 수 있는 해안도로이다. 한국의 아름다운 길 100선에 꼽혔을 만큼, 주변의 풍경이 아름답다. 차를 가지고 드라이브 하는 사람도, 휠체어를 타는 사람도, 자전거를 이용하는 사람도 이 도로를 편하게 이용할 수 있다. 이곳을 찾는 다양한 상황의 여행객들이 편하게 이용할 수 있도록 도로 시설을 잘 갖추어 두고 있다.

- 서귀포시 안덕면 사계리 2294-35
- #아름다운길 #휠체어올레길 #자전거도로

사계해안도로
"걸을수록 아름다운 해변"

송악산과 산방산을 연결하는 도로. 드넓은 바다를 감상하며 드라이브할 수 있는 해안도로이다. 올레 10코스를 걷다가 이곳 도로를 따라 도보 여행할 수 있다. 주변에 용머리해안이 있다.(p286 B:3)

- 서귀포시 안덕면 사계리 2294-35
- #해안도로 #올레10코스 #도보여행

제주커피수목원
"100그루 넘는 커피나무"

커피와 와인의 만나는 공간이다. 특히 4년간의 노력 끝에 세계 최초로 그린 빈을 자연발효하는 것을 성공한 곳이기도 하다. 제주에서 자라고 있는 100그루가 넘는 커피나무들을 볼 수 있는 것은 물론이고 제주 화산 커피 체험, 화산송이 코냑 만들기 체험 등 다양한 체험이 가능하다.(p286 B:3)

- 서귀포시 안덕면 향교로 151
- #커피와인 #커피양주 #커피나무

황우치해변
"소의 뿔처럼 휘어진 해변"

검은 모래사장이 소의 뿔처럼 휘어져 있는 곳이다. 용머리해안과 산방산, 마라도와 가파도가 함께 보이는 아름다운 풍경으로, 광고나 드라마 촬영지로 유명한 곳이다. 올레 10코스에 속해있다.(p286 B:3)

- 서귀포시 안덕면 사계리 91
- #소뿔해안 #검은모래사장 #광고촬영지

산방산
"어디에서 보느냐에 따라 달리 보이는 종상화산"

화산의 종류로는 순상화산과 종상화산이 있는데, 순상화산은 정상 화구에서 분출된 분화구가 있는 화산, 종산화산은 용암이 지표에 밀려 나와 돔 형태를 띠는 화산을 뜻한다. 이곳 산방산은 돔 형태의 종상화산이다. 산방(山房)이라는 의미는 산수의 동굴을 의미하는데, 해식동굴이 있어서 이런 이름이 붙었다.(p286 B:3)

■ 서귀포시 안덕면 사계리 산16
■ #종상화산 #돔

형제섬
"일출, 일몰 명소"

마주보고 있는 두 섬의 모습이 형제와 닮았다 하여 형제섬이라 부른다. 무인도이긴 하지만 전복, 자리돔 등 어장이 좋아서 낚시꾼들에게 인기가 좋다. 다양한 물고기떼와 아름다운 산호들 덕에 스노클링과 같은 해양레저도 많이 이루어진다. 형제섬 사이의 일출, 일몰의 풍경은 제주도에 왔다면 반드시 봐야할 풍경 중 하나이다.

■ 서귀포시 안덕면 사계리 산44
■ #일출 #일몰 #낚시포인트

산방산 탄산온천
"수질 좋은 탄산 온천"

우리나라의 5대 약수들 보다 수질이 좋기로 유명한 산방산 탄산온천! 온천의 약효가 뛰어나 여행의 피로와 고단함을 풀고 가기에 제격인 곳이다. 노천탕을 이용하며 보는 이국적인 야자수들, 산방산의 풍경은 진정한 힐링이 무엇인지를 깨닫게 해준다.(p286 B:3)

■ 서귀포시 안덕면 사계북로41번길 192
■ #최고수질 #약수보다온천수 #고혈압탕

방주교회
"제주 7대 아름다운 건축물"

제주 7대 아름다운 건축물로 꼽힌 곳. 관광지는 아니지만 특이한 건물로 많은 사람이 찾는다. 건물을 연못이 둘러싼 설계는 '노아의 방주'를 표현하고 있다. 가을에는 방주교회 근처에 '핑크뮬리' 꽃이 피어 사람으로 더욱 붐빈다.(p287 D:2)

■ 서귀포시 안덕면 산록남로762번길 113
■ #교회 #연못 #스냅사진

본태박물관
"안도 타다오의 콘크리트 외관을 직접 눈으로 보자"

'본래의 형태'라는 뜻의 본태 박물관은 전통과 현대가 조화를 이루는 곳이다. 건축계의 노벨상이라 불리는 프리츠커상을 수상한 세계적인 건축가 안도 타다오가 설계한 건물은, 빛과 물이 조화롭게 어우러져 건물 자체만으로도 방문 가치가 넘치는 곳이다. 전통문화는 물론 자연과 조화를 이루는 건축, 아름다운 공예품의 전시, 제주도의 풍경 등 빼어난 문화 공간이다.(p287 D:2)

■ 서귀포시 안덕면 산록남로762번길 69
■ #안도타다오 #프리츠커상 #조화

수풍석 뮤지엄
"물,바람,돌 테마 뮤지엄"

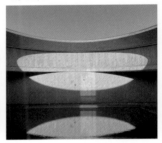

제주도의 물과 바람, 돌을 테마로 운영되고 있는 박물관이다. 22만 평이 넘는 대지 위에 명상을 할 수 있는 공간으로 꾸며져 있다. 자연이 건물의 일부인 듯한 착각을 하게 만드는 평화롭고 자연스러운 곳이다. 이중에서도 수 뮤지엄은 태양의 움직임을 따라 물의 반사가 달라지는 것을 볼 수 있는 곳이다.(p287 D:2)

■ 서귀포시 안덕면 산록남로762번길 79
■ #이타미준 #명상뮤지엄 #자연

남송이오름(남소로기)
"가볍게 오를 수 있는 한라산 전망"

가볍게 오를 수 있고 한라산이 보이는 전망 좋은 오름이다. 산방산과 단산을 한눈에 바라볼 수 있을 정도로 전망이 드넓고, 이곳에서 보는 오설록 녹차밭 풍경 역시 아름답다. 다양한 관광지가 밀집되어 있어 가볍게 오르기 좋다.(p286 B:1)

■ 서귀포시 안덕면 서광리 산31

#한라산 #산방산 #전망좋은오름

산방굴사(제주)
"석굴안의 불상"

산방산 해발 200m 지점에 자연 석굴인 산방굴이 있는데, 이곳에 불상을 안치하여 산방굴사라고도 부른다. 영주10경 중 하나로 알려지면서 많은 사람들이 찾고 있다. 천혜의 자연이 선사하는 멋진 절경을 감상할 수 있다. 낙석 사고가 빈번하게 발생하니 반드시 주의해야 한다.(p286 B:3)

■ 서귀포시 안덕면 산방로 218-12
■ #자연석굴 #영주십경 #절경

돌오름
"돌무더기가 있는 오름"

남쪽은 매우 가파르고 북쪽은 완만하게 이루어진 오름이다. 오름의 꼭대기에 돌무더기가 있어 이것에서 오름 이름이 유래되었다. 오름의 위에는 구상나무와 적송, 삼나무가 숲을 이루고 있다.(p287 E:1)

■ 서귀포시 안덕면 상천리 산1
■ #돌무더기 #적송 #삼나무

서광다원연구소
"오설록에서 운영하는 녹차밭"

오설록 브랜드가 운영하는 오설록 녹차밭. 오설록뮤지엄 길 건너편에 있는 드넓은 녹차밭이다. 15만 평에 달할 정도로 국내에서 면적이 가장 크며 차 생산량도 많다. 녹차밭 사이에 길이 있어서 자유롭게 차밭을 산책할 수 있다.(p286 B:1)

■ 서귀포시 안덕면 신화역사로 36
■ #오설록 #녹차밭 #산책

오설록 티 뮤지엄
"세계 10대 미술관"

세계적인 디자인 건축 사이트인 '디자인 붐'이 선정한 세계 10대 미술관에 오를 만큼 아름답고 뛰어난 풍광을 자랑하는 티 뮤지엄이다. 오설록의 다양한 차를 시음하며 전시 해설을 제공받고, 전망대 및 가든 투어를 해볼 수 있는 티스톤 티 클래스는 강력 추천! 차와 관련한 작품 관람 및 다례 등을 배워볼 수 있으며 사전 예약은 필수이다.(p286 B:1)

■ 서귀포시 안덕면 신화역사로 15
■ #오설록 #티스톤 #티클래스

제주신화월드
"호텔, 테마파크, 엔터테인먼트 시설 가득"

2천 개가 넘는 객실을 보유하고 있는 5성급 호텔이자 복합리조트이다. 신화월드 안에 숙소, 워터파크, 쇼핑, 다이닝 등 여행에 필요한 모든 것이 갖추어져 있다. 숙소 안에서 모든 것을 해결할 수 있어, 이곳 자체가 여행지라 할 수 있다. 또 선택의 폭 넓은 다이닝 레스토랑이 마련되어 있어, 다양한 연령대의 가족여행객들의 만족도가 높다.(p286 B:1)

■ 서귀포시 안덕면 신화역사로304번길 38
■ #복합리조트 #가족여행맞춤숙소

신화워터파크
"아이와 함께 워터파크"

제주도에서 가장 큰 워터파크이다. 서로 다른 매력의 실내, 실외 워터파크에는, 18개나 되는 풀과 스릴 넘치는 슬라이드, 다양한 찜질방까지 갖추고 있다. 어린 아이부터 연세 많은 어른들까지 전 세대가 즐길 수 있는 시설이다. 다양한 할인 혜택이 있으니, 이용 전에 검색을 해볼 것을 추천한다.(p286 B:1)

- 서귀포시 안덕면 신화역사로304번길 38
- #워터파크 #워터슬라이드 #가족여행

건강과 성 박물관
"명실상부 최대 성 박물관"

성을 테마로 한 명실상부 세계 최대의 성 박물관이다. S-Education, S-Culture, S-Fantasy, S-Gallery, S-Book cafe, S-Store의 6가지 성 관련 테마를 중심으로 구성되어 있다. 성에 대해 제대로 인식해 볼 수 있는 기회의 장이기도 하다. 산방산과 형제섬을 배경으로 조성된 야외 조각 공원에는 80여 점의 조형물이 있다.(p286 C:3)

- 서귀포시 안덕면 일주서로 1611
- #성박물관 #야외조각공원

제주 조각공원
"조각과 조명이 만들어내는 환상적인"

우리의 밤은 당신의 낮보다 아름답다! 밤에 더 아름다운 제주 조각공원이다. 13만 평의 대지 위에 한국을 대표하는 작가들의 작품들이 소개되고 있다. 낮에 보아도 아름답지만, 밤이면 환상적인 조명들이 작품의 운치를 더한다. 규모에 놀라고 아름다움에 또한 번 놀라는 조각공원이다

- 서귀포시 안덕면 일주서로 1836
- #종합문화예술공간 #조각품 #야경

소인국 테마파크
"미니어처 테마파크"

제주도에서 보는 에펠탑, 제주도에서 만나는 오페라하우스 등 소인국 테마파크에서는 세계여행이 가능하다. 미니어처 테마파크로는 국내 최대 규모인 이곳은, 100여 점의 세계 유명 건축물 미니어처를 보유하고 있다. 한라산을 포함하여 제주도의 자연과 함께 할 수 있어 가족 여행지로는 부족함이 없는 여행지이다.(p286 B:2)

- 서귀포시 안덕면 중산간서로 1878
- #미니어처 #테마파크 #복합문화공간

세계자동차&피아노 박물관
"로댕이 조각한 피아노가 있는 곳"

아시아에서 처음으로 개인의 소장품으로 문을 연 자동차박물관이다. 역사적인 클래식카를 비롯, 차 덕후(?)들의 가슴을 뛰게 하는 명차들이 소개되고 있다. 자동차박물관 외에도 로댕이 조각한 세계 유일의 피아노를 비롯, 다양한 특색의피아노를 전시하는 피아노 박물관도 운영 중이니 함께 둘러보자.(p288 C:2)

- 서귀포시 안덕면 중산간서로 1610
- #클래식카 #로댕피아노 #하프피아노

군산오름
"고려 목종 때 폭발한 오름, 천년밖에 안된 산이야"

산방산과 중문 사이에 있는 오름. 오름이란 산의 제주도 방언이다. 군산 오름은 가장 최근에 폭발한 오름인데, 고려 목종 7년, 1007년에 생겼다고 기록되어 있다. 주차를 하고 5분가량 계단을 올라가면 쉽게 정상에

오를 수 있다. 정상에서는 서귀포 앞바다의 멋진 전경이 눈에 들어온다. (p287 D:3)

- 서귀포시 안덕면 창천리 564
- #화산 #오름 #서귀포전망

바이나흐튼 크리스마스박물관
"감성충만 크리스마스 소품들"

겨울철 제주의 최고의 핫플레이스, 개인의 꿈으로 만들어진 작은 크리스마스 박물관. 건물은 독일 바이나흐튼 뮤지엄의 외관을 본떠서 유럽풍 느낌이 물씬! 내부는 세계 각지에서 수집한 크리스마스 관련된 전시품으로 가득 채워져 있어 크리스마스를 제대로 느낄 수 있다. 아기자기한 소품과 액세서리를 좋아하는 분에게 옆 토마스 하우스와 함께 방문해보길 추천한다. (p286 B:2)

- 서귀포시 안덕면 평화로 654
- #바이나흐트뮤지엄 #크리스마스 #액세서리

토마스마켓
"이국적 소품 가득 플리마켓"
유럽풍의 이국적인 앤티크 소품, 세상에 하나뿐인 핸드메이드 작품, 다양한 중고물품까지 갖고 싶은 물품들이 한가득 있는 제주도의 플리마켓이다. 토마스 하우스와 바이나흐튼 크리스마스 박물관 사이에서 열린다. (p286 B:2)

- 서귀포시 안덕면 평화로 654
- #유럽풍 #앤틱 #플리마켓

피규어뮤지엄 제주
"키덜트들의 천국"

아이보다 어른이 더 좋아할 만한 추억의 피규어부터 희귀 아이템, 대형 피규어까지 최고 퀄리티 피규어가 가득한 박물관. 포토존도 많아서 인증샷을 찍기 좋은 장소이다. 기념 숍을 나와서 별관 전시관에도 아기자기하고 재미있는 피규어들이 많이 전시되어 있다. 마블 마니아나 키덜트들에게 특히 추천하는 코스이다. (p286 C:2)

- 서귀포시 안덕면 한창로 243
- #피규어 #포토존 #키덜트

헬로키티아일랜드
"아이와 함께 환상의 세계로"

세계적으로 사랑받는 캐릭터인 헬로키티! 세상에 있는 모든 키티는 다 모아놓은 것 같은 이곳은 키덜트인 어른들과 아이들이 가장 열광하는 곳 중 하나이다. 키티가 살고 있는 집에 초대받은 느낌의 공간이기도 하다. 곳곳에 포토존이 잘 꾸며져 있어 예쁜 추억을 잘 남길 수 있다. 내부에 헬로키티 카페와 옥상 야외정원도 있으니 다양하게 즐겨보시기 바란다. (p286 C:2)

- 서귀포시 안덕면 한창로 340 헬로키티 아일랜드
- #키티 #포토존 #야외정원

대정향교
"추사 김정희의 흔적"

추사 김정희가 유배생활을 했던 당시, 이곳 향교에서 후학을 양성했던 것으로 유명한 곳이다. 지금은 향교로써의 기능은 없지만, 차분히 산책을 즐기기에 이곳만큼 좋은 곳도 없다. 초록의 잔디와 제주도 특유의 돌담, 정돈된 한옥과 저멀리 산방산의 모습까지... 생각을 정돈하기 좋은 장소이다. (p286 B:3)

- 서귀포시 안덕면 향교로 165-17
- #추사 #김정희 #유배

화순금모래 해수욕장
"곧 없어진다고 해! 그래서 그리움을 남길 곳인걸"

현무암의 검은색을 띤 고운 모래가 햇빛에 비쳐 금색으로 보이는 아름다운 해수욕장. 가파도와 마라도가 보이는 해변으로, 해안의 끝에는 산방산이 있다. 최근 안타깝게도 해변을 메워 항구와 부두를 만드는 중으로, 볼 수 있는 기회가 얼마 남지 않았다.(p286 C:3)

- 서귀포시 안덕면 화순해안로 69
- #금빛모래사장 #산방산

산방산 유람선
"아름다운 제주를 감상하는 또다른 방법"

재미있는 해설을 들으며 제주도의 수려한 경관을 즐길 수 있는 유람선이다. 화순항에서 출항해서 산방산, 용머리해안, 형제섬, 송악산, 주상절리, 마라도(조망)까지 시원한 바닷바람을 맞으며 감상할 수 있다. 유람선의 우측 좌석이 구경하기 편한 자리이다. 1시간 정도 소요되는 코스이다.(p286 C:3)

- 서귀포시 안덕면 화순해안로106번길 16
- #유람선투어 #해설 #절경

산방사
"산방산에 위치한 사찰"

산방산에 있는 10여 곳의 사찰 중 가장 오랜 역사를 가지고 있는 사찰이다. 제주도의 대표적인 관광명소 산방산에 위치해 있기 때문에 지역민은 물론 관광객들의 발길도 끊이지 않는다. 절에서 용머리해안과 산방산의 조망이 가능하다.(p286 B:3)

- 서귀포시 안덕면 산방로 218-11
- #산방산 #사찰 #용머리해안

로봇플래닛
"로봇을 만지고 조종해보자"

@hanbyul.choi.5

로봇을 직접 만져보고 조종할 수 있는 로봇체험관. 매 시각 로봇공연, 로봇 권투 체험, 로봇 탑승체험, 코딩체험 등 즐길거리가 다양하다. 초등학교 저학년이 가기 좋다. 실내관광지로 날씨와 관계없이 즐길 수 있다. 네이버 예약시 할인이 되고, 제주 패스에 포함된 곳이다.

- 서귀포시 안덕면 신화역사로188번길 151
- #로봇 #실내관광지 #아이와함께

루나폴
"제주의 밤을 즐기자"

제주에서 밤에 갈 곳을 찾는다면 이곳을 가보자! 제주의 밤을 알차게 즐길 수 있다. 야간형 디지털 테마파크로 오후 7시부터 운영한다. 초대형 달 조형물과 9개의 체험존을 관람할 수 있다. 다양한 볼거리와 포토존이 있다.(p288 B:3)

- 서귀포시 안덕면 일주서로 1836
- #제주야경 #테마파크 #데이트코스

왕이메오름
"자연이 만든 오솔길을 걷자"

탐라국 삼신왕이 사흘동안 기도를 드렸다고 하여 이름을 붙여졌다. 삼나무숲길과 삼나무 사이로 비치는 햇살이 멋지다. 분화구가 있는 오름으로 분화구 안으로 들어가 볼 수 있다. 사유지로 일부 개강한 것이라 등산로를 통해 다녀야 한다. 여유롭게 숲길을 걷고 싶다면 왕이메오름을 추천한다. 단점은 주차

장과 화장실이 없다. (p287 D:1)

- 서귀포시 안덕면 광평리 산79
- #제주오름 #삼나무숲길 #분화구

화순곶자왈생태탐방숲길
"아이들과 산책하기 좋은 숲길"

화산활동으로 생긴 바윗덩이들이 쪼개져 만들어진 요철 지형의 숲으로 제주에만 존재한다. 남방한계 식물, 북방한계 식물을 동시에 볼 수 있고, 희귀 동식물 50여종이 서식하고 있다. 수풀이 우거져 여름에도 생각만큼 덥지는 않다. 전망대에서 한라산과 산방산을 볼 수 있다. (p288 B:3)

- 서귀포시 안덕면 화순리 2045
- #산책코스 #아이와함께 #애견동반산책

가메창(암메)
"나만 아는 오름"

분화구가 솥 바닥 모양을 닮아 가메창이라는 이름으로 불리는 145.8m 높이의 야트

막한 오름. 비고(경사)가 6m로 오름 중 가장 작다.

- 서귀포시 안덕면 덕수리 산26
- #솥바닥 #낮은오름

루나피크닉
"숲속에서 만나는 명화"

@hyojin.lee.5205

런던내셔널갤러리의 라이센스를 받은 야외미술관. 제주조각공원 자리에 새롭게 만들어진 곳이다. 아크릴 동굴을 지나며 다양한 명화를 만날 수 있다. 탁트인 공간에 있는 큰 달이 인증샷 스팟이다. 산방산과 거대 달의 조합이 멋지다. 숲속에서 명화를 보는 독특한 체험을 할 수 있는 곳이다. (p288 B:3)

- 서귀포시 안덕면 일주서로 1836
- #거대달 #명화 #포레스트갤러리

포도뮤지엄
"열린 문화공간, 포도뮤지엄!"

현대미술을 전시, 관람할 수 있는 복합문화공간으로 비오는 날 가기 좋은 실내미술관

이다. 도슨트 시간도 있고, 큐알코드를 통해 오디오 가이드를 들을 수 있다. 벽에 그림을 그릴 수 있는 공간이 있다. 직접 체험해보고 경험할 수 있는 공간들이 있어 미술에 편안하게 다가갈 수 있다. 해밀레스토랑 이용시 입장료 50% 할인 받을 수 있다. (p288 C:2)

- 서귀포시 안덕면 산록남로 788
- #미술관 #실내관광지 #문화체험

안덕
꽃/계절 여행지

카멜리아힐 동백꽃
"느끼면 알게되는 동백꽃의 아름다움"

겨울철 붉은 동백꽃 산책로가 끊임없이 이어지는 카멜리아힐. 6,000그루 넘는 동백나무가 이어져 장관을 이룬다. 12~2월 08:00~18:00, 3~5월과 9~11월 08:30~18:30, 6~8월 08:30~19:00 영업, 입장 1시간 전 발권 마감. 군인과 노약자, 국가유공자 입장 할인.(p287 D:2)

- 서귀포시 안덕면 병악로 166
- #1,2,3,4월 #6000그루동백나무 #산책로

안덕면 겹동백길
"겹동백이니 얼마나 풍성하겠어"

인생 사진 남겨갈 수 있는 키 큰 동백나무 산책길. 동백 제철인 겨울도 예쁘지만, 봄철에 방문하면 유채꽃과 붉은 동백꽃을 함께 즐길 수 있다. 네비에 서귀포시 평화로 1214를 찍고 이동, 캐슬렉스 골프장과 만불사 근처.(p286 C:1)

- 서귀포시 안덕면 광평리 산97-8
- #11,12,1,2,3월 #시골마을 #산책 #유채꽃

카페 마노르블랑 동백꽃
"애기동백은 포토존과 함께"

매해 겨울이 되면 카페 마노르블랑에서 운영하는 2천 평 정원에서 제주 애기동백 군락을 만나볼 수 있다. 곳곳에 포토존이 마련되어 있으니 산방산과 동백꽃 풍경을 배경으로 예쁜 사진을 찍어가자. 매일 09:00~19:00 영업.(p286 B:3)

- 서귀포시 안덕면 일주서로2100번길 46
- #1,2,3,4월 #정원카페 #애기동백 #포토존

동광리 수국
"담벼락에 피어난 수국의 아름다움"

@dfyook

여름을 맞은 동광리에서 사람 키만 한 탐스런 수국이 우리를 반겨준다. 마을 골목길 곳곳 담벼락에 피어난 새파란 수국과 보랏빛 수국이 마음을 시원하게 달래준다. 수국밭

은 사유지이므로 수국은 만지지 말고 조용
히 사진 촬영하고 돌아가자. 안덕면 동광리
259-3 바램목장 인근.(p286 B:3)

- 서귀포시 안덕면 동광리5-108
- #6,7,8월 #시골마을 #담벼락 #산책로
#키큰수국 #사유지

카멜리아힐 수국
"봄을 지나 여름으로 가는 길에"

카멜리아힐의 여름을 알리는 새하얀 수국
과 하늘색 수국. 성인 키보다 높은 수국 무
리가 탐스럽다. 12~2월 08:00~18:00,
3~5월과 9~11월 08:30~18:30, 6~8월
08:30~19:00 영업, 입장 1시간 전 발권
마감. 군인과 노약자, 국가유공자 입장 할
인.(p287 D:2)

- 서귀포시 안덕면 병악로 166
- #5,6,7월 #키큰수국 #산책로

안덕면사무소 수국길
"정겨운 마을 수국길"

여름철 안덕면 면사무소와 안덕면 산방로에
푸른 수국 길이 펼쳐진다. 규모가 크지는 않
지만 풍성한 수국 무리가 마음을 푸근하게 한다.
네비에 안덕면 화순서서로 74(안덕면 화순리

1961-1)을 찍고 이동.(p286 B:3)

- 서귀포시 안덕면 화순리 1961-1
- #5,6,7월 #시골산책 #안덕면산방로

산방산 유채꽃
"산방산은 유채꽃과 함께"

산방산과 유채꽃을 모두 배경에 담을 수 있
는 곳. 산방산 앞으로 펼쳐진 노란 유채꽃밭
과 제주의 푸른 하늘이 매우 인상적이다. 화
려한 배경으로 사진을 찍으려는 이들의 발길
이 끊이지 않는다. 단, 사유지이므로 꽃밭 안
에 입장해 사진을 찍으려면 소정의 입장료를
지급해야 한다.(p286 B:3)

- 서귀포시 안덕면 사계리 1930
- #3,4월 #사진촬영명소 #사유지

서귀포 화순서동로(화순리) 유채꽃
"차창 밖으로 보이는 유채꽃길"

서광동리 사거리에서 안덕면 화순리에 위치
한 화순서동로를 따라 3km 길이로 조성된
장거리 유채꽃 드라이브 코스. 유채꽃 드라
이브 코스 사이로 보이는 산방산도 인상적이
다. 다른 지역에서 볼 수 없는 독특한 드라이
브 코스로 많은 사랑을 받고 있다. 길이 복잡
하지 않아 중간에 차를 세워두고 꽃을 오롯
이 즐길 수 있다.(p286 C:2)

- 서귀포시 안덕면 화순리 2046
- #3,4월 #드라이브코스 #산방산전망

카멜리아힐 핑크뮬리
"가을 손님 맞을 준비 끝"

동백으로 유명한 카멜리아 힐에 가을 손
님을 맞이할 소녀 감성 핑크뮬리밭과 억
새 정원이 생겼다. 2~2월 08:00~18:00,
3~5월과 9~11월 08:30~18:30, 6~8월
08:30~19:00 영업, 입장 1시간 전 발권
마감. 군인과 노약자, 국가유공자 입장 할
인.(p287 D:2)

- 서귀포시 안덕면 병악로 166
- #9,10,11월 #공원산책 #꽃길

서광리123 핑크뮬리
"핑크뮬리와 함께 커피 한잔"

넓은 정원이 딸린 카페 서광리 123은 가을 핑크뮬리 사진 촬영 명소. 음료를 주문하면 정원에 무료입장할 수 있고, 입장료를 내고 감귤밭과 핑크뮬리 정원만 이용할 수도 있다. 매주 수요일 휴무.(p286 C:2)

■ 서귀포시 안덕면 서광리123-1
■ #9,10,11월 #꽃정원 #감귤밭 #음료주문 시무료입장

송하농장 홍가시
"신비롭고 싶다면 찾아봐"

@crystalk_0224

붉은 잎이 달린 봉긋한 홍가시나무가 무리 지어 심겨져있는 송하농장. 주차장이 마련 되어있지 않기 때문에 미리 근처에 주차하고 이동해야 한다. 관광지가 아닌 개인이 운영하는 농장이므로 조용히 사진 찍고 돌아가는 것이 예의.(p286 C:2)

■ 서귀포시 안덕면 상창리 2019-1
■ #4,5월 #개인농장 #갓길주차

헬로키티아일랜드 홍가시
"아이와 함께 홍가시길"

늦봄에 핑크빛 키티 박물관 헬로키티 아일 랜드에서 울긋불긋 홍가시나무 풍경을 즐길 수 있다. 헬로키티 아일랜드에서 키티와 함께 음악체험, 미술체험, 놀이 체험을 즐길 수 있다. 헬로키티 박물관은 연중무휴 09:00~18:00 영업.(p286 C:2)

■ 서귀포시 안덕면 한창로 340
■ #4,5월 #어린이박물관 #체험박물관

신화역사공원 샤스타데이지
"샤스타데이지 명소"

@mary_flower

신화역사 공원 중에서도 서머셋 제주신화월드 회전교차로 근처에 있는 정원이다. 흰 아치 조형물과 함께 드넓은 샤스타데이지 물결이 아름답다.(p288 B:2)

■ 서귀포시 안덕면 서광리 산24-8
■ #샤스타데이지 #신화월드회전교차로

원물오름 앞 갯무꽃
"바람처럼 자유로운 꽃"

@._sonvely

원물오름 앞 편의점 건너편에 사람들의 시선을 사로잡는 갯무꽃이 있다. 4~5월 사이 피어나는 갯무꽃은 보라색과 흰색을 띄는 무꽃이다. 제주도의 오름이나 들판에서 쉽게 볼 수 있는 야생화로 '바람처럼 자유로운 삶'이라는 꽃말을 지니고 있다고 한다.

■ 서귀포시 안덕면 동광리 387 CU서귀포동광로점
■ #갯무꽃 #보라빛

군산오름 앞 갯무꽃
"서귀포 바다와 어울리는 보랏빛 갯무꽃"

@gona__o.o

오름을 오르다 보면 서귀포 바다와 노란 유채꽃, 보랏빛 개무꽃이 한 시야에 들어오는 것을 확인할 수 있다. 일몰도 아름다운 오름이다. 오름을 차로 올라갈수 있지만 일차선 도로이므로 주의가 필요하다. 제주도의 오름과 들판에서 피어나는 보라색의 갯무꽃을 보려면 4~5월에 방문하는 것을 추천한다.(p288 C:3)

■ 서귀포시 안덕면 창천리 564, 상예동 3426
■ #갯무꽃 #서귀포바다와꽃 #오름꽃

안덕 맛집 추천

서광춘희
"춘희면, 새우튀김라면"

시원한 국물이 일품인 성게라면 춘희면을 판매한다. 시원한 육수에 생면을 넣어 끓여 해장용으로 제격이다. 바삭바삭한 왕새우 튀김과 온천 계란이 올라간 새우튀김 라면도 추천. 맥주나 사케를 함께 주문할 수 있다. 매일 11:00~16:00, 17:30~20:00 영업, 화요일 휴무.(p288 B:2)

- 서귀포시 안덕면 화순서동로 367
- 064-792-8911
- #시원한국물 #생면사용 #온천계란 #맥주한잔

제주 진미 마돈가
"말고기"

제주 청정 말고기만 사용한 코스요리, 단품 요리를 선보이는 곳. 코스요리에는 말고기 육회, 특선요리, 찜, 구이, 탕 등이 포함된다. 제주 말고기 판매 인증서를 받은 곳이라 믿고 먹을 수 있다. 매일 한정 판매하는 제주 암퇘지 본오겹살을 추천한다. 매일 11:00~22:00 영업, 매주 수요일 휴무.(p288 C:3)

- 서귀포시 안덕면 대평감산로 17
- 0507-1402-2346
- #말고기코스요리 #말고기판매인증

산방산초가집
"전복해물전골, 초가집밥상"

시원한 전복 해물 전골에 고등어구이가 딸려 나오는 곳. 초가집 밥상을 시키면 전골과 함께 전복죽, 전복구이, 딱새우장까지 맛볼 수 있다. 초가집 밥상은 2인 이상 주문 가능. 매일 10:00~21:00 영업, 20:00 주문 마감, 매주 목요일 휴무.(p288 B:3)

- 서귀포시 안덕면 화순해안로 189
- 0507-1442-0688
- #해산물한정식 #전복요리 #전복밑반찬

페를로
"시그니처스테이크, 나폴리화덕피자"

제주도에서 맛보는 정통 이탈리아식 레스토랑. 자연 방목한 송아지로 만든 송아지 안심 스테이크와 장작 화덕에서 400도 넘는 온도로 구워낸 나폴리 화덕피자가 인기 메뉴. 재료와 맛에 비해 가격도 합리적이다.

매일 11:30~15:40, 16:00~21:00 영업,
15:00 점심 주문 마감, 20:20 저녁 주문
마감.(p288 B:3)

- 서귀포시 안덕면 덕수회관로74번길 33
- 0507-1396-9501
- #이탈리안레스토랑 #합리적인가격

BISTRO 낭
"채끝스테이크, 황게로제그란치오"

제주도에서 만나는 정통 이탈리안 비스트로.
고소한 맛이 매력적인 까르보나라와 국내산
냉장 암소를 사용한 채끝살 스테이크가 인
기 메뉴. 1시간 단위 예약제로 운영된다. 매일
11:30~20:00 영업하지만, 예약 상황에 따라
변동이 있을 수 있다.(p288 C:3)

- 서귀포시 안덕면 화순로 154-25 1층
- 0507-1419-2933
- #럭셔리 #이탈리안레스토랑 #예약제

산방산 흑돼지
"흑돼지스테이크, 흑돼지필라프"

허브 나무로 훈연한 제주 흑돼지 오겹살로
만든 요리를 선보이는 곳. 갈릭 라이스와 샐
러드가 함께 나오는 흑돼지 스테이크와 마
늘, 양파, 버섯, 파프리카와 특제소스를 넣
은 볶음밥 흑돼지 필라프가 인기 메뉴. 평일
11:00~23:00, 일요일 12:00~23:00 영
업.

- 서귀포시 안덕면 사계로114번길 54-93
- 064-792-7878
- #분위기좋은 #허브향 #훈제흑돼지

잇뽕사계
"본카츠, 짬뽕"

제주산 흑돼지를 뼈째 튀겨낸 본카츠로 유
명한 곳. 진한 소고기 국물의 짬뽕과 참다랑
어가 들어간 지라시스시, 사케동도 인기 있
다. 매일 11:30~15:30, 17:00~21:00 영
업, 15:00 점심 주문 마감, 매주 월요일 휴
무.

- 서귀포시 안덕면 사계로114번길 54-12
- 064-794-2545
- #이색뼈돈가스 #소고기육수짬뽕

순천미향 제주산방산본점
"제주삼합, 갈치조림"

문어, 전복, 흑돼지가 포함된 제주식 삼
합 볶음을 즐길 수 있는 곳. 기본맛, 매운
맛을 선택할 수 있다. 남은 양념에 김과 치
즈를 올려 볶음밥 해 먹는 것도 별미. 매일
10:00~20:00 영업.(p288 B:3)

- 서귀포시 안덕면 사계남로216번길 24-
  73
- 064-792-2004
- #기본맛 #매콤한맛 #양념볶음밥

토끼트멍
"무늬오징어, 돌문어볶음"

일반 오징어와 달리 쫀득촉촉한 식감이 매
력 있는 무늬오징어회 맛집. 돌문어를 각종
채소와 함께 매콤하게 볶아낸 돌문어 볶음
과 쫄깃함이 살아있는 물회도 맛있다. 매일
10:00~21:00 영업, 재료소진 시 마감.

- 서귀포시 안덕면 사계남로 182
- 0507-1410-7640
- #달콤쫀득 #무늬오징어

중앙식당
"성게보말국, 갈치구이"

시원한 성게 보말국으로 아침 식사 하기
좋은 식당. 성게보말국 외에도 전복뚝배
기, 갈치국, 해물 된장찌개, 전복물회, 갈
치조림 등 다양한 음식을 판매한다. 매일
06:00~20:00 영업, 매월 둘째 주와 넷째
주 목요일 휴무.(p288 B:3)

- 서귀포시 안덕면 화순로 108
- 064-794-9167
- #아침식사 #국물요리 #한끼밥상

춘미향
"춘미향정식, 보말미역국정식"

@namgjeju

돼지목살, 보말미역국, 옥돔구이, 딱새우까지 세트로 저렴하게 판매하는 가성비 맛집. 보말미역국 정식, 두루치기와 점심특선 고기정식도 구성이 푸짐하다. 매일 11:30~15:00, 17:30~20:30 영업, 재료 소진 시 조기마감, 매주 수요일 휴무.
- 서귀포시 안덕면 산방로 382
- 064-794-5558
- #가성비 #한끼식사 #점심특선

도희네칼국수
"양평해장국, 닭칼국수"

@woori.s

매콤 칼칼한 양평식 해장국과 닭칼국수를 판매하는 곳. 진한 육수에 시원한 석박지를 곁들여 먹으면 속이 개운해진다. 쌀, 김치, 고기 등의 식자재는 모두 국내산을 사용한다. 매일 08:00~20:00 영업, 매주 월요일 정기휴무.
- 서귀포시 안덕면 중산간서로 1957

- 0507-1303-7928
- #시원한해장국 #석박지맛집 #국내산

춘심이네 본점
"눈이 즐거운 갈치해체쇼!"

고소한 자연산 갈치를 통으로 즐길 수 있다. 직원이 직접 갈치를 해체해주기 때문에 편하게 식사할 수 있다. 통갈치구이가 시그니처 메뉴다. 밑반찬으로 나오는 버섯탕수육과 갈치튀김이 맛있고, 셀프 리필이 가능하다. 식사 후 2층에서 무료로 음료를 마실 수 있다. (p288 C:3)
- 서귀포시 안덕면 창천중앙로24번길 16
- 0507-1420-4018
- #통갈치구이 #갈치맛집 #서귀포맛집

한라산아래첫마을영농조합법인
"제주 메밀을 맛보자"

제주 농부들이 만든 식재료로 운영하는 곳이다. 비비작작면은 제철 나물, 들깨, 들기름, 특제소스를 기호에 맞게 넣어 비벼먹으면 된다. 자극적이지 않은 건강한 맛이다. 허영만의 백반기행에 나왔던 집으로 웨이팅이 길다. 테이블링 어플로 예약 후 방문하길

추천한다. 메밀 관련 제품도 구매 가능하다. (p289 D:2)
- 서귀포시 안덕면 산록남로 675
- 064-792-8259
- #제주메밀 #막국수 #비비작작면

제주선채향
"쫄깃한 전복칼국수를 맛보자"

전복전문점으로 전복죽, 전복칼국수, 전복회를 판매한다. 수타면으로 쫄깃하고 진한 국물의 전복칼국수가 인기 메뉴로 뜨끈한 국물이 생각날때 방문해보자. 밑반찬으로 나오는 젓갈이 맛있다. 사계해안이나 송악산, 산방산 온천 후 방문하기 좋다. 테이블링 앱으로 줄서기가 가능하다.
- 서귀포시 안덕면 사계남로84번길 6
- 064-794-7177
- #전복죽 #전복칼국수 #사계리맛집

순천미향 제주산방산본점
"제왕삼합이 궁금하다면?"

제주산 흑돼지 갈비, 문어, 전복 삼합 맛집이다. 큼직한 문어와 전복, 흑돼지갈비를 복분자와 생과일을 갈아 만든 소스에 찍어먹으

면 맛있다. 매운맛의 정도를 선택할 수 있다. 바다가 보이는 테라스에서 식사가 가능하다. 가게 뒤로 산방산이 보여 인증샷을 찍기 좋다. (p288 B:3)

- 서귀포시 안덕면 사계남로216번길 24-73
- 064-792-2004
- #제왕삼합 #문어삼합 #애견동반

거멍국수
"마운틴뷰 고기국수집"

진한 국물에 달걀지단과 숙주나물이 올라간 고기국수와 새콤달콤한 비빔국수가 인기다. 만두와 돔베고기, 전복구이가 포함된 세트 메뉴도 있다. 제주산 흑돼지로 만든 고기와 육수가 맛있다. 산방산 근처에 위치해 뷰가 좋다. 계절에 따라 영업시간이 달라 방문 전 확인해야 한다.

- 서귀포시 안덕면 사계로114번길 53-14
- 0507-1403-8787
- #고기국수 #산방산맛집 #서귀포맛집

산방산초가집
"제주 특산물로 차려진 한상을 맛보자"

@verevere0078

반려동물과 함께 제주 특산물로 차려진 푸짐한 한상을 먹을 수 있는 곳. 살아있는 전복과 해산물이 들어간 전복해물전골과 초가집 밥상이 대표메뉴다. 서비스로 나오는 고등어구이도 맛있다. 애견동반이 가능하다. 마당에 있는 귤나무에서 사진 찍기 좋다. (p288 B:3)

- 서귀포시 안덕면 화순해안로 189
- 0507-1442-0688
- #전복해물전골 #서귀포맛집 #애견동반

돗통
"솥뚜껑에 구워먹는 흑돼지"

산방산 온천 바로 앞에 위치한 흑돼집이다. 인스타에서 핫한 곳으로 야외에서 솥뚜껑에 흑돼지, 돈마호크를 구워먹으며 캠핑 감성을 느낄 수 있다. 살얼음이 가득한 김치말이국수도 인기 메뉴다. 야외는 예약 전용공간이다. 캐치테이블 앱을 통해 예약이 가능하다. (p288 B:3)

- 서귀포시 안덕면 사계북로41번길 189
- 0507-1401-0090
- #돈마호크 #솥뚜껑 #캠핑감성

제주해조네 보말성게전문점
"자연산 보말과 성게로 즐기는 아침식사"

제주 자연산 보말, 성게 요리 전문점이다. 오전 8시부터 운영해 아침식사 하기 좋다. 미니언즈 미니어처와 공구들이 가득한 홀이 힙하다. 테이블에는 관광지와 맛집이 표시된 제주 지도가 있어 기다리며 여행 계획하기도 좋다. 애견동반시 테라스에서 식사가 가능하다. (p288 C:3)

- 서귀포시 안덕면 대평감산로 12
- 0507-1417-7908
- #대평리맛집 #성게비빔밥 #보말칼국수

안덕 카페 추천

카페차롱
"김밥과 해산물 주먹밥이 들어간 3단 도시락 삼단차롱"

삼단 보따리 도시락 '삼단차롱'으로 유명한 카페 레스토랑. 도시락 안에는 속을 꽉 채운 김밥과 해산물 주먹밥이 푸짐하게 들어있다. 함께 주문할 수 있는 블렌딩 티는 도시락과 궁합이 잘 맞는다. 매일 10:30~18:00 영업, 매주 수요일과 토요일 휴무.(p288 C:3)

- 서귀포시 안덕면 감산로 3
- #삼단차롱 #블렌딩티

휴일로
"하트 돌담을 배경으로 인생 사진 찰칵"

아름다운 바다 전망과 하트 돌담으로 유명한 사진 촬영 맛집. 콜드브루 커피에 달콤한 크림을 올린 휴라떼와 말차에 커피 크림을 더한 마당라떼, 말차에 크림을 올린 설록라떼가 시그니처 메뉴. 현금결제 및 계좌이체 결제가 불가능하므로 카드를 꼭 갖고 가자. 매일 10:00~20:00 영업.

- 서귀포시 안덕면 난드르로 49-65
- #휴라떼 #마당라떼 #설록라떼

카페 두가시
"조용한 분위기에서 즐기는 라떼와 당근 케이크"

조용한 분위기에서 편히 쉬다 갈 수 있는 카페. 견과류가 들어가 고소한 코시롱라떼와 달콤한 커피브륄레 달고나 라떼가 당근 케이크와 잘 어울린다. 월·화·금요일 11:00~20:00, 주말 11:00~21:00 영업.(p288 C:3)

- 서귀포시 안덕면 대평감산로 9
- #코시롱라떼 #달고나라떼 #당근케이크

카페덕수리2180
"루프탑 테라스에서 내려다본 귤밭 전망이 아름다운 카페"

@melie.summer

귤밭 안에 있는 루프탑 건물에서 전망을 즐길 수 있는 카페. 직접 재배해 담근 수제 과일 청을 넣어 만든 에이드 종류가 맛있다. 음료를 주문하면 제주과즐이 서비스로 나온다. 평일 11:00~18:00 영업, 매주 화요일과 수요일 휴무.(p288 B:3)

- 서귀포시 안덕면 덕수동로25번길 42-8
- #천혜향에이드 #파인프루츠에이드

커피스케치
"브라운 치즈를 듬뿍 넣은 달콤한 크로플 맛집"

용머리 해안 전망이 펼쳐지는 오션뷰 카페. 날씨가 좋을 때는 송악산과 마라도까지 들여다볼 수 있다. 브라운치즈를 넣은 달콤한 크로플과 하겐다즈 바닐라 아이스크림을 넣은 아포가토 항포가토가 인기 메뉴. 매일 10:00~18:30 영업, 매주 화요일 휴무.(p288 B:3)

- 서귀포시 안덕면 사계남로216번길 24-32
- #오션뷰 #크로플 #항포카토

치치퐁
"토끼를 닮은 귀여운 아이스크림"

귀여운 토끼 모양 치치퐁 아이스크림을 판매하는 곳. 바닐라, 초코, 딸기, 유채 맛을 선택할 수 있으며 각각 흰색, 검은색, 분홍색, 노란색 아이스크림이 올라간다. 자차이동 시 산방산 공영주차장에 주차 후 도보로 3분 이동. 매일 10:30~17:30 영업, 17:20 주문 마감.(p288 B:3)

- 서귀포시 안덕면 사계남로216번길 24-62 한라봉판매점
- #토끼모양 #3색 #아이스크림

오라디오라
"노란 유채꽃밭을 바라보며 여유롭게 브런치를 즐겨보자"

웅장한 산방산과 유채꽃밭 전망을 즐길 수 있는 브런치 카페. 브런치 메뉴로 잉글리쉬 머핀과 감자볼, 베이컨, 새우, 단호박 수프 등이 나오는 오라디오라 감자볼과 브리오슈 프렌치토스트, 버섯&치즈 파니니를 주문할 수 있다. 매일 09:30~21:00, 일요일 09:30~18:00 영업.(p288 B:3)

- 서귀포시 안덕면 사계로114번길 54-102 2층
- #브런치카페 #영국식브런치 #산방산

원앤온리
"치아바타에 크림소스와 수란을 얹은 시그니처 브런치"

황우치해변 전망을 바라보며 맛있는 브런치를 즐길 수 있는 카페. 치아바타에 크림소스와 수란을 얹은 시그니처 메뉴 원앤온리 브런치와 신선한 우유로 직접 만든 리코타 치즈가 올라간 치즈 샐러드를 추천. 연중무휴 09:00~21:00 영업, 20:30 주문 마감.(p288 B:3)

- 서귀포시 안덕면 산방로 141
- #오션뷰 #브런치카페 #원앤온리브런치

마노르블랑
"수국 가득한 야외정원이 아름다운 카페"

산방산과 수국밭 전망이 아름다운 카페. 넓은 야외 정원이 딸려있어 산책을 함께 즐길 수 있다. 음료를 주문하지 않아도 입장료를 내면 정원에 들어가 볼 수 있다. 매일 09:00~19:00 영업.(p288 B:3)

- 서귀포시 안덕면 일주서로2100번길 46
- #한라봉에이드 #블루베리요거트스무디

서광리123
"핑크뮬리 밭에서 인생 사진 찰칵"

소녀 감성 자극하는 핑크뮬리 전망으로 인기 있는 카페. 음료 주문 시 핑크뮬리밭에 무료로 입장할 수 있으며, 음료를 주문하지 않으면 따로 입장료를 받는다. 음료는 아메리카노, 카페라떼, 유기농 황금향 주스 세 가지만 취급한다.(p288 B:2)

- 서귀포시 안덕면 중산간서로 1769
- #아메리카노 #카페라떼 #황금향주스

프리튀르
"고즈넉한 시골집 카페에서 즐기는 수제 도너츠"

시골집을 개조해 만든 소박한 레트로 감성 카페. 창밖으로 들어오는 따뜻한 햇볕을 쬐며 잠시 쉬어가기 좋다. 쑥이 들어가 더 맛있는 팥 도넛, 앙버터, 생크림, 콩 크림 도넛이 인기 있다. 매일 11:00~19:00 영업, 매주 월요일 휴무.(p288 B:2)

- 서귀포시 안덕면 중산간서로 1810
- #쑥팥도넛 #쑥앙버터토넛 #콩크림도넛

그레이그로브
"순둥순둥한 개냥이 보름이가 손님들을 반겨주는 곳"

@sim_yolo_ds

창밖으로 사계 해안 전망이 펼쳐지는 감성 카페. 순둥순둥한 고양이 보름이가 손님을 맞이해준다. 시그니처 커피와 플레인 스콘의 조합이 좋다. 채식주의자를 위한 비건 빵 얼그레이 파운드와 흑임자 큐브도 함께 판매한다. 매일 13:30~19:00 영업, 매주 금요일 휴무.(p288 B:3)

- 서귀포시 안덕면 형제해안로 70
- #오션뷰 #시그니처화이트 #플레인스콘

더리트리브
"제대로 된 원두커피를 맛보고싶다면 이곳으로"

질 좋은 원두를 사용한 에스프레소와 핸드드립 커피 맛집. 커피 빈을 따로 판매하며, 커피 수업도 진행된다. 매주 금요일 7시에는 작은 영화 상영회가 열린다. 가게 안에서 귀여운 강아지와 고양이도 만나볼 수 있다. 매일 11:00~18:00 영업, 매주 수요일 휴무.(p288 B:3)

- 서귀포시 안덕면 화순로 67
- #에스프레소 #핸드드립커피 #원데이클래스

무로이
"이곳은 카페인가 미술관인가?"

건물 디자인이 특이한, 미술관 같은 카페. 베이커리 메뉴가 다양하다. 그 중 항아리 티라미수와 크림치즈케이크가 시그니처 메뉴다. 긴 홀웨이에 사진이 전시되어 있어 전시회에 온 느낌이다. 내부 정원을 예쁘게 꾸며 놓았다. 오션뷰가 흔한 제주에서, 이곳의 정원뷰는 특별하다. (p288 B:2)

- 서귀포시 안덕면 동광본동로 21
- #서귀포카페 #항아리티라미수 #정원뷰

뷰스트
"사계해안을 품은 카페"

3층의 포토존이 SNS에서 유명하다. 사진만 찍을 수 있는 자리로 네모난 창이 푸른 바다를 담은 액자같다. 현무암라떼, 화산송이라떼, 밤라떼가 시그니처 메뉴다. 곳곳에 포토존을 예쁘게 꾸며놓아 인생사진 남기기 좋다. (p288 B:3)

- 서귀포시 안덕면 형제해안로 30
- #사계해변 #오션뷰 #액자샷

카페루시아 본점
"오션뷰와 절벽뷰를 동시에"

용왕의 아들이 남기고 갔다는 전설이 전해지는 박수기정을 볼 수 있는 오션뷰 카페다. 창가에 앉으면 초록색 정원너머로 푸른 바다가 펼쳐진다. 정원의 통나무에 앉아 바다와 절벽을 함께 담는 인생샷을 찍을 수 있다. 2층 루프탑에서 보는 오션뷰+박수기정이 멋지다. (p288 C:3)

- 서귀포시 안덕면 난드로로 49-17
- #절벽뷰 #오션뷰 #박수기정

엘파소
"포토스팟 가득한 카페"

@wn._.j

노란색 커다란 외관이 파란 하늘과 대조를 이룬다. 바로 앞이 산방산이라 산방산뷰가 좋다. 오션뷰를 볼 수 있는 파라솔 자리는 해외 휴양지에 온 듯하다. 알록달록한 카페 내부부터 루프탑까지 포토스팟으로 가득하다. (p288 B:3)

■ 서귀포시 안덕면 화순로 191-43 1층
■ #산방산카페 #뷰카페 #포토스팟

카페갤럭시아
"디저트에서 느껴지는 제주감성"

제주의 특색을 살린 디저트를 판매한다. 꼬숩우도와 한라봉요거트스무디, 산방송이 디저트가 시그니처 메뉴다. 라탄 가구들과 식물이 조화를 이룬 인테리어가 휴양지 느낌이다. 비눗방울이 나오는 입구에서 건물 외관을 배경으로 몽환적인 사진을 찍을 수 있다. 루프탑이 포토스팟으로 제주 구조물 앞에서서 산방산뷰를 담을 수 있다. (p288 B:3)

■ 서귀포시 안덕면 사계남로216번길 29
■ #산방산뷰 #용머리해안 #이색디저트

게스트하우스 / 미니메리

커플끼리, 친구끼리 방문하기 좋은 2인실 게스트하우스. 08:00~09:30 주먹밥과 반찬, 과일 후식 등이 가득 담긴 정성스러운 조식도 제공된다. 객실 창밖으로 군산오름과 한라산 경치를 감상할 수 있다.(p288 C:3)

■ 서귀포시 안덕면 난드르로36번길 17
■ #2인전용 #온돌방 #조식제공 #산전망

풀빌라 / 지아정원 키즈 가족 펜션

프랑스 남부의 시골 마을을 떠올리게 하는 키즈 테마펜션. 50평 목조주택 안에 침실 세 곳, 화장실 두 곳이 마련되어 최대 12인까지 입실할 수 있다. 추가 요금을 지불하면 사계절 즐길 수 있는 키즈 온수 풀장과 야외 바비큐장을 이용할 수 있다. 입실 16:00, 퇴실 11:00.(p288 C:2)

■ 서귀포시 안덕면 동광로 265-100
■ #온수풀장 #바베큐장 #최대12인

풀빌라 / 하루를품다

365일 이용할 수 있는 실내 온수 수영장이 딸린 키즈 펜션. 펜션 안에 베이비체어, 물놀이 튜브, 어린이 미끄럼틀, 어린이 장난감, 어린이 변기 커버 등이 갖춰져 있다. 글램핑 느낌 풍기는 바비큐장도 함께 운영한다. 수영장, 바비큐 이용 요금 별도. 입실 15:30, 퇴실 11:00.(p288 B:2)

- 서귀포시 안덕면 동광본동로 29
- #키즈펜션 #베이비체어 #어린이장난감 #온수수영장 #바베큐장

풀빌라 / 아이노스키즈풀빌라

키즈 수영장, 유아용품, 장난감이 마련된 프리미엄 키즈 펜션. 실내 수영장에는 유아용 튜브와 물놀이 장난감이, 수영장 야외 정원에는 원목 썬베드와 바비큐 테이블, 모래 놀이터가 마련되어있다. 최대 8인까지 입실 가능하니 두 가족이 함께 이용할 수도 있다. 입실 15:00, 퇴실 11:00.(p288 B:3)

- 서귀포시 안덕면 사계남로 75-14
- #키즈펜션 #장난감대여 #수영장 #바베큐장 #최대8인 #두가족가능

독채 / 스테이 숲이되는시간

자연을 닮은 원목 인테리어가 감성을 더하는 원룸형 신축 펜션. 창밖으로 비치는 산방산 경관도 아름답다. 숙소 근처에 용머리 해안과 송악산이 있어 관광하기도 좋다. 연박시 할인, 입실 16:00, 퇴실 11:00.(p288 B:3)

- 서귀포시 안덕면 사계로114번길 54-102
- #산방산전망 #숲전망 #따뜻한분위기 #원목가구 #연박할인

게스트하우스 / 하다책숙소

책 한 권의 여유를 느낄 수 있는 게스트하우스. 숙소 곳곳에 책이 비치되어 있고, 숙소 곳곳에 책 읽을만한 벤치와 테라스도 마련되어 있다. 08시부터 무농약, 로컬푸드 식재료로 만든 조식도 제공된다. 16:00, 퇴실 11:00.(p288 B:2)

- 서귀포시 안덕면 서광사수동로20번길

14

- #독서공간 #대형책장 #여유로운분위기 #무농약조식서비스

독채 / 우무레 민박

중문관광단지, 대평포구 등 주요 관광지 중심에 있는 민박집. 최대 10인 입실 가능한 우무레 민박집과 6인까지 입실할 수 있는 아래층, 4인까지 입실할 수 있는 위층 세 공간을 운영한다. 별도 요금을 내면 바비큐를 이용할 수 있다.(p288 C:3)

- 서귀포시 안덕면 소기왓로 41
- #중문관광단지 #야외바비큐장 #4인실 #6인실 #10인실

독채 / 카멜베이지

베이지 톤의 따스한 인테리어가 돋보이는 독채 펜션. 창밖으로 대평 앞바다가 바라다 보인다. 가족끼리 고기 구워 먹기 좋은 바비큐장도 마련되어있다. 입실 16:00, 퇴실 11:00.(p288 C:3)

- 서귀포시 안덕면 소기왓로 82
- #오션뷰 #우드톤 #분위기좋은 #야외바비큐장

독채 / 제주그루

커다란 나무 한 그루 아래에서 여유로움을 만끽할 수 있는 프라이빗 렌트하우스. 나무와 주택이 담장으로 둘러싸여 있어 남들의 시선에 방해받지 않고 여유롭게 휴식할 수 있다. 바비큐장은 없지만, 객실에 자이글이 준비되어 있다. 퀸사이즈 침대가 있는 침실 투룸이 있어 최대 6명까지 입실할 수 있다.(p288 C:3)

- 서귀포시 안덕면 소기왓로37번길 3
- #담장딸린 #프라이빗숙소 #사생활보호 #최대6인

풀빌라 / 코사무이제주풀빌라 펜션

열대지방을 떠올리게 하는 이국적인 풀빌라 펜션. 야자수와 사계절 이용 가능한 수영장과 바비큐장이 갖춰져 있다. 호텔식 오리털 침구와 조식 서비스도 제공된다. 창밖으로는 실내 정원과 감귤밭 풍경이 펼쳐진다. 전화 예약 시 연박 할인. (성수기 제외)

- 서귀포시 안덕면 소기왓로37번길 9
- #이국적 #야자수전망 #온수수영장 #바베큐장 #호텔침구 #연박할인

호텔 / 핀크스 포도호텔

@hyeinc_

세계적인 건축가 아미타 준이 설계한 호텔. 제주 전통 초가집의 지붕을 이어 제주의 오름을 표현한 가장 제주다운 건축물. 제주 7대 건축물 중 하나이다. 개인스파와 야외수영장, 프라이빗 가든을 가진 프레지덴셜 스위트룸, 300년 이상 된 최고급 히노끼탕이 있는 한옥 인테리어의 한실, 제주 돌담 밭 테라스 뷰가 있는 양실 등 5종류의 룸. 포도호텔의 특별 서비스로 다양한 작품 전시와 건축예술 가이드 서비스가 있다. 가능 인원 객실별로 상이 기준 2인~최대 8인(p288 C:2)

- 서귀포시 안덕면 산록남로 863
- #제주7대건축물#온천#아미타준#히노끼탕

풀빌라 / 풀스테이소랑제

@_fullstay

깊이 1M의 넓은 실내 수영장이 있는 독채 풀빌라. 돌담으로 분리된 구조와 구성이 다른 8개의 숙소를 운영. 수영장의 폴딩도어가 있어 개방감 있는 수영장. 겨울에도 문을 닫고

이용할 수 있어 아이가 있는 가정에서 많이 이용한다. 월풀욕조와 족욕대, 야외바비큐장 등의 시설이 있고, 조리도구와 드럼세탁기, 튜브와 구명조끼 구비. 자미는 커플들이 선호하는 룸이고, 마농에는 장난감이 준비되어 있다. 기준 2명 최대 8명. 10분 거리에 중문 관광단지가 있다. 네이버 예약.(p288 C:3)

- 서귀포시 안덕면 소기왓로 77
- #키즈풀빌라#커플여행#넓은수영장#중문관광단지#월풀욕조#휴식

펜션 / 고요한오후

@greeny_jeju

정원이 있는 가정집 분위기의 숙소. 흰색 톤의 공간에 월넛색 가구와 깔끔한 인테리어·박공지붕 아래 커다란 통창이 있는 소담한 분위기의 침실. 1~2월에 오면 침대에 누워 귤밭 뷰를 볼 수 있다. 침대 아래에 스피커와 빔프로젝터가 있다. 간단한 조리 공간이 있어 제공되는 카피와 빵, 딸기잼 등으로 셀프 조식 가능. 사장님이 함께 운영하는 독채 숙소 그리니 제주 바로 옆에 있다. 에어비앤비 예약 또는 문자문의(p288 B:3)

- 서귀포시 안덕면 덕수동로 149-21
- #가정집분위기숙소#귤밭뷰# 정원#우드톤인테리어#편안한집

펜션 / 보로스름:스테이더몽 2호점

@staythemong

전객실 산방산 뷰 숙소. 복층 구조의 사계로 와 산방로 두 개의 숙소. 통창 앞 욕조가 있어 산방산 뷰를 보며 스파를 즐길 수 있다. 창밖으로 보이는 붉게 물든 노을 뷰도 좋다. 친환경 어메니티 제공. 1층 라운지의 카페& 펍 에서 사전 신청하면 불멍과 바비큐를 즐길 수 있다. 근처 식당과 소품샵 등이 많고, 사계 해변 도보 가능. 마노 르블랑, 노리매공원, 본태박물관 등으로 접근성이 좋다. 2인 전용 숙소. 네이버 예약, 에어비앤비.(p288 B:3)

■ 서귀포시 안덕면 산방로 355 보로스름 2층
■ #유채밭뷰#산방산뷰#독채#산방산뷰욕조#노을뷰#바비큐#2인전용#커플여행

독채 / 화순가옥

@youngoklim

산방산과 월라봉을 품고 있는 독채 숙소. 산

방산이 보이는 스테이산방은 4인 기준으로 넉넉한 침구류와 온돌방, 침대방이 있어 가족여행으로 적합. 월라봉이 보이는 스테이월라는 복층 구조에 넓은 거실의 폴딩도어를 열어 월라봉과 제주 자연을 시원하게 볼 수 있다. 스테이 월라에만 있는 야외 자쿠지. 두 숙소 모두 창문을 통해 보이는 산방가이 곳의 매력이라 할 수 있다. 화이트 우드톤 인테리어 헤링본 마루와 현무암 포인트 벽으로 꾸며졌고 바비큐 공간이 있다. 올레 9코스와 10코스에 있다. 근처에 하나로마트가 있다. 기준2 인 최대 4인.네이버 예약.(p288 B:3)

■ 서귀포시 안덕면 화순로87번길 31-4 화순가옥
■ #산방산뷰#월라봉부#가족여행#커플여행#자쿠지#바비큐

독채 / 해쉴

@hashill_jeju

가족여행으로 좋은 바다뷰 나무집. 대평포구 능선 위 언덕에 지어진 해쉴은 EBS 건축 탐구 집에 소개된 집. 주변 경관과 이질감 없이 어울리는 소나무 탄화목으로 장식한 외벽과 실내는 자작나무로 마감해 차분하고 따뜻한 느낌을 준다. 거실의 파노라마 뷰 통창은 서귀포 바다와 마주하고 있어 이곳에 묵으며 가장 많이 머무르게 될 장소다. 썬 큰 구조의 지하를 가진 3층 구조의 집으로 가족 단위 여행에 좋다. 지하에는 넓은 욕조가 있다. 기준 4인 최대 6인. 네이버 예약.(p288 C:3)

■ 서귀포시 안덕면 난드르로 80-35
■ #가족여행#바다뷰#나무집#대평포구#EBS건축탐구집#파노라마뷰#썬큰구조#3층집

독채 / 화순양옥

@stay_hwasoonyangok_

고급 스파 분위기의 실내 자쿠지가 있는 독채 숙소. 전체적으로 차분한 우드톤 인테리어로 특히 자쿠지로 들어가는 입구는 동남아 호텔의 고급 스파에 들어가는 느낌으로 꾸며져다. 자쿠지에서 산방산 뷰를 볼수 있고 도어를 열고 개방감 있게 사용할 수 있다. 화장실 옆문을 통해 족욕 실과 욕실 자쿠지가 연결되어 있어 편하다. 아늑한 침실에는 저상형 침대 맞은편으로 통창이 있고 작은 방에는 산방산이 보인다. 영유아 포함 기준 4인. 바비큐 가능. 네이버 예약. 주변에 유명 카페가 있다.(p288 B:3)

■ 서귀포시 안덕면 화순로 48-16 화순양옥
■ #고급스파분위기#실내자쿠지#독채#우드톤인테리어#산방산뷰#족욕#저상형침대#가족여행

독채 / 오마이코티지

@m_m_68u

유럽 감성 정원에 자쿠지가 있는 아늑한 독채 숙소. 2인 숙소와 4인 숙소를 운영한다. 이 집의 포토존으로 활용되고 있는 꽃을 사랑하는 호스트의 정성 어린 정원과 빨간 지붕의 집. 유럽 시골의 가정집 같은 인테리어의 내부는 직접 흙을 발라 마감했다. 유아 포함 4인 숙소 '오마코 귤밭 정원'에는 정원 옆으로 작은 오두막이 있고 귤밭 정원에는 각이 지지 않은 동글한 타일 마감의 귀여운 자쿠지가 있다. 카페 오마이 살롱을 함께 운영. 주변에 맛집이 많고 마노 르블랑, 감귤농장이 인근에 있다. 에어비앤비와 문자 예약 가능.(p288 B:3)

■ 서귀포시 안덕면 덕수회관로74번길 32
■ #유럽감성#정원#자쿠지#아늑한#독채#2인#4인#포토존

독채 / 훈온

@ing.lovely1004

사우나와 자쿠지가 있는 제주 감성 돌집 독채 숙소. 실내는 화이트와 우드 인테리어로 편안한 분위기. 포근한 침실 옆 통창으로 돌담이 보인다. 삼나무 건식 사우나와 실내 자쿠지가 있는 훈가는 최대 4인으로 가족 단위로 이용하기 좋고, 삼나무 건식 사우나와 노천 자쿠지가 있는 온가는 최대 2인으로 커플이나 친구 이용객에 좋다. 바비큐 하기 좋은 테라스와 넓은 잔디 마당이 있다. 카멜리아힐, 소인국테마파크와 신화역사공원, 논오름이 가깝다. 네이버 예약.(p288 B:2)

■ 서귀포시 안덕면 중산간서로 180
■ #사우나#자쿠지#가족여행#커플여행#독채#노천자쿠지

박수기정 일몰
"해안절벽이 감싸고 있는 바다"

@kimna_riiiii

절벽이 병풍처럼 둘러져 있는, 제주도 최대의 해안절벽 박수기정은 일몰 명소이기도 하다. 대평포구에서 박수기정 방향으로 가면 몽돌해변이 나오는데, 일몰 시간에 맞춰 해변 왼쪽으로 가면, 지는 태양과 박수기정을 한컷에 담을 수 있다.(p288 C:3)

- 서귀포시 안덕면 감산리 1008
- #박수기정 #해안절벽 #노을 #일몰

행기소 그네
"물 웅덩이에 둥실 떠오른 듯한 그네"

@yerangtrip

물 웅덩이인 행기소는, 물 위에서 찍는 그네샷으로 더 유명하다. 웅덩이와 함께 보다 예쁜 사진을 얻기엔 첫 번째 그네가 좋으나, 더 안쪽에 설치되어 있는 두 번째 그네가 좀 더 튼튼하다.(p289 D:2)

- 서귀포시 안덕면 광평리 205-2
- #행기소#물웅덩이 #그네 #그네샷

카페 올리 노을
"시원한 통창 너머로 물드는 넓은 밭"

@iamhojul

시원한 통창이 매력인 카페 올리! 통창 밖으로 보이는 청보리밭, 유채꽃밭, 한라산 등 제주도의 자연을 한컷에 담을 수 있다. 노을 시간에 맞춰 방문하면 통유리 너머로 지는 태양도 찍을 수 있다.(p288 C:2)

- 서귀포시 안덕면 병악로 90
- #카페올리 #통창 #청보리밭 #유채 #한라산뷰 #노을맛집

엘파소 카페 노랑 건물
"노랑색 벽과 파라솔 의자"

@carolinesuesue

엘파소 카페는 야외 테라스가 노란 벽으로 둘러싸여 있고, 파라솔과 의자 또한 샛노란 색으로 칠해져 있는데, 여기에 키 높은 야자나무가 심겨 있어 감각적인 배경이 되어

준다. '시크릿 가든'이라고 써진 작은 문 앞에 서서 인물 사진을 찍어도 예쁘고, 벽 너머 산방산 전망이 나오도록 찍어도 예쁘다. 테라스 곳곳에도 노랑 감성 소품이 가득하다.(p288 B:3)

- 서귀포시 안덕면 화순로 191-43
- #노랑벽 #노란파라솔 #야자나무

용머리해안 물웅덩이 포토존
"기암괴석 사이의 거울같은 물 웅덩이"

@m__jeong0425

용머리해안을 따라가다 보면, 층층이 쌓인 기이한 모양의 암벽들이 나타난다. 에메랄드 빛 물 웅덩이가 이곳의 대표적인 포토존! 웅덩이 속 물 아래로 거울처럼 반사되는 사진을 얻을 수 있다.(p288 B:3)

- 서귀포시 안덕면 사계리 112-3
- #용머리해안 #물웅덩이 #반영샷 #거울샷 #반사

본태박물관 노출 콘크리트
"한줄카피한줄카피한줄카피한줄카피"

@norunoeul

건축가 안도 타다오의 작품답게 노출 콘크리트로 되어 있는 본태박물관! 건물과 제주

도의 자연이 조화를 이루는 곳이다. 거울처럼 물에 반사되는 장면이나, 천장에 보이는 하늘 등의 작품사진을 남겨보자.(p289 D:2)

- 서귀포시 안덕면 산록남로762번길 69
- #안도타다오 #노출콘크리트 #하늘샷

수풍석 뮤지엄 물 반사 포토존
"태양의 각도에 따라 바뀌는 물 그림자"

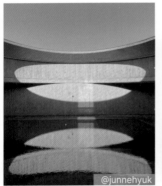
@junnehyuk

제주도의 물, 바람, 돌을 테마로 운영되고 있는 수풍석 뮤지엄! 이중에서도 수 뮤지엄은 태양의 움직임을 따라 물의 반사가 달라지는 것을 볼 수 있는 곳이다. 물에 반영되는 하늘과 빛 사이에서 신비로운 인생샷을 남겨보자. 사전 예약은 필수!
- 서귀포시 안덕면 산록남로762번길 79
- #수풍석뮤지엄 #반영샷 #물반사 #태양 #수뮤지엄

바이나흐튼 크리스마스 박물관
"전세계에서 수집한 크리스마스 소품"

@byulhee_126

크리스마스 감성을 제대로 만끽할 수 있는 곳이다. 전 세계에서 수집되어 온 크리스마스 소품들을 만날 수 있다. 목각인형, 오르골, 트리 등, 유럽의 느낌이 물씬 나는 사진을 찍을 수 있다.(p288 B:2)

- 서귀포시 안덕면 평화로 654
- #바이나흐튼 #크리스마스 #플리마켓 #유럽느낌

월라봉 동굴프레임
"올레길 9코스 동굴 포토존"

@bangapsudaye

월라봉에 비밀스럽게 숨어있는 신비한 동굴에서 사진을 찍어보자. 동굴 앞에 서서 숲을 배경으로 사진을 찍으면 인생 샷 완성. 대흥사에서 차가 갈 수 있는 최대한 가보면 올레길 9코스 표식이 있다. 말 머리 방향인 정방향으로 쭉 올라가다 내리막을 조금 걸으면 오른쪽으로 빠지는 길이 나온다. 올빼미 바위를 지나 걷다 보면 문을 지나고 올레길 파란색 표식을 따라 계속 걷다 보면 갈림길에서 왼쪽 길이다. 계속 걷다가 나무계단을 오르면 '월라봉 일제 갱도진지' 안내문이 나온다.

- 서귀포시 안덕면 한밭로 160-8 대흥사
- #월라봉 #동굴 #일제갱도진지

사계해변 기암괴석 돌틈
"바위 틈 이색 프레임 사진"

@cindy_of_jejulife

자연이 만들어낸 신비한 모양의 바위틈에 앉아 사진을 찍어보자. 노란색의 바위들은 모래가 퇴적되어 만들어진 암석이다. 바다만 보이지 않으면 그랜드캐니언의 한가운데에서 찍듯한 사진을 찍을 수 있다. 사암이 단단하지만, 이끼가 낀 바위는 미끄럽고, 발이 빠질 수 있는 구멍이 많으므로 주의. 물때를 보고 간조에 방문하자. 이곳의 위치는 카페 뷰스트 바로 앞이며 주차장은 마련되어 있지 않다. 길가에 주차.

- 서귀포시 안덕면 형제해안로 30 카페뷰스트
- #사계해변 #기암괴석#그랜드캐니언

10

서귀포시

#갯깍주상절리대

@ku

#천지연폭포

#답다니수국
@rang_1210

#주상절리대
@l.ovely.__som

#하라게케 #새둥지

#상효원 #동백
@jeju__soso
@hj1003v

#러디스

#더플래닛

@_dyony._.s2

#보복포구

@mym
@ᄂ

#선녀탕

#러디스

@hj1003v
@null_jj

#리틀프레스트

@elin_ellla

#수모루공원

#꿀꽂다락

다락

안덕면

A
B
C

1

한라산
1100고지
🏕 1100고지습지
1100고지 단풍

한라
코

다래오름

🌲 한라산 여

서귀포
자연휴양림

민머루오름

2

🌲 제주다원

영남동

도순동

🌲 도순다원

제주
🏛 유리박물관

초콜릿랜드,
테디베어
뮤지엄 제주

중문동

법화사지
卍

활오름

중문미로파크
🌀

색달동

천제연
폭포

중문동
벚꽃길

구산봉

한국여
명예의 전

박물관은
살아있다

푸조시트로엥
자동차박물관

예래동 벚꽃길

더플래닛

🌲 여미지 식물원

서귀포 🎡
예래생태마을

엉덩물계곡

약천사
卍

🎡 플레이웍스

강정동

군산

쉬리의언덕

🌲

·새연교
별내린전망대

답다니 수국

갯깍주상
절리대

제주국제
평화센터

조안 베어뮤지엄

중문색달
해수욕장

제주국제
컨벤션센터

아프리카 박물관

월평포구

대포 주상절리대

A
B
C

D

E

F

백록담

1

웃세붉은
오름

한라산

실
풍

남원읍

호근동
동백길

상효원
수목원

시오름
(숫오름)

상효원 동백,
메리골드, 수국

돈내코유원지

미악산

서귀포
치유의 숲

상효동

번개과학관

영천악

서귀포 무인카페
다락 수국

2

서귀포시

칡오름

토평동

포제동산

ㅁ폭포

고근산

서귀포
하논분화구

동홍동

서귀포
감귤박물관

신효동

서귀포 도심공원
팜파스

서홍동

하논마르

솜반천

서귀포
칠십리시공원

주월드컵
경기장

세리월드,
동화속으로

숨도

서귀포
올레시장

이중섭 문화거리,
이중섭미술관,
이중섭주거지

하효동

S박물관,
계성문화
박물관

미로공원,워터월드

삼매봉

정방폭포

보목동

돔베낭길

자구리공원

보목마을

제지기오름

법환동

속골

선녀탕

새연교

서귀동

소천지

외돌개

새섬

서귀포항

보목포구

서귀포 시립 기당미술관,
삼매봉도서관,세계 조가비 박물관

황우지해안
황우지해안 열두굴

서귀포잠수함,
서귀포유람선

서건도

문섬

범섬

323

D

E

F

서귀포시 주요지역

1100고지 단풍
오르지 않아도 되는 단풍길 걷기[10,11월]

삼형제큰오름

설경

1100고지 람사르습지

1100고지
한라산 남벽 부 감상 가능

2시간 4.5km

만세동산(오름)

선작지왓 (윗세오름)

윗세누운오름

윗세오름

병풍바위

영실탐방코스
2시간 30분 5.8Km

영실탐방안내소

한라산 영실코스 단풍
그냥 등산말고, 단풍 등산[10,11월]

방주교회
제주 7대 아름다운 건축물 관광지는 아니지만 특이한 건물로 많은 사람들이 찾는 곳

서귀포자연휴양림
운동화가 아니어도 괜찮아, 혼자 걸어봐도 좋아 제주의 숲에서 캠핑해보는 색다른 경험

법정이오름

거린사슴

시오름

본태박물관
세계적인 건축가 안도타다오의 작품. 노출콘크리트와 빛이 조화롭게 어우러진 건축미, 세계적인 거장들의 작품과 우리나라 전통공예 전시

본태박물관 노출 콘크리트

롯데스카이힐제주 CC

클럽엘제주 컨트리클럽

서귀포 치유
평균수령 60년 이상 최고의 편백 숲이 있

1115

제주다원
생각보다 어려운 녹차 미로와 곳곳의 포토촌, 무인카페

녹차 미로공원

중문레저 · UTV(ATV)

서귀포 천문과학 문화관
밤하늘의 천체 및 태양을 관찰할 수 있는 천체 망원경 보유

하늘아래수목원

대유ATV수렵사격랜드
ATV, 수렵, 사격

예래동 벚꽃길
조용히 벚꽃놀이를 즐기고 싶다면 예래생태공원[3,4월]

도순다원

법화사지 배롱나무

법화사

엉또폭포
비가 많이 와야만 볼 수 있는 신비의 폭포

호근동 동백길
시골길에 피어있는 붉은 동백길.
주소: 호근동 1323-1
[11,12,1,2,3월]

고근산
서귀포시와 서귀포 앞바다가 한눈에 보이는 곳

씨플로우 프리다이

무루헌

서귀포시청 제2청사

오전열한시 (전복볶음밥 육쌈동치미)

김서프제주(서핑), 제주배봉서핑 스쿨(서핑)

1.연돈(돈까스), 2.숙성도(숙성흑삼겹), 3.형제도식당(갈치조림)

제주운정이네 (갈치조림)

중문향토오일장
끝자리 3일, 8일에 열리는 오일장

스테이월드(독채)

중문동 벚꽃길
예래동 주민센터부터 구 중문동 주민센터까지 벚꽃 드라이브 길[3,4월]

뜻밖의발견 (조용한 빈티지 카페)

한국야구 명예의 전당

삼지흑돼지

까미돼지 중문점

그림 포레스트

천제연폭포
총 3단으로 이루어진 폭포

고집돌우럭

스토리캐슬 EP.1 더신데렐라

중문 모멘트식당 (제주산흑비지)

문치비 (흑돼지오겹살)

한국아구 명예의 전당

국수바다 본점(고기국수)

1136

더플래닛(생태문화) 어미지식물원 박물관은 살아있다

둘레길 중문 본점

볼스카페

제주국제평화센터 남북평화, 세계 평화에 기여한 분들의 밀랍인형

1132

제주흑돈가 (흑돼지근고기)

수두리보말칼국수

테디베어뮤지엄, 초콜릿랜드

무비랜드 왁스뮤지엄

천제연폭포 중문 본점

가람동솥밥

진꽃내 돌깨비의 노을

플레이웍스 (일러스트샵)

시스터필드(유기농) 밀과 프랑스 버터의 만든 크루와상 맛집

답다니 수국
이곳이 수국 맛집[6,7월]

문치비 (흑돼지오겹살)

카페꿀다락

하리케케 (마카라때)

엉덩물계곡 유채꽃 제주에 흔치않은 계곡 유채꽃길

갯깍 주상절리대

중문색달해변
깨끗한 바다, 수영이나 해양스포츠에 제격

약천사

더클리프(브런치와 칵테일을 즐길 수 있는 오션뷰 카페)

색달해변 일몰 해양스포츠에 제격

아프리카 박물관

꽃감농장

제주국제컨벤션센터 면세점 위치

올레길 8코스

제주조안베어 뮤지엄

제주 수장보트

디스커버제주 돌고래탐사

두머니물(범섬과 유채꽃이 아름다운 곳,법환동 1541)

러더스 핑크오션라떼

월평올레

제주 월드컵 경기장

세리월드 종합 레저 테마파크로 카트,승마, 미로공원등 즐길거리가 다양하다.

벙커하우스(봄날,딸기라떼)

법환동 청소년 문화의집

제주 즐겨찾을

법환포구

월평포구

월평포구 스쿨링

강정천

강정항

서건도

올레길 7코스

제주에서 가장 우뚝솟

앤트모션주점 1000평 규모의 엔터테인먼트 오락실

대포주상절리대
화산 분출 후 용암 표면의 균등한 수축으로 생겨난 돌기둥이 주상절리
해안가의 용암이 빠르게 식으면서 생긴 균열이 4~6각형의 기둥을 생성, 그 균열에 비와 눈이 들어가, 얼고 녹기를 반복하면서 틈이 발생하고 떨어져 나가 대포동 주상절리대 생성

중문관광단지

퍼시픽 마리나 요트투어 유럽형 럭셔리 요트 상그릴라 호를 타고 서귀포 앞바다 관광

서귀포 엉덩물계곡 유채꽃
계곡따라 가득한 유채꽃밭, 강추[3,4월]

범섬

한라산

귀포시

D

진달래밭대피소
(1시까지 도착해야
한라산 등반 가능)

사라오름 단풍
호수전망
단풍[10,11월]

사라오름
산정호수

사라오름

성널오름

한라산 성판악코스 단풍
가을 등반에는
성판악이지[10,11월]

E

5.16도로숲터널
'이상한 변호사 우영우' 촬영지

F

벽분기점

이승악오름 벚꽃
오름에 벚꽃이라니
[3,4월]

이승악
쭉 뻗은 삼나무숲과 메밀밭으로 유명한 오름

위미리 3760
(위미리동백군락지)
토종 동백나무를 볼 수
있는 곳[11,12,1,2,3월]

머체왓숲길
방문객 지원센터

상효원 백일홍
여름에 볼 수 있는 꽃[6,7,8,9월]

상효원 메리골드
가을에까지 볼 수
있는 메리골드[9,10,11월]

상효원 동백
한라산 뷰의 상효원
동백꽃[11,12,1,2,3월]

상효원 튤립
4~5월 개화
튤립이 가득한 세상, 튤립축제

효명사
천국의문

고살리 숲길
흐르는 물소리에 마음까지
촉촉해지는 숲길

휴애리 자연생활
공원 핑크뮬리
남원의 포토촌[9,10,11월]

휴애리 자연생활
공원 수국
오색빛깔 아름다운
수국[4,5,6,7월]

휴애리 매화
3~4월 개화

상효원
수목원

고살리 숲길
속괴

우리들CC

휴애리 자연생활공원
실컷 먹고 따고 감귤체험과 사계절
꽃들로 핫한 사진명소

휴애리 자연생활공원 동백꽃
애기동백이
뭐야?[11,12,1,2,3월]

상효원 수국
수국의 아름다움을
느껴봐[6,7월]

쌀오름

돈내코유원지
숲으로 에워싸인 투명한
청록빛 폭포

휴애리 자연생활공원 매화
매화 축제 체험[3,4월]

동백포레스트

휴애리 자연생활공원 귤밭
내가 직접 따는 감귤맛은
어떨가?[10,11,12,1월]

원앙폭포
두 개의 물줄기가 떨어지는 폭포
사진명소로 유명하다.

돈내코로
동백 돌담

윈드1947 카트 테마파크

동백포레스트
창문 프레임

동백포레스트 동백
동백정원에 커피
한잔[11,12,1,2,3월]

양금석가옥

서귀포 무인카페
다락 수국
신비로운 느낌의 푸른
수국밭[6,7월]

제주 벨름 리조트

레스토랑점심
(점심가츠정식)

네이처캔버스바베큐
(B.B.Q플래터)

서귀포 감귤박물관
감귤 테마 박물관, 감귤체험

쉼터체험농장
(감귤, 황금향)

위미리 수국길
소담스러운
수국[5,6,7월]

지연폭포

해서 그동안 잘 가지
않았던 곳
으로 떨어지는 폭포의
모습이 한편의 영화를

제주에인감귤밭
(에이드, 프렌치토스트)

서귀포 올레시장

제주흑돈세상수라간
(흑오겹살)

고씨네천지국수(멸치국수)
아리(튀김우동)

이중섭문화거리
올레삼다정
갈치탕

하례감귤 체험농장

쇠소깍 산물 관광농원
감귤체험과 농기구박물관을 즐길거리가 있다.

뙤기(순대국밥,보말국)
동선제면가(물망국수)

위미1리 어촌체험마을
이음새교육농장

CAFE EPL(태왕도시락)
일송회수산

베케(차콩크림라떼)

건축학개론 한가인집
(현재 카페 <서연의 집>으로 운영 중)
공천포식당
(한치끌회)

위미항

(활에낚)

제주동백
수목원

서귀포 올레시장
아케이드 형태의 서귀포에서 가장 큰 시장
다정한 올레시장 본점(매운멸치김치)
오는정김밥

구둠민박감귤체험농장
서귀포시 토평동 804

섬소나이
위미5코지(짬뽕)

남진호,착한배낚시
(배낚시)

위미동백나무군락
향기 그윽한 붉은색 동백 융단이
깔리는 숲, 1월~4월 말까지

매생태공원 매화
솔반천(물놀이)

보래다 베이커스
(맛있는 스콘)

이중섭문화거리
이중섭 거주지

중앙갈치
(마농갈치)

소정방폭포
폭포높이가 7m가량으로
여름철 물맞이 장소로 인기
정방폭포 동쪽의 아담한 폭포

호텔창고펜션
(야외자쿠지)

하효일
(下孝日)(목재)

쇠소깍
카약

쇠소깍
올레

하례정원
곰막파스타

서귀포 다이브센터
(스쿠버다이빙, 스노클링)

공천포

쇠소깍
투명카약, 수상자전거 체험할 줄 서는 곳
지하수와 바닷물이 만나는 곳, 쇠소깍이라는 이름은
쇠는 '소', 소는 '웅덩이', 깍은 '끝'을 의미

연리지
한라산이

서귀포칠십
리시공원

삼매봉
한라산이

내리식당
(갈치국)

이중섭 미술관
이중섭 거주지

소천지

보목
마을

테라로사 쇠소깍
(핸드드립)

효돈천

쇠소깍
해양레저타운
수상보트

캡틴호
(놀래기, 우럭, 쥐치가 잘 잡히는
낚시체험장)

매봉도서관
레길 7코스

서귀포유람선
새연교 일몰

서복전시관 P
(진시황의 명에
제주에온 서복)

활종미술관 P

소천지 투영 한라산

보목포구

제지기 오름
바위산으로 험한 산세를
보이는 오름

게우지코지 카페
(수줌급 커피를 맛볼수
있는 오션뷰 카페)

개

황우지해안

새섬
새연교 일몰

숨은 명소, 천연
수영장이 펼쳐지는
곳, 근처 황우지해안
열두굴(일제 군사용
동굴)

산책길
7코스

황우지해안
선녀탕 스노쿨링

허니문하우스
(수리남촬영지)

서귀포항

정방폭포
해안으로 바로 떨어지는
해안폭포로 아시아에서는
찾아보기 힘든 비경
천지연, 천제연과 더불어
제주 3대 폭포 중에 하나

올레길 6코스

P

하효쇠소깍해변

담쇄
게스트하우스

문섬

서귀포잠수함
서귀포 문섬의 아름다운 연산호를
감상할 수 있는 서귀포 잠수함 체험

섶섬

지귀도

D   E   F

325

박물관은 살아있다
중문관광단지 주변

중문골프장
아시아 최초로 미국 PGA투어
공인대회가 열렸던 유명 골프장

중문 컨트리클럽
중문 해안 경치를 바라보며
라운딩 할 수 있는 골프장

그랜드조선
(호텔)

스타벅스
제주중문점
(한정음료, MD)

호텔하나

스위트호텔

카페세렌디
수제 베이글, 핸드드립 커피

롯데호텔

제주신라호텔

호텔신라제주 더파크뷰
(신라호텔 뷔페 레스토랑)

신라호텔 바당
(매플망고 빙수)

제주신라호텔
글램핑빌리지

세븐일레븐

한국콘도

쉬리의 언덕
영화 쉬리에 등장했던 해송이 있는
아름다운 해안 산책로

BADA2822
중문해수욕장 전망 한옥카페

중문색달해변
수질평가 1위 해변
깨끗한 바다, 수영이나
해양스포츠에 제격

전기차충전소

GS25

더클리프
저녁 7시부터 클럽으로 운영되는
해변 전망 브런치 카페

샹그릴라 요트투어
색달동 2950-4

더플래닛
(어린이 체험교실)

중문수원음식점
(통갈치조림,
통갈치 구이)

갈치cafe
(갈치빵,
갈치파이)

스타벅스
(한정음료, MD)

신라원
(말고기)

착한전복
(전복요리)

제주미향
여럿이 함께 먹기
좋은 푸짐한 통갈치조림,
통갈치구이

천상연폭포

여미지 식물원
한국식, 일본식, 유럽식 온실
정원을 만나볼 수 있는 동양
최대규모의 온실 식물원

천제루휴게소

천제연폭
층 3단으로 이루어진
못이라 불리는 폭포

제주부영
청소년수련원

믿거나 말거나 박물관
미국 만화가 로버트 리플리가 세계여행을
하며 모은 독특한 물건들을 전시해놓은 박물관

초콜릿 랜드
직접 수제 초콜릿을 만들어
볼 수 있는 체험형 박물관

테디베어 뮤지엄
유명인 테디베어, 명화 패러디 테디베어,
명품 테디베어 등이 전시되어있는 곳

신우성흑돼지
좌석이 많아 단체 회식하기
좋은 흑돼지구이 전문점

씨사이드
아덴 리조트

엉덩물 계곡
무료로 입장할 수 있는 봄철
유채꽃 산책로(3~4월)

별내린전망대
천제연폭포, 중문천 경관을
즐길 수 있는 나무데크 길

**퍼시픽 리솜
마린 스테이지**
어린이를 위한 돌고래
쇼가 펼쳐지는 공연장

퍼시팩랜드

퍼시픽리솜
엘마리노뷔페

제주
낙하산,
바나나보트
해양스포

씨에
호텔앤리조트
씨에스호텔앤리
카노푸스
(해변

**퍼시픽 리솜
요트투어 샹그릴라**
선상낚시, 바다 수영, 스노클링
등을 즐길 수 있는 요트투어

폭포

A   B   C

돼지구이집
은 제주 흑돼지
겹살 맛볼 수 있는 곳)

D

중문마을회관

서버스 프로서핑스쿨

만족한장화 (통갈치 구이)

중문제일교회

코코넛서프 (서핑)

해리안 호텔

중문동 주민센터

포

하느님의

중문초등학교

해심가든 (흑돼지 오겹살, 돼지갈비)

해성파크텔 (유스호스텔)

오후새우시 (와사마요 계살김밥)

교촌치킨

1

베니키아 중문호텔

중문수두리보말칼국수 (통보말칼국수, 보말죽)

중문보건지소

제주스럽닭
보석귤이 들어간 새콤달콤한 귤 치킨

중문향토오일장
끝자리 3일, 8일에 열리는 오일장

중문농협 하나로마트

서귀포시 국민체육센터

제주한라국수 (고기국수, 돼지국밥)

중문중학교

유어스호텔

류차이 (짜장면, 짬뽕)

가람돌솥밥
방송에도 자주 소개된
전복 돌솥밥,
갈치조림 맛집

베릿네 오름
천제연 폭포 끝자락에 있는
경관이 아름다운 오름

썬라이즈 호텔

W오션펜션

베니떼 (이탈리안 레스토랑)

제주중문 관광단지

중문 스테이호텔

제주국제 연수센터

제주국제평화센터
제주 4.3사건의 희생자들을 기리고
세계평화에 대해 교육하고 있는 박물관

양레저
스키, 카약,
, 스노클링 등
예약하는 곳

시크릿가든 촬영지
드라마 시크릿 가든에서
주인공들의 키스신을 촬영했던 곳

CU

대포마을 복지회관

제주부영 호텔앤리조트

에리두 카페n베즈 (독채펜션)

트
페
랑

제주관광공사 지정면세점

중문해녀의집 (전복죽, 문어숙회)

제주 국제 컨벤션 센터 icc
한 · 아세안 특별 정상회의가
개최되었던 컨벤션 센터

대기정
정갈한 통갈치 구이,
통갈치조림 한 상을
즐길 수 있는 곳

아프리카박물관
지루할 틈 없는 아프리카 엿보기,
전통부족 공연관람은 필수

조안 베어 뮤지엄
다양한 핸드메이드 테디베어
작품을 전시하고 있는 박물관

게스트하우스 살레

3

오션블루 호텔

중문솥뚜껑 (흑돼지, 두루치기)

주상절리대 (중문대포해안)
용암이 흘러나와 생긴
1km 길이의 육각 돌기둥 무리

주상절리 관광안내소

바다다
탁 트인 바다 전망이 아름다운
카페 겸 라운지 바. 커피, 칵테일,
수제버거, 화덕피자 추천

2

E

F

서귀포 구시가지 주변

A · B · C

서귀서 초등학교

서귀포 제1청사

오일뱅크 주유소

1

서귀포 보건소

서홍정원 자연 풍경을 바라보며 쉬어가기 좋은 정원 테마 카페

신한은행

제칠일안식일 예수재림교회

그랜드치과의원

서구

고씨네
멸치 육수에 넣은 멸

(홍콩성

관찰데크

열방교회

걸매생태공원
제주도민들이 즐겨 찾는 나무데크 산책로

장포원

어랑조늘거리 (맛집거리)

호텔 휴식

동흥 119센터

아비마호텔

네거리식당 (갈치조림, 성게미역국)

2

연외천

티나케이크
당근 케이크, 크레이프 케이크가 맛있는 베이커리 카페

서귀포농협 하나로마트

호텔윈스토리

세계 조가비 박물관
세계 곳곳에서 수집한 천연 조가비와 금속공예품을 전시하고 있는 박물관

천지연 폭포
여름철에 쉬다 가기 좋은 22m 높이의 웅장하고 시원한 폭포

올레 여행자센터
제주 올레길 여행 정보를 얻어갈 수 있는 곳 식당과 게스트하우스를 함께 운영한다

백패커스홀 (게스트하우스)

서귀포 칠십리시공원
시가 새겨진 바위가 곳곳에 놓여있는 감성적인 공원

까사로마호텔

흑대지BBQ
유명 호텔에 납품되는 질 좋은 흑돼지고기를 판매하는 곳

서귀포 예술의 전당
연극, 전시회, 오케스트라 공연 등 다양한 예술행사가 열리는 곳

천지연휴게소

3

서귀포 풍경호텔

천지연유원지

서귀포 시립 기당 미술관
제주 출신 변시지 화백을 비롯한 국내 유명 작가들의 회화, 조각 작품 등을 전시

삼매봉 도서관

훈이슈퍼 휴게소

CU

덕판배 미술관

파크선샤인제주 (호텔)

블라썸
한라산을 꼭 닮은 한라산 라떼, 새우가 듬뿍 들어간 크림 파스타가 맛있는 한라산 전망 브런치 카페

A · B · C

서귀포시
추천 여행지

이중섭거리

"이중섭 거주지와 이중섭 미술관이 있는 곳"

제주도로 피난을 왔던 이중섭이 1년 가까이 지내며 그림을 그렸던 곳이다.(p323 E:3)

- 서귀포시 이중섭로 29 이중섭생가
- #민중화가 #이중섭 #문화거리

서귀포 매일 올레시장

"저렴하고 맛있는 회를 사서 숙소로 출발~!"

서귀포에서 가장 큰 아케이드형 시장. 횟감, 감귤 등 각종 토산품 및 선물용품을 살 수 있다. 구입한 물건은 대부분 육지까지 택배로 부칠 수 있다. 오메기떡, 꽁치 김밥 등 다양한 먹거리도 판매하는데, 이곳에서 음식을 사서 숙소에서 먹는 여행자들도 많다.(p323 E:3)

- 서귀포시 중앙로62번길 18
- #회 #한라봉 #감귤초콜릿

한라산 영실

"등반 코스중 가장 짧은 곳"

한라산까지 2시간 30분 정도 소요되는, 5.8km의 가장 짧은 등반 코스이다. 차로 정상 밑까지 올라갈 수 있어서 비교적 수월하게 등반할 수 있다는 점에서 초보자들에게 추천되는 코스이기도 하다. 단순히 짧은 코스로 유명한 것이 아닌, 등반하는 길이 아름답기로 유명한 곳이기도 하다. 특히 눈꽃이 쌓인 영실 코스는 결코 잊을 수 없는 경험을 선사할 것이다.(p322 C:1)

- 서귀포시 1100로 740-168
- #한라산 #초보코스 #절경

강정천

"유명 여행지는 아니지만 들러봐, 이색적인 느낌이 분명히 들 꺼야"

사시사철 맑은 물이 넘쳐 흐르는 샘이다. 서귀포시의 식수 중 70%가 이 강정천 물에서 비롯된 것이라고 한다. 1급수에만 사는 것으로 알려져 있는 은어가 살고 있을 만큼 맑고 깨끗한 물이기도 하다. 강정천 주변으로 기암절벽과 노송이 우거져 있는데 이 풍경이 장관이다.(p322 C:3)

- 서귀포시 강정동 5647
- #용천수 #현무암 #은어

서건도
"제주도판 '모세의 기적'"

서건도 앞으로 제주도판 모세의 기적이라 불리는 바닷길이 열린다. 갈라진 바닷길 사이로 펼쳐진 갯벌에선, 조개와 낙지 잡기 체험도 할 수 있다. 산책로도 잘 꾸며져 있어 범섬과 한라산도 바라볼 수 있다. 운이 좋으면 돌고래떼도 만날 수 있다고 하니 눈을 크게 뜨고 바다를 보자.(p322 C:3)

- 서귀포시 강정동 산1
- #모세의기적 #갯벌

삼매봉
"오르는 동안 한라산이 병풍이 되는 곳!"

정상에 봉우리가 세 개 있다고 해서 삼매봉이라는 이름이 붙은 산. 정상 팔각정까지 도보 15분 거리의 산책로가 형성되어 있다. 북쪽으로 한라산 정상이 보이고 남쪽으로 서귀포 앞바다가 보이는 숨은 명소이다.(p323 E:3)

- 서귀포시 남성로115번길 83
- #팔각정 #한라산 #서귀포 #전망

새연교
"서귀포항과 새섬을 연결하는 다리"

서귀포항과 새섬을 잇는 다리이다. 올레6코스에 포함되어 있고, 차가 지나지 않아 맘편히 산책하려는 사람들이 많이 찾고 있다. 일몰이 예뻐서 해질 시간에 맞춰 이곳을 찾는 사람들도 많고, 다리 주변으로 아름다운 야경을 보기 위해 오는 이들도 많다. 다양한 행사들도 많이 치러지고 있으니 꼭 방문해보자.(p323 E:3)

- 서귀포시 남성중로 40
- #올레6코스 #서귀포관광미항 #보도교

서귀포잠수함
"바닷속 관찰로는 제격"

수심 40m까지 내려갈 수 있는데, 수심별로 각기 다른 물고기와 해조류를 만나볼 수 있다. 특히 수심이 충분히 깊어지면 연산호를 볼 수 있는데, 이 연산호 군락이 세계 최대 규모라고 한다. 운전석 기준 왼쪽에 자리잡는 것이 사진 찍기에 좋다.(p323 E:3)

- 서귀포시 남성중로 40
- #잠수함관광 #난파선

서귀포유람선
"서귀포 바다를 편리하고 보는 방법"

서귀포 시내에서 멀지 않아 언제든 쉽게 체험해볼 수 있는 서귀포유람선은, 제주도의 유명 관광지를 쉽고 빠르게 둘러볼 수 있다. 범섬, 새섬, 정방폭포는 물론, 바다 위로 한라산까지 한눈에 담아볼 수 있다. 가이드의 설명과 함께 둘러볼 수 있어 여행이 훨씬 더 풍성해진다.(p323 E:3)

- 서귀포시 남성중로 40
- #유람선관광 #서귀포관광지

서귀포 시립 기당미술관
"우수한 현대미술 작품"

뛰어난 현대미술작품을 소장하기 위해 남다른 노력을 기울이는 것으로 유명한 서귀포 시립 기당미술관은, 한국 최초의 시립 미술관이기도 하다. 600편 넘는 유명 작품들을 소장하고 있는데, 작품 이상으로 제주도의 색채를 그대로 옮겨두고 있는 미술관 자체를 둘러보는 재미가 있다.(p323 E:3)

- 서귀포시 남성중로153번길 15
- #최초시립미술관 #현대미술

삼매봉도서관
"한라산과 서귀포 시내를 한눈에"

이중섭미술관부터 시작해 기당미술관, 소암기념관으로 이어지는 '작가의 산책길'이 지나는 길목에 있다. 매봉 도서관과 기당 도서관은 칠십리공원 맞은편에 나란히 위치하고 있다. 예술의 길을 따라 산책하듯 천천히 걸어보기 좋다.(p323 E:3)

- 서귀포시 남성중로153번길 15
- #작가의산책길 #매봉도서관 #기당도서관

월평포구
"스노클링 숨은 명소"

올레길 7코스의 종점이자 8코스의 시작점인 작은 포구이다. 자그마한 포구이지만 물이 맑고 물고기가 많이 사는 곳이라, 스노클링과 낚시를 즐기는 사람들에게 사랑받는 곳이다. (p322 C:3)

- 서귀포시 월평동 665-9
- #스노클링 #올레코스 #낚시명소

조안 베어뮤지엄
"아티스트 조안오씨의 작품 전시"

테디베어의 유명 아티스트, 조안 오의 작품이 전시되고 있는 곳이다. 직조한 모헤어, 천연염색, 바느질 등 한땀한땀 손으로 직접 만든 테디베어들을 볼 수 있는 곳이다. 인형 하나하나가 고급지고 정성이 느껴져 시간 가는 줄 모르고 보게 된다.(p322 B:3)

- 서귀포시 대포로 113
- #테디베어 #조안오 #수작업

정방폭포
"해안으로 바로 떨어지는 폭포 아시아에서 찾아보기 쉽지 않을걸?"

천지연, 천제연과 더불어 제주 3대 폭포 중 하나. 해안으로 바로 떨어지는 해안폭포로 아시아에서는 찾아보기 힘든 비경을 자아낸다. 4.3항쟁 직후 제주도민의 학살 터라는 슬픈 역사를 가진 곳이기도 하다.(p323 E:3)

- 서귀포시 칠십리로214번길 37
- #해안폭포 #4.3항쟁

범섬
"재미있는 전설이 있는 곳"

섬 모양이 호랑이를 닮았다 하여 범섬이라 불린다. 유람선을 타고 둘러볼 수 있다. 범섬 주변으로는 참돔이며 돌돔, 감성돔 등의 물고기가 많이 잡히는데, 낚시 포인트라 강태공들에게 인기가 좋은 섬이다. 최근엔 스쿠버다이빙을 즐기는 사람들의 발길도 늘어나고 있다.(p323 D:3)

- 서귀포시 법환동
- #해식동굴 #기암괴석 #낚시포인트

법환포구
"최영장군의 숙소가 있던 곳"

고려시대 최영 장군이 병사들의 숙소인 막숙을 지었던 자리였다 하여 막숙개로 불리는 곳이다. 법환포구 주변으로 범섬이며 새섬, 문섬과 섶섬 등 많은 섬들을 볼 수 있어 사진 찍기에 좋다. 낚시 포인트이기도 하여 강태공들에게도 인기가 좋은 곳이다.(p323 D:3)

- 서귀포시 법환동 163-4
- #막숙개 #올레7코스 #바다

세리월드
"카트 및 각종 체험 테마파크"

아이들도 안전하게 이용할 수 있어 인기가 좋은 카트레이싱을 비롯하여 승마, 미로공원, 번지점프 등 다양한 체험이 가능한 테마파크이다. 온가족이 즐길 수 있어 아이들과 함께 하는 가족여행객들에게 특히 만족도가 높다. 규모가 크고 실외라 지루할 틈이 없다. 특별한 레저 활동을 원하신다면 이곳을 추천한다.(p323 D:3)

- 서귀포시 법환상로2번길 97-13
- #카트레이싱 #승마 #유로번지 #미로

동화속으로 미로공원
"동백나무와 미로"

세리월드 안에 있는 미로공원이다. 미로는 수천그루의 동백나무로 만들어졌는데, 동백꽃이 피는 시기에 맞춰 방문하면 보다 환상적인 체험이 가능하다. 미로 중간중간 다양한 포토존이 잘 꾸며져 있어 사진을 찍기에도 좋다. 전망대에 오르면 동백 미로는 물론 멀리 한라산까지 감상할 수 있어, 꼭 올라가보시길 추천한다.(p323 D:3)

- 서귀포시 법환상로2번길 97-13
- #동백 #미로 #전망대

섶섬(서귀포해양도립공원)
"서귀포 앞 무인도"

서귀포항에서 20분 거리에 있는 무인도다. 빽빽한 나무와 주상절리로 유명한 곳이기도 하다. 다양하고 귀한 식물들이 많이 살고, 돌돔이며 다금바리 등 물고기가 많이 잡혀 낚시하는 사람들이 특히 좋아하는 섬이다. 여름이면 스노클링을 즐기려는 사람들로 북적인다. 섬 주변으로 형형색색의 물고기와 산호초를 내 눈으로 확인할 수 있다.(p325 E:3)

- 서귀포시 보목동
- #식물천국 #파초일엽 #낚시포인트

소천지
"인스타 사진촬영 명소"

올레6코스의 소나무숲길을 따라가다 보면, 제주도의 숨은 명소 소천지를 만나게 된다. 백두산 천지를 그대로 옮겨 놓은듯 하여 소천지라 부르는데, 날씨가 좋으면 고여있는 물 위로 한라산이 반영되는 모습까지 볼 수 있다.(p323 F:3)

- 서귀포시 보목동 1400

- #백두산축소판 #올레6코스 #1급수

제지기오름
"서귀포 바다와 한라산을 동시에"

오름의 높이가 100m 안팎이고 총거리가 650m 남짓이라 오르기가 쉽다. 앞으로는 서귀포 바다를, 뒤로는 한라산을 볼 수 있는 것이 이 오름의 매력이다. 올레길 6코스에 포함되어 있어 올레꾼들의 사랑을 받는 곳이기도 하다. 초반에는 완만하나 중간부터는 경사가 가파르다. 곳곳에 바위가 서 있으니 넘어지지 않도록 조심해야 한다.(p323 F:3)

- 서귀포시 보목동 275-1
- #올레6코스 #오름여행 #풍경

보목마을
"인위적이지 않은 작은 어촌마을"

올레길 6코스의 쇠소깍과 외돌개의 사이에 위치한 작은 어촌 마을이다. 제주에서 가장 아름다운 마을로 선정되기도 했다. 화려하지도 인위적이지도 않은 자연스러움을 간직한 마을이다.(p323 F:3)

- 서귀포시 보목포로 46
- #올레6코스 #어촌 #아름다운마을

보목포구
"자리돔 낚시 명소"

마을 곳곳에 길게 뻗어있는 야자수 길이 인상적인 보목포구! 매년 5~6월이면 자리돔 축제가 열릴 만큼 자리돔 낚시의 명소이기도 하다. 날씨가 좋은 날이면, 포구 저멀리 한라산을 볼 수 있기도 하다. 해질 무렵 보이는 빨간 노을이 매우 아름답다.(p323 F:3)

- 서귀포시 보목포로 46
- #올레6코스 #자리물회 #자리돔축제

제주다원
"전망좋은 녹차밭"

연간 5만여 명의 관광객이 다녀가는 유명 관광지. 녹차나무로만 이루어진 총 5단계의 미로 코스가 있는데, 생각보다 쉽지는 않다. 제주 다원 녹차 테마파크 전망대에서 바라본 풍경은 서귀포 70경 중 제1경이라 할 만큼 아름답다. 다양한 포토존, 염소 먹이 체험장, 해먹 체험장, 파노라마 뷰 전망대, 핑크뮬리 정원, 무료 차 시음장 등 즐길거리가 풍성하다.(p322 B:2)

- 서귀포시 산록남로 1258
- #미로 #전망대 #핑크뮬리

서귀포 치유의 숲
"편백나무와 삼나무 가득한"

치유의 숲은, 말 그래도 천천히 숲을 거닐며 자연이 주는 위로를 느껴보는 공간이다. 10개의 테마 중 알맞은 곳을 걸으면 된다. 산림치유지도사의 숲 해설과 함께 하고 싶다면 사전 예약이 필요하다.(p323 D:2)

- 서귀포시 산록남로 2271
- #편백나무숲길 #피톤치드 #열린관광지

상효원 수목원
"뒤로는 한라산 앞으로는 서귀포"

8만 평의 대지 위로 계절마다 다채로운 꽃이 피어나는 정원이다. 한라산은 물론 서귀포의 바다를 내려다 볼 수 있는 위치에 있어 제주도의 자연을 만끽할 수 있다. 제주도에서만 볼 수 있는 한란, 새우란도 볼 수 있다. 캠핑장은 물론 곳곳에 포토존이 마련되어 있어 추억을 남기기에도 훌륭한 곳이다.(p323 E:2)

- 서귀포시 산록남로 2847-37
- #한란 #노거수 #캠핑

중문미로파크
"미로찾는 즐거움"

심신 안정의 효과가 있는 랠란디나무의 미로 속에서 길을 찾는 즐거움을 체험할 수 있는 곳이다. 감귤 체험, 동물 친구들, 유채꽃밭과 제주의 신화와 역사, 황금 사자의 이야기 등 다양한 테마의 체험활동이 가능하다. 미로는 안내도를 안 보고는 통과하기 힘들 정도로 수준이 높은 편이다.(p322 A:3)

- 서귀포시 상예동 3592-5
- #랠란디나무 #미로 #감귤체험

갯깍주상절리대
"영화같은 해식동굴 포토존 "

@kuozai

깎아놓은듯한 돌기둥이 인상적인 갯깍 주상절리대. 사각형, 육각형의 돌기둥이 절벽처럼 이어져 있는데, 우리나라에서 가장 큰 규모라고 한다. 동굴의 검은 실루엣 안쪽으로 파란 하늘과 바다를 한껏에 담을 수 있는 사진을 찍으려는 사람들로 인기였으나, 현재는 공사중으로 동굴출입이 금지되어 있다. (p322 A:3)

- 서귀포시 상예동 977-1
- #주상절리 #동굴 #포토존

중문색달해변
"중문단지 해양스포츠 하기 좋은 해변"

제주의 다른 해변들보다 조금 더 깊이가 있는 곳. 그래서 수상스키, 윈드서핑, 스쿠버다이빙 등 해양스포츠를 하기에 제격이다. 과거 전국 해수욕장의 수질평가를 한 적이 있는데 이곳이 가장 우수했다고.(p322 A:3)

- 서귀포시 색달동 3306-3
- #수상스키 #윈드서핑 #해양스포츠

돈내코유원지
"계곡이 상록수림으로 울창해"

예로부터 이 지역에 멧돼지가 많이 출몰하여 '돗드르'라 불렸는데, '돗'은 돼지, '드르'는 들판, '코'는 입구를 내는 하천을 가리키는 제주어다. 멧돼지들이 물을 먹었던 내의 입구라 하여 돈내코라 불린다. 계곡 양편이 상록수림으로 울창하게 덮여 있고 높이 5m의 원앙폭포와 작은 못이 있어 경치가 매우 좋다.(p323 E:2)

- 서귀포시 상효동 1503
- #상록수림 #원앙폭포 #연못

별내린전망대
"나무데크 전망대"

백록담에서 시작되어 서귀포 바다로 흘러가는 중문천 하류에 있는 성천포를 말한다. 나무 그늘과 데크로 산책로가 잘 꾸며져 있어 산책을 즐기기에 매우 좋다.(p322 B:3)

- 서귀포시 색달동 2938-1
- #중문천 #성천포 #산책로

엉덩물계곡
"유채꽃 만발 하는 계곡"

중문 관광단지 안에 있는 엉덩물계곡은 봄이면 유채꽃밭으로 유명한 곳이다. 산책로 주변으로 온 세상이 노란 유채꽃 장관을 볼 수 있다. 입장료 없이 유채꽃밭을 마음껏 다닐 수 있는 귀한 곳이기도 하다. 차량을 이용한다면 중문해수욕장 주차장을 이용해보자.(p322 B:3)

- 서귀포시 색달동 3384-4
- #유채꽃 #올레8코스 #중문달빛걷기공원

1100고지습지
"습지따라 생태탐방로 산책"

한라산 중턱에 자리잡고 있는 1100고지습지! 멸종위기의 동물들은 물론, 희귀한 식물들이 터를 잡고 있는 곳이다. 환경적 가치도

물론이지만, 1100고지습지는 겨울 풍경이 아름답기로 유명하다. 눈이 온 다음이면 겨울왕국의 실사판이 펼쳐진다. 나무 데크의 생태 탐방로를 따라 온세상이 하얀, 눈꽃 풍경을 감상할 수 있다. 경이로울 만큼 아름답다.(p322 C:1)

- 서귀포시 1100로 1555
- #산지습지 #멸종위기1급 #식수원

선임교
"아치형 칠선녀 다리"

천제연 폭포 위쪽에 있는 아치형의 칠선녀 다리. 국내 최초로 고유의 오작교 형태로 건설되었으며, 선녀들이 구름을 타고 하늘로 올라가는 웅장한 모습을 하고 있다. 천제연의 2단과 3단 폭포 중간쯤에 위치해 폭포와 중문 관광단지를 이어주는 아치형 철제다리이다.

- 서귀포시 색달로189번길 27
- #아치형철제다리 #칠선녀다리 #오작교

문섬
"아열대 어류가 서식하는 무인도"

희귀한 산호들이 많이 살고 있고, 우리나라에서 수중 생태계가 가장 잘 지켜진 곳으로 알려져 있는 문섬은, 스킨스쿠버들에게 특히 사랑받는 섬이다. 세계 최대의 연산호 군락지이기도 해서, 바닷속을 여행하는 사람

들에게는 최고의 섬인 것이다. (p323 E:3)

- 서귀포시 서귀동
- #희귀산호 #문화재기념물제45호 #스킨 스쿠버

자구리공원
"민물과 바닷물이 만나는 곳"

공원 앞으로 바다가 펼쳐져 있는데, 섶섬이며 문섬, 서귀포항을 한눈에 담을 수 있어 바다를 보는 것만으로도 충분히 추천할 만한 곳이다. 공원은 '문화예술로 하나 되는 자구리'라는 이름처럼, 다양한 작품들이 전시되어 있다. 예술작품과 바다를 함께 즐기고 싶다면 이곳을 방문해 보자. (p323 E:3)

- 서귀포시 서귀동 70-1
- #이중섭 #작가의산책길

새섬
"새연교를 통해 이어지는 작은섬"

서귀포에서 가장 산책하기 좋은 곳을 꼽으라면 이곳이 아닐까. 서귀포항과 새섬을 연결하는 새연교를 따라 섬으로 들어오는 길은 특히 아름답다. 앉아 쉴 수 있는 벤치에선 음악이 흘러나오고, 밤이 되면 아름다운 조명이 빛을 발한다. 가까이에 있는 문섬과 섶섬, 범섬을 바라볼 수 있는, 낮에도, 밤에도 예쁜 곳이다. (p323 E:3)

- 서귀포시 서귀동 산1
- #새연교 #산책길 #뮤직벤치

고근산
"서귀포를 조망할 수 있는 오름"

산의 중간만 가도 바다 건너 범섬이 보이고, 정상에 오르면 마라도까지 볼 수 있는 풍경 맛집의 공간이다. 올레7코스에 속해 있기도 한데, 오르는 길이 삼나무와 편백나무와 같이 피톤치드를 뿜어내는 좋은 나무들로 채워져 있어 산책이 아닌 힐링을 할 수 있는 산이다. 걷기 좋고 볼 곳 많은 건강한 곳이다. (p323 D:3)

- 서귀포시 서호동 1287
- #올레7-1코스 #편백나무 #힐링

속골유원지
"더위를 피해 찾는 제주도민 휴양지"

제주도민들이 더위를 피해 찾는 여름 휴양지이다. 사시사철 물이 솟아 바닷가까지 흐른다. 자연적으로 생긴 야자나무숲과 제주도의 바다가 어우러지는 이국적인 풍경을 자랑한다. 여름철에만 운영하는 계절음식점이 있고, 가을이 오면 아름답기로 유명한 올레 4코스를 트레킹 하는 사람들로 붐빈다. (p323 D:3)

- 서귀포시 호근동 1645
- #올레7코스 #여름휴양지 #계절음식점

서귀포 하논분화구
"지표면 보다 낮은 화산체"

하논은 '논이 많다'는 뜻인데, 주로 밭농사를 짓는 제주도에서 거의 유일하게 논농사가 가능한 곳이기 때문이다. 대부분의 분화구는 산 정상에 있는데, 땅 안으로 움푹 꺼진 형태의 분화구를 가지고 있다. 이런걸 마르형 분화구라 하는데, 우리나라에선 유일한 곳이기도 하다. 5만 년의 역사가 담긴 분화구 주변으로 산책로가 잘 닦여 있어 초록의 논밭을 보며 산책이 가능하다. (p323 E:3)

- 서귀포시 서홍동 1003
- #마르형분화구 #용천수 #환경기록

황우지 해안
"현무암 천연 수영장이 만들어지는 곳"

현무암이 둘레를 이루고 있어 천연 수영장이 만들어지는 곳. 황우지 해안은 눈에 잘 띄지 않는데, 외돌개 휴게소 올레 7코스 부근 주차장에 주차하여 올레 7코스로 따라 해안가로 내려가면 그곳이 바로 황우지 해안이다. 해안에는 열두 개의 굴이 있는데, 이 동굴들은 일본군이 파놓은 진지 동굴이다. (p323 E:3)

- 서귀포시 서홍동 766-1
- #현무암 #해안 #올레7코스

황우지해안열두굴
"일제가 만든 인공 동굴"
태평양전쟁 당시 패색이 짙던 일본이 연합군의 반격에 대비해, 어뢰정과 폭약을 숨길 목적으로 만들었던 동굴이다. 이런 인공동굴을 만들기 위해 강제 노역했던 제주도민들의 아픔과 슬픔이 서려있는 곳이기도 하다. 주변에 스노클링이 가능한 천연풀장으로 유명한 선녀탕이 있을 만큼 아름다운 풍경을 자랑하는 곳이나, 역사적 아픔 또한 있는 곳이다. (p323 E:3)

- 서귀포시 서홍동 764-5
- #군사방어용 #인공굴 #선녀탕

서귀포칠십리시공원
"천지연 폭포 조망"

천지연 폭포를 조망할 수 있는 넓고 푸른 쉼터이다. 외돌개와 해안 올레길을 연결하는 공원이다. 여유롭게 산책하며 쉴 수 있는 곳이다.(p323 E:3)

- 서귀포시 서홍동 576-9
- #천지연폭포 #쉼터 #산책

황우지 선녀탕
"황우지 해안에 있는 곳"
물이 너무 깨끗하여 선녀들이 내려와 목욕을 했다고 알려져 있는 곳. 해안으로 내려가는 길은 85개의 계단을 거쳐야 하는데, 이 길에서 보는 황우지 해안의 풍경이 매우 아름답다. 해수욕과 스노클링을 즐길 수 있는 곳은 모두 3곳으로 자연이 선물한 천연 풀장이다. 바닷물이지만 선녀탕 주변을 에워싸고 있는 돌이 파도를 막아주어 마음껏 물놀이하기에 딱이다.(p323 E:3)

- 서귀포시 서홍동 795-5
- #해수욕 #스노클링 #천연풀장

외돌개
"용암이 식어 만들어진 바위"

외돌개는 용암이 식어 만들어진 바위로, 삼매봉 남쪽 바다에 우뚝 솟은 모습이 특이하다. 대장금 촬영지로 활용되어서 수많은 외국인이 찾고 있는 국제적인 여행지이기도 하다. 외돌개와 해안 절경을 보며 걸을 수 있는 산책길인 올레길 제7코스가 있다. 올레길 7코스는 올레길 중에서도 으뜸으로 손꼽힌다.(p323 E:3)

- 서귀포시 서홍동 791
- #기암괴석 #대장금 #올레7코스

엉또폭포
"비내리는 날 멋진 폭포"

평소엔 제주도의 여느 기암절벽에 지나지 않지만, 엉또폭포는 비오는 날 진가를 발휘한다. 비가 많이 내리는 날이면, 절벽에서 폭포로 변신하여 장관을 이루는 것이다. 늘 볼 수 있는 풍경이 아니니, 폭포로 변신한 엉또폭포를 볼 수 있는 행운을 누려보시길 바란다.(p322 C:3)

- 서귀포시 염돈로 121-8
- #비올때만보임 #기암절벽 #폭포

서귀포 자연휴양림
"여름철 더 시원한 산림욕"

해발고도가 높아 서귀포 시내보다 훨씬 시원한 곳이다. 숲도 좋아 여름이면 시원하게 캠핑을 즐기려는 사람들로 늘 붐빈다. 여름엔 시원함을 위해, 가을이면 색색의 단풍을 즐기기 위해 이곳을 찾는다. 제주도의 산과 숲의 매력을 제대로 느껴보자.(p322 C:2)

- 서서귀포시 1100로 882
- #산림욕 #최남단휴양림 #캠핑

서귀포 예래생태마을
"생태학습장 및 휴식공간"

대왕 수천이 흐르는 곳으로, 생태학습장 및 휴식공간으로 활용되고 있다. 2월쯤 방문하면 매화 천국을 만날 수 있다. 내부에는 다

양한 문화행사나 체험 프로그램들이 운영 중이다.(p322 A:3)

- 서귀포시 예래로 82
- #대왕수천 #생태학습장 #매화

SOS박물관
"자연재해 및 안전사고 대비"

국내 유일의 체험 교육 박물관이다. 재미뿐만 아니라 자연재해 및 안전사고에 대비할 수 있는, 교육의 효과를 기대할 수 있다. 자연재해의 심각성을 직접 느낄 수 있는 4D영상, 착시미술 등이 마련되어 있다. 체험한 학생들에게는 재해예방교육 봉사활동 시간까지 인증해 준다.(p323 D:3)

- 서귀포시 월드컵로 31
- #체험교육박물관 #안전사고예방 #자연재해체험

워터월드
"워터파크와 찜질방"

제주도에서 가장 큰 워터테마파크이다. 파도풀, 유수풀, 바데풀 다양한 풀은 물론, 대형 찜질방과 사우나 등 온 가족이 하루종일 즐길 수 있는 다양한 시설이 갖추어져 있다.

수영 좋아하는 어린 아이부터 스파나 사우나 좋아하실 어른들까지 함께 즐기기 좋다. 약이 되는 제주도의 물을 제대로 느껴볼 수 있다.(p323 D:3)

- 서귀포시 월드컵로 33
- #워터테마파크 #유수풀 #종합레저공간

제주월드컵경기장
"축구 전용 경기장"

2002년 FIFA 월드컵을 위해 만들어진 축구 전용 경기장으로 오름과 분화구를 상징적으로 표현하고 있다. 세계로 힘차게 뻗어나가는 제주인의 기상을 상징한다. 제프 블래터 전 국제축구연맹 회장이 이곳에 왔을 때 "세계에서 가장 아름다운 경기장"이라고 언급하기도 했다.(p323 D:3)

- 서귀포시 월드컵로 33
- #FIFA #세계에서가장아름다운경기장

세계성문화박물관
"고대부터 현대까지"

성을 주제로 한 동서고금의 자료들이 다 모여있는 곳이다. 재미있는 춘화, 적나라한 조각 등 2천 점이 넘는 성 유물들이 전시 중이다. 감추고 숨기는게 아닌, 건강하게 성을 마주보고 이야기할 수 있는 이색적인 공간이다. 특별한 경험을 원하시는 분들께 추천한다. (p323 D:3)

- 서귀포시 월드컵로 33 제주월드컵경기장
- #성문화 #성유물 #춘화

약천사
"약수가 흐르는 사찰"

사계절 내내 약수가 흐르는 사찰이라 하여 약천사라 이름붙여졌다. 커다란 야자수 나무들이 사찰을 찾은 손님들을 맞아준다. 동양 최대 규모의 법당을 자랑하는 데다 바다도 볼 수 있어, 탁 트인 공간만큼이나 무거운 생각을 내려놓기 좋다. 템플스테이도 운영 중인 사찰이라, 몸도 마음도 쉬어가기 참 좋다.(p322 B:3)

- 서귀포시 이어도로 293-28
- #약수 #동양최대법당 #하귤

대포 주상절리대

"6각형의 주상절리를 볼 수 있는 곳"

주상절리는 화산 분출 후 용암 표면이 균등한 수축으로 수직 방향으로 생겨난 돌기둥을 뜻한다. 해안가의 용암이 빠르게 식으면서 생긴 균열이 4~6각형의 기둥을 생성하고, 그 균열로 비와 눈이 들어가 얼고 녹기를 반복하면서 틈이 발생하고 떨어져 나가 대포동 주상절리대가 생성되었다.(p322 B:3)

- 서귀포시 이어도로 36-24
- #해안 #돌기둥 #기암괴석

아프리카 박물관

"아프리카에 대한 편견을 없애는 곳"

이색적인 건물 만큼이나 볼거리가 다양한 박물관이다. 쉽게 접하기 어려운 아프리카의 독특한 문화를 체험해 보고, 아프리카에 대한 편견을 바로잡을 수 있다. 아프리카 하면 떠오르는 사파리 파크나, 상설전시관, 현대미술전 등이 마련되어 있다. 아프리카의 색이 어떤 것인지 온몸으로 경험해볼 수 있

다. 관람객들의 만족도가 높은 원주민 공연은 사전 예약이 필수다.(p322 B:3)

- 서귀포시 이어도로 49
- #사파리파크 #원주민공연 #아프리카체험공간

이중섭미술관

"이중섭 화백의 작품이 있는 미술관"

대한민국을 대표하는 천재 화가 이중섭이 서귀포로 피난을 오며 이곳에서 다양한 작품활동을 했는데, 이를 기리기 위해 화가 이중섭의 작품과 소장품을 전시하고 있는 곳이다. 서귀포에서의 생활은 그의 작품에도 많은 영향을 주었는데, 그런 작품들을 감상해볼 수 있다. 미술관 가까이에는 그가 머물렀던 집과 그를 기리는 이중섭 거리가 마련되어 있다.(p323 E:3)

- 서귀포시 이중섭로 27-3
- #이중섭 #서귀포 #피난

이중섭거주지

"이중섭이 머물던 곳"

한국전쟁 당시, 화가 이중섭과 가족들이 피난생활을 했던 공간이다. 그의 작품에도 스며있는 이중섭이 머물던 공간이 옛 모습 그대로 복원되어 있다. 서귀포 정방동 매일시장에서 솔동산까지 그의 행적을 따라 천천

히 걸어보자. 열악했지만 동시에 따뜻했던 그의 지난 생활이 그려진다.(p323 E:3)

- 서귀포시 이중섭로 29
- #이중섭거리 #정방동 #이중섭예술제

이중섭미술관창작스튜디오

"문화 및 체험프로그램"

성산일출봉에서 대정 송악산까지 가파도, 마라도를 아우르는 역사유적의 연구 조사 활동, 유무형의 문화재를 발굴 조사하고, 지역민을 위한 문화예술 공연 및 체험 프로그램 등을 운영한다.(p323 E:3)

- 서귀포시 이중섭로 33
- #역사유적 #문화재발굴 #공연

서귀본향당

"신을 섬기는 신당"

서귀동 이중섭 미술관 위편, 문섬이 내려 보이는 곳에 위치한 신당이다. 서귀본향당의 당신의 이름은 '보름웃님'이다. 마당 한편에 있는 신목의 위풍이 예전 당제의 위엄을 나타내고 있다.

- 서귀포시 이중섭로23-11
- #보름웃님 #신목

숨도(구.석부작테마공원)
"현무암돌에 자라는 야생초"

숭숭 구멍이 뚫려있는 현무암 사이사이로 야생초가 붙어 자라나는, 제주도에서만 볼 수 있는 석부작을 볼 수 있는 곳이다. 자연이 만든 예술품인 석부작 작품들과 다양한 분재 작품들을 만나볼 수 있다. 제주도의 색채가 물씬 나는 나무들과 산책로가 잘 마련되어 있어 걷는 기쁨이 있는 곳이기도 하다.

(p323 E:3)

- 서귀포시 일주동로 8941
- #풍란 #야생화 #분재작품

제주국제컨벤션센터
"중문면세점 위치"

국내 유일의 리조트형 컨벤션 센터로 국제회의, 강연, 연회, 이벤트, 전시회, 공연 등이 펼쳐진다. 연중 다양한 전시회 및 행사 공연 등이 펼쳐지는 곳으로 제주관광공사 중문 면세점이 위치해있다.(p324 A:3)

- 서귀포시 중문관광로 224
- #리조트형컨벤션센터 #전시회 #행사

제주국제평화센터
"제주 방문했던 저명인사의 밀랍인형"

평화의 섬 제주도의 가치와 비전을 체험해볼 수 있는 공간이다. 세계 평화의 중심이자, 동북아 평화의 허브가 되길 꿈꾸는 제주도의 역사가 잘 정리되어 있다. 제주도를 방문했던 세계 각국의 주요 정상들과 유명 인사들의 밀랍인형들도 볼 수 있다.(p324 A:3)

- 서귀포시 중문관광로 227-24
- #평화의섬 #주요정상 #밀랍인형

박물관은 살아있다
"트릭아트 뮤지엄"

세계에서 가장 규모가 큰 착시 테마파크이다. 착시아트, 오브제아트 등 다섯 가지 테마로 운영되고 있는데, 세계적으로 유명한 미술 작품들 속에 들어가거나 주인공이 되어볼 수 있다. 유명 작품들 속에 직접 들어가 사진을 남겨보자. 유쾌한 추억이 될 것이다.(p322 A:3)

- 서귀포시 중문관광로 42
- #착시미술 #체험전시관 #트릭아트

여미지 식물원
"아시아 최대 식물원"

아시아에서 가장 큰 규모의 온실을 자랑하는 식물원이다. 3만 평이 넘는 부지에 2천여 종의 식물을 보유하고 있다. 실내에는 40m에 가까운 커다란 중앙 전망탑이 있고, 다양한 테마의 정원을 만날 수 있다. 외부에는 일본식, 프랑스식 등 동서양의 정원이 마련되어 있다. 생명력 넘치는 식물을 원없이 볼 수 있는 곳이다.(p322 B:3)

- 서귀포시 중문관광로 93
- #아름다운땅 #동서양정원

초콜릿랜드
"초콜릿 예술작품"

세계 각국의 초콜릿을 만나볼 수 있는 곳이다. 보는 것만으로도 행복한 초콜릿이지만, 직접 만들어볼 수 있는 체험 프로그램도 다양하게 마련되어 있다. 초콜릿, 마카롱, 피자 만들기

등을 체험해 볼 수 있는데, 특히 아이들의 만족도가 높다. 직접 만든 초콜릿은 기념 선물로도 인기가 좋다.(p322 A:3)

- 서귀포시 중문관광로110번길 15
- #초콜릿전시장 #포토존 #초콜릿만들기

테디베어뮤지엄 제주
"실감나는 테디베어"

미국의 26대 대통령인 시어도어 루스벨트의 애칭에서 나온 테디베어는 100년이 넘는 세월 동안 전 세계 어린이들과 수집가들의 사랑을 받고 있는 장난감이다. 전시되어 있는 인형들은 각 씬에 맞게 철저한 고증을 통해 디자이너들이 직접 손으로 제작한 것들이다. 모터 구동으로 살아 움직이는 듯 실감 나는 모습을 즐길 수 있다.(p322 A:3)

- 서귀포시 중문관광로110번길 31
- #테디베어 #모터구동 #수작업인형

중문관광단지
"서귀포 최대의 관광단지"

최고급 호텔들은 물론, 칠선녀들이 내려와 노닐다 간 천제연폭포, 육각형의 돌기둥이 병풍처럼 펼쳐져 있는 주상절리대, 서퍼들의 천국

인 중문색달해수욕장 등이 이곳에 모여있다. 이 밖에도 세계 최대의 온실 식물원인 여미지 식물원, 테디베어 박물관, 퍼시픽 리솜 등 호텔, 자연경관, 쇼핑 등 여행에 필요한 모든 것이 충족되는 곳이다.(p324 A:3)

- 서귀포시 중문관광로72번길 35
- #최고급호텔 #자연경관 #쇼핑

쉬리의언덕
"영화 '쉬리'의 마지막 장면"

신라호텔 안에 있지만, 무료로 개방이 되어 있는 산책로이다. 영화 〈쉬리〉의 마지막 장면에 나왔던 바로 그 언덕이기도 하다. 아름답기로 유명한 중문색달해수욕장의 멋진 바다 풍경을 즐길 수 있다.(p322 A:3)

- 서귀포시 중문관광로72번길 75
- #쉬리 #산책로 #바다

솜반천
"한라산의 맑은 물이 계곡을 이뤄"

선반내 라고도 부르는 솜반천은 한라산의 맑은 물이 계곡을 이루고 있다. 한여름에도 물의 차가움이 얼음장 같아 물놀이의 명소로 유명하다. 이곳의 물이 흘러 천지연폭포가 된다고 하니 제주도의 숨은 물놀이 명소

솜반천을 기억해두자.(p323 E:3)

- 서귀포시 중산간동로8183번길 12
- #선반내 #물놀이

제주 유리박물관
"8000평 공간에 유리작품"

한국에 있는 유일한 유리 박물관이다. 8천 평의 넓은 대지 위에, '유리가 이렇게 아름다웠나' 싶을 정도의 멋진 작품들이 전시되어 있다. 단순히 보는 것에서 나아가, 유리 위에 직접 그림을 그려보는 '나만의 접시' 만들기 체험도 운영 중이다. 아이와 함께 하는 가족이라면 특히 추천할 만한 장소이다.(p322 A:3)

- 서귀포시 중산간서로 1403
- #국내유일 #유리작품 #유리블로잉

서복전시관
"진시황명에 의해 불로초 찾아 다녀간곳"

진시황의 명령에 불로초를 찾아 제주도까지 찾아온 인물 서복에 대해 전시해놓은 곳. 서복은 정방폭포에 들렀다가 그 아름다운 풍경에 반해 폭포 바위에 '서불과지'(서불이 다녀갔다)라는 글을 새기고 떠났는데, 이 바위 근처에 서복 전시관을 개관하였다.

- 서귀포시 칠십리로 156-8
- #진시황 #불로초 #서복

한국야구 명예의 전당
"LG 이광환 감독 기증품"

야구팬이라면 입구에서부터 행복할 곳이다. 전 프로 야구팀 감독이었던 이광환 감독이 소장하고 있던 기증품으로 꾸며진 박물관이다. 한국 야구의 지난 역사를 느껴볼 수 있다. 유명 선수들의 유니폼은 물론 트로피, 사인볼 등 다양한 소장품이 전시되어 있다.(p322 C:3)

- 서귀포시 중산간서로 97-1
- #이광환감독 #야구의집 #야구소장품

도순다원
"한라산과 어우러진 녹차밭"

뒤로는 한라산이, 앞으로는 녹차밭이 끝없이 펼쳐져 있고, 녹차밭 너머로는 제주도의 바다가 기다리고 있는 곳이다. 아모레퍼시픽이 직접 개간한 곳으로, 제주의 자연과 초록의 녹차밭이 평화롭게 공존하고 있다. 천국이 있다면 이런 풍경이 아닐까? 보는 것만으로도 머리와 영혼이 맑아지는 느낌이다.(p322 C:3)

- 서귀포시 중산간서로356번길 152-41
- #아모레퍼시픽 #최초의다원 #제다공장

천제연 폭포
"비가 오는 날은 반드시 제1폭포를 보러 가자"

천제연(天帝淵)은 하느님의 못이라는 뜻을 담고 있다. 천제연 폭포는 상, 중, 하로 나뉘는 3단 폭포로 천제교 아래 있다. 그중 비가 와야 구경할 수 있는 최상류의 제1폭포가 으뜸으로 꼽히며, 나무데크로 1폭포부터 3폭포까지 산책로가 이어져 있다. 천제연 폭포 옆 선임교는 오작교 형태의 전설을 담고 있다.(p324 A:3)

- 서귀포시 천제연로 132 천제연폭포관리소
- #비오는날 #제1폭포

더플래닛
"제주의 자연을 발견할 수 있는 곳"

제주도를 대표하는 멸종 위기종 새들을 모티프로 한 버디프렌즈는, 캐릭터를 통해 숲속의 지혜와 이야기를 들려준다. 한동안 쓰

임이 없이 방치되었던 변전소를 다양한 전시와 교육 콘텐츠를 즐길 수 있는 공간으로 재탄생시켰다. 제주의 숲을 주제로 한 <버디프렌즈 캐릭터 전시관>과 지구와 자연을 주제로 한 <생물 다양성 전시관>이 상설 운영되고 있다.(p322 A:3)

- 서귀포시 천제연로 70
- #버디프렌즈 #변전소 #교육

중문 향토 5일장
"옛 제주 장터 모습 그대로"

옛 제주 장터의 모습을 그대로 간직한 3일, 8일 열리는 전통시장. 중문향토시장 맞은편에는 중문블란지 야시장이 열린다. '블란지'는 반딧불이의 제주도 사투리로, 저녁 6시부터 영업 시작을 하므로 오일장을 구경하고 들리면 좋다. 볼거리와 먹을거리 모두 풍성하다.(p324 A:3)

- 서귀포시 천제연로188번길 12
- #전통시장 #중문블란지야시장 #오일장

천지연 폭포
"운치있는 스테디셀러 폭포"

오래된 스테디셀러 관광지로, 넓은 계곡으로 떨어지는 폭포의 모습이 한편의 동양화 같다. 야간조명시설이 되어 있어 야간에도 오픈한다. 외국의 거대한 폭포도 좋지만, 천지연폭포야말로 운치 있는 폭포로 색다른 아름다움을 준다.(p325 D:3)

- 서귀포시 천지동 667-7
- #푸른빛폭포 #필수관광지

소정방 폭포
"폭포를 가까이에서 만질 수 있다는 것!"

정방폭포 동쪽에 있는 아담한 폭포로 폭포수를 매우 가까이서 볼 수 있다. 정방폭포를 축소한 모양이라 하여 '소정방'이라 부른다. 폭포 높이가 7m가량으로 여름철 물맞이 장소로 인기 있다.(p325 E:3)

- 서귀포시 칠십리로214번길 17-17
- #폭포 #여름여행지 #물놀이

왈종미술관
"백자 모양의 미술관"

조선 백자 모양의 미술관이자, 이왈종 화백의 작업실이다. 둥근 찻잔 모양의 건물 안에는 이왈종 화백의 작품들이 전시되어 있는데 따뜻하고 밝고 화사한 톤의 작품이 많아, 보는 이로 하여금 마음을 편안하게 한다. 옥상정원에서는 한라산은 물론 문섬, 섶섬, 새섬 등을 볼 수 있고, 아트샵이자 카페에선 휴식을 취할 수 있다.(p325 E:3)

- 서귀포시 칠십리로214번길 30
- #이왈종 #조선백자모양 #아트샵

서귀포항
"우리나라 최남단 항구"

우리나라의 대표적인 해양 관광지이다. 관광 잠수정은 물론, 유람선, 제트보트 등 바다를 즐길 수 있는 레저시설들이 다양하게 운영 중이다. 서귀포항 주변에는 아름다운 섬이 많은데, 특히 문섬 앞바다의 산호는 예쁘기로 유명해 다이버들의 사랑을 한몸에 받고 있다. 일몰 풍경 역시 아름다워 서귀포항을 찾는 사람들이 많다.(p323 E:3)

- 서귀포시 칠십리로72번길 14
- #해양관광지 #다이버 #일몰

세계 조가비 박물관
"1만 5천종의 조가비"

관장이 직접 전 세계를 돌아다니며 40여년간 수집해온 1만 5천 종이 넘는 조가비들을 볼 수 있는 곳이다. 정말 다양한 색상과 모양의 조가비들을 볼 수 있는데, 모두 인공적인 채색 없이 자연 그대로의 모습으로 전시되고 있는 것이다. 조가비, 산호, 동을 이용한 다양한 예술 작품을 선보이고 있다. 방문객들이 직접 무언가를 만들어볼 수 있는 체험 공간도 마련되어 있다.(p323 E:3)

- 서귀포시 태평로 284
- #조가비 #산호 #진주

한라산
"4시간 30분 등반이면 우리나라 최고 높은 곳에 오를 수 있어"

성판악 코스 정상까지 4시간 30분이면 백록담을 볼 수 있다. 겨울철에 눈밭을 올라가려는 등산객으로 붐빈다. 더 이상의 미사여구가 필요 없는 남한에서 제일 높은 산으로, 등반 시간을 잘 체크하여 사고 나는 일이 없도록 해야 한다.(p323 D:1)

- 서귀포시 토평동 산15-1
- #등산 #설경 #백록담

스토리캐슬 EP.1 더 신데렐라
"동화속으로 들어가보자"

@sujin__kang

그림형제의 동화 신데렐라, 작은 빨간모자, 엄지동이, 헨젤과 그레텔을 미디어아트를 통해 만나볼 수 있다. 원작의 그림들과 설명이 가득해 동화를 쉽게 이해할 수 있다. 포토스튜디오, 체험존에서 동화 속 주인공이 되어볼 수 있다. 실내관광지로 날씨에 상관없이 방문 가능하다.

- 서귀포시 중문관광로110번길 32
- #그림동화 #미디어아트 #실내관광지

백록담
"한라산의 분화구"

한라산 정상에 있는 타원형의 분화구이다. 원형이 잘 보존되어 있어 학술적인 가치도 뛰어나지만, 이곳은 아름다운 경관으로 더 유명하다. 신선들이 한라산에서 흰 사슴을 타고 다녔다는 전설에 유래하여, 백록담이라는 이름이 지어졌다. 한겨울에 내린 눈이 여름까지 남아있는데, 이 흰 눈이 제주10경 중 하나라고 한다. (p323 D:1)

- 서귀포시 토평동 산15-1
- #한라산 #분화구 #최고봉

법화사지
"10~12세기 추정 사찰터"

제주도 기념물 제13호로 지정된 사찰이다. 언제 지어졌는지는 정확하지 않으나 1269년 무렵으로 추측되고 있다. 발굴 당시 기단 면적이 약 330틀에 이를 정도로 큰 규모를 자랑했던 것으로 보인다. 현재의 대웅전은 1987년에 다시 지어졌으나 이곳에서 발견된 기와조각들은 10~12세기경에 지어진 것으로 추정되고 있다.(p322 B:3)

- 서귀포시 하원북로35번길 15-28
- #문화유적지 #사찰 #휴식

서귀포감귤박물관
"감귤의 역사"

제주도를 대표하는 감귤이 언제부터 시작되었는지, 종류는 얼마나 다양한지, 어떻게 재배되는지 등을 자세히 알아볼 수 있는 박물관이다. 박물관 주변에는 감귤을 활용한 다양한 체험 프로그램들이 운영되고 있다.(p323 F:3)

- 서귀포시 효돈순환로 441
- #국내최초공립전문박물관 #감귤따기체험 #아이

돔베낭길
"아름다운 바다 산책길"

제주에서 가장 아름다운 바다 산책로로 꼽히는 길로, 원래는 '돔베낭골'로 불렸었다. 동백나무를 뜻하는 돔베낭과 골짜기를 뜻하는 골이 합쳐진 말로, 푸른 바다와 아름다운 해안 풍경을 보며 걸을 수 있는 산책길이다.(p325 D:3)

- 서귀포시 호근동 1615-6
- #바다산책로 #돔베낭골 #해안풍경

윗세오름
"한라산 암벽풍경을 볼 수 있는 오름"

높이가 1,740m에 달하는, 한라산 다음으로 가장 높은 오름이다. 계절별로 다양한 꽃과 풀이 피며 탐방객들의 마음을 사로잡는다. 윗세오름을 오르는 다양한 코스가 있지만, 영실탐방로가 상대적으로 쉬운 코스에 속한다. 윗세오름에선 백록담의 암벽을 감상할 수 있으며, 설경이 특히 아름답기로 유명하니 겨울산행을 계획하신다면 윗세오름을 추천한다.

- 서귀포시 서호동
- #높은오름 #야생화 #풍경

원앙폭포
"두 개의 물줄기가 떨어지는 폭포"

돈내코 입구에서 산책로를 따라 걷다 보면 두 개의 물줄기가 떨어지는 폭포, 원앙폭포를 만날 수 있다. 금슬이 좋은 원앙부부가 살았다는 이야기가 전해져 내려온다. 폭포 주변 돌에 앉아 폭포를 담는 인증샷이 인기다. 7~8월에는 물놀이 하러 많이 오는 곳이다. 사진명소로 유명하다.(p325 E:2)

- 서귀포시 돈내코로 137
- #인생폭포 #돈내코유원지 #물놀이

제주실탄사격장

"실탄사격, 특별한 경험을 해보자"

@yisoah

제주에서 즐기는 특별한 액티비티! 실내 권총사격장이다. 실탄 사격이라는 이색 체험을 할 수 있다. 온 몸으로 전율을 느낄 수 있고, 스트레스를 풀 수 있는 특별한 경험을 할 수 있다. 시뮬레이션과 비비탄사격을 통해 몸을 풀고 실탄 사격을 하는 것도 좋다.

- 서귀포시 소보리당로164번길 62
- #실탄사격 #이색체험 #액티비티

세리월드

"도심에서 즐기는 레져!"

도심형 복합레저타운으로 카트, 승마, 미로공원 등 즐길거리가 다양하다. 동화이야기가 곳곳에 소개되고 있는 미로공원은 아이들과 함께하기 좋다. 겨울에는 동백꽃이 가득해 더욱 아름답다. 시속 70km까지 올라가는 카트는 제주에서 가장 빠른 카트로 유명하다. 승마체험도 할 수 있다. (p323

D:3)

- 서귀포시 법환상로2번길 97-13
- #오락실 #제주투어패스 #아이와함께

액트몬제주점

"온가족이 즐길 수 있는 오락실"

@jeonggyeong_love_swsy

1,000평 규모의 엔터테인먼트 테마파크. 온가족이 즐겁게 놀 수 있는 오락실이다. 종합이용권으로 게임존+레이저미션+아트랙션뮤지엄까지 이용이 가능하다. 제주투어패스로 1시간 무료 이용이 가능하다. (p324 A:3)

- 서귀포시 중문관광로 205 코시롱빌딩 B1층
- #오락실 #제주투어패스 #아이와함께

무비랜드왁스뮤지엄

"유명인사들과 사진을 찍어보자"

@40juny

미국 최초, 최대 밀랍박물관이 제주도로 영구 이전하여 개관하였다. 영화 속 캐릭터, 할리우드 슈퍼스타, 스포츠 스타 등을 실물 크기의 밀랍 인형으로 만날 수 있다. 중간 중간

인증샷을 찍을 곳이 있어 재밌게 관람할 수 있다. 제주투어패스로 무료 관람이 가능하다. (p324 A:3)

- 서귀포시 중문관광로 205
- #밀랍박물관 #제주투어패스 #중문

서귀포시
꽃/계절 여행지

서귀포 무인카페 다락 수국
"신비로운 느낌의 푸른 수국밭"

@dogamzi1

여름이 되면 정원 딸린 무인카페 다락 가는 길목에 푸른 수국밭이 펼쳐진다. 카페 가는 길목이라 별도의 입장료를 받지 않는다. 다락은 무인카페라는 이름이 붙어 있지만, 카페라기보다는 여행자들의 사랑방 같은 곳으로, 음료나 다과를 판매하지 않는다. (p323 F:2)

- 서귀포시 상효동 1361-1
- #6,7월 #무인휴게소 #무료입장 #숨은 명소

한라산 영실코스 단풍
"그냥 등산말고, 단풍 등산"

영실휴게소 주차 후 등반 편도 5.8km 2시간 30분 동안 등산하여 영실휴게소-병풍바위-윗세1대피소-남벽분기점을 지나는 등산코스를 이용하자. 등반 시작 후 10분 내외 병풍바위를 둘러싼 단풍 풍경이 펼쳐진다.(p322 C:1)

- 서귀포시 하원동 산 1-4
- #10,11월 #가을등산 #병풍바위

1100고지 단풍
"오르지 않아도 되는 단풍길 걷기"

@chani.may

제주도에서 유일한 습지보호지역 1100고지는 단풍 명소로 유명하다. 1100로 영실 입구 주차장을 따라 이동하면 멋진 단풍길이 이어진다. 네비에 서귀포시 중문동 한라산 영실 등산로 입구 혹은 서귀포시 색달로 산1을 찍고 이동 (p322 C:1)

- 서귀포시 색달동 산1-2
- #10,11월 #습지보호지역 #한라산영실 등산로

상효원 동백
"한라산 뷰의 상효원 동백꽃"

@jeju__soso

겨울철이 되면 상효원수목원에서 붉게 핀 동백꽃을 만나볼 수 있다. 제주 동백꽃은 육지 동백꽃보다 더 붉고 탐스러운 모양으로 유명하다. 10~2월 09:00~18:00 영업, 17:00 입장 마감. 3~9월 09:00~19:00 영업, 18:00 입장 마감.(p323 E:2)

- 서귀포시 산록남로2847-37
- #11,12,1,2,3월 #수목원 #산책로

호근동 동백길
"시골길에 피어있는 붉은 동백길"

@jejujes

호근동 한적한 시골길에 아담하지만 잘 가꾸어진 동백나무 산책길이 마련되어있다. 동백꽃이 피지 않을 때도 산책하기 참 좋은 곳. 주소는 제주도 서귀포시 호근동 1323-1. 관광지가 아닌 개인 사유지이므로 조용히 방문하고 돌아가는 것이 예의.(p323 D:2)

- 서귀포시 호근동 1323-1
- #11,12,1,2,3월 #시골마을 #사유지 #산책

상효원 메리골드
"가을에서 겨울까지 볼 수 있는 메리골드"

@sophie_de_nl

매년 9월부터 11월까지 상효원수목원에서 메리골드 군락과 제주 자생식물을 만나볼 수 있다. 메리골드는 노란빛과 주황빛을 띄는 국화과의 꽃으로 서리

가 내릴 무렵까지 절정을 이룬다. 10~2월 09:00~18:00 영업, 17:00 입장 마감. 3~9월 09:00~19:00 영업, 18:00 입장 마감.(p323 E:2)

- 서귀포시 산록남로 2847-37
- #9,10,11월 #노란빛 #주황빛 #국화

예래동 벚꽃길
"벚꽃 드라이브 코스"

@_haajji

조용히 벚꽃놀이를 즐기고 싶다면 예래생태공원을 찾아가 보자. 중문관광단지부터 예래생태공원까지 가는 길목에 멋진 벚꽃 드라이브 코스가 펼쳐진다. 중문관광단지에서 중문관광로, 예래입구사거리, 예래동으로 이어지는 길목에 벚꽃이 가득하다. 네비에 서귀포시 예래로 213을 찍고 이동.(p322 A:3)

- 서귀포시 예래로 82
- #3,4월 #벚꽃드라이브 #시골마을

중문동 벚꽃길
"예래동 주민센터부터 이어지는"

@dancingmoon_in_jeju

봄이 되면 예래동 주민센터부터 구 중문동 주민센터까지 벚꽃 드라이브 길이 이어진다. 중문초등학교와 중문 우체국 등 중문동 곳곳을 흐드러지게 핀 벚꽃이 장식하고 있다. 서귀포시 상예동 518-4 예래동 주민센터로 이동.(p322 B:3)

- 서귀포시 1100로 30
- #3,4월 #예래동주민센터 #중문초등학교 #중문우체국

상효원 수국
"수국의 아름다움을 느껴봐"

@miae_atelier

매년 여름이 되면 상효원수목원에서 수국 군락과 제주 자생식물을 만나볼 수 있다. 하얀색, 하늘색, 보라색 수국이 여름을 닮아 싱그럽다. 10~2월 09:00~18:00 영업, 17:00 입장 마감. 3~9월 09:00~19:00 영업, 18:00 입장 마감.(p323 E:2)

- 서귀포시 산록남로 2847-37
- #6,7월 #흰수국 #하늘색수국 #보라색수국 #제주식물

서귀포 국세공무원교육원 팜파스
"인생사진을 찍고 싶다면"

가을부터 겨울까지 서귀포 국세공무원교육원에서 이국적인 팜파스 초원을 구경할 수 있다. 팜파스는 억새를 닮은 볏과의 여러해살이풀인데, 초원에 군락을 이루어 자생한다. 팜파스 풀숲을 배경으로 인생 사진을 찍어가자.

- 서귀포시 서호중로 19
- #10,11,12,1월 #서양억새 #억새숲

답다니수국밭
"이곳이 수국 맛집"

@rang_1210

제주도에서 새로 떠오르는 여름철 수국 명소. 눈이 시릴 정도로 파란 수국 무리가 펼쳐져 있다. 답다니 귤밭과 귤 창고 옆에 수국 공원이 마련되어있다. 공원 입장료를 내면 수국 한 송이와 사진 촬영 서비스를 받을 수 있다. 월평로 50버길 17-34로 이동, 매일 09:00~18:00 영업.(p322 C:3)

■ 서귀포시 월평로50번길 17-30
■ #6,7월 #파란수국 #귤밭 #수국한송이 #사진촬영

서귀포 엉덩물계곡 유채꽃
"계곡따라 가득한 유채꽃밭, 강추"

엉덩물 계곡 길을 샛노랗게 수놓은 탐스러운 유채꽃. 계곡을 따라 올라갈수록 더 풍성한 유채꽃을 만날 수 있다. 서귀포 유채꽃 걷기대회 코스, 중문 달빛걷기 코스로 지정될 정도로 제주도에서 손꼽히는 걷기 좋은 유채꽃 길. 예전에는 엉덩물 계곡의 지형이 험난해 접근하기 힘들어 이곳을 찾은 이들이 물맛을 보지 못하고 엉덩이를 들이밀고

볼일만 보고 돌아갈 수밖에 없었는데, 이러한 사연 때문에 엉덩물이라는 재미있는 이름이 붙게 되었다고 한다.(p322 B:3)

■ 서귀포시 색달동 3384-4
■ #3,4월 #둘레길 #유채꽃걷기대회 #중문달빛걷기대회

카페 귤꽃다락 귤
"귤밭 포토존이 있는 카페"

@elin_ellla

돌 창고를 개조한 감성적인 귤 카페. 바람에서도 귤 향기가 느껴지는 곳이다. 카페 이름처럼 귤로 만든 메뉴가 많다. 카페 어디에서 찍든 귤밭이 함께 찍힌다. 그중 귤 양갱은 모양도 독특하고 사진을 찍어도 예쁘게 나온다. 특이사항으로는 아동 동반 시 입장 후 부모님 주의존 동의서를 받고 있다.(p324 C:3)

■ 서귀포시 이어도로1027번길 34
■ #귤밭뷰 #귤카페 #귤뷰

상효원 백일홍
"4계절 상시 꽃축제"

제주 자연 그대로의 계곡, 습지, 울창한 나무들로 이루어진 정원이다. 계절별로 봉선화, 백일홍, 튤립 등 다양한 꽃을 만나볼 수 있으며, 이곳에서 꽃멍(?)을 하며 잠시 머릿속을 비우기도 좋다. 본관 앞에서 꼬마 기차도 운영한다.(p323 E:2)

■ 서귀포시 산록남로 2847-37
■ #4계절꽃 #튤립 #꽃축제

선작지왓(윗세오름) 철쭉
"한폭의 풍경화 같은 철쭉 군락"

@bodhi208

윗세오름을 오르다 보면 발걸음을 멈추게 하는 철쭉이 군락을 이루고 있다. 5월 무렵, 한 폭의 풍경화처럼 남벽 바로 아래와 병풍 바위 옆 사면은 철쭉으로 뒤덮이곤 한다.

■ 서귀포시 영남동
■ #윗세오름한폭의풍경화 #철쭉군락 #윗세오름철쭉

법화사지 배롱나무
"사찰과 어우러진 배롱나무"

@jeju_mina_

8월에 활짝 피어나는 목백일홍이라 불리는 배롱나무꽃이 아름다운 곳이다. 사찰 안의 연못을 따라 나무들이 쭉 심어져 있는데, 고즈넉한 분위기를 느끼며 산책하기 좋다. (p324 B:2)

- 서귀포시 하원북로35번길 15-28
- #배롱나무 #여름꽃나무

서귀포시 맛집 추천

제주 운정이네
"갈치조림, 갈치구이"

제대로 된 갈치조림, 갈치구이 한 상을 맛보고 싶다면 운정이네를 찾아가자. 6시 내고향, 생생정보, 등 각종 매체에서 인증된 맛집으로, 갈치요리와 전복돌솥밥이 포함된 푸짐한 한상차림을 선보인다. 2인 이상 주문 가능. 연중무휴 08:00~22:00 영업.

- 서귀포시 중산간서로 726 운정이네
- 064-738-3883, 0507-1475-3883
- #TV출연맛집 #갈치요리 #전복돌솥밥 #2인이상

오가네전복설렁탕
"전복설렁탕, 전복물회냉면"

신선한 생전복만을 선별해 푹 고아낸 전복설렁탕 맛집. 해초가 들어가 일반 설렁탕보다 더 개운하고 씹는 맛이 좋다. 더운 여름철에는 시원한 전복물회 냉면을 즐겨보자. 매일 08:00~20:00 영업, 매달 첫째 주, 셋

째 주 화요일 휴무.

- 서귀포시 중산간동로 7738
- 064-738-9295
- #담백한맛 #쫄깃한맛 #사골국물

색달식당
"갈치조림, 갈치구이"

질 좋은 통 갈치를 사용한 갈치조림, 갈치구이 정식 전문점. 2인부터 주문할 수 있으며 세트 메뉴 주문 시 성게 미역국이 함께 딸려온다. 깔끔한 분위기에서 제대로 된 갈치요리를 맛보고 싶다면 이곳을 추천. 매일 10:00~21:00 영업, 20:00 주문 마감.

- 서귀포시 예래로 255-18
- 0507-1321-1741
- #갈치요리전문점 #성게미역국 #깔끔한분위기

고씨네천지국수
"멸고국수"

멸치 육수에 고기 수육을 넣은 멸고국수 전문점. 시원한 멸치국물과 고기 건더기가 어우러져 환상적인 맛을 자아낸다. 고기 건더기가 들어간 새콤달콤한 비빔국수도 강력 추천. 매일 10:00~15:00, 17:00~20:00 영업, 매주 첫째 주, 셋째 주, 다섯째 주 금요일 휴무, 둘째 주와 넷째 주 금요일은 15:00 영업 종료.(p325 D:3)

- 서귀포시 중앙로79번길 4
- 0507-1318-0436
- #멸치육수 #고기수육 #시원한맛 #비빔국수

오는정김밥
"오는정김밥"

@kkuni_love

제주도에서 가장 유명한 테이크아웃 김밥집. 일반 김밥보다 더 달콤짭짤해서 중독성이 있다. 대기 줄이 길고 전화 통화가 어렵기 때문에 하루 전에 예약 주문하는 것을 추천한다. 매일 10:00~13:00, 14:30~20:00 영업, 매주 일요일 휴무.(p325 E:3)

- 서귀포시 동문동로 2
- 064-762-8927
- #달콤짭짤 #이색김밥 #예약제

연돈
"등심까스, 치즈까스"

요리연구가 백종원도 극찬한 골목식당 맛집. 바삭바삭한 등심까스, 풍미 가득한 치즈까스 두 가지 메뉴만 취급하며 수제 카레와 밥을 추가할 수 있다. 매일 오후 8시부터 핸드폰 어플을 통해 제주도 내에서만 예약할 수 있다. 매일 12:00~16:00, 18:00~21:00 영업.(p324 A:3)

- 서귀포시 일주서로 968-10
- 0507-1386-7060

- #골목식당맛집 #레전드맛집 #예약제 #카레추가필요

화고 신시가지점
"흑돼지근고기"

보리 볏짚으로 초벌구이하여 맛과 풍미를 더한 흑돼지 근고기 전문점. 첫 주문 시 2인분부터 주문할 수 있으며 11시부터 14시 사이에 방문하면 김치찌개와 공깃밥이 포함된 점심 특선을 저렴하게 맛볼 수 있다. 매일 11:00~24:00 영업.(p324 C:3)

- 서귀포시 신서로32번길 20 1층
- 070-7543-6124
- #근고기식당 #보리볏짚초벌구이 #점심특선 #김치찌개

제주곰집
"흑돼지근고기"

흑돼지 오겹살, 목살을 근(600g)단위로 판매하는 맛집. 활전복과 조개구이가 딸려오는 흑돼지 해산물 모둠, 가브리살과 항정살이 포함된 흑돼지 한 마리 모둠도 저렴하게

판매한다. 매일 12:00~23:00 연중무휴 영업, 시간 예약 불가.

- 서귀포시 일주서로 968-10
- 0507-1305-6002
- #근고기식당 #해산물모듬 #한마리모듬

돈이랑 본점
"흑돼지근고기"

백화점에 납품되는 명품 흑돼지구이를 맛볼 수 있는 곳. 직원분들이 알맞게 구워주시는 고기를 멜젓에 콕 찍어 먹으면 입안에 작은 천국이 펼쳐진다. 아기 의자가 구비되어 있으며, 반려동물과 동반 방문할 수 있다. 매일 11:30~24:00 영업.

- 서귀포시 일주서로 953
- 0507-1415-9277
- #근고기식당 #백화점납품 #멜젓맛집 #애완동물동반

돈블랙 서귀포본점
"흑돼지오겹살, 흑돼지삼겹살"

200시간 숙성을 거친 흑돼지고기구이가 전문점. 워터에이징 기법으로 저온 숙성한 고기가 진한 풍미를 자랑한다. 오겹살, 항정살, 가브리살, 꽃삼겹살, 뼈삼겹살 주위를 선택할 수 있으며 이중 뼈삼겹살은 하루 30인분만 한정 판매한다. 매일 12:00~23:00 영업.(p324 C:3)

- 서귀포시 서호남로32번길 24 1층
- 0507-1317-0085
- #흑돼지식당 #뼈삼겹살 #한정판매

숙성도 중문점
"흑돼지"

숙성 흑돼지를 한정 판매하는 흑돼지구이 맛집. 제주 흑돼지를 진공포장해 워터에이징, 드라이에이징까지 교차 숙성을 거친다. 하루에 정해진 양만큼만 한정 판매하는 960숙성 뼈등심과 720뼈목살이 대표메뉴. 연중무휴 12:00~23:00 영업.(p324 A:3)

- 서귀포시 일주서로 966
- 0507-1334-5213
- #교차숙성흑돼지 #뼈등심 #뼈목살

제주흑돈세상수라간
"수라간생구이, 흑오겹살"

농장에서 직접 공수해온 제주 흑돼지 오겹살과 목살을 판매하는 곳. 두툼하게 썬 돼지고기는 육즙을 가득 품고 있다. 2~4인분 생구이 세트 메뉴를 판매하며, 흑돼지를 매콤하게 볶은 흑돼지 게장 주물럭도 맛있다. 매일 12:00~22:00 영업 (p325 D:3)

- 서귀포시 중산간동로 8051
- 0507-1481-8589
- #농장직송 #제주생돼지 #흑오겹살 #흑돼지게장주물럭

제주신라호텔 더 파크뷰
"뷔페"

제주 해산물과 식재료로 만든 다양한 요리를 선보이는 고급 뷔페 레스토랑. 신선한 해산물 요리와 달콤한 디저트 메뉴를 주력으로 한다. 인터넷으로 예약해가면 좀 더 저렴하게 이용할 수 있다. 매일 07:30~21:30 영업, 연중무휴.(p326 A:2)

- 서귀포시 중문관광로72번길 75 3층
- 064-735-5334
- #호텔뷔페 #고급진 #해산물 #디저트

나원회포차
"활어회, 고등어회"

제주도민도 즐겨 찾는 저렴한 활어회포차. 비린 맛 없는 신선한 활 고등어회가 인기상품이다. 고등어회는 양념 밥을 추가 주문해 김에 양파소스와 함께 싸 먹으면 더욱더 맛있다. 전 메뉴 포장주문 가능하며 새벽까

지 운영하기 때문에 더욱 인기 있다. 매일 17:00~02:00 연중무휴.(p325 D:3)

- 서귀포시 동문동로 2
- 0507-1379-7878
- #고등어회쌈밥 #양념밥 #특제소스 #포장

우정회센타2호점
"모둠회"

내 맘대로 주문할 수 있는 모둠회 전문점. 참돔, 광어, 고등어, 갈치, 우럭 등 다양한 어종을 선택할 수 있다. 추가 주문할 수 있는 꽁치 김밥, 새우튀김, 전복구이, 전복죽도 별미. 회 종류는 포장주문도 할 수 있다. 매일 11:00~22:00 영업.

- 서귀포시 중앙로54번길 38
- 064-732-0303
- #다양한모둠회 #꽁치김밥 #새우튀김 #포장가능

센트로
"파스타, 스테이크, 샐러드"

규모가 크지는 않지만, 맛은 유명 레스토랑 못지않은 이탈리안 레스토랑. 신선한 해산물이 들어간 수제 파스타, 리조또, 뇨끼 등을 선보인다. 그중에서도 뇨끼와 리코타 치즈 샐러드가 가장 인기. 10:00~15:00, 17:00~21:00 영업, 월요일 10:00~14:00 점심까지 영업, 매주 화요일 휴무.(p329 F:3)

- 서귀포시 태평로 449
- 010-2811-7223
- #정통이탈리안레스토랑 #뇨끼 #해산물요리

문치비
"흑돼지오겹살, 흑돼지목살"

제주 흑돼지 오겹살이 맛있는 돼지 구이 맛집. 두툼하게 썰린 돼지고기를 멜젓에 찍어 먹어보자. 오겹살, 목살, 갈매기살, 항정살, 뼈 갈비가 포함된 한판 세트를 저렴하게 판매한다. 매일 12:00~24:00 영업, 22:30 주문 마감. (p324 C:3)

- 서귀포시 신서로32번길 14
- 064-739-2560
- #한판세트 #멜젓맛집

뽈살집 본점
"흑돼지 특수부위를 맛보자"

제주 흑돼지 특수부위를 취급하는 이색 맛집. 천겹살, 비단살, 눈썹살, 뽈살 등 6가지 특수부위 한 상을 제공한다. 기본 찬으로 나오는 갈치쌈젓, 멜젓, 핑크소금, 장아찌는 셀프바에서 양껏 덜어먹을 수 있다. 연중무휴 16:00~01:00 영업. (p329 E:2)

- 제주 서귀포시 중정로91번길 41 1층
- 064-763-6860
- #특수부위 #갈치쌈젓 #멜젓 #핑크소금

흑돼지BBQ
"흑돼지오겹살, 흑돼지가브리살"

유명 호텔에 납품되는 질 좋은 흑돼지구이를 판매하는 곳. 숯불에 구워 불맛과 고기 육즙이 더 그윽하다. 2~4인 세트 메뉴와 등갈비 구이를 취급한다. 매일 17:00~23:30 영업.(p328 C:2)

- 서귀포시 태평로353번길 7 1층
- 064-762-1277
- #호텔납품고기 #숯불구이 #불맛

천짓골식당
"돔베고기"

식객 허영만 화백이 극찬한 돔베고기 전문점. 백돼지, 흑돼지 중에서 선택할 수 있으며 추가 주문 시에는 절반(300g) 분량도 주문할 수 있다. 주문 전에 기호에 따라 쫄깃하게, 부드럽게 삶아달라고 요청할 수 있다. 1시간 전 예약 필수. 매일 17:00~22:00 영업, 21:00 주문 마감, 매주 일요일 휴무.(p329 D:2)

- 서귀포시 중앙로41번길 4
- 064-763-0399
- #쫄깃쫄깃 #야들야들 #식객허영만추천

중문수두리보말칼국수
"보말칼국수, 보말죽"

@yoonjung1028

톳을 넣어 반죽한 보말칼국수를 선보이는 맛집. 보말 내장을 사용한 육수도 시원 칼칼한 맛이 일품이다. 1월부터 제철에만 맛볼 수 있는 톳성게칼국수도 기회가 된다면 꼭 먹어보자. 매일 08:00~16:30 영업, 매주 첫째 주와 셋째 주 화요일 휴무, 재료 소진 시 조기마감.(p324 A:3)

- 서귀포시 천제연로 192 1층

- 064-739-1070
- #개운한육수 #톳성게칼국수한정판매

오전열한시
"전복볶음밥, 육쌈동치미"

땅콩소스를 곁들인 고소한 전복 볶음밥 맛집. 동치미 국수에 흑돼지지고기를 싸 먹는 육쌈동치미와 계란 노른자가 올라간 간장새우 덮밥도 맛있다. 매일 11:00~18:00 영업, 재료소진 시 마감, 매주 수요일 휴무.

(p324 A:2)

- 서귀포시 상예로 248
- #전복볶음밥 #육쌈동치미
- 0507-1307-5576

만족한상회
"갈치조림, 갈치구이"

@yummy_yum

가시를 제거한 제주 은갈치 뚝배기를 담은 푸짐한 제주밥상 전문점. 은갈치뚝배기, 통우럭탕수, 계절회, 간장게장, 갈치뼈강정 등 다양한 식사와 반찬이 제공되며 2인부터 주문할 수 있다. 매일 10:00~15:30, 17:00~21:00 영업.(p327 E:1)

- 서귀포시 중문상로 58-5

- 0507-1318-1388
- #가시제거갈치조림 #통우럭탕수 #2인 이상

가람돌솥밥
"해산물 가득 돌솥밥을 먹어보자"

중문관광단지 내에 위치, 아침 식사하기 좋은 곳이다. 마가린을 넣고 비벼먹는 전복돌솥밥이 인기 메뉴다. 전복 내장의 김찰맛과 전복의 쫄깃함을 맛볼 수 있다. 밥을 덜어낸 후 마가린을 살짝 발라두면 고소한 누룽지를, 물을 부으면 고소한 숭늉을 먹을 수 있다. (p324 A:3)

- 서귀포시 중문관광로 332
- 0507-1432-1200
- #전복돌솥밥 #중문맛집 #돌솥밥

형제도식당
"갈치조림, 갈치구이"

통문어 갈치조림, 통 갈치구이 세트를 저렴
하게 판매하는 곳. 2인부터 주문할 수 있으
며, 돌솥밥도 함께 제공된다. 돌솥밥에 갈
치조림 국물을 비벼 먹어도 별미이다. 매일
09:00~21:00 영업, 연중무휴.(p324 A:3)

- 서귀포시 일주서로 915
- 0507-1365-3407
- #매콤칼칼 #조림국물 #2인이상

제주오성
"오성정식, 갈치조림"

칼칼한 생선찌개가 생각난다면 제주오성
을 찾아가자. 은갈치조림과 통옥돔구이, 통
문어튀김, 돔베고기, 성게미역국까지 한 상
에 맛볼 수 있는 오성정식을 합리적인 가격
에 판매한다. 1인분도 주문 가능하기 때문
에 혼밥하기 딱 좋다. 08:00~22:30 영업,
21:30 주문 마감.
- 서귀포시 중문관광로 27
- 0507-1315-3120
- #제주해산물정식 #생선찌개 #혼밥추천

중문수원음식점
"갈치조림, 갈치구이, 흑돼지제육볶음"
통갈치조림에 돌솥밥, 성게미역국, 돈까스,
콘치즈, 전까지 푸짐한 한 상이 나오는 갈치
요리 전문점. 조림 안에 전복, 문어, 새우까
지 다양한 해산물이 푸짐하게 들어가 있다.
단품으로 판매하는 제주흑돼지 제육볶음도
맛있다. 매일 09:00~22:00 영업, 21:00
주문 마감.(p326 B:1)

- 서귀포시 천제연로 83
- 064-738-3875
- #갈치요리전문점 #푸짐한밑반찬

올레삼다정
"갈치조림, 갈치구이"

@woong_ktw92

그날그날 잡아 올린 갈치로 만든 갈치구이와
갈치조림을 맛볼 수 있는 곳. 하루 10팀 선착
순으로 1 kg 왕갈치구이를 아주 저렴하게 판
매한다. 갈치구이와 조림, 해물전, 보말미역국,
보말죽이 함께 나오는 점심·저녁 특선메뉴도
저렴하다. 매일 11:00~15:00, 17:00~21:00
영업.(p325 D:3)

- 서귀포시 태평로537번길 48
- 0507-1406-7230
- #선착순왕갈치구이 #가성비세트메뉴

다정이네 올레시장 본점
"제주 3대 김밥, 다정이네 김밥"

토끼 조형물과 알록달록한 외관의 가게로 쉽
게 찾을 수 있다. 김밥 맛집으로 종류가 다양
하다. 그 중 매운멸치고추 김밥이 인기 메뉴

다. 간단한 아침식사로 딱이다! 미리 전화하
고 방문하는 것을 추천한다. (p325 D:3)

- 서귀포시 동문로 59-1
- 070-8900-8070
- #김밥맛집 #매운멸치고추김밥 #올레시
장

88버거
"흑돼지 패티 수제버거를 맛보자"

@sso340005

앤티크 한 조명과 액자들로 꾸며진 실내에
서 사진을 남기기 좋다. 매일 아침 만드는 신
선한 제주 흑돼지 패티를 맛볼 수 있다. 입맛
에 따라 추가 토핑을 고를 수 있다. 88버거
가 인기메뉴. 달달한 셰이크와 수제버거
의 조합이 좋다. 다양한 수제버거와 튀김을
가성비 좋게 먹을 수 있다. (p329 F:2)

- 서귀포시 동문로 63
- 064-733-8488
- #수제버거 #흑돼지패티 #서귀포맛집

중앙통닭
"수요미식회가 인정한 마늘 치킨"

@bej0128

수요미식회에 나온 치킨 맛집이다. 마늘이 들어간 마농치킨, 한가지 메뉴만 판매한다. 주문 즉시 닭을 튀긴다. 대기 시간이 있으므로 주문 후 시장 구경하는 것이 좋다. (p325 D:3)

- 서귀포시 중앙로48번길 14-1
- 064-733-3521
- #마농치킨 #올레시장 #제주야식

까망돼지 중문점
"숙성 흑돼지와 명이나물의 조합이 멋진 곳"

@miarihan

제주산 청정흑돼지를 2~3주간 숙성해 판매한다. 뼈오겹, 오겹살, 목살을 청양마요네즈, 마늘소스, 멸치액젓, 안데스호수 소금과 함께 먹으면 맛있다. 명이나물을 마음껏 먹을 수 있다. 곳곳에 재미난 문구가 걸려 있고, 아이들이 좋아하는 벽화도 가득하다. (p324 A:3)

- 서귀포시 색달중앙로 21 여미지하우스1

층
- 0507-1316-6543
- #흑돼지 #오겹살 #중문맛집

삼미흑돼지 중문점
"육즙 가득한 흑돼지를 맛보자"

육즙 가득한 흑돼지를 맛볼 수 있다. 직접 구워주어 편하게 식사할 수 있다. 가브리살 30인분을 일일 한정으로 판매한다. 옥수수가 들어있는 계란찜과 된장찌개가 기본으로 제공된다. 멜젓에 새우가 들어있어 새우향이 나는 멜젓을 먹을 수 있다. 픽업 서비스가 가능하다. (p324 A:3)

- 서귀포시 색달중앙로 33
- 064-739-9392
- #흑돼지 #육즙흑돼지 #중문맛집

둘레길 중문 본점
"흑돼지로 만든 오믈렛을 맛보자"

@elinlovekoos

옛날 경양식 레스토랑 분위기를 풍긴다. 제주 흑돼지 볶음밥에 톳이 더해진 오믈렛이 인기메뉴다. 흑돼지, 톳, 갈치, 금게 등의 재료로 제주만의 특색있는 음식을 맛볼 수 있다. 가족끼리 방문하기 좋은 식당이다.

(p324 A:3)
- 서귀포시 천제연로 209-1 2층
- 0507-1379-3255
- #레스토랑 #파스타 #오므라이스

중문 모메든식당
"야외에서 즐기는 흑돼지"

애견 동반으로 흑돼지 오겹살을 먹을 수 있는 곳. 잘 익은 흑돼지 오겹살을 멜젓에 찍어 먹으면 된다. 멜젓 외에도 다양한 소스가 제공된다. 바다가 한 눈에 보여 분위기 있는 식사가 가능하다. 실내/야외 모두 애견 동반이 가능하다. 식당 바로 옆 와인점방에서 와인을 구매해 모메든 식당에서 먹을 수 있다. (p324 B:3)

- 서귀포시 일주서로 508
- 0507-1415-8205
- #흑돼지 #애견동반 #와인

국수바다 본점
"비빔국수가 맛있는 고기국수집"

중문관광단지 바로 앞에 위치. 식신로드에 출연한 고기국수 맛집이다. 매일 매장에서 직접 뽑는 생면을 사용해 국수를 만든다. 세

트 메뉴가 있어 다양하게 맛볼 수 있다. 비빔국수가 맛있다는 리뷰가 많다. (p324 B:3)

- 서귀포시 일주서로 982
- 064-739-9255
- #고기국수 #비빔국수 #중문맛집

숙성도 중문점
"교차숙성한 흑돼지를 맛보자"

워터에이징에서 드라이에이징까지 교차로 숙성한 숙성 돼지고기를 맛볼 수 있다. 커다란 냉장고에서 숙성되고 있는 고기를 볼 수 있다. 흑뼈등심이 인기 메뉴다. 멜젓, 고추냉이, 김치, 장아찌와 함께 쌈을 싸서 맛있게 먹을 수 있다. 11시부터 테이블링 현장 대기가 가능하다. (p324 A:3)

- 서귀포시 일주서로 966
- 064-739-5213
- #흑돼지 #숙성 #중문맛집

고집돌우럭 중문점
"푸짐한 우럭 한상"

제주 해산물로 차려진 푸짐한 한상을 먹을 수 있다. 단품 메뉴 없이 한상차림만 있다. 전복, 우럭, 시래기 등이 들어있는 전복새우

우럭조림, 튀긴듯 바삭한 옥돔 등 맛있는 음식들로 가득하다. 아기가 있는 테이블은 아기 메뉴 하나를 무료로 제공해 아이와 함께 가기 좋다. 중문점 외에도 함덕, 제주공항점도 있다. (p324 A:3)

- 서귀포시 일주서로 879
- 0507-1408-1540
- #중문맛집 #전복새우우럭조림

네거리식당
"시원한 갈치국을 맛보자"

@seungheechoi_seoul

갈치 요리와 옥돔구이 전문점이다. 제주산생 은갈치만을 사용한다. 비린맛 없이 시원한, 제주에서만 맛볼 수 있는 갈치국이 유명하다. 수요미식회에도 소개된 맛집으로 웨이팅이 길다. 올레시장과 가까워 식사 후 시장구경하기 좋다. (p325 D:3)

- 서귀포시 서문로29번길 20
- 064-762-5513
- #갈치조림 #옥돔구이 #갈치국

흑돼지해물삼합
"바다와 육지를 한 입에 쏙"

흑돼지 해물삼합이 인기 메뉴로 흑돼지에 문어, 전복, 새우 등 다양한 해산물과 볶음밥까지 먹을 수 있다. 고소한 흑돼지와 신선한 해산물을 한 번에 먹을 수 있다. 해산물은 종류별로 추가 주문이 가능해 좋아하는 해산물을 맘껏 먹을 수 있다. 제주산 과실주부터 소주까지 다양한 주류를 판매해 곁들여 마시기 좋다.

- 서귀포시 태평로482번길 50
-
- #흑돼지 #흑돼지해물삼합 #올레시장

난드르바당
"뷰맛집에서 흑돼지를 먹어보자"

드넓은 들판과 바다가 한 눈에 보이는 멋진 뷰를 가진 흑돼지 맛집. 자갈이 깔린 야외 테이블에서 캠핑 온듯한 분위기를 느낄 수 있다. 멜젓이 아닌 자리돔 젓갈이 제공된다. 불판 가장자리에 계란찜과 콘치즈를 넣어 구워먹는 점이 특이하다. 테이블링 앱으로 원격 줄서기가 가능하다.

- 서귀포시 하예하동로16번길 11-1
- 064-739-0053
- #흑돼지 #뷰맛집 #서귀포맛집

보래드 베이커스
"제주에서 가장 맛있는 스콘을 찾는다면"

그날그날 로스팅한 스페셜 커피와 수제 베이커리를 선보이는 카페. 과일 맛이 진하게 느껴지는 상큼한 딸기, 레몬 스콘과 플레인, 앙버터 스콘이 인기상품. 케이크와 식사 빵도 추천한다. 연중무휴 08:00~22:00 영업.(p325 E:3)

- 서귀포시 보목로64번길 178 1층
- #베이커리카페 #스콘맛집

게우지코지 카페
"수준급 커피를 맛볼 수 있는 오션뷰 카페"

기센 로스팅 기법으로 향긋한 커피를 내려주는 바다 전망 베이커리 카페. 단팥빵, 마롱 패스츄리, 견과류 타르트 등 빵과 구움과자들도 담백하고 맛있다. 매일 09:00~20:00 영업. (p325 E:3)

- 서귀포시 보목포로 177
- #에스프레소 #아메리카노 #베이커리

서귀피안 본점
"도시락 함에 들어있는 미니 레터링 케이크"

도시락에 담긴 미니 레터링 케이크를 판매하는 곳. 제주산 과일로 만든 티, 생과일주스도 인기 있다. 제주 가을 라떼, 무화과 우유, 아인슈페너 등이 인기. 매일 11:00~20:00 영업,

19:30 주문 마감.(p324 C:3)

- 서귀포시 일주동로 9022
- #제주노을티 #도시락케이크

뜻밖의발견
"편하게 쉬어갈 수 있는 조용한 빈티지 카페"

아늑한 분위기에서 편하게 쉬어갈 수 있는 빈티지 감성 카페. 시그니처 메뉴 레몬에이드 '우주에이드'와 수박 주스 땡모반, 제주 당근 주스등을 판매한다. 매일 11:00~18:00 영업, 매주 수요일과 매월 마지막 주 화요일, 수요일 휴무.

- 서귀포시 신서로122번길 38
- #우주에이드 #수박주스 #당근주스

시스터필드
"유기농 밀과 프랑스 버터로 만든 크루아상 맛집"

유기농 밀과 프랑스 버터를 넣어 만든 천연 발효 빵 전문 베이커리. 오픈 시간에 구

워 나오는 플레인, 소시지, 카야, 그린올리브 맛 크루아상과 플레인, 치즈, 올리브, 고메버터 맛 치아바타가 인기 메뉴. 매일 09:00~18:00 영업(p324 C:3).

- 서귀포시 월드컵로 8
- #천연발효빵 #크루아상 #치아바타

리틀포레스트
"빈티지 그릇을 판매하는 보물창고"

빈티지샵과 함께 운영하는 감성카페. 창밖으로 들어오는 햇살이 따스하고 숲 풍경도 아름답다. 일회용품을 사용하지 않아 테이크아웃이 불가능하다. 단, 개인 컵을 가져가면 음료를 담아갈 수 있다. 매일 10:00~18:00 영업.

- 서귀포시 월평로 15
- #빈티지 #소품 #테이크아웃불가

더클리프
"브런치와 칵테일을 즐길 수 있는 오션뷰 카페"

브런치를 안주 삼아 칵테일 즐기기 좋은 오션뷰 카페 레스토랑. 흑돼지 멜젓 파스타, 피자 등 브런치 종류와 커피, 에이드, 칵테일을 판매한다. 평일 10:30~01:00, 주말과 평일 10:30~02:00 영업, 19:00 카페 주문 마감.(p326 C:2)

- 서귀포시 중문관광로 154-17
- #브런치카페 #흑돼지멜젓파스타 #더클리프피자

테라로사 서귀포점
"핸드드립 커피가 맛있는 로스터리 카페"

강릉에서 가장 유명한 로스팅 카페 테라로사 체인점. 다양한 핸드드립 커피와 에스프레소, 티를 판매한다. 따뜻한 분위기의 매장에서 잠시 쉬어가기 좋다. 매일 09:00~21:00 영업, 20:30 주문 마감.(p325 E:3)

- 서귀포시 칠십리로658번길 27-16
- #아메리카노어센틱 #아늑한분위기

제주에인감귤밭
"감귤밭에서 인생 사진도 남기고, 한라봉청도 만들고"

초록초록한 감귤밭을 배경으로 사진찍기 좋은 감성 카페. 네이버 예약을 통해 한라봉청 만들기 수업도 진행한다. 한라봉이 들어간 음료와 제주 꿀이 들어간 프렌치토스트가 맛있다. 매일 10:00~18:00 영업, 매주 일요일 휴무.(p325 D:3)

- 서귀포시 호근서호로 20-14
- #감귤정원 #사진촬영 #한라봉체험

벙커하우스
"돌고래를 볼 수 있는 카페"

벙커 모양의 독특한 외관이 눈길을 사로잡는다. 카페에서 대여해 주는 망원경으로 섶섬, 문섬 근처 돌고래를 볼 수 있다. 서귀포 앞바다가 보이는 오션뷰가 멋지다. 2층은 자연채광이 좋아 사진을 남기기 좋다. 테라스가 넓고 잔디가 깔려 있어 아이와 함께하기 좋다. 타르트, 케이크 등 디저트류가 다양하고, 테이크 아웃 셀프 바가 있어 남은 빵을 포장해 올 수 있다. (p324 C:3)

- 서귀포시 막숙포로41번길 66
- #오션뷰 #뷰맛집 #애견동반

베케

"정원 산책을 마치고 고소한 차콩크림라떼 한 잔"

싱그러운 정원에서 산책할 수 있는 카페. 녹차 라떼에 크림과 콩가루를 올린 차콩크림라떼와 쿠앤크라떼에 크림을 올린 쿠크모카라떼가 시그니처 메뉴. 매일 11:00~18:00 영업, 매주 화요일 휴무.(p325 E:3)

- 서귀포시 효돈로 54
- #차콩크림라떼 #쿠크모카라떼

카페 귤꽃다락

"귤밭 포토존에서 인생샷을 찍어보자"

@_damixxi_

귤을 테마로 한 카페. 귤나무와 식물들로 가득 채워진 실내가 푸릇푸릇하다. 통창 넘어 보이는 귤나무, 채광이 좋아 감성샷을 찍을 수 있다. 푸른 하늘과 노란 귤이 가득 달린 귤 나무 앞 의자에 앉아 찍는 인증샷이 유명하다. 길을 따라 걸으면 포토존이 가득해 사진을 남기기 좋다. (p324 C:3)

- 서귀포시 이어도로1027번길 34
- #귤밭포토존 #감성카페 #귤양갱

바다바라 카페&베이커리

"수평선을 보며 바다샌드를 맛보자"

@_0921.0629

해안 절벽 위에 위치해 탁 트인 오션뷰를 감상하기 좋다. 하루에 40개만 판매하는 바다샌드가 유명하다. 베이커리 종류도 다양해 빵지순례자들이 꼭 들르는 곳이다. 마당에는 자동차, 흔들의자 등의 소품이 있어 아이들과 함께하기에 좋다. 진입로가 올레길 8코스와 연결되어 있다.

- 서귀포시 중문관광로72번길 29-51
- #오션뷰 #빵지순례 #바다샌드

하라케케

"오션뷰의 수영장이 있는 카페"

1인 1음료 주문시 잔디 내 입장이 가능하다. 애견동반은 불가. 바다가 보이는 수영장이 유명한 카페다. 수심이 얕아 아이들이 놀기 좋고 가족 단위 방문이 많다. 야자수가 곳곳에 심어져 있어 휴양지에 온 분위기다. 잔디 내 좌석이 다양하고, 찍기만 하면 인생샷을

건질 수 있다. 실내, 실외 포토스팟이 많아 천천히 둘러보며 추억을 남겨보자.(p324 C:3)

- 서귀포시 속골로 29-10 16호
- #오션뷰 #노을맛집 #수영장

러디스

"쏟아지는 별을 보자"

@hj1003v

제주 올레길 7코스와 연결되어 있다. 연중무휴로 오후 11시까지 영업한다. 베이커리 종류가 다양하고, 브런치 메뉴를 즐기기 좋다. 밤에는 펍으로 운영해 맥주와 와인을 판매한다. 빈티지한 인테리어와 화려한 샹들리에가 멋지다. 정원에서는 쏟아지는 듯한 별을 볼 수 있다. (p324 C:3)

- 서귀포시 월드컵로 202 제주 월드컵로 202
- #오션뷰 #별 #애견동반

볼스카페
"감귤밭 한가운데서 마시는 커피"

감귤밭 한가운데 있는 감귤창고를 개조해 만든 카페. 노출 콘크리트에 식물들이 가득하다. 지붕에서 자연 채광이 들어와 화사한 느낌이다. 창문 너머로 보이는 푸릇푸릇한 감귤밭 풍경이 예술이다. 2층에 빵공장이 있어 다양한 종류의 갓 구운 빵을 맛볼 수 있다.
- 서귀포시 일주서로 626
- #감귤밭뷰 #베이커리카페 #중문카페

허니문하우스
"제주에서 만나는 동남아 감성"

@luvminhee_

수리남에서 황정민 저택으로 나왔던 곳이다. 주차장에서 카페로 가는 길에 야자수가 심어져 있고 정원이 잘 가꿔져 있어 동남아 휴양지에 온 느낌이다. 야외 테라스석에 한해 애견동반이 가능하다. 정원이 넓고 산책로가 잘 조성되어 있어 강아지와 산책하기 좋다. 실내 통창으로 바다가 한 눈에 보인다.

섶도도 볼 수 있다. (p325 E:3)
- 서귀포시 칠십리로 228-13
- #오션뷰 #수리남촬영지 #휴양지감성

서귀포시
숙소 추천

독채 / 하효일(下孝日)

감귤밭으로 유명한 하효마을에 있는 3층 짜리 숙소. 1층은 카페, 2~3층은 숙소로 이용되며, 건물 앞마당에 귀여운 귤나무가 심겨 있다. 우드톤으로 꾸며진 모던한 인테리어가 멋스러운 숙소. 건물 앞에 하나로마트가 있어 숙소에서 요리해 먹기 좋다. 입실 16:00, 퇴실 11:00.(p325 E:3)

■ 서귀포시 일주동로 8133
■ #모던한 #깔끔한 #신축 #귤나무 #카페

독채 / 담소게스트하우스

조용한 분위기와 깔끔한 인테리어의 게스트하우스. 1~2인실 여성 전용 게스트하우스와 4인용 남성 전용 게스트하우스를 함께 운영한다. 여성 2인실은 매트리스 1구를 추가해 3인이 이용할 수 있다. 입실 17:00, 퇴실 10:00.(p325 E:3)

■ 서귀포시 칠십리로485번길 7-3
■ #조용한분위기 #여성전용 #남성전용 #여성1인실 #여성2인실 #여성3인실

독채 / 스테이월든

외화 속 숲속 별장을 떠올리게 하는 독채형 숙소. 트윈베드가 딸린 2인실 객실과 퀸사이즈 침대가 딸린 4인실 객실을 운영한다. 객실 밖으로는 전용 잔디밭과 테라스가 있어 별장 분위기를 더한다.(p324 B:2)

■ 서귀포시 하원북로35번길 21
■ #외국감성 #별장 #잔디밭 #테라스 #2인 #4인

독채 / 모루헌

싱그러운 귤밭이 드넓게 펼쳐진 귤밭 사이의 복층 주택형 숙소. 2개의 침실에 각각 퀸사이즈 침대가 마련되어있어 최대 5명까지 머무를 수 있다. 주택 안까지 은은하게 풍겨오는 귤 향기가 싱그럽다.(p324 C:3)

■ 서귀포시 호근로86번길 7-2
■ #귤밭 #귤향기 #감성숙소

호텔 / 제주 부영 호텔&리조트

@so_jining

야자수와 갈색 건물로 둘러싸인 인스타 감성의 이국적인 수영장이 특징인 5성급 제주 부영호텔 & 리조트. 제주 중문의 호텔 중 가성비 좋은 숙소로 이동하기 편한 위치에 자리 잡고 있고 근처 맛집까지 도보로 이용할 수 있다. 디럭스룸으로 예약하면 석양이 지는 오션뷰가능. 조식이 맛있고 메뉴가 다양하다. 1층에 9세 이하 어린이가 무료로 이용할 수 있는 키즈카페가 있다. 올레길 8코스에 속하는 위치.(p327 D:3)

■ 서귀포시 중문관광로 222
■ #인스타감성#이국적#수영장#중문#가성비#올레8코스

호텔 / 제주 벨룸 리조트

@namsarang

전 객실 오션뷰 야외 욕조가 있는 리조트. 빌라형과 독채형 룸이 있다. 빌라형 룸에는 테라스의 야외 욕조에서 석양을 보며 스파를 할 수 있고, 최대 10인까지 가능한 독채형 아트리움과 펜트하우스는 프라이빗한 정원에 야외 히노키탕이 있다. 투숙객 누구나 이

용할 수 있는 야외 온수 풀은 사계절 운영하고 수영모와 구명조끼, 튜브 등 구비. 세탁기와 식기세척기 등 어메니티. 조리 가능. 10분 거리에 돈내코, 상효원이 가깝다. 네이버 예약.

■ 서귀포시 516로277번길 45
■ #노천욕조#히노끼탕#사계절온수풀#대가족여행#가족여행#오션뷰

독채 / 연리지

@yeonlige_jeju_

툇마루가 있는 초가지붕 한옥 독채. 나무로 만든 대문을 통과하면 양옆으로 우거진 나무가 있고 편백 마감의 초가집이 있다. 자개 명장이 만든 자개장과 소반이 있는 거실 앞으로 툇마루가 있어 쉬기 좋다. 부모님도 선호하는 편안한 분위기로 가족 단위 여행객에게도 좋다. 이 집의 하이라이트는 대리석으로 꾸며진 욕실이다. 욕조 위로 하늘이 보이는 창이 있다. 액자 같은 침실 통창으로 돌담이 보인다. 기준 4인 최대 6인. 올레 시장, 황우지해안, 외돌개가 가깝다.

■ 서귀포시 남성로 134
■ #한옥독채#초가집#자개장#툇마루#가족여행

서귀포시
인스타 여행지

월평포구 스노클링
"스노클링이 가능한 에메랄드빛 바다"

@marychoi_123

스노클링, 스쿠버가 가능한 월령포구! 물이 맑고 깊이도 있어, 바닷속 풍경을 내 눈으로 확인할 수 있다. 주차장에서 보이는 나무 다리를 따라가다가 오른쪽으로 가면 있다. 장비 대여할 곳이 없으므로 반드시 챙겨와야 한다.(p322 C:3)

■ 서귀포시 대천동 665-9
■ #월령포구 #스노클링 #스쿠버 #펀다이빙

색달해변 일몰
"일몰때 더욱 아름다운 해변"

@dyu_bogi

일몰 명소로 유명한 색달해변! 너른 바다 위, 구름 사이로 지는 햇살이 장관을 이룬다. 바다위에 비치는 황홀한 빛내림, 산 밑으로 지는 둥근 해를 포인트로 사진은 꼭 남겨보자.(p326 B:2)

■ 서귀포시 색달동

■ #색달해변 #일몰명소 #모래해변 #빛내림

1100고지 설경
"하얀 눈꽃이 피어난 나무들"

@ganesha__jeju

설경이 특히 아름다운 1100고지! 나무 위에 내린 눈꽃 사이로 비치는 햇살, 푸른 하늘은 겨울 제주의 하이라이트이다. 무겁게 쌓인 나무들 사이에서 사진은 필수! 방문 전, 한라산 CCTV을 통해 눈이 얼마나 왔는지, 주차장이나 도로 상황을 체크해 보자.(p322 C:1)

■ 서귀포시 색달동 산1-2
■ #1100고지 #설경 #눈꽃 #CCTV

식물집
"따뜻한 우드톤 카페"

@sksgml8

하얀 주택에 귤빛 포인트 컬러가돋보이는 카페 식물집은, 제주 감성을 물씬 담아놓은 공간이다. 하얀 건물, 초록의 식물들, 따뜻한 감성의 우드톤이 어우러진 카페 앞에서 레트로 한 느낌의 사진을 남겨보자.(p324 C:3)

■ 서귀포시 서호로 21-3
■ #식물집 #카페 #전원주택 #귤나무 #레트로

선녀탕 스노클링
"에메랄드색 빛나는 천연 바다풀장"

@h08.26

바위로 둘러싸인 천연풀장, 선녀탕! 에메랄드 빛 바닷속을 들여다 보는 재미는 물론, 탁 트인 바다를 감상할 수 있는 스노클링의 성지이다. 황우지해안으로 검색하거나 외돌개 정류장에서 동쪽으로 가면 만날 수 있다.(p325 D:3)

■ 서귀포시 서홍동 795-5
■ #선녀탕 #스노클링 #황우지해안 #노을 명소

새연교 일몰
"하얀 다리 위에서 보는 일몰"

@younhj0217

서귀포항에서 새섬을 연결하는 새연교. 바다와 파도는 물론, 타는듯한 일몰을 눈앞에서 만날 수 있는 곳이다. 새연교에서 바라보는 일몰 사진도, 밤이면 반짝이는 새연교를 찍은 사진도 모두 훌륭한 작품이 된다.(p325 D:3)

■ 서귀포시 서홍동 707-7
■ #새연교 #일몰 #노을 #서귀포항

카페 오늘의 바다 오션뷰
"뻥뚫린 바다가 보이는 카페"

탁 트인 오션뷰를 즐길 수 있는 카페, 오늘의 바다! 법환포구 근처에 있고, 범섬과 문섬까지 볼 수 있다. 통유리로 된 건물 중앙이 입구인데, 바다를 향해 뻥 뚫려있다. 정면에 있는 테이블은 바다와 야자수를 한컷에 담을 수 있는 대표적인 포토존!

■ 서귀포시 이어도로 990
■ #오늘의바다 #오션뷰 #카페 #범섬

천제연폭포
"한줄카피한줄카피한줄카피한줄카피"

@wojuki

천제연폭포 하면 대부분 주상절리와 에메랄드 빛 물이 아름다운 제1폭포를 떠올리지만, 제2폭포는 초록의 이끼 사이로 활기차게 떨어지는 폭포를 더 잘 볼 수 있는 곳이다. 서로 다른 매력의 폭포들을 모두 즐겨보자.(p324 A:3)

■ 서귀포시 천제연로 132
■ #천제연폭포 #주상절리 #에메랄드빛

소천지 투영 한라산
"작은 천지 안에 반사되는 하늘"

@mhng33

백두산 천지를 축소해 놓은듯 해서 이름 붙여진 소천지! 날씨가 좋으면 소천지에 투영된 한라산의 장면을 촬영할 수 있다. 한반도에서 가장 높은 백두산 천지를, 우리나라에서 제일 높은 한라산과 함께 한컷에 담을 수 있다.(p325 E:3)

- 서귀포시 보목동 1400
- #소천지 #백두산천지 #투영 #한라산

수모루공원 야자나무숲
"이국적인 야자수 인생샷"

@null_jj

쭉쭉 뻗은 야자수 나무 아래에서 동남아를 여행 온 듯 이국적인 풍경의 인생 샷을 찍어보자. 제주도 내 이국적인 풍경의 사진을 찍을 수 있는 이곳은 수모루공원에 있는 야자수 군락이다. 제주 올레길 7코스 중 하나이며 7코스는 풍경이 아름답기로 유명하다. 주차는 속 골 유원지 주차장 이용.

- 서귀포시 호근동 1645
- #수모루공원 #야자나무숲

보목포구 바다계단
"바다와 돌담 뷰 계단 전망대"

@mymin0112

계단 아래에 서서 바다를 바라보는 뒷모습을 사진으로 담아보자. 만조 때 바닷물에 잠겨 찰랑이는 파도를 볼 수 있는 계단과 돌담을 모두 담아 찍으면 멋진 사진을 찍을 수 있다. 보목 어촌계 창고와 보목 해녀의 집 중간에 있는 돌담길 사이 나무로 된 펜스가 있는 계단이 이곳의 포토존이다. 이곳은 주차된 차량에 가려 잘 보이지 않으므로 돌담 사이를 잘 보고 찾아가 보자.

- 서귀포시 보목포로 46
- #보목포구 #바다계단 #천국의계단

하라케케 카페 새둥지 포토존
"새 둥지에 쏙 들어간 인물사진"

@l.ovely._.som

넓은 야자수 정원으로 유명한 카페 하라케케에는 커다란 새 둥지 포토존이 있다. 동그란 새 둥지 사이로 들어가 둥지 밖에 있는 키 큰 야자수, 푸른 바다까지 잘 보이도록 살짝 떨어져 사진을 찍으면 동남아 휴양지에 온 듯한 인증사진을 찍어갈 수 있다. 바다 반대편 건물 방향에도 사진찍기 좋은 원형 프레임 포토존이 있으니 여기서도 사진을 찍어보자.(p324 C:3)

- 서귀포시 속골로 29-10
- #휴양지느낌 #야자수 #새둥지

더플래닛 깃털숲
"알록달록 깃털숲"

@_dyony._.s2

무지갯빛 깃털이 인상적인 버디 프렌즈 깃털 숲에서 사진을 찍어보자. 카메라를 아래에서 위로 향하여 찍으면 깃털의 다양한 색감을 담아 찍을 수 있다. 높은 층고의 천장에서부터 바닥까지 이어진 깃털은 제주에서 살고 있는 다양한 종류의 새 깃털을 부드러운 천으로 표현했다. 깃털 숲은 1층에서 볼 수 있고, 다양한 포토존이 있다.(p324 A:3)

- 서귀포시 천제연로 70 더 플래닛
- #더플래닛 #무지개 #깃털숲

11

남원읍

#고살리숲길속괴

#효령사 #천국의문

@s
@k

#남원큰엉해안

@eunbeesla

#고살리숲길

#큰엉해안경승지

#신흥리동백마을

#신흥리동백마을

@nado_jeju

#위미리3760

#위미리

367

#쇠소깍

#물영아리오름

#신흥리동백마을

#쇠소깍

#휴애리자연생활공원

#위미리수국길

@hh_yozzin

#휴애리자연생활공원

@yun_suny

#휴애리자연생활공원

#이승악오름 #벚꽃

남원읍

A · B · C

1
성널오름
(성판악)
사라오름
단풍

신례리

동수악

하례리

이승이오름

이승이오름
벚꽃

사려

수악

2
고살리숲길

휴애리 자연생활공원
귤밭, 동백꽃, 매화,
수국, 핑크뮬리

휴애리
자연생활

동백포레스
동백

양금석가옥

동걸세

서귀포시

우
어촌체
건축
한가

3
공천포

쇠소깍

370
A · B · C

남원읍 주요지역

성판악코스 4시간 30분 9.6km

속밭대피소

성판악매표소

5.16도로숲터널
'이상한 변호사 우영우' 촬영지

진달래밭대피소
(1시까지 도착해야
한라산 등반 가능)

왕관바위

사라오름

성널오름

한라산 성판악코스 단풍
가을 등반에는
성판악이지[10,11월]

사라오름
산정호수

사라오름 단풍
호수전망
단풍[10,11월]

선작지왓
(윗세오름) 철쭉

백록담

전망데크

윗세오름

남벽분기점

한라산

사려니숲길

사려니숲길
비자림로에서 사려니오름에 이르는
약 15KM의 완만한 숲 산책길
편백 나무, 삼나무, 때죽나무 등
다양한 종류의 나무가 가득
걸어도 걸어도 전혀 힘들지 않고
몸과 마음의 병이 치유되는 곳

이승악오름 벚꽃
오름에 벚꽃이라니
[3,4월]

이승악
쭉 뻗은 삼나무숲과 메밀밭으로 유명한 오름

상효원 백일홍
여름에 볼 수 있는 꽃[6,7,8,9월]

상효원 메리골드
가을에서 겨울까지 볼 수
있는 메리골드[9,10,11월]

상효원 동백
한라산 뷰의 상효원
동백꽃[11,12,1,2,3월]

상효원 튤립
4~5월 개화
튤립이 가득한 세상, 튤립축제

상효원 수국
수국의 아름다움을
느껴봐[6,7월]

상효원
수목원

효명사
천국의문

고살리 숲길
남원의 포토존[9,10,11월]

**휴애리 자연생활
공원 핑크뮬리**
토종 동백나무가 있는 곳[11,12,1

고살리 숲길
흐르는 물소리에 마음까지
촉촉해지는 숲길

**휴애리 자연생활
공원 수국**
오색빛깔 아름다운
수국[4,5,6,7월]

고살리 숲길
속괴

우리들 CC

**위미리 37
(위미리동**

**휴애
3~4월**

휴애
애기동백
뭐야?[

휴애리 자연생활공원
실컷 먹고 따고 감귤체험과 사계절
꽃들로 핫한 사진명소

**휴애리
내가 직접
어떻가?[**

동백포레스트

휴애리 자연생활공원 매화
매화 축제 체험[3,4월]

시오름

서귀포 치유의 숲
평균수령 60년 이상의 전국
최고의 편백 숲이 여러 곳에 조성

돈내코유원지
숲으로 에워싸인 투명한
청록빛 폭포

원앙폭포
두 개의 물줄기가 떨어지는 폭포
사진명소로 유명하다.

돈내코로
동백 돌담

윈드1947 카트 테마파크

쌀오름

동백포레스트
창문 프레임

동백포레스트 동
동백정원에서 커피
한잔?[11,12,1,2,3월]

양금석가옥

하늘아래수목원

서귀포시

**서귀포 무인카페
다락 수국**
신비로운 느낌의 푸른
수국밭[6,7월]

제주 벨롬 리조트

레스토랑점심
(점심가츠정식)

네이처캔버스바베큐
(B.B.Q플래터)

쉼터체험
(감귤, 황

서귀포 감귤박물관
감귤 테마 박물관, 감귤체험

뇌미(순대국밥,보말국
위미1리 어촌체험마을
이음새교육농장
(현재 카페 <서연의 집>으로 운영 J
공천포식당
한치쌈밥

하례감귤 체험농장
다정이네 올레서장 본점(매운멸치조림밥)

쇼소깍 산물 관광농원
감귤체험과 농기구박물관등 즐길거리가 있다.

베케(차콩크림라떼)

천지연폭포
너무 유명해서 그동안 잘 가지
않았던 곳
계곡으로 떨어지는 폭포의
모습이 한편의 동양화

씨플로우
프리다이빙

여섯번의
보름

모루한
(감귤밭)

제주에인감귤밭
(에이드, 프렌치토스트)

고씨네천지국수(멸고국수)
아리(퉤김우동)

쇼소깍
호도일
(下午日)(독채)

쇼소깍
(카약)

서귀포 올레시장
아케이드 형태의 서귀포에서 가장 큰 시장
올레서장 본정(매운멸치조추김밥)
오는정김밥

구들민박감귤체험농장
서귀포시 토평동 804

쇼소깍
(카약)

테라로사
(핸드드립)

효천

쇼소깍
올레

쇼소깍
투명카약, 수상자전거
지하수와 바닷물이 r
쇼는 '소', 소는 '웅덩

결매생태공원 매화
3~4월 개화
솜반천(물놀이)

이중섭문화거리

중앙마농
(마농치킨)

연리지
식당
(감치)

나원회포차
(갈치)

**이중섭 미술관
이중섭 거주지**
(갈치와 고기)

서귀포 감귤체험

보래드 베이커스
(맛있는 스콘)

소정방폭포
폭포높이가 7m가량으로
여름철 물맞이 장소로 인기
정방폭포 동쪽의 아담한 폭포

보목
마을

쇼소깍
게우지코지 카페
(수준급 커피를 맛볼 수
있는 오션뷰 카페)

하효쇼소깍해변

캡틴호
(놀이용기, 우럭,
낚시체험장

식물집
돈블랙(흑돼지)

서귀포피안
(오션뷰)

서귀포 하논분화구
서귀포시립이중미술관
세계 조가비 박물관
숨도(구,석부작
테마공원)

삼매봉
오르는 동안 한라산이
병풍이 되는 곳!

돈베낭길

외돌개
제주에서 가장 아름다운 산책길
우뚝 솟은 바위, 올레길 7코스

**속골(제주도민이
즐겨찾는계곡)**

삼매봉도서관

황우지해안
숨은 명소, 천연
수영장이 펼쳐지는
곳, 근처 황우지해안
열두굴과(일제 군사용
동굴)

올레길 7코스

새섬
새연교 일월

**황우지해안
선녀탕 스노쿨링**

서귀포함

정방폭포
해안으로 바로 떨어지는
해안폭포로 아시아에서는
찾아보기 힘든 비경
천지연, 천제연과 더불어
제주 3대 폭포 중에 하나

제지기 오름
바위산으로 험한 산세를
보이는 오름

섶섬

서귀포시

카페큐브다락
(마차라떼)

서귀포칠십
(갈치와 고기)

진시황식당
(마농치킨)

**서귀포유람선 자구리
공원**

서복전시관
(진시황의 명에
제주에온 서복)

허니문하우스
(수리남촬영지)

소천지
소천지 투영한라산

게스트하우스
담소

보목포구

왕종려나무
(독채)

종달식당
(갈치)

돈내코로
동백 돌담

범섬

법환포구

문섬

서귀포잠수함
서귀포 문섬의 아름다운 연산호를
감상할 수 있는 서귀포 잠수함 체험

A B C

E

따라비오름 억새

F

따라비오름
쉽게 오를 수 있고 가을 억새풀이 가득한 오름

무명고택(독채)

김정문알로에 알로에숲
온실 알로에 숲

녹산로 유채꽃 도로
유채꽃은 꽃밭보다 꽃길이지 [3,4월]

가시리마을

오늘은 녹차 한잔 동글샷

오늘은녹차한잔
(향긋한 녹차 한잔에
녹차 족욕까지)

오늘은카트
레이싱(카트)

물영아리(오름)
물이 많은 마을, 람사르
습지보호구역

가시리 마을 벚꽃
제주 시골 그리고 벚꽃[3,4
월]

해비치 CC

갑선이오름

에드타임(독채)

1

해비치CC입구 벚꽃
제주 도민만 아는 벚꽃
명소[3,4월]

가시리사무소

**포트갤러리
자연사랑미술관**

가시리마을

가시식당(두루치기)

가스름식당
(토종흑돼지삼겹살,
나목도식당(삼겹살)

옷귀마테마
타운(승마)

머체왓 숲길
수레국화가 아름다운 한적한
제주숲길, 총 거리 6.7km
2시간 30분

소소름
(쇠오름)

수망다원
(녹차,말차라떼)

열대과일농장 유진팡
(바나나,파파야,귤따기)

아호
(쯔꼬미스콘,
제주당근스콘)

가세오름

**머체왓숲길
방문객 지원센터**

수망일기
(핸드메이드 인형으로 꾸며진
동화 감성 카페)

보내다제주
(귤카페)

광동식당(흑돼지
두루치기)

편백포레스트
염소먹이주기체험, 숲 속놀이터,짚라인,클라이밍등
다양한 놀거리가 있어 아이들과 가기좋은 여행지

심플토산
(독채)

1136

토종흑염소목장
3.5만평의 숲에 7만평의 편백나무로
이루어진 곳 그리고 1.5만평의 목장.

요정의 집

경흥농원 동백
노란 귤밭과 어우러지는
붉은 동백[12,1,2,3월]

신흥2리마을
동백마을

**동백마을
방문자센터**

더힐팡스파앤
풀빌라리조트(풀빌라)

문화창달(빈티지 소품들로
꾸며진 감성카페)

공원 동백꽃

귤림동화(독채)

남원읍

제주 판타스틱버거
(베이직버거)

소노캄제주
하트나무

공원 귤밭

목스키친
(제주로운파스타,
제주가득한파스타)

2

리 수국길

미깡밭스테이 삼삼은구(독채)

구시물

모카다방
(유기농 재료를
사용한 구움과자가
맛있는 곳)

제주외가(독채)

올레길 4코스

최남단 체험 감귤농장
(가외물 농촌생태공원)

제주도작은집
(독채)

세러데이아일랜드
(정통 이탈리아식
식음료를 판매하는 곳)

나름의 고요
(독채)

제주파인비치펜션
(캠핑장)

소담스러운
수국[5,6,7월]

코코몽에코파크
가족형 어린이 놀이공원

취향의성
(보리개역커피)

토리코티지 펜션
(풀빌라)

스테이귤밭
정독(독채)

에어그라운드
(캠핑장)

(가정식백반,
견가(물멸국수)

EPL(태왁도시락)

소이연가(독채)

금호리조트
제주아쿠아나

제주동백
(아인슈페너,스콘)

모노캠제주

마드레
(바베큐)

카페 동박낭 동백꽃
애기동백군락과
커피한잔[11,12,1,2,3월]

로빙화

아주르블루

일송회수산
(활어회)

선광사

루브린산운지

남원
포구

범일분식
(순대백반,순대한접시)

남진호,착한배낚시
(배낚시)

소싯적(독채)

큰엉해안경승지

큰엉해안 한반도 지형

동백나무군락
붉은색 동백 융단이
리는 숲, 1월~4월 만개

올레길 5코스

태웃개
용천수가 흐르는 노천탕.
'우리들의 블루스'촬영지 스노쿨링 스팟

큰엉 이라는 뜻은 제주 사투리로 '큰 언덕'
큰 바윗덩어리가 많은 1.5km의 해안산책로
한반도 지형의 사진을 찍을 수 있는 사진 명소

는 곳
라는 이름은
미

남원
추천 여행지

구시물
"깨끗한 식수가 솟아나와"

나무나 돌 같은 것으로 수로를 파서 만든 것으로 삼별초가 식수원으로 사용했다 전해진다. 이 물을 보호하기 위해 성 밖임에도 불구하고 외성을 쌓아 나무로 구시를 만들어 관리 했다. 가뭄이 닥쳐도 마르지 않는 질좋은 생수라서 콜레라가 유행할 때에도 한 사람도 희생자가 없었다고 한다. 지금도 식수로 사용되고 있다.(p371 E:3)

- 서귀포시 남원읍 남원리 387
- #삼별초 #식수원 #샘물

동백포레스트
"제주 동백 명소하면 여기지"

제주도에서 동백꽃으로 유명한 장소 중에 하나이다. 동글동글하게 거대한 꽃다발을 심어놓은 듯 화사한 동백 군락지는 가을부터 겨울까지 관광객을 찾게 만든다.(p370 C:3)

- 서귀포시 남원읍 생기악로 53-38
- #동백 #군락지 #봄여행지

물영오름
"물의 수호신이 산다는 분화구속 숲지"

물영아리 오름 정상에는 둘레 1키로미터 깊이 40미터의 거대한 분화구가 있다. 이 분화구에 물이고여 오름습지가 형성되어 있다. 오름 초입의 드넓은 초원과 정상 습지의 신비로운 분위기가 유명한 명소이다.(p371 E:1)

- 서귀포시 남원읍 수망리 산188
- #물의수호신 #습지오름 #초원

휴애리 자연생활공원
"한라산 자락 꽃의 향연"

한라산 자락이 보이는 자연생활 체험 공간으로, 매년 4차례 축제가 열린다. 계절마다 핑크뮬리, 동백, 수국 등의 꽃을 볼 수 있다. 꽃 축제 이외에도 감귤체험, 동물 먹이주기 체험, 곤충테마체험등의 프로그램이 있다.(p370 C:2)

- 서귀포시 남원읍 신례동로 256
- #꽃축제 #감귤체험 #먹이주기체험

양금석가옥
"초가지붕을 얹은 제주도의 종갓집 구경하기"

제주도 전통 양식으로 지어진 초가집 세채의 구조와 배치가 인상적인 가옥이다. 대청마루에서 보이는 주렁주렁 열린 귤나무와 가축을 기르던 공간 등 옛 제주 주거문화를 엿볼 수 있는 조용한 공간이다.(p370 C:2)

- 서귀포시 남원읍 신례로298번길 3-6
- #초가집 #민속문화재 #전통

공천포
"검은 모래 해안과 한적한 마을 거리"

쇠소깍과 위미리 중간에 있는 마을로, 길을 걷다보면 콘크리트 방파제에 몽돌이 붙어 있는데, 이곳에서 사진찍는 사람들이 많다. 공천포 해안에는 검은 모래와 자갈이 있는데, 표면이 부드럽게 깎인 바위도 볼 수 있다.(p370 C:2)

- 서귀포시 남원읍 신례리 21
- #방파제 #몽돌 #포토존

이음새농장
"감물로 곱게 천연염색을 해볼까?"

주렁주렁 달려있는 감귤을 보는 것은 물론, 감나 황토 같은 천연재료로 하는 전통 감물 염색 체험과 감귤 수확 체험을 할 수 있는 곳이다. 이밖에도 도자기 체험, 디자인 수업도 체험해 볼 수 있다. 다양한 체험학습이 가능해 아이와 함께 오는 가족들에게 특

히 추천한다.(p370 C:3)

- 서귀포시 남원읍 위미리 4137-1
- #감귤따기 #천연염색 #아이체험

성널오름(성판악)
"성벽처럼 솟아있는 암석이 특이해"

산 중턱의 암벽이 널빤지로 만든 성벽 같이 보인다 해서 성판악이라 불린다. 제주시 조천읍과 남원읍 경계에 있는 오름인데, 한라산의 원시림에 가깝다. 자연 본연의 모습을 잘 간직하고 있는 곳이다.(p370 B:1)

- 서귀포시 남원읍 신례리 산2-1
- #고갯마루 #석벽여성판 #성벽

위미항
"제주에서 가장 빨리 벚꽃을 만날 수 있는 곳"

제주도에서 가장 먼저 벚꽃이 피는 곳으로 유명한 위미항! 벚꽃 외에도 요트 투어, 배낚시 등 다양한 체험이 가능하다. 또, 이곳에서 보는 일몰은 아름답기로 유명해서, 해 지는 시간에 맞춰 방문해 보길 추천한다. 일몰을 구경하고 활어회 센터에서 맛보는 회의 맛은, 이곳 여행의 덤이다.(p371 D:3)

- 서귀포시 남원읍 위미중앙로196번길 6-13
- #벚꽃 #올레5코스 #일몰

제주동백수목원
"300년 넘는 동백이라 수형이 아름다워"

4대에 걸쳐 관리했다는 제주 동백 수목원은 제주도의 기념물로 지정되어 있다. 동백이 피는 11월에서 2월까지 개방하고 나무를 위해 닫는다고 한다. 300년이 넘는 토종 동백나무를 볼 수 있고, 나이 만큼 나무의 크기도 크다. 일정하게 둥근 형태를 띤 나무 모양이 최근 인스타 촬영지로 유명하다.

(p371 D:3)

- 서귀포시 남원읍 위미리 929-2
- #토종동백 #포토존

위미동백나무군락
"탐스럽고 붉은 동백꽃 융단"

제주도 기념불 39호로 지정된 동백나무 군락지 이다. 겨울꽃인 동백나무는 내륙 육지의 동백꽃 보다 더 탐스럽고 붉다. 11월 말부터 다음 해 3월까지 동백꽃 무리를 볼 수 있다. (p371 D:3)

- 서귀포시 남원읍 위미중앙로300번길 15
- #붉은동백 #군락지

금호리조트 제주아쿠아나
"바다를 바라보며 신나는 물놀이"

올레길 중 아름답기로 소문난 5코스에 위치하고 있고 해안경승지를 조망할 수 있는 곳이다. 바다를 바라보며 물놀이와 수영을 할 수 있는 실내외 아쿠아풀 등이 있다.(p371 E:3)

■ 서귀포시 남원읍 태위로 522-12

■ #올레5코스 #아쿠아풀 #실내사우나

위미1리어촌체험마을

"스쿠버 다이버, 해녀들을 만날 수 있는 어촌마을"

농촌의 매력과 어촌의 매력을 동시에 맛볼 수 있는 마을이다. 마을 전체를 둘러싸고 있는 감귤밭을 볼 수도 있고, 스쿠버다이빙, 작살다이빙, 배낚시 체험 등 이색적인 체험도 가능하다. 또 해녀가 직접 따온 싱싱한 해산물을 맛볼 수도 있다.(p370 C:3)

■ 서귀포시 남원읍 위미해안로 43

■ #관광유어장 #스쿠버다이빙 #작살다이빙

건축학개론 한가인 집

"바다가 보이는 카페가 되었어"

영화 '건축학개론'의 촬영지였던 서연의 집이다. 현재 카페로 운영되고 있다. 주차를 하고 위미 해안로를 따라 돌담길을 조금 걷다보면 보인다. 영화에 나왔던 장소에 가보는 것만으로도 감성적이 아닐까 한다.(p370 C:3)

■ 서귀포시 남원읍 위미해안로 86

■ #영화촬영지 #카페

신흥2리마을 동백마을

"동백테마 체험을 할 수 있는 마을"

제주 토종 동백나무에서 채취한 동백기름을 체험해 볼 수 있는 곳이다. 300년 가까이 되는 토종 동백의 군락지인 이 마을은, 동백꽃을 보는 것으로도 충분히 좋은 곳이지만 동백기름을 활용해 비누며 음식을 만들어보는 다양한 체험을 제공하고 있다. 약으로, 음식으로, 화장품으로 다양하게 활용되는 동백을 경험해 보자.(p371 F:2)

■ 서귀포시 남원읍 중산간동로 5807

■ #동백기름 #토종동백 #동백체험

큰엉해안경승지

"높은 해안 언덕길을 따라 걷는 또 다른 경험"

'큰엉'이라는 뜻은 제주 사투리로 '큰 언덕'이라는 뜻이다. 현무암 해안인 제주 대부분과는 달리 큰엉해안은 큰 바윗덩어리들이 해안가를 둘러싸고 있다. 1.5km가량 해안 산책로가 갖춰져 있는 관광지이자 한반도 지형의 사진을 찍을 수 있는 사진 명소이기

도 하다.(p371 E:3)

■ 서귀포시 남원읍 태위로 522-17 큰엉전망대

■ #바위언덕 #한반도지형

코코몽에코파크 제주점

"숲속 기차를 타고 아이와 함께 모험을 떠나요."

답답한 실내에서 벗어나 아이들이 맘놓고 뛰어놀 수 있는 놀이공간이다. 제주도의 바다를 보며 즐길 수 있는 프리미엄 테마파크이기도 하다. 자연을 무대로, 숲속 기차여행, 에어볼 체험 등 다양한 활동이 가능해 아이를 동반한 가족여행객들이라면 이곳을 눈여겨 봐두시길 추천한다.(p371 E:3)

■ 서귀포시 남원읍 태위로 536

■ #친환경테마파크 #가족여행

선광사

"큰엉 전망대에 들렀다면 잠깐?"

남원 큰엉 해안 근처에 있는 사찰이다. 고려

시대때 만들어진 목판본의 불경을 비롯, 다양한 유적이 보관되어 있는 유서깊은 곳이기도 하다. 고즈넉하고 조용한 곳을 좋아하는 분이라면, 이곳에서 차분하게 마음을 다스려 보아도 좋다. 비 오는 날에 더 어울리는 공간이다.(p371 E:3)

- 서귀포시 남원읍 태위로510번길 42
- #사찰 #불교 #힐링

쇠소깍
"잔잔한 물 위에 투명 카약, 수상자전거 체험하러 줄을 서는 곳"

용암이 흐르다 굳어져 만들어진 골짜기이다. 에메랄드빛 물색과 골짜기 주변을 에워싸고 있는 소나무숲이 감동적일만큼 아름답다. 전통배 테우나 카약, 수상자전거 등을 타며 이곳을 둘러봐도 좋고, 산책로를 따라 구경해도 좋다. 제주에서 산과 바다, 강 모두를 볼 수 있는 곳은 드물기에 더 귀한 곳이다.(p370 C:3)

- 서귀포시 쇠소깍로 104
- #냇가 #수상스포츠

고살리숲길
"고요하고 신비로운 상록수 숲길"

울창한 숲길을 따라 2km 가량 이어지는 탐방로이다. 숲길을 걷다 보면, 나무 사이로 흐르는 하천이며 자연이 주는 아름다움이 무엇인지 제대로 느낄 수 있다. 특히 탐방로를 걷다 보면 만나는 '속괴'는 사시사철 물이 고여있는 연못인데, 이곳에서 사진을 찍으면 묘하고 신비로워 인스타 성지이기도 하다.(p370 B:2)

- 서귀포시 남원읍 하례리 산54-2
- #힐링 #트레킹 #자연생태우수마을

태웃개
"스노클링을 즐길 수 있는 곳"

@nocknockkk

스노클링 명소로 유명하다. 바람이 많이 불고 파도가 칠 때는 스노클링을 할 수 없어 날씨를 확인하고 방문하는 것이 좋다. 방파제 사이로 용천수가 나오는 작은 공간은 수심이 얕아 아이들이 놀기 좋다. 푸른 바다와 섬과 제지기오름을 볼 수 있는 뷰맛집이다. 만조시간 전 방문 시 물이 찰랑거리는 방파제 위에서 인생샷 남길 수 있다.

- 서귀포시 남원읍 태위로398번길 57
- #용천수 #물놀이 #스노쿨링

5.16도로숲터널
"제주의 단풍을 즐기기 좋은 드라이브 코스"

제주시와 서귀포를 잇는 도로. 여름에는 시원한 숲길, 가을에는 붉게 물든 단풍길 드라이브 코스로 좋다. 폭이 좁고 길이 구불구불해 정차, 주차가 금지되어 있다.이상한 변호사 우영우 촬영지로 유명하다.

- 서귀포시 남원읍 신례리
- #단풍여행 #드라이브 #숲터널

이승악

"삼나무숲길에서 인생샷을 찍어보자"

길게 뻗은 삼나무숲과 메밀밭으로 유명한 오름. 산모양이 살쾡이처럼 생겼다하여 이름이 붙여졌다. 오름 입구 신례리공동목장에서 메밀밭을 감상할 수 있다. 쭉 뻗은 삼나무 숲길에 서서 나무 사이로 들어오는 햇살과 함께 인생샷을 찍을 수 있다. 정상에 오르면 남쪽으로는 바다, 북쪽으로는 한라산을 조망할 수 있다. 길이 험하지 않고 코스가 짧아 아이들과 걷기도 좋다. 제주 숨은 벚꽃 명소로도 알려져 봄에는 사진촬영을 위해 많은 사람들이 방문한다. (p370 C:2)

- 서귀포시 남원읍 신례리 산2-1
- #제주오름 #삼나무숲길 #메밀밭

쇠소깍 산물 관광농원

"감귤체험과 농기구박물관 등 즐길거리가 있는 농원"

@juokyeon_

제주에서 귤꽃이 가장 먼저 피는 하례리에 위치. 한라봉을 재배하는 하우스 안에 농기구박물관이 있다. 입구의 경운기부터 실내의 호미, 항아리 등을 볼 수 있다. 부모님과 함께 추억을 이야기하며 관람하기 좋다. 관광농원 입구 왼쪽 감귤밭에서 귤따기 체험을 할 수 있고, 1월 중순부터는 하우스 안 한라봉 따기 체험을 할 수 있다. (p372 C:3)

- 서귀포시 남원읍 하례로 90
- #농기구박물관 #쇠소깍 #제주투어패스

편백포레스트

"편백숲에서 흑염소와 뛰어놀자"

@ga_won_nini

편백숲과 오름 하나를 품은 자연친화적 흑염소 농장. 흑염소 먹이주기 체험을 할 수 있다. 아기 흑염소들이 뛰어노는 편백숲 놀이터에는 짚라인과 그네들이 있어 아이들에게 인기다. 매시 정각에는 염소달리기 공연이 열린다. 2가지의 오름 코스가 있어 숲을 즐기기 좋다. ATV를 타고 숲을 둘러보는 체험도 인기다. (p373 D:2)

- 서귀포시 남원읍 서성로 544-97
- #아이와함께 #체험농장 #제주투어패스

휴애리 자연생활공원 귤밭
"내가 직접 따는 감귤맛은 어떨까?"

초여름부터 늦겨울까지 휴애리자연생활
공원 감귤체험농장을 운영한다. 연중무휴
09:00~18:00 영업, 4~9월 17:30 입장 마
감, 10~3월 16:30 입장 마감.(p370 C:2)

■ 서귀포시 남원읍 신례동로 256
■ #10,11,12,1월 #귤꽃 #감귤따기 #감귤
체험 #체험농장

사라오름 단풍
"호수전망 단풍"

한라산 백록담 성판악 탐방안내소에서 백
록담 정상으로 가는 길 중간쯤에 있는 단풍
명소. 정상에서 내려다보이는 호수 전망이
무척 아름답다. 등반에 왕복 1시간 정도 소
요되므로 아침 일찍 여유롭게 출발하자. 산
길이 다소 험하기 때문에 여행 마지막 날 등
반하는 것을 추천.(p370 B:1)

■ 서귀포시 남원읍 신례리 산2-1
■ #10,11월 #백록담 #호수전망 #트래킹

동백포레스트 동백
"동백정원에서 커피 한잔?"

디저트 카페와 함께 운영하는 동백정원.
11월 5일부터 2월 15일까지가 동백 시즌
이다. 꽃이 개화하지 않은 비수기에는 무
료로 입장할 수 있다. 카페에서 동백 향기
를 담은 모카와 밀크티를 판매한다. 매일
10:00~18:00 카페영업.(p370 C:2)

■ 서귀포시 남원읍 생기악로 53-38
■ #11,12,1,2,3월 #디저트카페 #동백모카
#동백밀크티

휴애리 자연생활공원 동백꽃
"애기동백이 뭐야?"

11월 중순부터 다음 해 1월 말까지 휴애리
자연생활공원에 붉은 애기동백이 피어난
다. 11~12월 사이에 방문하면 동백꽃 축제
에도 참여할 수 있다. 연중무휴 09:00~18:00
영업, 4~9월 17:30 입장 마감, 10~3월
16:30 입장 마감.(p370 C:2)

■ 서귀포시 남원읍 신례동로 256
■ #11,12,1,2,3월 #애기동백 #동백꽃축제

위미리 3760(위미리동백군락지) 동백

"토종 동백나무를 볼 수 있는 곳"

@nado_jeju

날이 쌀쌀해지는 11월부터 제주특별자치도 기념물로 선정된 위미리 동백나무 군락을 만나볼 수 있다. 이곳 동백나무는 우리나라 토종 동백나무 품종이라고 한다. 남원읍 위미리 연화사에 주차 후 동백나무 길을 따라 이동.(p371 D:2)

- 서귀포시 남원읍 위미리 3760
- #11,12,1,2,3월 #토종동백나무 #기념물

경흥농원 동백

"노란 귤밭과 어우러지는 붉은 동백"

@xxhappinessxx

무농약 감귤을 재배하는 경흥농원은 겨울철 애기동백과 겹동백꽃 명소로 유명하다. 노란 귤밭과 불긋한 동백꽃이 어우러진 울긋불긋한 풍경이 아름답다. 동백꽃길 무료 개방, 농원은 평일 09:00~17:00 영업, 일요일과 공휴일 휴업.(p371 F:2)

- 서귀포시 남원읍 중산간동로5892
- #12,1,2,3월 #애기동백 #겹벚꽃 #무농약감귤 #무료개방

카페 동박낭 동백꽃

"애기동백군락과 커피한잔"

@sohii3

12월부터 다음 해 1월까지, 카페 동박낭에서 함께 운영하는 넓은 정원에서 애기동백 군락을 만나볼 수 있다. 제주시외버스터미널 정류장에서 130-1번 승차, 남원 환승 정류장에서 하차 후 231, 232,510번 버스로 환승하고 세천동 정류장에서 하차, 카페 동박낭까지 약 400m 도보 이동. 매일 09:00~19:00 영업, 연중무휴.(p371 D:3)

- 서귀포시 남원읍 태위로 275-2
- #11,12,1,2,3월 #애기동백 #사진촬영

휴애리 자연생활공원 매화

"매화 축제 체험"

2월 중순부터 3월까지 휴애리 자연생활공원에 봄을 알리는 매화 축제가 열린다. 다양한 체험행사와 포토존을 함께 운영하므로 가족과 함께 방문하기 좋다. 연중무휴 09:00~18:00 영업, 4~9월 17:30 입장 마감, 10~3월 16:30 입장 마감.(p370 C:2)

- 서귀포시 남원읍 신례리 2081
- #3,4월 #매화축제 #매화체험 #가족여행

이승악오름 벚꽃

"오름에 벚꽃이라니"

@yun_suny

봄에 벚꽃이 만개하는 이승악오름은 이승이오름이란 이름으로도 불린다. 이승악오름 주차장에서 하차 후 등산로 갈림길에서 이승이오름 순환 코스 방향으로 이동. 삼나무 숲과 시원한 폭포 경치도 함께 즐길 수 있다.(p370 C:2)

- 서귀포시 남원읍 신례리 산2-1
- #3,4월 #트래킹 #폭포

해비치CC입구 벚꽃

"제주 도민만 아는 벚꽃 명소"

3~4월이 되면 회원제 골프장 해비치CC 가는 길목에 벚꽃 터널이 펼쳐진다. 제주 도민들만 아는 벚꽃 명소로 유명 관광지가 아니라 한적하고 사진 찍기에도 좋다. 새하얀 목련 나무도 함께 심어있어 멋을 더한다.(p371 E:1)

- 서귀포시 남원읍 신흥리 산59-5
- #3,4월 #한적 #드라이브 #목련

휴애리 자연생활공원 수국

"오색빛깔 아름다운 수국"

3월부터 여름까지 휴애리 자연생활공원 오색빛깔 수국이 피어난다. 7월 20일부터는 유럽 수국이 가득한 유럽 수국 축제도 열린다. 연중무휴 09:00~18:00 영업, 4~9월

17:30 입장 마감, 10~3월 16:30 입장 마감.(p370 C:2)

- 서귀포시 남원읍 신례동로 256
- #4,5,6,7월 #유럽수국 #수국축제

위미리 수국길
"소담스러운 수국"

@hh_yozzin

초여름부터 위미리에 소담스러운 수국 길이 펼쳐진다. 위미3리 교차로에서 우회전하여 귤향기 농·수산물 직판장까지 이동, 우회전 후 태위로 방향으로 이동. (지번 주소 서귀포시 남원읍 위미리 668-4)(p371 E:3)

- 서귀포시 남원읍 위미리 4591-71
- #5,6,7월 #꽃길산책로 #귤향기농수산물직판장

휴애리 자연생활공원 핑크뮬리
"남원의 포토존"

9월 중순부터 10월 말까지 휴애리 자연생활공원에 분홍 물결 핑크뮬리 축제가 열린다. 가을꽃과 포토존을 배경으로 사진 찍고 가기 좋다. 연중무휴 09:00~18:00 영업, 4~9월 17:30 입장 마감, 10~3월 16:30 입장 마감.(p370 C:2)

- 서귀포시 남원읍 신례동로 256
- #9,10월 #가을꽃길 #포토존

남원 맛집 추천

공천포식당
"된장을 넣어 구수한 물회"

@kim_tokki87

깻잎과 된장을 넣어 구수한 맛이 일품인 제주식 물회 전문점. 전복, 해삼, 한치, 소라 등 다양한 재료를 고를 수 있으며 전복 물회가 가장 인기 있다. 내장을 넣어 깊은 맛을 더한 전복죽도 인기 메뉴. 매일 10:00~19:30 영업, 매주 목요일 휴무.(p372 C:3)

- 서귀포시 남원읍 공천포로 89
- 064-767-2425
- #구수한맛 #쫄깃한식감 #한끼식사

바공식당
"하루 30명 제한의 가정식"

하루에 30명만 맛볼 수 있는 제주 가정식 식당. 우삼겹 볶음, 향정살 된장 구이, 찜닭 등 주요리를 중심으로, 김치, 나물 등 4~5가지 반찬이 딸려 나온다. 매주 화요일을 기준으로 메뉴가 바뀐다. 11:00~15:00 영업, 30인분 판매 시 영업 종료, 매주 월요일과 매월 마지막 주 화요일 휴무. (p373 D:3)

- 서귀포시 남원읍 태위로 87 1층

- 0507-1415-3938
- #30인분한정판매 #가정식 #매주메뉴변경

레스토랑점심
"히레가츠, 달고기생선가츠"

제주 돼지로 만든 바삭바삭한 수제 돈가스 전문점. 돈까스에 딸려 나오는 샐러드 소스와 와사비, 풋귤 식초, 감귤 음료는 귤러브 농장에서 직접 재배한 감귤로 만든 것이다. 자연산 달고기로 만든 달고기생선가츠도 추천. 점심에는 히레카츠, 달고기생선가츠, 새우튀김을 모두 맛볼 수 있는 점심가츠정식을 판매한다. 매일 10:30~15:30 영업, 매주 월요일 휴무.(p372 C:2)

- 서귀포시 남원읍 중산간동로 7090
- 0507-1411-7090
- #수제돈가스 #귤맛가득 #상큼한맛 #점심특선

동선제면가
"몰망국수, 흑돼지고기국수"

제주도 전통 방식으로 만든 국수 전문점. 몸국에 국수를 넣어 만든 몰망국수와 흑돼지고기국수가 인기. 세트 메뉴를 시키면 푸짐한 돔베고기까지 함께 맛볼 수 있다. 매일 11:00~15:30, 17:00~20:00 영업, 19:00 주문 마감, 재료소진 시 조기마감.(p373 D:3)

- 서귀포시 남원읍 태위로 3 1층
- 064-764-5555
- #제주전통국수 #시원한맛 #구수한맛

일송회수산
"양이 푸짐한 활어회"

싱싱한 자연산 활어회를 판매하는 제주 현지인 맛집. 다금바리, 돌돔 등 고급 어종을 취급한다. 밑반찬도 모두 정갈하고 양이 푸짐하며 얼큰한 매운탕도 진국이다. 해산물로 배를 채우고 싶다면 강력추천. 반경 10km 이내 픽업 서비스 제공, 매일 10:00~23:00 영업.(p373 D:3)

- 서귀포시 남원읍 위미중앙로196번길 13
- 064-764-0094
- #자연산활어회 #시원한매운탕 #푸짐한밑반찬

마므레 흑돼지&양갈비
"오션뷰 바베큐"

서귀포 바다를 바라보며 정통 바베큐를 즐겨보자. 통삼겹, 양갈비,폭립, 흑돼지 부위를 선택할 수 있으며, 2인 세트 메뉴도 판매한다. 추가 주문할 수 있는 흑돼지 라멘, 흑돼지 가지 덮밥도 강력추천. 단체예약 시 원하는 메뉴를 요청하거나 로스트 치킨, 비어캔치킨 등이 함께 나온다. 연중무휴 11:00~21:00 영업.(p373 D:3)

- 서귀포시 남원읍 태위로 456 마므레
- 0507-1421-8594
- #바베큐세트 #흑돼지라멘 #흑돼지가지덮밥

섬소나이 위미점
"짬뽕과 수제 피자가 별미"

제주 모자반을 넣어 시원한 맛이 일품인 짬뽕 전문점. 불맛 가득한 우짬, 맑은 국물 짬뽕 땡짬, 우도 땅콩이 들어간 고소한 백짬을 판매한다. 우도 톳을 넣은 반죽으로 만든 수제 피자도 맛있다. 매일 10:00~24:00 영업, 매주 목요일 휴무, 재료소진 시 조기마감. (p372 C:3)

- 서귀포시 남원읍 위미해안로 18 2층 섬소나이
- 064-900-9878
- #불맛우짬 #시원한땡짬 #고소한백짬

뙤미
"순대국밥, 보말국"

뜨끈한 국물로 속을 달래고 싶다면 따뜻한 국밥 먹으러 뙤미에 방문해보자. 제주 정통 찹쌀순대를 넣은 뜨끈한 순대국밥과 보말(고동)을 넣은 보말 미역국을 선보인다. 제주 산나물과 한라산 표고버섯

이 들어간 건강한 뙤미 비빔밥도 추천. 매일 09:00~13:30 영업, 재료소진 시 마감.

(p372 C:3)

- 서귀포시 남원읍 태위로 86
- 064-764-4588
- #한그릇식사 #제주찹쌀순대 #제주나물비빔밥

범일분식
"쫄깃한 막창순대를 맛보자. "

@reina_traveler

세월이 느껴지는 외관에서 맛집의 느낌이 난다. 잡내 없이 걸쭉한 국물의 순대국밥과 깻잎지와 함께 먹으면 좋다. 쫄깃한 막창순대를 판매한다. 다양한 종류의 순대가 들어 있어 각각의 맛을 느낄 수 있다. 아침식사나 해장으로 좋다. 올레길 4코스, 5코스 중간에 위치하여 올레길을 걷다가 들르기 좋다. 현지인 맛집으로 식신로드에 나온 집으로 유명하다. (p373 E:3)

- 서귀포시 남원읍 태위로 658
- 0507-1405-5069
- #순대국밥 #막창순대 #남원맛집

만월당
"바다향 가득한 전복리조또를 맛보자"

제주 해산물을 사용하는 이탈리안 레스토랑

이다. 월정리해수욕장 근처, 제주 올레길 20코스에 있다. 전복 내장 소스에 전복과 톳이 들어간 전복 리조또가 시그니처 메뉴다. 크리미하면서 바다향을 느낄 수 있다. 매장 내 만월당 현판이 포토스팟이다. 애견동반이 가능하다(케이지).

- 제주시 구좌읍 월정1길 56
- 0507-1390-2334
- #전복리조또 #레스토랑 #월정리맛집

네이처캔버스바베큐
"푸릇한 감귤밭에서 맛보는 텍사스식 BBQ."

@jju_grand

푸릇한 감귤밭에서 맛보는 텍사스식 BBQ. 카페로 들어가는 입구, 곳곳에 꾸며진 포토존에서 사진을 남기기 좋다. 하얀 건물에 담쟁이 넝쿨이 가득한 입구가 유명한 포토존이다. 내부는 감귤밭 창고를 개조해 빈티지한 느낌으로 제주감성을 느낄 수 있다. 저온 훈연조리한 텍사스식 바베큐를 맛볼 수 있다. 조리 시간이 걸려 미리 예약하고 방문하는 것이 좋다. 네이버로 예약이 가능하다. (p372 C:2)

- 서귀포시 남원읍 중산간동로 7129
- 0507-1425-4858
- #귤밭카페 #BBQ플래터 #흑돼지바베큐

남원 카페 추천

아주르블루
"돌담 너머 그림같은 해변을 볼 수 있는 곳"

돌담 너머 해변 전망이 아름다운 전망카페. 커피와 함께 판매하는 구움과자 종류가 맛있다. 카페 정원에서 마스코트 강아지 벨이 손님들을 반겨준다. 매일 11:00~18:00 영업, 매주 화요일과 수요일 휴무. (p373 E:3)

- 서귀포시 남원읍 남원회관로 104 1층
- #오션뷰 #아메리카노 #스콘

수망일기
"핸드메이드 인형으로 꾸며진 동화 감성 카페"

창고를 개조해 만든 카페 겸 인형 공방. 카페 곳곳이 귀여운 인형으로 장식되어있다. 좋은 원두로 내린 커피와 달지 않아 더 맛있는 당근케이크가 인기. 평일 11:00~20:00 영업, 매주 일요일 휴무.(p373 E:2)

- 서귀포시 남원읍 남조로 593-2
- #창고형카페 #생크림꿀커피 #당근케이크

세러데이아일랜드
"정통 이탈리아식 식음료를 판매하는 곳"

이탈리아에서 즐겨 마시는 오렌지 향 식전주 아페롤 스프리츠를 맛볼 수 있는 유럽 감성 카페. 이탈리아산 부라타 치즈가 들어간 크루아상 디저트 부라따 빠쪼도 브런치로 먹기 딱 좋다. 일반 커피와 디저트들도 모두 맛있다. 매일 12:00~18:00 영업, 17:30 주문 마감.(p373 E:3)

- 서귀포시 남원읍 남한로21번길 28 1층
- #이탈리아 #아페롤스프리츠 #아인슈페너

카페 이피엘 레스토랑
"제주 해녀의 태왁을 닮은 푸짐한 도시락"

광어장, 유부초밥, 흑돼지 샌드위치 등이 들어간 푸짐한 태왁도시락을 판매하는 카페 레스토랑. 진짜 그물망에 담긴 작은 태왁 모양 도시락은 테이크해갈 수 있다. 제주 특산물을 넣어 만든 까눌레도 인기상품. 매일 09:00~18:00 베이커리 카페 영업, 매일 10:00~15:00 레스토랑 영업, 레스토랑 매주 화요일 정기휴무. (p373 D:3)

- 서귀포시 남원읍 위미항구로 8
- #태왁도시락 #까눌레

네이처캔버스바베큐
"돌창고를 개조한 텍사스식 바베큐 음식점"

감귤 돌창고를 개조해 만든 비스트로. 미국식 전통 바베큐로 애플바베큐소스로 저온 훈연한 바베큐를 즐길 수 있다. 풍선한 바베큐 플래터로 맛도 비쥬얼도 호평. 당일 준비 고기가 소진되면 조기 마감하므로 예약 후 방문하기를 추천한다. (p372 C:2)
- 서귀포시 남원 중산간동로 7129
- #저온훈연 #제주도돌창고 #미국식바베큐 #바베큐맛집

모카다방
"유기농 재료를 사용한 구움과자가 맛있는 곳"

유기농 밀가루와 유기농 설탕으로 만든 구움과자와 초콜릿 디저트가 맛있는 레트로 감성 카페. 통유리창 밖으로 보이는 덕돌포구 경치가 아름답다. 매일 10:00~20:00 영업.(p373 F:2)

- 서귀포시 남원읍 태신해안로 125
- #광고촬영지 #유기농디저트 #청귤에이드

취향의섬
"제주 보리를 넣어 고소한 맛을 더한 보리개역커피"

고택을 개조해 만든 따뜻한 분위기의 감성 카페. 제주 보리 미숫가루를 넣은 보리개역 커피, 흑돼지를 넣은 샌드위치 반미, 베이컨과 치즈가 들어간 김치볶음밥이 인기 메뉴. 제주를 테마로 한 예쁜 소품들도 함께 판매한다. 매일 10:30~18:00 영업, 매주 월요일과 화요일 휴무.(p373 D:3)

- 서귀포시 남원읍 태위로398번길 7 취향의 섬
- #시골감성 #커피 #브런치

모노클제주
"숲속에서 까눌레를 맛보자"

숲속 길을 걷는 듯한 길을 지나 카페로 들어가자. 테라스가 넓어 날씨 좋은 날엔 야외에

서 넓은 정원을 보며 커피를 즐길 수 있다. 파티셰가 직접 구운 다양한 빵을 맛볼 수 있다. (p373 D:3)

- 서귀포시 남원읍 태위로360번길 30-8
- #블루리본 #베이커리카페 #까눌레

로빙화
"수제버거, 반반피자가 맛있는 오션뷰 카페"

실내에서 반려동물 동반이 가능하다. 실외 마당 공간에는 6마리의 상주견이 있다. 1층, 1층 야외, 루프탑 공간으로 나누어져 있으며 루프탑에는 해먹도 있다. 한쪽에는 드로잉 공간이 있는데 종이를 따로 판매하여 수익금 전액은 유기동물과 보호소에 쓰인다. 대표 메뉴는 반반피자와 수제버거. 동남아 발리를 연상하는 인테리어가 멋진 곳이다. (p373 E:3)

- 서귀포시 남원읍 남태해안로 13
- #수제버거맛집 #오션뷰 #애견동반식당

루브린라운지
"동백정원과 감귤밭이 있는 대형카페"

@hyelim_87ss

올레 5코스와 인접해 있는 넓고 쾌적한 분위기가 인상적인 곳이다. 2동의 건물로 나누어져 있으며 펜션과 함께 운영되는 3,500평 규모의 대형카페다. 넓은 정원에는 야자수, 분수 등이 있어 이국적인 풍경이 매력적이다. 루프탑은 사방이 뻥 뚫려 있어 개방감을 느끼기 좋으며 날씨가 좋을 때는 한라산을 파노라마뷰로 감상할 수 있다. 11월 말~12월 초에는 동백꽃이 피어있는 정원을 볼 수 있고 감귤밭도 함께 운영한다. 메뉴는 크루아상, 타르트 등 간단한 베이커리와 아메리카노, 말차라떼 등 음료를 즐길 수 있다. (p373 D:3)

■ 서귀포시 남원읍 태위로360번길 46
■ #대형카페 #이국적인정원 #정원카페

수망다원
"유기농으로 녹차를 재배하는 다원 카페"

유기농으로 녹차를 직접 재배하는 다원 카페로 초록초록한 차밭뷰가 매력적인 곳이다. 통창이 시원하게 뚫려 있어 실내는 물론

야외 좌석도 별도 마련이 되어 있어 날씨가 좋을 때는 피크닉을 하는 듯한 기분을 만끽할 수 있다. 실내 인테리어는 우드와 화이트 조화로 앤티크한 분위기도 난다. 메뉴는 녹차, 홍차, 말차라떼가 가장 유명하며 홍차, 말차스콘 등도 맛볼 수 있다. (p373 E:2)

■ 서귀포시 남원읍 수망리 535-5
■ #초록뷰 #녹차밭카페 #말차라떼맛집

남원 숙소 추천

독채 / 제주도작은집

@bo.ram.i

그네가 있는 독채 민박. 주방, 가구 하나하나 2년 동안 손수 나무로 만든 감성 숙소. 감귤밭이 에워싸고 있어 현관에서부터 감귤밭을 지나야 현관으로 들어갈 수 있다. 현관 앞에는 어른도 탈 수 있는 그네가 있어 여유롭게 그네에 앉아 귤밭 뷰를 볼 수 있다. 감귤밭 위 펼쳐진 낭만 다락은 별도 볼 수 있다. 기준 2인 최대 4인. 네이버 예약. 남의 포구와 남원큰엉 해변이 가깝다.(p373 E:2)

- 서귀포시 남원읍 남한로153번길 42 나동
- #그네#오두막#독채#감귤밭#귤밭뷰#다락방#가족여행

독채 / 나름의 고요

제주 남쪽 마을의 따스한 햇볕과 감성을 담은 독채 펜션. 침실, 주방, 중정이 있는 A동과 침실, 주방 겸 거실, 엑스트라 룸이 있는

B동을 함께 운영한다.(p373 E:2)

- 서귀포시 남원읍 태수로 79-49
- #감성민박 #중정 #햇살가득

독채 / 제주외가

유럽 고가구로 장식된 빈티지 독채 숙소. 분위기가 다른 두 개의 숙소를 따로 쓰거나 인원이 많을 때는 A동과 B동을 함께 쓸 수 있다. A동은 따뜻한 흙벽의 창가 공간에는 폴딩도어를 열고 귤 뷰 가능. 꽃무늬 타일로 마감한 귀여운 야외 자쿠지·B동은 복층으로 되어있고 침대에 누워 빔프로젝터로 영화감상 가능. 덕돌 포구 근처. 걸어서 해변 산책 가능·주차 5대 가능. 기준 4인 최대 8인. 네이버 예약. (p373 F:2)

- 서귀포시 남원읍 삼덕동로 12 1층
- #빈티지가구 #자쿠지 #귤뷰 #가족여행 #대가족 #우정여행

독채 / 콴도제주

친구끼리, 커플끼리 들르기 좋은 2인 전용 독채 펜션. 모든 객실에서 감귤밭과 바다 전망을 즐길 수 있다. 온돌이 설치된 툇마루에서 햇볕을 쪼며 여유를 만끽해보자. 프렌치토스트, 수프, 과일 등으로 차린 맛깔스러운 조식이 제공되며 연박시 할인 혜택도 제공한다. 입실 17:00, 퇴실 11:00.

- 서귀포시 남원읍 태위로151번길 14-12
- #2인전용 #온돌툇마루 #감귤전망 #바다전망 #조식제공

펜션 / 소이연가

@miri.daily_

귤밭 사이에 있는 조식이 맛있는 숙소. 깨끗한 룸 컨디션과 호텔 이상의 깔끔함을 좋아하는 사람들에게 최적의 숙소. 독채는 아니지만 거실 창으로 살짝 보이는 바다 전망과 돌담이 있어 외부인에게 방해받지 않고 편안히 휴식할 수 있다. 공용 공간에서 조식과 밖에서 사 온 음식을 먹을 수 있다. 도보로 가능한 위미항이 있고, 마트와 식당 등 편의시설이 차로 5분 거리. 예약은 2박부터 가능. 2인 전용 더블룸만 운영.(p373 D:3)

- 서귀포시 남원읍 위미중앙로300번길 49 소이연가
- #조식제공#맛있는조식#편안함#깔끔함#조용함#유아동반불가#귤밭뷰

독채 / 귤림동화

@seulrl_k

침대가 귤밭으로 움직이는 독채 숙소. 공연사진작가 주인장이 운영하는 이곳은 광고 속 한 장면처럼 침대가 레일을 따라 테라스로 나갈 수 있다. 인스타 핫플인 이곳의 대표적인 포토존으로 귤밭 한가운데 침대에 누워 영화 같은 장면을 누릴 수 있다. 실내 썬룸에는 하귤 나무가 있고 입욕제가 준비되어 있어 족욕을 할 수 있다. 귤밭 사이에 있

는 야외 자쿠지는 노랗게 달린 귤을 볼수 있어 눈이 오는 한겨울이 분위기가 더 좋다. 야외에서 불멍을 할 수 있다. 기준 2인 최대 6인. 네이버 예약.(p373 E:2)

■ 서귀포시 남원읍 원님로25번길 33-14
■ #귤밭뷰#노천자쿠지#무빙침대#썬룸#가족여행#우정여행#커플여행#족욕

독채 / 스테이귤밭정원

@stay_gyulbatyard

귤밭 뷰 돌담 독채 숙소. 차분한 베이지 톤 유럽 미장으로 마감한 벽과 원목 가구. 포근한 침실에서 보이는 귤밭 뷰. 돌담 아래 아담하고 예쁜 자쿠지가 있다. 돌로 만든 화덕에서 바비큐 가능. 10월~1월에 방문하면 귤이 달린 뷰를 볼수 있다. 기준 2인 최대 5인. 안거리만 운영하고 4인 이상 이용 시 밖거리까지 쓸 수 있다. 네이버 예약.(p373 E:3)

■ 서귀포시 남원읍 태위로852번길 7 1층
■ #귤밭뷰#야외자쿠지#가족여행#커플여행#바비큐

독채 / 미깡밭스테이 삼삼은구

@mikkang_stay_339

100그루 귤나무를 품은 독채 민박. 거실 통창으로 돌담과 감귤밭이 있고 귤밭 사이 테이블이 있어 산책하거나 차 한 잔 마시기 좋다. 거실 원목 평상에서 여유를 즐기기 좋다. 아늑한 다락방 포함 침실 2개. 3인 이상 숙박시 인원수에 맞게 싱글 매트리스 제공. 식빵과 잼, 캡슐머신과 드립커피 제공. 넓은 욕조와 환경을 생각한 어메니티 제공. 어린이 포함 최대 4인. 에어비앤비.(p373 E:2)

■ 서귀포시 남원읍 서의로 4-26 미깡창고
■ #100그루#귤나무#독채#다락방#가족여행#아이와함께

독채 / 소싯적

@sosicjuck

제주 시골 감성 마당이 있는 귤밭 뷰 독채 숙소. 화이트 우드톤 인테리어에 초록 식물로 포인트를 준 차분한 분위기. 저상형 침대가 있어 어린아이와 여행하기 좋다. 밥솥과 토스터 등 식기류 구비. 블루투스 기능이 있는 턴테이블이 있어서 음악 감상하며 드립커피 한잔하기 좋다. 통창이 있는 귤밭 뷰 실내 툇마루자 리가 예쁘다. 걸어서 갈 수 있는 거리에 남원큰엉 해변과 제주 올레길 5코스가 있다. 기준 2인 최대 4인. 네이버 예약.(p373 E:3)

■ 서귀포시 남원읍 태위로603번길 3
■ #시골감성#독채##아늑한#툇마루#올레길5코스

독채 / 호텔창고펜션

@maplejun_min

제주의 귤 창고 컨셉의 독채 숙소. 노출콘크리트 마감 벽과 하얀 페인트를 적절하게 섞은 인테리어에 주인이 오랫동안 수집했다는 쉐비 쉬크풍 가구가 있는 실내. 돌담으로 분리된 4개의 객실은 연못과 정원을 가지고 있어 사계절 예쁘고 특히 오래된 로즈마리가 있는 테라스에서 로즈메리 향을 맡으며 야외스파를 할 수 있는 욕조가 있다. 마메종은 복층의 가장 큰 숙소로 유일하게 수영장이 있다. 2인 기준 최대 6인까지 가능·조식 별도 신청. 연박시 조식 무료 제공. 네이버 예약.(p372 C:3)

■ 서귀포시 남원읍 하례망장포로 37 하례리31-1
■ #귤창고컨셉#앤티크가구#개별정원#야외스파#조식

남원
인스타 여행지

효명사 천국의문
"초록 이끼로 뒤덮인 신비로운 문"

@k_xzxh

나무로 둘러싸인 초록의 숲 속에, 신비로운 분위기의 이끼문이 있다. 천국으로 향하는 비밀의 문 같은 이곳은, 효명사에 들어서서 '극락, 천국, 이끼의 문' 표지판을 따라 가면 만날 수 있다. 숲인지라 낮이어도 빛이 부족해 사진이 흔들릴 수 있으니 삼각대가 있다면 꼭 활용해 보자.(p372 B:22)

■ 서귀포시 남원읍 516로 815-41
■ #효명사 #이끼의문 #천국의문 #극락의문

동백포레스트 창문 프레임
"단정한 창문 프레임 속 동백나무"

@moag___

동백포레스트 매표소 옆 카페에, 이곳의 가장 핫한 포토존이 있다. 창문 프레임 뒤로 예쁜 동백나무들이 액자처럼 펼쳐져 있는데, 이 포토존은 이제 예약이 가능해져 휴대폰 알람으로 대기 상황을 확인할 수 있다. 컬러감이 있는 옷이나 소품 하나는 있는 것이 화사한 사진을 얻게 해준다.(p372 C:2)

■ 서귀포시 남원읍 생기악로 53-38
■ #다락방포토존 #동백액자 #창문

사라오름 산정호수
"분화구에 고인 물이 만든 호수"

@kim._hye.jin

성판악 탐방로를 따라 1시간 반 정도 올라가야 한다. 오름 분화구에 물이 고여 습원을 이루고 있는 곳이 산정호수인데, 비가 온 다음날에 가볼 것을 추천한다. 물이 가득차 있거나, 겨울에 눈이 쌓여있는 모습이 특히 아름답다.

■ 서귀포시 남원읍 신례리 산2-1
■ #사라오름 #산정호수 #성판악 #천국

큰엉해안 한반도 지형
"한반도 지형 프레임 안, 하늘과 바다"

@eunbeesla

금호제주리조트 쪽으로 들어가 바다를 우측에 두고 산책로를 따라 걷다 보면 나무숲

길 사이로 한반도 모양의 포토존을 만날 수
있다. 남원 큰엉해안 입구에서 약 10분 거리
에 있고, 노을 질 때 특히 더 예쁘다.(p373
E:3)

- 서귀포시 남원읍 태위로 522-17 큰엉전
망대
- #큰엉해안 #한반도 #포토존 #노을맛집

고살리 숲길 속괴
"숲속 신비로운 푸른 샘"

@se0k2

365일 물이 고여있는 신비한 샘이다. 구간
마다 표식이 있으니 따라가면 된다. 특히 비
가 오면 절벽에서 떨어지는 폭포가 장관이
다. 물가의 아래쪽이 아닌 중간쯤 내려가 우
측에서 찍어야 풍경이 한눈에 담긴다. 선
덕사 주차장을 이용하는 것이 좋다.(p372
B:2)

- 서귀포시 남원읍 하례리 산54-2
- #고살리숲 #속괴 #마르지않는샘 #폭포

요정의 집
"귀여운 요정이 살고 있을 것 같아"

@gregre_island

독특한 포토존을 찾는 분에게 추천! 원래
는 감자창고인데, 호빗이 살고 있는 집을
닮았다 하여 요정의, 호빗의 집이라 불린
다. 아직 알려지지 않아 기다림 없이 편하
게 찍을 수 있다. 사유지인 만큼 뒷정리는 필
수!(p373 D:2)

- 서귀포시 남원읍 한남리 1429
- #요정의집 #호빗집 #돌창고 #감자창고

12

표선면

#따라비오름

#목장카페밭디

@about
@kkuni_

#소노캄제주 #하드나무

@chisun_ok

@pyoji_bbe

#오늘은녹차한잔 #동굴

#다카포

@with__yooon

#녹산로유채꽃도로

#백약이오름

#성읍민속마을

393

#보롬왓 #보라유채꽃
@jeongyun_1101

#보롬왓 #라벤더
@kji_xo
@minuet_

#백약이오름

#판파스그라스
@ssowhat117

#정석비행장 #벚꽃
@140728__ddo

@jung_eun1263

@rhea_bori

#성읍리 #갯무꽃

#보롬왓 #맨드라미

@coreamarine

#녹산로 #가시리풍력발전단지

구두리오름

가문이오름
(감은이오름)

붉은오름

녹산로
유채꽃 도로

서귀포 정석항공관
일대 유채꽃

정석비행장 벚꽃

대록산

유채꽃 프라자
(가시리) 유채꽃,
녹산로 가시리
풍력발전단지 유

가시리풍력
발전단지 억새

따라

가시리

가시리마을
가시리 마을 벚꽃

여문영아리

번널오름

병곳오름

남원읍

백약이오름
가는 산간 도로
백약이오름
좌보미
좌보미
알오름
개오름
청초밭 동백
라벤더,
채꽃,
밭
성읍리
팜파스 그라스
성산읍
영주산
모지오름
정의향교,
제주 성읍마을 고창환 고택,
제주 성읍마을 고평오 고택
정의
현성
2름 억새
성읍민속마을
설오름
표선면
갑선이오름
포토갤러리
자연사랑미술관
세계술박물관
하천리
소름(쇠오름)
제석오름
가세오름
제주 허브동산
표선 해수욕장
토산리
세화리
제주허브동산 허브
표선리
당케포구
토산봉
제주민속촌
제주민속촌 수국
매오름

표선면 주요지역

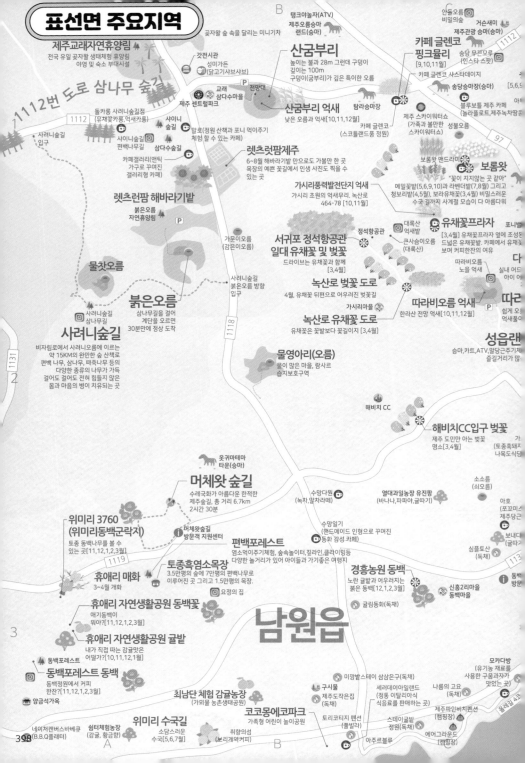

제주교래자연휴양림 🌴
전국 유일 곶자왈 생태체험 휴양림
야영 및 숙소 부대시설

1112번 도로 삼나무 숲길

곳자왈 숲 속을 달리는 미니기차

탱크야놀자(ATV)
제주오름승마랜드(승마)

산굼부리
높이는 불과 28m 그런데 구덩이
깊이는 100m
구덩이(굼부리)가 깊은 특이한 오름

안동हⓄ그
비밀의숲

거슨새미
제주관광 승마(승마)

**카페 글렌코
핑크뮬리**
[9,10,11월]
카페 글렌코 샤스타데이지

송당 무끈모루
(인스타 스팟)

[1112]

갓제시관
성미가든
(닭고기샤부샤브)

전망대

산굼부리 억새
낮은 오름과 억새[10,11,12월]

탐라승마장

카페 글렌코
(스코틀랜드풍 정원)

제주 스카이워터쇼
(가족과 볼만한 성불오름
스카이워터쇼)

송당승마장(승마)

[5,6,9

블루보틀 제주 카페
(놀라로트,제주녹차당공

돌카롱 사려니숲길점
(유채꽃카롱,억새카롱)

[1112]

샤이니
숲길

사이니숲길
편백나무길

삼다수숲길

교래
삼다수마을
제주 센트럴파크

말로(정원 산책과 포니 먹이주기
체험할 수 있는 카페)

렌츠런팜제주
6~8월 해바라기밭 만으로도 가볼만 한 곳
목장의 예쁜 꽃길에서 인생 사진도 찍을 수
있는 곳

보롬왓 맨드라미

메밀꽃밭(5,6,9,10)과 라벤더밭(7,8월) 그리고
청보리밭(4,5월), 보라유채꽃(3,4월) 비밀스러운
수국 길까지 사계절 모습이 다 아름다워

보롬왓 ❄
"꽃이 지지않는 것 같아"

사려니숲길
입구

카페갤러리(엔틱
가구로 꾸며진
갤러리형 카페)

렌츠런팜 해바라기밭

붉은오름
자연휴양림

가문이오름
(감은이오름)

가시리풍력발전단지 억새
가시리 초원의 억새무리, 녹산로
464-78 [10,11월]

정석항공관

대록산
억새밭
큰사슴이오름
(대록산)

유채꽃프라자 ❄

포니팝

[3,4월] 유채꽃프라자 옆에 조성된
드넓은 유채꽃밭. 카페에서 유채꽃을
보며 커피한잔의 여유

다

물찻오름

사려니숲길
삼나무길

붉은오름
삼나무길을 걸어
계단을 오르면
30분만에 정상 도착

사려니숲길
비자림로에서 사려니오름에 이르는
약 15KM의 완만한 숲 산책로
편백 나무, 삼나무, 때죽나무 등의
다양한 종류의 나무가 가득
걸어도 걸어도 전혀 힘들지 않은
몸과 마음의 병이 치유되는 곳

사려니숲길
붉은오름 방향
입구

**서귀포 정석항공관
일대 유채꽃 및 벚꽃**
드라이브는 유채꽃과 함께
[3,4월]

녹산로 벚꽃 도로
4월, 유채꽃 뒤편으로 어우러진 벚꽃길
가시리마을

녹산로 유채꽃 도로
유채꽃은 꽃길보다 꽃길이지 [3,4월]

물영아리(오름)
물이 많은 마을, 람사르
습지보호구역

따라비오름
노을 억새

따라비오름 억새
한라산 전망 억새[10,11,12월]

실내 어드
아이 어

**따라
따라**
쉽게 오르는
억새물결과

성읍랜
승마,카트,ATV,말당근주기체
즐길거리가 많

해비치 CC

해비치CC입구 벚꽃
제주 도만이 아는 벚꽃
명소[3,4월]

(토종흑돼지
나목도식당

옷귀마테마
타운(승마)

머체왓 숲길
수레국화가 아름다운 한적한
제주숲길, 총 거리 6.7km
2시간 30분

수망다원
(녹차,말차라떼)

열대과일농장 유진팜
(바나나,파파야,귤따기)

소소름
(쇠오름)

아호
(포자의

제주당근

**위미리 3760
(위미리동백군락지)**
토종 동백나무를 볼 수
있는 곳[11,12,1,2,3월]

머체왓숲길
방문객 지원센터

편백포레스트
염소먹이주기체험, 숲속놀이터, 짚라인,클라이밍등
다양한 놀거리가 있어 아이들과 가기좋은 여행지

수양일기
(핸드메이드 인형으로 꾸며진
동화 감성 카페)

보내나
(귤마

심플토산
(독채)

토종흑염소목장
3.5만평의 숲에 7만판의 편백나무로
이루어진 곳 그리고 1.5만평의 목장.

요정의 집

경흥농원 동백
노란 귤밭과 어우러지는
붉은 동백[12,1,2,3월]

동북
방문

휴애리 매화
3-4월 개화

휴애리 자연생활공원 동백꽃
애기동백이
뭐야?[11,12,1,2,3월]

남원읍

귤림동화(독채)

신흥2리마을
동백마을

휴애리 자연생활공원 귤밭
내가 직접 따는 감귤맛은
어떨까?[10,11,12,1월]

동백포레스트

동백포레스트 동백
동백정원에서 커피
한잔?[11,12,1,2,3월]

양금석가옥

미깡밭스테이 삼상은구(독채)

구시물

제주작은집
(독채)

세러데이아일랜드
(정통 이탈리아식
식음료를 판매하는 곳)

나름의 고요
(독채)

모카다방
(유기농 재료를
사용한 구움과자가
맛있는 곳)

제주파인비치펜션
(캠핑장)

올레길 4코

최남단 체험 감귤농장
(가위물 농촌생태공원)

코코몽에코파크
가족형 어린이 놀이공원

토리코티지 펜션
(풀빌라)

스테이귤밭
정원(독채)

에어그라운드
(캠핑장)

위미리 수국길
소담스러운
수국[5,6,7월]

네이처캔버스바베큐
(B.B.Q 플래터)

쉼터체험농장
(감귤, 황금향)

취향의섬
(보리개역커피)

아주르블루

A   B

성산읍

아부오름
문석이 오름
동거문오름

스누피가든
피너츠의 에피소드를 재현해놓은 자연휴식공간
제주 자연이 주는 느낌과 테마가든에서

꽃밭
64-4,
중간
밭
찍고

백약이오름 가는 산간 도로

백약이오름
푸른 초원과 나무계단
꽃을 든 커플사진을 많이 찍는 곳

청초밭 동백
아이와 함께 동백꽃
군락[11,12,1,2,3월]

팜파스 그라스
풍성한 느낌의
팜파스[10,11,12,1월]

어라운드폴리(독채)

제주아리랑 혼
제주아리랑과 태권뮤지컬 공연장

초가달빛(흑돼지라라구이)

래킹
제주
스타

OK승마장

영주산(오름)
천국의 계단(브랫빛) 산수국
계단, 수국철 6~7월]

봉퉁지식당
(고사리주물럭우한리필)

만덕이네(갈치조림정식,천
복문어흑돼지두루치기)

정의고택
고환황 고택
고평오 고택

정의현성

초가헌(기름떡,
아메리카노)

성읍칠십리식당
(흑돼지오겹살),
옛날팥죽(새알팥죽)

남산봉
(망오름)

무명고택(독채)

**김정문알로에
알로에숲**
온실 알로에로 숲

오늘은 녹차
한잔 동굴샷
은은차한잔
녹차 한잔에
차 족욕까지)

오늘오카트
레이싱(카트)

성읍민속마을
1423년(세종 5년) 현청이 생긴 이후
조선 말기까지 '정의현' 소재지였던 곳
전통 초가 가옥들이 현무암의 돌담
사이에 분포

성리 갯무꽃

뷰 제주하늘
이어도승마장(승마)

알프스승마장포니(승마)

제주공룡
동물농장

유건에오름

베니스랜드
베니스의 축소판, 곤돌라타고
한바퀴

제주해양
동물박물관

쩅구네 유채꽃밭
산책하기 제격인
[12,1,2,3월]

수와키(독채)

제주농원
감귤체험농장

팡구네 유채꽃밭
원형 감귤장식

강귤랜드귤체험장

산포식당
(왕갈치정식)

제주커피박물관
Baum

컬러인제주

성산바다
(갈치조림)

대수산봉

빛의 벙커
해저 광케이블 시설이 전시
시설로 재탄생
빛의 벙커
웅장한 공간

올레길 2코스

아일랜드플라워
목장형 동물 체험 카페

혼인지
혼인 신화가 전해오는
연못, 전통 혼례 체험

혼인지 수국
연못주변 수국밭[6,7월]

난산리큰집
(게스트하우스)

온평바다한그릇
(해물라면)

올레동펜션(독채)

제주 달로
풀빌라

제주 달로
풀빌라

**표선·세화해안도로
(세화리·민속촌박물관)**

카페아오오(올디너스,
올디사나문)

온평
포구

일출랜드
신비로운 지하동굴
속에서 영감 폭발
천연동굴 미천굴을
중심으로 한 자연섭
테마랜드

통오름

미천굴

독자봉

잔디공장(내 건강을 위한
초록초록한 잔디꽃과
잔디스무디 한 잔)

제주아일랜드
(롱유리창 밖으로 보이는
멋진 바다전망 카페)

스테이삼달오름
(풀빌라)

신풍
포구

불턱정식당(디너,런치)

고흐의 정원

아줄레주
(리스본 감성이 느껴지는
에그타르트 맛집)

몽상화(독채)

하이재(독채)

김영갑갤러리 두모악
20년간 제주만 사진에 담았던
작가의 미술관, 차분한 정원과
카페에서 쉬어가기

어멍아방 잔치마을

신천목장 귤피밭

신풍 신천 바다목장
제주올레 3코스에 해당하는 곳으로 해안 옆 목장이 이색적
아름다운 해안가 옆, 말이 뛰노는 초원위를 걷는 기분
관광 목장이 아니므로 지정된 올레길로만 이동

표선면

갑선이오름

에드타임(독채)

무소
**포토갤러리
자연사랑미술관**

가시식당(두루치기)

가시리마을

유채꽃 드라이브 코스(녹산로)와 유채꽃 축제로
유명한 마을. 미술관, 카페, 공방, 밥집들이 있는
작은 제주마을

가세로움

광동식당(흑돼지
두루치기)

제주허브동산 허브
허브로 할 수 있는 모든 것
[9,10,11월]

제주허브동산
낮닫한 밤에 가봐, 반짝이는
조명작품 사이 향긋한 허브향

더심팡스파앤
풀빌라리조트(풀빌라)

문화창담(빈티지 소품들로
꾸며진 감성카페)

목스키친
(제주로운파스타,
제주가득한파스타)

소노캄제주
하트나무

가시리 마을 벚꽃
제주 시골 그리고 벚꽃[3,4

신풍리 해바라기
돌담과 해바라기[7,8,9월]

세계술박물관

이리스
(독채)

당포로나인 돈카츠(왕차츠커틀)
당케올레국수(보말칼국수)
해미꽃(모든회)
웨이브(수제버거)

제주촌섭(오겹살)

제주수산마트

해비치 호텔 & 리조트

제주민속촌
돌담과 정낭, 19세기의 제주도가 그대로

제주민속촌 수국
대장금 촬영지에 수국무리[6,7월]

신천아트빌리지
마을 곳곳을 수놓은 51점의
벽화 작품들이 있는 해변 마을

제어일재주

제주시골
(독채)

표선여가(독채)

아키아서핑스쿨,
서프포인트(서핑)

13월의제주(독채)

소금막해수욕장

표선해비치 해수욕장
무릎 정도의 해수면이 백 미터 이상 펼쳐지는 얇고 넓은 해수욕장
그래서 수영하지 않는 사람들이 걷기에도 좋고 아이들이 놀기에 좋다.

코르티에(솔티카라멜라떼,백향과에이드)

제주올레
공식안내소

당케포구

다카포(모래놀이할수있는 카페)

표선 해안도로

399

표선 추천 여행지

가시리마을
"유채꽃과 벚꽃이 많은 마을"

마을 입구부터 10km(녹산로)까지 유채꽃과 벚꽃이 만개하는 장관을 볼 수 있는 곳이다. 아름다운 자연경관을 따라 비오름, 큰사슴이오름이 있으며 조랑말 체험공원, 흙담 갤러리 등 즐길 거리가 많다.(p396 C:2)

■ 서귀포시 표선면 가시로613번길 54-18
■ #유채꽃 #벚꽃 #조랑말체험

자연사랑미술관
"폐교를 활용한 사진전시"

폐교된 가시리 초등학교를 활용하여 제주의 사계 풍경과 옛 모습을 사진으로 감상할 수 있는 곳이다. 이외에 희귀한 화산탄, 오래된 카메라, 옛 가시리 초등학교 졸업생 사진들, 소품 등도 전시되어 있다. 비성수기에는 운영시간이 일정하지 않아 전화문의 후 방문할 것을 추천한다.

■ 서귀포시 표선면 가시로613번길 46
■ #가시리초등학교 #사진 #전시

가문이오름(감은이오름)
"삼나무 원시림이 많은 오름"

우거진 삼나무 원시림을 만나볼 수 있는 오름. 화산이 폭발하며 생긴 말발굽을 닮은 커다란 분화구가 남아있다. 근처에 구두리오름과 붉은오름이 있어 함께 들르기 좋다.(p396 B:1)

■ 서귀포시 표선면 가시리 산158-2
■ #삼나무 #원시림 #분화구

갑선이오름
"굼벵이 모양의 오름"

오름 능선이 굼벵이 모양을 닮은 갑선이오름. 맞은편 설오름, 병곳오름에서 보면 굼벵이 모양이 좀 더 잘 보인다. 갑선이오름 이름의 유래가 된 갑선악은 굼벵이 허물이라는 뜻.(p397 D:2)

■ 서귀포시 표선면 가시리 산2
■ #굼벵이 #오름

따라비오름
"제주도 오름 중 가을 억새가 가장 볼 만한 오름"

3개의 굼부리(구덩이)가 있는 것이 특징인 오름. 이류구가 있는 것으로 보아 최근 분출된 화산에 속한다. 제주 오름 중 가을 억새로 유명하다. (p396 C:2)

■ 서귀포시 표선면 가시리 산62
■ #구덩이 #억새

큰사슴이오름(대록산)
"알려지지 않은 나만 아는 곳"

큰사슴의 모습(대록산)을 닮았다고 하여 붙여진 이름의 오름이다. 유채프라자를 통해 올라갈 수 있다. 억새로도 유명한 곳이다. 상대적으로 잘 알려지지 않는 오름이라 조용히 제주의 경관을 즐길 수 있는 최적의 장소이다.(p396 C:1)

■ 서귀포시 표선면 가시리 산68
■ #큰사슴 #억새

붉은오름
"사려니숲 옆, 산림욕하기 좋은 오름"

오름을 덮은 흙이 붉다고 해서 붉은오름이라 불린다. 사려니숲길 옆으로 울창한 삼나무와 소나무 숲길을 지나 산림욕하며 조용하게 산책하기 좋은 코스이다. 이곳 휴양림은 놀이터가 많고, 어린이 체험에 유리해 가족 단위 방문에 좋은 장소이다.(p396 B:1)

■ 서귀포시 표선면 남조로 1487-73
■ #붉은흙 #산림욕 #가족여행

제주 허브동산
"힐링하게 해주는 허브의 힘"

허브향을 맡으며 환상적인 야경을 감상할 수 있는 힐링의 장소. 약 150여 종의 허브와 야생화의 진한 향기로 가득 채워진 정원을 거닐어 보자. 야간에는 쏟아지는 빛의 환상적인 루미나리에를 감상할 수 있다. 황금 족욕, 아로마테라피, 비누체험 등 다양한 체험 프로그램이 제공된다.(p397 E:3)

■ 서귀포시 표선면 돈오름로 170
■ #허브 #야생화 #루미나리에

제주민속촌
"제주의 옛모습 엿보기"

19세기 당시 제주의 전통가옥을 재연해 둔 역사 박물관이다. 옛날 제주 사람의 주생활에 따라 중산간촌, 어촌, 제주 영문에서 제주의 종가 체험을 할 수 있고 절기에 따른 행사와 풍물 공연, 민속놀이 체험 등 다양한 프로그램이 있다. 오리, 닭, 돼지 등의 동물들에 먹이주기 체험도 가능하다.(p397 F:3)

■ 서귀포시 표선면 민속해안로 631-34
■ #전통가옥 #종가체험 #민속놀이

성읍민속마을
"제주 왔으니 전통가옥쯤은 봐야 하지 않겠어?"

실제 주민이 거주하고 있는 민속 마을. 중요민속문화제 제188호로 지정되어 있다. 전통 초가 가옥들이 현무암 돌담 사이에 분포되어 있고, 마을을 둘러싼 성곽과 관아 향교 등도 남아있다. 국내에 남아있는 몇 안 되는 읍성 중에 하나. 1423년(세종 5년) 현청이 생긴 이후 조선 말기까지 '정의현' 소재지였

다.(p397 E:2)

■ 서귀포시 표선면 성읍리 3294
■ #민속마을 #초가집 #돌담 #읍성

정의향교
"조선시대 학교"

제주 유형문화재로 지정된 대성전과 제주에서
유일한 전패가 있는 향교. 시기별로 전통 혼례
체험, 전폐례 재현행사, 석전대제 봉행 등 다
양한 유교 행사가 열린다.(p397 E:2)

■ 서귀포시 표선면 성읍서문로 14
■ #제주유형문화재 #향교 #전통혼례

백약이오름
"초원을 오르는 나무계단 위에서 꽃을
든 커플이 너무 예뻐 보이는 곳"

푸른 초원과 나무계단 그리고 성산일출봉이
보이는 확 트인 전망이 아름다운 오름. 약초
가 많다고 하여 백약이라는 이름으로 불린
다. 오름 정상으로 올라가는 초원 길이 예전
윈도우 바탕화면을 보는 듯하다. 오름 입구,
나무계단과 초원의 아름다운 배경이 웨딩사

진이나 커플 사진의 성지로 알려졌다. 근처
에 목장이 있는데 소들이 나무 계단 사이를
유유히 다니기도 한다.(p397 E:1)

■ 서귀포시 표선면 성읍리 산1
■ #성산일출봉 #전망대 #초원

백약이오름 가는 산간 도로
"나는 이런 이색적임과 신비로움이 좋더
라!"

해안 도로 못지않게 이국적이고 아름다운
산간도로. 성산읍에서 한라산 중간 산 방면
(1112번 도로 방면)으로 이어진다. '백약이오
름 입구를 내비게이션 목적지로 찍고 이동.
도로 좌우로 오름과 초원이 펼쳐져 기분 좋
게 드라이브를 즐길 수 있다.(p397 E:1)

■ 서귀포시 표선면 성읍리 산1
■ #초원 #산길 #드라이브

제주 성읍마을 고창환 고택
"조선시대 제주인들의 삶은"

조선 시대 제주인들의 생활상을 엿볼 수 있
는 제주 성읍민속마을에 대한민국 국가 민속
문화재 70호로 지정된 고창환 고택이 있다. 이
곳은 당시 여관으로 사용되었던 건물로, 헛간
과 안채 건물이 남아있다.(p397 E:2)

■ 서귀포시 표선면 성읍서문로 4-7
■ #민속문화재 #고창환 #고택

정의현성
"조선시대 군청 느낌?"

조선 시대 성산읍 일대의 행정기관 역할
을 담당했던 읍성. 조선 시대 제주도의 행
정구역은 제주목, 대정현, 정의현으로 구
분되어 있었으며, 이 정의현성은 제주 서쪽
정의현의 행정업무를 보는 곳이었다고 한
다.(p397 E:2)

■ 서귀포시 표선면 성읍정의현로 104
■ #조선읍성 #행정

제주 성읍마을 고평오 고택
"제주 서민주택 엿보기"

제주 성읍민속마을에 대한민국 국가 민속
문화재 69호로 지정된 고평오 고택이 있다.
전형적인 제주도 서민주택을 고스란히 간직
하고 있다.(p397 E:2)

■ 서귀포시 표선면 성읍정의현로 61
■ #민속문화재 #고평오 #서민고택

가세오름
"독특한 지형의 오름"

봉우리 모양이 가세(가위) 모양으로 솟아오른 오름. 말발굽 모양 화산구 모양이 날카롭게 솟아올라 이처럼 독특한 지형을 만들었다.(p397 D:3)

- 서귀포시 표선면 토산리 산2
- #가위 #말발굽 #오름

당케포구
"낚시 포인트 유명"

갯바위 너머 일출, 일몰 풍경이 아름다운 바닷가. 매년 1월 1일 바다 풍경을 배경으로 해맞이하기 딱 좋은 곳이다. 낚시꾼들에게는 다양한 어종이 잡히는 낚시 포인트로도 유명하다.(p397 F:3)

- 서귀포시 표선면 표선리 1-2
- #일출 #일몰 #낚시포인트

세계술박물관
"야호 시음도 해볼 수 있다고 해"

전 세계의 모든 술을 한자리에서 감상할 수 있는 박물관. 전통주부터 맥주, 와인까지 다양한 술의 이야기가 있는 곳이다. 관람 후 시음도 해보고 기념품으로 술을 구매해 볼 수 있다. 애주가들의 필수 방문 코스!(p397 E:2)

- 서귀포시 표선면 한마음초등로 431
- #술 #시음 #애주가

표선 해수욕장
"수영 말고 그냥 물위를 걷고만 싶다면 여기가 딱이지!"

서귀포시 표선면에 위치한 백사장 길이 200m, 폭 800m가량 되는 아주 넓은 해변으로, 물때를 잘 맞추면 30㎝ 미만 깊이의 백사장이 100m 이상 펼쳐진다. 그래서 수영하지 않는 사람들이 걷기에도 좋고, 아이들이 놀기에도 안성맞춤이다.(p397 F:3)

- 서귀포시 표선면 표선리 44-4
- #해수욕 #해변산책 #가족

성읍랜드
"승마, 카트, ATV, 말 당근주기 체험 등 즐길거리가 많은 곳"

승마, 카트, ATV, 말 당근주기 체험 등 다양한 체험을 즐길 수 있는 곳이다. 카트는 3세 이상부터 보호자와 함께 탑승이 가능하며, 11인용은 초등학교 6학년 이상 이용이 가능하다. 승마는 4세 이상부터 혼자 이용이 가능하다. ATV는 1인용은 남성 고등학생 이상 이용 가능하며, 여성은 운전면허 소지자로 20세 이상 이용이 가능하다. 동승은 초등학생 이상부터 할 수 있다. 또한 재밌는 추억을 남길 수 있도록 의상과 소품이 준비되어 있어 콘셉트 사진 촬영도 가능하다.(p399 D:2)

- 서귀포시 표선면 번영로 2650
- #액티비티 #승마체험 #카트체험

제주아리랑 혼
"제주아리랑과 태권뮤지컬 공연장"

@lovely_anjellina

신명나는 제주아리랑과 환상적인 태권뮤지컬의 조화가 흥미로운 공연으로 2018년 평창동계올림픽 공식 초청 작품이다. 단순히 눈으로만 보는 것이 아닌 좌석을 오가며 상황극을 하고 바로 눈 앞에서 생동감 넘치는 액션이 펼쳐져 재미있다. 한쪽에 선물샵이 있어 아기자기한 소품 구경이 가능하다. 또한 별도 요금 지불 후 국내 유일의 낙타트래킹 및 낙타 먹이주기 체험을 즐길 수 있다.

- 서귀포시 표선면 번영로 2564-21
- #제주아리랑 #태권뮤지컬 #낙타트래킹

따라비오름 억새
"한라산 전망 억새"

@choikihwang

따라비오름 정상에 오르면 억새 전망부터 목장, 한라산 전망까지 함께 즐길 수 있다. 굼부리(분화구) 안쪽으로 들어가면 더 넓은 억새 무리와 단풍 풍경을 함께 즐길 수 있다. 등산 코스로는 갑마장길과 쫄븐갑마장길 코스를 추천. 네비에 서귀포시 표선면 가사리 2625를 찍고 이동.(p396 C:2)

- 서귀포시 표선면 가시리 산62
- #10,11,12월 #억새전망 #목장전망 #한라산전망

청초밭 동백
"아이와 함께 동백꽃 군락"

@_haomei

4코스 동백길이 마련된 표선면 동백 명소 청초밭. 동물농장에서 사슴, 거위, 닭, 토끼 동물체험도 즐길 수 있다. 가을철 은색 억새 무리도 아름답다. 네비게이션에 서귀포시 표선면 성읍이리로57번길 34를(서귀포시 표선면 성읍리 2497) 찍고 이동. 매일 10:00~18:00 영업, 17:00 입장 마감.(p396 C:1)

- 서귀포시 표선면 성읍이리로57번길 34
- #11,12,1,2,3월 #동백꽃길 #산책

보롬왓 라벤더
"보랏빛 라벤더를 볼 수 있는 곳"

@kji_xoxo

메밀농장 보롬왓의 여름은 보랏빛 라벤더로 가득하다. 푸른 하늘 아래 짙게 깔린 라벤더 풍경이 아름답다. 이 라벤더는 농부들이 판매용으로 재배하는 작물이라고 한다. 함께 운영하는 보롬왓 카페에서 메밀 먹거리와 구수한 커피를 맛볼 수 있다.(p397 D:1)

- 서귀포시 표선면 성읍리 3229-4
- #7,8월 #보라색꽃 #메밀농장 #메밀먹거리

가시리 마을 벚꽃
"제주 시골 그리고 벚꽃"

제주 시골 풍경이 오롯이 남아있는 가시리 녹산로 드라이브 코스에 봄 벚꽃이 만발한다. 서진관광승마장부터 가시리 사거리까지 약 10km 구간이 모두 하얀 벚꽃 세상이 된다. 가을에 피는 코스모스 무리도 예쁘다.(p396 C:2)

- 서귀포시 표선면 가시리 산87-15
- #3,4월 #시골길 #드라이브 #서진관광승마장

정석비행장 벚꽃
"도로 옆 벚꽃명소"

@140728__ddo

대한항공이 운영하는 항공박물관 정석비행장은 봄철 벚꽃 명소로도 유명하다. 승용차 이동 시 대천동 사거리와 녹산로를 거쳐 정석비행장(정석항공관)까지 이동해보자. 정석항공관 매일 09:00~18:00 영업, 매주 월요일 휴관.(p396 C:1)

■ 서귀포시 표선면 가시리 산87-18
■ #3,4월 #녹산로 #드라이브

보롬왓 보라유채꽃
"노란 유채꽃만 있는 것은 아니다, 보라 유채의 매력!"

@jeongyun_1101

초여름이 찾아오면 메밀농장 보롬왓에 보라색 유채꽃이 만발한다. 우리가 알던 노란 유채꽃이 아닌 보랏빛 띠는 유채꽃이 신기하다. 함께 운영하는 보롬왓 카페에서 메밀 먹거리와 구수한 커피를 맛볼 수 있다.(p397 D:1)

■ 서귀포시 표선면 가시리 산87-18
■ #4,5월 #보랏빛 #메밀농장

유채꽃 프라자(가시리) 유채꽃
"전망 있는 유채꽃밭"

숙박시설인 유채꽃 프라자 동쪽에 위치한 드넓은 유채꽃밭. 이국적인 유채꽃프라자 건물과 유채꽃이 어우러진 풍경이 아름답

다. 가을에는 유채꽃이 진 자리에 억새가 피어나 아름다운 풍경을 만든다. 축구장, 포토존, 무인 카페 등의 편의시설이 마련되어 있으며, 유채꽃밭 사이로는 커다란 무대가 설치되어있다.(p396 C:2)

■ 서귀포시 표선면 녹산로 464-65
■ #3,4월 #전망카페 #무인카페 #포토존 #축구장

제주민속촌 수국
"대장금 촬영지에 수국무리"

여름철 제주 민속촌 구석구석을 푸른 수국 무리가 수놓는다. 제주 민속촌은 대장금 촬영지로 유명한 곳으로, 하루 3차례 제주 전통문화 공연이 볼 만 하다. 대중교통 이용 시 120-1번 혹은 220-1번 버스를 타고 표선 제주 민속촌에서 하차. 매일 08:30~18:00 영업, 동절기 17:00까지 영업.(p397 F:3)

■ 서귀포시 표선면 민속해안로 631-34
■ #6,7월 #대장금촬영지 #전통문화공연

가시리풍력발전단지 억새
"가시리 초원에 핀 억새무리"

@minuet_h

풍력발전기가 놓인 가시리 초원에 가을 손님 억새 무리가 찾아왔다. 풍력발전기와 은빛

물결 억새밭을 배경으로 운치 있는 사진을 찍어갈 수 있다. 네비에 서귀포시 표선면 녹산로 464-78을 찍고 이동.(p396 C:2)

■ 서귀포시 표선면 녹산로 464-65
■ #10,11월 #풍력발전기 #포토존

녹산로 유채꽃 도로
"유채꽃은 꽃밭보다 꽃길이지"

조천읍 교래리 서진 관광 승마장 입구부터 정석항공관을 지나 가시리 사거리까지 이어지는 10km의 드라이브 코스. 차도를 따라 길게 이어진 유채꽃밭과 벚꽃 무리가 인상적이다. 한국의 아름다운 길 100선에도 선정된 제주도의 대표적인 여행명소. 사진을 찍기 위해 갓길에 정차하는 사람이 많아 운전에 주의해야 한다.(p396 B:2)

■ 서귀포시 표선면 가시리 산87-15
■ #3,4월 #드라이브코스 #아름다운길

서귀포 정석항공관 일대 유채꽃
"드라이브는 유채꽃과 함께"

@bikey_yoosung

정석항공관 앞뒤로 녹산로를 따라 이어지는 10km 유채꽃 드라이브 코스. 차도를 중심으로 양편에 유채꽃과 벚꽃이 나란히 펼쳐져 봄을 만끽할 수 있다. 푸른 하늘, 흰

벚꽃, 노란 유채꽃의 조화가 아름다워 한국의 아름다운 길 100선에 선정되기도 했다.(p396 B:2)

- 서귀포시 표선면 가시리 산87-15
- #3,4월 #드라이브코스 #삼색꽃길

녹산로 가시리풍력발전단지 유채꽃

"가시리 초원, 풍력발전기 그리고 유채"

@coreamarine

봄을 맞은 가시리 초원에 노란 유채꽃 무리가 피어난다. 풍력발전기와 노란 유채꽃밭을 배경으로 봄 향기 가득한 사진을 찍어갈 수 있다. 네비에 서귀포시 표선면 녹산로 464-78을 찍고 이동.(p396 C:2)

- 서귀포시 표선면 녹산로 464-65
- #3,4월 #풍력발전기 #초원

팜파스 그라스

"풍성한 느낌의 팜파스"

@ssowhat117

표선면 성읍리에서 토종 억새보다 풍성한 서양 억새 팜파스 그라스 군락을 만나볼 수 있다. 개인 사유지로 소정의 입장료를 지불해야 한다. 네비에 서귀포시 표선면 성읍리 310번지를 찍고 이동.(p397 E:11)

- 서귀포시 표선면 성읍리 310번지
- #10,11,12,1월 #서양억새 #사유지

서귀포 보롬왓 청보리밭

"도깨비 촬영지로 유명한"

청보리, 메밀밭, 라벤더 등 다양한 생태 군락을 접할 수 있는 곳. 6월경 들판을 노랗고 푸르게 물들이는 보리 군락이 아름답다. 드라마 도깨비의 촬영지로도 유명하다. 보롬왓 카페도 함께 운영 중이며, 카페 뒤편에 주차할 수 있는 공간이 있다.(p397 D:1)

- 서귀포시 표선면 번영로 2350-104
- #4,5월 #전망카페 #도깨비촬영지

제주허브동산 허브

"허브로 할 수 있는 모든것"

@mr.momostar

2만 6천 평 규모 제주허브동산은 가을철에 허브 향과 운치를 더한다. 허브차, 허브 족욕, 허브 비빔밥 체험도 즐길 수 있고 직접 허브 화분을 구매할 수도 있다. 매일 08시부터 일몰 때까지 영업. 대중교통 이용 시 120-1번 혹은 220-1번 버스를 타고 성읍1리 사무소 하차, 732-1번 버스 환승 후 제주허브동산에서 하차.(p397 E:3)

- 서귀포시 표선면 돈오름로 170
- #9,10,11월 #허브차 #허브족욕 #허브비빔밥

성읍리 갯무꽃

"제주의 봄을 알리는 갯무꽃"

@jung_eun1263

20년 넘게 가꿔온 갯무꽃 밭이다. 주차장 앞 낮은 언덕을 넘으면 광활한 갯무꽃밭이 펼쳐진다. 이곳이 천국인가 싶을 정도로 황홀한 갯무꽃을 확인할 수 있다. 4월에 가면 연보랏빛 갯무꽃을 볼 수 있다. 사유지라 입장료가 있다.(p399 E:1)

- 서귀포시 표선면 성읍리24
- #갯무꽃 #목장 #꽃밭

보롬왓 맨드라미

"제주의 가을을 물들이는 맨드라미"

@rhea_bori

탁 트인 푸르른 초원에 초록의 잔디와 빨강, 노랑의 맨드라미가 그림처럼 피어있다. 맨드라미 꽃밭 사이로 길도 나 있고 의자도 있어서 중간중간 사진 찍기 좋다. 9~10월에 방문하면 볼 수 있다.(p397 D:1)

- 서귀포시 표선면 번영로 2350-104
- #탁트인뷰 #맨드라미

표선 맛집 추천

당케올레국수
"보말칼국수, 보말죽이 맛있어"

보말칼국수로 유명한 표선 대표 맛집. 개운한 맛으로 아침 식사나 해장하기에 좋다. 보말칼국수 외에도 성게칼국수, 보말죽 등을 판매하며 1인 식사도 할 수 있다. 매일 08:00~17:00 영업, 매주 둘째 주와 넷째 주 목요일 휴무.(p399 E:3)

- 서귀포시 표선면 표선당포로 4
- 064-787-4551
- #해장칼국수 #시원한국물 #쫄깃한면발

당포로나인 돈카츠
"두툼한 제주흑돼지돈카츠"

겉은 바삭바삭 속은 촉촉하게 튀겨낸 흑돼지 돈가스 전문점. 직접 만든 소스를 뿌린 기본메뉴 흑돼지 돈까스와 모짜렐라 치즈가 듬뿍 들어간 비주얼 좋은 왕치즈 돈까스가 인기 있다. 콤보 메뉴를 시키면 두 가지 돈까스가 함께 나온다. 돈까스를 시키면 나오는 공깃밥은 요금을 추가해 우동이나 메밀로 변경할 수 있다. 11:00~20:30 영업, 19:30 주문 마감.(p399 E:3)

- 서귀포시 표선면 표선당포로 9 당포로나인 돈카츠
- 0507-1330-8286
- #겉바속촉 #고소한맛 #세트메뉴판매

복돼지식당
"고사리주물럭, 고사리오겹살"

고사리 주물럭, 고사리 오겹살을 양껏 먹을 수 있는 무한리필 식당. 무한리필 식당임에도 제주산 돼지고기와 제주산 고사리, 제주산 식재료를 고집한다. 모든 요리와 반찬은 포장주문도 받고 있는데, 싼 값에 비해 양이 엄청나다. 매일 09:00~19:30 영업.

- 서귀포시 표선면 서성일로 63
- 064-787-0290
- #무한리필 #제주고사리 #제주돼지 #주물럭판매 #반찬판매

해미원
"신선한 제철 모둠회"

@leatherstudio_tan

신선한 제철 활어를 모둠회로 선보이는 곳. 해미원 특 모둠회 기준 2인부터 주문할 수

있으며, 활어회와 함께 해산물, 푸짐한 밑반찬과 통갈치구이가 한 마리가 제공된다. 밑반찬보다 먼저 회가 나와 회 맛을 온전히 즐길 수 있다. 매일 11:30~23:00 영업, 20:30 주문 마감, 방문 전 예약 필수.(p399 E:3)

- 서귀포시 표선면 민속해안로 578-2
- 0507-1424-3311
- #신선한 #푸짐한밑반찬 #통갈치구이

웨이브
"1000대 맛집으로 꼽힌 수제버거"

전국 1000대 맛집에 선정된 미국식 수제버거 맛집. 아메리칸 치즈와 볶은 양파가 들어간 THE 버거와 계란, 특제 소스, 프라이 치즈가 들어간 JEJU버거가 인기. 2인 세트 메뉴를 시키면 치킨버거, 제주버거, 폭립, 감자튀김에 음료까지 함께 나온다. 매일 11:00~20:30 영업, 100인분 재료 소진 시 조기마감. (p399 E:3)

- 서귀포시 표선면 표선당포로 10-4 3층
- 0507-1327-7803
- #미국식 #수제버거 #특제소스 #세트메뉴

성읍칠십리식당
"감귤나무에 구운 흑돼지오겹살"

흑돼지고기를 감귤나무에 초벌구이해주는 돼지 구이 맛집. 고사리, 콩나물 무침을 고기와 함께 볶아먹는다. 한상차림 메뉴를 주문하면 꿩 감자국수, 옥돔구이, 빈대떡이 함께 나와 더 푸짐하다. 연중무휴 10:30~20:00 영업.

- 서귀포시 표선면 성읍정의현로 74
- 0507-1375-0914
- #감귤나무초벌구이 #고사리무침 #콩나물무침 #빈대떡

가스름식당
"삼겹살, 두루치기가 대표"

제주산 삼겹살을 주력으로 하는 돼지 구이 전문점. 도톰한 삼겹살과 김치를 불판에 구워 먹는다. 콩나물이 들어가 아삭한 두루치기도 인기 메뉴. 김치와 멜젓, 반찬 모두 어머니가 직접 만드시는데, 손맛이 아주 제대로다. 매일 09:00~20:30 영업.(p398 C:2)

- 서귀포시 표선면 가시로565번길 19
- 064-787-1163
- #콩나물 #멜젓 #밑반찬맛집

가시식당
"두루치기, 순대국"

40년 넘는 역사를 자랑하는 두루치기, 순댓국 맛집. 두루치기 위에 수북이 올라간 알싸한 파와 콩나물 식감이 아삭하다. 육지에서는 맛볼 수 없는 몸이 들어간 순댓국도 인기 있다. 매일 08:30~15:00, 17:00~20:00 영업, 18:30 주문 마감, 둘째 주와 넷째 주 일요일 휴무, 신정과 설날, 추석 당일과 다음날 휴무.(p399 D:2)

- 서귀포시 표선면 가시로565번길 24
- 064-787-1035
- #아삭아삭두루치기 #시원한국물순댓국

나목도식당
"매콤한 두루치기"

돼지 앞다릿살을 양념한 두루치기가 맛있는 곳. 김치와 콩나물을 넣고 매콤하게 볶아 나온다. 멜젓을 찍어 먹는 제주 삼겹살과 시원한 국물의 멸치국수도 인기. 매일 09:00~20:00 영업, 첫째 주와 셋째 주 수요일 휴무.

- 서귀포시 표선면 가시로613번길 60
- 064-787-1202
- #아삭한식감 #콩나물 #매콤달콤

광동식당
"매콤한 흑돼지 두루치기"

매콤달콤한 양념 흑돼지 두루치기를 마음껏 먹을 수 있는 무한리필 식당. 관광객보다 현지인이 더 즐겨 찾는 진짜 맛집이다. 콩나물과 김치를 넣은 두루치기는 아무리 많이 먹어도 물리지 않는다. 두루치기 2인 이상 주문 가능. 매일 11:00~20:00 영업, 매주 수요일과 명절 휴무.(p399 D:3)

- 서귀포시 표선면 세성로 272 광동식당
- 064-787-2843
- #무한리필 #현지인맛집 #매콤달콤

옛날팥죽
"쫄깃한 새알팥죽"
진한 팥 국물에 동글 쫄깃한 새알이 들어간 새알 팥죽 전문점. 함께 판매하는 팥칼국수, 호박죽, 시락국밥도 맛있다. 새알팥죽은 2인분 이상 주문 가능하며, 동짓날은 새알팥죽만 판매한다. 매일 10:00~17:00 영업, 16:30 주문 마감, 매주 월요일 휴무.
- 서귀포시 표선면 성읍민속로 130
- 0507-1358-3479
- #속편한 #달콤한 #담백한 #한그릇식사

제주 판타스틱버거
"베이직버거, 화이트킹"

카페와 함께 운영하는 아메리카 감성 수제 버거집. 돼지고기, 양파, 베이컨, 피클이 들어간 베이직 버거와 화이트 양파 소스가 들어간 화이트 킹, 매콤한 카레 소스가 들어간 인디언 커리 크림 버거를 판매한다. 커플세트, 패밀리세트 메뉴를 주문하면 더 저렴하다. 매일 10:00~19:00 영업.(p398 C:3)
- 서귀포시 표선면 토산중앙로15번길 6
- 0507-1339-6990
- #수제버거 #아메리칸스타일 #특제소스

제주촌집
"흑돼지 근고기 맛집"

@hyewon8819

옛 정취가 물씬 풍기는 간판이 인상적이다. 두툼한 흑돼지 맛집으로 유명하다. 고추냉이, 멜젓을 곁들여 먹으면 고소하면서도 쫄깃한 맛이 일품이며 시원한 맛을 느낄 수 있는 김치말이국수, 잘게 썰은 깍두기가 들어있는 볶음밥도 추천한다. 셀프 코너가 따로 마련되어 있어 양파소스, 콘샐러드 등 부족한 밑반찬과 채소를 부담 없이 먹을 수 있다. 인원 수에 맞게 주문할 경우 화끈라면 1개를 서비스로 준다. 주차장은 따로 없어서 갓길에 주차 해야 한다. 화요일 휴무 (p399 E:3)
- 서귀포시 표선면 표선중앙로59번길 4
- 0507-1409-8205
- #흑돼지맛집 #가성비맛집 #연탄구이

만덕이네
"전복 두루치기가 맛있는 곳"

각종 티비 프로그램에 자주 등장하는, 정성스러운 향토음식 전문점. 전복 문어 흑돼지 두루치기 정식과 갈치조림이 대표메뉴다. 기본 반찬으로 미역국, 게장, 돔베고기 등이 나온다. 전복 두루치기 정식은 2인부터 주문이 가능하며 전복, 새우, 문어 등 해산물과 흑돼지고기가 들어있다. 주차장이 넓어 편하게 주차할 수 있다.
- 서귀포시 표선면 서성일로 16
- 0507-1336-3827
- #전복두루치기 #갈치조림 #표선맛집

표선수산마트
"가성비 싱싱한 수산물을 맛볼 수 있는 곳"

@jjuuu__8888

1층은 포장, 2층은 식당으로 되어 있으며 도매를 겸하고 있기 때문에 좋은 품질의 다양한 수산물을 저렴한 가격에 맛볼 수 있다. 식당에서 먹을 경우 수산물 외 1인당 4,000원에 상차림 비용은 추가 발생한다. (p399 E:3)
- 서귀포시 표선면 표선중앙로110번길 3-4
- 064-787-2380
- #싱싱한회 #회포장 #가성비횟집

표선우동가게
"돈가스, 우동, 카레를 판매하는 제주 감성 음식점"

@inji.insta_

두툼한 돈가스와 탱글탱글한 면발의 우동이 맛있는 곳. 치즈이불을 덮은 치즈돈가스가 가장 유명하다. 음식 픽업을 제외하고 주문, 반찬 등 모두 셀프로 운영되는 곳이다. 오픈 주방으로 되어 있어 요리하는 과정을 지켜볼 수 있다. 주차는 바로 앞 3~4대 정도가 가능하며 뒷골목 공영주차장도 있다. (p399 E:3)
- 서귀포시 표선면 표선관정로 105-1
- 064-900-4582
- #치즈돈가스 #표선우동집 #제주감성우동

표선 카페 추천

초가헌
"제주식 찹쌀떡 기름떡과 구수한 아메리카노"

한국적인 멋을 담은 고즈넉한 초가집 카페. 고소하고 달콤한 맛이 일품인 제주 전통 찹쌀떡 기름떡을 디저트로 판매하고 있다. 기름떡과 환상궁합인 아메리카노를 세트 메뉴로 먹으면 더 저렴하다. 매일 10:00~17:30 영업, 매주 금요일 휴무.(p399 D:2)

- 서귀포시 표선면 중산간동로 4628
- #초가집카페 #아메리카노 #기름떡

오늘은녹차한잔
"향긋한 녹차 한잔에 녹차 족욕까지"

녹차도 마시고 녹차 족욕도 즐길 수 있는 이색 카페. 다양한 등급의 제주 녹차와 말차, 녹차 아이스크림, 커피 등을 판매한다. 녹차 족욕 10:00~11:00 반값 할인, 매일 09:00~18:00 영업.(p399 D:2)

- 서귀포시 표선면 중산간동로 4772
- #녹차체험 #차낭첫물차 #녹차아이스크림

목장카페 밭디
"승마장, 이색자전거 등 다양한 체험을 할 수 있는 카페"

@aboutriver

'밭디'는 제주도 방언으로 '밭에'라는 뜻으로 카페, 승마장, 이색자전거, 말 먹이주기 등 다양한 체험을 할 수 있는 곳이다. 건물 외관은 화이트톤으로 되어 있어 유럽 감성을 느낄 수 있다. 조랑말 타운은 별도 요금 지불 후 이용이 가능하며 기본코스(0.2km), 송이밭코스(0.8km), 2인 이상만 이용가능한 목장코스(2.5km)로 이루어져 있다. 주차장도 넓고 급속 전기차 충전 시설도 갖추고 있다. 제주 호지차 크림라떼, 목장 아이시크림 라떼가 시그니처 메뉴다. (p398 C:1)

- 서귀포시 표선면 번영로 2486
- #이색체험카페 #목장카페 #아기랑가볼만한곳

노바운더리 제주
"코요테 멤버 빽가가 운영하는 브런치 카페"

@dala_su

약 5천 평 규모를 자랑하는 브런치 카페와 와인바. 가수 코요태 빽가가 오픈한 곳으로 식당, 카페, 갤러리로 이루어져 있다. 건물 사이에 연못을 배경으로 감성적인 사진도 연출할 수 있다. 오징어먹물 리조또와 살치

살 스테이크, 전복내장 리조또가 대표메뉴이며 커피, 라떼, 쥬스 등 다양한 음료 메뉴를 즐길 수 있다. (p399 D:1)

- 서귀포시 표선면 번영로 2610 1층
- #브런치카페 #빽가카페 #대형카페

다카포

"수영장과 모래놀이가 있는 아이와 함께 가기 좋은 카페"

다카포만의 미니 오름과 모래 놀이터가 있으며 음료만 주문해도 수영장 무료 이용이 가능하다. 친절한 사장님과 정원의 골든리트리버가 반갑게 맞이해주는 곳. 반려동물 동반 입장 불가.(p399 E:3)

- 서귀포시 표선면 표선백사로110번길 6
- #브런치카페 #모래놀이 #수영장카페

표선 숙소 추천

풀빌라 / 더쉼팡스파앤풀빌라리조트

환상적인 조경이 갖추어진 풀빌라 펜션 리조트. 리조트 중앙공원 안에 커다란 수영장과 야외스파가 있는데, 여름 성수기에 매일 08:00~19:00시 투숙객들에게 무료 개방한다. 입실 15:00, 퇴실 10:00.(p399 D:3)

- 서귀포시 표선면 세성로 67-2
- #리조트펜션 #공용수영장 #야외스파 #조경맛집

독채 / 심플토산

화이트톤의 깔끔한 인테리어가 인상적인 2인 전용 민박집. 숙박 시 조식과 웰컴 드링크(맥주, 삼다수)를 제공하며, 맥주는 미리 연락하면 주스나 탄산수로 교환할 수 있다. 연박시 할인 혜택 제공. 입실 16:00, 퇴실 12:00.(p398 C:3)

- 서귀포시 표선면 토산중앙로287번길 15
- #2인전용 #조식서비스 #웰컴드링크

독채 / 이리스

가족끼리 묵기 좋은 친환경 풀빌라 독채 펜션. 아토피와 비염에 좋은 원목 자재와 친환경 페인트를 사용했으며, 펜션 주변으로는 잔디밭과 허브, 수국, 귤나무, 감나무, 무화과가 심겨있다. 야외 수영장에는 해먹과 벤치가 놓여있어 수영하기도, 밤을 바라보며 휴식하기도 딱 좋다. 기본 4인, 최대 6인 입실 가능. 입실 15:00, 퇴실 11:00. (p399 E:2)

■ 서귀포시 표선면 하천로99번길 24-7
■ #자연친화펜션 #원목펜션 #허브 #귤나무 #감나무 #해먹 #벤치 #야외수영장

독채 / 곱닥한家

야자수가 이국적인 감성을 더하는 독채 펜션. 3룸에 화장실도 3곳 마련되어 최대 15명까지 머물다 갈 수 있다. 테라스에 마련된 야외 바비큐는 추가 비용을 내고 사용할 수 있다. 여름에는 테라스에 간이 풀장을 설치해준다. 3박 이상 예약 시 연박 할인되며 일주일 살기, 이주일 살기, 한 달 살기도 가능하다. 입실 16:00, 퇴실 11:00.

■ 서귀포시 표선면 한마음초등로 522-3번길
■ #야자수 #야외테라스 #야외바베큐 #일주일살기 #한달살기

독채 / 에드타임

@addtime_gasi

귤나무 그네가 있는 제주 감성 독채 숙소. 여유롭게 집에서 시간을 보내기 좋은 숙소다. 귤밭 뷰 평상이 있는 포근하고 세련된 인테리어. 뒷마당 넓은 귤밭 정원에서 산책과 무료 귤 따기 체험도 하고 그네에 앉아 여유도 즐길 수 있는 곳. 실내 자쿠지. 밤에 더 예쁜 붉은 화산 송이 마당의 예쁜 정원에서 바비큐와 불멍가능. 가시리 조랑말 체험 마을과 가깝다. 기준 2인 최대 5인. 네이버 예약 (p399 D:2)

■ 서귀포시 표선면 가시로613번길 36
■ #귤따기체험# 귤밭뷰#뒷마루#자쿠지#그네#가족여행

독채 / 무명고택

@777ssseull77

제주민속촌 내에 있는 전통 초가집 독채 숙소. 초가집 외관의 고급스러운 원목을 사용해 현대적으로 고친 전통 한옥 인테리어로 옛날 제주의 생활을 간접적으로 느낄 수 있다. 거실의 다과상에 앉으면 통창으로 전통 초가집 볼수있는 것이 이곳의 매력이다. 핸드드립 커피와 토스터, 예쁜 식기가 있다. 기준 2인 최대 4인. (p399 D:2)

■ 서귀포시 표선면 중산간동로 4667
■ #초가집#전통집#초가집뷰#정갈함#가족여행 #민속마을

독채 / 표선여가

@im_gioiello

보라색 지붕의 독채 숙소. 시골집 분위기의 아담한 화산 송이 정원에는 작은 툇마루 위 소반이 정감 있다. 옛집을 개조한 낮은 층고의 서까래가 돋보이는 인테리어. 대나무에 둘러싸인 야외 자쿠지는 깊어서 어린아이가 물놀이하기에 좋다. 집 근처 편의점, 차로 10분 거리 표선 해수욕장. 기준 2인 영유아 포함 최대 3인까지 가능. 카카오 채널로 예약.(p399 E:2)

■ 서귀포시 표선면 하천달산로9번길 8
■ #시골집#대나무뷰#야외자쿠지#커플여행#표선해수욕장#감성숙소#포토존

독채 / 13월의제주

@13th_month_jeju

싱그러운 잔디밭에 평상이 있는 한옥 감성 숙소. 옛집을 개조해 서까래를 살린 고가구가 있는 차분한 인테리어. 흔들의자와 마당뷰 통창. 돌담이 둘린 프라이빗 야외 자쿠지. 예스키즈존. 걸어서 해변 산책 가능. 올레길 3코스. 표선해수욕장 근처. 기준 2 유아동반 최대 3인. 카카오 채널 예약.(p399 E:2)

- 서귀포시 표선면 일주동로5661번길 13
- #예스키즈#야외자쿠지#해변근처#올레길3코스#빈티지가구

호텔 / 해비치 호텔 & 리조트

골프를 즐길 수 있는 럭셔리 호텔&리조트. 호텔은 전 객실이 킹사이즈 침대를 갖추고 있을 만큼 넓고, 리조트 또한 호텔급 구성을 갖추고 있다. 레스토랑, 실내수영장, 야외수영장, 사우나, 피트니스 센터, 스파, 키즈카페, 편의점, 렌터카, 가라오케까지 다양한 편의시설이 마련되어 있다.(p399 E:3)

- 서귀포시 표선면 민속해안로 537
- #골프장 #레스토랑 #수영장 #스파 #키즈카페

표선 인스타 여행지

따라비오름 노을 억새
"가을느낌 물씬나는 억새"

@chisun_ok

한라산이 어우러지는 따라비오름은, 가을에 그 진가를 발휘하는데, 억새가 장관이기 때문이다. 특히 가을에, 해가 뉘엿뉘엿 지는 해질녘에 이곳을 찾으면 그림같은 풍경을 감상할 수 있다.(p398 C:2)

- 서귀포시 표선면 가시리 산62
- #따라비오름 #노을 #억새

대록산 억새밭
"은빛 억새가 가득한 밭"

@wanggufarm

사슴을 닮아 큰사슴이 오름이라고도 불리는 대록산은, 봄이면 벚꽃과 유채꽃이, 가을이면 억새가 유명한 곳이다. 은빛 억새 풍경과, 성산일출봉까지도 보이는 시원한 조망을 즐길 수 있는 풍경 맛집이다.(p398 C:1)

- 서귀포시 표선면 가시리 산68
- #대록산 #큰사슴이오름 #가을 #억새

청초밭 동백 포토존
"붉은 동백꽃 양탄자"

@z.i__nii

자연 그대로의 동백나무들을 만날 수 있는 곳이다. 바닥에 떨어져 있는 분홍 동백꽃잎들과, 길 중심으로 양옆에 빼곡히 심어져 있는 동백나무길이 이곳의 매력이다. 나무 사이사이에 있는 벤치들을 잘 활용하여 사진을 찍어보길 추천한다.(p399 D:1)

- 서귀포시 표선면 성읍이리로57번길 34
- #청초밭 #동백 #동백길

소노캄제주 하트나무
"나무프레임이 만들어준 하트"

@kkuni_love

소노캄제주는 남원 앞바다와 함께, 봄이면 노란 물결의 유채꽃밭을 즐길 수 있는 곳이다. 야외정원의 숲길로 들어서면 하트나무 포토존을 만날 수 있다. 밑에서 위를 바라봤을 때, 나무가 만들어 놓은 하트 모양의 하늘을 볼 수 있는데, 사진에 하트가 잘 담길 수 있는 포인트를 표시해 두고 있다.(p399 D:3)

- 서귀포시 표선면 일주동로 6347-17

- #소노캄제주 #하트나무

오늘은 녹차한잔 동굴샷
"동굴 너머 선명하게 보이는 풍경"

@pyoji_bbeum

녹차동굴은 내비 검색으론 나오지 않는데, 카페 '오늘은 녹차한잔'으로 가야한다. 카페 앞으로 녹차밭이 펼쳐져 있는데, 녹차밭을 두 번 건너 왼쪽으로 가면 동굴이 나온다. 동굴에서 보이는 초록의 나무들이 신비로운 느낌을 자아낸다.(p399 D:2)

- 서귀포시 표선면 중산간동로 4772
- #녹차동굴 #동굴샷 #오늘은커피한잔 #녹차밭

13

성산읍

#광치기해변

@ye_eun_
@iggyblo

#성산일출봉

#신천목장귤피밭

416

#이스틀리카페

@asy4042

잔디공장

#빛의벙커

#잔디공장

419

#짱구네유채꽃밭

@sangh92_

#오조리감상소

@

#짱구네유채꽃밭

@mignon._n

#아쿠아플라넷제주

#카페더라이트

#신풍리해바라기 　　　　@mir0065　#신산리파도

@shinnn.kk

#이스틀리카페

421

성산읍

구좌읍

수산리

낭끼오름

제주해양
동물박물관

베니스랜드

제주공룡동물농장

난산리

모구리오름

성

통오름

삼달리

남산봉
(망오름)

신풍리

고흐의
정원

김영갑 갤러리
두모악

신풍리
해바라기

어멍아방
잔치마을

신천리

표선면

두산봉

시흥리

성산포항

오조리

성산리

성산포 해녀물질공연장

성산일출봉

광치기해변

광치기해변 유채꽃

드르쿰다 in 성산

빛의 벙커

고성리

신양마을

제주커피
박물관
Baum

대수산봉

신양 섭지코지 해변

아쿠아 플라넷 제주

신산·신양 해안도로
(신산리~섭지코지)

유민미술관(지니어스 로사이)

섭지코지

서귀포
섭지코지 유채꽃

혼인지

온평리
환해장성

혼인지 수국

온평리

산읍

신천
목장

성산읍 주요지역

구좌읍

김녕미로공원
길을 잃는 즐거움
키만큼 큰 나무 벽에 갇히면
하늘이 더 파랗게 보여

만장굴
유네스코 세계자연유산
땅이 쑥 들어갈200 겉옷 필수
세계 최장길이 자연동굴

말젯못(새우크림알밥)
요오무문(구좌 당근 디저트)
아이보리매직(독채)
그게절(식물이 함께하는
싱그러운 카페)
명진전복(수플레 팬케이
카페
(수플레 팬케

세
"예쁜 바닷가에 시크
플리마켓", 매월 5일, 20일

(코로나로 인하여 휴장중, 페

둔지오름

세화
"시장 앞
끝자리 0일, 5

선흘 동백동산
(동백나무 10여만
그루가 숲을 이룸)

제주흐름(2인독채)
선흘곶자왈
(제주도 국가지질공원)
선흘감리교회 선흘감리교회 사스타데이지
선흘곶
(쌈밥정식)
비케이브
(비케이브라떼,비케이브요거트)
카페 비케이브 촛불아이라미 카페 비케이브 백일홍

한울랜드

비자림
500~800년된 비자나무 2
천년을 버텨온 원시림 그리
항균효과가 뛰어난 비자 알

메이즈랜드 장미
메이즈랜드
미로 박물관도 구경하고 미로
체험도 할 수 있는 곳
제주
오메기파크

다랑쉬오름 일출 다랑쉬오름 철쭉
다랑쉬오름
둘레가 약 1.5킬로미터, 깊이 115
미터로 원뿔모양의 분화구

비자림의
비자나무

월랑봉

다랑쉬오름 갯무꽃

이공팔오(통 유리창 안으로
들어오는 채광 멋진 카페),
오헬로(독채)

제주라프
다이나믹한 짚와이어/짚라인

동굴의다원 다희연
동굴카페, 녹차밭, 짚라인, 카트투어
윗밤오름
선흘리 뱅뒤굴

**아끈다랑쉬
오름 억새**
억새군락의 끝판왕[9,10,11,12월]

섭섬이네
(흑돼지통구리
흑돼지한입카츠정식)

우연히,그 곳
(고소한 크림 듬뿍
아인슈페너 맛집)

풍림다방
(진한 바닐라맛의
커피 풍 쿰브레빵)

디포레카라반
파크(캠핑장)

용눈이오름
환상적인 일출을 감상하기 좋은 곳
제주에서 가볍게 산책할 수 있는 하나의
오름을 고른다면 바로 이곳

캔디원
선녀와 나무꾼 테마공원
어릴적 추억의 장소

상춘재
(제비빔밥)
포레스트 공룡사파리
오름나그네(보말칼국수)
제주 세계자연유산센터

탱크야놀자(ATV)
제주오름승마
랜드(승마)

거문오름
세계유네스코 자연유산 등재
학술적, 자연유산적 가치가 높은

산굼부리
높이는 불과 28m 그런데 구덩이
깊이는 100m
구덩이(굼부리)가 깊은 특이한 오름

거친오름   체오름

안돌오름 비밀의숲
삼나무와 편백나무가
빽빽이 들어선 예쁜 숲

안돌오름
안돌오름 백일홍

송당리
송당학

치저스(한치리조또아란치니)

디포레카라반
파크(캠핑장)

송당무꽃모루
나무사트 포토존
송당
무꽃모루

송당무향당

아부오름 갯무꽃밭
제주에서만 볼 수 있는
야생화[5,6,7월]

높은오름
제주 동부에서 가장 높은 오름

아부오름
문석이
오름   동거문오름

스누피가든
피너츠의 에피소드를 재현해놓은 자연휴식공간
제주 자연이 주는 느낌과 테마가든에서

성

거문오름
비밀의숲
거슨새미

제주관광 승마
(승마)

아부오름
노을 맛집

안도르(돌망크라테,안돌오름)

백약이오름 가는
산간 도로
백약이오름
푸른 초원과 나무계단
꽃을 든 커플사진을 많이 찍는 곳

산굼부리 억새
낮은 오름과 억새[10,11,12월]

탐라승마장

카페 글렌코
(스코틀랜드풍 정원)

제주 스카이워터쇼
(가족과 볼만한
스카이워터쇼)

성불오름

**카페 글렌코
핑크뮬리**
[9,10,11월]
← 카페 글렌코 사스타데이지

송당 무꽃모루
(인스타 스팟)

송당승마장(승마)

블루보틀 제주 카페
(놀라플로트,제주녹차땅콩호떡)

송당리 메밀꽃밭
[5,6,9,10월] 송당리 산164-4,
백약이 오름 가는 중간
아부오름도 오르고 메밀꽃
사진도 찍고

백약이오름

청초밭 동백
아이와 함께 동백꽃
군락[11,12,1,2,3월]

청초밭 동백
포토존

팜파스 그라스
풍성한 느낌의
팜파스[10,11,12월]

성읍리 갯무꽃

어라운드리(독채)
이어도승마장(승마)

산굼부리

가시리풍력발전단지 억새
가시리 초원의 억새무리. 녹산로
464-78 [10,11월]

보롬왓 맨드라미
메밀꽃밭(5,6,9,10월)과 라벤더밭(7,8월) 그리고
청보리밭(4,5월), 보라유채꽃(3,4월) 비밀스러운
수국 길까지 사계절 모습이 다 아름다워

보롬왓
"꽃이 지지않는 곳 같아"

목장카페 드르쿰다

제주아리랑 혼
제주아리랑과 태권뮤지컬 공연장

목장카페 밭디

영주산(오름)
천국의 계단(보랏빛 산수국
계단, 수국철 6~7월)

알프스승마장포니(승마)

북돼지1고택
(고사리주물럭무한리필)

**서귀포 정석항공관
열대 유채꽃 및 벚꽃**
드라이브는 유채꽃과 함께
[3,4월]

유채꽃프라자
[3,4월] 유채꽃프라자 옆에 조성된
드넓은 유채꽃밭. 카페에서 유채꽃
보며 커피한잔의 여유

정석항공관

대록산
억새밭
큰사슴오름
(대록산)

포니빌리(승마)

낙타트래킹
노바운더리 제주
(리조또,파스타)

OK승마장

초가달빛(흑돼지라라자냐)

다이나믹메이즈
실내 어드벤처 스포츠 테마파크
아이 어른 같이하는 미로탈출
게임 등 다수 체험되

만덕이네(갈치조림정식,전
복문어흑돼지두루치기)

일출랜드
신비로운 지하동굴
속에서 영감 폭포
천연동굴 미천굴을
중심으로 한 자연컨셉
테마파크

녹산로 벚꽃 도로
4월, 유채꽃 뒤편으로 어우러진 벚꽃길

가시리대록

녹산로 유채꽃 도로
유채꽃은 꽃밭보다 꽃길이다 [3,4월]

따라비오름 억새
한라산 전망 억새[10,11,12월]

따라비오름
쉽게 오를 수 있고 가을
억새풀이 가득한 오름

성읍랜드

제주공항
정의향교,
고창환 고택,
고평오 고택

정의현성

초가herb(기름떡,
정의골석굴암/카노)

**김정문알로에
알로에슐**
온실 알로에 숲

남산봉
(망오름)

성읍민속마을
1423년(세종 5년) 현청이 생긴 이후
조선 말기까지 '정의현'의 소재지였던 곳
전통 초가 가옥들이 현무암의 돌담
사이에 분포

오늘은녹차
한잔 동굴
오늘은녹차한잔
(향긋한 녹차 족욕까지)

오늘은카트
레이싱(카트)

무령고탱(독채)

성읍칠십리식당
(흑돼지오겹살),
옛날팥죽(새알팥죽)

고흐의1

성산일출봉 주변

성산일출봉
농협하나로마트

성산오일시장

모다정
(갈치구이,
전복뚝배기)

• GS25

H 호텔휴안스테이

• 성산
마을회관

• 성산포우체국

새한약국

호랑이해장국

코시롱
게스트하우스

성산포
자연산회센타

성산짬뽕
(해물짬뽕)

성산K마트

해뜨는식당
(갈치조림,
고등어조림)

• CU

윌라라

고가네
(갈치조림, 전복죽)

제주에서 만나는 영국식 펍
피쉬앤칩스, 세계맥주

**성산초등학교 서청
특별중대 주둔지**

청솔나무집
전기차충전소

성산수산식당

제주 4.3사건 때 성산 주민들이
감금되었던 아픈 역사의 장소

일출봉쑥빵보리빵
(쑥찐빵, 보리찐빵, 오메기떡)

우리
(갈치
세트메

청솔나무집
(제주흑돼지,
해물뚝배기)

H 썬라이즈호텔

휴스테이 H
금호 (호텔)

성산일출봉
펜션

새마을금고

성산애
(숙박업소)

**모해 통갈치
화덕구이**

• 성
게

화덕에 구운 은갈치에
정갈한 밑반찬이 딸려 나오

어부가
(횟집)

경미네집

금박동
(제주 흑돼지)

돌하르방뚝배기
(전복해물뚝배기)

해물라면,

제주뚝배기
(오분자기 뚝배기,
전복 뚝배기)

성산해오름식당
(통갈치 구이)

성산카베츠
(교토식 돈가스

아침바다

수마 (우도 바다 전망
감성 넘치는 카페)

성산스쿠버리조트

마농치킨
(마늘치킨)

스쿠버다이빙, 성산읍
성산리 143-4

만조이천쌀밥
(쌀밥정식)

성산회관
(파스타, 전복밥)

• 전망좋은
게스트하우스

미풍해장국
(고기선지해장국)

424

D

E

F

(흑돼지
제버거)

✝ 성산포교회

제주아이카페
한라봉 아이스크림,
허니콤 와플 추천

루마운틴
텔

🍴 식올탐하다
(불고기덮밥)

성산흑돼지
(제주흑돼지
모둠구이)

제주i
(제주 기념품 카페)

진미식당
(갈치조림, 해물뚝배기)

1

한성식당
갈치조림, 갈치구이 맛집

• 용궁민박

청운식당
갈치 요리, 전복죽,
전복뚝배기 맛집
아침식사 가능

해녀짬뽕
(해물짬뽕)

꽃담팥집
오메기떡, 팥죽, 팥빙수가
맛있는 운치 있는 카페

제주랑 (갈치조림,
전복뚝배기)

스타벅스
제주도 스타벅스에서만
판매하는 음료, MD가 있다

선미식당
(오분자기 뚝배기,
전복뚝배기)

• 성산포에서
(복권방)

박

CU

동경돌쉬당
갈치 조림)

• 전기차충전소

벅와플

🅿 빽다방

짜장클럽
(해물짬뽕,
해물짜장)

2

🏛 세계7대 자연경관
선정기념 인증조형물

파리바게뜨

거북식당
회덮밥)

전기차
충전소
•

가고
스

성산옥탑
흑돼지 돈가스 맛집
바다전망 테라스

🍴 수마포식당
(고기국수, 돔베고기)

마가리따 은혜씨
수제버거, 감바스가 맛있는 다이닝 펍
성산일출봉과 우도 바다가 내려다보인다

성산일출봉
182미터 높이의 유네스코 세계자연유산
10만 년 전 용암 분출로 만들어진 수성화산
전망대까지 도보 25분

3

D

E

F

성산 추천 여행지

광치기해변

"성산일출봉을 가장 멋지게 볼 수 있는 곳"

용암이 굳어 생성된 해변으로 성산일출봉을 가장 멋지게 볼 수 있는 장소. 올레길 1코스의 마지막 장소이며 2코스의 시작 부분이다. 성산일출봉과 섭지코지 사이의 해변으로 봄이면 유채꽃이 만발하는 곳이다.(p423 E:2)

■ 서귀포시 성산읍 고성리 224-33
■ #성산일출봉 #전망 #올레1코스

성산일출봉

"25분만 투자하면 제주에서 가장 멋진 전망을 보게 될 거야"

유네스코 세계 자연유산에 등재된 182를 높이의 산봉우리. 10만 년 전 바닷속에서 용암이 분출되어 만들어진 수성 화산으로, 정상에 거대한 분화구가 있고 가파른 경사면이 형성되어 있다. 원래 성산일출봉은 화산 섬이었으나 모래와 자갈이 쌓이면서 육지와 연결되었다.(p423 E:2)

■ 서귀포시 성산읍 성산리 1
■ #화산섬 #일출 #유네스코

신양마을

"윈드서핑 성지"

신양마을의 해변은, 윈드서핑의 성지와 같은 곳이다. 이곳 바다는 물의 깊이나 온도, 바람이 윈드서핑을 하기에 알맞아, 패들보드, 카이트서핑 등 윈드서핑을 즐기는 사람들로 늘 북적인다. 바다 수면 위에서 바라보는 성산일출봉과 섭지코지의 풍경은 예술에 가깝다.(p423 E:2)

■ 서귀포시 성산읍 고성리 203-6
■ #윈드서핑 #휴양지 #성산일출봉

빛의 벙커

"프랑스 몰입형 미디어아트"

거장의 작품과 음악에 완벽하게 몰입할 수 있는 프랑스 몰입형 미디어아트 전시이다. 작품과 내가 하나가 되는 특별한 경험을 선사하는 빛의 벙커는, 그 어떤 미술관 보다

공간적 특성을 되살리는 도시 재생의 선례로 주목받는다. 반 고흐전, 폴 고갱전, 모네전 등 세계적인 작품들을 온몸으로 체험해 볼 수 있다.(p423 D:2)

- 서귀포시 성산읍 서성일로1168번길 89-17 A동
- #몰입형 #미디어아트 #도시재생

유민미술관(지니어스 로사이)
"유리공예 미술관"

세계적인 건축가 안도 타다오가 설계한, 국내 유일한 아르누보 유리공예 미술관이다. 노출 콘크리트로 지어진 건축물로, 건물과 제주도의 자연이 하나의 작품처럼 조화를 이루는 것으로도 유명하다. 미술관 벽 틈으로 보이는 성산일출봉을, 마치 액자 속 그림처럼 담아낼 수 있다. 제주도의 자연이 더 돋보이는 공간이다.(p423 E:2)

- 서귀포시 성산읍 고성리 21
- #안도타다오 #노출콘크리트 #아르누보

섭지코지
"경치좋은 제주 산책길"

'코지'는 곶(바다로 돌출한 육지)의 제주 방언이다. 섭지코지는 신양해수욕장에서 시작되는 2km가량의 해안 절경이 펼쳐지는 곳으로, 경치가 너무 좋아 제주도에서도 인기가 좋다. 드라마 '올인' 등 각종 영상물이 제작되었던 곳으로도 유명하다. 3월 중순에는 유채꽃이 만발해 더욱더 예쁘다.(p423 E:2)

- 서귀포시 성산읍 고성리 62-4
- #해안길 #유채꽃

제주공룡동물농장
"공룡 좋아하는 아이와 함께"

온 가족이 함께하는 교육형 체험 박물관이다. 공룡관, 화석 원석, 환상의 블랙홀, 샌드아트, 거울 미로 등 세계적으로도 희귀한 교육용 체험 프로그램이 다양하게 운영 중이다. 중생대 쥐라기 시대 원형 그대로의, 실제 크기로 제작된 공룡 애니메이션을 체험해볼 수 있다.(p422 C:2)

- 서귀포시 성산읍 난산로 293
- #교육 #체험박물관 #공룡

베니스랜드
"곤돌라 체험파크"

이탈리아의 베네치아를 그대로 옮겨온 듯한 곤돌라 체험파크이다. 곤돌라를 직접 저으며 수로를 이동하는데, 베니스를 상징하는 리알토 다리와 조형물들을 구경할 수 있다. 곤돌라 체험 후엔 오지박물관에서 원주민들의 생활상을 둘러볼 수 있다. 이국적이면서도 이색적인 경험이 될 것이다.(p423 C:2)

- 서귀포시 성산읍 난산리 2575
- #곤돌라 #오지체험관 #베네치아푸드

김영갑 갤러리 두모악
"김영갑선생의 미술관"

한라산의 옛 이름인 '두모악'은, 폐교였던 삼달 분교를 개조해 만든 미술관으로 20여 년간 제주도를 사진에 담아온 김영갑 선생의 작품이 전시되어 있다. 제주도에 매료되어 열병처럼 앓다가 결국 터를 잡고 왕성한 활동을 했던 김영갑의 소장품과 작품들은 물론, 루게릭 투병을 하던 당시 손수 일군 야외 정원이 관람객들의 많은 사랑을 받고 있다.(p420 C:2)

- 서귀포시 성산읍 삼달로 137
- #김영갑 #삼달분교 #사진

고흐의정원
"디지털로 재해석한 고흐작품"

반 고흐의 작품을, 디지털 기술로 체험할 수 있는 형태로 재해석 해둔 전시관이다. 멀리서 바라만 봐야 했던 기존의 전시관과 달리, 자유롭게 보며 만질 수 있는 참여형 전시이다. 이 전시의 하이라이트는 옥상정원! 올라가면 정원에 새겨진 고흐의 얼굴을 확인할 수 있다. 이밖에도 파충류 체험관, 고흐AR

3D 착시아트관 등이 마련되어 있다.(p420 B:2)

- 서귀포시 성산읍 삼달신풍로 126-5
- #반고흐 #참여형체험전시 #AR

제주커피박물관 Baum
"커피와 역사"

커피를 좋아하는 사람들에겐 아주 반가운 곳이다. 산지별로 다른 원두의 특징부터 커피의 역사와 내리는 방법 등 커피에 관한 다양한 지식을 배울 수 있다. 카페에서는 숲을 바라보며 커피 한 잔을 즐길 수도 있다. 커피를 눈으로, 입으로, 머리로, 마음으로 느낄 수 있는 향긋한 공간이다.(p423 D:2)

- 서귀포시 성산읍 서성일로1168번길 89-17
- #나무 #숲 #커피

제주해양동물박물관
"해양동물 이야기"

제주도의 바닷속에 어떤 해양 동물들이 살고 있는지 체험해 볼 수 있는 박물관이다. 350여종의 해양동물이 전시되어 있는데, 그중엔 멸종위기종인 고래상어며 백상아리 등도 있다. 보는 것 외에도 해양동물과 관련하여 그려보고 만들어보는 다양한 체험 프로그램들도 운영 중이다. 아이들의 오감을 자극시킬 수 있는 재미있는 교육공간이다.(p423 C:2)

- 서귀포시 성산읍 서성일로 689-21
- #해양동물 #체험 #아이

신양 섭지코지 해변
"섭지코지에 있는 수심낮은 해변"

바다 쪽으로 빠져나온 육지를 뜻하는 '코지'는, 그 풍경이 아름다워 영화나 드라마의 촬영지로도 많이 소개 되었다. 해변 역시 물이 깊지 않고 모래 또한 고와서 아이들이 즐기기에 좋아 가족여행지로도 손꼽힌다. 계절에 따라 유채꽃과 억새가 피어나기도 하는데, 무엇보다 바람이 좋아 윈드서핑의 성지로 유명하다. 해변을 즐기는 가족들, 서핑을 즐기는 사람들로 늘 북적이는 곳이다.(p423 E:2)

- 서귀포시 성산읍 섭지코지로 107
- #영화촬영지 #유채꽃 #윈드서핑

아쿠아 플라넷 제주
"아시아 최대 해양테마파크"

아시아 최대 규모의 프리미엄 해양 테마파크! 단일 수조로는 세계 최대급이며, 500여종 2만 8000마리의 전시생물을 보유하고 있다. 특히 해녀가 직접 등장해 보여주는 <제주 해녀 물질 시연>의 반응이 뜨겁다. 해녀들이 물질은 물론, 해녀로서의 삶과 이야기를 들려준다. 가족 나들이로는 최고의 명소!(p423 E:2)

- 서귀포시 성산읍 섭지코지로 95
- #해양테마파크 #해녀물질시연 #가족나들이

성산포항
"우도로 가는 배를 타는 곳"

예전에는 섬이었으나 모래가 바람에 말려올라가 기둥처럼 되는 '사주'에 의해 육지와 이어졌다. 30분마다 우도로 가는 배가 운행 중이며, 배를 타기 전에는 승선 신고서를 작성해야 한다. 이때 반드시 신분증이 필요하

다. 계절마다, 해지는 시간에 따라 배 시간이 다르다. 성산포항에서 우도까지는 약 15분 정도가 소요된다.(p423 E:1)

- 서귀포시 성산읍 성산등용로 112-7
- #우도 #승선신고서

짱구네유채꽃밭
"유채꽃 계절 사진촬영 명소"

제주시 성산읍 수산리 도로를 따라가다 보면 쉽게 찾을 수 있는 짱구네 유채꽃밭은, 개인 농지이기에 입장료를 내야한다. 1인 기준 1천 원이며, 여러 포토존 덕분에 제주도만의 감성을 오롯이 담아낼 수 있다. 성산일출봉, 광치기해변, 섭지코지, 우도와 가까이 있어 제주도 동쪽을 여행하는 사람이라면 함께 둘러보기 좋다.(p423 D:2)

- 서귀포시 성산읍 수산리 1021
- #유채꽃 #포토존 #동쪽여행

신산·신양 해안도로(신산리-섭지코지)
"섭지코지 배경의 해안도로"

표선을 지나 신산리에서 신양포구에 이르는 해안 도로. 멀리 섭지코지를 배경으로 서귀포 우측 해안을 보며 이동할 수 있다.(p423 D:3)

- 서귀포시 성산읍 신산리 1130-11
- #해안도로 #드라이브

신풍리체험휴양마을
"고인돌 선사유적"

제주도만의 독특한 민속 체험을 해볼 수 있는 마을이다. 고인돌을 비롯해 선사시대의 유적이 있는 역사적인 마을 신풍리는, 농촌이면서 동시에 어촌이라 독특한 문화가 있는 곳이다. 집줄놓기, 전통화장실체험, 빙떡만들기 등 다양한 프로그램들이 체험객들을 기다리고 있다. 독특한 팜스테이를 원한다면, 이 마을을 기억해두자.

- 서귀포시 성산읍 신풍하동로 39
- #선사시대 #유적지 #농촌체험마을

온평리 환해장성
"왜적을 막기 위해 만든"

온평리 하동 해안가에서 신산리 마을 경계에 이르는 2.5km의 성벽을 뜻한다. 환해장성이란 왜적의 침입을 막기 위해 해안선을 따라가며 쌓은 성을 뜻하는데, 현재 14곳이 남아있다. 잔존하는 환해장성 가운데 가장 긴 편에 속하며, 적들의 침입을 막는 바닷가의 성벽 역할도 했지만, 해풍을 막아주어 주민들의 농사에도 도움을 주었다.(p423 D:2)

- 서귀포시 성산읍 온평리 66-2
- #성벽 #해안선

신풍 신천 바다목장
"그냥 해변하고는 또 다른 느낌"

제주올레 3코스에 해당하는 곳으로 해안 옆 목장이 이색적이다. 아름다운 해안가를 걷다 보면 말이 뛰는 초원 위를 걷는 기분이 든다. 관광 목장이 아니므로 지정된 올레길로만 이동해야 한다.(p399 E:2)

- 서귀포시 성산읍 일주동로 5417
- #바다목장 #바다전망 #올레3코스

성산포 해녀물질공연장
"해녀물질 공연을 볼 수 있는"

유네스코 문화유산인 해녀. 제주도의 정신인 해녀가 물질을 하는 모습을 직접 볼 수 있는 곳이다. 성산포에서 매일 두 차례, 해녀들이 공연하듯 물질하는 모습을 볼 수 있

다. 해녀분들과 사진을 찍거나 그녀들이 잡아온 해산물을 구입할 수도 있다.(p423 E:1)

- 서귀포시 성산읍 일출로 284-34
- #해녀 #물질 #공연장

일출랜드
"미천굴 테마파크"

땅 아래로는 미천굴이, 땅 위로는 다양한 테마의 즐길거리가 넘쳐나는 자연 테마파크이다. 7만 평의 넓은 대지 위에 민속촌, 산책로 등 다양한 체험공간이 마련되어 있다. 자연은 지루할 틈이 없다. 초록의 자연이 주는 위로, 여유를 만끽해보자.(p422 C:3)

- 서귀포시 성산읍 중산간동로 4150-30
- #미천굴 #테마랜드 #미디어아트

성산·세화해안도로(세화리-민속촌박물관)
"일몰을 볼 수 있는 해안도로"

총 6.5km의 짧은 해안 도로로 제주도의 남동쪽 해안가를 따라 새해 해맞이(일출)와 성산일출봉을 조망할 수 있는 드라이브 코스이다. 특히 이곳은 일몰 감상도 할 수 있는 몇 안 되는 장소 중 하나이다.

- 서귀포시 성산읍 신산리 49-52
- #해맞이 #일몰 #드라이브

남산봉(망오름)
"원형분화구 안에 대나무숲"

남산봉 오름의 위치가 성읍리 영주산의 남쪽에 위치하여 '남산봉'이라 불러왔다. 정상에는 우묵하게 패어 있는 원형 분화구가 있고, 이 안에 대나무숲이 있다. 편백나무와 함께 군데군데 보리수나무와 억새가 있어 산책하기에 풍경이 좋다. 오름 서쪽으로는 천미천과 김정문 알로에 제주 농공장이 있다.(p422 C:3)

- 서귀포시 성산읍 신풍리 1657-1
- #원형분화구 #대나무숲 #김정문알로에농장

아일랜드플라워
"목장형 동물 체험 카페"

목장 관리 및 동물 관리가 잘 되어 있는 곳이다. 어린이들과 방문하기 좋게 동물 먹이 주기 체험도 할 수 있고 차 한 잔의 여유도 즐길 수 있다. 네이버 예약으로 할인을 받을 수 있다.(p423 C:2)

- 서귀포시 성산읍 서성일로 602
- #브런치카페 #동물카페

김정문알로에 알로에숲
"온실 알로에 숲"

알로에 450여 종을 한곳에서 감상할 수 있는 알로에 식물원이다. 입장료도 무료이며 실내 온실 공간도 있어서 비 오는 날 산책하기 좋다. 직접 재배한 알로에로 알로에 화장품을 생산하며 합리적인 가격으로 구매할 수 있다.(p422 C:3)

- 서귀포시 성산읍 성읍정의현로32번길 43
- #알로에식물원 #비오는날가기좋은

혼인지
"벚꽃 및 연꽃 유명"

온평리 마을의 숲엔 500평의 큰 연못이 있다. 이 연못엔 제주도 건국에 얽힌 전설이 내려오는데, 바로 제주도 삼성신화에 나오는 삼신이 이곳에서 혼례를 올렸다는 것이다. 혼인에 얽힌 전설 덕분인지, 전통혼례 체험 행사도 있고 결혼식 장소로도 애용되고 있다. 혼인지는 계절마다 예쁜 꽃이 피는 곳으로도 유명해서, 꽃을 보며 산책하려는

사람들로 발길이 끊이지 않는 곳이기도 하다.(p421 D:1)

■ 서귀포시 성산읍 혼인지로 39-22
■ #전통혼례 #이색결혼식장소 #혼인지축제

미천굴
"용암동굴로 360미터 개방"

제주도를 대표하는 용암동굴이자 관광동굴이다. 일반인들에게 360m 정도만 개방하고 있다. 일출랜드를 대표하는 관광코스이기도 하다. 미천굴은 형형색색의 미디어 아트를 선보이고 있는데, 이는 제주도에서 최초로 진행된 동굴 아트 프로젝트라고 한다. 자연과 예술이 조화를 이루는, 새로운 관광 콘텐츠이다.(p422 C:3)

■ 서귀포시 성산읍 중산간로 4150-30
■ #용암동굴 #동굴아트 #일출랜드

혼인지 수국
"연못주변 수국밭"

@15.mar.91

날이 더워지면 혼인지 연못 주변에 수국밭이 펼쳐진다. 혼인지는 제주 혼인 신화를 간직한 연못으로 제주도 기념물 17호로 지정되었다. 연중무휴 08:00~17:00 영업, 무료입장. 네비에 서귀포시 성산읍 혼인지로 39-22를 찍고 이동.(p421 D:1)

■ 서귀포시 성산읍 혼인지로39-22
■ #6,7월 #연못산책 #제주도기념물

광치기해변 유채꽃
"성산일출봉 배경의 유채꽃밭"

올레길 2코스 출발지점인 광치기 해산촌 맞은편에 있는 유채꽃 재배단지. 겨울철에도 제주의 따뜻한 기온 때문에 유채꽃이 만발해있다. 성산 일출봉을 배경으로 펼쳐진 유채꽃이 인상적. 유채꽃밭 안에 들어가 사진찍기 체험도 즐길 수 있다. 광치기 해변은 저어새, 노랑부리저어새 등 희귀한 철새들을 만날 수 있는 곳으로도 유명하다.(p423 E:2)

■ 서귀포시 성산읍 고성리 263
■ #3,4월 #올레길2코스 #성산일출봉전망

서귀포 섭지코지 유채꽃
"두말할 필요 없는 유채꽃길"

섭지코지 달콤하우스(구 올인하우스) 길옆으로 조성된 유채꽃밭은 성산 일출봉을 배경으로 유채꽃이 피어나 멋진 사진을 찍을 수 있는 곳이다. 유채꽃밭 가운데 사잇길이 있어 인물사진을 찍기에도 적격이다. 이곳뿐만 아니라 글라스 하우스(지포뮤지엄) 옆으로도 유채꽃밭이 조성되어 있다.(p423 E:2)

■ 서귀포시 성산읍 고성리 48
■ #3,4월 #성산일출봉전망 #사진

짱구네 유채꽃밭 유채꽃
"산책하기 제격인"

@mignon._n

성산읍에서 가장 유명한 유채꽃 농장. 개인이 운영하기 때문에 소정의 입장료를 받고 있으며, 셀카봉도 함께 판매한다. 유채꽃 사이로 포장도로가 이어져 산책하기 좋다. 성산일출봉, 광치기해변이 차로 10분 거리에 있다. 네비에 서귀포시 성산읍 수산리 1021을 찍고 이동.(p423 D:2)

■ 서귀포시 성산읍 수산리 1021
■ #12,1,2,3월 #사유지 #포장도로 #셀카봉판매

신풍리 해바라기
"돌담과 해바라기"

@mir0065

뜨거운 여름을 노랗게 달구는 신풍리 해바라기 농장은 제주도에서 새로 떠오르고 있는 관광명소다. 성인 키보다 크게 자란 울창한 해바라기와 돌담을 배경으로 인생 사진을 남겨가자. 네비에 서귀포시 성산읍 신풍리 1411을 찍고 이동. (p420 B:2)

■ 서귀포시 성산읍 남산봉로 235-165
■ #7,8,9월 #키큰해바라기 #돌담

맛나식당
"갈치조림, 고등어조림이 인기"

매콤한 갈치조림과 고등어조림으로 손님들의 마음을 사로잡은 곳. 그중에서도 가성비 좋은 토막 갈치조림이 인기 있다. 갈치는 추울 때 잡히는 것이 맛있다고 하니 겨울철 제주를 방문했다면 꼭 찾아가 보자. 매일 08:30~14:00 영업, 7~8월에는 매주 일요일, 수요일 휴무, 카드 결제 불가능.

- 서귀포시 성산읍 동류암로 41
- 064-782-4771
- #매콤칼칼 #가성비토막갈치조림

어머니닭집
"양이 푸짐한 시장치킨"

육지에서 먹었던 맛과는 또 다른 제주도식 카레맛 시장 치킨. 후라이드, 양념, 반반 세가지 메뉴만 판매한다. 양도 푸짐하고 맛도 좋아 제주도민들이 더욱더 즐겨 찾는다. 옛감성 물씬 풍기는 가게 외관도 매력적이다. 매일 10:00~22:00 영업, 월요일 정기휴무. (p423 E:2)

- 서귀포시 성산읍 고성오조로 13 어머니닭집

- 064-782-4832
- #시장치킨 #카레맛 #옛날감성

돈이랑 성산점
"두툼한 흑돼지근고기"

흑돼지를 근(600g)단위로 판매하는 근고기 전문점. 두툼한 근고기 삼겹살의 고소한 맛을 즐겨보자. 후식으로 나오는 김치찌개도 맛있다. 픽업 서비스 가능. 연중무휴 12:00~23:00 영업.(p423 E:2)

- 서귀포시 성산읍 일출로 30 돈이랑
- 0507-1320-9266
- #근고기식당 #김치찌개맛집 #픽업서비스

성산흑돼지두루치기
"볶음밥을 부르는 매콤한 두루치기"

제주 흑돼지를 당면, 콩나물과 함께 매콤하게 볶아낸 두루치기 맛집. 여기에 담백한 국물의 몸국을 더하면 뱃속이 푸근해진다. 두루치기 고기를 다 건져 먹고 만들어 먹는 볶음밥도 별미. 삼합 두루치기에는 활전복과 오징어가 들어간다. 포장주문 가능, 연중무휴 10:00~21:00 영업.(p423 E:1)

- 서귀포시 성산읍 한도로 255

- 064-782-9295
- #이색삼합두루치기 #볶음밥

새벽숯불가든 본점
"숯불에 구운 흑돼지오겹살"

성산에서 제대로 된 흑돼지 오겹살을 맛보고 싶다면 이곳을 추천한다. 청정 제주 흑돼지를 숯불로 구워 쫄깃함과 맛을 더했다. 식사로 나오는 된장찌개도 맛있는 곳. 매일 12:30~14:30, 17:30~22:00 영업, 일요일은 17:30부터 영업.(p423 D:1)

- 서귀포시 성산읍 일주동로 4036
- 0507-1402-9589
- #오겹살전문 #숯불구이 #된장찌개

성산봄죽칼국수 성산점
"쫄깃한 보말칼국수"

감귤을 넣어 만든 쫄깃쫄깃한 수제 칼국수 전문점. 시원한 국물을 자랑하는 보말칼국수, 얼큰딱새우칼국수, 깡전복칼국수와 보말죽, 유채 전, 보말죽, 전복죽을 선보인다. 세트 메뉴를 시키면 칼국수, 죽, 유채 전을 모두 저렴하게 맛볼 수 있다. 매일 07:00~16:00 영업, 일

요일 휴무.(p423 D:1)

- 서귀포시 성산읍 해맞이해안로 2725
- 0507-1337-7075
- #감귤면칼국수 #유채전맛집 #세트메뉴

산포식당 성산점
"생물 갈치를 이용한 한상차림"

제주 생물 갈치만을 이용해 한 끼 밥상
을 차려내는 갈치요리 전문점. 매콤 칼칼
한 양념으로 자박하게 끓여낸 통통한 갈
치조림이 인기 메뉴다. 갈치조림과 갈치구
이 정식은 2인 이상 주문할 수 있다. 매일
08:00~21:00 영업, 18:00 이후 인터넷으
로만 예약 가능.(p423 D:2)

- 서귀포시 성산읍 서성일로 1134
- 010-7142-9217
- #갈치요리전문점 #생물갈치 #한상차림
#2인이상

성산바다풍경
"해산물이 가득한 바다풍경뚝배기"

활전복, 황게, 딱새우가 들어간 바다 풍
경 뚝배기로 유명한 곳. 해산물이 아낌없
이 들어가 시원한 국물이 제대로다. 매콤

자박하게 끓인 갈치조림도 합리적인 가격
에 만나볼 수 있다. 매일 10:00~15:30,
17:30~20:00 영업, 19:00 주문 마
감.(p423 E:1)

- 서귀포시 성산읍 일출로288번길 17 1층
- 0507-1363-9779
- #시원한국물 #해장뚝배기 #가성비맛집

온평바다한그릇
"해장에 딱인 시원한 해물라면"

활전복, 문어, 꽃게 등을 넣고 시원하게 끓
인 해물 라면 전문점. 수제 육수와 생면을
사용해 더욱더 쫄깃하고 맛있다. 전복, 소
라, 해삼, 멍게, 딱새우를 담은 해산물 모듬
회도 추천한다. 가게 밖으로 보이는 온평항
항구 모습도 아름답다. 매일 10:30~21:00
영업.(p423 D:2)

- 서귀포시 성산읍 환해장성로 467
- 064-783-4670
- #생면사용 #수제해물육수 #바다전망

가시아방국수
"제주의 향토음식 고기국수와 돔베고기
맛집"

드라마 <이상한 변호사 우영우>에 나온 고
기국수 맛집. 제주도의 향토 음식인 고기국
수와 비빔국수 그리고 돔베고기가 대표적
인 메뉴이며 커플 세트도 있어서 고기와 국
수를 한 번에 맛볼 수 있음. '예써' 에서 미
리 대기 등록을 할 수 있다. 실시간 대기 상
황을 알 수 있어 오래 기다리지 않아도 된다.
(p423 E:2)

- 서귀포시 성산읍 섭지코지로 10
- 064-783-0987
- #고기국수 #제주도향토음식 #비빔국수

커큐민흑돼지
"흑돼지를 부위별로 맛보고 싶다면 "

180시간 숙성된 흑돼지를 부위별로 맛볼 수
있다. 커큐민 흑돼지답게 소금을 올금 소금
이다. 추가로 김치찌개와 오이 냉면을 추천
한다. 특별메뉴로는 말고기 육회도 있다. 가
게가 넓어 단체에도 적합하다. (p423 E:2)

- 서귀포시 성산읍 일출로 84
- 064-784-5671
- #흑돼지맛집 #커큐민가루 #말고기육회

부촌

"미역국의 깊은 맛을 맛보고 싶다면 이 곳으로"

성게미역국 정식, 갈치조림 정식, 고등어구 이가 유명한 곳으로, 밑반찬마저도 맛있는 집이다. 성게미역국은 국물이 진하고, 살이 알찬 갈치가 일품이다. 갈치조림을 시키고 2천 원 추가시 성게 미역국, 전복 미역국을 선택해서 맛볼 수도 있다. 단. 10세 이상은 1인 1메뉴 참고하자!(p423 E:2)

- 서귀포시 성산읍 동류암로 33
- 064-784-0149
- #성게미역국 #갈치조림 #밑반찬맛집

불특정식당

"제주에서 즐기는 코스 요리"

메뉴가 그때그때 바뀌는 불특정 코스 요리! 맛있는 음식에 대한 설명이 곁들어져 눈과 입, 귀가 즐거운 식사를 경험할 수 있다. 런치코스 12:00~14:30, 디너코스 19:00~22:00. 다만 노키즈존이란 점이 아쉽다.

- 서귀포시 성산읍 삼달로 239
- 010-4269-0886
- #코스요리 #분위기좋은레스토랑

복자씨연탄구이

"바다를 바라보며 맛보는 흑돼지연탄구이"

@kyob_ee

제주 앞바다를 바라보며 제주산 흑돼지 연탄구이를 맛볼 수 있다. 초벌구이가 되어 나오며 친절한 직원들이 구워줘 번거로움이 덜하다. 돼지고기와 짝꿍인 김치찌개도 맛볼 것!(p423 E:1)

- 서귀포시 성산읍 해맞이해안로 2764
- 064-782-7330
- #연탄구이맛집 #제주흑돼지 #바다뷰

전망좋은횟집&흑돼지

"성산일출봉을 바라보며 제주산 흑돼지를 맛볼 수 있는 곳"

@__jj1004

맛과 뷰를 동시에 즐길 수 있는 곳이다. 세트 구성으로 다양한 회를 맛볼 수 있으며 고기는 직원분들이 직접 구워주어 먹기만 하면 된다. 회와 흑돼지 둘 다 먹고 싶다면 이곳을 추천한다.(p423 E:1)

- 서귀포시 성산읍 일출로 248 전망좋은 횟집&흑돼지 성산본점
- 0507-1364-1568
- #갈치회 #활어회 #흑돼지 #딱새우회

코코마마 성산점

"하와이 느낌의 랍스터 맛집"

성산일출봉 해안가 바로 앞에 자리 잡은 하와이 느낌의 맛집. 랍스터와 파인애플 볶음밥 그리고 튀김까지 한 번에 맛볼 수 있다. 계절마다 다양한 음료를 판매하니 꼭 맛볼 것! 랍스터 모양의 머리띠와 장갑으로 인증사진을 찍을 수 있다.(p423 E:1)

- 서귀포시 성산읍 일출로 258-11
- 064-782-5569
- #랍스타맛집 #하와이 #성산일출봉뷰

꽃가람

"14시간 우린 진한 육수를 맛보고 싶다면! "

@mody_land_

1박 2일에 소개된 성산일출봉 고기국수 맛집! 고기국수, 비빔국수, 돔베고기 셋 다 부족함 없이 맛있어서 세트 메뉴도 준비되어 있다.(p423 E:2)

- 서귀포시 성산읍 고성동서로 73 1층
- 0507-1446-3940
- #고기국수맛집 #세트메뉴 #비빔국수

섭지코지로
"고등어회와 딱새우회를 한번에"

제주에 오면 꼭 먹어야 할 고등어회, 딱새우회를 한 번에 맛볼 수 있다. 주문하자마자 바로 고등어를 잡기에 고등어 회가 싱싱하고 고소하다. 모든 메뉴는 포장이 가능하다. (p423 E:2)

- 서귀포시 성산읍 일출로 230 2층
- 0507-1422-1336
- #딱새우맛집 #고등어회 #점심정식추천

성산마씸
"우도를 바라보며 먹는 흑돼지 돔베고기"

직접 기른 채소로 만든 음식과 함께 흑돼지 돔베 고기와 찌개를 함께 맛볼 수 있다. 1인 식사도 가능하며 6인 이상 방문시 예약이 필요하다. 창문 너머로 보이는 밭 뷰와 우도 뷰가 음식에 감동을 더한다. (p423 E:1)

- 서귀포시 성산읍 한도로 257
- 0507-1309-0768
- #집밥맛집 #가성비맛집 #혼밥

성산 카페 추천

덴드리
"감귤 음료와 디저트가 맛있는 그리스풍 카페"

그리스식 건물 외관이 멋스러운 디저트 카페. 귤 체험 농장을 함께 운영한다. 귤밭에서 직접 딴 귤로 만드는 덴드리 귤 에이드, 시원한 커피에 부드러운 크림이 올라간 프레도 카푸치노, 견과류와 크림치즈가 듬뿍 들어간 패스츄리 디저트 바클라바를 추천한다. 매일 11:00~19:00 영업, 18:00 주문 마감.

- 서귀포시 성산읍 삼달로 28-1 덴드리
- #이국적 #디저트카페 #덴드리귤에이드 #바클라바

드르쿰다 in 성산
"인생 사진 찍을 수 있는 스튜디오형 카페"

곳곳에 포토존이 마련된 스튜디오형 이색 카페 레스토랑. 낮에는 동화 감성의 카페로, 밤에는 피맥 즐기기 좋은 펍으로 변신한다. 카페 자유이용권에 입장료가 포함되어 있으며 인터넷으로 미리 주문하면 더욱 저렴하

다. 매일 09:00~22:00 영업.(p423 E:2)

- 서귀포시 성산읍 섭지코지로25번길 64
- #포토존 #우도땅콩크림커피 #천혜향요 거트스무디

랜딩커피
"성산 앞바다 전망이 아름다운 디저트 카페"

성산 앞바다 뷰 맛집으로 유명한 디저트 카페. 2인 테이블이 일렬로 놓여있어 전망을 즐기기 좋다. 노키즈존으로 운영되며, 12개월 미만의 유아나 초등학생 이상 어린이만 입장할 수 있다. 매일 11:00~18:00 영업, 17:30 주문 마감, 매주 월요일 정기휴무.(p423 E:2)

- 서귀포시 성산읍 신양로122번길 45-1
- #제주아일랜드티 #랜딩코코 #노키즈존

수마
"광치기 해변 전망이 아름다운 감성카페"
광치기 해변 전망을 즐길 수 있는 감성 카페. 아몬드 크림을 올려 고소한 맛을 더한 시그니처 음료 브라운 헤이즈와 생강 맛이 그윽한 수마라떼를 추천한다. 매일 10:00~19:00 영업, 매주 수요일 휴무.(p423 E:1)

- 서귀포시 성산읍 일출로 264-6
- #브라운헤이즈 #수마라떼

아줄레주
"리스본 감성이 느껴지는 에그타르트 맛집"

리스본의 감성이 물씬 풍기는 디저트 카페. 프랑스 버터와 밀가루를 사용한 고소한 에그타르트 맛집으로도 유명하다. 노키즈존으로 운영되어 7세 이상만 입장할 수 있다. 매일 11:00~19:00 영업, 매주 화요일과 수요일 정기휴무.(p399 E:2)

- 서귀포시 성산읍 신풍리 627
- #아메리카노 #에그타르트 #노키즈존

잔디공장
"내 건강을 위한 초록초록한 잔디우유와 잔디스무디 한 잔"

초록 식물들과 초록 음료들이 마음을 싱그럽게 하는 식물 카페. 녹차를 넣은 잔디우유와 시금치를 넣은 잔디스무디는 몸도 마음도 건강하게 만들어준다. 잔디라떼, 쑥 미숫가루, 잔디 잼 토스트도 추천. 매일 11:00~19:00 영업.(p423 D:3)

- 서귀포시 성산읍 일주동로5154번길 5
- #식물카페 #녹차우유 #시금치스무디

아뽀망고
"농장에서 직접 공수한 애플망고로 만든 음료와 디저트"

농장에서 직접 공수해온 애플망고로 만든 에이드 전문점. 달콤한 애플망고 주스와 커피, 에이드, 차, 요거트 등을 판매한다. 여름 애플망고 철에는 망고를 직접 주문할 수도 있다. 매일 11:00~19:00 영업.(p423 E:2)

- 서귀포시 성산읍 일출로 230
- #농장직영 #애플망고쥬스

어니스트밀크 본점
"한아름목장 우유로 만든 건강한 수제 요거트"

제주 한아름목장에서 공수해온 우유로 만든 수제 요거트 전문점. 대표 메뉴인 정직한요거트 외에도 무가당요거트, 무화과베리요거트, 백향과요거트 등 다양한 맛을 고를 수 있다. 함께 판매하는 소프트아이스크림, 밀크쉐이크, 스트링 치즈도 추천메뉴. 요거트는 택배 주문도 가능하다. 매일

10:00~18:00 영업.(p423 D:2)

■ 서귀포시 성산읍 중산간동로 3147-7
■ #정직한요거트 #무가당요거트 #택배가능

카페더라이트
"성산일출봉과 우도 바다 전망을 즐길 수 있는 카페"

성산일출봉과 우도 바다 전망을 모두 즐길 수 있는 오션뷰 카페. 수제 감귤 청으로 만든 감귤라떼와 유기농 재료를 사용한 진저라떼, 수제 그릭요거트가 이곳의 시그니처 메뉴. 매일 10:00~19:00 영업, 매주 일요일 휴무.(p423 E:1)

■ 서귀포시 성산읍 한도로 269
■ #아메리카노 #수제생감귤라떼 #진저라떼

제이아일랜드
"통유리창 밖으로 보이는 멋진 바다전망 카페"

제주 동쪽 해안 경치가 아름답게 펼쳐지는 우아한 카페. 2층에 통유리창이 설치된 공간은 전망이 더 아름답다. 다양한 커피와 수제 청, 스무디, 와플 등을 판매한다. 09:30~19:30 영업. (p423 D:3)

■ 서귀포시 성산읍 환해장성로 69
■ #아메리카노 #수제청 #크로플

만감교차
"귤색 인테리어로 상큼한 감성을 더한 카페"

귤 색감으로 감성을 더한 분위기 좋은 카페. 사과, 캐러멜 풍미 가득한 블렌딩 커피 둑스커피가 시그니처 메뉴. 매달 구성이 바뀌는 핸드드립 커피와 한라봉, 댕유자로 만든 에이드, 꿀청견, 귤 스무디 모두 맛있다. 매일 10:00~20:00 영업, 목요일 11:00~17:00 영업, 19:00 주문 마감.(p423 E:2)

■ 서귀포시 성산읍 환해장성로 950
■ #둑스커피 #핸드드립커피 #귤스무디

호랑호랑 성산카페
"전용비치를 보유한 루프탑 카페 "

아침 8시부터 문을 열어서 일출을 보고 모닝커피 하기 딱 좋은 곳이다. 카페 전용 비치가 있어 막힘 없는 뷰를 자랑하며 실내가 넓고 통창으로 되어 있어 시야가 트인다. 루프탑에서 사진을 찍기에도 좋고 주차장도 넓어서 이동 역시 편리하다. 여유로운 분위기가 일품인 곳.(p423 E:2)

■ 서귀포시 성산읍 일출로 86 C동 호랑호랑
■ #모닝커피 #루프탑카페 #성산일출봉뷰

보룡제과
"마늘바게트 외에도 다 맛있는 빵집"

@jeju_boryong_bread

우유가 필요하지 않는, 목 안 막히는 스콘과 담백한데 계속 먹게 되는 톳 소금빵 맛볼 수 있다. 메뉴가 아주 다양하고 빵에 재료를 아끼지 않아 만족스럽다. 가격마저 착한데, 빵을 구매하는 고객들을 위한 무료 커피도 있다. 시식 빵마저 크고 다양하여 자유로이 맛보고 구입할 수 있다.(p423 E:2)

■ 서귀포시 성산읍 고성오조로 48-1
■ #다맛있는빵집 #합리적인가격 #사장님인심최고

서귀피안 베이커리
"전 좌석 섭지코지 오션뷰인 베이커리 카페"

이국적인 인테리어를 자랑하는, 전 좌석이 섭지코지 오션뷰인 매력적인 곳이다. 음료와 빵 종류가 다양하다. 단, 빵이 나오는 시간이 정해져 있기 때문에 빵 나오는 시간에 맞춰 가는 것을 추천한다.(p423 E:2)

- 서귀포시 성산읍 신양로122번길 17 2F
- #섭지코지뷰 #이국적인분위기 #빵도맛집

오른
"바라만 봐도 좋은 바다가 있는 카페"

오른 라떼와 아이들을 위한 우도 땅콩 크림이 들어간 곰돌이 우유 메뉴가 인기이다. 해안도로에 위치하여 뷰가 좋고 세련된 인테리어가 인상적이다. 2층에 가면 바다를 배경으로 인증사진 찍기 좋다. 화장실 인테리어가 독특하고 깔끔하다.(p423 D:1)

- 서귀포시 성산읍 해맞이해안로 2714 orrrn
- #해안도로카페 #뷰맛집 #오른라떼

카페아오오
"제주 일몰 조망 카페"

1층에서 주문한 뒤 2층으로 올라가면 통창으로 오션뷰를 즐길 수 있다. 전 좌석이 오션뷰라 일몰 시간을 맞춰가면 일몰도 볼 수 있다. 커피만큼 베이커리류도 맛있는 곳이다. (p423 D:3)

- 서귀포시 성산읍 환해장성로 75
- #일몰맛집 #제주올레길3코스카페 #오션뷰

브라보비치
"성산일출봉과 우도, 에메랄드 빛 바다를 한눈에"

600평 규모의 이국적 인테리어를 자랑하는 오션뷰 카페. 야외에는 방갈로도 있다. 버거와 스파게티, 케이크, 스콘, 쿠키 메뉴도 다양하다. 하루 100개만 한정 판매하는 브라보 버거를 추천한다. 네이버에서 사전 예약도 가능하다.(p423 D:1)

- 서귀포시 성산읍 해맞이해안로 2614
- #버거맛집 #애견동반가능 #대형규모

이스틀리카페&현애원
"사계절 꽃이 피는 정원 속 카페"

2만 평의 넓은 정원에 사계절 꽃이 피어난다. 온실에서 음료를 마시는 것이 가능하며 핑크 뮬리와 동백꽃 시즌에 방문하면 인생 사진을 얻을 수 있다. 배우 여현수가 하는 카페. 제주도 투어패스로 방문 가능.하다. 애견 동반 가능.(p423 D:2)

- 서귀포시 성산읍 산성효자로114번길 131-1 2층
- #넓은정원 #꽃 #성산카페 #온실카페

성산 숙소 추천

풀빌라 / 스테이삼달오름

사계절 따스한 온수 풀을 이용할 수 있는 독채 펜션. 개별 바비큐장과 실내 자쿠지도 딸려있다. 온수 풀장은 18:00~21:00, 바비큐장은 16:00~21:00 운영하며 별도의 이용 요금을 내야 한다. 입실 16:00, 퇴실 11:00.(p399 E:1)

■ 서귀포시 성산읍 삼달하동로17번길 15-3
■ #실내자쿠지 #사계절온수풀장 #바베큐장

풀빌라 / 제주감성숙소

넓은 거실과 침실이 딸려 대가족이 이용하기 좋은 독채 펜션. 퀸 침대 3개, 싱글침대 1대가 놓여있어 최대 12명까지 입실할 수 있다. 실내 노천탕과 개별 야외수영장도 설치되어 있어 어른들과 아이들 모두 만족스러운 곳. 입실 16:00, 퇴실 11:00.

■ 서귀포시 성산읍 환해장성로 233-18
■ #가족여행 #노천탕 #야외수영장 #최대 12인

게스트하우스 / 난산리큰집

포토그래퍼 김병준 씨가 운영하는 체험형 게스트하우스. 흑백 사진관 자아가지구를 함께 운영하며, 제주도 개인 스냅 촬영도 예약할 수 있다. 숙박객은 19:30분부터 각자 먹을 음식을 가져와서 담소를 나누는 시간을 갖는데, 맥주나 음료를 곁들이며 나누는 여행 이야기가 밥맛을 돋운다. 숙박객 대상으로 한사란 둘레길 걷기, 오름 산행, 별빛 산책, 필름 카메라 원데이 클래스 등 액티비티 프로그램도 진행한다. 입실 17:00, 퇴실 11:00.

■ 서귀포시 난산로 27번길 17
■ #포토그래퍼운영 #사진관 #스냅사진촬영 #둘레길걷기 #카메라원데이클래스 #체험프로그램

독채 / 하이재

800평 귤밭 사이에 있는 제주 전통 돌집 숙소. 함께 운영하는 커피공방에서 직접 로스팅한 커피를 내려 마실 수 있다. 바비큐장과 나무 위 전망대, 해먹을 이용할 수 있다. 퀸사이즈 침대 2대가 있으며 최대 4명 숙박 가능.(p399 D:2)

■ 서귀포시 성산읍 신풍하동로 13
■ #제주돌집 #리모델링 #옛집감성 #커피공방 #바비큐장

독채 / 몽상화

@minjii.home

귤밭과 돌 창고가 있는 독채 숙소. 나무로 둘러싸인 산책하기 좋은 마당이 있는 까만 외관의 숙소. 채광이 좋게 천장이 오픈된 돌 창고는 작은 정원을 품고 있고 앉아 쉬기 좋은 데크가 있다. 모던한 인테리어의 실내에는 다도 공간이 있어 바깥 풍경을 보며 힐링할 수 있다. 이곳에서 가장 예쁜 야외 자쿠지는 낮은 틈으로 고사리 정원이 보인다. 영유아 포함 최대 4인. 카카오 채널 예약.(p399 D:1)

- 서귀포시 성산읍 풍천로273번길 84 단독주택
- #감귤밭#노천탕#예스키즈존#고사리밭#돌창고#다도실#가족여행#우정여행

펜션 / 컬러인제주

@color.in.jeju

성산 일출봉과 섭지코지 뷰가 좋은 펜션. 펜션과 독채 펜션을 운영한다. 수산봉 아래에 자리 잡은 노출 콘크리트 외관의 리조트 같은 풀빌라. 1층 숙소는 잘 가꿔진 야자수 정

원을 볼 수 있고 취사 가능하다. 2층 숙소는 성산 일출봉 뷰, 섭지코지 뷰. 공용 카페에서 유료 조식 서비스. 미니 골프장. 공용수영장과 바비큐장. 독채 펜션 까사는 최대 10인까지 가능하다. 신양섭지해수욕장과 광치기해변이 가깝다. 기준 2인 최대 4인, 까사 기준 6인 최대 10인. 네이버 예약.(p423 D:2)

- 서귀포시 성산읍 난고로42번길 24
- #카페#조식#공용수영장#성산 일출봉뷰#섭지코지뷰#바다뷰#골프#단체여행

풀빌라 / 감성숙소 달로와, 별로와

@jejudalowa

대형 수영장이 있는 독채 풀빌라. 2개의 독채. 아늑한 화이트 우드 인테리어의 침실, 깔끔한 실내 자쿠지가 있다. 다락방에도 넉넉한 매트리스가 준비되어 있어 가족여행에 알맞다. 밤에 더 예쁜 감성화로는 벽돌로 만들어 바비큐도 가능하다. 각 숙소에 별도로 수영장이 있어 방해받지 않고 수영할 수 있다. (6월부터 여름에 오픈) 바닷가 도보 2분. 인근에 맛집이 다양하고 성산일출봉과 섭지코지가 가깝다. 기준 4인 최대 12인. 홈페이지 예약.(p399 F:1)

- 서귀포 성산읍 환해장성로 233-18
- #대형수영장#풀빌라#바비큐#섭지코지#성산일출봉#일출뷰#대가족#단체

독채 / 수와키

@soowacke.jeju

실내 온수 수영장이 있는 독채 숙소. 두 개의 집이 하나로 연결되어 넓고 가운데 썬룸에는 큰 테이블이 있어 마당 전망을 보며 식사하기 좋다. 가족, 커플, 단체여행으로 좋은 숙소. 별도 공간에 마련된 24시간 온수 풀장은 조명이 예쁘고 사계절 이용할 수 있다. 넓은 잔디마당에서 바비큐와 불멍가능하고 탁구대까지 있어 여유롭게 머물며 쉬기 좋다. 주변에 핫플과 맛집이 많다. 기준 4인 최대 6인. 네이버 예약.(p423 D:2)

- 서귀포시 성산읍 수산서남로79번길 116 수와키
- #실내온수풀장#힙한조명#가족여행#우정여행#호텔인테리어#맛집#아기의자

독채 / 어라운드폴리

@j.w_yang

캠핑 감성 오두막과 수영장이 있는 야경이 예쁜 숙소. 넓은 잔디밭 부지에 독채 숙소,

캐빈, 캠핑카, 텐트 존이 별도. 숙소는 우드 인테리어의 복층이고 계단을 통해 위로 거실과 욕실 침실이 분리된 인디언 텐트 모양이다. 세심하고 아기자기한 공간. 귀여운 캠핑카 실내는 우드 마감의 가구가 있어 감성 캠핑을 즐기기 좋고 풀빌라 독채인 어라운드 폴리는 넓은 테라스와 큰 수영장이 있다. 기준 2인부터 최대 8인. 홈페이지 예약.(p399 D:1)

■ 서귀포시 성산읍 서성일로 433
■ #캠핑#캐빈#오두막#독채#수영장#풀빌라#잔디#야경

성산 인스타 여행지

빛의 벙커 웅장한 공간
"영상과 음향으로 가득한 공간"

@asy4042

반고흐, 고갱 등 유명 예술작가들의 작품들을 온몸으로 체험해 볼 수 있는 곳이다. 공간 전체가 음악과 영상으로 꽉 채워져 있고, 날씨에 영향을 받지 않고 즐길 수 있다. 내가 작품 속에 들어가 있는 듯한 사진을 찍을 수 있다.(p399 F:1)

■ 서귀포시 성산읍 고성리 2039-22
■ #빛의벙커 #전시관 #미디어아트 #예술

유민미술관 안도 타다오 공간
"안도 타다오의 건축물과 자연의 조화"

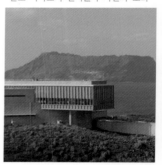

유명 건축가 안도 타다오의 작품인 유민미술관은 제주도 자연과 조화를 이루는 건물로 유명하다. 미술관 벽 틈으로 보이는 성산일출봉을, 마치 액자 속 그림처럼 담아낼 수 있다. 미술관을 프레임 삼아 사진을 찍으면, 제주도의 자연이 더 돋보인다.(p423 E:2)

■ 서귀포시 성산읍 고성리 21
■ #안다타다오 #성산일출봉 #액자사진

광치기해변 성산일출봉 배경
"물이 빠진 이끼바위와 일출봉"

@ye_eun_lee97

성산일출봉을 한눈에 볼 수 있는 뷰 맛집, 광치기 해변! 썰물 때를 확인하여, 물이 빠질 때 드러나는 이끼바위 위에서 사진을 찍으면, 성산일출봉과 제주 바다를 한 프레임에 담을 수 있다. 일출, 일몰이 더해진다면 금상첨화!(p423 E:2)

- 서귀포시 성산읍 고성리 224-33
- #광치기해변 #성산일출봉맛집 #이끼바위 #일출 #일몰

짱구네 유채꽃밭 원형 감귤장식
"상큼한 감귤 포토존"

@sangh92_

노오란 유채꽃과 함께 다채로운 포토존으로 유명한 곳이다. 하트꽃 프레임, 감귤 목걸이를 한 돌하르방 등 다양한 포토존이 있지만, 원형의 감귤 장식 포토존선 꼭 사진을 남겨야 한다. 사유지인 탓에 입장료 천 원을 내야 한다.(p423 D:2)

- 서귀포시 성산읍 수산리 1021
- #짱구네유채꽃밭 #원형감귤장식 #포토존

신천목장 귤피밭
"바닥을 가득채우는 귤빛 융단"

@iggyblossom

수만 평의 목장 대지 위에, 주황색의 귤 껍질이 꽃처럼 펼쳐져 있는 곳이다. 엄청난 규모의 귤피가 장관을 이루고, 앞으로는 바다가 펼쳐져 있고, 뒤로는 말들이 뛰논다. 이색적인 사진을 담기에 딱일 장소다.(p399 E:2)

- 서귀포시 성산읍 신천리 5
- #신천목장 #귤피 #온통주황

오조리 감상소 액자 프레임
"그림같은 풍경이 담긴 창문"

@i.lazy_

내비에 '오조포구'로 검색하고, 조금 걸어서 들어가다 보면 오조리 감상소가 나온다. 건물 안에 통창이 있는데, 이 창을 액자 프레임처럼 활용해 사진을 찍으면 인생샷을 얻을 수 있다. 통창 앞에 있는 큰 돌 위치에 서면 딱 좋다.

- 서귀포시 성산읍 오조리
- #오조리감상소 #통창 #액자프레임

브라보비치 카페 야외배드
"동남아 휴양지 느낌 정자와 해먹"

@je_ming_ju

넓은 카페 정원에 원목 야외 선베드와 동남아 휴양지풍 정자, 해먹 등이 설치되어 있다. 선베드 바로 앞에 성산일출봉과 성산 바다 전망이 펼쳐져 있고, 선베드 주변으로 야자나무가 심겨 있어 다양한 연출사진을 찍을 수 있다. 썬베드와 야자나무만 나오게 찍으면 휴양지 느낌이 물씬하고, 조금 멀리 떨어져 산방산 풍경까지 찍으면 제주 여행 느낌이 물씬하다.

- 서귀포시 성산읍 시흥리 10
- #발리감성 #해변전망 #썬베드

오조포구 돌다리
"푸른 바다에 떠오른 돌다리"

@hye.__.su

바다 위를 건널 수 있는 돌다리 위에 서서 사진을 찍어보자. 앉아서 뒤로 보이는 식산봉과 제주도의 푸른 바다를 함께 담은 한 폭의 그림 같은 사진을 찍어도 좋다. 이곳은 드라마 '공항 가는 길'에 등장한 적 있는 특이한 돌다리이다. 구멍이 숭숭 뚫린 현무암으로 만든 돌다리는 길이가 생각보다 길고 실제로 바다 위를 건널 수 있다. 만조 때에

방문하는 것이 좋다. 주차 공간은 많지 않다.

- 서귀포시 성산읍 오조리
- #오조포구 #돌다리#현무암돌다리

섭지코지 그랜드스윙
"성산일출봉 전망 이색사진"

@min._.vely_

성산 일출봉을 바라보며 그랜드 스윙에 앉아 사진을 찍어보자. 정면으로 보이는 탁 트인 바다 위 성산 일출봉의 풍경을 한눈에 담을 수 있는 그랜드 스윙은 동그란 원형에 높이가 6미터에 달한다. 뒤로는 유명한 건축가 안도 타다 오가 설계한 글라스하우스를 볼 수 있다. 섭지코지 내에는 자연경관이 아름답고 한가로이 풀을 뜯고 있는 말도 만날 수 있으며 여유롭게 바다를 보며 산책도 즐기고 쉬어갈 수 있는 의자와 포토존이 많다. 그네는 유민 미술관 뒤에 있다.

- 서귀포시 성산읍 고성리 21 유민미술관
- #섭지코지#그랜드스윙#성산일출봉a

이스틀리 카페 나무아래 수국
"나홀로나무와 푸른 수국"

@shinnn.kk

매년 7~8월이 되면 이스틀리 카페 정원에 있는 키 큰 나 홀로 나무 주변으로 푸른색,

보라색, 진분홍색 수국이 한가득 피어난다. 이 나무 아래 인물을 세우고, 건너편 수국 앞에서 인물사진을 찍으면 예쁘다. 나무가 전부 보이도록 조금 멀리 떨어져서 인물을 한 가운데 놓고 사진 찍는 것이 촬영 팁.

- 서귀포시 성산읍 산성효자로114번길 131-1 2층
- #여름꽃 #수국 #나홀로나무

호랑호랑 카페 배 포토존
"하얀 배 모양 오션뷰 포토존"

@mvii_gj

호랑호랑 카페 앞 해변에 사진찍기 좋은 흰 배 포토존이 있다. 바다를 향해 측면으로 정박해있는 배 위에 서서 배의 돛 부분까지 잘 나오도록 수직 수평을 맞추어 정면 사진을 찍으면 예쁘다. 수평선이 사진의 1/3 정도를 차지하도록 카메라를 아래에 두고 넓은 하늘이 잘 보이도록 찍는 것이 포인트.

- 서귀포시 성산읍 일출로 86
- #바다전망 #감성적인 #흰배

오조포구 노을 반영샷

@gwanguk_kim

오조 해녀의 집에서 산책길을 따라 쭉 걸어가다 보면, 오조리 해안을 만날 수 있는데, 이곳의 갯벌밭은 간조 시간이 되면 바닷물이 빠르게 빠지곤 한다. 이때 노을 시간과 겹치면, 물 위에 있는 모든것이 바다에 그대로 비치는 황홀한 반영사진을 얻을 수 있다. 제주도에서 우유니사막을 느껴볼 수 있는 기회다.(p423 E:1)

- 서귀포시 성산읍 오조리
- #오조포구 #석양스팟 #노을 #반영샷 #제주우유니

14

우도면

#훈데르트바서파크

#우도정원 #버베나

#밭318

@kimune_0126

@rhee.__!
@kangs

446

#우도정원

#검멀레해변

@_luv.yun_i

#우도망루등대

@wndusl23

#우도산호해수욕장

\#검멀레동굴

\#동안경굴

@hyeji
@hu_jm2C

우도

깨끗한 물과 해변은 제주 본섬에서 볼 수 없는 풍경
성산항에서 15분, 소가 누운 형상을 한 섬

우도 봉수대
봉수대는 조선 시대에 쓰였던 통신수단
우도 등대와 함께 사진 찍기 좋다

비양도
제주의 대표적인 캠핑 성지
우도에 딸린 작은 섬

불턱돌레
바다 전망 예쁜 카페
땅콩 크림 라떼, 땅콩
아이스크림 추천

하고수동해수욕장
부드러운 모래와 얕은 수심의
해수욕장

해와달그리고섬
유가농 식재료를 사용한
회 비빔밥, 비빔국수

안녕우지사람
흑돼지 땅콩 버거가 맛있는
브런치 카페, 직접 만든 우도
땅콩 젤라또 판매한다

성산나이
크림짬뽕 반죽에
묵을 넣어 만든 피자

노을소야장
바닷길을 따라 승마
체험할 수 있는 곳

제주울레 1-1코스
우도 전체를 한 바퀴 돌아보는
11.5km, 4시간 걸리 울레길

우도 추천 여행지

우도
"또 다른 세계로 들어가보자"

매년 300만 명의 관광객이 찾으며, 인구 1,700여 명이 살고 있는 섬이다. 깨끗한 물과 해변은 제주 본섬에서 볼 수 없는 풍경이다. 소 한 마리가 누워있는 형상을 한다고 해서 우도라 불린다. 우도봉에 오르면 우도의 풍경은 물론이고 성산일출봉과 제주도 본섬 모습까지 볼 수 있다.(p423 E:1)

- 제주시 우도면
- #성산일출봉 #땅콩막걸리 #짜장면

우도 하고수동 해수욕장
"우도의 해변은 제주 본섬보다 물이 더 맑은 거 알지?"

부드러운 모래와 얕은 수심으로 어린이가 있는 가족 여행객에게 인기 있는 해수욕장이다. 백사장에 조개껍데기가 많이 섞여 있다.(p450 B:2)

- 제주시 우도면 연평리 1200-11
- #모래사장 #해수욕 #가족여행

땅콩 아이스크림 거리
"우도의 명물 땅콩으로 만든"

우도의 명물 땅콩 아이스크림 맛집들이 위치해 있는 거리이다. 품질 좋은 우도 땅콩으로 만든 땅콩 아이스크림을 먹기 위해 우도를 방문하는 사람들이 있을 정도이다. 가게마다 다양한 맛의 땅콩 아이스크림이 있어서 취향에 따라 선택해서 먹을 수 있다.

- 제주시 우도면 연평리 1732-1
- #우도 #땅콩 #아이스크림

우도마을
"제주에서 가장 큰 섬마을"

성산포항, 종달항에서 배를 타고 갈 수 있는 제주도에서 가장 큰 섬마을. 산호 해변, 검멀레 해변 등 사방이 탁 트인 해변으로 둘러싸여 있다. 땅콩 아이스크림, 땅콩 막걸리, 짜장면 먹거리가 유명하다.(p423 E:1)

- 제주시 우도면 연평리 1751-9
- #섬마을 #해변 #땅콩

우도 검멀레 해변
"땅콩 아이스크림 먹으며, 멀리서 보기만 해도 멋져!"

해변의 모래가 전부 검은색이라고 해서 유래된 명칭이다. 응회암이 오래 세월에 걸쳐 부서져 만들어진 해변이다. 우도 등대에 올라 검은색 모래 해변의 절경을 한눈에 담아보자. 여름이 되면 해수욕도 즐길 수 있는 곳이다. 검벌레 해변의 절벽 배경과 함께 우도 아이스크림 인증샷은 필수!(p423 E:1)

- ■ 제주시 우도면 연평리 317-11
- ■ #검은모래 #등대 #해변

우도 산호해수욕장
"제주와 우도를 통틀어 가장 투명한 느낌의 해변! "

하얀 모래가 펼쳐져 있는 모래사장. 우도 해안의 홍조류가 단괴된 일명 홍조 단괴 백사장. 진정한 에메랄드빛 해변이 마치 남태평양이나 동남아 유명 해안에 와 있는 듯한 느낌을 준다. 제주도와 우도를 통틀어 가장 투명한 느낌이 나는 해수욕장이다.(p451 D:3)

- ■ 제주시 우도면 연평리 2565-1
- ■ #애메랄드해안 #모래사장

우도 봉수대
"우도의 조선시대 통신시설"
우도 등대 옆에 있는 망루(봉수대)로 조선시대의 군사 통신시설이었던 곳이다. 봉수대에 올라 바다를 바라보며 사진 찍기 좋다. (p450 A:2)

- ■ 제주시 우도면 연평리 798
- ■ #봉수대 #등대

우도정원
"사계절을 모두 느낄 수 있는 이국적인 정원"

@wndusl23

우도의 필수 코스로 야자 숲, 핑크물리 등으로 꾸며진 이색적인 정원이다. 12개의 정원으로 이루어져 있는데, 사계절을 한곳에서 느낄 수 있어 매력적인 곳이다. 연인과도 가족과도 방문하기 좋은 이국적인 사진 명소이다. (p451 D:2)

- ■ 제주시 우도면 천진길 105
- ■ #식물원 #수목원 #우도여행

훈데르트바서파크
"훈데르트바서파크의 대담하고 경이로운 공간"

오스트리아를 대표하는 화가이자 세계적인 건축가 훈데르트바서를 주제로 한 테마파크이다. 인간과 자연의 상생, 조화를 중시하던 훈데르트바서의 공간답게 수많은 나무와 마음을 밝히는 건축물들이 매력적이다. 그의 작품들을 감상할 수 있고 대담하고 화려한

건축물들을 확인할 수 있다. (p451 E:1)

- ■ 제주시 우도면 우도해안길 32-12
- ■ #테마파크 #전시 #우도여행

동안경굴
"썰물 때만 들어갈 수 있는 우도 8경 동굴"

@hu_jm2007

검멀레 해변 끝에 위치한 곳으로, 우도 8경 중 하나인 썰물 때만 그 모습을 드러내는 신비한 동굴이다. 고래가 살았다는 전설이 있으며, 고래 콧구멍이라고도 불린다. 물이 있을 때는 보트를 타고 들어가고 물이 빠지면 걸어서 들어갈 수 있다. 해마다 이곳에서 작은 동굴 음악회가 열린다.(p451 E:1)

- ■ 제주시 우도면 연평리 산 13
- ■ #우도여행 #보트체험 #동굴

우도봉
"우도의 가장 높은 봉우리"

우도 올레길 1-1 코스에 있는 우도의 가장 높은 봉우리. 정상에 오르면 아름다운 우도

의 전경과 탁 트인 바닷가, 한눈에 성산일출
봉과 제주 본섬까지 감상할 수 있다.(p451
E:1)

- 제주시 우도면 연평리 산23
- #정상 #절경 #올레1-1코스

우도등대공원
"세계의 다양한 모형등대를 볼 수 있어"

우도봉을 가거나 우도 등대를 가는 길에 잠
시 들러 가기 좋은 등대가 있는 테마공원. 이
곳에서 세계의 아름답고 다양한 모형 등대
들의 전시를 관람할 수 있다.(p451 E:1)

- 제주시 우도면 우도봉길 105
- #등대 #테마공원

우도 비양도
"우도에 딸린 작은 섬이야 작은 다리로
연결되어 있지!"

우도에 딸린 작은 섬으로, 우도와 도로가 연
결되어 있다. 제주도가 자랑하는 캠핑 성지
이기도 하다. 우도 본섬을 약간 벗어난 시선
에서 감상할 수 있다.(p450 B:1)

- 제주시 우도면 연평리 9-2
- #우도전망 #캠핑

제주 우도 유채꽃
"우도를 가득 메우는 유채꽃의 향연"

'유채꽃 섬'이라고 불릴 정도로 곳곳에 많은
유채밭이 위치한 우도는 섬 면적의 1/4이
유채꽃밭으로 채워져 있다고 한다. 따뜻한
제주 날씨 덕분에 내륙보다 일찍 유채꽃이
개화되며, 매년 4월경 유채꽃 행사도 진행
된다. 제주 올레길 1-1코스를 이용하면 우
도의 해안도로를 따라 유채꽃을 감상해볼
수 있다. 우도는 성산항에서 배편으로 이동
할 수 있다.(p423 E:1)

- 제주시 우도면 연평리 1737-13
- #3,4월 #꽃길 #올레길 #유채꽃축제

우도정원 버베나
"우도의 보라빛 버베나 정원 "

@kimune_0126

버베나는 마편초과에 속하는 한해살이풀 또
는 여러해살이풀을 통틀어 이르는 말이다.
6~9월이면 우도정원 안내도 기준, 4번 마
편초 정원에서 버베나를 만날 수 있다. 버베

나꽃 사이로 푸르른 잔디 길이 있어서 아름
다운 사진을 남길 수 있다. (p451 D:2)

■ 제주시 우도면 천진길 105
■ #버베나 #마편초 #우도정원

우도정원 백일홍
"알록달록 다홍빛의 백일홍"

7월에 우도 정원의 야자수 숲을 걷다 보면
노랑, 빨강, 분홍색을 머금은 백일홍을 만날
수 있다. 이국적인 야자수 사이로 피어난 백
일홍 꽃밭 앞에 의자도 있어 인증사진 남기
기 좋다. 우도 정원 안내도 기준 11번 정원으
로 가면 백일홍 정원을 만날 수 있다.(p451
D:2)

■ 제주시 우도면 천진길 105
■ #야자수사이백일홍 #백일홍

우도 맛집 추천

우도해녀식당
"갓 잡은 신선한 해산물을 맛볼 수 있
는 곳"

해녀가 갓 잡은 해산물과 진한 보말칼국수
를 맛볼 수 있는 곳. 김치, 고추가루 등 국내
산 재료만 사용한다. 톳이 들어가는 해물칼
국수도 별미다. (p423 E:1)

■ 제주시 우도면 우도해안길 440 우도해녀
식당
■ 010-9090-3509
■ #해물칼국수 #해산물 #우도맛집

우도짜장맨
"검멀레 해변을 바라보며 먹는 톳 짜장면"

재주에서만 만날 수 있는 톳 짜장면! 해산물
가득한 불맛 나는 짬뽕! 직접 채취한 톳을 사
용하고 매일 아침 제면 한다. 검멀레 해변 바
로 앞에 위치해 아름다운 오션뷰를 즐기며
식사할 수 있다.(p423 E:1)

■ 제주시 우도면 우도해안길 1132
■ 0507-1411-0465
■ #톳짜장면 #해산물가득짬뽕 #우도중국
집

파도소리해녀촌
"톳가루면과 해산물로 만든 깊은 맛"

톳 가루 면을 써서 더 깊은 맛이 나는 보말칼국수 전문점. 해녀가 직접 잡은 홍게, 전복, 새우가 들어간 해물칼국수도 맛있다. 배틀트립에서 유혜리와 최수란 배우가 호평한 칼국숫집이 바로 이곳. 매일 08:00~20:00 영업.(p450 A:2)

- 제주시 우도면 우도해안길 510
- 064-782-0515
- #깊은맛 #시원한맛 #톳가루칼국수 #해장칼국수

섬소나이
"짬뽕과 우도피자"

제주 모자반을 넣어 시원한 맛이 일품인 짬뽕 전문점. 불맛 가득한 우짬, 맑은 국물 짬뽕 땡짬, 우도 땅콩이 들어가 고소한 백짬을 판매한다. 우도 톳을 넣은 반죽으로 만든 수제 피자도 맛있다. 매일 09:30~17:00 영업, 배 안 뜨는 날 휴무.(p450 B:1)

- 제주시 우도면 우도해안길 814
- 064-784-2918
- #불맛우짬 #시원한땡짬 #고소한백짬

온오프
"곁들인 소스와 궁합이 좋은 제주흑돼지돈가스"

제주 흑돼지를 손으로 저며 튀겨낸 수제 돈가스 전문점. 풍미를 더하는 할라피뇨, 홀 그레인 머스터드, 생와사비 소스가 함께 나온다. 사이드메뉴로 시킬 수 있는 헝가리식 토마토 스프 굴라쉬도 추천. 매일 11:00~16:00 영업, 배 안 뜨는 날 휴무, 재료 소진 시 조기마감.(p450 B:1)

- 제주시 우도면 우도해안길 876
- 0507-1346-9807
- #고소한맛 #바삭바삭 #삼색소스 #헝가리굴라쉬

안녕육지사람
"제주 흑돼지와 우도 땅콩으로 만든 수제버거"

@kirin_giraffe

제주 흑돼지 패티에 수제 땅콩소스와 땅콩가루를 넣어 고소한 맛이 일품인 수제버거 전문점. 음료 메뉴인 우도 땅콩라떼와 감귤톡톡 에이드, 사이드메뉴인 수제 땅콩 잼 토스트도 맛있다. 성수기 10:00~18:00, 비수기 10:30~16:30 영업.(p450 B:1)

- 제주시 우도면 우도해안길 792
- 0507-1387-0186
- #흑돼지버거 #우도땅콩라떼 #감귤톡톡에이드

물꼬해녀의집
"해녀가 잡아올린 해산물 메뉴들"

해녀가 직접 잡아 올린 해산물과 밥, 칼국수, 라면을 판매한다. 해산물은 모둠 해산물, 뿔소라회, 문어숙회 중 선택할 수 있다. 칼국수 면발에는 직접 갈아 넣은 톳이 들어가 색감도 식감도 재미있다. 칼칼한 국물의 문어라면과 전복라면도 인기. 단체 식사 가능, 매일 08:00~20:00 영업.(p450 A:2)

- 제주시 우도면 우도해안길 496
- 064-784-7331
- #쫄깃쫄깃 #톳면 #시원한맛 #단체손님 가능

Jimmys natural icecream
"우도 땅콩 아이스크림의 원조"

우도에서 가장 유명한 원조 땅콩 아이스크림 전문점. 한라봉&천혜향 맛, 애플 망고 맛, 딸기 맛 아이스크림도 함께 판매한다. 땅콩 크림으로 만든 라떼도 고소한 맛이 일품이다. 매일 08:00~17:30 영업.(p423 E:1)

- 제주시 우도면 우도해안길 1132
- 010-9868-8633
- #원조우도땅콩아이스크림 #한라봉아이스크림 #애플망고아이스크림

파도소리해녀촌
"우도 보말칼국수 맛집"

톳 가루를 넣어 직접 반죽한 톳 손칼국수가 정말 맛있는 집. 해녀가 잡은 해산물로 국물을 만들어 깊은 맛이 나고, 면을 다 먹은 후엔 꼭 밥을 볶아 먹게 한다. (p423 E:1)

■ 제주시 우도면 우도해안길 510

■ 064-782-0515

■ #보말칼국수 #볶음밥 #우도맛집

우도꽃길
"우도에서 가장 맛있는 수제버거"

수제로제통새우 버거, 수제우도땅콩버거, 대왕고기 해물짬뽕이 이곳의 대표 메뉴다. 맛집이면서 1,200평 팜파스 그라스 꽃 정원이기도 하다. 음식으로 입도 즐겁고, 아름다운 우도 바다를 바라보는 눈도 즐겁고, 파도 소리에 귀도 즐거운 곳이다.(p423 E:1)

■ 제주시 우도면 우도해안길 576

■ 064-782-5730

■ #수제버거 #우도맛집 #정원

회양과 국수군
"회국수, 해물탕"

시원 칼칼한 회국수와 돌문어 한 마리가 통째로 들어간 해물탕으로 유명한 곳. 10월부터 5월까지만 맛볼 수 있는 방어회 코스 요리를 시키면 회국수, 매운탕이 함께 딸려 나온다. 여름철에만 한정 판매하는 한치 회국수도 추천. 연중무휴 10:30~21:00 영업.(p451 C:3)

■ 제주시 우도면 우도해안길 270

■ 0507-1425-0150

■ #매콤칼칼해물탕 #한정판매 #방어회 #한치회국수

우도해광식당
"쫄깃한 면과 시원한 국물"

보말과 톳을 넣어 쫄깃쫄깃한 식감이 제대로인 칼국수 전문점. 기본 보말 톳 칼국수와 전복 칼국수, 우도 성게 비빔밥이 인기 메뉴. 매일 09:00~21:00 영업.(p450 B:1)

■ 제주시 우도면 하고수길 69

■ 0507-1406-0234

■ #쫄깃쫄깃 #시원한맛

우도 카페 추천

카페살레
"땅콩아이스크림, 당근케이크 주문 필수"

살레는 제주 방언으로 '찬장'을 뜻하는 말로 우도의 특산품 땅콩 아이스크림과 제주 당근 케이크가 맛있는 집이다. 이 집 맛의 비법은 직접 땅콩을 재배하여 기계가 아닌 손으로 정성껏 로스팅한 것이다. 베이커리류 또한 사장님이 직접 만든다. 바로 앞에는 하고수동 해수욕장이 위치해 뷰 또한 예술이다.(p450 B:1)

- 제주시 우도면 우도해안길 816 1,2층
- #땅콩아이스크림 #오션뷰 #당근케이크

밭318
"꽃과 바다를 즐길 수 있는 우도 카페"

유채꽃밭과 오션뷰를 즐길 수 있는 카페이다. 우도에 위치한 카페답게 땅콩 메뉴가 많다. (p451 D:1)

- 제주시 우도면 우도해안길 1144 1층
- #유채꽃 #오션뷰 #우도땅콩라떼

달그리안
"통창 너머로 보이는 검멀레 해변과 커피"

검멀레 해변 앞에 위치한 카페로, 큰 창 너머 한눈에 보이는 바다가 인상적인 곳이다. 우도 땅콩과 여러 견과류들을 섞어 만든 달그리안 라떼가 대표 메뉴이다. 아이스크림에 우도 땅콩 가루와 볶은 땅콩이 올려져 나온다. (p423 E:1)

- 제주시 우도면 우도해안길 1128
- #통창 #바다뷰 #우도카페

훈데르트윈즈
"성산 일출봉과 우도 바다가 눈앞에 "

미술관을 연상하게 하는 세련된 매장이 인상적인 곳. 공간이 크고 널찍해서 여유롭다. 좌석이 다양하며 제주도 관련한 디저트류가 다양하다. 도넛 맛집이라 도넛류는 빠르게 품절된다. 무인 소품숍이 있어 기념품을 구매할 수 있고 구경하기도 좋다.(p423 E:1)

- 제주시 우도면 우도해안길 32-2 훈데르트윈즈
- #도넛맛집 #우도카페 #우도수제맥주

우도
인스타 여행지

서빈백사 하얀돌
"하얀 돌이 깔린 우도 바다"

@statice0503

우도에서 내리자마자 오른쪽으로 가면, 모래가 아닌 하얀돌이 깔려있는 서빈백사가 나온다. 팝콘같은 하얀돌과 함께 이국적인 사진을 남겨보자.(p423 E:1)

■ 제주시 우도면 연평리 2565-1■ #서빈백사 #하얀돌 #팝콘돌 #반출금지

검멀레 동굴 포토존
"바다가 하늘이 선명히 보이는 동굴"

@hyejiiini

검멀레동굴은 보트를 타고 들어가야 하는데, 동굴 안에서 밖을 배경으로 찍으면 동굴과 사람은 검은 실루엣으로, 바다와 하늘은 쨍한 파란색으로 나와 예쁜 사진을 얻을 수 있다.(p451 E:1)

■ 제주시 우도면 조일리
■ #검멀레동굴 #동굴샷 #포토존

우도망루등대
"소원을 빌며 쌓은 봉수대 돌탑"

@_luv.yun_i

우도의 까만 돌로 쌓은 봉수대 옆 하얀 망루등대 앞에서 사진을 찍어 보자. 우도의 귀여운 교통수단인 스쿠터를 타고 우도를 여행한다면 스쿠터와 함께 등대 앞에서 사진을 찍으면 귀여운 사진을 찍을 수 있다. 우도에는 등대다 3개가 있지만 그중 망루 등대가 인기 있는 포토스팟이다. 이곳은 조선시대 군사 통신시설이었다.(p450 A:2)

■ 제주시 우도면 연평리 우도봉수대
■ #우도#망루등대#등대샷

훈데르트바서파크 이국적인 건물
"북유럽 감성 이색 건물"

@rhee.__hanna

오스트리아의 대표 화가이자 건축가 훈데르트바서의 시그니쳐인 양파 돔 그리고 곡선의 타일 건물을 떠오르게 만드는 이색적

인 건물 앞에서 사진을 찍어보자. 이국적인
건물이 마치 오스트리아의 어느 거리를 여
행하는듯한 사진을 찍을 수 있다. 파크 내에
있는 건물은 모두 훈데르트바서의 건축물
과 똑 닮아있고 똑같은 기둥이 하나 없이 개
성 있다. 파크 내 전시관에서 훈데르트바서
의 작품도 감상하고 이국적인 건물들과 인
생 샷도 남겨보자.(p451 E:1)

■ 제주시 우도면 우도해안길 32-12
■ #훈데르트바서파크 #이국적인 건물#아
벤스베르크

우도정원 야자수
"야자나무의 이국적인 풍경"

@wndusl23

야자수 나무에 둘러싸여 사진을 찍을 수 있
는 우도 정원의 야자 숲에서 사진을 찍어보
자. 우도 정원에는 넓은 야자수 군락이 있
다. 입구에서 조금만 걸어 들어가면 열대 밀
림에 들어가 있는 듯한 배경의 사진을 찍을
수 있다. 야자나무 사이에 서서 야자나무 잎
이 화면에 꽉 차게 찍는 방법과 야자나무가
일직선으로 심겨 있는 길을 찾아 그 가운데
에 서서 사진을 찍는 방법이 있다. 야자나무
앞에는 드넓은 핑크 뮬리 밭도 있다.(p451
D:2)

■ 제주시 우도면 천진길 105
■ #우도정원 #야자수# 열대밀림

15

구좌음

#송당무끈모루

@mingpeep

#비자림

@stellamo

@yum

#청굴물

#오저여

@majumaju_young

#앙뚜아네트용담점

@yun__chichi
@haniszwhale

#종당리 #고망난돌

465

#카페글렌코샤

#종달리수국길

@j.young_e2
@jyym__

@seryeong

#메이즈랜드 #장미

#비밀의숲 #안돌오름

#다랑쉬오름 #갯무꽃

#다랑쉬오름 #월랑봉

#아끈다랑쉬오름

#모알보알

리

로봇스퀘어

평대리 해수욕장

구좌 용문사
앞 해변 별방진

세화 해변

평대리 제주 해녀
박물관

해녀항일
운동기념탑

토끼섬
문주란 자생지

하도리

제주 하도리
철새도래지 하도해수욕장

종달리 수국길
종달리 전망대

지미봉

I자림

세화리 종달리 종달리 해변

상도리

다랑쉬오름   종달리 해안도로

아끈다랑쉬

아끈다랑쉬 윤드리오름
오름 억새

용눈이오름

손자봉 용눈이오름 억새

성산읍

구좌읍 주요지역

제주바다체험장
실내체험장으로 낚시,고기잡기등
체험을 즐길 수 있다. 아이들과 가기 좋은 곳

김녕 금속공예 벽화마을
그림이 아닌
금속공예작품을 설치

김녕 해안도로

함덕해수욕장
서우봉에서 바라보는 함덕 해수욕장의 경치는 제주
으뜸, 낮은 수심, 맑고 투명한 물 가족단위 여행자들이
즐기기 좋음, 카약을 빌려 카약 체험을 해볼 수 있다.

서우봉해변 해바라기
해바라기의 함께
감성사진[7,8월]

문개항아리
(문어라면)
무거버거
(수제버거)

마피스
정주항 (수제버거)

방사탑
카페베라나
흑돈오겹 함덕점
라라네 커피
함덕 돌핀레저

서우봉

**함덕해수욕장 서우봉
둘레길 겹꽃꽃**

카페 델로드

서우봉 둘레길

북촌포구
아라파파북촌
(조각케익 곁들어)
아메리카노 한 잔)

동복뚝배기
(은갈치조림)

공막식당
(회국수)
해녀촌 공백
(동복선셋티)

시호로(독채)
김녕항

동복스테이
(독채)

동선이네(독채)

휴운(독채)

김녕 요트투어

김녕
요트투어

김녕 서포구

쌩쌩매발톱
(킥보드,바이크)

금륭사

청굴물
물때에 따라 용천수가 나오는
우물이 잠겼다가 나왔다 한다.

연북정
(전망 좋은 정자)
천진항

섬집오후 바당커
(독채)

하루앤하루
(독채)

평화통일
불사리탑

바모스애견펜션
(독채)

함덕골목(사골해장국)

무거버거
서우봉 둘레길

제주안일명기관
(독채)

조천 안세동산
(독채)

조천비석거리
(독채)
백린정
백반정식,찹쌀쑥이 와플

평화통일
갈치 구이)

제제덕
(게스트하우스)

함덕 돌핀레저

김밥
다니쉬
(브리오슈)

함덕리 준하네(독채)

제주순풍해장국 함덕점
(순풍해장국,육내탕)

굴짓카페

오드랑 베이커리
(마농바게트)

북촌

돌하르방공원
곶자왈 숲 속,
각양각색의 돌하르방

조천읍

서우봉 유채꽃
유채꽃 사진 명소[3,4월]

카페 북촌에가면 장미

돌하르방미술관
숲속에 있는 다양한 돌하르방과 사진찍기 좋은 곳

크라운 CC

아난티클럽제주

선흘 동백동산
(동백나무 10어만
그루가 숲을 이룸)

만장
유네스코 세계자연
땅이 쏙 들어갈걸? 겉운
세계 최장길이 자연

김녕해수욕장
제주 동쪽에 붐비지 않는 아담한 해변
그렇지만 갖출 건 다 갖춘 해수욕장

제주흙흠(2인독채)

제주한연
(제주전통흑돼지고기국수)
제주보말비빔국수

카페 더 콘테나(감귤
콘테이너 모양의
이색 감귤 카페)

스테이 대돌(독채)

카페 동백(티라미수 맛집)
카페 세브(핸드드립 커피,제주 보리맥)

선흘곶자왈
(제주도 국가지질공원)

선흘감리교회 샤스타데이지

선흘곶
(쌈밥정식)

비케이브
(비케이브라떼,비케이브요거트)

카페 비케이브 촛불맨드라미

카페 비케이브 백일홍

조천 스위스마을
(알록달록 사진찍기
좋은 곳)

제주소주 코스모스

카페 선물
(아점으로 딱 좋은
선물 브런치 세트)

이공팔오(통 유리창 안으로
들어오는 채광 멋진 카페)

제주라프
다이나믹한 짚와이어/짚라인

한울랜드

대흘리 메밀밭
가을이 기다려
진다[10,11월]

트라인커피(유명
바리스타가 내려주는
핸드드립 커피)

5L2F
(크림크레마,153커피)

제주 레포츠랜드
카트체험, 시간제 탑승

제주 김경숙
해바라기 농장
(쌈차,야채비빔밥)

낭뜰에쉼팡

구좌상회
(당근케이크)

오헤로(독채)

갤러리카페 필연
(커다란 백련꽃과
연잎이 통째로 들어간 연꽃차)

선흘방주할머니식당
(검정콩국수,콩요리)

당오름

동굴의다원 다희연
동굴카페, 녹차밭, 짐라인, 카트투어

윗방오름

선흘리 뱅뒤굴

캐릭파크
다양한 국내 캐릭터와 체험

캔디원

수제 캔디 만들기를 체험할 수 있다.예약필수

선녀와 나무꾼 테마공원
어릴적 추억의 장소

사근이오름

거친오름

체오름

밭돌오름

치저스(한치리조)

송당..

서프라이즈 테마파크
(폐자원을 활용한 예술 '정크아트'전시장)

파파빌레
(실내와 야외에서
드론체험)

바농오름

제주돌문화공원
화산섬 제주의 독특한 돌과
그 돌을 이용한 작품들

에코랜드 CC

상춘재
(엉게비빔밥)

포레스트 공룡사파리
오름나그네(보말칼국수)

제주 세계자연유산센터

안돌오름 비밀의숲
삼나무와 편백나무가
빽빽이 들어선 예쁜 숲

안돌오름

안돌오름 백일홍

새미오름

에코랜드 라벤더
아이와 함께 라벤더 감상[7,8월]

탱크야놀자(ATV)
제주오름승마(승마)

거문오름
세계유네스코 자연유산 등재
학술적, 자연유산적 가치가 높은

안돌오름
비밀의숲

제주관광 승마(승마)

거슨새미

에코랜드 테마파크
곶자왈 숲 속을 달리는 미니기차

산굼부리
높이는 불과 28m 그런데 구덩이
깊이는 100m
구덩이(굼부리)가 깊은 특이한 곳

**카페 글렌코
핑크뮬리**
[9,10,11월]

카페 글렌코 샤스타데이지

송당 무껸모루
(인스타스팟)

플라자 CC 제주교래자연휴양림
전국 유일 곶자왈 생태체험 휴양림
야영 및 숙소 부대시설

절물오름

갓전시관

성미가든
(닭고기샤브샤브)

1112번 도로 삼나무 숲길

돌카롱 사려니숲길점
(유채꽃카롱,억새,카롱)

샤이니
숲길

제주 센트럴파크

교래
삼다수마을

전망대

산굼부리 억새
낮은 오름과 억새[10,11,12월]

탐라승마장

카페 글렌코
(스코틀랜드풍 정원)

송당승마장(승마)

제주 스카이워터쇼
(가족과 불만한 장소)
스카이워터쇼

선몰오름

사려니숲길
입구

샤이니숲길
편백나무길

삼다수숲길

말로(정원 산책과 포니 먹이주기
체험할 수 있는 카페)

렛츠런팜제주

블루보틀 제주 카페
(놀라블로트,제주녹차방음)

보롬왓 맨드라미 보롬왓

보롬왓

카페갤러리

월정리해수욕장 주변

배롱개
(성게국수, 고기국수,
비빔국수)

월정리 해녀식당
성게비빔밥,
전복죽, 갈치 요리

포구식당
(해물라면)

대왕해물짬뽕라면
문어, 가리비, 전복, 꽃게,
딱새우가 들어간 명품 해물라면

곱들락
속성 흑돼지 오겹살

월정리
노인회관

월정리에서브런치
치킨버거, 프렌치토스트,
블루레몬에이드

월정리해안도로

월정리해수욕장
에메랄드빛 바다와 수많은 카페
커플 여행자들이 꼭 들렀다 가는 곳!

소곱에
(문어 짬뽕라면)

욜로랄라
게스트하우스

엠츄로 (스페인
국민간식 츄로스)

월정장인의집
(4색 수제만두,
만두전골)

월정리
새마을회관

CU

펠롱펠롱빛나는
(제주기념품)

머문(당근 케이크,
오션뷰)

월정리 해안도로
에메랄드 빛 바닷길이
이어지는 해안 드라이브 코스
도로 주변에 바다 전망 카페들이 모여있다

바바월정
(게스트하우스)

멘도롱돈까스
(흑돼지 돈까스,
카레돈까스)

모래비카페
수준 높은 커피를
선보이는
지중해 감성 카페

월정리
카페거리

야미야미
(옛날통닭)

터닝하우스
(펜션)

카페무늬
(조용히 쉬어갈 수
있는 빈티지 카페)

문스테이
(게스트하우스)

우드스탁
(오션뷰
빈티저카페)

월정타코야
(흑돼지 타코
구아카몰)

오늘도화창
(한라봉 에이드,
당근 케이크)

월정리LOWA
한라몽 라떼, 한라봉차, 당근 케이크,
초코 봉봉이 맛있는 해변 전망 카페

오빠밥쥐
(요망진덮밥,
월정국밥)

바

월정숲
(독채민박)

달나비민박

월정리갈비밥
흑돼지 양념구이와
딱새우가 올라간
푸짐한 덮밥

달자게스트
하우스

3

A

첼로펜션

달다락
펜션

무공간
(민박)

470

B

C

D　　　　　　E　　　　　　F

1

2

제주올레20코스

김녕 서포구에서 시작해 제주 해녀 박물관까지
이어지는 17km, 5시간 거리 올레길. 풍력발전
기와 해안 전망이 아름답다. 101번 버스를 타고
김녕 환승 정류장에서 하차 후 도보 이동.

도민상회
해변 전망 숯불구이
흑돼지 전문점

위글즈
(게스트하우스)

바당지기
(갈치조림,
우럭요리)

월정퀵서프
(서핑)

바다향기
펜션

세븐일레븐

무주애
(닭개장)

스테이솔티
(사진 찍기 좋은
바다전망 카페)

데비스잼
(카페)

월정에비뉴
(풀빌라펜션)

D　　　　　　E　　　　　　F

세화해수욕장 주변

세화포구

세화출장소
(파출소)

CU

와락
게스트하우스

달토끼펜션

세화벨롱장
"예쁜 바닷가에 시끌벅적
벌어지는 플리마켓", 매월 5일,
20일 11시~ 1시 사이 반짝
열린다.(코로나로 휴장중)

세화그때그집
점심특선으로 판매하는 얼큰한
흑돼지 김치찌개가 끝내주는 곳
흑돼지 구이도 추천

세화리사무소

말이
바삭바삭한 튀김과
국물떡볶이

한라산도야지
(제주흑돼지)

다시버시
(고등어조림과
갈치조림)

안녕세화씨(바다전망,
당근케이크)

세화민속오일장
"시장 앞 푸른 바다 감상하며 문어를
끝자리 0일, 5일에 열리는 오일장

재연식당 (제육볶음,
갈치정식)

마음스테이・
게스트하우스

영희네 우럭명가
(해물 전복 뚝배기, 우럭튀김)

서울국수가게
(고기국수,
호박비빔국수)

버거스테이
(수제버거)

제주올레 20코스
김녕 서포구에서 시작해 저
이어지는 17km, 5시간 거
기와 해안 전망이 아름답다
김녕 환승 정류장에서 하차

허벅식당 (통갈치조림과
해물뚝배기, 고등어구이)

모메존흑돼지
(제주흑돼지)

오일장
인근 주차장
전기차충전소

・CU

구좌농협
하나로마트

돈구어
돌판에 구워 먹는 흑돼지

카페라라라
(사진 찍기 좋은 해변 전망 카페,
당근주스 맛집)

GS25

카ㅍ
공ㅈ

청파식당횟집
비리지 않고 고소한
활고등어회 전문점

카페 캐로타
(당근 케이크)

연미정
전복 돌솥밥, 전복죽

구좌읍이주여성
가족지원센터

다래향
(해물짬뽕)

홍성원 (중국집)

세화축산물
판매장

구좌신협

그릉그릉 파스타가게
(흑돼지 파스타)

구좌파출소

세화우채국

세화초등학교

✝ 세화교회

중앙한방탕
(목욕탕)

세븐일레븐

인손
(참치회)

카카오패밀라
(수제초콜릿,
카카오닙스)

✝ 세화교회

에일린
게스트하우스

현흥
가축병원

세화중학교

호자
(돈가스)

SK
주유소

아코제주
(인테리어소품)

・구좌농협

✚ 세화
약국

472

세화해수욕장
파란 바다를 배경, 의자
사진 찍는 그곳! 알지?

카페하도섬 (레드벨벳,
블루레몬에이드),

M스테이펜션

발란디 (펜션)

표선~세화해안도로
표선해수욕장부터 세화읍까지 이어지는
12km 길이의 해안도로. 토끼섬 전망대,
하도리 철새도래지 등을 지난다.

페어리제주
해변 전망 소녀감성 카페

일미도
(도다리회,
도다리정식)

카페한라산
빈티지한 인테리어가 돋보이는
해변 전망 카페, 당근 케이크 맛집

미엘드세화
조용히 쉬어가기 좋은
해변 전망 카페

그리고세화
(게스트하우스)

이디하우스
(게스트하우스)

세화샬레
(펜션)

여래
게스트하우스

세화리움
(게스트하우스)

제주 해녀박물관
제주 해녀의 역사와 삶을
엿볼 수 있는 장소

벼리
게스트하우스

하도바다
펜션

전기차
충전소

낙천주의자들
(민박)

세화1번지
(펜션)

제주해녀
항일운동기념공원

세화리
동항동회관

제주올레 21코스
제주해녀박물관에서 시작해 종달리까지
이어지는 11km, 4시간 거리 올레길. 제주
해녀박물관, 별방진, 토끼섬 등을 지난다.

탱자싸롱
게스트하우스

제주해녀
항일운동
기념탑

맬튼개 갯담
옛 제주 어민들이 멸치를 잡기
위해 쌓아둔 원형 돌담(갯담)

구좌원광
어린이집

CU

렌소이스
게스트하우스

안나앤폴
(게스트하우스)

박물관까지
. 풍력발전
버스를 타고
이동.

구좌 추천 여행지

송당무끈모루
"푸른 들판 위 나무가 만들어주는 프레임"

웨딩스냅 등 전문 사진작가들이 자주 찾는 배경지. 검색을 하면 두 군데가 나오는데 '제주오석심공예명장관' 방면이 정확한 위치이다. 내비를 활용할 경우 '구좌읍 송당리 2089'로 검색하면 좋다. 나무가 만든 자연스러운 프레임이 멋스럽고 뒤로는 푸른 들판이 펼쳐져 있는 근사한 포토존이다. 사진을 찍으려는 사람들이 줄을 서기에 이른 아침에 방문하길 추천한다.(p466 B:2)

■ 제주 구좌읍 송당리 2145 송당무끈모루 정류장
■ #웨딩스냅배경지 #포토존

스누피가든
"어른도 아이도 좋아하는 스누피 테마 가든"

개성 넘치는 피너츠의 캐릭터들과 만날 수 있는 '가든 하우스'는 5개의 테마 홀로 나누어져 있고, '일단 오늘 오후는 쉬자'라는 스누피의 대사를 모티프로 꾸며놓은 야외 가든에는 찰리 브라운의 야구장 등 피너츠에 등장하는 에피소드를 활용해 만든 11개의 구역이 있다. 실내외의 엄청난 규모와 매력적인 구성 탓에 하루 종일 있어도 지루할 틈

이 없다.(p469 C:2)

■ 제주시 구좌읍 금백조로 930
■ #스누피 #찰리브라운 #야외가든

금룡사(제주)
"제주의 자연과 함께하는 휴식, 템플스테이"

휴식형 템플 스테이가 매주 주말 진행되는 사찰이다. 명상, 108배 체험, 스님과의 대화 등의 프로그램이 있다. 올레길 걷기, 해맞이 등 일반 템플스테이와는 다르게 제주도 템플스테이에서만 할 수 있는 힐링, 휴식을 해볼 수 있다.(p468 C:1)

■ 제주시 구좌읍 김녕로 148-11
■ #템플스테이 #힐링 #명상

김녕사굴
"유네스코 세계자연유산, 신비로운 동굴"

김녕사굴은 만장굴과 함께 동시에 유네스코 세계문화유산으로 등재된 곳이다. 우리나라 천연기념물 제 98호이기도 하다. 만장굴과 하나의 동굴이었던 것이 천장이 함몰되며 두개의 동굴로 나뉘었다. 입구는 뱀의 입처럼 크게 벌어져있고, 안으로 들어갈수록 점점 가늘어지는 것이 뱀을 닮아 '사굴'이라 불린다.(p469 C:1)

■ 제주시 구좌읍 김녕리 201-4
■ #유네스코세계자연유산 #사굴

김녕 해안도로(한동리-김녕리)

"파란바다와 하얀 풍차가 자아내는 제주만의 풍경"

제주시 구좌읍 김녕리 해안의 김녕해수욕장에서 한동리까지 이어지는 총 길이가 9.5km의 해안 도로. 해맞이 해안 도로라고도 불리는 이곳을 따라 이어지는 흰색의 발전용 풍차들이 장관을 이룬다. 해안에는 용암이 갑작스럽게 식어가는 과정에서 형성된 사각·오각·육각형의 암석들이 드라이브의 재미를 더한다.(p468 C:1)

- 제주시 구좌읍 김녕리 6146
- #해맞이해안도로 #풍차 #드라이브

김녕금속공예벽화마을

"바닷가 마을 담벼락에 피어난 따뜻한 그림들"

김녕해변부터 성세기 해변까지는 3km 거리의 아름다운 바닷길이 펼쳐져 있다. 실제 주민들이 살고 있는 마을인데, 이 마을의 담벼락에 10인의 예술가들이 감성을 더했다. 버려지는 금속 제품과 제주의 현무암을 이용해 제주 해녀의 일생을 다룬 조형물을 설치한 '다시 방 프로젝트'. 해녀의 일생을 닮은 29점의 작품을 보며 길을 걷다 보면 따뜻한 마음이 차오른다.(p468 B:1)

- 제주시 구좌읍 김녕항3길 18-16
- #제주해녀 #다시방프로젝트 #변화마을

한울랜드

"만져보세요라고 써있는 박물관이 있어"

제주도의 많은 것 세가지 중 '돌'과 '바람'을 마음껏 느낄 수 있는 전시관들이 있는 곳이다. 특히 '만져보세요'라고 써있는 화석박물관과 세계의 각종 연, 대형 연 등 화려한 연들을 볼 수 있는 연전시관이 인기이다. 화석에서 좋은 기운이 나오니 만져보고 느껴보라고 하는 박물관이 인상적이다.(p468 C:2)

- 제주시 구좌읍 동백로 458
- #광물화석박물관 #연박물관 #만질수있는박물관

김녕미로공원

"초록 미로 속 길잃는 즐거움"

만장굴과 김녕사굴 중간에 있다. 방향 감각을 잃게 만드는 미로로 이루어져 있는데, 세계적으로 유명한 미로 디자이너인 애드린 피셔의 설계로 만들어져 개방되었다. 세 개의 구름다리와 전망대가 있어 관광객들이 미로를 한눈에 보며 사진을 찍기 좋다. 지도를 잘 보는 사람이라면 5분 만에 나갈 수도 있지만 50분이 넘도록 못 나가는 경우도 많을 정도로 흥미로운 공간이다.(p469 C:1)

- 제주시 구좌읍 만장굴길 122
- #미로 #애드린피셔 #전망대

만장굴[UNESCO 세계자연유산]

"박쥐 최대 서식지, 아름답고 넓은 동굴"

유네스코 세계자연유산으로 유명한 만장굴은 700만년의 역사를 가지고 있다. 제주도 말로 '아주 깊다'는 뜻답게 총 길이가 13,422m에 이를 정도로 큰 규모를 자랑한다. 우리나라 대표종인 제주관박쥐와 긴가락박쥐가 수천 마리씩 모여 겨울잠을 자는 박쥐 최대 서식지이기도 하다.(p468 C:1)

- 제주시 구좌읍 만장굴길 182
- #유네스코세계자연유산 #박쥐 #최대서식지

메이즈랜드

"세계 최대의 돌로 만든 미로"

메이즈랜드는 세계에서 가장 규모가 큰 석재 미로테마파크다. 미로, 정원, 워킹, 박물관, 먹거리 체험까지 다양하게 즐길 수 있다. 애완동물의 입장은 불가하며 유모차나 휠체어 등은 무료로 대여가 가능하다. 월별로 마감시간이 조금씩 달라지니 방문 전 확인이 필요하다.(p469 D:2)

- 제주시 구좌읍 비자림로 2134-47
- #미로공원 #바람물여자 #삼다도

비자림
"네가 받았던 그동안의 상처, 이곳에서 마법처럼 치유해봐"

500~800년 된 비자나무 2,500여 그루가 있는 곳. 천년을 버텨온 원시림 그리고 피톤치드로 가득한 산림욕을 즐겨보자. 항균 효과가 뛰어난 비자 열매로 여행하며 몸까지 건강해지는 효과를 누릴 수 있다. 피톤치드는 피부 자극이 낮은 방향성 천연 무독성 물질로, 살균 효과도 탁월하며 스트레스 감소, 중추신경계 흥분 완화, 혈압 저하 효과도 갖고 있다.(p469 D:2)

- 제주시 구좌읍 비자숲길 55
- #비자나무 #고목 #피톤치드

세화 해변
"파란 바다를 배경으로 의자에 앉아 사진 찍는 그곳! 알지?"

구좌읍 세화리에 있는 폭 30~40m의 해수욕장. 해안 도로를 따라 카페들이 있으며 바다를 배경의 의자에 앉아 사진 촬영하는 사람들이 많다.(p469 E:1)

- 제주시 구좌읍 세화리 1477-1
- #해수욕장 #카페거리

아끈다랑쉬
"오르기 쉬워, 억새가 예쁜 작은 오름"

아끈다랑쉬는 다랑쉬 오름에 딸려있는 작은 오름으로 높이가 58미터로 낮은 편이다. 동네 뒷산을 오르는 기분으로 가볍게 다녀올 수 있다. 억새풍경으로 특히 유명하다. 주변에 용눈이 오름, 다랑쉬 오름이 있어 오름여행 코스로 다녀와보는 것을 추천한다.(p469 D:2)

- 제주시 구좌읍 세화리 2593
- #작은오름 #억새 #오름여행

다랑쉬오름(월랑봉)
"깊게 파인 분화구 풍경에서 보는 일출과 일몰"

'오름의 여왕'이라 할 만큼 우아한 산세를 자랑하는 다랑쉬 오름. 원뿔 모양으로 깊게 파여있으며, 안에는 잡초가 수북히 자라있는 분화구는 한라산 백록담과 비슷한 정도의 깊이다. '다랑쉬'는 '달이 뜨는 곳'이라는 제주말로, 오름에 올라 바라본 달 모양이 동글동글 탐스러워 붙은 이름이다.(p469 D:2)

- 제주시 구좌읍 세화리 산6
- #오름의여왕 #월랑봉

거슨세미 오름
"평탄한 삼나무 숲길을 걸어보자"

거슨세미는 한라산을 거슬러흐르는 샘이 있다는 뜻을 가졌다. 북쪽의 안돌오름, 남쪽의 민오름까지 연결되어 있다. 오름을 오르는 길은 비교적 평이한 길이라 아이들과 함께 오르기에도 좋은 편이다. 오름에 오르면 비자림 산림욕장이 펼쳐지는데, 풍경과 맑은 공기가 사려니 숲길보다 더 좋다는 평들도 많다. 아직 유명세를 아주 많이 타지 않아, 사려니 숲길보다는 인적도 적은 편이다.(p466 B:2)

- 제주시 구좌읍 송당리 산145
- #비자나무 #산림욕

아부오름
"낮아서 편안히 오르기 좋은 오름"

점잖게 앉아있는 아버지 모습같다하여 아부오름이라 불린다. 다른 오름들에 비해 높지 않고 분화의 깊이가 넓은 것이 특징이다. 웨딩 촬영지로도, 어린아이들 또는 할머니 할아버지와 함께 하는 가족여행지로도 좋다.(p466 B:2)

- 제주시 구좌읍 송당리 산164-1
- #웨딩스냅 #가족여행지

송당본향당
"간절한 소원들이 나뭇가지에 주렁주렁"

마을 사람들과 마을 땅을 지켜주는 송당 본향신과 그 자손들을 모시고 있는 제주 전통 신당이다. 소원들이 묶여있는 나무사잇길로 산책을 즐길 수 있다. 제주시가 선정한 제주 숨은 비경 31에 꼽혔다.(p466 B:2)

- 제주시 구좌읍 송당리 산199-1
- #숨은비경 #제사

당오름
"해송숲 사이 제주 전통 신당"

당오름은 전체적으로 나직하고 비교적 완만한 사면을 이루는 오름이다. 당오름 북서쪽에 있는 냇가에 제주 전통 신당 건물이 있고, 신당 앞으로는 삼나무와 해송으로 이루어진 울창한 숲이 있다.(p466 B:2)

- 제주시 구좌읍 송당리 산199-1
- #무속신앙 #삼나무 #해송

높은오름
"예술적 전망의 패러글라이딩 명소"

높은 오름은 높이 400m로 이름 그대로 주변 오름들 중에 가장 높다. 주변 경관이 아름다워 패러글라이딩 명소로도 유명하다. 정상에서 다랑쉬오름, 거미오름, 백약이오름 등 주변 오름들이 만들어내는 예술적인 전망을 감상할 수 있다.(p466 B:2)

- 제주시 구좌읍 송당리 산213-1
- #패러글라이딩 #봉우리

문석이오름
"아이들과 함께 올라도 수월한 오름"

높은 오름과 거미 오름 사이에 가로누워 있는 오름으로, 오름이 높지 않고 경사가 완만해서 정상까지 10분이면 오를 수 있다. 주변 오름들과 함께 오르기도 좋다. 정상 역시 평평하여 아이들과 동반하기에도 수월한 오름이다. 오름 동쪽에 있는 미나리 못에는 아무리 심한 가뭄에도 절대 물이 마르지 않았다는 전설이 있다.(p466 C:2)

- 제주시 구좌읍 송당리 산234
- #평지오름 #가족여행 #미나리못

밧돌오름
"야생화 가득피는 비밀의 화원"

돌이 많은 오름이라고 해서 밧돌오름이라 한다. 안돌오름과 밧돌오름이 한 세트로 형제 오름 이라고도 한다. 이 두 오름은 철쭉과 야생화가 많이 피는데, 비밀의 화원으로 불리기도 한다. 송당리 사무소에서 출발해 안돌오름과 밧돌오름을 거쳐오는 9.8km의 코스가(3시간 내외) 인기다.(p466 B:2)

- 제주시 구좌읍 송당리 산66-1
- #형제오름 #비밀의화원 #트레일코스

안돌오름
"운이 좋다면 정상에서 한라산을 볼 수 있을지도"

밧돌오름과 나란히 있는 안돌오름은 말 그대로 안쪽에 있어서 안돌오름이라 부른다. 매끈한 생김새 때문인지 간단히 올라갈 수 있을 것처럼 보이지만 경사도가 의외로 높다. 정상에 서면 삼나무 길과 근처 오름의 능선이 한 폭의 수채화 같다. 날씨가 좋을 경우 한라산도 볼 수 있다.(p466 B:2)

- 제주시 구좌읍 송당리 산66-1
- #오름능선 #경사높음

구좌풍력발전기
"이국적 하얀 풍력발전기 풍경"

제주도에서 가장 바람이 많고 세기로 유명한 행원리. 월정리와는 S자로 맞물려 있는

마을이다. 행원리 마을에 조성된 풍력발전 단지는 우리나라에서 최초로 조성된 친환경 풍력발전단지로, 주변 농업지구에 전기를 보급하고 있다. 현장학습 체험지로도 각광받고 있기도. 에메랄드빛 바다와 이국적인 풍력발전기의 풍경이 해안 도로를 따라 이어져 있어 분위기 좋은 카페에서 이를 구경하는 것도 큰 재미.(p466 B:1)

- 제주시 구좌읍 월정리 1400-48
- #해안도로 #무공해에너지 #현장학습체험지

제주 용천동굴
"세상에서 가장 아름다운 용암동굴"
유네스코 세계 자연유산으로 등재된 용천동굴은 '세상에서 가장 아름다운 용암동굴'이라 말하곤 한다. 특히 동굴 끝부분에는 길이 800m의 맑고 잔잔한 '천년의 호수'가 있어 신비롭다. 또한 토기 편이 대량 발견되고 있어 고고학적 가치 또한 매우 높은데, 세계적으로 유례없는 희귀한 동굴인 까닭에 훼손 가능성이 커서 일반인들에게는 공개되지 않고 있다.(p466 B:1)

- 제주시 구좌읍 월정리 1837-2
- #유네스코세계자연유산 #천년의호수 #미공개

월정리 해수욕장
"에메랄드빛 바다와 일몰이 아름다워"

에메랄드빛 바다와 해 질 녘의 일몰이 아름다운 곳. 이국적인 해안 카페거리도 꼭 들러보자.(p466 B:1)

- 제주시 구좌읍 월정리 33-3
- #바다전망 #카페거리

월정리카페거리
"오션뷰를 즐길 수 있는 카페들"

'달이 머무는 동네'라는 뜻을 지닌 월정리는 해변이 아름답기로 유명한 곳이다. 아름다운 해변을 바라보며 커피를 즐길 수 있는 예쁘고 개성 넘치는 카페들이 모여있는 이곳은 여행객들의 발길이 끊이지 않는다. 편안하게 앉아 오션뷰를 누릴 수 있는 카페들이 해안도로를 따라 모여있다.(p466 C:1)

- 제주시 구좌읍 월정리 652-4
- #해변 #카페 #오션뷰

제주 하도리 철새도래지
"제주의 철새 특별보호구역"

월동하러 가는 철새들의 은신처. 강 둑 너머 바닷가에서 매년마다 30종류의 철새 3~5천여 마리가 이 곳을 찾아온다. 천연기념물로 지정된 저어새를 포함해 고니, 매, 오리, 물떼새, 도요새, 기러기, 논병아리 등 다양한 철새들을 만나볼 수 있다. 이 곳은 제주도 학생들과 일반인들이 철새를 탐사할 수 있도록 특별보호구역으로 지정되어있다.(p467 E:1)

- 제주시 구좌읍 종달리 53-25
- #월동 #철새 #천연기념물

종달리 해변
"주차하고 그냥 걸어봐 느낌적인 느낌이 있는 해변"

올레길 21코스에 해당하는, 우도와 성산 일출봉 해안 절경이 보이는 곳이다.(p467 E:2)

- 제주시 구좌읍 종달리 565-72
- #올레길 #성산일출봉

종달리 해안도로
"종달항에서 세화포구까지 이어지는 환상적 풍경"

종달항부터 벨로장으로 유명한 세화포구까지 약 10km가량 이어지는 해안도로이다. 해안도로를 따라가면 우도, 성산일출봉 등 유명한 여행지 뿐 아니라, 철새도래지 용목개와당, 하도해수욕장까지 환상적이고 아름다운 풍경이 차례로 펼쳐진다.(p467 E:2)

- 제주시 구좌읍 종달리 630-1
- #풍경 #벨롱장 #세화포구

지미봉
"우도와 성산일출봉을 한눈에"
제주도 동쪽 땅끝에 해발 165.8m의 봉우리를 말한다. 정상에는 조선시대 봉수대 흔적이 있다. 정상에서는 우도와 성산일출봉까지 바라볼 수 있다. 철새들의 보호구역으로 지정되어 있고 도요새와 희귀 조류도 많이 관찰된다. 매년 1월 1일 해돋이 행사가 열리는 곳이기도 하다.(p467 E:1)

- 제주시 구좌읍 종달리 산3-1
- #봉수대 #뷰맛집 #해돋이

용눈이오름
"오름에서의 멋진 일몰을 보고자 한다면 이곳으로!"

용눈이오름 정상에서 서면 성산 일출봉을 볼 수 있다. 이 정상에서 보는 일몰 풍경으로도 유명한데, 경사가 비교적 완만하여 30분 정도 편안한 산책길을 걷듯이 오를 수 있다. 잔디와 들꽃이 넓게 펼쳐져 있는 아름다운 풍경을 즐겨보자.(p467 D:2)

- 제주시 구좌읍 종달리 산28
- #성산일출봉 #전망

동거문오름
"바다와 우도, 성산일출봉 감상 포인트"

모양새가 독특하여 쌍봉 낙타를 닮았다고도 하고, 다리를 쭉 뻗은 거미 같다고도 한다. 정상에서 우도, 성산일출봉, 백악이오름, 다랑쉬

오름을 감상할 수 있다.(p469 D:2)

- 제주시 구좌읍 종달리 산70
- #낙타모양오름 #절경

성불오름
"넓은 푸른초원과 말들"

주변 오름들과 넓은 마목장 경치를 함께 감상할 수 있는 오름이다. 삼나무, 편백나무가 우거져있어 산림욕을 즐기면서 오를 수 있다.(p468 C:3)

- 제주시 구좌읍 중산간동로 2532
- #마목장 #삼나무 #편백나무

평대리 해수욕장
"평대리 마을 궁금하지 않아?"

아기자기한 평대리 마을에 있는, 산책하기 좋은 해변. 그리 크지 않은 아담한 해안가이지만 카페들이 많다.(p467 D:1)

- 제주시 구좌읍 평대리 1994-20
- #해수욕장 #산책 #가족

구좌 용문사앞 해변
"지나가다 잠깐 사진 한 장?"

세화 해변을 멀리서 감상할 수 있는 해변으로 지나가다 들릴 만하다.(p467 D:1)

- 제주시 구좌읍 하도리 3140-3
- #세화해변 #용문사앞

별방진
"노을을 보며 한적하게 산책할 수 있어"

조선 중종때 제주목사 장림이 설치한 오늘날의 군부대 같은 기관이다. 왜구에 쌓아두었던 성벽의 흔적이 남아있다. 성벽에 오르면 성벽 바깥쪽으로는 제주도 푸른 바다가 보이고, 안쪽으로는 봄철 유채꽃이 만발하는 꽃밭을 볼 수 있다. 긴 성벽을 따라 산책하듯 거닐어볼 수 있는 조용한 여행지이다.(p467 E:1)

- 제주시 구좌읍 하도리 3354
- #진 #노을맛집 #사색

하도해수욕장
"아이들과 해수욕하기 좋은 곳"

하도해수욕장은 파도가 높이 일지 않고 수심이 얕은 것이 특징이다. 물도 깨끗하고 전망도 좋아 아이들과의 물놀이는 물론, 서핑, 카약 등 다양한 해양스포츠를 즐기기 위한 사람들에게 인기이다. 그중 산호초와 물고기를 볼 수 있는 스노클링이 인기.(p467 E:1)

■ 제주시 구좌읍 하도리 46-2
■ #얕은해수욕장 #해양레저 #웨딩촬영지

토끼섬 문주란 자생지
"문주란 자생지로는 국내 유일"

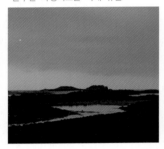

문주란은 7~9월 한여름 수선화를 닮은 하얀 꽃을 피우는, 우리나라의 토종 야생화이다. 연평균 기온이 높은 해안가 모래땅에서 자라는데 우리나라에서는 하도리 해안에서 100미터쯤 떨어진 이 토끼섬에서만 유일하게 자생중이다. 물이 빠지는 간조때에는 걸어서 토끼섬으로 건너갈 수 있다.(p467 E:1)

■ 제주시 구좌읍 하도리 산85
■ #천연기념물 #토끼섬 #문주란

제주 해녀박물관
"유네스코 인류무형문화유산 제주도 해녀!"

제주해녀는 유네스코 인류무형문화유산으로 등재되어 있다. 이러한 소중한 유산을 잘

보전하기위해 박물관을 만들었고, 박물관에는 '해녀의 삶', '해녀의 일터', '해녀의 생애'로 구분되어 운영되고 있다. 제주의 이해를 돕는데 매우 유익한 곳으로 세화해변과 가까워 여행 동선에 포함하기 좋다.(p467 D:1)

■ 제주시 구좌읍 해녀박물관길 26
■ #유네스코인류무형문화유산

제주해녀항일운동기념탑
"국내 최대 여성 항일운동! 제주 해녀의 힘"

제주해녀들의 항일 운동은 국내 최대의 여성 항일운동으로 평가받는 운동이다. 해녀들의 항일 투쟁정신을 기리기 위해 기념탑과 해녀상을 건립한 것. 기념탑이 세워진 자리는 항일 투쟁시 해녀들이 2차 집결했던 장소이다.(p467 D:1)

■ 제주시 구좌읍 해녀박물관길 26
■ #항일운동 #해녀 #애향정신

로봇스퀘어&카페그디글라
"로봇 박사 꿈나무들 여기 모여라"

로봇에 직접 탑승해보거나 로봇 조립, 로봇 조종, 로봇 공연 등 다양한 체험을 할 수 있는 곳이다. 아이들에게는 로봇 탑승체험이 단연 인기높다.(p469 D:1)

■ 제주시 구좌읍 해맞이해안로 1032
■ #로봇공연 #로봇조립 #상상력

둔지오름
"말굽모양 독특한 오름"

해발 282미터의 말굽 모양의 오름으로 능

선 안쪽에는 무덤이 많이 있다. 무덤이 많이 있는 이유는 이곳이 명당으로 소문났기 때문. 이 오름에는 소나무와 삼나무가 군락을 이루고 있고, 둘레길에 탁트인 풍경이 매력적인 곳이다. (p469 D:1)

■ 제주시 구좌읍 한동리 산40
■ #말굽형오름 #명당 #둘레길

종달리 전망대
"일출봉을 볼 수 있는 동쪽 끝 바다 전망대"

제주도 동쪽 끝, 종달리 해안에 위치한 전망대는 성산일출봉, 토끼섬, 우도까지 한눈에 볼 수 있는 명소이다. 계단으로 올라갈 수 있게 되어 있어서 몇분만에 올라갈 수 있다. 앞쪽으로 주차장도 있어서 접근성도 좋고, 주변 해변을 따라 산책하기에도 매우 좋다.(p467 F:1)

■ 제주시 구좌읍 해맞이해안로 1032
■ #자연명소 #산책로 #바다감상

김녕 해수욕장
"조용한 곳을 좋아하는 사람만 모여!"

작은 백사장과 기암절벽이 어우러진 해변에 갓돔, 노래미돔을 잡기위해 갯바위 낚시를 하는 이들이 많다. 조용하고 아담한 해변이어도 각종 해수욕 시설들은 모두 보유하고

있다.(p466 B:1)

- ■ 제주시 구좌읍 해맞이해안로 9
- ■ #기암괴석 #해수욕장 #낚시

구좌 방파제
"저 멀리 월정리 해안이 멋지게 보여!"

구좌 방파제에서 바라보는 월정리 해안은 매우 이색적으로 보인다. 해안의 경치가 지나가다 한 번쯤을 멈추게 만든다. 올레길 20코스에 있으며, 지나가다 꼭 들러볼만한 곳이다.(p466 C:1)

- ■ 제주시 구좌읍 행원리 583-1
- ■ #올레길20코스 #바다전망

코난해변
"수심이 얕은 에메랄드빛 바다"

스노클링으로 유명한 작은 해변이다. 물살이 세지 않아서 아이들이 물놀이 하기 좋다. 별도의 화장실과 샤워장이 없다. 돌이 많아서 물놀이용 신발을 신고 가는 것이 좋다.(p469 D:1)

- ■ 제주시 구좌읍 행원리 575-6
- ■ #작은해변 #스노클링 #에메랄드빛바다

청굴물
"치료 효과가 입소문 난 용천수, 청굴물"

용암대지 하부에서 지하수가 솟아나는 곳이다. 김녕 해안 쪽에 여러 곳의 용천수가 있긴 하지만, 특이 이곳 청굴물은 수온이 차고 병에 치료 효과가 있다고 입소문나면서 많은 사람들이 찾고 있다. 물이 가득 차면 수영을 할 수도 있다. 썰물에 맞추면 예쁜 석조물을 볼 수 있다.(p468 C:1)

- ■ 제주시 구좌읍 김녕리 1296
- ■ #제주지질 #제주스러움 #제주명소

제주바다체험장
"손과 입이 즐거운 바다 체험장"

실내 바다 체험장으로 낚시를 직접 체험해 볼 수 있다. 비나 눈이 올 때 아이들과 가기 좋은 곳이다. 네이버 예약 시 할인 가능하며 직접 잡은 해산물을 즉석에서 먹을 수도 있다.(p468 B:1)

- ■ 제주시 구좌읍 동복리 608-3
- ■ #바다체험장 #비오는날가기좋음 #아이와가기좋은곳

해녀의부엌
"오직 제주에서만 경험할 수 있는 해녀 다이닝"

제주를 대표하는 해녀의 삶이 녹아있는 공연과 함께 식사도 즐길 수 있는 복합 문화 공간이다. 해녀가 직접 잡은 해산물로 요리한 음식도 맛볼 수 있다.(p423 E:1)

- ■ 제주시 구좌읍 해맞이해안로 2265
- ■ #해녀공연 #공연과음식 #제주느낌

구좌
꽃/계절 여행지

다랑쉬오름 철쭉
"철쭉 동산의 다랑쉬오름"

@lshoho30

봄의 다랑쉬오름은 철쭉동산이라고 해도 과언이 아닐 만큼 대표적인 철쭉 군락지이다. 주로 4월 말~ 5월 초쯤에 오름을 오르는 계단 코스에 많이 분포해 있다.(p469 D:2)

- 제주시 구좌읍 세화리 2684-1
- #4,5월 #철쭉동산 #철쭉군락 #오름

종달리 수국길
"창밖으로 보이는 수국길"

@seryeong_h

6~7월이 되면 종달리 크리스마스 리조트부터 소금바치 순이네 식당까지 이어지는 1.7km 도로에 새하얀 수국 무리가 소담스럽게 피어난다. 종달리 해안도로와 함께 수국 경치를 즐길 수 있으니 차를 렌트했다면 꼭 방문해보자. 차량이동 시 일주동로 종달 1교에서 소금바치 순이네 식당까지 이동.(p467 E:1)

- 제주시 구좌읍 종달리 10
- #5,6,7월 #크리스마스리조트 #소금바치순이네 #해안도로 #드라이브

아끈다랑쉬오름 억새
"억새군락의 끝판왕"

@newday_y_

매해 가을이 되면 아끈당쉬오름 전체에 억새꽃 군락이 펼쳐진다. 아끈당쉬오름은 다랑쉬오름 옆에 있는 작은 오름으로, 정상에 오르면 마치 은빛 물결이 출렁이는듯한 아름다운 경치가 내려다보인다. 제주시외버스터미널에서 110-1번 버스를 타고 송당리 정류장 하차, 송당리 정류장에서 260번 혹은 711-1번 버스로 환승하고 비자림 정류장에서 하차, 비자림까지 약 1시간 도보 이동.(p467 D:2)

- 제주시 구좌읍 세화리 2593
- #9,10,11,12월 #은빛물결 #버스이동가능

용눈이오름 억새
"아름다운 오름과 억새"

274.8m 자그마한 산정도 되는 높이의 기생화산. 가을철 오름을 수놓은 은색 억새 풍경으로 유명하다. 제주시외버스터미널 앞 정류장에서 110-1번 버스를 타고 대천 환승 정류장 하차, 1번 버스로 환승해서 용눈이오름 정류장 하차.오름 정상까지는 도보로 약 1시간 30분 정도 걸린다.(p467 D:2)

- 제주시 구좌읍 종달리 산28
- #10,11월 #기생화산 #은빛물결

카페 글렌코 핑크뮬리
"스코틀랜드 가봤어요?"

스코틀랜드풍 대규모 정원을 갖춘 카페 글렌코에서 10월을 전후로 핑크뮬리 군락을 만나볼 수 있다. 핑크뮬리밭 면적이 넓어 인물사진 찍기 딱 좋다. 반려동물도 함께 입장할 수 있다. 하절기 09:00~20:00, 동절기 10:00~20:00 영업.(p468 B:3)

- 제주시 구좌읍 비자림로 1202
- #9,10,11월 #스코틀랜드풍 #정원카페 #사진촬영

제주 송당리 메밀꽃밭
"가을 가을 가을 가을"

백약이오름 가는 길목에 있는 메밀꽃밭으로, 주소는 송당리 산164-4. 송당리 메밀꽃밭 근처에 분화구가 지면보다 낮은 아부오름이 있어서 다녀올 수 있다.(p469 C:3)

- 제주시 구좌읍 송당리 산164-4
- #5,6,9,10월 #백약이오름 #흰꽃밭

안돌오름 백일홍
"안돌오름 비밀의 숲에 핀 백일홍"

7~8월에 방문하면 오름을 오르기 전 삼나무 길과 그 옆으로 흐드러지게 피어난 백일홍을 만날 수 있다. 입구이자 출구에는 민트색 차 포토존이 있다. 안돌오름 숲 내에는 화장실이 없으니 입구에서 이용하는 것을 추천한다. 안돌오름은 사유지이기 때문에 입장료가 발생한다. (p468 C:2)

- 제주시 구좌읍 송당리 산66-2
- #7,8월 #비밀의숲 #안돌오름 #백일홍

카페 글렌코 샤스타데이지
"스코틀랜드 풍의 샤스타데이지 정원 카페"

5~6월이면 카페 글렌코에서 일명 '계란 꽃'이라 불리는 샤스타데이지를 만날 수 있다. 음료 가격에 입장료가 포함되어 있지만 입장료만 별도로 결제 가능하다. (p468 B:3)

- 제주시 구좌읍 비자림로 1202
- #5,6월 #계란꽃 #샤스타데이지

메이즈랜드 장미
"길을 잃어도 좋은 장미 미로"

아주 큰 미로공원을 가진 관광지인데 사계절 내내 다양한 꽃이 피어난다. 꽤 넓어서 2시간 산책코스로 추천한다. 5~6월엔 장미와 튤립이 정원을 가득 메운다. (p469 D:2)

- 제주시 구좌읍 비자림로 2134-47
- #5월 #미로공원 #장미정원 #꽃정원

다랑쉬오름 갯무꽃
"보랏빛 다랑쉬오름"

주차장을 기준으로 왼쪽으로 돌면 갯무꽃밭이 펼쳐진다. 4~5월쯤 방문하면 갯무꽃과 유채꽃이 한데 섞인 황홀한 꽃밭을 확인할 수 있다. 꽃밭과 함께 보이는 다랑쉬오름의 풍경이 감동적이다. 실제 농사를 짓고 있는 밭이기에 무를 밟지 않도록 조심해야 한다.(p469 D:2)

- 제주시 구좌읍 세화리 2684-1
- #4,5월 #갯무꽃 #오름과꽃

구좌 맛집 추천

동복뚝배기 함덕
"갈치조림과 전복 뚝배기"

전복뚝배기와 성게 미역국, 갈치요리가 유명한 곳. 갈치조림, 갈치구이를 중심으로 한 세트 메뉴는 2인부터 주문할 수 있는데, 전복뚝배기와 꽁치 김밥이 포함되어 있다. 연중무휴 09:00~21:00 영업, 20:30 주문 마감.(p468 B:1)

- 제주시 구좌읍 동복로 30-2 1층
- 064-782-7200
- #2인세트메뉴 #고소한맛 #꽁치김밥맛집

곰막식당
"성게국수, 회국수, 회덮밥"

다양한 회국수와 활어회를 판매하는 곰막식당. 그중에서도 매콤달콤한 회국수와 담백한 성게 국수가 인기 있다. 활어회 메뉴는 포장해 먹을 수 있다. 매일 09:00~19:30 영업, 19:30 주문 마감, 매월 첫째 주 화요일 휴무.(p468 B:1)

- 제주시 구좌읍 구좌해안로 64
- 064-727-5111
- #매콤달달회국수 #담백한맛성게국수

산도롱맨도롱 구좌읍종달리점
"홍갈비국수, 백갈비국수"

제주도 생갈비가 통째로 들어가 푸짐하고 든든한 갈비국수 전문점. 진하게 우려낸 사골 육수가 들어가 해장용으로도 제격이다. 매운맛 홍갈비국수, 담백한 맛 백갈비국수 중 선택할 수 있으며 고기국수, 돔베고기나 2~3인 세트 메뉴도 주문할 수 있다.(p423 D:1)

- 제주시 구좌읍 해맞이해안로 2284
- 064-782-5105
- #생갈비국수 #사골육수 #매운맛 #담백한맛

해월정
"보말요리 전문점"

맛있는 녀석들에 나와 더 유명해진 보말 요리 전문점. 2인 커플 세트에는 보말칼국수, 보말죽, 물회가 딸려 나온다. 문어, 성게, 전복이 들어간 특선 보말칼국수도 별미. 물회 재료는 전복, 소라, 홍해삼 중에서 선택할 수 있다. 칼국수와 죽볶음은 2인 이상 주문 가능.(p423 D:1)

- 제주시 구좌읍 해맞이해안로 2340
- 064-782-5664
- #담백한맛 #개운한맛 #보말요리 #커플세트

해녀촌
"계절 횟감에 따라 사계절 다른 맛"

회와 도톰한 국수 면발의 씹는 맛이 좋은 양념 회국수 전문점. 계절에 따라 횟감이 바뀌어 사계절 다른 맛을 즐길 수 있다. 매콤 자박한 양념이 들어가 물회와는 또 다른 매력이 있다. 맑은 국물에 성게알이 푸짐히 들

어간 시원한 성게 국수도 인기.(p468 B:1)

- 제주시 구좌읍 동복로 33
- 064-783-5438
- #매콤달콤 #쫄깃쫄깃 #제철회사용

톰톰카레
"담백한 채식카레 전문점"

채식주의자 이효리씨가 즐겨 찾는다는 채식 카레 맛집. 야채카레, 콩카레, 반반카레 세 가지가 대표 메뉴. 모둠 버섯 카레, 구운 치즈 톳 카레, 시금치 카레와 어린이용 카레도 함께 판매한다. 연중무휴 점심 11:00~14:30, 저녁 17:00~19:30 영업.(p469 E:1)

- 제주시 구좌읍 해맞이해안로 1112
- 070-7799-1535
- #일본식카레 #채식카레 #담백한맛 #매콤한맛

어등포해녀촌
"매콤한 양념이 별미인 우럭튀김"

각종 모둠회를 저렴하게 먹을 수 있는 곳. 우럭 한 마리를 통째로 튀겨 매콤한 양념을 얹은 우럭 튀김 정식과 육지에서는 보기 힘든

부채새우도 꼭 먹고 오자. 포장주문도 할 수 있다. 매일 10:00~21:00 영업, 수요일 휴무.(p469 D:1)

- 제주시 구좌읍 행원로13길 131
- 0507-1395-3700
- #매콤한우럭튀김 #달콤한부채새우 #가성비

멘도롱돈까스
"돈까스와 한라봉 드레싱 샐러드"

제주 흑돼지만 사용하는 월정리 돈까스 맛집. 기본 멘도롱 돈까스와 매콤 돈까스, 눈꽃 치즈 돈까스를 판매한다. 돈까스를 시키면 나오는 당근 스프와 한라봉 드레싱이 들어간 샐러드도 돈까스와 궁합이 좋다. 연중무휴 11:00~18:00 영업.(p469 D:1)

- 제주시 구좌읍 월정7길 58
- 064-783-5592
- #수제돈가스 #당근스프 #한라봉드레싱

종달수다뜰
"정갈한 제주도 향토음식점"

제주 농수산물을 소담하게 담아낸 정갈한 제주 향토음식 전문점. 전복, 성게, 갈치구이 등을 중심으로 전복돌솥밥과 김치, 조림 등 정갈한 밑반찬이 딸려 나온다. 2~4인 세트 메뉴 위주로 판매하지만, 개별 주문할 수도 있다.(p469 F:2)

- 제주시 구좌읍 용눈이오름로 8
- 0507-1385-1259
- #담백한맛 #정갈한한끼 #전복 #갈치

명진전복
"전복돌솥밥, 전복죽, 전복구이"

수요미식회에 나온 전복돌솥밥과 전복구이 전문점. 간간하게 양념 된 밥 위로 올라온 뽀얀 전복이 입맛을 돋운다. 돌솥에 눌어붙은 누룽지도 별미이니 이곳에 방문하기 전에는 배를 비워두자. 고등어 추가 5,000원.(p469 E:1)

- 제주시 구좌읍 해맞이해안로 1282
- 064-782-9944
- #양념밥 #누룽지 #전복요리

떡하니 문어떡볶이
"문어떡볶이, 고기떡볶이"

카페 분위기의 럭셔리한 떡볶이가 전문점. 통문어가 들어간 문어떡볶이와 고기떡볶이가 두 가지 메뉴를 선보인다. 오리지날, 매운맛, 완전매운맛 세 가지 맛을 선택할 수 있고, 라면, 쫄면, 만두, 김말이, 계란 등 다양한 토핑을 추가할 수도 있다. 함께 판매하는 문어 볶음밥도 맛있다. 매일 11:30~18:00 영업, 매주 금요일 휴무.(p469 D:1)

- 제주시 구좌읍 행원로9길 9-5
- 0507-1472-1566
- #중간맛 #매운맛 #완전매운맛 #문어볶음밥

하도핑크
"딱새우리조또, 아보카도매콤파스타"

초가지붕 한옥에서 즐기는 파스타와 리조또. 고소한 딱새우리조또와 할라피뇨를 넣은 아보카도 매콤파스타가 대표 메뉴이다. 한옥 황토 벽과 커다란 유리창, 분위기 있는 조명을 배경으로 인생 사진도 남겨보자. 매일 11:00~15:00, 17:00~19:00 영업, 점심시간 14:00 주문 마감, 매주 금요일 정기휴무, 중학생 이상 입장가능.(p469 E:1)

- 제주시 구좌읍 문주란로1길 43
- 070-8801-5650
- #초가집 #황토벽 #통유리창 #퓨전레스토랑

청파식당횟집
"활고등어회, 활어회"

비리지 않고 고소한 활고등어회 전문점. 고등어회는 김에 양념밥, 양파, 초생강과 고등어를 얹어 전용소스에 찍어먹거나 상추, 깻잎에 싸먹어도 맛있다. 포장주문해도 쌈 채소와 양념밥, 소스가 딸려 나온다. 고등어회뿐만 아니라 양념게장도 인기 있다.(p469 E:1)

- 제주시 구좌읍 세평항로 12
- 064-784-7775
- #활고등어쌈 #전용소스 #양념게장

이스트포레스트
"전복리조또, 누룽지해산물파스타, 스테이크로제"

퓨전 이탈리안 요리를 선보이는 분위기 좋은 다이닝 카페. 큼직한 부챗살 스테이크가 들어간 로제 파스타 스테이크 로제, 전복과 전복 내장 소스가 들어간 전복 리소토, 누룽지 해산물 파스타가 인기. 2층은 카페로 운영한다. 피자와 음료는 테이크아웃 가능.(p469 F:2)

- 제주시 구좌읍 종달로1길 26-1
- 064-784-3789
- #퓨전레스토랑 #이탈리안레스토랑 #씨푸드

만월당
"전복리조또, 성게크림파스타"

@rio_kkabi

리조또와 파스타가 맛있는 분위기 좋은 레스토랑. 전복 내장으로 풍미를 더한 전복 리조또와 해녀가 직접 채취한 성게로 만든 성게크림 파스타가 인기 있다. 연중무휴 11:00~20:00 영업, 19:00 주문 마감.(p469 C:1)

- 제주시 구좌읍 월정1길 56
- 064-784-5911
- #해산물 #전복내장 #성게알 #레스토랑

윤스타 피자앤파스타
"화덕피자, 윤스타사랑해요"

개그맨 윤석주씨가 운영하는 화덕피자 전문점. 토마토와 루꼴라, 달달한 소스가 어우러진 '윤스타사랑해요'가 대표 메뉴다. 겉은 바삭바삭하고 속은 쫄깃쫄깃한 피자 도우가 매력있다. 크림소스 가득한 고소한 빠네 까르보나라도 추천. 매일 11:30~20:00 영업.(p469 F:1)

- 제주시 구좌읍 문주란로1길 74-20
- 070-4105-7986
- #화덕피자 #파스타 #연예인맛집

평대 장인의집
"만두전골"

검정,흰색,분홍,초록 알록달록 만두가 들어간 4색 만두전골 전문점. 제주산 재료로 만든 수제 만두를 한우 사골국물에 넣고 푹 끓여내 보는 맛도 먹는 맛도 좋다. 전골에는 만두 외에도 문어, 전복, 딱새우가 들어있다. 연중무휴 10:00~22:00 영업, 재료 소진 시 마감.
- 제주시 구좌읍 평대2길 29 1층
- 0507-1402-7073
- #4색만두 #사골국물 #담백한맛 #시원한맛

벵디
"돌문어덮밥, 뿔소라톳덮밥"

큼직한 돌문어 다리가 올라간 원조 돌문어 덮밥 전문점. 매콤짭짤한 양념이 되어있는 돌문어를 잘라 돌솥밥과 함께 먹는다. 알록달록한 색감과 오독오독한 식감이 재미있는 뿔소라 톳덮밥도 인기 있다. 문어와 소라, 톳, 돼지고기는 모두 제주산.(p469 D:1)
- 제주시 구좌읍 해맞이해안로 1108
- 064-783-7827
- #매콤짭짤 #양념밥 #씹는맛 #제주해산물

순희밥상
"순희밥상, 은갈치조림, 고등어구이"

소박하고 따뜻한 제주 집밥 한 그릇을 먹을 수 있는 곳. 제주에서 난 농수산물로 정갈하게 차려낸 한 끼 식사가 몸도 마음도 훈훈하게 한다. 자극적이지 않은 식사를 즐긴다면 꼭 찾아가 보자. 매일 11:30~14:30, 17:30~20:00 영업, 일요일 휴무.(p469 F:2)
- 제주시 구좌읍 종달로5길 38
- 064-783-3257
- #정갈한한끼 #담백한맛 #제주농수산물

소금바치 순이네
"돌문어볶음"

불맛 가득 매콤하게 볶아내 밥반찬으로도 술안주로도 좋은 돌문어 볶음 전문점. 쫄깃하고 통통한 돌문어와 소면, 깻잎, 매콤한 양념의 조화가 예술이다. 소면 사리나 공깃밥을 추가해 먹으면 더욱더 푸짐하다. 매일 09:30~21:00 영업, 20:00 주문 마감, 매월 첫째 주 셋째 주 목요일 휴무.(p423 D:1)
- 제주시 구좌읍 해맞이해안로 2196
- 064-784-1230
- #불맛 #매콤 #소면사리 #볶음밥

구좌 월정리 해녀식당
"갈치조림, 전복뚝배기, 성게비빔밥"

해녀가 직접 잡아 온 재료로 만드는 신선한 해산물 요리 전문점. 통은갈치조림, 전복해물뚝배기, 성게비빔밥이 인기 있다. 은갈치조림을 제외한 모든 메뉴는 포장할 수 있다. 야침 8시부터 저녁 9시까지 영업.
- 제주시 구좌읍 해맞이해안로 434
- 0507-1343-6644
- #한끼식사 #제주해산물 #포장판매

숙자네숟가락젓가락
"현지인도 찾아가는 갈치조림 전문점"

대표메뉴로는 갈치조림과 갈치구이가 있다. 갈치조림 주문 시 통갈치구이 한 마리가 서비스된다. 일부 메뉴는 포장할 수 있다.(p469 E:1)
- 제주시 구좌읍 세평항로 45-2
- 0507-1424-1418
- #갈치조림맛집 #갈치구이맛집 #현지인맛집

월정리이춘옥원조고등어쌈밥 김녕구좌점

"정신 차려보면 밥 한 그릇이 뚝딱!"

고등어구이와 고등어 묵은지 찜을 맛볼 수 있다. 정갈한 반찬과 돈가스 메뉴도 있어 아이들과 가기에 좋다.(p469 C:1)

- 제주시 구좌읍 월정중길 19-11 1층
- 0507-1426-8772
- #고등어구이 #고등어찜 #제주맛집

치저스

"예약 필수인 미트볼 인생 맛집"

홀이 좁아서 예약이 치열하다. 대표 메뉴로는 미트볼과 아란치니 그리고 스테이크가 있다. 넷플릭스 <먹보와 털보>에 소개된 맛집이기도 하다. (p468 C:2)

- 제주시 구좌읍 비자림로 1785
- 0507-1378-1504
- #스테이크 #예약필수 #미트볼맛집

월정리갈비밥

"맛과 영양을 모두 잡은 월정리 맛집"

갈비와 갓 지은 고소한 쌀밥을 상추에 한입 싸 먹는 맛이 일품이다. 갈비의 느끼함을 후식 냉면이 맛을 깔끔하게 잡아준다. 사이드 메뉴로 새우를 아낌없이 넣은 멘보샤를 추천한다. 사진 찍기 좋게 상차림이 정갈하다.

- 제주시 구좌읍 월정7길 46
- 0507-1406-0430
- #갈비밥맛집 #월정리맛집 #냉면맛집

말젯문

"제주스러운 한끼"

제주 전통가옥에서 제주산 식재료를 활용한 퓨전 음식을 만드는 곳. 특히 당근크림덮밥은 고소한 크림과 당근, 고기가 매우 조화를 이루는 맛이다. 딱새우장 또한 대표 메뉴이다. 네이버로 예약 가능.(p469 D:1)

- 제주시 구좌읍 계룡길 31
- 0507-1319-0173
- #당근크림덮밥 #딱새우크림알밥 #구좌맛집

팟타이만

"제주에서 맛보는 태국의 맛"

1인 셰프 식당으로 메뉴는 3가지 팟타이, 팟씨유, 카오팟 & 모닝글로리가 있다. 태국스러운 팟타이를 맛볼 수 있다. 미리 전화로 메뉴를 주문하고 가면 기다리는 시간을 줄일 수 있다.(p469 C:1)

- 제주시 구좌읍 월정1길 61 1층
- 064-782-8428
- #팟타이맛집 #태국음식맛집 #월정리맛집

섭섭이네

"흑돼지 퐁당 카레의 매력에 퐁당"

메뉴가 다양해서 가족들과 오기 좋다. 판 메밀, 흑돼지 돈가스, 마제 소바, 돔베 고기, 흑돼지 유자 강정, 멸치국수, 비빔국수가 있으며 대표 메뉴로는 흑돼지 퐁당 카레, 고기국수가 있다. 당근 철에는 당근주스도 맛보길

추천한다.(p469 C:2)

- 제주시 구좌읍 중산간동로 2261
- 0507-1315-6813
- #카레맛집 #고기국수맛집 #마제소바

구좌월정 우럭튀김 민경이네어 등포식당

"바다를 바라보며 먹는 우럭튀김정식"

제주에 왔으니 특별한 메뉴로 우럭정식을 먹어보자. 우럭튀김조림 소스가 맵지 않아 아이들도 먹기 좋다. 물회국수 또한 대표 메뉴이다. 단, 우럭정식은 2인 이상 주문할 수 있다.(p469 D:1)

- 제주시 구좌읍 해맞이해안로 830 민경이네 어등포해녀촌
- 0507-1320-7500
- #우럭튀김정식 #물회국수 #옥돔구이

구좌 카페 추천

공백

"제주 노을을 닮은 동복선셋티"

시그니처 메뉴 동복 선셋 티를 선보이는 공백 카페. 동복 선셋 티는 엘더플라워, 믹스베리, 히비스커스를 넣어 그윽한 향과 신비로운 색감을 자아낸다. 제주 감귤 향 물씬 풍기는 텐저린 라떼와 제주 한라봉 스무디, 제주 리얼 망고 주스도 추천. 매일 10:00~19:00 영업, 19:50 주문 마감.(p468 B:1)

- 제주시 구좌읍 동복로 83
- #시그니처티 #감귤음료 #사진촬영

카페한라산

"한옥 건물에서 맛보는 당근케이크"

옛 가옥을 개조해 만든 고즈넉한 카페. 제주 당근을 갈아 만든 달콤한 당근케이크와 아메리카노, 한라봉 차가 인기상품. 카페 밖으로 펼쳐지는 세화해변 전망이 무척 아름답다. 매일 09:30~21:00 영업.(p469 E:1)

- 제주시 구좌읍 면수1길 48
- #한옥카페 #세화해변전망

카페 글렌코

"스코틀랜드 감성 정원 딸린 카페"

스코틀랜드 글렌코 지방의 초원을 모티브

로 한 정원 딸린 카페. 정원에 핑크뮬리, 수국, 메밀꽃, 유채꽃이 심겨 있어 사진찍기도 좋고 아이들과 함께 쉬어가기도 좋다. 애완동물 동반 가능, 하절기 09:00~20:00, 동절기 10:00~20:00 영업.(p468 B:3)

■ 제주시 구좌읍 비자림로 1202
■ #핑크뮬리 #수국 #메밀꽃

카페 록록
"구좌 해변과 커피 한 잔"

커피 한 잔에 제주 바다를 품고 싶다면 이곳으로. 시그니처 메뉴인 록록크림라떼와 에그타르트를 추천한다. 단, 19세 이상 입장 가능한 노키즈존 카페다.(p469 E:1)

■ 제주시 구좌읍 하도서문길 41
■ #구좌카페 #에그타르트맛집 #노키즈존

송당나무
"유리온실에서 산책할 수 있는 곳"

1,600평 정원과 유리온실이 딸린 농장형 카페. 카페 이용 고객은 송당나무 야외정원을 산책할 수 있고, 카페 안에서 귀여운 고양이들도 만나볼 수 있다. 티라미수를 주문하면 작은 화분을 선물로 제공한다. 매일 10:00~18:00 영업.(p469 C:2)

■ 제주시 구좌읍 송당5길 68-140
■ #농장카페 #당근주스 #티라미수

월정리에서브런치
"월정리 오션뷰 브런치카페"

월정리 앞바다가 바라다보이는 브런치 카페. 제주 한우로 만든 수제버거와 호밀빵, 스크램블 에그, 베이컨이 포함된 아메리칸 스타일 브런치 등을 판매한다. 푸른 바다를 닮은 블루 레몬에이드도 인기상품. 09:00~16:30 영업, 15:30 주문 마감, 재료소진 시 조기마감.(p469 D:1)

■ 제주시 구좌읍 월정3길 53-4
■ #제주한우수제버거 #블루레몬에이드

우연히,그 곳
"고소한 크림 듬뿍 아인슈페너 맛집"

크림 듬뿍 올라간 고소한 맛 아인슈페너로 유명한 감성 카페. 스콘, 까눌레 등 디저트들도 모두 맛있다. 조용한 분위기 속에서 잠시 쉬어가기 좋은 곳. 매일 11:00~18:00 영업, 매주 목요일 휴무.(p469 C:2)

■ 제주시 구좌읍 중산간동로 2250
■ #커피 #디저트 #조용한

풍림다방 송당점
"진한 바닐라맛의 커피 풍림브레붸"

시그니처 커피 풍림브레붸로 유명한 로컬 카페. 풍림프레붸는 진한 라떼 위에 바닐라빈 크림이 올라와 고소하고 풍부한 맛이 난다. 풍림프레붸의 아이스 버전 카페 타히티도 인기 메뉴. 실내 좌석은 노키즈존으로 운영한다. (10세이상 입장가능) 매일 10:30~18:00 영업.(p469 C:2)

■ 제주시 구좌읍 중산간동로 2267-4
■ #커피 #디저트 #노키즈존

카페오길
"보들보들한 수플레 팬케이크 맛집"

인생 사진을 남길 수 있는 스튜디오식 카페. 제철 과일로 만든 수제 과일 청과 수플레 팬케이크, 당근케이크가 맛있다. 7세 이상 입장 가능하며 애완동물 동반할 수 있다. 매일 11:00~18:00 영업, 17:00 주문 마감.(p469 E:1)

■ 제주시 구좌읍 평대5길 40 카페오길
■ #스튜디오카페 #포토존 #애완동물동반입장

하도미술관
"마들렌이 맛있는 갤러리 카페"

마들렌 맛집으로 알려진 갤러리 컨셉 카페. 다양한 종류의 마들렌과 초코 크로와상, 포르투갈식 에그타르트 모두 맛있다. 매일 11:00~18:00 영업.(p469 E:1)

■ 제주시 구좌읍 하도13길 25 1층
■ #갤러리카페 #디저트카페

그계절
"식물이 함께하는 싱그러운 카페"

푸릇푸릇한 식물들이 반겨주는 싱그러운 카페. 레몬, 라임, 오렌지, 자몽이 들어간 상큼한 에이드 여름방학과 바질 토스트가 인기 메뉴. 바질 토스트는 포장주문도 가능하다. 매일 11:00~17:30 영업, 휴무 시 인스타그램 공지.(p469 D:1)

■ 제주시 구좌읍 한동로 119
■ #건강한맛 #여름방학에이드 #바질토스트

요요무문
"구좌 당근으로 만든 건강한 디저트"

구좌 당근으로 만든 달콤한 당근 주스와 당근케이크 전문점. 카페에서 귀여운 고양이를 만나볼 수 있다. 고양이 소품도 함께 판매한다. 창밖으로 보이는 바다 풍경도 예쁜 곳. 매일 10:00~18:00 영업.(p469 D:1)

■ 제주시 구좌읍 해맞이해안로 1102
■ #오션뷰 #고양이카페 #고양이소품

스테이솔티
"바다 전망 바라보며 모래한잔,바다한입"

월정리 해변 전망이 아름다운 감성 카페. 바다를 배경으로 시그니처 메뉴인 모래 한잔, 바다 한입을 들이켜보자. 질 좋은 원두로 내린 핸드드립 커피도 추천. 10:00~18:00 영업, 19:30 주문 마감.

■ 제주시 구좌읍 해맞이해안로 480-1
■ #오션뷰 #에이드 #커피

그초록
"바다와 등대를 바라보며 즐기는 고소한 아보카도커피"

고소한 맛 아보카도 커피와 아보카도 샌드위치가 유명한 곳. 루프탑 테라스에서 바다와 등대 전망을 즐길 수 있다. 커피를 못 마

신다면 아보카도로 만든 초록 스무디를 즐겨보자. 매일 10:00~19:00 영업, 매주 목요일 휴무. (p469 D:1)

- 제주시 구좌읍 행원로7길 23-16
- #고소한맛 #아보카도 #루프탑테라스

블루보틀 제주 카페
"블루보틀커피와 제주 감성"

블루보틀 제주점만의 특별 메뉴인 제주 땅콩 호떡과 감자 와플, 우무 푸딩인 커피 푸딩을 추천한다. 관광지가 아닌 외딴곳에 위치하여 한적한 숲과 호수를 함께 즐기기 좋다. 커피 한 잔하며 산책해보자. 반려견은 동반 입장 불가. (p468 C:3)

- 제주시 구좌읍 번영로 2133-30
- #블루보틀 #우무푸딩 #녹차땅콩호떡

안도르
"걸음걸음이 포토존인 카페"

빵이며 디저트 종류가 다양하다. 부지가 넓어서 포토존도 많고 카페 앞에서 인생샷을 건질 수 있다. 돌땅크라떼가 시그니처 메뉴다. 오후에 가면 빵이 품절된다. (p469 C:2)

- 제주시 구좌읍 비자림로 1647 1층
- #인생샷 #사진맛집카페 #넓은카페

카페모알보알 제주점
"아랍 감성의 김녕 카페"

아랍풍 인테리어와 세심한 디테일이 감성적인 공간이다. 커피도 맛있지만, 밀크티가 일품이다. 막힘없는 오션뷰라 해 질 녘 사색하기 좋다. 단, 8세 이상부터 출입할 수 있는 노키즈존이다.(p468 B:1)

- 제주시 구좌읍 구좌해안로 141 카페 모알보알
- #노을맛집 #김녕카페 #감성카페

카페 라라라
"세화해변을 가장 잘담은 카페"

구좌산 당근으로 만든 당근 주스와 당근 케이크, 당근 샌드를 맛보자. 그림 그릴 수 있는 엽서를 주는데 카페 앞마당 우체통에 넣으면 집까지 부칠 수 있다. 빈티지한 감성과 막 찍어도 인생사진을 건질 수 있는 세화 해수욕장 카페. (p469 E:1)

- 제주시 구좌읍 해맞이해안로 1430
- #세화카페 #당근케이크 #당근주스

구좌 숙소 추천

게스트하우스 / 안녕 김녕Sea

야자수와 해변 전망을 바라볼 수 있는 오션 뷰 숙소. 해안 전망 2층 시그니처 오션뷰 더 블룸 객실이 가장 인기있다. 2박 이상 연박 하면 금액을 할인해준다. 침대방, 온돌방, 2 인실, 가족실 운영. 와이파이, 조식 서비스. 입실 16:00, 퇴실 11:00.(p468 B:1)

- 제주시 구좌읍 구좌해안로 178
- #이국적 #야자수 #해변전망 #연박할인

독채 / 선연채

아이들이 더 좋아하는 신축 키즈 독채 펜션. 아이들이 마음껏 뛰어놀 수 있는 잔디밭과 야외 바비큐장을 갖추고 있다. 객실 밖으로 보이는 바다 전망도 멋진 곳. 입실 16:00, 퇴실 11:00.(p468 B:1)

- 제주시 구좌읍 구좌해안로 36
- #신축 #키즈펜션 #잔디밭 #바비큐 #오 션뷰

독채 / 송당미학

고요한 숲 풍경을 간직한 커플 전용 독채 펜 션. 통유리창 밖으로 보이는 오름 전망이 아 름답다. 일반 집보다 천장 높이가 1.5배 높 아 더욱 쾌적하다. 침실에 빔프로젝터가 설 치되어 잠들기 전 영화 한 편 즐기기도 딱 좋 다.(p468 C:2)

- 제주시 구좌읍 송당서길 47-1
- #통유리 #빔프로젝터 #커플전용

독채 / 동춘스테이

제주 전통 돌담 안에 마련된 커플 전용 독채 펜션. 옛 돌집을 리모델링해 제주 감성이 그 대로 살아있다. 120인치 스크린 영화 감상 실과 대형 욕조로 로맨틱한 시간을 즐겨보 자. 2인까지만 입실할 수 있으며, 13세 미만 은 입실할 수 없다. (p468 B:1)

- 제주시 구좌읍 김녕로2길 15
- #120인치프로젝터 #대형욕조 #커플전

용 #돌담집

독채 / 시호루

통유리 사이로 햇살이 가득 들어오는 독채 민 박집. 모던한 인테리어의 건물 안은 원목 가구 로 꾸며져있다. 화학 성분이 들어가있지 않은 천연 어메니티와 슬로우 킹 매트리스, 최고급 피그먼트 침구 세트가 갖추어져 있다. 주방에 는 각종 조리도구와 커트러리, 간단한 조미료 까지 준비되어 있다. (p468 B:1)

- 제주시 구좌읍 동복리 1415-1
- #햇살맛집 #천연어메니티 #고급침구 # 커트러리

독채 / 일상호사

4인실, 6인실을 운영하는 신축 복층 펜션. 스파 시설과 개별 바비큐장을 갖추고 있다. 월정리에서 '호사'스러운 하루를 보내고 싶 다면 이곳을 추천한다. 입실 16:00, 퇴실 11:00.(p469 C:1)

- 제주시 구좌읍 월정1길 54-15

■ #럭셔리 #스파 #개별바비큐장 #신축 #6인실

독채 / 월정담

널찍한 수영장이 딸린 담장 안의 독채 숙소. 옛 돌집과 돌담을 활용한 고풍스러운 건물이 제주 감성을 그대로 담았다. 숙박동(거실, 주방, 다락), 리빙동(침실, 돔) 두 돌집과 수영장이 함께 있다. 입실 16:00, 퇴실 11:00.(p469 C:1)

■ 제주시 구좌읍 월정1길 70-9
■ #제주돌집 #제주돌담 #수영장

독채 / 자카란다

현무암으로 둘러싸인 노천 자쿠지가 있는 독채 숙소. 화이트 우드톤에 식물로 포인트를 준 인테리어. 넓은 마당에는 축구 골대와 푸쉬자전거가 있고 7~8월에는 야외풀장도 운영한다. 아기의자와 유아 식기 구비. 자쿠지 이용 비용 별도. 셀프 조식 제공. 세화 오일장이 있는 세화해수욕장까지 도보로 갈 수 있다. 우도, 만장굴이 가깝다. 기준 4인 최대 5인. 네이버 예약.

■ 제주시 구좌읍 상도북4길 14
■ #노천자쿠지 #키즈프랜들리 #축구골대

독채 / 마리스텔라

아이들을 위한 미니키즈풀과 정원이 딸린 독채 펜션. 4인 이상 가족실을 운영하며, 2박 이상 연박시 할인된다. 입실 15:30, 퇴실 10:30.

■ 제주시 구좌읍 월정중길 28
■ #키즈펜션 #미니키즈풀 #가족여행 #연박할인

독채 / Avec 0426

하루 1팀만 예약할 수 있는 오션뷰 독채 펜션. 45평 넓은 공간에는 두 개의 침실과 두 개의 욕실이 딸려있어 최대 6인까지 여유롭게 사용할 수 있다. 바비큐 이용요금 무료. 단, 숯과 석쇠는 직접 준비해와야 한다. 입실 16:00, 퇴실 11:00.(p469 D:1)

■ 제주시 구좌읍 해맞이해안로 1084
■ #가족여행 #최대6인 #바베큐장 #오션뷰

독채 / 온온종달

낮은 돌담의 제주도 시골 마을 감성 독채 민박. 따뜻한 우드 인테리어와 푹신한 화이트 패브릭의 편안한 인테리어. 귀여운 타일로 만든 욕조에서 반신욕도 가능하다. 안거리, 밖거리, 베이브 등 3개의 숙소를 운영한다. 숙소에 도착하면 귀여운 강아지 온순이가 반겨준다. 기준 2인, 최대 3인. 네이버 블로그에 가능한 날짜를 안내하고 있으며 인스타그램(@onon_bellmoon)DM으로 예약한다.(p469 F:2)

■ 제주시 구좌읍 종달로3길 22-21
■ #편안한침구류 #우드인테리어 #종달리 #핫플 #독채민박

게스트하우스 / 안녕김녕Sea

김녕 바다 바로 앞에 위치한 깔끔하고 가성비 좋은 숙소. 침대 옆 통창으로 푸른 수평선

과 일출을 보기 위해 매년 이곳에 숙소를 잡는다는 후기가 많을 정도로 뷰가 좋다. 수평선 전망을 볼 수 있는 2층 숙소가 가장 인기가 좋고, 돌담 잔디 테라스가 있는 1층에서도 바다를 볼 수 있다. 바다 바로 앞 그네와 평상에서 조식을 먹거나 맥주 한잔 하기 좋다. 근처에 뷰가 예쁜 카페 '모알보알'이 있다. 최대 2인~4인. 네이버 예약(p468 B:1)

- 제주시 구좌읍 구좌해안로 178
- #일출#오션뷰#돌담#김녕바다#수평선#커플숙소#편안한침구

독채 / 송당미학

@s_wooni

높은 지대에 있어 거실의 흔들의자에 앉아 숲에 둘러싸인 소담한 마을을 내려다볼 수 있는 쉼이 있는 감성 숙소. 거실에서 내려다보이는 오름과 탁 트인 마을 풍경이 시원하고 특히 비가 오는 날에도 운치 있어 조용한 여행을 원하는 여행객에 인기가 있다. 1동에는 툇마루가 있어 풍경 감상하기 좋고, 1동보다 더 높은 지대에 있는 2동은 시야가 더 넓은 뷰를 볼수있다. 취사 불가능. 최대 2인 가능. 예약문에는 문자로 한다. (010 5643 1221)(p468 C:2)

- 제주시 구좌읍 송당서길 47-1
- #커플여행#오름뷰#운치있는집#차분한여행#풍경맛집#툇마루

독채 / 동춘스테이

@esteem_sk

책과 툇마루가 있는 2인 전용 숙소. 동백 정원이 있는 가동과 나동 두 채를 운영한다. 가동은 북카페 느낌의 커다란 테이블과 책이 있고 빔프로젝터 영화방이 있다. 욕조는 없지만 넓은 거실과 테라스가 있다. 나동에는 거실에서부터 야외까지 이어진 툇마루가 있어 폴딩도어를 열어두면 개방감 있다. 툇마루가 있는 나동이 가장 인기 있다. 2명도 가능한 큰 욕조와 다락방 느낌의 침실이 있다. 김녕 해수욕장이 가깝고 걸어서 갈 수 있는 카페와 맛집 마트 등이 편리. 유아 동반 불가. 네이버예약.(p468 B:1)

- 제주시 구좌읍 김녕로2길 15
- #툇마루#북카페#2인전용#커플숙소#노키즈#편의시설

펜션 / 종달차경메리골드

@jongdal_chakyoung

성산 일출봉 뷰 자쿠지가 있는 숙소. 마당 앞에 펼쳐진 유채밭 위로 성산일출봉이 보인다. 자작나무 가구가 있는 실내는 나란히 놓인 퀸사이즈 저상형 침대 2개가 있어 어린아이와 함께 와도 편하게 숙면할 수 있다. 성산일출봉과 유채꽃 조합의 뷰를 가진 자쿠지가 환상적이다. 친환경 어메니티. 컵라면, 커피, 빵 등 간단한 셀프 조식 제공. 걸어서 5분 거리에 종달리 해변, 광치기해변과 우도가 가깝다. 기준 2인 최대 4인. 네이버 예약(p469 F:2)

- 제주시 구좌읍 해맞이해안로 2428-2 A동1층
- #성산일출봉 #유채밭뷰#돌담#종달리해변#야외자쿠지#아이와함께

독채 / 아이보리매직

@kangeunsim_

당근밭 앞 그림 같은 독채 숙소. 복층 구조의 커플 동과 가족도 운영. 커플 동의 계단 아래 당근밭 뷰 통창을 보고 이곳을 픽한다는 후기가 많다. 가족 동의 거실 통창으로는 당근밭 뷰와 노을 뷰를 볼수 있다. 손님들의 소소한 이야기가 담긴 방명록을 읽는 재미가 있다. 라면과 간식, 웰컴 드링크로 제주 막걸리를 제공. 개별 바비큐 공간. 근처에 편의점, 마트, 카페, 맛집, 배달 가능. 기준 2인 최대 5인. 네이버 예약.
(p469 D:1)

- 제주시 구좌읍 한동로 69-1
- #당근밭뷰#복층구조#가족여행#커플여행#노을뷰

독채 / 달물인연

@by_nk_side

마당의 해먹이 있는 키즈 프랜들리 독채 숙소. 2개의 동이 있다. 깔끔한 우드톤 인테리어에 개별 바비큐 공간에 해먹이 놓여있고 요청 시 유아용품과 아기 의자 등을 제공한다. 웰컴푸드와 버블 밤, 놀러 오는 마당 고양이에게 줄 츄르가 준비되어있다. 월정리 카페거리와 맛집, 월정리해변 걸어서 4분, 스누피 가든, 아쿠아플라넷, 김녕해수욕장, 코난해변근처. 기준2인 최대 4인. 네이버 예약.(p469 C:1)

■ 제주시 구좌읍 월정1길 79-13
■ #키즈프랜들리#해먹#스파#유아용품#바비큐#고양이

독채 / 휴운

@eung._.doong_

휴양지 감성 실내 자쿠지 독채 숙소. A, B, C동의 3개의 숙소는 분위기가 다르고 모두 자쿠지가 있다. 그중 C 동에 휴양지 감성 자쿠지가 예쁜 욕조와 함께 있다. 테라스 폴딩도어를 열면 야외 베드와 돌담 뒤로 시원한 오션뷰가 펼쳐진다. 모두 복층 구조로 되어

있고 다락에 침실이 있다. 루프탑에서 김녕 바다와 풍차가 보인다. 개별 바비큐. 김녕해수욕장 차로 5분. 기준 2인 최대 6인. 네이버 예약.(p468 B:1)

■ 제주시 구좌읍 일주동로 1938-22 휴운
■ #휴양지감성#오션뷰#자쿠지#실내자쿠지#가족여행#커플여행#루프탑

구좌
인스타 여행지

비자림의 비자나무
"붉은 흙길 양옆의 비자나무"

@stellamoments

비자림은 500년에서 800년 된 비자나무 수천 그루가 모여 있는 곳이다. 비자나무 규모로는 세계에서 가장 크다. 황토흙길 양옆으로 울창하게 뻗은 비자나무들 사이에서, 피톤치드가 느껴지는 인생샷을 남겨보자.(p469 D:2)

■ 제주시 구좌읍 비자숲길 55
■ #비자림 #천년의숲길 #천연기념물 #피톤치드

다랑쉬오름 일출
"성산 일출봉과 떠오르는 해"

@moonkyo.oh

구름 사이로 쏟아지는 빛내림과 함께, 성산 일출봉과 작은 다랑쉬오름을 함께 조망할 수 있는, 최고의 일출 명소이다. 정상 보다는 오름 중간이 일출의 포인트인데, 큰 나무 옆에 있는 나무 데크에서 인생 최고의 일출을 만날 수 있다.(p469 D:2)

■ 제주시 구좌읍 세화리 산6
■ #다랑쉬오름 #일출 #빛내림

송당무끈모루 나무사이 포토존
"나무 프레임으로 감싸인 초록 들판"

@mingpeep

커다란 나무 사이로 파란 하늘과 초록의 들판, 멀리 보이는 산까지 한 프레임에 담을 수 있는 명소이다. 웨딩스냅 촬영지로도 유명하다. 내비로 찾아갈 경우, '구좌읍 송당리 2089'로 검색해서 가면 정확하다.(p468 C:2)

■ 제주시 구좌읍 송당리2089
■ #자연액자 #웨딩스냅 #나무액자

오저여 일몰
"풍력발전기와 붉은 노을"

@majumaju_young

풍력발전기와 제주의 바다, 그리고 빨간 노을이 어우러져 조화를 이루는, 일몰 명소이다. 하늘과 바다를 붉게 물들이는 모습이 정말 아름답다. 오저여 검색으로는 찾기 힘들고 주소로 검색해야 한다.(p469 D:1)

■ 제주시 구좌읍 행원리 1-91
■ #오저여 #일몰 #노을 #풍력발전기

안돌오름 비밀의숲
"빼곡한 편백나무 사이 민트 트레일러"

@prefer_pear_

쭉 뻗은 편백나무들 사이에서 찍는 사진으로 유명한 곳이다. 울창한 편백나무 사이 뿐만 아니라, 매표소로 활용 중인 민트색 트레일러, 오두막 등 포인트로 활용할 수 있는 다양한 포토존이 있다. '안돌오름'을 검색해서 가면 찾기 어려우니, '송당리 2170'로 치고 가야 한다.(p468 C:2)

■ 제주시 구좌읍 송당리 산66-1
■ #안돌오름 #비밀의숲 #편백나무숲 #자연포토존

모알보알 카페 빈백 테라스
"빈백에 누워 해변 감상하기 좋은 테라스"

@rudwls43

모알보알은 필리핀의 해변 휴양지를 닮은 동남아 감성 카페로, 실내외가 동남아풍 조명 러그 등으로 꾸며져 있다. 커다란 통창 너머 테라스로 넓은 해변이 펼쳐지고 여기에 눕거나 앉아 해변 감상하기 좋은 폭신한 빈백이 마련되어 있는데, 이 통창이 다 보이도록 건물 안쪽으로 들어와 바다 전망 사진을 찍으면 예쁘다. 동남아풍 조명과 장식품이 잘 보이도록 카메라 각도를 잘 조절해보자.

- 제주시 구좌읍 구좌해안로 141
- #동남아휴양지감성 #오션뷰 #빈백

청굴물 청굴물 돌길
"돌담과 돌길 전망 이색 사진"

@yum_vel_y

두 개의 동그란 구멍 사이 돌길 위에 서서 푸른 바다와 함께 사진을 찍어보자. 맑은 날 밀물이 빠져나갈 때쯤 용천수가 가득 찼을 때 바닷물로 사라져가는 돌길을 찍으면 신비로운 사진을 찍을 수 있다. 특이한 돌담의 전체적인 모양은 카페 청굴물에서 찍을 수 있다. 밀물에 물이 가득 차면 길이 사라지므로 주의.(p468 C:1)

- 제주시 구좌읍 김녕리 1296
- #청굴물 #돌길 #용천수

종달리 고망난돌
"바위 틈 사이로 푸른 바다"

@haniszwhale

커다란 바위 사이에 반원형의 구멍 사이로 보이는 파란 바다를 담은 사진을 찍어보자. 구멍이라기보다는 안에서 보면 동굴 같은 느낌의 커다란 구멍이 뚫려있다. 바위 위에 앉아 구멍을 액자 삼아 찍으면 인생 샷을 찍을 수 있다. 주변으로 비슷한 바위가 많아 헷갈릴 수 있지만 커다란 바위와 풀 뜯는 소들이 있어 그림 같은 풍경을 볼 수 있다.

- 제주시 구좌읍 종달리10
- #종달리 #고망난돌 #제주동쪽코스

카페록록 이국적 선인장포토존
"세화해변 전망 선인장 카페"

@173.9__2

카페록록은 2층 테라스에서 세화해변 전망을 즐길 수 있는 오션뷰 카페. 2층으로 올라가는 계단에 해변 전망 통유리창이 설치되어있고, 계단 길을 따라 키 높은 선인장 화분이 여러 개 놓여있어 계단에 살짝 앉아 감성적인 사진을 찍어갈 수 있다. 건물 입구로 들어서면 바로 보이는 따뜻한 목제 소품들과 화려한 스테인드글라스도 사진찍기

좋은 포인트다.

- 제주시 구좌읍 하도서문길 41
- #해변전망 #선인장 #통유리

꼬스뗀뇨 카페 야자수
"야자수와 돌로 꾸며진 인테리어 카페"

@daisy.n.andy

갤러리 카페 꼬스뗀뇨는 실내외 인테리어가 잘 되어있어 사진 찍을만한 공간이 많다. 건물 입구에 커다란 돌이 설치되어 있는데, 이 돌과 문 가운데 선 인물을 돌 맞은편에서 찍으면 유리 통창이 액자처럼 보이는 예쁜 사진을 찍어갈 수 있다. 돌과 식물로 꾸며진 테이블 조경이나 카페 건물 밖 2층으로 향하는 계단 구간도 사진 찍기 좋은 포인트.

- 제주시 구좌읍 해맞이해안로 2080
- #돌조형물 #투명입구 #야자나무

16

조천읍

#함덕서우봉해변 #유채꽃

#산굼부리

#함덕서우봉해변

#용담해안도로

#함덕서우봉해변

#카페더콘테나

#서우봉둘레길

#창꼼

@bbbbb_my
@0_whdals

@yangeunbae

#어반정글그레이밤부

#닭머르해안

501

#샤이니숲길
@dailymilk

#샤드부팡
@s10_
@resplender

#비케이트 #촛불맨드라미
@a_suhee
@lshpjb

#스위스마을

#새롭깍무지개도로

#사려니숲길

#선흘감리교회 #샤스타데이지

#선흘의자동굴

@jeju_charming_kyung
@un.usual__

#함덕서우봉둘레길 #갯무꽃

조천읍

서우
해
제주 항일
기념관   방사탑
조천비석   신흥리
거리
연북정   조천만세동산   함덕
닭머르해안길   조천리
억새   평화통일   함덕
닭머르 해안   불사리탑
신촌리   조천리
조천
신촌리
제주시   와흘리
대흘리

서프라이즈
테마파크   파
바농오름
제주   에
돌문화공원
교래자연
휴양림
1112도로
삼나무 숲길   삼다수숲길
사려니숲길
교래리

말찻
물찻오름

한라산
성판악
한라산 성판악
코스 단풍

A   B   C

우봉해변
해바라기

서우봉

함덕 해변

북촌리 창꼼
북촌포구
서우봉 유채꽃

북촌리
4.3길

척리

돌하르방
미술관

북촌리

선흘 동백동산
(선흘곶자왈,
제주도 국가지질공원)

천읍

제주소주
코스모스

대흘리
메밀밭

선흘리

알밤오름

구좌읍

리

와산리

캐릭파크

다희연

선녀와나무꾼
테마공원

웃밤

선흘리 벵뒤굴
[유네스코 세계자연유산]

꾀꼬리오름

파빌레

우진제비

제주 세계
자연유산센터

코랜드 테마파크

에코랜드
라벤더

민오름

포레스트
사파리

거문오름

갓전시관

제주 센트럴
파크

산굼부리

부소악

까끄래기오름

교래 삼다수
마을

산굼부리
억새

렛츠런팜 제주
·
렛츠런팜
해바라기밭

D E F

1

2

3

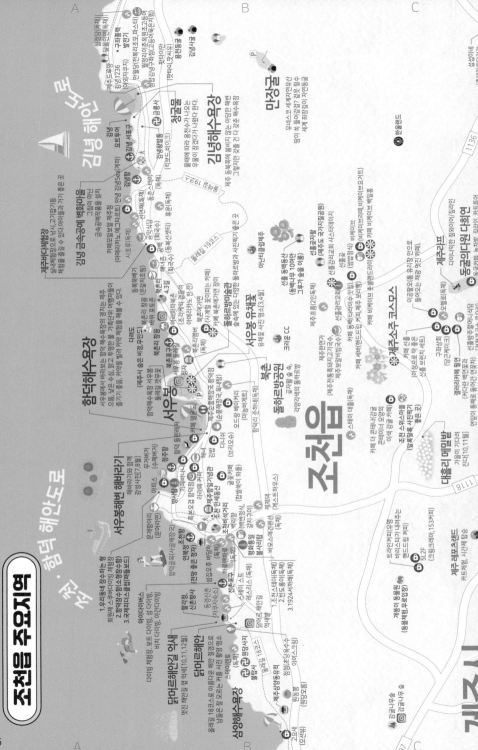

함덕해수욕장 주변

1

2

함덕해변카약레저·
조천읍 함덕리 1008

델문도
바다에 떠있는
듯 이국적이고
아름다운 뷰

함덕ㅎ
서우봉에서
경치는 제주
물 가족단위
카약을 빌려

• 함덕요트클럽

함덕카페거리
분위기 좋은 바다 전망
카페들이 모여있는 곳

라라떼 커피
생크림과 치즈크림이
들어간 라떼 전문점

• 풍경채
(바다전망 콘도)

해녀김밥 본점
함덕 앞바다가 들여다보이는
전망 좋은 김밥 전문점

오션그랜드
(호텔)

• 구들책방
(독립서점)

오가네전복설렁탕
(전복 설렁탕, 전복 물회)

유탑유블레스
호텔

하누가쿨애 (한우 물회,
육회비빔밥)

버거307
(수제버거, 맥주)

교촌치킨

이어돈
(흑돼지)

스타벅스
독특한 건물 외관이
인상적인 스타벅스 함덕점

GS

다니쉬
하루에 30개만
판매하는
브리오슈 식빵

비치스토리호텔

나도섬이다
(분위기 좋은
생맥주 펍)

미시까
랍스터 회, 고등어회,
갈치조림

유성모텔

훈남횟집
(포장해 먹으면 더 저렴한
모둠회 전문점)

함덕비치랜드
물놀이체험장

디

함덕농협하나로마트
중앙점

저팔계깡통연탄구이
(흑돼지 연탄구이, 계란찜)

오늘도회는뜬다
(고등어회, 방어회, 딱새우)

친구테이블
(순대곱창
버섯전골)

선우수산
(포장횟집)

하삼구구식당
(한정식)

함덕흑돼지연탄구이
(흑돼지구이/김치찌개)

신한당약국

덕림사

깡촌흙돼지
쫀득한 돼지껍데기 식감이
살아있는 흑돼지근고기,
빨간마약흑돼지

다려도횟집 (회,
생선조림, 전복죽)

유드림마트

• 시골집민박

버드나무집
바지락, 홍합, 김가루가
들어간 해물 손칼국수 맛집

• 함덕사이
(게스트하우스)

3

• 겨루꿈못
(저수지)

• 다람쥐민박

창흥
(제주 가정식)

함덕
오일시장

조조민박 •

제주

조용한
게스트하우스 •

본원사

함덕교회

508

조천 추천 여행지

1112도로 삼나무 숲길
"드라이브도 좋지만, 꼭 내려서 걸어 봐!"

단연코 우리나라에서 가장 아름다운 삼나무 숲길. 드라이브 코스로도 매우 유명하다. 5.16도로 방향에서 1112번 도로, 사려니 숲 방향으로 이어진다. 쭉쭉 길게 뻗은 삼나무 사이의 도로가 신비로운 느낌을 준다.(p504 A:3)

- 제주시 조천읍 교래리 776-2
- #삼나무 #드라이브

제주돌문화공원
"돌과 제주는 떼어날 수 없는"

돌에 담긴 제주의 역사와 생활, 생태를 확인할 수 있는 박물관이자 생태공원이다. 공원이 넓어 신화의 정원 코스, 돌문화 전시관 코스, 돌한마을 코스까지 3코스로 관람해 볼 것을 추천한다. 훌륭한 자연 전시품을 보면서 천천히 산책하듯 둘러보기 좋다.(p504 A:2)

- 제주시 조천읍 남조로 2023 교래자연휴

양림7
- #박물관 #생태공원 #전시품

사려니숲길
"목표 없이 걷는 순간을 즐겨 봐"

비자림로에서 사려니오름에 이르는 총 15킬로미터가량의 숲길. 피톤치드가 가득한 나무가 상쾌한 향기를 뿜어낸다. 편백나무, 삼나무, 때죽나무 등의 다양한 종류의 나무가 가득하며, 완만한 지형으로 산책 다녀오듯 가볍게 다녀올 수 있다. 아주 천천히, 느리게, 걷고 싶은 만큼 걷는, '여행'이라는 건 사실은 이런 것 아닐까?(p504 A:3)

- 제주시 조천읍 교래리 산137-1
- #숲길 #여유

한라산 성판악
"백록담으로 오를 수 있는 등산 코스"

백록담을 오를 수 있는 코스 중 하나로 한라산 동쪽 코스이다. 한라산 탐방로 가운데 가장 긴 코스이며, 성판악 관리사무실에서 출발해 정상까지 대체로 완만한 경사지만 편도 4시간 30분의 긴 시간이 소요된다. 한

라산의 아름다운 경치를 감상하면서 등산하다 보면 정상에 오르는 짜릿한 경험을 할 수 있다.(p504 B:3)

- 제주시 조천읍 교래리 산137-2
- #한라산 #동쪽코스 #가장긴코스

산굼부리
"오름 높이는 불과 28m, 구덩이 깊이는 100m"

산(오름)에 있는 구덩이(굼부리). 오르는 높이는 수직 28m에 불과하지만, 구덩이는 100m로 백록담보다도 넓고 깊다. 화산 폭발로 제주가 형성될 때 폭발하지 못한 구덩이가 산굼부리가 되었다. 구덩이의 위치에 따라 다양한 식물이 자생하여 천연기념물 263호로 등록되어 있다. 학술적으로도 연구 가치가 높은 이곳은 사유지이기 때문에 따로 입장료를 받고 있다.(p505 D:2)

- 제주시 조천읍 비자림로 768
- #화산 #구덩이 #천연기념물

삼다수숲길
"아름다운 숲 대회 수상경력"

아름다운 숲 전국대회에서 수상실적을 가

진 아름다운 숲길. 교래 곶자왈과 교래 퇴적층 풍경을 감상할 수 있다. 교래리 종합복지회관 맞은편부터 숲길이 시작된다. 1코스는 도보로 약 1시간 30분, 2코스는 도보로 약 2시간 30분이 걸린다.(p504 C:2)

- 제주시 조천읍 교래리 산70-1
- #아름다운숲 #교래곶자왈 #교래퇴적층

렛츠런팜 제주
"해바라기 밭과 목장의 예쁜 꽃길에서 인생 사진"

양귀비 밭, 해바라기 밭으로 꽃이 가득 한 곳. 말이 있는 목장과 목장 사잇길의 꽃길이 아름답다. 꽃밭을 배경으로 인생 사진 찍을 수 있는 커플 사진의 성지이기도 하다.(p505 C:2)

- 제주시 조천읍 남조로 1660
- #목장 #꽃밭 #스냅사진

갓전시관
"어린이 갓 만들기"

조선 시대 갓 문화를 알리는 박물관 겸 전시관. 제주도는 조선 시대 갓 공예의 중심지였다. 여러 가지 갓과 갓 제작 과정을 전시하며, 어린이 갓 만들기 등 체험 프로그램도

운영한다.(p505 C:2)

- 제주시 조천읍 남조로 1904
- #갓 #박물관 #갓공예

에코랜드 테마파크
"곶자왈을 기차타고 탐방"

제주에서 아이들과 함께 가족 단위로 가장 많이 방문하는 테마파크. 신비의 숲 곶자왈 생태계를 기차를 타고 탐방할 수 있다. 총 4개 간이역에 내려서 사진을 찍고, 배를 타고, 숲과 정원을 둘러보는 등 다양한 체험과 관람을 할 수 있다. 30만 평 규모의 테마파크로 하루에 다 볼 수 없으니 2개 역 정도 둘러보기를 추천한다.(p505 C:2)

- 제주시 조천읍 번영로 1278-169
- #가족여행 #테마파크 #곶자왈

교래자연휴양림
"천연 원시림으로…"

제주의 천연 원시림이 잘 보존된 곳에 위치한 국내 유일의 곶자왈 생태체험 자연휴양

림. 난대수종과 온대수종이 공존하는 생태 숲을 관찰, 체험할 수 있는 곳이다. 생태체험 지구, 산림욕 지구, 숲속의 초가, 야영지구로 나누어져 조성되어 있고 자연친화적이라 힐링하기 좋다.(p504 C:2)

- 제주시 조천읍 남조로 2023
- #천연원시림 #생태숲 #자연휴양림

파파빌레
"힐링과 치유의 공간"

현무암 돌담이 유명한 카페 겸 테마공원이다. 자연 음이온을 내뿜는 현무암층을 이용한 치유 프로그램이 운영 중이다. 치유 콘셉트에 맞게 유기농 차와 약초를 체험해 볼 수 있는 빌레 카페가 있고, 밀면이 유명한 식당들이 있다.(p504 C:2)

- 제주시 조천읍 남조로 2185
- #현무암 #테마공원 #치유

서프라이즈 테마파크
"야간 명소 테마파크"

늦게까지 운영하는 야간 명소 테마파크이다. 넓은 야외 전시장에는 폐부품에서 재탄생한 공룡, 로봇, 마블 시리즈 등의 멋진 조형물을 감상할 수 있다. 테마파크 중앙에는 거대한 철로 만든 돌하르방이 있다. 로봇을 좋아하는 아이가 있다면 꼭 방문해 볼 추천한다. 낮과 다른 밤의 다른 즐길거리를 느낄 수 있다.(p504 C:2)

- 제주시 조천읍 남조로 2243
- #야간명소 #조형물 #로봇

북촌포구
"낚시명소"

@hees_trip

바다 너머 섬 다려도가 들여다보이는 제주의 숨은 명소. 낚시 마니아들에게는 다양한 물고기가 잘 낚이는 곳으로 더 유명하다. 제주 4.3 대학살의 아픈 역사를 담은 공간이기도 하다.(p505 D:1)

- 제주시 조천읍 북촌9길 26-1
- #숨은명소 #낚시포인트 #4.3사건

북촌리 4.3길
"슬픈기억 아픈 현대사"

제주 4.3 대학살의 안타까운 흔적을 따라가는 북촌리 둘레길. 현기영 작가의 소설 '순이 삼촌'의 배경이 된 곳이기도 하다. 북촌너분숭이 4.3 기념관부터 서우봉 학살터(몬주기알)-환해장성-가릿당-북촌포구-낸시빌레-꿩동산을 거쳐 약 6km를 이동한다. 북촌마을은 4.3사건 당시 주민 418명이 사망한 아픈 현대사를 간직한 곳이다.(p505 D:1)

- 제주시 조천읍 북촌리 4-3
- #4.3사건 #둘레길 #순이삼촌

북촌리 창꼼
"인스타 성지 포토존"

구멍 난 바위 사이에 다려도가 보이는 사진, 동굴에서 찍은 듯한 느낌의 인스타 성지로 유명한 대표적인 포토존이다. 바람이 많이 부는 곳이라 외투가 필수이고 돌이 많아서 편한 신발을 신고 가길 추천한다.(p505 D:1)

- 제주시 조천읍 북촌리393
- #다려도 #인스타성지 #포토존

돌하르방미술관
"돌하르방 이곳에서 볼만큼 보자"

제주하면 떠오르는 돌하르방을 원 없이 볼 수 있는 미술관이다. 다양한 종류의 돌하르방, 돌로 만들어진 고양이, 귀여운 조각상 등이 볼거리를 더한다.(p505 D:1)

- 제주시 조천읍 북촌서1길 70
- #돌하르방 #미술관

제주 센트럴파크
"미니어처 테마파크"

우리나라 최초의 미니어처 테마파크이다. 세계 유명 건축물이나 문화유산을 축소하여 전시하고 있다. 짧은 시간에 세계 일주를 하는 즐거움을 주는 곳이다. 나만의 작품을 만들어 보는 체험공간도 있다.(p505 D:3)

- 제주시 조천읍 비자림로 606
- #미니어처 #테마파크 #세계일주

교래 삼다수마을
"삼다수 수원지"

제주특별자치도 조천읍 교래리, 제주 삼다수 수원지로도 유명한 마을. 삼다수 숲길을 포함해 제주 물 홍보관, 제주 돌 문화공원, 교래리 퇴적층 등 제주도의 고유한 생태를 잘 보여주는 자연·문화유산이 고스란히 남아있다.(p505 D:3)

- 제주시 조천읍 비자림로 702-57
- #삼다수 #수원지 #생태

캐릭파크
"아이들과 다양한 캐릭터"

다양한 캐릭터와 함께 액티비한 체험을 할 수 있는 아이들의 놀이 천국! 로봇 탑승, 다양한 오락게임, 대형 에어바운스, 숲속 바이크 체험까지 아이들 에너지를 소모시키는 데 최적의 장소이다.(p506 C:2)

- 제주시 조천읍 선교로 266
- #캐릭터 #놀이천국 #액티비티

다희연
"녹차밭 테마파크"

넓은 녹차밭에서 다양한 체험을 즐길 수 있는 복합테마파크. 이색적인 동굴의 카페, 짜릿한 경험의 짚라인, 피로를 풀어주는 족욕 체험까지 오감을 만족하는 힐링 장소이다.(p505 D:2)

- 제주시 조천읍 선교로 266-4
- #복합테마파크 #동굴카페 #짚라인

선녀와나무꾼테마공원
"70년대 감성 명소"

1970년대 모습을 재현해 놓은 추억의 명소이다. 아이들에게 옛날 물건을 보면서 설명해 주기 좋다. 부모님과 함께 해도 모두가 즐

거울 장소이다. 수국철에는 야외에서 만개된 수국을 감상할 수 있다.(p505 D:2)

- 제주시 조천읍 선교로 267
- #1970년대 #추억 #수국

포레스트 공룡사파리
"공룡 좋아하는 사람?"

공룡을 좋아하는 아이라면 꼭 방문해봐야 할 곳! 공룡 사파리존, 포토존, 힐링 존, 동물 먹이주기 체험존, 페인팅 존, 실내놀이존 등 아이들이 즐거워할 놀이 천국이다. 특히 공룡이 실제로 움직이고 소리도 나서 생동감 넘치는 경험을 할 수 있다.(p468 B:2)

- 제주시 조천읍 선교로 474-1
- #공룡 #체험 #아이

바농오름
"편백나무 군락 오름"

142m 높이 편백 군락 숲길이 이어지는 오름. 1코스 기준 15~20분 소요되지만 비교적 경사가 있어 편한 차림으로 등반하는 것을 추천한다. 정상에 오르면 제주 시내 경치가 한눈에 내려다보인다.(p504 C:2)

- 제주시 조천읍 교래리 산108
- #편백군락숲길 #경치 #풍경

거문오름
"유네스코 세계문화유산 등재 오름"

제주도의 수많은 오름 들 중, 유일하게 세계자연유산(UNESCO)에 지정된 곳으로, 반드시 가봐야 할 곳이다. 용암동굴 구조의 근원지로 천연기념물 제444호로도 지정되어

있다. 이름은 우거져 있는 숲이 검게 보이는 것에 유래했으며, 소수 정예(1일 450명)로 최소 하루 전 예약을 해야 하며 1시간~3시간 30분 코스 중 하나를 선택하여 해설사와 함께 탐방할 수 있다.(p505 E:2)

- 제주시 조천읍 선교로 569-36
- #세계자연유산 #천연기념물 #사전예약

제주 세계자연유산센터
"제주의 생성과정과 자연을 배울수 있는 곳"

제주도의 생성 과정과 생태계 등 제주도의 자연을 공부할 수 있는 곳이다. 상설/기획 전시관, 4D영상관, VR 체험까지 실감 나는 체험을 할 수 있어 교육적으로 유익한 공간이다. 거문오름 탐방의 출발지이기도 하다.(p505 E:2)

- 제주시 조천읍 선교로 569-36
- #자연 #교육 #거문오름

선흘리 벵뒤굴 [유네스코 세계자연유산]
"복잡한 미로 용암동굴"

거문오름의 용암이 흘러나와 생성된 천연동굴 중 하나. 세계 자연유산(UNESCO)에 지정되어 있고, 천연기념물 제490호로 보호되고 있다. 제주의 용암동굴 중 가장 복잡한 미로 구조를 가졌다. 이곳은 일반인에게 미공개이나 '세계유산 축전' 기간에 특별 탐방대를 통해 미지의 세계를 방문할 수 있다.(p505 E:2)

- 제주시 조천읍 선흘리 365-1
- #거문오름용암동굴 #세계자연유산 #천연기념물

선흘 동백동산(선흘곶자왈)
"사철 마르지 않는 동백동산"

제주 생태체험관광의 또 다른 명소. 용암이 식을 때 부서지지 않고 판형 형태로 남을 경우 물이 빠져 내려가지 않고 고여있게 되는데, 이런 형태의 지형은 동백동산이 유일하다. 옛날 주민들은 이곳에서 식수를 구했는데, 주변 연못만 100여 곳에 이르기 때문이다. 사시사철 마르지 않는 동백동산의 습지는 다양한 생물이 서식하는 생명의 보고이다.(p468 B:1)

- 제주시 조천읍 선흘리 산12
- #람사르습지 #생명의보고 #생태체험

선흘곶자왈 (제주도 국가지질공원)
"람사르습지로 지정된"

동백동산으로 대표되는 울창한 산림지대. 다양한 동식물이 자생하고 보존 자치가 높아 람사르 습지로 지정되었는데, 이곳에서 환경부 지정 멸종 위기종인 '순채'와 세계 유일, 제주에서만 자라는 '제주고사리 삼'도

볼 수 있다고 한다.(p505 E:1)

- 제주시 조천읍 선흘리 산12
- #동백동산 #생태체험관광 #람사르습지

제주 항일기념관
"제주 항일운동의 역사를 기록"

제주의 항일운동 역사적 사실을 재조명하고 관련 자료와 유물이 전시되어 있는 곳. 일제의 만행을 다시 한번 되새길 수 있다. 아이들에게 역사를 알려줄 수 있는 교육적인 장소이다.(p504 C:1)

- 제주시 조천읍 신북로 303
- #항일운동 #역사 #교육

신촌향사
"제주도 옛 공공기관"

제주도 유형문화재 8호로 지정된 옛 제주도 공공기관. 당시 신촌리 지역의 공무를 보았던 건물로 쓰였다. 일제강점기에 개축되어 원형이 많이 남아있지 못한 점이 아쉽다.(p506 A:3)

- 제주시 조천읍 신촌5길 27
- #유형문화재 #일제강점기

닭머르 해안

"숨어있던 커플 사진 촬영 명소"

올레길 18코스로, 아름다운 해안 절경을 감상할 수 있는 조천읍의 숨은 명소이다. 닭이 흙을 파헤치고 안에 들어앉은 모습이라 이런 이름이 붙었다.(p506 A:3)

- 제주시 조천읍 신촌리 2304-2
- #올레18코스 #낙조

방사탑(제주)

"평화를 기원하는 돌탑"

마을의 평화를 바라며 주민들이 쌓은 방사형 돌탑. 조천읍 신흥리 바닷가와 마을 곳곳에서 방사형 돌탑을 만나볼 수 있다. 돌탑 안에는 밥솥과 밥주걱을 함께 묻는데, 이는 재운을 불러들이고 액운을 막는다는 의미가 있다. 제주 민속문화재로 지정된 문화재이기도 하다.(p504 C:1)

- 제주시 조천읍 신흥로1길 16-9
- #돌탑 #민속문화재

조천읍도서관

"다양한 교육행사"

독서 교실, 서예전, 인문학 프로그램 등 다양한 교육 행사가 열리는 공공 도서관이다.

- 제주시 조천읍 일주동로 1189
- #공공도서관

평화통일 불사리탑

"아름다운 노을전망을 볼 수 있는 곳"

해 질 녘 아름다운 노을 전망으로 유명한 사찰. 독특한 사원 건물에는 제주 4.3사건에서 희생된 이들의 넋을 기리고 평화통일을 기원하는 뜻이 담겨있다고 한다. 사찰 3층에 오르면 조천 바다와 한라산을 배경으로 멋진 노을 전망을 즐길 수 있다.(p504 C:1)

- 제주시 조천읍 일주동로 884
- #노을 #사찰 #4.3사건

연북정

"유배당한 마음을 알까?"

'북쪽에 있는 임금님을 그리워한다'라는 뜻을 담은 연북정. 이곳에 유배 온 사람들이 한양에 있는 임금을 그리워하며 충정을 지킨다 하여 이 같은 이름이 붙었다. 연북정이 있는 예로부터 조천포구는 육지와 제주를 잇는 주요한 바닷길이었다고.(p504 C:1)

- 제주시 조천읍 조천리 2690
- #유배 #충정 #조천포구

조천만세동산

"애국선열의 뜻을 담아"

3.1절 독립운동의 배경이 되었던 애국선열의 뜻을 담은 장소. 동산 내부에 제주항일기념관, 삼일 독립운동 기념탑 등이 있고, 매년 3.1절이면 이곳에서 독립운동 기념행사가 열린다.(p504 C:1)

- 제주시 조천읍 조천리 1142-1
- #3.1운동 #독립운동 #애국선열

함덕 해변 및 서우봉

"함덕 서우봉에서 바라보는 해변의 모습은 이곳이 하와이는 아닐까? 의심이 들게 해"

낮은 수심의 해변으로 물이 맑고 깨끗하여 가족 단위의 여행자들이 즐기기 좋다. 카약을 빌려 카약 체험도 해볼 수 있다. 함덕 서우봉에서 바라보는 함덕해수욕장은 하와이를 잊게 한다.(p505 D:1)

- 제주시 조천읍 조함해안로 525
- #이국적 #카약

서우봉
"유채꽃 만발 일출명소"

함덕해수욕장과 연결되어 있는 오름으로 유채꽃이 만발하는 일출 명소이다. 산책로와 둘레길이 잘 조성되어 있어서 가볍게 산책하기 좋다. 유채꽃과 바다와 함께 인생샷도 찍어보자! 보석 같은 에메랄드빛 바다를 감상하는 눈이 즐거운 장소이다.(p505 D:1)

- 제주시 조천읍 함덕리 169-1
- #함덕해수욕장 #유채꽃 #일출

조천비석 거리
"비석이 많은 곳"

당시 목사, 판관 등 관리들이 화북이나 조천 포구를 이용하여 제주도를 오갔는데, 이들에 대한 치적과 석별의 뜻을 담아 비석을 세웠다. 이 거리를 통칭하여 비석거리라

부른다. 제주도 기념물 제31호로 지정되었다.(p468 A:1)

- 제주시 조함해안로 29-4
- #조천포구 #석별 #비석

돌하르방미술관
"돌하르방과 함께 찰칵"

@wony928

가족과 함께 나들이 하는 숲속의 미술관이다. 자연과 예술이 함께 공존하는 공간이다. 제주의 다양한 돌하르방을 만날 수 있고 어린이 도서관, 놀이터와 아담한 카페도 있다. 네이버 예약으로 할인을 받을 수 있다.(p505 D:1)

- 제주시 조천읍 북촌서1길 70
- #돌하르방 #미술관 #산책하기좋은곳

캔디원
"나만의 수제 캔디 만들기 "

@yoomartian

캔디를 직접 만들어볼 수 있다. 옛날 사탕 만드는 기계, 다른 나라의 사탕들도 볼 수 있게 되어 있다. 선물용 캔디도 판매한다. 주의할 점은 120cm 이상, 8세부터 15세까지 체험

할 수 있고 성인은 체험이 불가하다는 것. 예약은 필수다.(p506 C:2)

- 제주시 조천읍 선교로 384
- #제주체험 #캔디만들기 #아이들체험

산굼부리 억새
"낮은 오름과 억새"

영화 연풍연가의 촬영지로 유명한 산굼부리 오름은 정상까지 5분이면 올라갈 수 있는데, 그 사이 억새밭이 펼쳐져 있다. 산(오름)에 있는 구덩이(굼부리)라는 뜻으로 이런 이름이 붙었다. 이곳은 화산폭발로 제주가 형성될 때 폭발하지 못한 구덩이에 따라 다양한 식물이 자생하는 곳으로 천연기념물 263호로 등록되었다. 학술적으로 연구 가치가 높은 이곳은 사유지이기 때문에 입장료를 따로 받고 있다.(p505 D:3)

■ 제주시 조천읍 비자림로 768
■ #10,11,12월 #분화구 #천연기념물

한라산 성판악코스 단풍
"가을 등반에는 성판악이지"

성판악휴게소에 주차 후 등반하면 9.6km 높이에 있는 정상까지 편도 약 4시간 30분이 걸린다. 성판악탐방안내소-속밭대피소-사라오름(산정화구호)-진달래대피소-한라산 동능(정상 안내소) 순으로 이동하자. 정상까지 등산이 부담되면 사라오름 산정화구호에서 돌아와도 괜찮은 단풍 코스를 즐길 수 있다. 산정화구호는 5.8km 높이로, 소요 시간은 왕복 약 6시간이 걸린

다.(p504 A:3)

■ 제주시 조천읍 516로 1865
■ #10,11월 #등산 #성판악휴게소

에코랜드 라벤더
"아이와 함께 하는 라벤더 감상"

한라산 숲속을 기차여행할 수 있는 테마파크 에코랜드에는 여름철 우아한 라벤더 향기가 진동한다. 대중교통 이용시 231번 버스를 타고 교래자연휴양림 정류장에서 하차 후 1.9km 도보이동, 자차이동 시 네비에 제주시 번영로 1278-169를 찍고 이동. 하절기 08:30~18:00, 동절기 18:30~17:00 영업, 연중무휴.(p505 D:3)

■ 제주시 조천읍 번영로 1278-169
■ #7,8월 #테마파크 #꼬마기차 #꽃향기

대흘리 메밀밭
"가을이 기다려 진다"

가을을 맞은 대흘리에 동화 속에 나올듯한 알록달록한 건물 앞으로 하얀 메밀밭이 펼쳐진다. 건물과 메밀밭을 배경으로 인물사진 찍기 좋은 곳. 네비에 조천읍 대흘리 2787-15를 찍고 이동, 주차장이 마련돼있지 않으니 미리 갓길에 주차하자.(p505 D:2)

■ 제주시 조천읍 대흘리 2787-15
■ #10,11월 #하얀꽃 #갓길주차

닭머르 해안길 억새
"멋진 해안길 옆 억새"

용암으로 만들어진 닭머르 해안을 주변으로 은빛 억새 물결이 일렁인다. 닭이 앉아 있는 모습을 닮아 닭머르라는 이름으로 불린다. 길목 끝자락에 있는 팔각정에도 꼭 올라가보자.(p504 B:1)

- 제주시 조천읍 신촌리 3393
- #10,11,12월 #닭모양해안 #팔각정

서우봉 유채꽃
"유채꽃 사진 명소"

제주 올레길 19코스에 속하는 서우봉 산책로를 따라 조성된 유채꽃 길. 서우봉 산책로 초입부터 산책로를 곳곳이 물들인 유채꽃이 인상적이다. 함덕 바닷가 옆에 위치해 해변과 꽃길, 등산을 모두 즐길 수 있는 곳. 서우봉은 두 개의 봉우리로 이루어진 독특한 산으로, 등산로가 잘 정비되어 있어 비교적 쉽게 오를 수 있다.(p505 D:1)

- 제주시 조천읍 함덕리 4132
- #3,4월 #올레길19코스 #바다전망 #등산

제주소주 코스모스
"소주잔과 유채꽃?"

@nolji222

제주 암반수로 만드는 제주소주 공장 터에 분홍빛 넓은 코스모스밭이 마련되어 있다. 소주잔 들고 있는 돌하르방과 분위기 있는 흔들의자가 사진 촬영 포인트. 매일 09:00~18:00 개방.(p505 D:2)

- 제주시 조천읍 중산간동로 1028
- #9,10월 #제주소주공장 #돌하르방 #포토존

렛츠런팜 해바라기밭
"거대한 해바라기밭"

@chloe_hyeyoung

무료입장할 수 있는 말 농장 제주 렛츠런 팜에 예쁜 여름 해바라기가 피어난다. 유모차를 대여하거나 트랙터 마차를 타고 말 농장 곳곳을 둘러볼 수도 있다. 네비게이션에 제주시 조천읍 남조로 1660(교래리 산25-2)을 찍고 이동.(p505 C:2)

- 제주시 조천읍 교래리 산25-4
- #6,7,8월 #말농장 #동물체험 #무료입장

서우봉해변 해바라기
"해바라기와 함께 감성사진"

@jaeeun_present

무더운 여름, 에메랄드빛 물빛으로 유명한 서우봉 바닷가에 노란 해바라기밭이 펼쳐진다. 이국적인 바다와 드넓은 해바라기 밭이 제주 감성 담은 독특한 풍경을 만들어낸다. 서우봉 산책로 중간의 정자에 올라 전망을 즐겨보자. 네비에 제주시 조천읍 조안해안로 518을 찍고 이동.(p505 C:1)

- 제주시 조천읍 조함해안로 525
- #7,8월 #에메랄드해변 #산책

카페 비케이브 백일홍
"꽃밭 속 침대 포토 스팟"

@sehwio

8월에 카페를 방문하면 건물과 오두막 사이 한가득 피어있는 백일홍을 볼 수 있다. 백일홍 꽃밭 사이로 새하얀 침대가 포토존이다.(p506 C:1)

- 제주시 조천읍 동백로 122
- #인생사진 #백일홍

선흘감리교회 샤스타데이지
"샤스타 데이지의 하얀 꽃 물결"

@jeju_charming_kyung

규모가 크진 않지만 하얗고 감성적인 교회와 샤스타데이지가 어우러진 꽃밭이다. 개인 사유지이므로 관광 에티켓을 지키자.(p506 C:1)

- 제주시 조천읍 동백로 15
- #샤스타데이지 #작은정원

카페 북촌에가면 장미
"장미 터널 속으로"

봄에는 장미가 여름에는 수국이 피어나는 아름다운 카페. 5월에는 핑크색 안젤라 장미가 흐드러지는 장미 터널이 있고, 6월엔 빨간 장미와 정원을 가득 채운 화려한 수국이 장관을 이룬다.(p506 B:2)

- 제주시 조천읍 북촌5길 6
- #장미터널 #장미 #수국

함덕해수욕장 서우봉 둘레길 갯무꽃
"에메랄드 빛 바다와 보랏빛 갯무꽃"

@un.usual__

서우봉을 둘러볼 수 있는 코스는 다양한데 그중 꽃과 바다를 함께 즐길 수 있는 서우봉 둘레길 코스를 추천한다. 둘레길을 따라 걷다 보면 한쪽엔 에메랄드빛 바다와 한쪽엔 보랏빛 갯무꽃과 노란 유채꽃이 물결을 이룬 모습을 볼 수 있다. 4~5월의 방문을 추천한다.(p506 B:2)

- 제주시 조천읍 함덕리 169-1
- #둘레길 #갯무꽃 #바다와꽃

카페 비케이브 촛불맨드라미
"알록달록한 맨드라미뷰"

@a_suhee

메인 카페의 통창 너머로 맨드라미가 알록달록 피어난다. 맨드라미밭 한가운데의 흰 침대에서 인생 사진을 찍을 수 있다. 카페 부지가 넓어서 걷다 보면 다양한 포토존과 다양한 매력의 맨드라미밭으르 만날 수 있다.

(p506 C:1)

- 제주시 조천읍 동백로 122
- #노랑빨강맨드라미 #알록달록맨드라미

조천 맛집 추천

백리향
"백반정식, 갈치구이"

고등어와 제육볶음이 포함된 제주 가정식 백반을 저렴하게 선보이는 곳. 갈치구이, 옥돔구이 정식도 저렴한 가격으로 판매하며, 고등어구이와 된장찌개를 추가 주문할 수 있다. 밑반찬으로 매일 08:00~17:00 영업, 매주 일요일 휴무.(p506 B:3)

- 제주시 조천읍 신북로 244
- 0507-1394-9600
- #가성비제주밥상 #한끼식사 #가정식

성미가든
"닭고기샤브샤브"

닭고기 샤브샤브와 백숙, 닭죽까지 코스로 선보이는 곳. 먼저 닭 육수에 닭가슴살을 샤브샤브 해 먹고, 이어서 나오는 닭백숙과 녹두 닭죽을 차례로 즐기면 된다. 샤브샤브에 들어가는 채소는 리필할 수 있다. 매일 11:00~20:00 영업, 매주 둘째 주 넷째 주 목요일 휴무.(p507 D:2)

- 제주시 조천읍 교래1길 2
- 064-783-7092
- #닭고기코스요리 #푸짐한 #채소리필

해녀김밥 본점
"해녀김밥, 전복해물라면"

함덕 앞바다가 들여다보이는 전망 좋은 김밥 전문점. 대표메뉴인 검은색 해녀김밥과 노란 전복김밥, 빨강 딱새우김밥을 판매한다. 네모지고 알록달록한 김밥들이 식욕을 돋운다. 매일 09:00~15:00, 16:00~20:00 영업, 매주 목요일 정기휴무.(p508 A:2)

- 제주시 조천읍 조함해안로 490 오션그랜드 호텔 1층
- 0507-1342-3005
- #네모김밥 #해산물김밥 #삼색김밥

저팔계깡통연탄구이
"흑돼지오겹살, 흑돼지목살"

질 좋은 흑돼지를 연탄불에 구워주는 곳. 꽃 멸치로 만든 멜젓과 반찬으로 나오는 깻잎 절임, 씻은 배추김치가 육즙 가득 품은 흑돼지와 환상적인 궁합을 자랑한다. 매일 14:00~24:00 영업.

- 제주시 조천읍 신북로 531
- 064-783-1950
- #연탄구이 #멜젓 #깻잎절임 #배추김치

선흘방주할머니식당
"검정콩국수, 삼채곰취만두"

다양한 콩, 두부 요리를 선보이는 향토식당. 걸쭉한 검정 콩국물 위에 계란지단을 올린 고소한 검정콩국수가 가장 인기 있다. 만두피 대신 곰취로 향긋하게 빚어낸 삼채곰

취만두도 추천한다. 여름 10:00~19:00, 겨울 10:00~18:00 영업, 매주 일요일 휴무.(p468 B:2)

- 제주시 조천읍 선교로 212
- 064-783-1253
- #속편한맛 #구수한맛 #곰취만두

함덕 문개항아리 조천본점
"문어라면, 한치라면"

제주산 돌문어와 새우, 전복 등이 들어간 해물통칼국수와 라면을 선보이는 곳. 해물통칼국수와 해물통라면은 2인 이상만 주문 가능하며, 여기에 해물이나 사리를 추가해 먹을 수도 있다. 혼자 방문한다면 통문어가 풍덩 들어간 문어라면을 추천 매일 09:30~19:30 영업, 재료소진 시 마감.(p468 A:1)

- 제주시 조천읍 조함해안로 217-1
- 0507-1389-4775
- #시원한국물 #해물추가 #사리추가

제주한면가
"고기국수, 돔베고기"

진한 육수에 흑돈 수육이 올라간 고기국수 맛집. 육수에 고춧가루와 통후추를 뿌려 간

을 맞추면 더욱더 맛있다. 돔베고기는 비계 부분에 천일염을 찍어 먹는 것이 정석. 생수 대신 나오는 구수한 우엉차도 맛있다. 매일 10:30~15:30 영업, 15:00 주문 마감, 매주 수요일과 공휴일 휴무.(p468 A:1)

- 제주시 조천읍 북선로 373
- 064-782-3358
- #흑돼지육수 #진한국물 #우엉차

낭뜰에쉼팡
"낭뜰정식"

수육, 고등어가 딸려 나오는 쌈 채소 낭뜰정식. 함께 나오는 두부 요리도 정갈하고 맛있다. 모둠 쌈에 된장찌개로 구성된 쌈채와 비빔밥 종류도 인기 있다. 낭뜰정식은 2인 이상 주문 가능. 매일 09:00~20:00 영업, 19:00 주문 마감.(p468 A:2)

- 제주시 조천읍 남조로 2343
- 064-784-9292
- #속편한 #쌈채소 #한정식

오름나그네
"보말칼국수"

시원한 맛이 일품인 제주 향토음식 보말칼국수 전문점. 바다 고둥 보말은 간과 위를 보호하여 숙취 해소에 좋다. 건더기 듬뿍 들어간 전복성게칼국수와 바삭바삭하게 부쳐낸 해물파전도 추천한다. 매일 10:00~15:00 영업, 토요일 휴무.(p468 B:2)

- 제주시 조천읍 선교로 525

- 064-784-2277
- #시원한국물 #해장용 #쫄깃한면발

선흘곶
"쌈밥정식, 돔베정식"

@j__breezee

돔베고기와 고등어구이가 나오는 쌈밥집. 고사리, 취나물, 표고버섯 나물 등 정갈한 밑반찬이 함께 나온다. 밥은 직접 양껏 더 퍼다 먹을 수 있다. 매일 10:30~20:00 영업, 매주 화요일과 설 연휴 휴무.(p468 B:1)

- 제주시 조천읍 동백로 102 선흘곶식당
- 064-783-5753
- #속편한 #쌈채소 #고사리 #취나물

흑본오겹 함덕점
"함덕해수욕장 흑돼지 맛집"

제주산 흑돼지 맛집이다. 고기도 직접 구워준다. 부위별로 주문 가능한데 다 맛있지만, 오겹살을 강력히 추천한다. 특이한 점은 파인애플을 같이 구워준다.(p506 A:2)

- 제주시 조천읍 신북로 454
- 0507-1327-7810
- #제주흑돼지맛집 #오겹살맛집 #구워줌

무거버거
"마늘버거, 당근버거, 시금치버거"

자연과 가까운 버거를 추구하는 수제버거 전문점. 한국인 입맛에 딱인 새하얀 마늘버거, 당근 튀김, 당근소스가 들어간 불긋한 당근버거와 시금치 볶음이 들어간 초록색 시금치 버거 세 종류를 판매한다. 매일 10:00~20:00 영업, 19:00 주문 마감.(p506 A:2)

- 제주시 조천읍 조함해안로 356 무거버거
- 0507-1319-5076
- #삼색버거 #수제버거 #건강한맛

고집돌우럭 제주함덕점
"소중한 웰컴키즈존 맛집"

우럭찜 세트 구성이라 음식이 정갈하게 나온다. 웰컴키즈존이라 어른부터 아이들까지 식사하기 좋다. 단, 기다릴 수 있으니 네이버로 예약하고 가면 좋다.

- 제주시 조천읍 신북로 491-9 2층
- 0507-1353-6061
- #우럭맛집 #세트메뉴 #깔끔한한상차림

함덕골목
"함덕에 줄서서 먹는 소문난 해장국"

@muk_sohapp

이른 아침에 문을 열어도 자리가 꽉꽉 차는 로컬 맛집이다. 선지의 신선도가 좋지 않으면 메뉴를 팔지 않을 정도로 확고한 기준으로 영업한다. 메뉴는 해장국, 내장탕이다. 대기 시 대기표 받고 함덕 바다를 둘러볼 수도 있다. 재료 소진 시 문을 닫기 때문에 전화해 보고 방문하는 것을 추천한다. (p506 A:2)

- 제주시 조천읍 함덕7길 6-14
- 0507-1390-5512
- #해장국맛집 #아침식사 #로컬맛집

제주순풍해장국 함덕점
"소고기 해장국과 어린이 해장국"

@call3693

시그니처 메뉴는 쇠고기 해장국이지만 배추와 고사리가 듬뿍 들어가 시원한 육내탕도 별미다. 어린이 해장국도 있어서 가족 단위로 방문하기 좋다. 식사 전후로 따뜻한 숭늉도 나온다. 단, 육내탕은 한정판매이다. (p506 A:2)

- 제주시 조천읍 신북로 604 1층
- 064-782-8866
- #함덕해장국 #해장국 #어린이해장국

회춘
"제주스러운 가정식 한끼"

제주다운 가정식 한상 차림이다. 정갈한 밑반찬과 깔끔하고 시원한 고등어조림이 밥도둑 메뉴다. 1,000원 추가 시 1인 식사도 가능하다.

- 제주시 조천읍 신북로 489
- 0507-1336-0853
- #재주한식 #가정식 #1인식사가능

버드나무집
"칼국수하면 버드나무집"

해물칼국수가 대표 메뉴이다. 일단 김치부터 맛있고 해산물도 한가득 나오며 국수 양도 푸짐하다. 면이 두껍고 넓은 스타일이다. 보통 맛도 얼큰하기 때문에 매운 걸 잘 못 먹는다면 순한 맛을 추천한다. (p506 B:2)

- 제주시 조천읍 신북로 540
- 064-782-9992
- #해물칼국수 #비오는날메뉴

조천 카페 추천

비케이브
"드넓은 꽃밭을 바라보며 아이스크림 라떼 한 잔 "

@kxx_hee

유아 <숲의 아이> 뮤직비디오 촬영으로 유명한 곳. 선흘 의자동굴과 7천여 평의 시즌별 넓은 꽃밭, 숲속의 오두막 아지트, 그네 등 다양한 야외 포토존을 갖춘 카페. 아이스크림 라떼, 수제 요거트 등 직접 양봉한 꿀을 활용한 다양한 음료들이 준비되어 있다. 창가에 앉아 제주 특유의 감성을 느낄 수 있다.(p506 B:2)

- 제주시 조천읍 동백로 122 1층 비케이브
- #아이스크림라떼 #꿀맛집 #수제요거트

카페갤러리
"앤틱 가구로 꾸며진 갤러리형 카페"

웨딩사진 촬영 장소로도 유명한 더갤러리 펜션 카페. 구석구석이 앤틱 가구들과 소품으로 꾸며져 사진찍기 딱 좋다. 카페와 연결된 숲길과 넓은 정원을 산책하며 여유를 즐

길 수 있다. 평일 10:00~17:00 영업, 주말 10:00~18:00 영업, 장소 대관 시 휴업 혹은 조기마감.(p507 D:3)

- 제주시 조천읍 남조로 1717-24
- #갤러리카페 #포토존 #산책 #애플시나몬라떼 #한라봉에이드

말로
"정원 산책과 포니 먹이주기 체험 할 수 있는 카페"

포니 당근 먹이 주기 체험을 해볼 수 있는 디저트 카페. 카페 앞에 예쁜 정원이 딸려 있어 산책하기도 좋다. 달달한 초콜릿 음료 말로나라떼가 이곳의 시그니처 메뉴. 매일 11:00~17:00 영업, 매주 화요일 휴무.(p507 D:3)

- 제주시 조천읍 남조로 1785-12
- #아메리카노 #말로나라떼

카페 동백
"에스프레소 향 제대로인 티라미수 맛집"
통유리창 밖으로 보이는 넓은 들판 풍경이 아름다운 감성 카페. 에스프레소 향 가득한 티라미수와 쫀득한 치즈케이크, 구좌당근으로 만든 당근케이크가 인기 있다. 매일 10:00~17:00 영업, 매주 일요일과 월요일 휴무.(p506 B:1)

- 제주시 조천읍 동백로 68
- #티라미수 #치즈케익 #당근케익

아라파파북촌

"조각케이크 곁들여 아메리카노 한 잔"

커피도 빵도 모두 맛있는 베이커리 카페. 아메리카노와 잘 어울리는 달콤한 조각 케이크들과 치아바타 등의 담백한 식사용 빵을 함께 판매한다. 매일 10:00`~20:00 영업, 18:50 커피 주문 마감. 매주 화요일 휴무.(p506 A:1)

- 제주시 조천읍 북촌15길 60 아라파파북촌
- #아메리카노 #조각케이크 #치아바타

북촌에가면

"사철 꽃향기 가득한 정원에서 즐기는 레몬차"

사시사철 꽃향기 가득한 정원이 딸린 카페. 봄에는 덩굴장미, 여름에는 수국, 가을에는 핑크뮬리, 겨울에는 동백꽃을 만나볼 수 있다. 꽃길을 배경으로 인생 사진을 남겨보자. 매일 10:30~17:30 영업.(p506 A:1)

- 제주시 조천읍 북촌5길 6
- #아메리카노 #레몬귤차 #레몬귤에이드

이공팔오

"통 유리창 안으로 들어오는 채광 멋진 카페"

벽면이 통째로 유리로 되어있어 채광이 아름다운 카페. 아이스크림 라떼, 새콤한 백향과(패션후르츠) 에이드, 100% 착즙 귤 주스, 논알콜 뱅쇼 등이 인기 메뉴. 노키즈존으로 운영, 매일 11:00~18:00 영업.(p506 C:1)

- 제주시 조천읍 선교로 185
- #아이스크림라떼 #백향과에이드

카페 선흘

"아점으로 딱 좋은 선흘 브런치 세트"

브런치 즐기기 좋은 카페 레스토랑. 프렌치 토스트, 샌드위치, 파니니, 일본식 카레, 비프 칠리 스튜 등의 다양한 브런치를 선보인다. 대표메뉴인 선흘 브런치 세트에는 치아바타, 해시 브라운, 오믈렛, 소시지와 치즈 퐁듀가 모두 포함되어 푸짐한 한 끼를 즐길 수 있다. 매일 10:00~20:00 영업, 매주 수

요일 휴무.(p506 C:1)

- 제주시 조천읍 선교로 198
- #선흘브런치세트 #파니니 #일본식카레

카페 세바

"핸드드립 커피와 구수한 제주 보리빵의 조화"

@jeongeum.2

푸릇푸릇한 자연 풍경에 둘러싸인 앤틱 디저트 카페. 사장님이 직접 내려주는 핸드드립 커피가 맛있다. 오븐에 구워 만든 담백한 제주 보리빵은 라떼와 잘 어울린다. 매일 10:30~18:00 영업, 매주 일요일 휴무.(p506 B:2)

- 제주시 조천읍 선흘동2길 20-7
- #식물카페 #아메리카노 #보리빵

카페바나나 함덕점

"테라스 바나나 돌고래 앞에서 사진 찍고 가자"

바나나 음료를 주력으로 하는 함덕 바다 전

망 카페. 테라스로 나가면 귀여운 바나나 돌고래 모형이 우리를 반겨준다. 바나나 크림라떼와 바나나인슈페너가 이곳의 시그니처 메뉴. 매일 11:00~20:00 영업, 매주 목요일 휴무.(p506 A:2)

- 제주시 조천읍 신북로 491-9 3층
- #바나나크림라떼 #바나나인슈페너

라라떼 커피
"생크림과 치즈크림이 들어간 라떼 전문점"

@me__96__

옛 제주 한옥을 리모델링한 정원 딸린 카페. 꽃과 소품으로 꾸며진 야외 테라스 테이블에 앉아 커피 한 잔의 여유를 즐겨보자. 특히 8월부터 만개하는 수국이 아름답다. 생크림 폼이 들어가는 라라떼 시리즈가 시그니처 메뉴. 매일 12:30~20:00 영업.(p506 A:2)

- 제주시 조천읍 신북로 494 1층
- #한옥카페 #시그니처생크림폼카페라라떼 #시그니처생크림폼모카라라떼

갤러리카페 필연
"커다란 백연꽃과 연잎이 통째로 들어간 연꽃차"

넓고 아름다운 연꽃 정원이 딸린 갤러리 카페. 백 연꽃과 연잎으로 향을 낸 연꽃차가 유명하다. 연꽃차 하나를 시켜 두세 사람이 나누어 먹기 딱 좋다. 매일 10:00~20:00 영업.(p506 C:1)

- 제주시 조천읍 와선로 200

- #갤러리카페 #연꽃차 #레모네이드

트라인커피
"유명 바리스타가 내려주는 핸드드립 커피"

@me__96__

바리스타 챔피언십 대상을 수상한 윤혜원 바리스타가 운영하는 카페. 앤틱한 분위기 속에서 바리스타가 손수 내려주는 맛 좋은 커피를 즐길 수 있다. 하겐다즈 아이스크림을 사용한 사리카케 하겐다즈 아포가토가 인기 메뉴. 노키즈존으로 운영되므로 10세 이하 어린이는 입장할 수 없다. 매일 11:00~18:00 영업, 매주 목요일 휴무.(p506 C:2)

- 제주시 조천읍 와흘상길 32
- #유명바리스타 #사리카케하겐다즈아포가토 #크림롱블랙

마피스
"아인슈페너와 크로플 맛있는 카페"

신흥리 앞바다 전망이 아름다운 빈티지 카페. 크림이 잔뜩 올라간 아인슈페너와 플레인, 초코, 치즈 맛을 고를 수 있는 크로플이 인기 메뉴. 매일 11:00~18:00 영업, 매주 화요일과 수요일 휴무.(p506 A:2)

- 제주시 조천읍 조함해안로 329-1 오션플로라 1층
- #빈티지카페 #아인슈페너 #크로플

카페델문도
"함덕해수욕장 전망 가장 예쁜 카페"

함덕해수욕장에서 가장 전망이 좋은 델문도 카페. 최상급 에스프레소 머신으로 추출한 커피와 함덕해변을 닮은 무알콜 함덕에이드가 인기 메뉴. 이곳에서 직접 로스팅한 원두도 함께 판매한다. 매일 07:00~00:00 영업.(p508 C:1)

- 제주시 조천읍 조함해안로 519-10
- #아메리카노 #함덕에이드 #원두판매

다니쉬
"하루에 30개만 판매하는 브리오슈 식빵"

하루 30개만 한정 판매하는 브리오슈 식빵으로 유명한 베이커리 카페. 프랑스산 밀가루와 버터만 사용해 구운 빵들은 만든 당일에만 판매한다. 매일 00:00~19:30 영업, 비정기 휴무 및 오픈 시간 변동 사항은 인스타그램을 참고.(p508 A:2)

- 제주시 조천읍 함덕16길 56 다니쉬
- #브리오슈식빵 #포카치아 #30개한정판매

귤꽃카페
"쑥 향기 가득한 찹쌀쑥이 와플 먹으러 가자"

감귤밭과 함께 운영하는 소박한 농장 카페. 시크한 매력의 강아지 오광이가 귤꽃 카페 손님들을 맞이해준다. 유기농 쑥을 넣어 만든 향긋한 찹쌀 쑥이 와플이 시그니처 메뉴. 노키즈존으로 운영되며 14세 이상만 입장할 수 있다. 매일 12:00~18:00 영업, 매주 토요일 휴무.(p506 A:2)

- 제주시 조천읍 함덕2길 90
- #감귤농장카페 #찹쌀쑥이와플 #아메리카노

카페 더 콘테나
"감귤 콘테이너 모양의 이색 감귤 카페"

감귤 컨테이너를 닮은 이색적인 창고형 카페. 주문한 음료를 도르래로 배달하는 방식도 독특하다. 감귤농장을 운영하는 청년 농부가 함께 운영하는 카페로, 감귤 체험 프로그램도 진행한다. 매일 10:30~18:00 영업, 매주 수요일 휴무. 휴무 변동 사항은 인스타그램을 참고.(p506 B:2)

- 제주시 조천읍 함와로 513
- #이색카페 #도르래배달 #감귤주스

오드랑 베이커리
"제주도식 마늘빵 마농바게트 맛집"

제주도식 마늘 빵 마농 바게트를 판매하는 베이커리. 전국 빵순이들이 '빵지순례'하러 오는 곳으로도 유명하다. 치아바타, 타르트 등 다양한 빵과 제주 과일로 만든 과일잼, 밀크잼도 맛있다. 매일 07:00~22:00 영업.(p509 D:2)

- 제주시 조천읍 조함해안로 552-3
- #마농바게트 #치아바타 #타르트

카페 구좌상회
"귀여운 당근케이크로 유명한 곳"

구좌 당근을 갈아 만든 달콤한 당근케이크 맛집. 백종원의 3대천왕에 소개된 적 있다. 원래 구좌읍 월정리에 있던 곳인데 조천으로 이전하면서 아기자기한 분위기까지 더해졌다. 당근케이크 위에 조그마한 당근 모형이 올라와 귀여움을 더한다. 매일 10:30~18:30 영업, 매주 화요일과 수요일 정기휴무.(p506 C:1)

- 제주시 조천읍 선교로 198-5 구좌상회
- #구좌당근 #디저트카페 #백종원의3대천왕 #조천당근

점점
"초당옥수수 아이스크림의 매력"

옥수수 위에 아이스크림을 얹어주는 초당옥수수 아이스크림이 시그니처 메뉴이다. 상하 목장 유기농 우유를 사용한 카페라떼와 먹물 소금빵도 추천한다. 카페에서 바라보는 바다와 주변 마을 길마저 예쁘다. 주의할 점은 매장 입구 간판이 작아서 잘 찾아야 한다.(p506 A:3)

- 제주시 조천읍 신촌리 2384
- #초당옥수수아이스크림맛집 #라떼맛집 #아이스크림맛집

5L2F
"동화 속 주인공이 된 기분"

조용한 마을에 위치한 동화 속 산장 같은 느낌의 예쁜 카페이다. 원두도 직접 고를 수 있고 친절하신 사장님이 직접 로스팅한 커피를 맛볼 수 있다. 시그니처 메뉴인 153 커피와 뜬구름, 찬구름 크림 라떼를 추천한다. 주차장 만차 시 마을 입구에 주차할 수도 있다.(p506 C:2)

- 제주시 조천읍 와흘상길 30
- #크림라떼 #동화속느낌 #조용한마을

조천 숙소 추천

게스트하우스 / 제제댁

야자수에 둘러싸여 편히 쉬다 갈 수 있는 게스트하우스. 마당에서 불을 지피고 멍때리거나 옥상에서 한라산 전망을 즐길 수 있다. 1~2인실, 3인실, 4인실을 운영하고 있다. 입실 17:00, 퇴실 11:00.(p506 A:2)

- 제주시 조천읍 남조로 3028
- #이국적 #야자수 #불멍파티 #1인실 #2인실 #3인실 #4인실

독채 / 북촌리멤버

부모님 모시고 방문하기 좋은 고즈넉한 독채 펜션. 요리해 먹기 좋은 주방과 차 한 잔의 여유를 즐길 수 있는 정원, 자쿠지가 마련되어있다. 최대 6인까지 묵을 수 있으며, 부모님 동반형 예약 시 할인 혜택을 제공한다.(p506 A:1)

- 제주시 조천읍 북촌북길 58-7
- #편안한분위기 #부모님동반할인 #최대6인

게스트하우스 / 소곤닥하우스

함덕해변 돌집을 개조한 게스트하우스. 싱글룸과 2~4인까지 쓸 수 있는 더블룸, 디럭스룸을 함께 운영한다. 입실 16:00, 퇴실 11:00, 입실 전 짐 보관 서비스 제공

- 제주시 조천읍 신북로 497
- #제주돌집 #1인실 #더블룸 #디럭스룸 #짐보관서비스

독채 / 스테이렌토

올레길 18코스 낚시 명소에 있는 고즈넉한 독채 펜션. 다이닝룸, 거실, 두 개의 침실과 욕실, 루프탑 데크, 야외 욕조가 있어 가족이 묵기 좋은 A동과 2인이 묵기 좋은 B동을 함께 운영한다. 입실 16:00, 퇴실 11:00.(p506 A:3)

- 제주시 조천읍 신촌북3길 14-3
- #루프탑 #별전망 #야외욕조 #4인실 #2인실

독채 / 하루앤하루

조천해수욕장 바로 앞, 옛 제주 돌집을 개조한 독채 펜션. 돌집과 옥상 정원집 2채를 운영하며, 각 집에는 개별 바비큐장과 테라스가 딸려있다. 입실 16:00, 퇴실 11:00. (p506 A:2)

- 제주시 조천읍 조천7길 12
- #제주돌집 #옥상정원 #바베큐 #야외테라스

독채 / 섬집오후

옛 제주 목조주택을 개조한 조천해수욕장 오션뷰 펜션. 개별 바비큐장이 딸린 바당채, 물안채를 운영한다. 펜션 앞에 바로 제주 올레길 산책로와 해안 드라이브 코스가 펼쳐져 있다. 입실 16:00 퇴실 12:00.(p506 A:2)

- 제주시 조천읍 조천7길 19-11
- #오션뷰 #나무집 #따뜻한분위기 #바베큐장 #해안드라이브

독채 / 바모스애견펜션

반려동물과 함께 아늑한 시간을 보낼 수 있는 복층 애견펜션. 개별 바비큐장과 테라스가 딸려있으며 숙박비도 합리적이다. 반려동물은 소형견 2마리까지 동반할 수 있으며, 중대형견은 별도로 문의해야 한다. 입실 16:00, 퇴실 12:00. (p506 A:2)

- 제주시 조천읍 조천남4길 60
- #애견펜션 #야외바베큐장 #테라스산책 #가성비

게스트하우스 / 바바호미 게스트하우스

함덕 해변 노을 전망을 바라볼 수 있는 모던한 게스트하우스. 개별 욕실이 딸린 1인실, 2인실과 공용 욕실을 사용하는 여성 전용 1~3인실을 운영한다. 욕실에는 기본 세안용품뿐만 아니라 고데기부터 클렌징품까지 갖춰져 있다. 입실 17:00, 퇴실 11:00.

- 제주시 조천읍 함덕서4길 60-21
- #해변전망 #1인실 #2인실 #여성전용실

펜션 / 동경신촌

높은 돌담 아래 야외 자쿠지가 있는 숙소. 1호점과 2호점을 운영한다. 흰색 타일로 꾸며진 숙소는 주인의 취향이 느껴지는 식물과 소품들로 채워졌다. 2개의 침실에는 저상형 침대가 있어 어린아이가 있는 여행객도 편하게 쉴 수 있다. 아담한 정원이 있는 마당 한쪽의 분위기 좋은 바비큐장에서 불멍도 가능하

다. 자쿠지와 바비큐 비용 별도. 웰컴 간식과 빔프로젝터. 닭머르해안과 창꼼이 가까운 거리에 있다. 2인~4인.(p506 A:2)

- 제주시 조천읍 신촌서5길 120 106동
- #깨끗한인테리어 #저상형침대 #유아동반 #야외자쿠지 #닭머르해안 #창꼼

독채 / 조천스테이

100평 대지에 두 개의 집을 모두 쓸 수 있는 독채 숙소. 돌집에 들어와 있는듯한 회색 벽과 우드 인테리어. 전참시에서 이효리 부부와 개그우먼 홍현희가 묵었다. 돌담에 둘러싸인 야외 자쿠지는 모기장이 설치되어있다. 직접 재배한 귤로 족 수할 수 있는 공간이 따로 있다. 다도실에도 인원에 맞춰 간식과 차를 준비해준다. 주방의 문을 활짝 열면 잔디 정원과 연결되어 카페 분위기가 난다. 취사 가능. 바비큐 요금 별도. 4인 기준 최대 6인 가능.(p506 A:2)

- 제주시 조천읍 조천9길 30-1
- #독채 #가족여행 #야외노천탕 #족욕실 #다도 #취사가능

독채 / 제주흐름

유럽 감성 카페에서 특별한 조식이 제공되는 2인 전용 독채. 카페를 사이에 두고 양옆으로 구조가 서로 다른 두 개의 숙소가 있다. 1 동에는 저상형 침대 옆으로 통창이 있고, 2 동은 침대 정면의 티테이블 위치에 있는 통창으로 숲 전망을 볼 수 있다. 카페에서 매일 아침 바뀐 메뉴로 차와 함께 제공되는 조식은 대접받는 느낌이 든다. 인스타그램에 있는 전화번호로 예약. 노키즈.
(p506 B:1)

■ 제주시 조천읍 선흘동1길 31-50
■ #특별한조식#2인전용#커플여행#유럽감성#카페조식

독채 / 1924서까래

@jocheon_1924rafters

조천 주택가에 있는 돌집을 개조한 독채 주택. 퀸 베드 2개가 나란히 놓여 있는 침실은 폴딩 도어로 거실과 분리되어 있어 필요 시 문을 열어 공간을 연결해서 사용할 수 있다. 카페 같은 거실의 테이블에서 캡슐 커피와 꽃차를 즐길 수 있다. 거실 미닫이문으로 들어가면 귤 창고 분위기의 실내 자쿠지가 있다. 작은 정원이 있는 앞마당에는 툇마루가 있다. 걸어서 5분 거리에 조천 해변. 제주공항 30분. 기준 2인 최대 4인. 네이버 예약.(p506 A:2)

■ 제주시 조천읍 조천9길 34-1
■ #가족여행#실내자쿠지#소담한분위기#유아용식기#돌담#조천해변#공항인근

독채 / 빈도롱이

@1oo4

시골 감성 솥뚜껑 바비큐장이 있는 독채 숙소. 화이트 우드톤의 차분한 인테리어의 가정집 분위기. 야외 자쿠지 바로 앞에도 파이어피트가 있어 불멍하며 따뜻하게 이용. 현무암 벽이 있는 시골 감성 화덕에서 솥뚜껑 바비큐를 즐길 수 있다. 제주공항에서 30분 거리. 걸어서 조천항 산책 가능. 기준 2인 최대 4인. 네이버 예약.(p506 A:2)

■ 제주시 조천읍 조천5길 16
■ #시골감성#솥뚜껑바비큐#화덕#야외자쿠지#제주공항#조천항#가족여행

펜션 / 오헬로

@jeju_ohelo

넓은 침대가 있는 독채 숙소. 3개의 독채 숙소를 운영. A, C는 야외자쿠지, B동은 실내 자쿠지가 있다. 실내는 화이트 우드 인테리어. 직접 제작한 구스가 듬뿍 들어간 소파, 라지킹 사이즈 침대로 편하게 쉴 수 있다. 야외 자쿠지는 동백나무와 녹나무로 제주 자연을 품고 있고, 고급 스파 분위기인 실내 자

쿠지는 스파 전 차 한잔할 수 있게 다기가 준비되어 있다. 유아 식기와 아기 의자 구비. 함덕 해수욕장과 월정리 해수욕장, 에코랜드 등이 가깝다. 기준 2인 최대 4인. 카카오 플러스로 예약.(p468 B:2)

■ 제주시 조천읍 선교로 221-1
■ #야외자쿠지#실내자쿠지#라지킹사이즈침대#가족여행#유아동반#커플여행

독채 / 스테이 스트레스리스

@jeju_spaceeditor

호캉스 부럽지 않은 커플 전용 독채 숙소. 복층 구조의 앉을수 있는 모든 공간이 오션뷰다. 특히 2층 삼각형 창문 앞자리가 예쁘고 파도 소리를 들으며 잠들 수 있다. 까만 현무암 바위가 펼쳐진 바닷가와 맞닿아 있는 오션뷰 온수 풀. 야외 오두막에 따로 마련된 바닷가 앞 캠핑 감성 실내 바비큐장. 오션뷰 자쿠지. 12월~2월은 풀장 미운영 시 5만 원 할인. 2인 전용. 네이버 예약.
(p506 A:2)

■ 제주시 조천읍 신촌북3길 30-7
■ #수영장#오션뷰#바닷가#호캉스#풀빌라#커플전용

독채 / 스테이 대흘

@luv_yooz

채광 좋은 통창이 있는 독채 숙소. A동과 B동을 운영한다. 넓은 잔디 마당이 있는 제주 돌집을 리모델링해 서까래를 살린 화이트 우드 인테리어. 거실이 넓어 가족여행에 알맞다. 테라스에는 나무 파티션으로 차광을 한 평상이 있어 아침에 간단한 조식을 먹으며 피크닉 분위기를 낼 수 있다. 빵과 커피 제공. 함덕 해수욕장과 스누피 가든이 가깝다. 기준 2인 최대 6인. 예약은 네이버 블로그 전화 예약.(p506 B:2)

- 제주시 조천읍 곱은달서길 60-10
- #가족여행#커플여행#편안한#채광#넓은거실#피크닉

펜션 / 페이지인스테이

@page_in_stay

외관이 예쁜 양옥집을 개조한 주택. 유럽 장미 미장의 은은한 실내 인테리어, 편안한 원목의 다이닝 공간과 채광 좋은 아늑한 침실이 2개. 이집의 하이라이트인 채광이 좋은 썬룸의 자쿠지. 1층은 라운지 개념의 오피스 공간으로 안락한 의자가 있고 프린트기도 있어 워케이션이 가능하다. 아침 10시부터 오후 6시까지 마음껏 쓸 수 있다. 커피 제공. 함덕해수욕장 걸어서 5분. 기준 2인 최대 4인.

- 제주시 조천읍 곱은달서길 60-10
- #가성비#가족여행#실내자쿠지#해수욕장인근#예쁜 인테리어#사무공간

조천
인스타 여행지

샤이니숲길 편백나무길
"울창한 편백나무와 붉은 흙길"

@dailymilk

제주도만의 감성이 물씬 나는 낮은 돌담과 울창한 편백나무들, 그 사이로 비쳐 들어오는 반짝이는 햇빛이 아름다운 곳이다. 커플 사진을 찍기 좋아, 웨딩촬영지로도 인기가 좋다. '조천읍 비자림로430-31'로 검색한 후, 차는 도로에 잠시 세워둬야 한다.(p507 D:2)

- 제주시 조천읍 교래리 719-10
- #샤이니숲길 #돌담 #편백나무 #햇살 #커플사진

사려니숲길 삼나무길
"곧게 뻗은 삼나무가 가득한 숲길"

@eunjin_ko__

쭉쭉 뻗어있는 삼나무들이 빼곡하게 서 있는 이곳은 다양한 포토존으로 유명하다. 삼나무들 사이의 데크길 위, 사려니숲길 안내판, 삼나무 장작더미, 삼나무 움집 등이 대표적인 포토존! 내비에는 '사려니숲길 붉은

오름' 또는 '사려니숲길 안내센터'로 검색해보자.(p507 E:2)

- 제주시 조천읍 교래리 산137-1
- #사려니숲길 #삼나무길 #삼나무장작더미 #삼나무움집

북촌리 창꼼 바위 포토존
"바위에 난 구멍이 만든 천연 액자"

@yangeunbae

창을 뚫어놓은 듯한 바위의 큰 구멍이, 액자의 프레임 같은 곳이다. 현무암 구멍 사이에 서서 찍으면, 뒤로 보이는 푸른 바다 배경까지 더해져 제주도만의 독특한 감성의 사진을 얻을 수 있다. 빨간색 화살표 안내판을 따라 가면 된다.(p506 A:1)

- 제주시 조천읍 북촌리 403-9
- #북촌리 #창꼼 #바위구멍 #바위액자

서우봉 둘레길 정자
"정자에서 바라보는 빛나는 해변"

@bbbbb_my

서우봉 둘레길을 따라 올라가다 보면 정자가 나오는데, 이곳에서 보는 에메랄드 빛 함덕 해변의 풍경이 장관이다. 정자의 나무 기둥들을 프레임 삼아, 파노라마처럼 펼쳐진 해변을 만날 수 있다.(p506 A:2)

- 제주시 조천읍 함덕리 159
- #서우봉 #둘레길 #정자 #함덕해변 #파노라마

닭머르 해안길 억새밭
"은빛 억새언덕에서 바다를 바라보는 정자"

@h_____seong

바다 위 정자, 그 정자로 가는 계단길 주변으로 억새가 너울너울 춤을 추는 곳이다. 바다와 정자, 억새밭을 한눈에 담을 수 있고, 낮은 낮대로, 밤은 밤대로 분위기 있다. 가을에서 초겨울에 방문하길 추천한다.(p506 B:3)

- 제주시 조천읍 신촌리 3398-14
- #닭머르해안길 #억새밭 #가을여행지

카페 자드부팡 프랑스풍건물
"프로방스풍 감성 카페"

@s10_06h

나란히 세워진 프랑스풍 건물 사이 디딤돌에 서서 수줍은 시골 소녀처럼 사진을 찍어보자. 주황색 지붕의 벽돌 건물이 이국적인 카페 자드부팡은 폴 세잔의 그림 '자드부팡'의 이름을 딴 카페다. 카페의 왼쪽 건물은 유리온실로 되어 있어 독특하다. 유리온실 앞에서 뒤로 보이는 벽돌 건물과 함께 사진을 찍어도 멋진 사진을 찍을 수 있다. 귤 따기 체험 가능.반려동물 가능.

- 제주시 조천읍 북흘로 385-216
- #카페 자드부팡 #프랑스풍건물#이국적

새물깍무지개도로
"알록달록 무지개 난간"

@lshpjb

알록달록 귀여운 정사각형의 무지개 난간 위에 앉아 사진을 찍어보자. 네 개의 구멍이 뚫려 있어 멀리서 보면 주사위를 놓아놓은

듯 보이는 커다란 정사 각의 난간은 색색별로 하나씩 사진을 찍어도 예쁘게 나온다. 무지개 도로는 다른 곳 보다 난간의 높이가 높으므로 그 위에 앉아 사진을 찍을 때 주의가 필요하다. 새물깍 주변의 마을로 들어가는 도로 양옆으로 무지개 난간이 설치되어 있다. 주차는 신흥리 복지 회관이나 인근 무료 주차 이용.

- 제주시 조천읍 신흥리 59-9
- #새물깍#무지개도로#주사위도로

어반정글 그레이밤부 카페 휴양지 해변감성 액자뷰
"대나무 숲길과 패들보드 체험"

@0_whdals

함덕해수욕장 앞에 마련된 어반정글 그레이밤부 카페는 대나무로 된 외벽과 소품들로 발리 휴양지처럼 꾸며져 있다. 카페 안쪽에 커다란 유리 통창이 있고, 그 밖으로 흰 패들보드와 우드톤 테이블, 체어, 파라솔 등이 비쳐 보인다. 창문 안쪽에서 정면에 있는 기다란 스툴에 앉은 인물을 찍으면 예쁘게 나온다. 창문 위쪽 대나무 천장에 매달린 목제 실링팬이 살짝 보이도록 찍어도 감성적이다.

- 제주시 조천읍 일주동로 1611
- #발리느낌 #유리통창 #오션뷰

스위스마을 스위스풍 알록달록한 거리
"유럽 감성 컬러풀한 건축물"

@resplendent._h

빨강 주황 쨍한 색감의 건물을 배경으로 사진을 찍어보자. 날씨가 맑은 날은 건물의 색감이 진하게 보여 더욱 멋진 사진을 찍을 수 있다. 건물 하나를 정해놓고 한 개의 색만 나오게 사진을 찍어도 멋진 사진이 된다. 스위스 마을의 건물은 모두 숙소로 운영되고 있고 스위스 대표 화가 파울 클레의 영감을 받아 건물에 색을 입혔다.(p506 B:2)

- 제주시 조천읍 함와로 566-27
- #스위스마을#알록달록

선흘의자동굴 의자포토존
"신비로운 분위기의 의자 포토존"

@nul2_

의자에 앉아 머리 위 동굴 사이로 들어오는 빛을 바라보며 요정이 된 듯 사진을 찍어 보자. 이곳은 유아의 숲의 아이라는 뮤직비디오에 등장해 신비로운 분위기를 자랑하던 곳이다. 선흘 의자 동굴은 탱귤탱꿀이라는 양봉장에서 팻말을 따라가다 보면 수풀로 둘러싸인 동굴 입구로 갈 수 있다. 좁은 동굴 입구를 들어가서 왼쪽 동굴이 의자가 놓여있는 포토존이다. 주차장에서부터 100미터 정도 걸린다. 주차는 탱귤탱꿀 주차장이나 인근 공터에 한다.

- 제주 조천읍 선흘리 161-1
- #선흘의자돌굴#유아숲의아이#뮤직비디오

535

536